南京大学考古文物系
系　列　教　材

中国古代建筑史纲要

（下）

马　晓　编著

南京大学出版社

目　录

第六章　隋唐五代建筑

隋一统华夏。建三省六部、立郡县两级制，定《开皇律》、创科举、完善府兵制等，加之创立大兴城、营建东京（洛阳城）、开通大运河，社会发展迅速。隋为唐强盛打下了基础。

唐人气度雄浑、积极开放。贞观君臣以古鉴今求“致治”，开科取士、因才施用，是中华文明史上的飞跃。宗教建筑遍布各地，目前遗留的4.5座唐代木构，极为珍贵。

907年，朱温灭唐，五代十国，再陷分裂。然长江下游南唐、吴越二国与四川前蜀、后蜀等割据政权，战事较少，建筑仍有发展，影响北宋。

第一节　聚　落

一、都　城

1. 长安

隋文帝筑大兴城。开皇二年（582）六月动工，以左仆射高颎为总裁；因宇文恺有巧思，使领营新都副监[1]，将作大匠刘龙等人为指挥都督。次年三月工毕。

大兴城约84.1平方公里。《隋书·地理志》：东西长18里115步，南北长15里175步（据勘察，东西18里133步，9721米；南北16里125步，8651.25米）[2]，里坊160，集市2（图6-1-1）。

大兴城北中心区为皇城，严整对称。皇城南内部并列衙署，无杂人居止，便于管理；北部为宫城，礼仪场所、皇室所居。

唐仍以隋大兴城为都，袭其旧制，又另建大明宫（东内）、兴庆宫（南内），总称“三内”。大内宫城之北为禁苑。

---

〔1〕［唐］魏徵等撰：《隋书》卷六十八《列传第三十三·宇文恺》，北京：中华书局，1973年，第1587页。“及迁都，上以恺有巧思，诏领营新都副监。”

〔2〕中国科学院考古研究所西安唐城发掘队：《唐代长安城考古纪略》，《考古》1963年第11期。

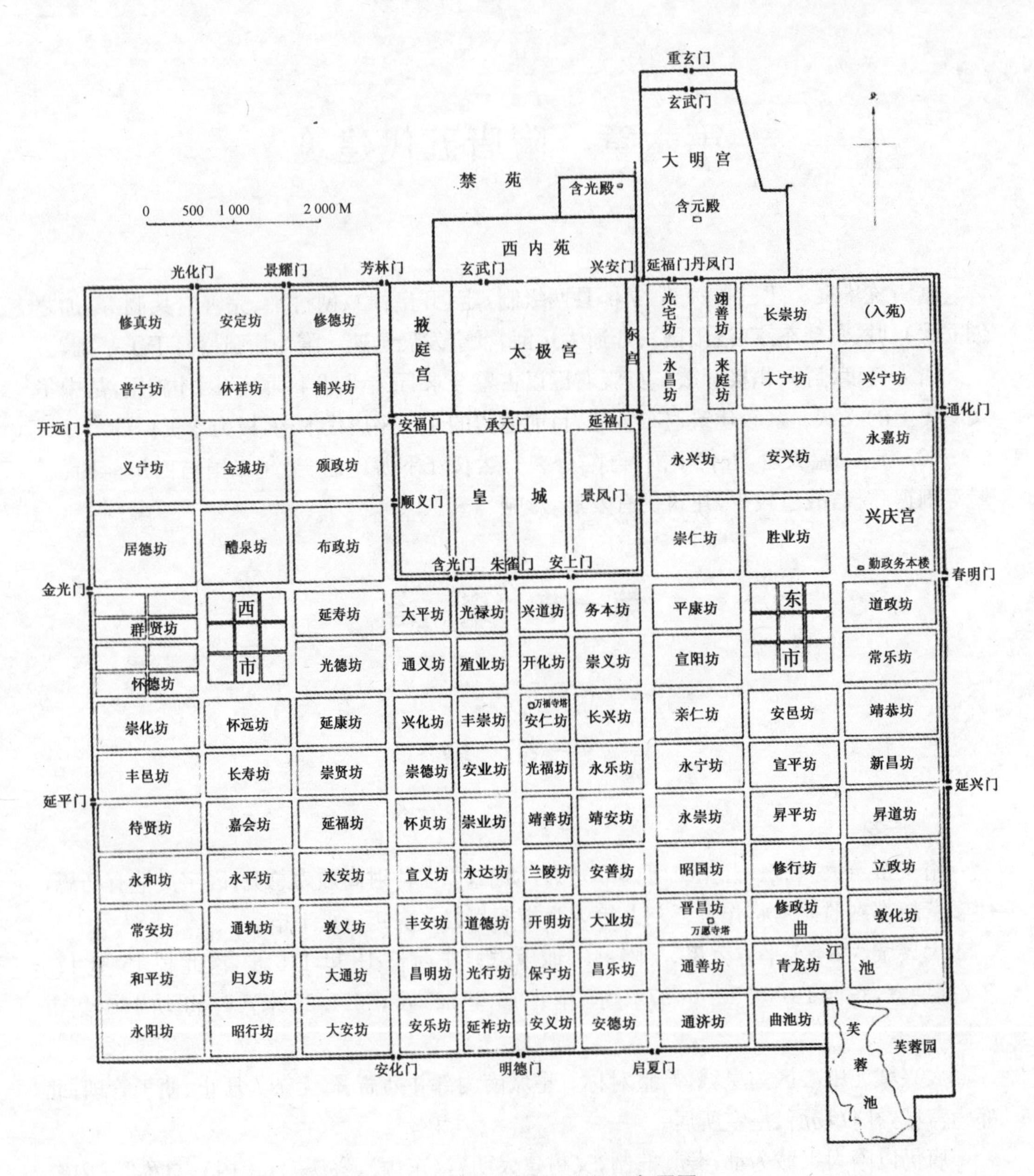

图 6-1-1 隋大兴、唐长安平面复原图

长安城内共108个坊[1]，为官吏府第、百姓住宅及寺观庙宇等。城东、城西各设一市。由规则的南北11、东西14条街道分隔。朱雀大街宽达150米，其他一般街道亦数十米[2]。非仅土路，天宝三年五月，于要道筑甬道，载沙实之，至于朝堂[3]。

长安城中坊曲街巷分布有序，“坊即是里”[4]（图6-1-2）。城东南隅低洼，水丰林茂、风景优美，隋为芙蓉园；唐引水入池，名曲江。

图6-1-2 “百千家似围棋局，十二街如种菜畦”：北顶城与里坊示意，莫高窟壁画（晚唐）

总体而言，长安城布局顺应地势，宫城建在城较高的北部，在相毗邻的南面布置皇城。将皇居、衙署、市场、里坊等分隔开，不但突出专制集权的地位，更通过功能分区，提高城市管理效率，改变了自西周以来“面朝背市”的旧都营建格局，注重普通居民在交通、给水、商品交易及文化娱乐方面的需要。长安城制度宏伟，冠盖帝都，对我国后世都市规划影响重大。渤海上京龙泉府、日本古代京城营建，均仿照长安。

2. 洛阳

炀帝即位当年（仁寿四年，604），即预备建东都。次年（大业元年，605），“诏尚书令杨素、纳言杨达、将作大匠宇文恺、营建东京。……徙天下富商大贾数万家于东京”[5]，大规模营建。越十月，大业二年（606），洛阳新都初成。“南直伊阙之口，北倚邙山之塞，东出瀍水之东，西出涧水之西，洛水贯都，有河汉之象焉”[6]（图6-1-3）。

---

[1] “都内，南北十四街，东西十一街。街分一百八坊。坊之广长，皆三百余步。”[后晋]刘昫等撰：《旧唐书》卷三十八《志第十八·地理一》，第1394页。

[2] 中国科学院考古研究所西安唐城发掘队：《唐代长安城考古纪略》，《考古》1963年第11期。

[3] [宋]王溥：《唐会要》卷八十六《道路》，第1573页。

[4] 杨鸿年：《隋唐两京考》，武汉：武汉大学出版社，2000年，第207页。

[5] [唐]魏徵等撰：《隋书》卷三《帝纪第三·炀帝上》，第63页。

[6] [唐]李林甫等撰，陈仲夫点校：《唐六典》卷七《尚书工部》，北京：中华书局，1992年，第220页。

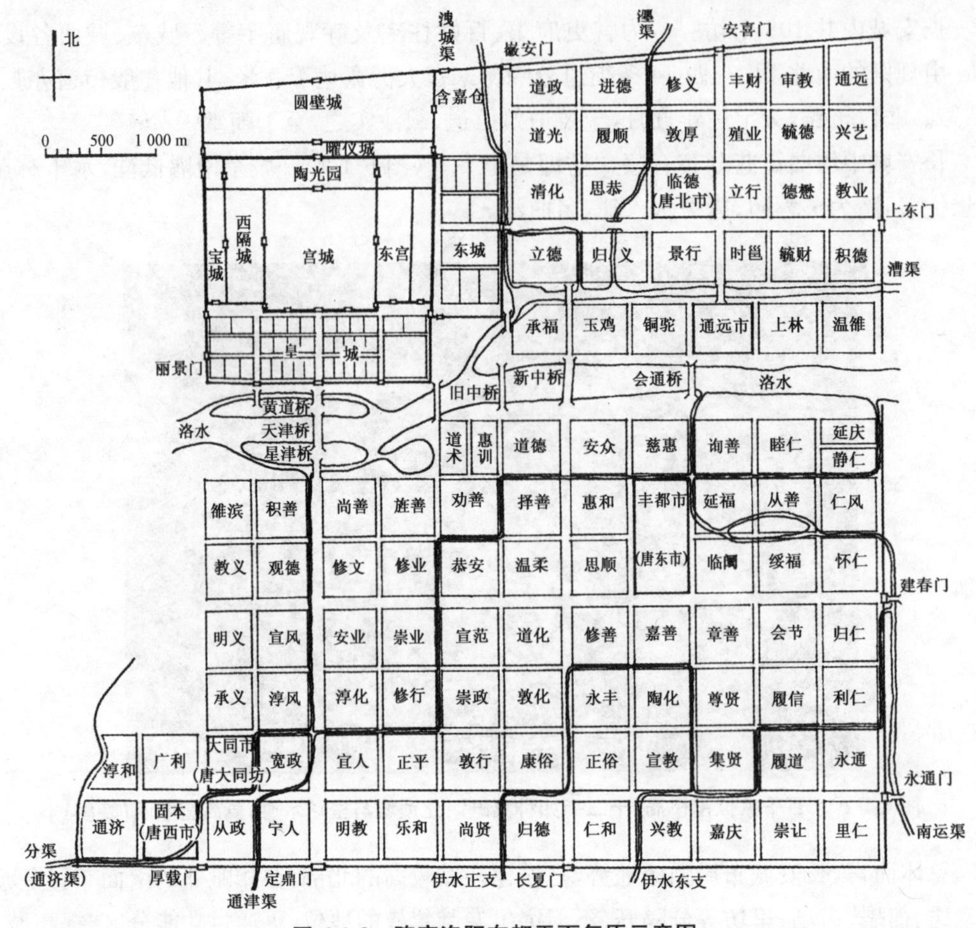

图 6-1-3　隋唐洛阳东都平面复原示意图

洛阳城与大兴城（长安城）同为宇文恺等设计，形制、布局与长安相似，分宫城、皇城和外郭城。宫城内是宫殿，皇城内包含文武官衙，外郭城亦称大城或罗城，官吏私宅与百姓居处[1]。与长安城不同处在于洛阳城规模较小，面积 47 平方公里，长安城为 84 平方公里，各坊面积也比长安城坊小，形状多正方形；长安城皇城设于中北部，而洛阳皇城则位于城之西北隅高亢处；洛阳城宫城外围有众多小城拱卫；长安城仅二市，洛阳城有三市，且位置不对称；洛阳水路发达，同时设置了规模巨大的仓窖。

3. 开封

隋唐汴州为富庶大都会。五季政权更迭频繁，都城几经变迁，在洛阳、开封间变换。

开平元年（907），朱温称帝，以其根据地汴州为开封府，称东都；洛阳为西都。两年后，后梁又迁都洛阳。此后，又迁开封。……后唐，以洛阳为都。后晋，又迁开封。后汉、后周仍都开封。开封地位日重。

后周先行规划、分期扩建，不遗余力。此后，周世宗兴水利、疏漕路，奠定北宋定都开封基础。

---

〔1〕 郭湖生：《论邺城制度》，《建筑师》第 95 期，2000 年 8 月。

二、地方城邑

地方城邑的产生、发展与军事防御、农业生产、交通便利、物资繁盛、人口丰茂等密切相关。为防寇保境，隋炀帝“令人悉城居，田随近给”[1]。隋盛极时，“郡一百九十，县一千二百五十五，户八百九十万七千五百四十六，口四千六百一万九千九百五十六”[2]。

唐承隋制，州、县据户数多少，分上、中、下三等。“凡天下之州府三百一十有五，而羁縻之州，逌八百焉。……凡三都之县在内曰京县，城外曰畿，又望县有八十五焉”[3]。城市进一步发展。

统一帝国中，交通是城市繁荣的根本保障。陆路置驿，《开元令》之厩牧令载：“诸道须置驿者，每三十里置一驿。若地势阻险及无水草处，随便安置。其缘边须依镇戍者，不限里数”。

河道通路，以隋唐大运河为例。大运河贯通东西、南北腹地，与自然水系交汇点的地区往往会出现经济贸易繁盛的城市，如运河与黄河交汇处的汴州（开封）；运河与淮水相交的楚州（淮安）；东南名郡杭州，位于京杭大运河末端，钱塘江畔，咽喉吴越，势雄江海。

著名者扬州，乃运河、长江、东海三处交汇点，是漕米、海盐、茶叶、瓷铁和丝绸等产品的集散地。“扬州在唐时最为富盛，旧城南北十五里一百一十步，东西七里三十步，可纪者有二十四桥。”[4]据报告，唐代的扬州城有二重城（图 6-1-4）[5]，子城在蜀

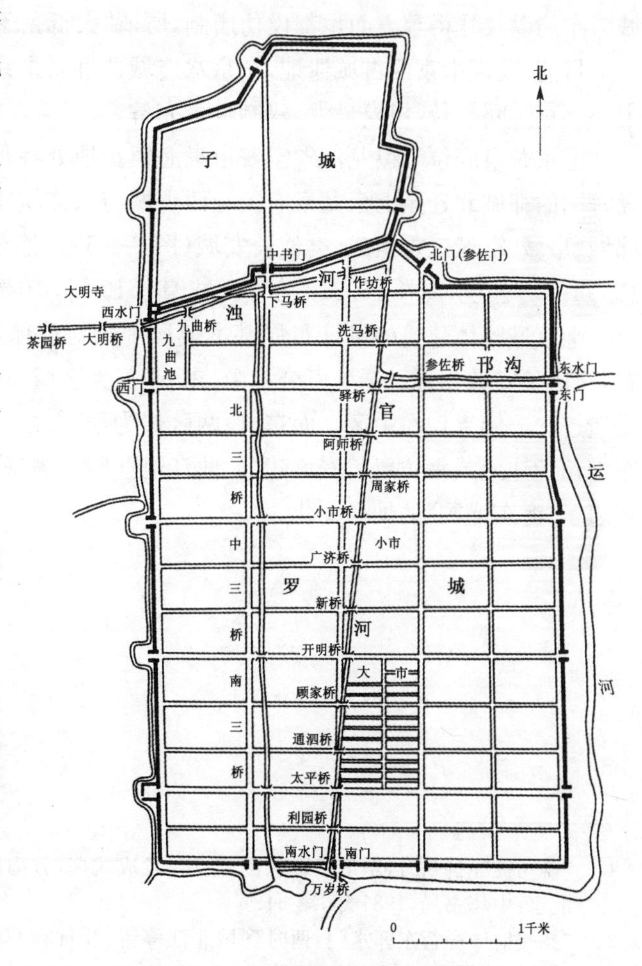

图 6-1-4 唐扬州城遗址平面示意图

〔1〕［唐］魏徵等撰：《隋书》卷四《帝纪第四·炀帝下》，第 89 页。

〔2〕［唐］魏徵等撰：《隋书》卷二十九《志第二十四·地理上》，第 808 页。

〔3〕［后晋］刘昫等撰：《旧唐书》卷四十三《志第二十三·职官二》，第 1825 页。

〔4〕［宋］沈括：《梦溪补笔谈》，北京：中华书局，1985 年，第 29 页。

〔5〕中国社会科学院考古研究所、南京博物院、扬州市文物考古研究所：《扬州城(1987—1998 年考古发掘报告)》，北京：文物出版社，2010 年，第 51 - 65 页。

岗上。罗城建在蜀岗之下的平坦区域。重要建筑均建于高爽地段,不仅居住舒适更便于安全防御。子城东西最宽处约 1 960、南北最长处约 2 000 米。平面形状没有罗城规则。罗城南北长 4 200 米,东西宽 3 120 米。与长安相似,城内也有市〔1〕、寺庙。城内外水道纵横〔2〕,皆为人工开凿。分别通向 5 座水门。沿河最为繁华,桥津密布,"二十四桥明月夜",五代时则"二十四桥空寂寂"〔3〕。"二十四桥"见证了隋唐扬州城的兴衰。

唐王朝的城市建设也影响到藩属国的建造。如渤海国,唐朝与渤海国是朝廷与地方政权之间管辖和被管辖的关系〔4〕,遵行羁縻制度,且渤海向中央王朝朝贡。渤海国设五京,计有上京龙泉府、中京显德府、东京龙原(源)府、西京鸭绿府和南京南海府。渤海人在城市布局以及礼俗等方面也都模仿唐制,所谓"大抵宪象中国制度如此"〔5〕。

目前,发现中京西古城遗址,东京八连城遗址及上京龙泉府上京城遗址。其中,渤海定都上京时间最长,规模最大、建制也最完备。

上京龙泉府位于黑龙江省宁安市渤海镇。地处牡丹江中游一盆地。"安史之乱"时,渤海国的都城北迁至上京龙泉府。与西古城与八连城均为两重城制不同,渤海上京城由郭城、皇城、宫城三重组成,类似长安城(图 6-1-5)。整个都城平面呈东西向长方形,占地 15.93 平方公里,周长 16.313 公里。城墙有 10 门,南墙 3,东、西墙各 2,北墙 3。

上京城整体建筑的设计布局基本遵照中轴对称原则,宫城、皇城在郭城中所处的位置,与唐长安城相近。全城可分为中、东、西三大区域,除皇城外,中区最尊,目前所见的重要遗迹——佛寺均在中区。而东、西两区似为居住区。有出入城水道,北墙还设有水门。东南角的洼地或是仿唐长安城建的"曲江池"〔6〕。渤海上京城的形制深受唐长安城影响,代表了"海东盛国"的灿烂文化。

---

〔1〕 "陈司徒在扬州时,东市塔影忽倒。"[唐]段成式撰,方南生点校:《酉阳杂俎》前集卷四《物革》,北京:中华书局,1981 年,第 51 页。

〔2〕 "扬州府……行东郭水门,酉时到城北江停留。"[日释]圆仁:《入唐求法巡礼行记》,上海:上海古籍出版社,1986 年,第 7 页。

〔3〕 [五代]韦庄:《过扬州》,中华书局编辑部点校:《全唐诗 第 10 册 卷 361～卷 702》,北京:中华书局,1999 年,第 8093 页。

〔4〕 杨雨舒:《渤海国与唐朝关系述略》,《东北史地》2004 年第 8 期。

〔5〕 [宋]欧阳修:《新唐书》卷二一九《列传第一百四十四・北狄传》,北京:中华书局,1973 年,第 6183 页。

〔6〕 黑龙江省文物考古研究所:《渤海上京城:1998—2007 年度考古发掘调查报告》,北京:文物出版社,2009 年,第 14 - 22 页。

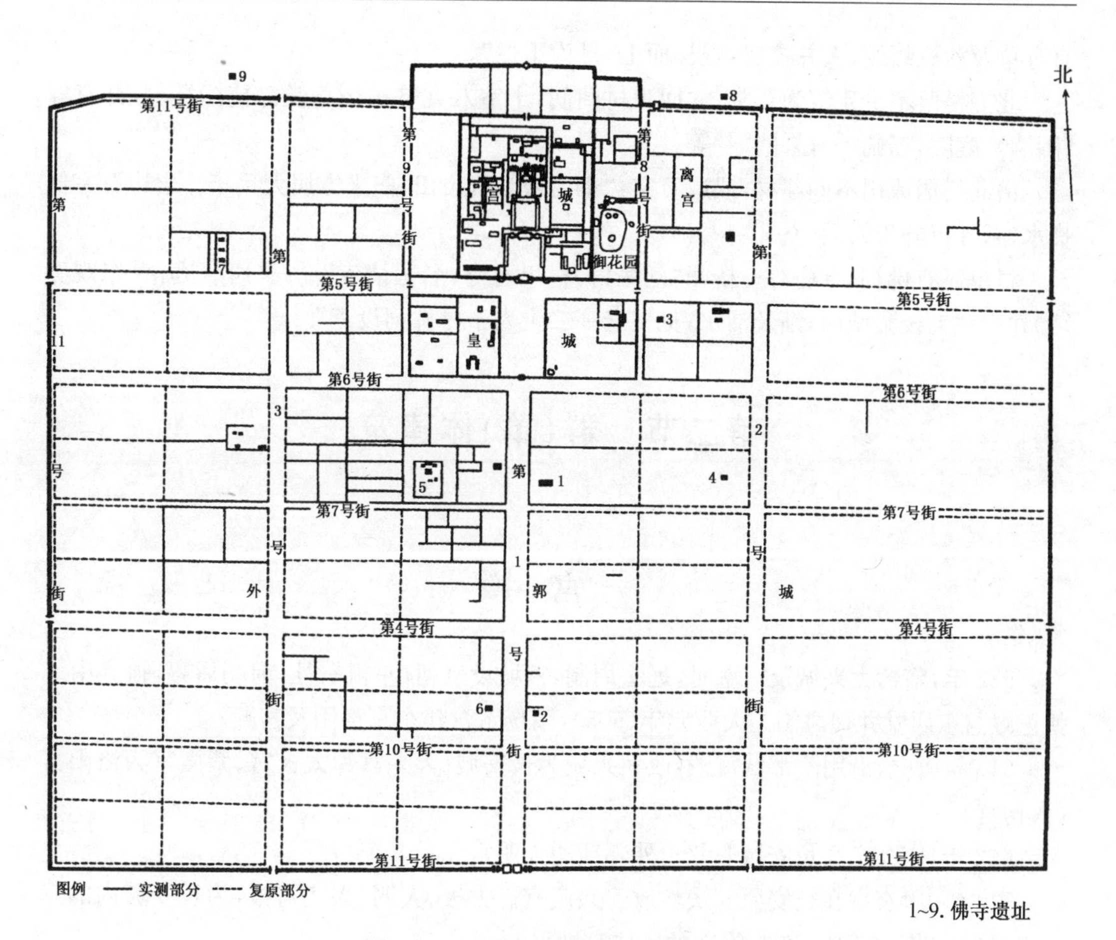

图 6-1-5　渤海上京城遗址平面示意图

三、村　落

隋一统，励精图治，并州郡、裁冗员，但以防御自固为主的聚落还有不少〔1〕。随政局平稳，坞壁也由武装自卫为主，改日常生产为重。

唐初承袭隋革弊之势，“武德七年，始定律令……百户为里，五里为乡，四家为邻，五邻为保。在邑居者为坊，在田野者为村，村坊邻里，递相督察”〔2〕。“村”进入国家地方行政体制并成为一级基层组织，其名称及影响延续至今，具有重要意义。

村落的组成、形式、建筑风格等，不同地域或有不一。偏远地带，有村落但无村制。故诗人常建在《空灵山应田叟》吟：“湖南无村落（实无村制），山舍多黄茆。淳朴如太古，其人居鸟巢。”应为草顶干栏式建筑。《通典》卷一八七载四川的“南平蛮”：“部落四千余户，山

〔1〕“大业末，（程知节）聚徒数百，共保乡里，以备他盗……”［后晋］刘昫等撰：《旧唐书》卷六十八《列传第十八・程知节》，北京：中华书局，1975 年，第 2503 页。

〔2〕［后晋］刘昫等撰：《旧唐书》卷四十八《志第二十八・食货上》，第 2088－2089 页。

有毒草及沙虱蝮蛇,人并楼居,登梯而上,号为干栏”。

北方村落不少建筑为草堂。“回观村间间,十室八九贫……草堂深掩门”[1],并有墉(围墙),庭院,场圃[2],果园[3]等。

洛北村居或用不同建材,或造石室:“十亩松篁百亩田,归来方属大兵年。岩边石室低临水,云外岚峰半入天……”[4]。

村里还有佛祠、寺庙等。扬州“延海村,村里有寺,名国清寺”[5]。唐裴庭裕《东观奏记》卷中:“上校猎城西,渐及渭水,见父老一二十人于村佛祠设斋”。

第二节　群(单)体建筑

一、宫　殿

582年,隋营大兴城及宫室时,远法周制,宫城设三朝,左祖右社,前朝后寝,摒弃南北朝正殿与东西堂并列之制。大业元年(605),隋炀帝营建东京洛阳及宫殿。

618年唐立,沿用隋都城宫殿,改大兴城为长安城、大兴宫为太极宫、紫微宫为洛阳宫(太初宫)。

662年,唐高宗在长安城东北角外郭新建大明宫。

714年,唐玄宗在长安原兴庆坊改建兴庆宫。太极、大明、兴庆宫殿,为长安城内的三处宫殿群。洛阳宫则为东都洛阳的重要宫殿群。

隋唐两代还大量建造离宫别馆。隋文帝建仁寿宫(唐之九成宫),炀帝建江都宫、汾阳宫。唐高祖造弘义宫、仁智宫、太和宫,太宗造飞山宫、襄城宫、翠微宫(原太和宫)、玉华宫、合璧宫(八关宫),高宗造西上阳宫、玄宗造温泉宫(华清宫)等。

此外,北周武帝置长春宫,隋唐时有所改建,为重要边防行宫[6]。

---

〔1〕[唐]白居易,丁如明、聂世美校点:《白居易全集》,上海:上海古籍出版社,1999年,第13页。

〔2〕[唐]白居易:《白居易集·效陶潜体诗十六首并序》,北京:中国戏剧出版社,2002年,第77-78页。

〔3〕“绿蔓映双扉,循墙一径微。雨多庭果烂,稻熟渚禽肥。酿酒迎新社,遥砧送暮晖。数声牛上笛,何处饷田归。”[五代]韦庄:《纪村事》,黄勇主编:《唐诗宋词全集第5册》,北京:北京燕山出版社,2007年,第2230页。

〔4〕[五代]韦庄:《洛北村居》,中华书局编辑部点校:《全唐诗　第10册　卷361～卷702》,北京:中华书局,1999年,第8083-8084页。

〔5〕[日释]圆仁原著,[日]小野胜年校注,白化文等修订校注:《入唐求法巡礼行记校注》,石家庄:花山文艺出版社,1992年,第11页。

〔6〕大荔县志编纂委员会编:《大荔县志》,西安:陕西人民出版社,1994年,第877页。

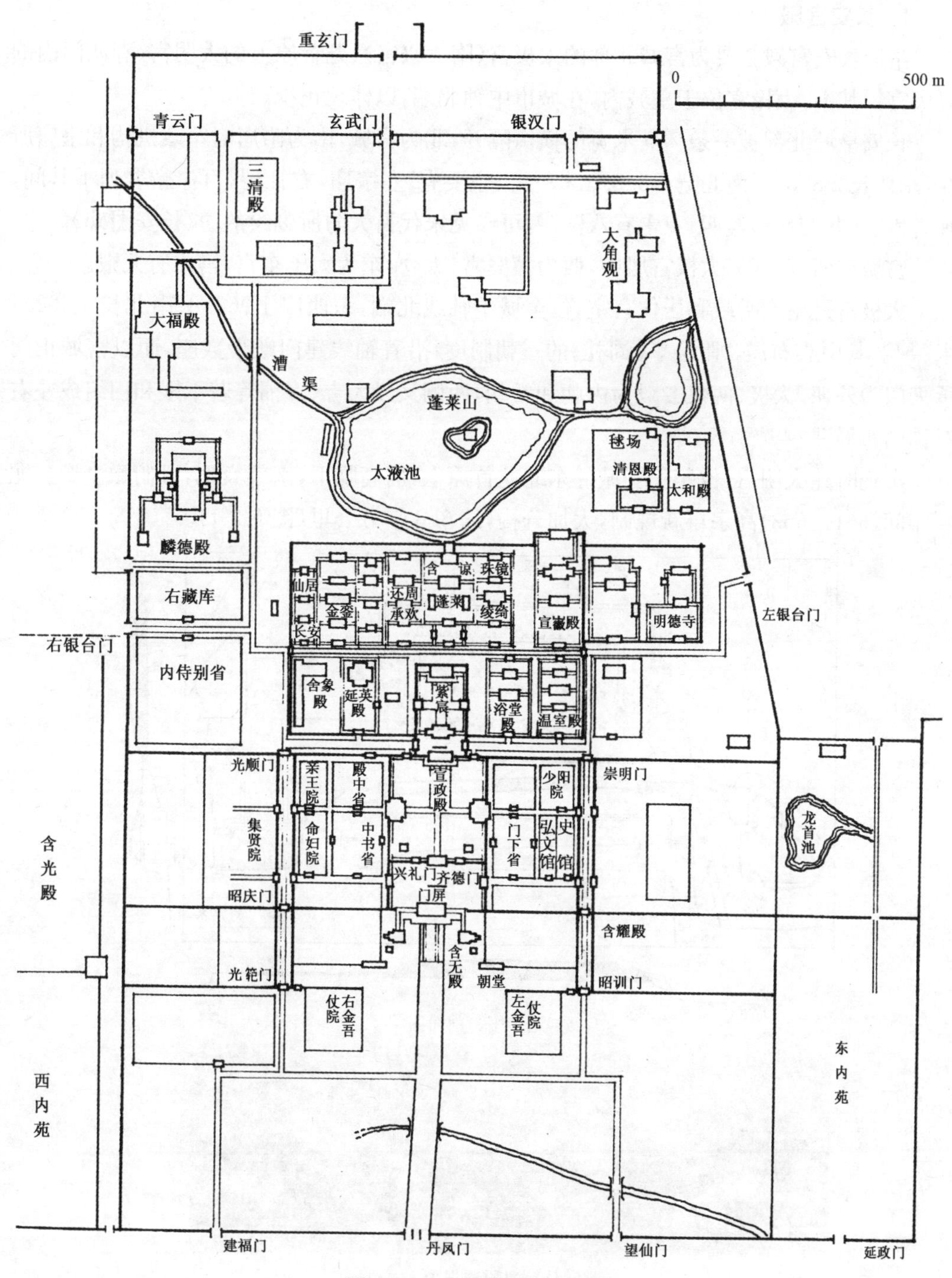

图 6-2-1　大明宫平面复原图

1. 长安宫殿

隋唐长安宫殿主要为宫城北部的太极宫(隋大兴宫)、龙首原上的大明宫、春明门内的兴庆宫。其中,太极宫位于皇城内,在城市中轴北端,以体现正统。

长安皇城北部被一条220米宽的横街隔开,北为宫城,南为隋唐时军政机构和宗庙所在,东西长2 820.3、南北宽1 843.6米[1]。主要有"左宗庙,右社稷,百僚廨署列乎其间,凡省六、寺九、台一、监四、卫十有八"[2],可参见宋代吕大防所刻绘的唐《长安图碑》。

宫城东西分三部:太极宫居中,西为掖庭宫、太仓,东为太子东宫,宫内有九殿。

太极宫是皇帝听政和居住宫室,位全城中轴线北端,东西广1 967.8、南北长1 492.1米[3]。其中心布局,"附会了《周礼》的三朝制度,沿着轴线建门殿十数座,而以宫城正门承天门为外朝,太极、两仪二殿为内朝和常朝,两侧又以大吉、百福等若干殿和门组成左右对称的布局"[4]。

贞观时建大明宫,位于长安城外东北龙首原上,居高临下,南望爽垲,可俯瞰全城。龙朔年间(661—663)高宗再新规制,大加葺构,约3.3平方公里(图6-2-1)。

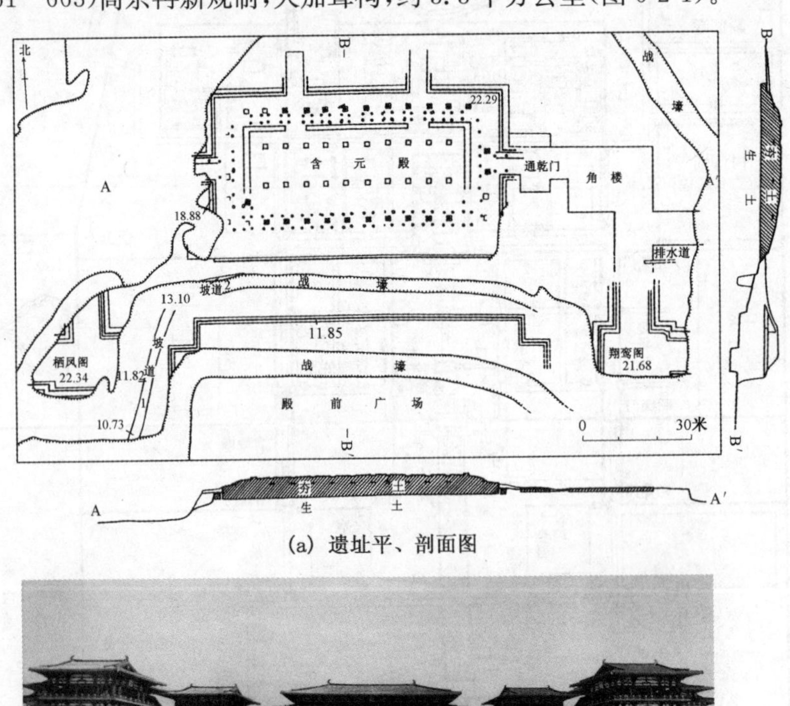

(a) 遗址平、剖面图

(b) 复原透视图

图6-2-2 大明宫含元殿

〔1〕 中国科学院考古研究所西安唐城发掘队:《唐代长安城考古纪略》,《考古》1963年第11期。
〔2〕〔3〕 [唐]李林甫等撰,陈仲夫点校:《唐六典》卷七《尚书工部》,第216-217页。
〔4〕 刘敦桢:《中国古代建筑史》(第二版),北京:中国建筑工业出版社,1984年,第118页。

宫内南部有三道横贯东西的宫墙，此区是最为恢弘的外朝，以殿堂为中心，中轴对称。南北纵列大朝含元殿、日朝宣政殿、常朝紫宸殿。

含元殿是正殿，利用龙首山做殿基。殿身面阔 11 间，进深 4 间，副阶周匝深 1 间，形成面阔 13 间、深 6 间的主殿。东西侧各有廊 11 间，至角折而南通向翔鸾、栖凤二阁。二阁为三重子母阙，下有高大的砖砌墩台。殿总宽约 200 米，气势宏大(图 6-2-2)[1]。886 年毁于战火。

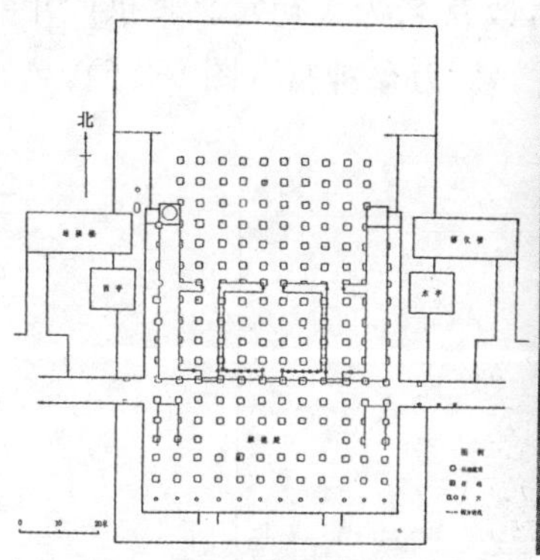

(a) 遗址平面图(前殿为金厢斗底槽，后二殿为满堂柱网平面)

(b) 复原透视图

图 6-2-3　大明宫麟德殿

大明宫北部园林区有麟德殿，内宴多设于此。殿下二层台基，由前、中、后三座殿阁组合而成，是迄今所见唐代形体最复杂者。总面阔 58.2、总进深 86 米，底层面积约达 5 000 平方米，也是中国古代最大殿堂之一(图 6-2-3)。

兴庆宫位于长安城皇城东南，紧邻东城垣，城墙边有复道通大明宫。原为玄宗李隆基藩邸，开元初为离宫，分南北两院(图 6-2-4)。

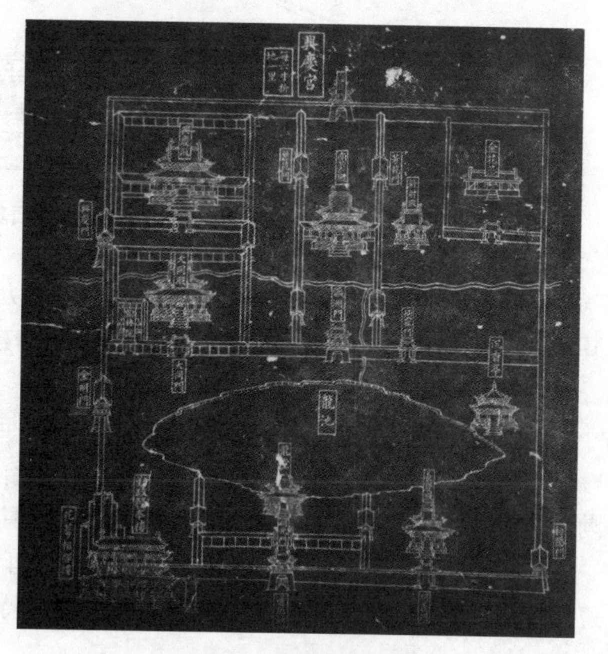

图 6-2-4　《兴庆宫图》碑

2. 洛阳宫殿

唐洛阳宫在隋东都宫基础上建制[2]，布局与长安宫殿相仿。宫城位于曜仪城南，据考古资料，是东西

〔1〕 原先认为大殿前有长达 75 米的龙尾道，现考古研究显示其“设在殿堂的两侧。龙尾道起自殿前广场的平地，沿两阁内侧的坡道，经三层大台，迂回登到殿上。”中国社会科学院考古研究所西安唐城工作队:《唐大明宫含元殿遗址 1995—1996 年发掘报告》,《考古学报》1997 年第 3 期。

〔2〕 由于各时期的门、殿称呼不一，本节以唐代的名称为准。

宽于南北的长方形,此为大内核心区域〔1〕。

宫城内主体建筑沿中轴线应天门向北,过乾阳门,进入内朝庭院,乾元殿(隋称乾阳殿)位于殿庭中间偏北,为宫中最主要殿宇。其后为贞观殿,再后为皇帝寝宫和嫔妃住处。

隋代乾阳殿面阔13间,二十九架,高170尺,基高9尺,从地至鸱尾高270尺,柱大二十四围,三陛重轩,文棍镂槛,栾栌百重,粢拱千构。云楣绣柱,华榱壁珰,穷轩甍之壮丽〔2〕。唐武德四年,为反奢侈,被李世民下诏焚毁〔3〕。其后高宗在旧殿基础上兴修乾元殿。

武后时营建东都最盛。光宅元年(684),改东都为神都,改宫名为太初宫。垂拱四年(688)二月,武后拆东都洛阳宫正殿乾元殿建明堂,自我作古,号“万象神宫”(图6-2-5)。

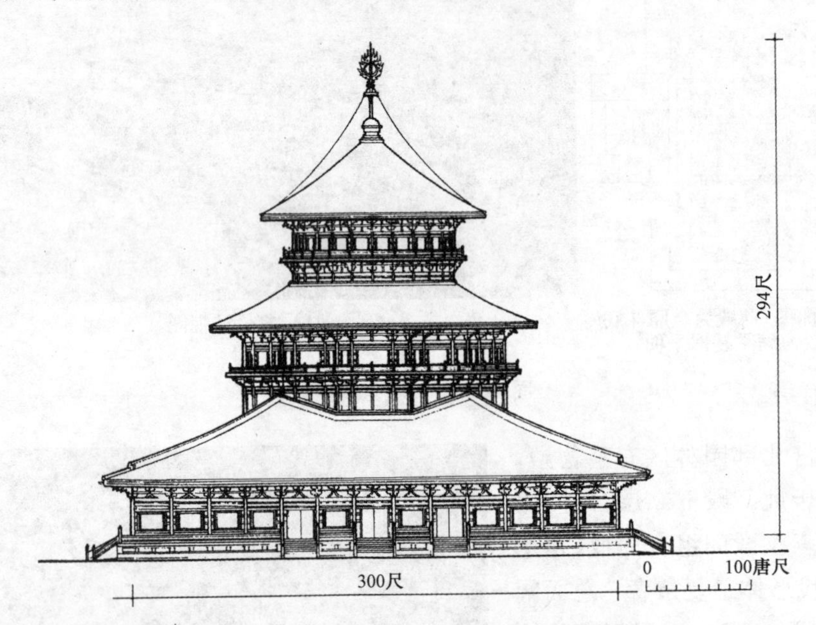

图6-2-5　唐洛阳宫明堂立面复原示意图

武后又在明堂北贞观殿一区建五层天堂,以贮大佛,高百余尺。明堂、天堂是唐所建最高大木构,一改宫中主殿单层传统,充分展现盛唐建筑水平。

3. 渤海上京宫城

上京城五座主要宫殿按中轴线自南向北排列,可比照唐长安城大明宫含元殿、宣政殿、紫宸殿、寝殿的顺序格局。宫城北门及郭城正北门与大明宫的玄武、重玄门完全对应。渤海上京遗址对了解唐代宫殿建筑及其承启关系,具有重要作用。

宫城规模逊于唐大明宫。各殿基开间数虽与唐大明宫比肩,但有所减损(图6-2-6),遵循帝都与王城的等级规则〔4〕。各殿平面又各具特征。

〔1〕 中国科学院考古研究所洛阳发掘队:《隋唐东都城址的勘查和发掘》,《考古》1961年第3期。

〔2〕 [唐]韦述、杜宝撰,辛德勇辑校:《两京新记辑校大业杂记辑校》,西安:三秦出版社,《大业杂记辑校》,第7页。《大业杂记》大多认为是伪书,本书引用仅为参考。

〔3〕 [唐]李林甫等撰,陈仲夫点校:《唐六典》卷七《尚书工部》,第220页。

〔4〕 黑龙江省文物考古研究所:《渤海上京城:1998—2007年度考古发掘调查报告》,第22页。

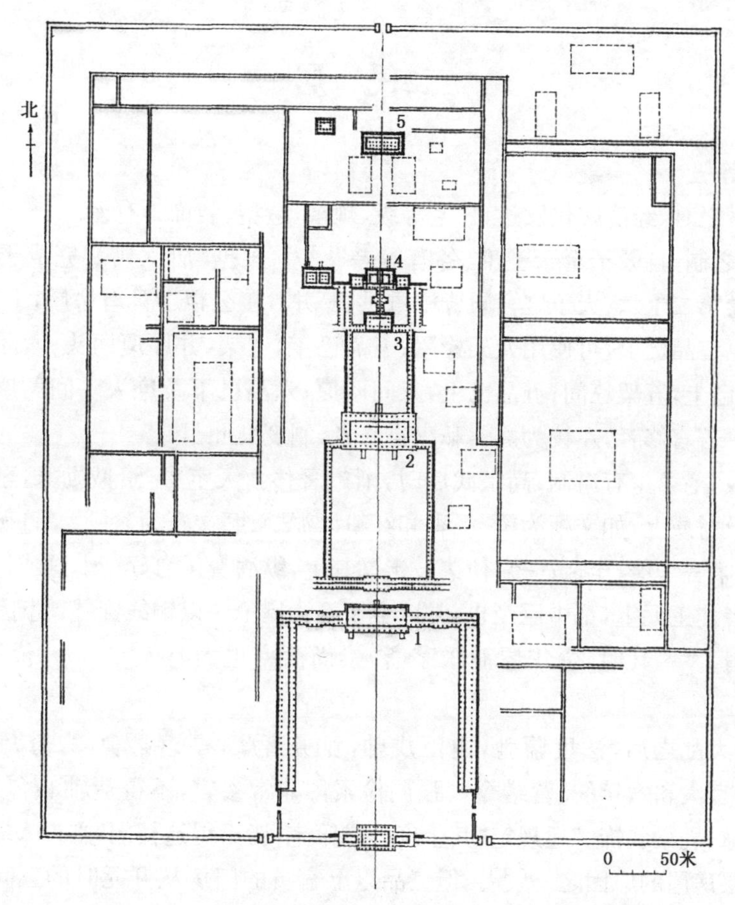

图 6-2-6　渤海上京龙泉府宫城平面复原图(中心部分)

例如,其第 2 号宫殿位于宫城中心,是宫城内规模最大的建筑,由正殿、掖门、廊庑等组成,正殿基座东西长约 92 米,可能是一主殿与东西挟屋三殿并列形式(图 6-2-7)。一主二辅且位于同一台基上,见于敦煌盛唐壁画(图 6-2-14)。在北宋宫殿建筑里有所传承。我国多地,特别是福建传统民居亦多见。

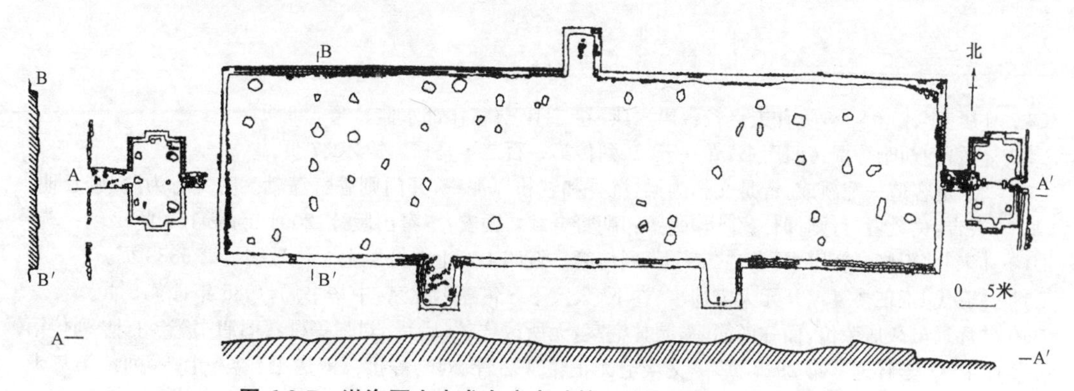

图 6-2-7　渤海国上京龙泉府宫城第 2 号宫殿遗址平、剖面图

二、民　居

1. 住宅等级

隋唐繁盛之时,经济文化发达,住宅等级、规模、造型、装饰等有差。

“凡宫室之制,自天子至于士庶,各有等差”[1]。根据《唐六典》(完成于开元年间)、《唐律疏议》卷第二十六:天子之宫殿皆施重栱、藻井。王公以下凡有舍屋,不得施重栱、藻井。王公诸臣三品已上,可使用九架椽屋;五品已上,七架,并厅厦两头;六品已下,五架。其门舍,三品已上,五架三间;五品已上,三间两厦;六品已下及庶人一间两厦。五品已上得制乌头门。若官修者,左校为之。私家自修者,制度准此。

初唐尚俭,宅第少有逾制;高宗武后时,渐趋奢侈。天宝中,贵戚勋家,已务奢靡[2]。体现在装饰及材质上,如文柏为梁、沉香和红粉以泥壁、磨文石为阶[3]。许敬宗在高宗朝颇受恩宠,营第舍华僭,至造连楼,使诸妓走马其上,纵酒奏乐自娱[4],这或许是最早的跑马楼。极端者:“王元宝,都中巨豪也,常以金银叠为屋……以铜线穿钱,甃于后园花径中,贵其泥雨不滑。”[5]其时,去华屋而乐茅斋,崇尚简率也大有人在[6]。价值多元,各有所求。

“及安史大乱之后,法度隳弛,内臣戎帅,竞务奢豪,亭馆第舍,力穷乃止,时谓‘木妖’”[7]。文宗大和六年的《营缮令》,强调俭素,“非常参官,不得造轴心舍及施悬鱼、对凤、瓦兽,通栿、乳梁装饰。”还规定“其士庶公私第宅,皆不得造楼阁,临视人家。”这或是民居较少盖多层房屋的原因之一[8]。但三品以上官员的门房从开元时的三间五架变为五间五架,入口规制稍大。此令尽管并不苛刻,然世人宅第争相奢华,已成为习俗,法不治众,令行不畅。国势日衰。

2. 院落园林

目前无唐代住宅实物遗存。不过,文献记载或图像可为佐证。

敦煌盛唐壁画有描绘七重院落,展现“未生怨”故事的宫廷场景,规模宏大,门屋、厅堂、亭台、楼阁等俱全[图 6-2-8(a)],当时豪宅应为多路多进的合院群。

---

[1] [唐]李林甫等撰,陈仲夫点校:《唐六典》卷二十三《将作都水监》,第 596 页。

[2] [后晋]刘昫等撰:《旧唐书》卷一五二《列传第一百二·马璘》,第 4067 页。

[3] “宗楚客造一宅新成,皆是文柏为梁,沉香和红粉以泥壁,开门则香气蓬勃。磨文石为阶,砌及地。着吉:莫靴者,行则仰仆。”[唐]張鷟:《朝野佥载》,西安:三秦出版社,2004 年,第 103 页。

[4] [宋]欧阳修:《新唐书》卷二二三上《列传第一百四十八上·奸臣上·许敬宗》,第 6338 页。

[5] [五代]王仁裕纂:《开元天宝遗事》卷下《天宝下·富窟》,北京:中华书局,1985 年,第 15 页。

[6] “怀远虽久居荣位,而弥尚简率,园林宅室,无所改作。”[后晋]刘昫等撰:《旧唐书》卷九十《列传第四十·李怀远》,第 2920 页。“义琰宅无正寝”[后晋]刘昫等撰:《旧唐书》卷八十一《列传第三十一·李义琰》,第 2757 页。

[7] [后晋]刘昫等撰:《旧唐书》卷一五二《列传第一百二·马璘》,第 4067 页。

[8] 袁婧:《唐代的住宅与礼法》,《首都师范大学学报》(社会科学版)2006 年增刊。

(a) 莫高窟第148窟东壁七重院落壁画

(b) 第23窟南壁民居院落壁画

图 6-2-8　唐代院落举例

再如，敦煌壁画法华经变中的一个院落[图 6-2-8(b)]，外有夯土墙围绕，土墙上开乌头大门，门内小院之后有院墙和院门，院门之内为三开间正房并附二耳房。按《唐六典》五品以上得制乌头门，应是官员府邸。其院落之后有人骑马并配远山，暗示坐落某处庄园中。

城市里的庭院会在住宅后部或宅旁掘池造山，寄寓诗情画意。如白居易退老之宅："十七亩，屋室三之一，水五之一，竹九之一……有水一池、有竹千竿，……有堂、有亭、有桥、有船、有书、有酒、有歌、有弦、有叟……"[1]，宅园合一。

3. 住宅单体

造型各异。厅堂类建筑可参考隋大业四年李静训墓石棺(图 6-2-9)，基座高大，正面三开间，屋顶"厦两头"(即歇山顶)，反映隋唐厅堂的一般特征。

---

〔1〕[唐]白居易:《白氏长庆集》,《白氏文集》卷六十《池上篇并序》。张春林:《白居易全集》,北京:中国文史出版社,1999 年,第 568 页。

图 6-2-9 隋李静训墓石棺西壁立面图

图 6-2-10 西安中堡唐墓出土明器住宅

山西长治唐代王休泰墓(大历六年,771)中出土一套陶住宅院落模型,沿中轴线构成一个层次分明、左右对称的完整院落,有前、中、后三进,设门楼、影壁、前堂、厢房、后寝、配房、马厩等,为唐代中等规模的住宅形制〔1〕。相似悬山顶在西安西郊中堡村唐墓出土的房屋明器中也有,此外还有亭子、山池,惜各建筑受淤泥冲动原位置不明〔2〕(图 6-2-10)。

一般乡村住宅,可见五代卫贤《高士图》中的山间村居(图 6-2-11),当为唐、五代山居缩影。

图 6-2-11 卫贤《高士图》(局部)

图 6-2-12 合肥西郊南唐墓出土的底层架空木屋

〔1〕 沈振中:《山西长治唐王休泰墓》,《考古》1965 年第 8 期。
〔2〕 陕西省文物管理委员会:《西安西郊中堡村唐墓清理简报》,《考古》1960 年第 3 期。

不少住宅地域特色鲜明。合肥西郊南唐墓出土的木屋(图6-2-12),底层架空,为干栏建筑,是南方建筑或临水建筑常用的形式。

白居易《庐山草堂记》:“……草堂成,三间两柱,二室四牖。……洞北户,来阴风,防徂暑也。敞南甍,纳阳日,虞祁寒也。木斫而已,不加丹;晴圬而已,不加白。碱阶用石,羃窗用纸,竹帘纻帏,率称是焉。……前有平地,轮广十丈;中有平台,半平地;台南有方池,倍平台。环池多山竹野卉,池中生白莲、白鱼。又南抵石涧,夹涧有古松老杉……”,为南方环境优美的庶人之宅。

室内陈设。隋、唐五代,席地而坐与垂足而坐并存。白居易庐山草堂“堂中设木榻四,素屏二,漆琴一张,儒道佛书各三两卷”。五代垂足而坐相对较普及,从五代王处直墓后室浮雕和东西耳室壁画可了解其时家具,如桌、凳、长案及镜架、帽架、箱等,装饰有云头牙脚,工艺造型丰富[1]。

三、文　庙

目前现存最早的文庙是五代正定文庙(图6-2-13)。五代延续尊孔之礼,“周广顺二年六月……敕兖州修葺(曲阜)祠宇,墓侧禁樵采。”后周太祖郭威“亲征兖州初平,遂幸曲阜谒孔子祠,既奠,将致敬,左右曰:‘仲尼,人臣也,无致敬之礼’。上曰:‘文宣百代帝王师,得无拜之?’即拜奠祠前”(《五代会要·褒崇先圣》卷八)。

(a) 外观　　(b) 转角铺作

图6-2-13　河北正定文庙

四、宗教建筑

隋朝大统一,开通封塞的丝绸之路,促进东西方之间的交流;大运河沟通东西、南北,又加强了国内各方流通。加之文、炀二帝都是虔诚的佛教徒,隋代佛教得以弘扬。仁寿年间,隋文帝曾令天下各州建舍利塔。

[1] 河北省文物研究所保定市文物管理处:《五代王处直墓》,北京:文物出版社,1998年,第53页。

唐代更是中国宗教的鼎盛期,发展出天台宗、净土宗、禅宗、密宗、法相宗、三论宗、律宗、华严宗等八大宗派,完成佛教的本土化。

除佛教外,中国本土宗教道教,得到李唐王朝的青睐,空前活跃。此外,还有外来的摩尼、大秦、祆教等教派。

佛、道二教的宗教场所遍及全国都邑山野。目前遗留下来的唐、五代建筑,都属此类。

1. 平面布局

由于佛教经唐武宗、后周世宗两次“灭法”,加以后世毁损,目前无成组群的隋唐、五代完整寺院留存。仅据文献和敦煌壁画,解其一二(图 6-2-14)。

图 6-2-14 佛寺图 莫高窟第 12 窟北壁壁画(晚唐)

初唐律宗创立者道宣撰《关中创立戒坛图经》,绘有理想的律宗寺院:唐前期佛教寺院拥有庞大的建筑群,其平面布局与宫殿、住宅相似。重点殿堂沿中轴排列、周以门廊,成多路多进庭院;并常以楼阁为全寺中心。存世敦煌壁画,佐证此种以楼阁为中心的布局。此外,大型寺院还在其周边划分多个“别院”“分院”[1](图 6-2-15)。如西明寺“凡有十院,屋四千余间”(《三藏法师传》卷十);章敬寺“总四千一百三十余间,四十八院”(《长安志》卷十一);新罗全禅师在成都的大圣慈寺“凡九十六院,八千五百区”(《佛祖统纪》卷四十)等。这些院落可容纳不同宗派僧众,同居一寺。寺庙成为众僧平等的修习场所,独具特色。

[1] 中国营造学社:《中国营造学社汇刊》第 3 卷第 1 期,中国营造学社,1935 年,第 82 页。

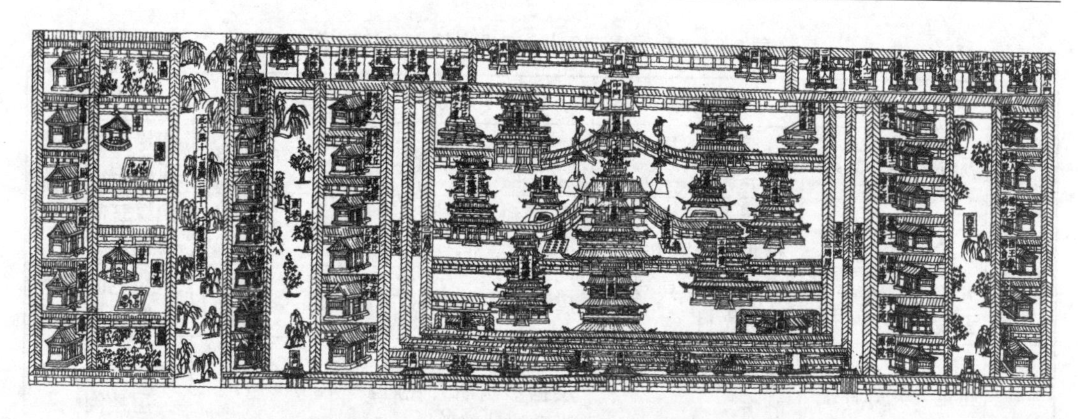

图 6-2-15 《关中创立戒坛图经》所示律宗寺院图

2. 木构举要

目前,遗存下来的隋、唐、五代实例多佛教建筑。以木构建筑为例,山西、河北现存唐代寺庙共 4、5 处,分别是五台山唐代南禅寺大殿、佛光寺东大殿,平顺天台庵大殿[1],以及一座道教建筑芮城五龙庙大殿;河北正定开元寺钟楼的下层,可为半个。除五台佛光寺东大殿七开间外,余者多郊野寺庙三开间小殿,对比唐代寺观盛况,沧海一粟。

目前留存五代建筑亦以小殿为主,共 6 座(表 6－1)。其中,平顺龙门寺西配殿是唯一悬山顶,余均为歇山顶。平顺大云院弥陀殿,最早采用普拍枋(图 6-2-16)。

图 6-2-16　平顺大云院大殿

〔1〕 脊槫与替木间"长兴四年九月二日……"的墨书(933 年);飞子上"大唐天成四年建创立,大金壬午年重修,大定元年重修,大明景泰重修,大清康熙九年重修"的墨书。作者认为"弥陀殿是一座创建于五代后唐之遗物",帅银川,贺大龙:《平顺天台庵弥陀殿修缮工程年代的发现》,《中国文物报》2017 年 3 月 3 日。

表6-1 我国现存唐代、五代木构古建筑列表

序号	名称	地点	年代	材(厘米)	造型
1	五台南禅寺大殿	山西五台县东冶镇李家庄	唐建中三年(782)	24.75×16.5	四椽三间九脊通檐用二柱
2	芮城五龙庙正殿	山西芮城县龙泉村北的高地上	唐大和六年(832)有说831	20×13	四椽三间九脊通檐用二柱
3	五台佛光寺东大殿	山西五台县豆村镇佛光村	唐大中十一年(857)	30×20.5	八椽七间四阿金厢斗底槽
4	正定开元寺钟楼	河北正定城内常胜街	上层1989年重建,下层据形制断为晚唐,算半个唐代建筑	25.5×17	四椽三间九脊二层楼阁
5	平顺天台庵大殿	山西平顺县王曲村	唐末天佑四年(907)[1]	18×11.5~12	四椽三间九脊通檐用二柱
6	平顺龙门寺西配殿	山西平顺县石城镇源头村龙门山中	后唐同光三年(925)	18×12	三间悬山顶
7	正定文庙(图6-2-13)	河北正定县城内民主街	五代(907—960)的建筑	25×20	五间九脊梁架后世修葺较多
8	实会大云院弥陀殿	山西平顺县实会乡实会村	后晋天福五年(940)	20×13.5	三间九脊目前最早使用普拍枋实例
9	平遥镇国寺万佛殿	山西平遥县城北郝洞村	北汉天会七年(963)	22×16	六椽三间九脊通檐用二柱
10	福州华林寺大殿	福建福州鼓楼区北隅、屏山南麓	吴越钱弘淑十八年,北宋乾德二年(964)	30×16(材高在30~34不等)	八椽三间九脊前后乳栿用四柱
11	长子碧云寺正殿	山西长子县西北丹朱镇小张村	无记载,根据构件形制断为五代	19×12左右	四椽三间九脊后乳栿用三柱

注:1. 目前,对平顺天台庵年代颇有争议,或唐末,或五代。
2. 长武昭仁寺大殿,国家公布为唐代。实际此殿虽保留一点早期做法,但因其梁架改动太多等,应属元代以后,以明代为妥。该殿巧妙运用大角梁与抹角梁等构架的相互作用,内无金柱,敞亮明快。此做法在明代太原阳曲范庄大王庙大殿中也有应用。
3. 长子布村玉皇庙中殿前檐及柱部分保留五代早期做法,后檐及屋架等多经后世改动。

(1) 南禅寺大殿

我国现存最早木构。面阔(11.75米)、进深(10米)各三间,总高约9米,斗栱用材24.75×16.5厘米[2]。

大殿小巧别致,清新秀雅,但蕴涵着遒劲的内力,唐构特点显著[图6-2-17(a)]。单檐歇山顶,举折平缓,出檐深远[3]。有阑额无普拍枋,转角处阑额不出头。四架椽屋通檐用

[1] 和声、刘奇:《长治市志》,北京:海潮出版社,1995年,第849页。
[2] 傅熹年:《中国古代建筑史·第二卷》(第二版),北京:中国建筑工业出版社,2009年,第491-494页。
[3] 祁英涛、柴泽俊:《南禅寺大殿修复》,《文物》1980年第11期。

二柱[图 6-2-17(b)]。

(a) 修复后的外观　　(b) 横剖面图

图 6-2-17　南禅寺大殿

(2) 佛光寺东大殿

佛光寺创建于北魏孝文帝时(471—499)[1],唐、宋(金)、元、明、清各代多有修建。东大殿改动较少,与泥塑、壁画、墨迹,寺内外墓塔、石雕等交相辉映,是我国古建瑰宝,声誉极高。

寺东西向。沿山坡分三个平台,第一层北有金天会十五年(1137)文殊殿。第二层台上现存清代以来建筑,此处唐代可能有一座七间三层的弥勒阁。第三层陡峭的平台上,为东大殿(图 6-2-18)。

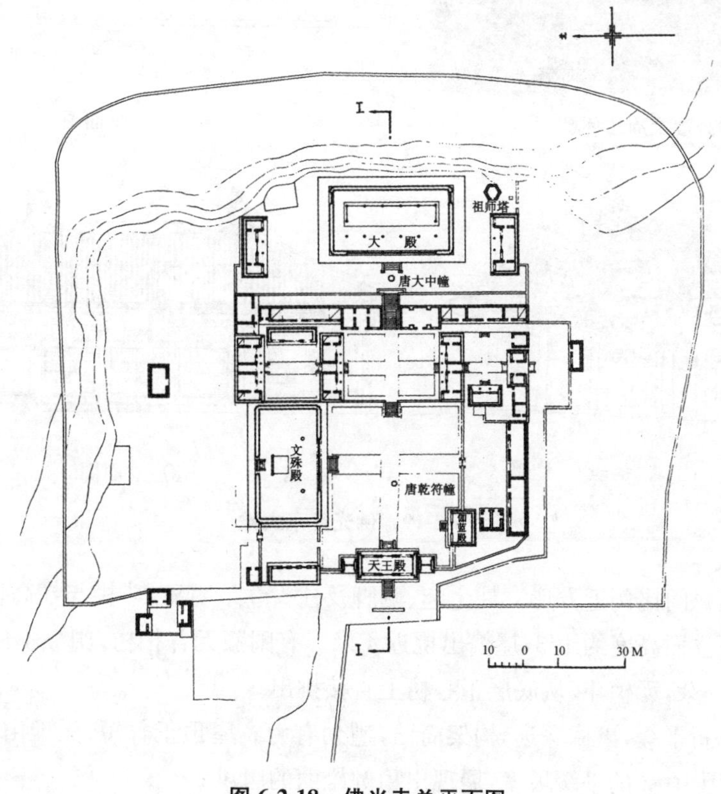

图 6-2-18　佛光寺总平面图

〔1〕“台西有佛光山,下有佛光寺,孝文所立”[唐]释慧祥:《清凉传》,《古清凉传》卷上。陈扬炯、冯巧英校注:《古清凉传　续清凉传》,太原:山西人民出版社,2013 年,第 19 页。

东大殿是现存唐构中规模、等级最高的一座[图 6-2-19(a)]。面阔七间(34 米)、进深四间(17.66 米);八架椽屋前后乳栿用四柱。斗栱用材 30×20.5 厘米[1],合《营造法式》一等材。外观正中五间板门,两尽间直棂窗。殿顶瓦条脊,正脊两端为元代补配的琉璃鸱吻,高大雄健,仍沿唐制。

大殿柱网由内外两周柱组成(《营造法式》"金厢斗底槽")[图 6-2-19(b)]。内槽后半部为巨大佛坛,前为礼佛空间,五间内槽各置一组佛像。

屋顶梁架层分明栿、草栿,明栿月梁造。平闇天花,与日本天平时代(我国唐中叶)遗构相同。平梁上大叉手、无侏儒柱。两叉手相交顶点与令栱相交,令栱上承替木与脊槫,此法应是汉唐建筑习用之法,不见于宋元后[图 6-2-19(c),(d)]。

(a) 外观及周边环境

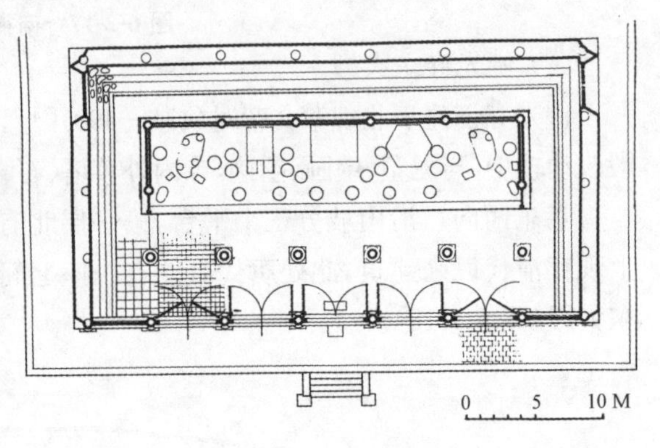

(b) 平面图

(c) 屋架　　(d) 立面图

图 6-2-19　佛光寺东大殿

大殿立面每间比例近方形。柱生起、侧脚及柱头卷杀明显,斗栱与柱高比约为 1∶2,斗栱占据檐下立面高度约 1/3,屋檐出挑近 4 米。有阑额无普拍枋,阑额不出头。补间铺作简单,每间一朵,无栌斗,从底层正心枋上直接挑出。

东大殿举折平缓,出檐深远,构架简洁,遒劲有力。屋顶正脊短、无推山,垂脊几为一直线,屋面采用 1∶2 的平缓坡度,展现出稳健雄丽的唐风。

---

〔1〕 梁思成:《记五台山佛光寺的建筑》,《梁思成全集》,北京:中国建筑工业出版社,2001 年,第 388 页。

(3) 正定开元寺钟楼

目前唐代木构中唯一的楼阁。惜后世修改,二层非唐构,1989年修复[图6-2-20(a)]。

楼阁通高14米,叉柱造,下层内部四柱壮大,其上斗栱雄伟,用材25.5×17厘米[1],柱头有卷杀,无普拍枋,阑额不出头。内外柱之间施乳栿,乳栿后尾为第二跳华栱的位置,整体构造简约,属唐构遗风[图6-2-20(b),(c)]。

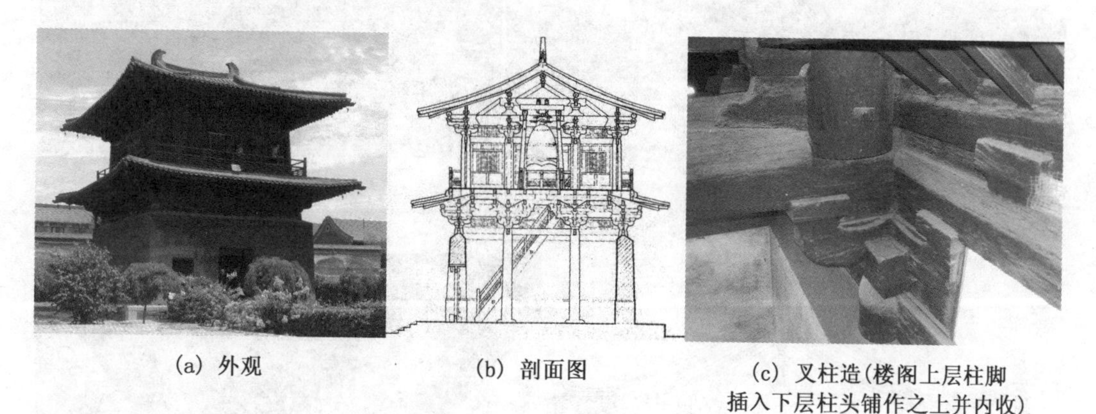

(a) 外观 (b) 剖面图 (c) 叉柱造(楼阁上层柱脚插入下层柱头铺作之上并内收)

图6-2-20 正定开元寺钟楼

(4) 天台庵大殿

位于山西平顺县实会乡王曲村一土丘之上,大殿基座石砌[图6-2-21(a)]。单檐歇山顶,瓦条脊,正脊两端黄绿琉璃鸱吻精美[图6-2-21(b)],大殿在金大定二年(1162)重修过,鸱吻或是此时遗物。立面版门、直棂窗。因角部檐出过大,后人加柱支撑。

方三间殿,面阔、进深均7.08米,四架椽屋通檐用二柱[图6-2-21(c)],用材18×11.5~12厘米[2]。四椽栿架在明间前后檐柱上,其上加平梁、叉手、蜀柱,令栱、替木、脊槫[图6-2-21(d)]。构架与山西芮城五龙庙正殿同。现存唐构中,仅此殿采用从斗口出的襻间,此法五代常见。四椽栿上立蜀柱、平梁上之驼峰、侏儒柱,从形制看与其他构件不同,为重修之物。四椽栿向外伸成华栱——"斗口跳",简洁明了。

(5) 芮城五龙庙

位于山西省芮城县龙泉村村北的土垣上,原名广仁王庙、龙王庙[图6-2-22(a)]。大殿木构,虽屡次修缮,仍属唐风。

殿面阔五间、11.47米,进深三间、4.92米,单檐歇山顶,用材20×11~12厘米,四架椽屋通檐用二柱(约宋式五等材)[3]。檐柱生起、侧脚明显。有叉手、托脚,有阑额无普拍枋,阑额至角部不出头[图6-2-22(b)]。无补间铺作。柱头五铺作出双抄偷心里转出一挑华栱,华栱后尾压在四椽栿下;泥道栱上施正心枋,正心枋上又施泥道栱,其上再施正心

---

〔1〕 聂连顺、林秀珍、袁毓杰:《正定开元寺钟楼落架和复原性修复(上、下)》,《古建园林技术》1994年第1、2期。

〔2〕 王春波:《山西平顺晚唐建筑天台庵》,《文物》1993年第6期。

〔3〕 贺大龙:《山西芮城广仁王庙唐代木构大殿》,《文物》2014年第8期。

(a) 外观　(b) 金代黄绿琉璃鸱吻

(c) 通檐用二柱　(d) 内部梁架

图 6-2-21　平顺天台庵大殿

枋,泥道栱与正心枋交替[图 6-2-22(c)],应为唐之前习用之法,宋《营造法式》未载(我国南方后世遗留一些实例,如福州华林寺大殿、金华天宁寺大殿等)。日本同期古建多见,如奈良唐招提寺金堂柱头铺作。

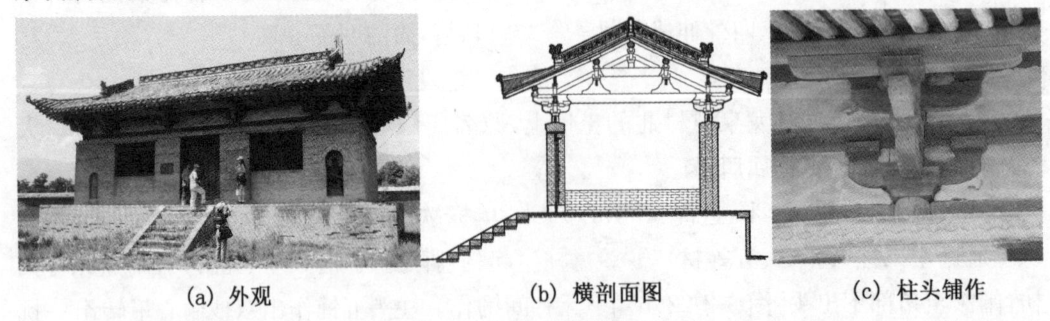
(a) 外观　(b) 横剖面图　(c) 柱头铺作

图 6-2-22　芮城五龙庙正殿

(6) 龙门寺西配殿

位于山西平顺县城东北 40 多公里处的石城乡龙门山中,半山腰缓坡上。始建于北齐,时称法华寺。后唐寺因山名,改龙门寺[1]。

〔1〕 马晓、张晓明:《平顺龙门寺深山里的古建博物馆》,《中国文化遗产》2010 年第 2 期。

寺院前低后高，颇具气势。主要建筑坐东北向西南，沿中轴线布置，四进房屋三进院落[图 6-2-23(a)]。中轴线上依次有山门(元)、大雄宝殿(宋)、燃灯佛殿(清)、千佛阁(已毁)，堪称深山中的古建博物馆[图 6-2-23(b)]。前院内西配殿(五代)，东配殿(明)。

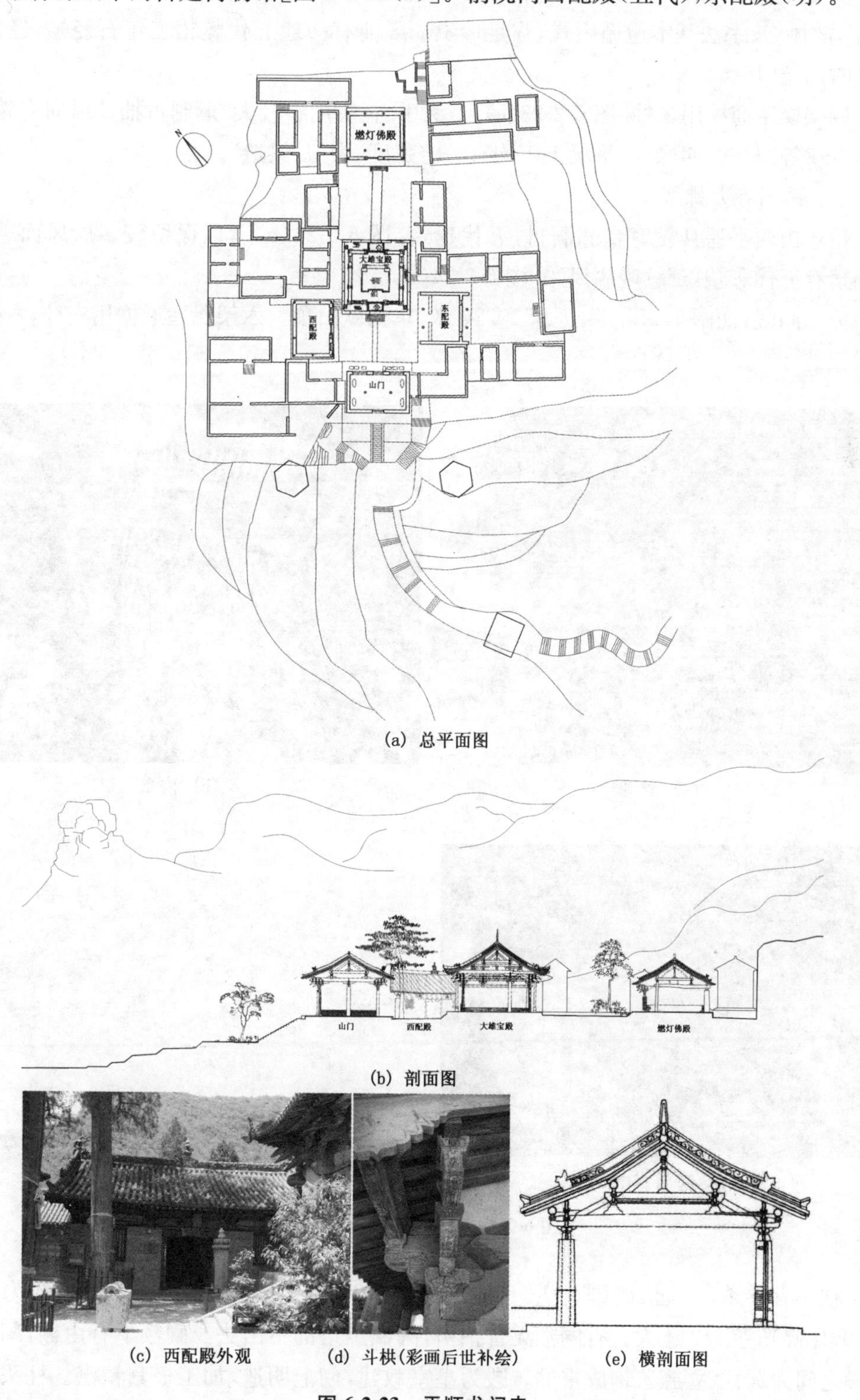

(a) 总平面图

(b) 剖面图

(c) 西配殿外观　(d) 斗栱(彩画后世补绘)　(e) 横剖面图

图 6-2-23　平顺龙门寺

西配殿建于五代后唐同光三年(925),面阔三间,通面阔 9.87、进深 6.8 米,单檐悬山,现存唐五代古建中唯一的悬山顶实例[图 6-2-23(c)]。柱头斗口跳,卷头下栌斗口出真华头子[图 6-2-23(d)]。前檐北角柱为方形抹角石柱,经后世更换。其年代距唐亡仅 18 年,故风格、手法基本遵循唐式,弥足珍贵。殿前有一通五代乾祐三年石经幢,经文记有其时的龙门寺。

四架椽屋通檐用二柱[图 6-2-23(e)]。叉手、托脚用料较大,形制古拙。纵向有襻间、捧节令栱等固济。四椽栿、平梁上下均有一定弧度,为"月梁造"。

(7) 镇国寺万佛殿

位于山西平遥县襄垣乡郝洞村,五代建筑[图 6-2-24(a)],以保留较多唐风而著称。室内遗存五代彩塑,延续晚唐风采[图 6-2-24(b、c)]。

方三间殿,面阔 11.57 米、进深 10.77 米,单檐歇山顶。六架椽屋通檐用二柱,六椽明栿月梁造[图 6-2-24(d)]。

(a) 外观

(b) 内景

(c) 殿内彩塑

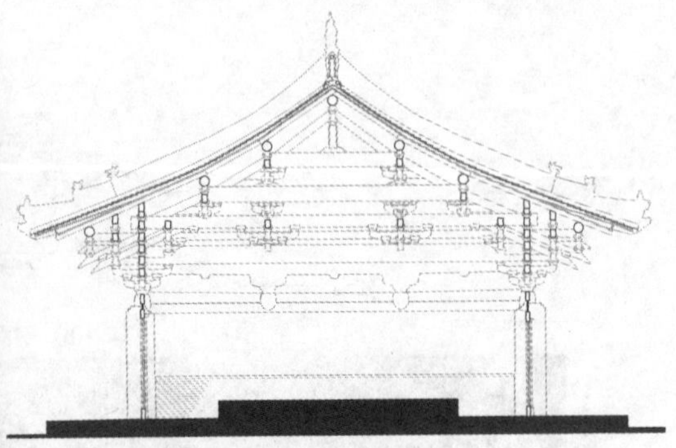

(d) 横剖面

图 6-2-24　平遥镇国寺万佛殿

柱头有卷杀,生起、侧脚显著。斗栱层通高 2.45、柱高 3.42 米,斗栱高约为柱高 7/10,比佛光寺 1/2 还大。有阑额无普拍枋,阑额至角部不出头。阑额下有由额,阑额与由额之间为蜀柱(立旌),构成重楣。殿为皇室敕建,彻上明造,加工极其精湛。柱头七铺作双抄双下昂里转五铺作双抄偷心承六椽栿，为两跳华栱承栿最早的实例。其柱头辅作除耍头及衬枋头造型、补间铺作做法除小栌斗外，余均与佛光寺东大殿同。

(8) 华林寺大殿

创建于北宋乾德二年(964)的越山吉祥禅院，其时福州尚属吴越国辖区，北宋尚未统一。明正统九年(1444)，改名华林寺。

大殿面阔三间，通面阔 15.87 米；进深四间，通进深 14.68 米[图 6-2-25(a)]。八架椽屋前后乳栿用四柱，梭柱。无普拍枋，前檐阑额月梁造，阑额至角均出头，直接砍杀。

殿前为敞廊，两前内柱间辟门；外檐柱等高，内柱升高[图 6-2-25(b)]，厅堂造。内柱、檐柱间的梁栿下部大量采用丁头栱，乳栿亦插入内柱，构架整体性较强。山面有中柱，内部无中柱，这些做法均引领了后世南方古建筑构架样式。“平梁背上置散斗三个，斗口内用驼峰承脊槫。这种作法，在国内现存木构建筑中，是个孤例”[1]。

(a) 外观　　(b) 内部梁架

图 6-2-25　福州华林寺大殿

补间铺作外檐与柱头铺作相同，具宋代建筑特征[2]。皿斗、梭柱、檐柱泥道缝上作单栱素枋相间，又延续了南北朝、初唐的建筑形象。

此大殿具备南方方三间殿特点和一些福建地方手法，并与日本“大佛样”建筑存在传承渊源[3]，为研究宋代及宋以前南方建筑提供了重要依据。

(9) 碧云寺正殿

位于山西长子县小张村，为山间小庙，尚未发现相关文献记载。就其形制拟断，应为五代建筑。方三间殿，总面阔 12.24、总进深 10.83 米[4]。加上基座，总高 8.48 米[图 6-2-26(a)，(b)]。用材 19×12 厘米左右(用材不一)，与晚唐平顺天台庵大殿，五代平顺龙门寺西配殿等类似。

---

〔1〕 杨秉纶、王贵祥、钟晓青:《福州华林寺大殿》,《建筑史论文集·第九辑》,北京:清华大学出版社,1988 年,第 4 页。

〔2〕 大殿山面下昂长达两步架,其后的宁波保国寺大殿亦然。国内现存实例中,并不多见。

〔3〕 傅熹年:《福建的几座宋代建筑及其与日本镰仓“大佛样”建筑的关系》,《傅熹年建筑史论文集》,北京:文物出版社,1998 年,第 268－281 页。

〔4〕 贺大龙:《长治五代建筑新考》,北京:文物出版社,2008 年,第 173 页。

有柱头铺作，补间为一斗三升扶壁栱。有阑额无普拍枋，阑额至角部不出头。柱头为四铺作出一跳单下昂(其下为真华头子)，里转出一跳华栱压在三椽栿的下面，昂形要头与下昂后尾一起压在劄牵的下面，具杠杆功用。其出挑完全用昂而不用栱[图 6-2-26(c)]，很少见，檐出相对低矮。为此，昂上立令栱(不似天台庵大殿无令栱)，令栱上施替木，替木上承撩檐槫，屋面平缓。

屋架为四架椽屋前三椽栿后一椽栿用三柱。栿压在前后檐柱头铺作里转的一跳华栱之上，檄背与昂身斜切[图 6-2-26(d)]。

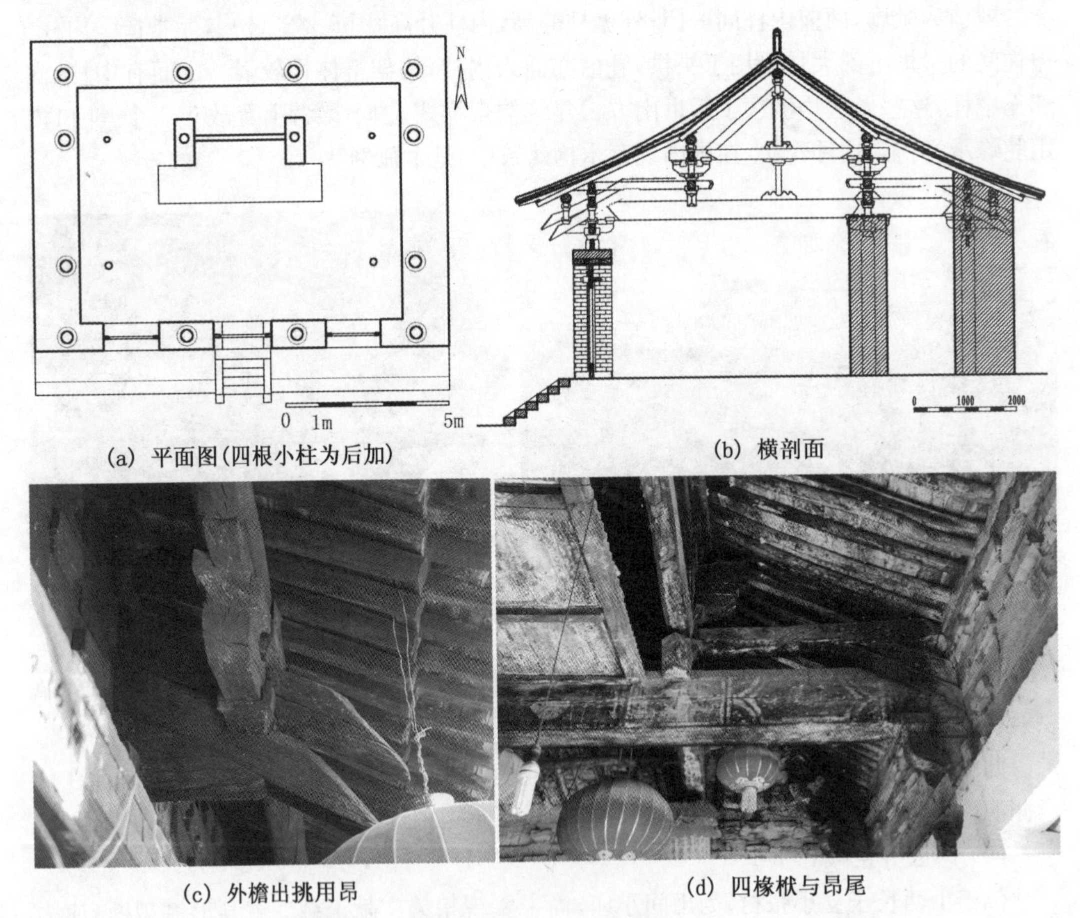

(a) 平面图(四根小柱为后加)　(b) 横剖面

(c) 外檐出挑用昂　(d) 四椽栿与昂尾

图 6-2-26　长子碧云寺正殿

3. 塔

南北朝时的大型寺院，不少以宝塔为中心，据《妙法莲华经》之《见宝塔品》而来。经云：七宝佛塔从地涌出，庄严美妙，证明释尊所说真实不虚。同时，《法华经》所谓刻画作像皆成佛道，造塔亦是大功德。

隋唐寺院布局呈现新气象，殿堂成为礼佛诵经参修的中心，塔地位下降。前塔后殿较少，或双塔并立，或另建塔院，或建于寺后、寺旁等。塔的类型多样：

从功能分，有佛塔、墓塔、风水塔、文峰塔等。

以结构而言，有空筒塔(如陕西西安大雁塔)、实心塔(如小型墓塔大多如此)、塔心柱塔(神通寺四门塔)、筒中筒塔(江苏苏州云岩寺塔)等。

从建材分,有木塔、砖塔、石塔、砖身木檐塔、金属塔、陶塔,甚至土塔。如海陵县“西池寺,其塔是土塔,有九级,七所官寺中,是其一也”[1]。估计应以多层夯土为塔心,外包砖或架木而成。

目前,隋、唐、五代的木塔、土塔未见遗存,存世多砖石塔、砖身木檐塔,依造型可分为多层、单层。平面方形为主,也有六角、八角、圆形等。六角形者,如山西省五台山佛光寺东边山坡的唐东都同德寺大德方便和尚之塔,建于唐贞元十一年(795)[2];佛光寺内六角双层的祖师塔,无确切塔铭,应为隋唐遗构[图 6-2-27(a)]。八角形塔,目前最早者是建于唐天宝五年(746)的河南登封市会善寺的净藏禅师塔[图 6-2-27(b)][3]。山西运城市寺北村的泛舟禅师塔,建于贞元九年(793)[4],平面圆形,既保持窣堵坡的原形又象征圆寂、圆果[图 6-2-27(c)]。

(a) 山西五台佛光寺祖师塔(六角)

(b) 河南登封净藏禅师塔(八角)

(c) 山西运城泛舟禅师塔(圆形)

图 6-2-27　佛塔举例

五代时,八角塔增多。多层塔层檐多奇数,依据立面造型可分楼阁与密檐两式。

(1) 楼阁式砖石塔

木塔崇高而优美的造型引人入胜。因此,采用砖、石等坚固材料仿制木塔,出现楼阁式砖塔或石塔。

隋唐多层砖塔,大多采用叠涩出檐、反叠涩内收的方式。

五代至宋代,模仿木塔的程度、水平愈来愈高,如各层隐起柱枋、斗栱,以斗栱承载砖

---

〔1〕 [日]圆仁撰,顾承甫等校点本:《入唐求法巡礼行记》,上海:上海古籍出版社,1986 年,第 7 页。

〔2〕 张家泰:《登封少林寺唐萧光师塔考——兼谈六角形唐塔的有关问题》,《中国历史博物馆馆刊》1980 年第 2 期。

〔3〕 兴平清梵寺塔,即兴平北塔,为八角形平面,具有唐塔特色,需进一步研究。

〔4〕 顾铁符:《唐泛舟禅师塔》,《文物》1963 年第 3 期。

叠涩起檐;不少还把楼阁的平坐也表现出来。

结构上,内部可以登临的砖塔,多将塔的壁体砌成上下贯通的空筒,向上逐渐收分、缩小。楼层以木楼板划分,架以木梯。

现存唐代楼阁式砖塔中,典型代表如唐总章二年(669)建造的西安兴教寺玄奘塔(图6-2-28)。

图 6-2-28　西安兴教寺玄奘塔

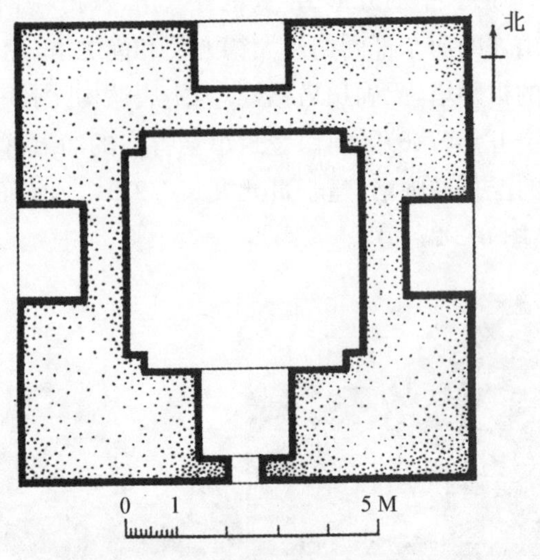

图 6-2-29　西安香积寺塔一层平面图

净土宗隆阐大法师,于唐永隆二年(681)建香积寺塔,平面方形。底层边长 9.5 米,单壁中空,用平素砖墙砌筑,东、西、北三面各有券形龛一个。南面辟门,室内为方室(图 6-2-29)。

著名的西安大雁塔,长安年间(704)建,明代修葺,高 64 米[图 1-1-10(b)]。底层塔身是平素的砖墙,无仿楼阁倚柱、额枋、斗栱;上层塔身还保留砖仿木构的枋、斗栱、阑额等,塔底正面两龛内有褚遂良书写的《大唐三藏圣教序》和《圣教序》碑,西面门楣上石刻殿堂图显示唐佛教建筑(图 6-2-30),是十分珍贵的资料。

图 6-2-30　西安大雁塔门楣石刻(拓片)

江苏苏州虎丘云岩寺塔(图6-2-31),建于五代吴越钱弘俶十三年(959)。塔高七层,八角形,塔刹与砖平座已不存,残高约48.2米。塔体筒中筒结构,分外壁、回廊、塔心室,底层原副阶周匝已毁[1]。塔的出挑用材颇具巧思:此塔大部用砖,包括砖斗栱,砖砌圆倚柱,以模仿木构。这些斗栱、檐口出挑不多的地方靠砖叠涩出挑,出挑较大的部分则采用木材。

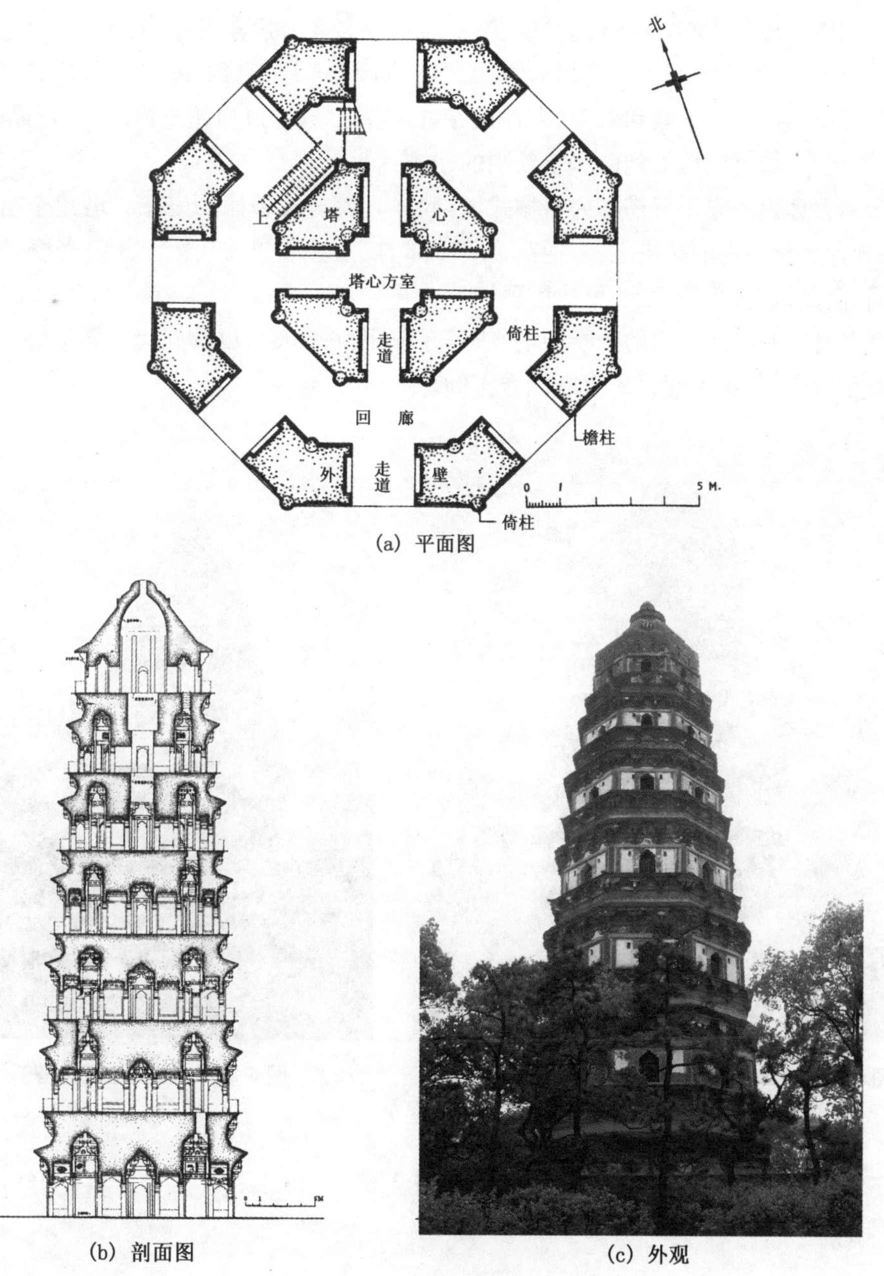

(a) 平面图

(b) 剖面图

(c) 外观

图6-2-31　苏州虎丘云岩寺塔

〔1〕 刘敦桢:《苏州云严寺塔》,《文物参考资料》1954年第7期。

(2) 密檐式砖石塔

唐、五代密檐塔,多立于较矮的台基上,第一层塔身特别高,乃重点装饰部位。有些曾经也有木构的副阶周匝,形成绕塔礼拜的室内空间。二层以上塔檐密布重叠,以有韵律的层檐作装饰。不少高层塔的层檐之翼角置木质角梁,下挂铜铁风铎,风动铎鸣,声闻数里,更增加了听觉上的审美情趣。

密檐塔一般为实心,大多仅能进入第一层。著名者有唐景龙中(707—709)建的西安荐福寺小雁塔(图 6-2-32),为密檐式方形砖塔,初为 15 层,高约 46 米[1],其底层四周曾有"副屋"或"缠腰"。宋政和六年《大荐福寺重修塔记》云:"以白垩土饰之,素光耀日,银色贯空"。至今,塔身仍可见到白垩土粉刷的残迹[2]。

云南大理崇圣寺千寻塔亦为密檐式塔,同样具备挺拔秀丽的姿态。塔建于南诏国后期,是现存唐代最高的砖塔之一,通高 69.13 米,底层边长 9.85 米。16 级密檐式方形空心砖塔,西面设门,循梯而上,可达塔顶。

著名者还有河南富山的永泰寺塔、法王寺塔(图 6-2-33);以及五代后周显德年间建的武陟妙乐寺塔等,均为现存密檐塔优秀实例。

图 6-2-32　西安小雁塔历史照片(1906～1909)

图 6-2-33　登封法王寺塔

〔1〕 陈平:《小雁塔抗震能力分析》,《中国文物科学研究》2011 年第 4 期。

〔2〕 何全:《从几通碑石看荐福寺、小雁塔的变迁和整修》,《考古》1985 年第 1 期。

石塔建造困难，留存的此期石塔，不少为石雕小型塔。例如，安阳灵泉寺唐代双石塔[1](图 6-2-34)塔刹不存，尚不能依据现状断定为盝顶。原或有塔刹，如山东阳谷县关庄唐代石塔(图 6-2-35)[2]。

图 6-2-34　安阳灵泉寺双石塔之西塔

图 6-2-35　阳谷县关庄唐代石塔立面图

较晚的唐代密檐石塔，模仿木结构装饰越多，台基亦发复杂，出现台基和基座两部。例如：

乾符四年(877)山西平顺明慧大师塔，在须弥座式的基座下增加一方形基座。

南京栖霞寺舍利塔(图 6-2-36)，基座之上增饰莲座。此塔建于五代南唐(937—975)，八角五层，“塔的整体构图，创造了中国密檐塔的一种新形式，就是它的基座部分绕以栏杆，其上以覆莲、须弥座和仰莲承受塔身，而基座和须弥座被特别强调出来予以华丽的雕饰”[3]。类似莲座，在山西羊头山清化寺塔中也有体现[4]。事实上，就整体造型而言，安阳灵泉寺双石塔等类似的唐代石塔[5]初步奠定此类石塔的造型。五代及辽朝密檐塔大多在此基础上演变，八角平面渐多、装饰愈加繁复，甚至影响了辽朝楼阁式塔的造型。

---

〔1〕 杨宝顺：《河南安阳灵泉寺唐代双石塔》，《文物》1986 年第 3 期。

〔2〕 刘善沂、孙怀生：《山东阳谷县关庄唐代石塔》，《文物参考资料》1987 年第 1 期。

〔3〕 刘敦桢：《中国古代建筑史》，北京：中国建筑工业出版社，1980 年，第 144 页。

〔4〕〔5〕 张驭寰：《山西羊头山的魏、唐石塔》，《文物》1982 年第 3 期。

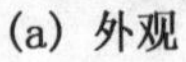

(a) 外观

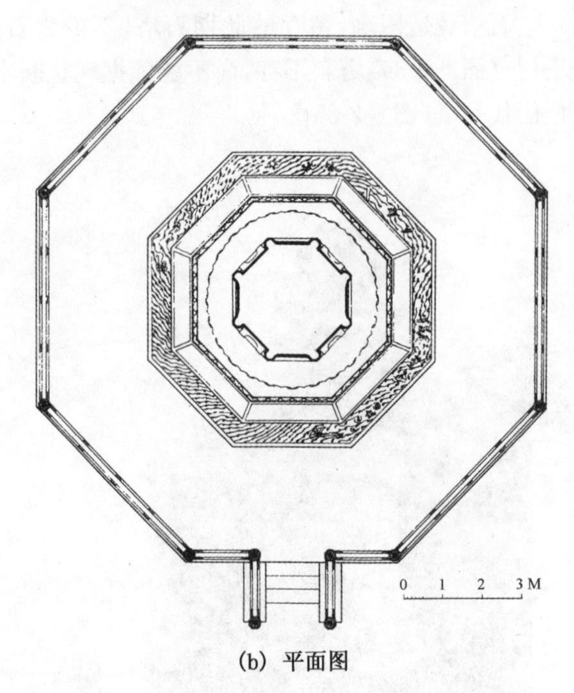

(b) 平面图

图 6-2-36　南京栖霞寺舍利塔

(3) 单层塔

隋唐五代单层砖石塔尚有不少遗存,多为墓塔,以明惠大师塔为著。该塔建于唐乾符四年(877),为雕刻艺术品。基座、须弥座、塔身、塔刹等各部比例精当,大气磅礴(图 6-2-37)。

较大单层塔,如山东历城县神通寺四门塔,建于隋大业七年(611),用大青石块砌成。塔高15.04 米,正方形,每边长 7.4 米,每面一门(图 6-2-38)。塔内立方形石砌塔心柱,方 2.3 米,四周设佛像〔1〕。

河南安阳修定寺塔:单层砖砌方塔[图 6-2-39(a)]。此塔位于佛殿前中轴线上,代表了前塔后殿的早期寺院布局形式。塔顶和塔基座已毁,四角攒尖顶是新中国成立后补〔2〕。此塔四壁厚度不一,南壁最厚为 2.32 米〔3〕。开拱券门,门框额、门槛等全用整块青石制作。塔外表绚丽壮观,塔身四壁均有模制菱形、矩形、三角形、五边

图 6-2-37　平顺海会院明惠大师塔立面图

〔1〕 黄国康:《四门塔的维修与研究》,《古建园林技术》1996 年第 2 期。
〔2〕 杨宝顺、孙德宣:《安阳修定寺唐塔》,《河南文博通讯》1979 年第 3 期。
〔3〕 河南省博物馆、安阳地区文管会、安阳县文管会:《河南安阳修定寺唐塔》,《文物》1982 年 12 期。

形及直线和曲线组合而成的各种形态的雕砖共3 775 块,图案 76 种,模压花纹砖图案有力士、伎乐、飞天、滚龙、飞雁、花卉及各类装饰结等。入口拱券外表,嵌砌一砖雕铺首,两旁伴以猸发力士[图 6-2-39(b)]。

(a) 外观

(b) 平面图

图 6-2-38 历城神通寺四门塔

(a) 外观

(b) 拱券

图 6-2-39 安阳修定寺塔

另有一些造型奇特的塔。例如:神通寺龙虎塔与上文的四门塔隔谷相望,因塔身雕有龙虎而得名[图 6-2-40(a)]。塔高 10.8 米,方形,基座及一层塔身为石材,而一层以上的斗栱及大部分塔刹是砖结构。塔身由 4 块石板筑成,雕隽四大天王、佛、菩萨、飞天、龙、虎等[图 6-2-40(b)]。

小型的龙虎塔实例不少,如神通寺还迁移一座唐开元五年的七级小浮屠(现存六级),塔身正面也有高浮雕的龙虎[1],被称作小龙虎塔。

最有趣的唐塔或是九顶塔,位于山东历城九塔寺(图 6-2-41)。高 13.3 米,砖结构,八

〔1〕 济南市博物馆:《四门塔与神通寺》,北京:文物出版社,1981 年,第 19 页。

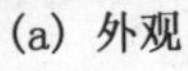
(a) 外观

(b) 塔身雕饰（局部）

图 6-2-40　历城神通寺龙虎塔

角形,塔身内颧,南面距地面高约 3.16 米处辟一拱门,内为佛龛。檐上端各角设莲瓣,其上筑 8 座三层小方塔;中央小塔兀立[1]。九顶塔整个轮廓和谐美丽,线条柔和舒畅,犹如后世的金刚宝座塔。

(a) 外观　　(b) 顶部

图 6-2-41　历城九塔寺九顶塔

[1] 郭永顺:《龙虎塔九顶塔》,《春秋》1994 年第 2 期。

4. 经幢、石灯

(1) 经幢

目前认为,经幢初唐时始见。中唐以降,建造陀罗尼经幢普遍。一般多建造于佛教寺院之中,也有建在通衢广陌处、甚至陵墓之中或之旁者,这应与密宗的修道法相关[1]。经幢不仅用于佛教,其他宗教,如道教、景教等[2]也会利用经幢传法。例如,易县龙兴观的“道德经”幢,应是道教效仿佛教而建造,颇少见。

一般经幢分幢座、幢身、幢顶三部。幢身多八棱柱,刻有经咒。整个经幢装饰丰富,“吐莲华之仰覆,垂璎珞之纵横。瑞气祥云,若盘龙之偃蹇;悬针垂露,似返鹊之翱翔。一轴真文,横铺八面”[3]。

北方遗留的唐、五代经幢,如五台山佛光寺经幢、山西潞城原起寺经幢等。江南一带保存更多,如杭州龙兴寺经幢、金华法隆寺经幢、嘉定南翔寺经幢、无锡惠山寺经幢,规模较大是松江唐经幢,残高 9.3 米。

浙江海宁安国寺经幢(图 6-2-42),咸通六年(865)造,高 7 米,基座之上是二层须弥座、宝盖和仰覆宝珠等。较真切地表现出唐代建筑的风貌,极其珍贵。

(a) 外观　(b) 仿木檐斗栱

图 6-2-42　海宁安国寺经幢之一

河南新乡开元十三年(725)经幢[4],也有类似的屋檐形状,但没有这样精美的仿木构做法。

[1] 阎文儒:《石幢》,《文物》1959 年第 8 期。

[2] 罗炤:《洛阳新出土〈大秦景教宣元至本经及幢记〉石幢的几个问题》,《文物》2006 年第 6 期。

[3] [清]董诰:《全唐文》卷九八七《陀罗尼经幢记》,第 10216 页。

[4] 刘习祥:《豫北地区五座经幢的调查与初步研究》,《文物春秋》1993 年第 1 期。

(2) 石灯

又称长明灯、燃灯塔,其功用有多种解释。佛教中,书经、造像、礼佛、燃灯等都是做功德[1],这是石灯建造原因之一。或可能与燃灯佛清净光明,照耀于世有关。释迦牟尼前世用七枚青莲花供养燃灯佛,并敷鹿皮衣、布头发掩泥地,让燃灯佛走过,燃灯佛预言了释迦牟尼来世的成佛名号,意义重大。

有时石灯的功用和经幢合二为一,谓之灯幢。灯柱上刻经咒,或刻施灯功德经。

石灯遗存最早的是山西省太原龙山童子寺的燃灯塔,北齐天保七年(556)建,风化严重。另有山西长子法兴寺石灯,唐大历八年(773)造,高 2.4 米,须弥座上仰覆莲承托八角石灯,雕刻精美。

最为敦厚而大气的是吉林宁安唐渤海上京佛寺遗址中的石灯(图 6-2-43)。凝重浑厚,是渤海石雕艺术品难得的杰作。

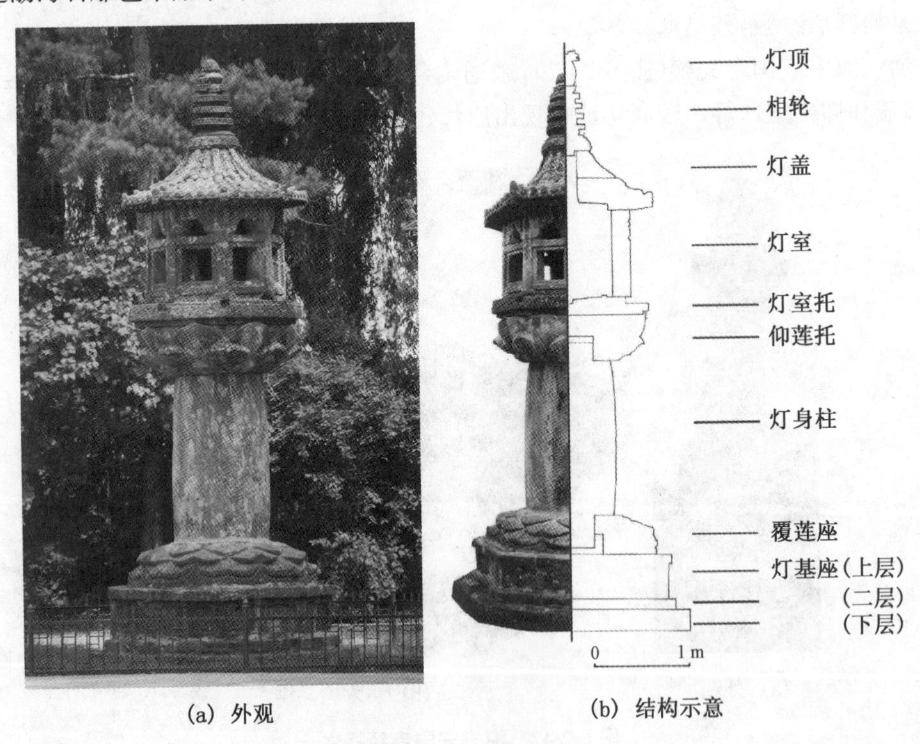

(a) 外观　　(b) 结构示意

图 6-2-43　渤海石灯

5. 石窟

隋唐时石窟寺进一步发展,地域范围分布更广,不仅在中原、北方凿造尚有继续,新疆、四川等地更大规模开凿,如甘肃敦煌、洛阳龙门等为唐代所凿的重要石窟群。敦煌石窟的开凿一直延续至宋元,龙门石窟初唐为盛。

石窟的建设是建立在大唐雄厚的经济基础之上,并与皇室及王公贵族们的支持密不

[1] [唐]释法琳:《辩正论》卷四,见《碛砂大藏经》,北京:线装书局,2005 年。

可分。“莫高窟……并是镌凿高大沙窟，塑、画佛像，每窟动计费税百万”〔1〕。安禄山、黄巢谋反，天子去蜀，此与中、晚唐巴蜀地区的石窟大量出现，或有一些关联〔2〕。

此时期各种功用的石窟并存，如禅窟、僧房窟、瘗窟、塔庙窟、佛殿窟及多功能混合的窟等，以佛殿窟、大佛窟为特色。

(1) 幻若神居

就窟型演变看，唐中期后，立中心柱的石窟渐少，有些窟洞已将中心柱改为佛座。类似此时期佛寺布局中的佛塔，让位于佛殿一般。有些即便类似用中心柱形式，也在表现前后二室，前室供人礼佛，后室供佛像，中心柱兼具隔墙的功能。

佛殿窟是隋唐最普遍的窟型，为一大厅堂，在后壁或两耳处凿佛龛容纳佛像，顶部一般为覆斗形，更接近于一般寺院大殿形式，是礼拜与讲经之处。但是，巴蜀最常见的是平顶敞口窟(龛)〔3〕。

甘肃麦积山第5窟牛儿堂(图6-2-44)，隋代始凿、唐初完工，依崖开凿，高险异常。洞窟直接从崖壁向内凿入，形成面阔三间的窟廊〔4〕。此仿木构窟檐，柱头铺作一斗三升、栌头雄大，中间有梁头伸出，标准的把头绞项造。补间铺作曲脚人字栱，有阑额无普拍枋，这些做法具有隋唐建筑特征。

(a) 外观

(b) 把头绞项造仿木构窟檐

图6-2-44　麦积山石窟第5窟

隋唐石窟本身的建筑造型既是对现实建筑的模仿，也是对理想世界的追求。譬如，龙门少数窟洞的顶部雕作天花形状，地坪雕与地砖相似的莲花或宝相花纹。初唐以前，莫高窟殿堂窟顶大多采用人字坡并绘有椽望、平棊。其后，天花的处理更加富丽。莫高窟一些现存唐代石窟的天花呈盝顶或覆斗形(图6-2-45)，其中心有些画出平棊或藻井彩画。内

〔1〕 阎文儒：《中国石窟艺术总论》，天津：天津古籍出版社，1987年，第21页。

〔2〕 丁明夷：《川北石窟札记——从广元到巴中》，《文物》1990年第6期。

〔3〕 傅熹年：《中国古代建筑史·第二卷》(第二版)，北京：中国建筑工业出版社，2009年，第531页。

〔4〕 阎文儒：《麦积山石窟》，兰州：甘肃人民出版社，1984年，第161页。

墙壁画表现佛国净土世界规模宏大,经变画绚丽多彩,可窥见唐代建筑及建筑彩画技艺,弥补隋唐建筑遗存少的缺憾。

(a) 第158窟盝顶涅槃(中唐)　(b) 第46窟莫高窟履斗顶殿堂(盛唐)

图 6-2-45　敦煌莫高窟第 158 窟、第 46 窟

(2) 山佛一体

受犍陀罗大佛像、龟兹石窟的影响,依崖凿龛、建造大像的做法在北魏云冈昙曜五窟及南朝摄山的栖霞千佛岩就有先例。

隋唐鼎盛时,以无量寿佛、弥勒佛为大型佛像的大像窟(龛)颇流行。从我国唐代北方各地所凿大像来看,最早者当属陕西省邠(彬)县大佛寺大佛像,开凿于 638 年[1]。河南洛阳龙门奉先寺(672)卢舍那大佛(图 6-2-46),是释迦牟尼的报身像,结跏趺坐于须弥座上[2]。

(a) 外观　(b) 协侍菩萨、弟子　(c) 协侍菩萨、天王、力士

图 6-2-46　洛阳龙门奉先寺卢舍那大佛

---

〔1〕员志安:《彬县大佛寺石窟的调查报告》,《中国考古学会研究论集·纪念夏鼐先生考古五十周年》,西安:三秦出版社,1987 年。

〔2〕龙门文物保管所、刘景龙:《奉先寺》,北京:文物出版社,1984 年,第 2-4 页。

自奉先寺开凿以后，全国凿大像之风日盛。如敦煌莫高窟第 96 窟（北大像，延载二年 695），第 130 窟（南大像）开凿于开元九年（721）；甘肃省永靖炳灵寺第 171 窟中的弥勒大像，高 27 米，或开凿于 731 年。大中三年（763）原州（宁夏固原）须弥山大佛窟，弥勒像高 20.6 米。最壮观的是乐山大佛，高 58.7 米，开凿于唐开元十八年（730）[1]。

以上大像利用崖壁开凿，山佛一体，气势宏伟。其上多曾覆以倚崖建造的多层楼阁作为前室，同时保护石窟、利于观瞻。据宋代李远撰《青塘录》载，唐德宗贞元十九年（803）“凉州观察使薄承祧建灵岩寺大阁，附山七重，中刻山石为像，百余尺”[2]。

总之，隋唐中华一统，华美与博大的时代精神，自然也充分体现在石窟寺的建造中。

五、陵　墓

1. 隋代

目前，隋代帝陵研究不多。

隋文帝杨坚泰陵在今陕西省扶风县境内的三畤原上[3]。

隋炀帝杨广陵已考古并展陈[4]。该陵位于扬州市邗江区西湖镇司徒村曹庄，由墓道、甬道、主墓室、东耳室、西耳室等组成（图 6-2-47）[5]。

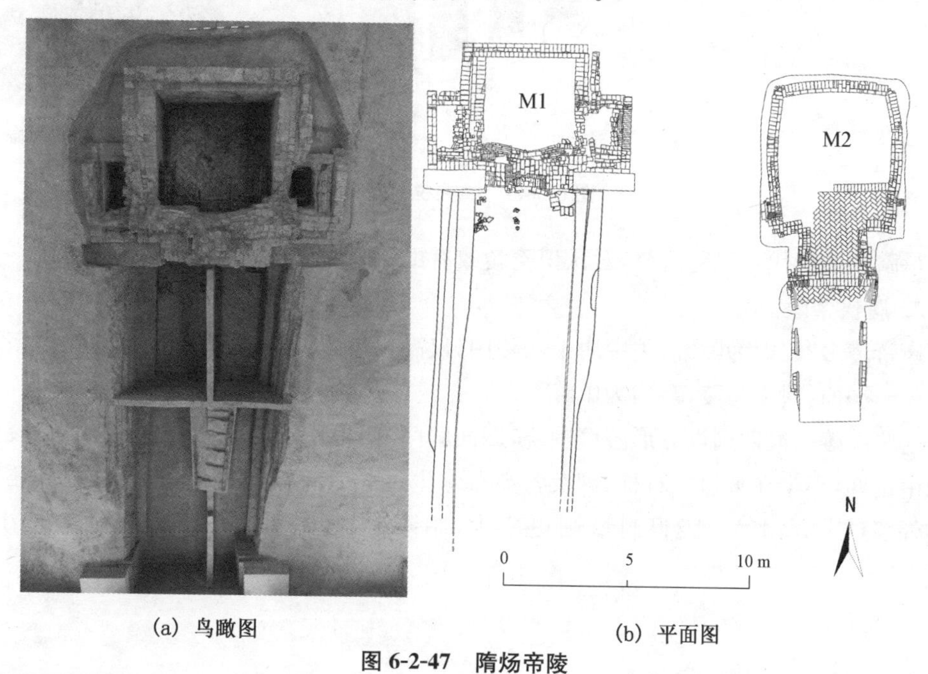

(a) 鸟瞰图　(b) 平面图

图 6-2-47　隋炀帝陵

[1] 傅熹年：《中国古代建筑史 · 第二卷》（第二版），北京：中国建筑工业出版社，2009 年，第 537 页。

[2] [元]陶宗仪：《说郛》卷三十五《青塘录》，涵芬楼排印本，1927 年。

[3] 潘伟斌：《魏晋南北朝隋陵》，北京：中国青年出版社，2004 年，第 564－566 页。

[4] 扬州市文物考古研究所：《江苏扬州曹庄隋炀帝墓考古成果专家论证会纪要》，《东南文化》2014 年第 1 期。

[5] 束家平等：《江苏扬州市曹庄隋炀帝墓》，《考古》2014 年第 7 期。

中原地区的隋墓,可分土洞墓、砖室墓、长方形竖穴土坑墓三种,以土洞墓居多[1]。一般由长斜坡墓道、天井、过洞、甬道、墓室、棺床等组成。天井平面呈南北向长方形,较唐代天井开口要宽大的多,其南北两壁纵剖面成口大底小的漏斗状。墓室平面有方形、长方形、圆、椭圆等形状。

陕西潼关高桥乡税村隋墓为长斜坡墓道单室砖墓,坐北朝南,平面呈"甲"字形,水平全长63.8米,墓底距地表深16.6米。长墓道上有天井6、过洞7[图6-2-48(a)]。此长斜坡带天井的墓道,上承六朝,下启唐代,为等级较高墓葬习用。可贵者,墓室顶面绘星汉图,墓甬道及墓室两壁绘出行仪仗,有人物92个、马2匹、列戟架2组,并有不少建筑立面造型,如甬道东、西两壁绘朱红色影作木构。墓道北壁绘门楼[图6-2-48(b)][2]。这些壁画绘制的方法、位置及题材等,深刻影响高等级唐墓。

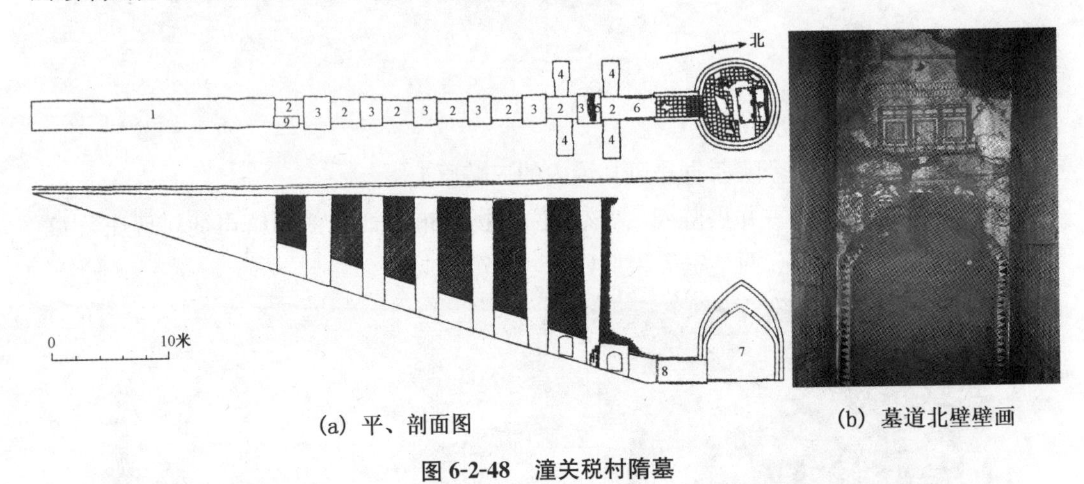

(a) 平、剖面图　　(b) 墓道北壁壁画

图6-2-48　潼关税村隋墓

承隋制的唐代帝王陵研究,对认识隋陵或有助益。

2. 唐代帝陵

唐帝陵多"因山为陵"。关中唐十八陵中,仅高祖献陵、敬宗庄陵、武宗端陵、僖宗靖陵四座位于平原,封土为陵,余均为山陵。

这些山陵一般四周以方形陵墙围绕,四面辟门,四角建角楼,门外设阙及石狮,陵前神道向南延伸,不少在夹道立石柱、碑及各类石像生。据《长安志图》,此重陵墙之外还应有一重外墙(图6-2-49)。陵寝封域则更广大,昭陵、贞陵最大,周120里;献陵最小,周20里[3]。

---

〔1〕 申秦雁:《论中原地区隋墓的形制》,《文博》1993年第2期。

〔2〕 山西省考古研究院:《陕西潼关税村隋代壁画墓发掘简报》,《文物》2008年第5期。

〔3〕 杨宽:《唐代陵寝规模表》,《中国古代陵寝制度史研究》,上海:上海古籍出版社,1985年,第245-248页。

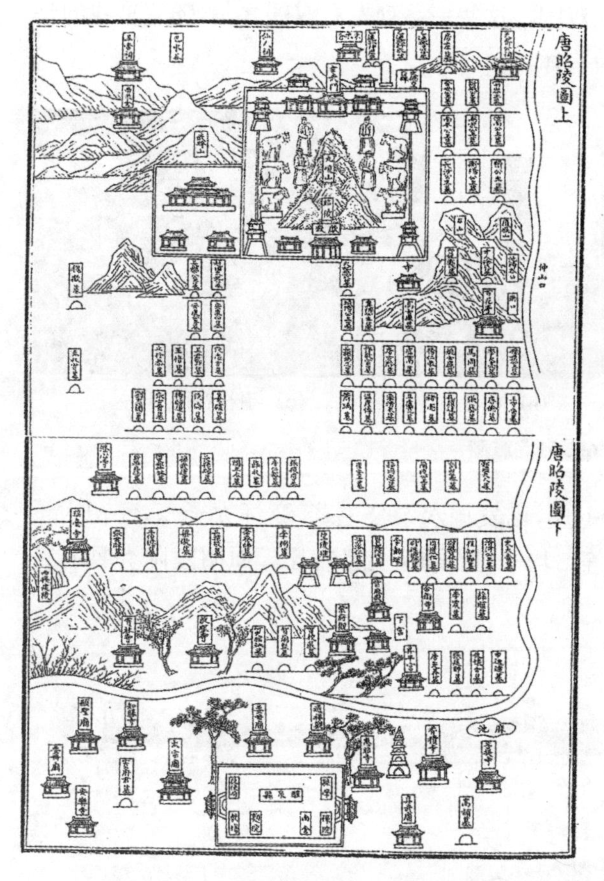

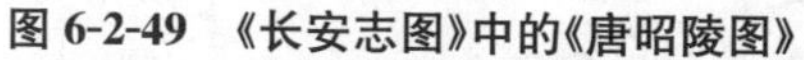
图 6-2-49　《长安志图》中的《唐昭陵图》

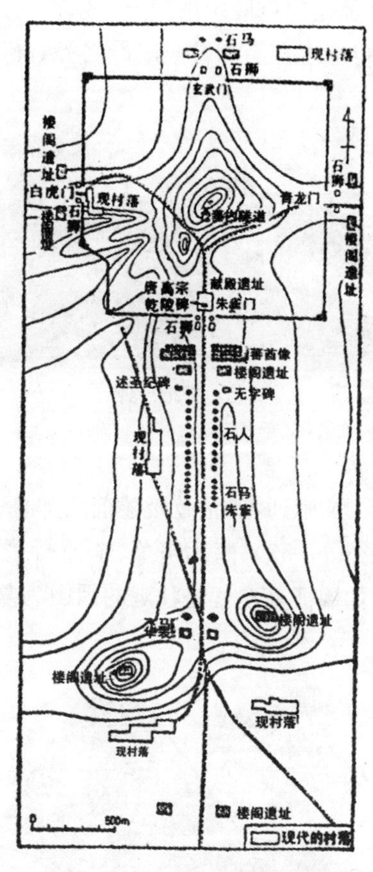

图 6-2-50　乾陵平面示意图

唐太宗昭陵是历代帝陵中最壮观者，太宗生前亲自选定[1]，以海拔高 1 224 米的九嵕山主峰为陵。山陵之南群山及山下，有众多的宗室、功臣等陪葬墓，现已发现 185 座。陵园之雄阔，陪葬墓之多，举世罕见，主峰南北形胜俱佳，展现大唐强势而自信。陵墓规划模仿唐长安城皇城，仅衙署位置相反，阴阳有别[2]，事死如生。

乾陵：位于陕西乾县，是高宗李治(628—683)和皇后武则天(624—705)合葬墓。以梁山主峰为陵山，海拔 1 047.3 米(相对高度 104 米)，封域内周 80 里。

乾陵加强南神门的神道轴线纵深(图 6-2-50)。神道起点为残高约 8 米的东西二土阙；北行三公里为南二峰，其上有高 15 米的土阙；二阙之间为第二道门址。自此沿神道向北，夹道对立华表、翼马、朱雀、马、石人、碑等(图 6-2-51)。碑以北是第三道门，有东西二

〔1〕 “太宗谓侍臣曰：昔汉家皆先造山陵，既达始终，身复亲见，又省子孙经营，不烦费人功。我深以此为是，古者因山为坟，此诚便事，我看九嵕山孤耸回绕，因而傍凿，可置山陵处。朕实有终焉之理。”[宋]王溥：《唐会要》卷二十《陵议》，第 395 页。

〔2〕 沈睿文：《唐昭陵陪葬墓地怖局研究》，荣新江主编：《唐研究》第 5 卷，北京：北京大学出版社，1999 年，第 424 - 425 页。

阙遗址,为等级最高的三出阙。阙门内左右排列臣服于唐朝的藩属君王石像六十座[1]。再北就是内重陵垣南门——朱雀门,外立双阙。这些一系列左右双阙之制,随着轴线的延伸,将标表宫门和警戒威严之势有机融为一体。

(a) 神道一侧　(b) 望柱　(c) 望柱柱础

图 6-2-51　乾陵

《文献通考》记乾陵陵前陪葬墓有十七座,已发掘永泰公主墓、章怀太子墓、懿德太子墓(图 6-2-52)、薛元超墓、李谨行墓[2]等。均平地深藏,上起封丘。而昭陵陪葬墓有特例,如魏征墓是气势壮观的因山为墓。

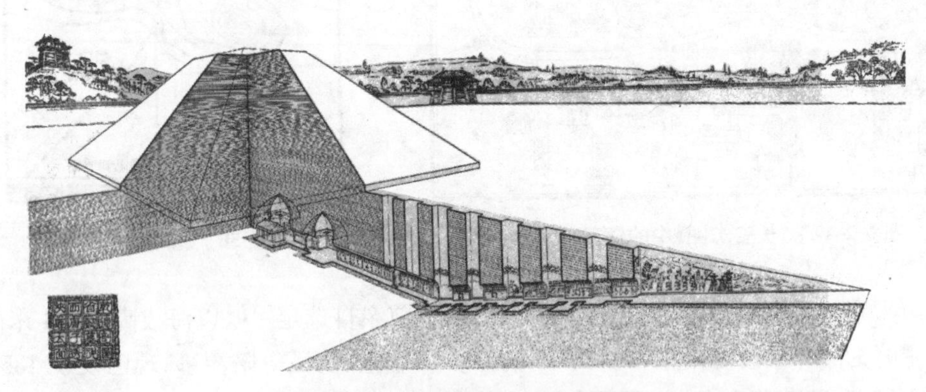

图 6-2-52　乾县懿德太子墓剖视图

从乾陵已发掘的太子、公主墓可知,其地下形制为长斜坡墓道多天井的双室砖墓[3]。以过洞表示门,各个天井表示一进进庭院。墓道、墓室多画壁画,表现居室、生活场景。四周有围墙遗址,四角有角楼遗址,正南有门阙一对。阙前依次列石狮(章怀墓为石羊[4])一对,石人二对,华表一对,规模或许不及割据一方的官员。山东莘县唐魏博节度使韩允

〔1〕 陕西省文物管理委员会:《唐乾陵勘查记》,《文物》1960 年第 10 期。

〔2〕 古晓凤、陈惠芬:《唐乾陵陪葬墓研究综述》,樊英峰主编:《乾陵文化研究》(二),西安:三秦出版社,2006 年,第 356 页。

〔3〕 玄宗以后太子、公主、亲王、宠臣墓葬多使用单室砖墓。见王小蒙:《从新发现的唐太子墓看太子陵制度问题》,《考古与文物》2005 年第 4 期。

〔4〕 陕西省乾县乾陵文物保管所:《对〈谈章怀、懿德两墓的形制等问题〉一文的几点意见》,《文物》1973 年第 12 期。

忠的家族墓神道两边，立碑、牵马俑及石马，武士俑，羊，虎，墓表(图 6-2-53)。

(a) 石刻　　(b) 望柱柱础

图 6-2-53　唐魏博节度使韩允忠家族墓

3. 五代十国墓葬

中原地区发现五代完整墓葬较少。如王处直墓、冯晖墓、李茂贞夫妇墓等。

南方十国墓葬出土较多。有南京南唐李昪的钦陵、李璟的顺陵及成都前蜀王建的永陵、后蜀孟知祥和陵、闽国王审知夫妇宣陵等王陵，吴越国钱氏家族墓、大臣晋晖、孙汉韶、张虔钊、徐铎等 130 余座[1]。大部为长方形券拱多室墓，墓葬中砖石雕渐多，主要题材包括仿木构、乐舞祥瑞、启门图等，展示图像背后丰富的社会文化意义。五代墓葬壁画，传承于唐，而砖雕艺术则引领宋金。

南唐钦陵和顺陵都遵守唐制，依山为陵。平面分前、中、后三个主室，每室左右又附侧室，如李昪钦陵[图 6-2-54(a)]。墓内四壁仿木构，构件表面有彩画[图 6-2-54(b)]。室顶用石灰粉刷，上绘天象图[2]。

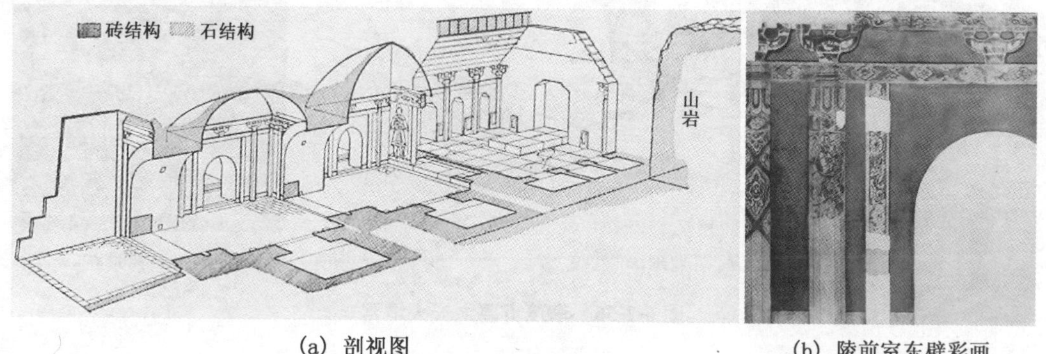

(a) 剖视图　　(b) 陵前室东壁彩画复原(局部)

图 6-2-54　南唐李昪陵

[1] 李蜀蕾:《十国墓葬初步研究》，硕士学位论文，吉林大学文学院，2004 年，第 3 页。

[2] 刘敦桢:《中国古代建筑史》，北京:中国建筑工业出版社，1980 年，第 158 页。

前蜀王建墓:又称永陵,建于918年。地上建筑,积土为冢,陵台呈半球形。墓室内共长23.4米,分前、中、后三室,全部石造[图6-2-55(a)]。中室为全墓主体,置棺床。床作须弥座式,南、东、西三面,雕刻二十四幅乐舞石刻,艺术价值极高[图6-2-55(b)][1]。

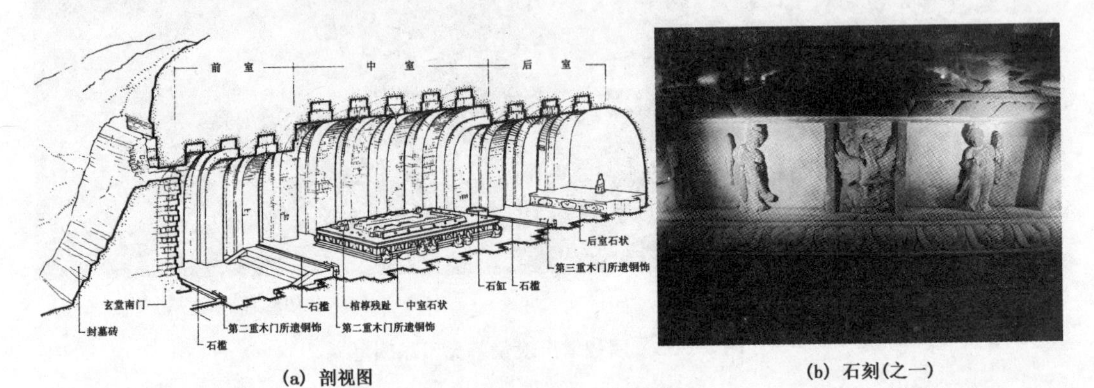

(a) 剖视图　　(b) 石刻(之一)

图6-2-55　前蜀王建墓

曾与王建战合多次的秦王李茂贞秦王陵,建在黄土塬上,与其夫人"同茔不同穴",共用神道,左右各据一地宫。按"尊者先葬,卑者不合于后开入"[2]。地宫内部承唐制,包括长斜坡道墓道、甬道,夫人墓结构和规模都高于李茂贞墓(图6-2-56),仿木作二层砖雕彩绘门楼精湛,开宋金仿木砖雕墓制之端。隋唐此处门楼多壁画,中晚唐时砖砌仿木斗栱逐渐增多[3]。

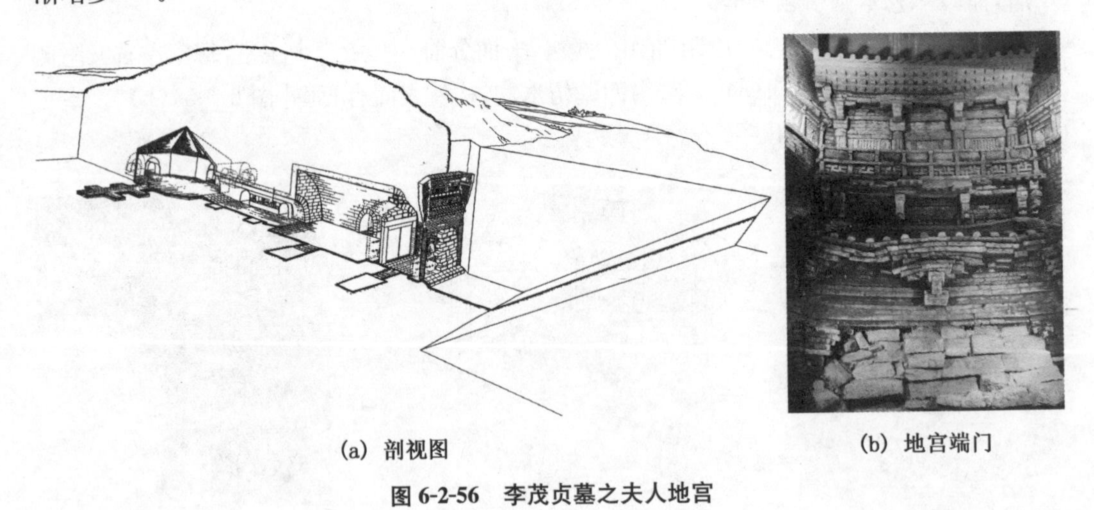

(a) 剖视图　　(b) 地宫端门

图6-2-56　李茂贞墓之夫人地宫

[1] 李志嘉:《王建墓》,《文物》1986年第6期。
[2] [唐]杜佑撰,王文锦等点校:《通典》卷八十六《礼四十六・沿革四十六・凶礼八》,第2349页。
[3] 朝阳中山营子唐墓正门砖砌券门正中及两边都有砖砌斗栱。见金殿士:《辽宁朝阳西大营子唐墓》,《文物》1959年第5期。

第三节　理论与技术

隋唐一统，前期国势强盛，在木结构、砖石结构技术上都有巨大发展。随着经济发展和文化繁荣，在建筑技艺上取得辉煌成就，唯唐季世乱，损失殆尽。相对而言，五代南方建筑得以持续发展。

一、理　论

隋唐建筑理论与设计方法的论著应有不少，工部尚书宇文恺著《东都图记》二十卷，《明堂图议》二卷，《释疑》一卷[1]，政府还颁布《营缮令》。

惜除《明堂图议》部分保存在《隋书》中外，余皆失传[2]，只能靠其他少数相关资料推测。

二、技　术

1. 平面形制

隋唐、五代建筑平面丰富多彩，囊括后世多种类型，甚至更灵活、复杂。

平面柱网布置有分心槽（大明宫玄武门内重门，图 6-3-1）、双槽、金厢斗底槽（大明宫

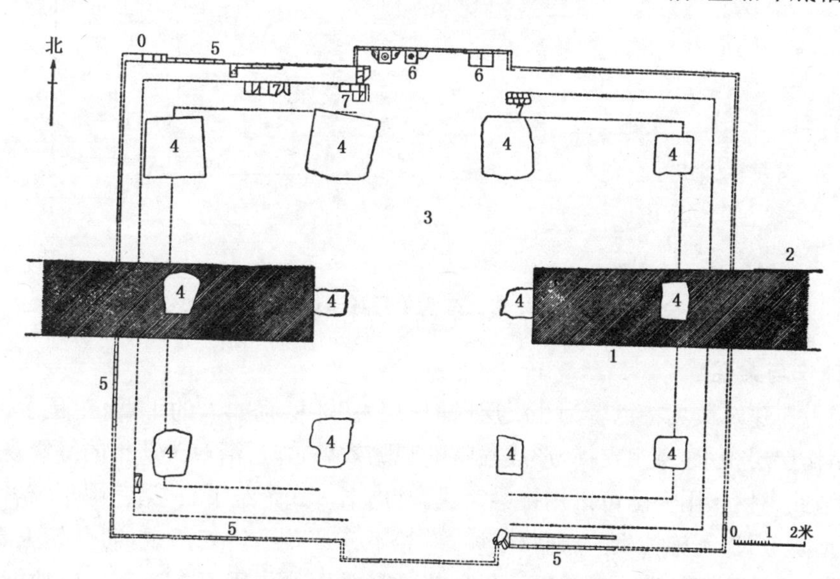

图 6-3-1　大明宫内重门分心槽平面

1—夯土墙；2—石灰墙面；3—门道路土面；4—柱础坑位；5—散水；6—莲花方砖阶道；7—墙基砖

〔1〕［唐］魏徵等撰：《隋书》卷六十八《列传第三十三·宇文恺》，第 1594 页。

〔2〕王鹏：《和名家一起回眸隋朝兴亡》，郑州：中州古籍出版社，2012 年，第 184 页。

麟德殿前殿、青龙寺大殿)、满堂柱网[麟德殿主殿,图 6-2-3(a)]、单槽[长子碧云寺正殿,图 6-2-26(a)]、通檐用二柱[如平顺天台庵大殿,图 6-2-21(c);芮城五龙庙图,6-2-22(b)]等不同形式。

大明宫麟德殿为三个组合楼殿,前殿平面是宋《营造法式》所谓的金厢斗底槽、中殿和后殿应是楼阁,采用满堂柱形式〔1〕。上京龙泉府城北 9 号佛寺周边的平坐小柱,为后世少见〔2〕。

隋唐五凤楼形制,颇为特别:由主殿、两翼廊庑引出的左右对峙观阁,以及两角楼的楼台宫殿或门楼〔3〕,是一种殿楼或殿观(阙)的组合。实物如隋仁寿宫 1 号、3 号殿遗址(图 6-3-2),唐大明宫含元殿遗址[图 6-2-2(a)]。这样的形制影响到后世,如故宫午门。流及东瀛,如日本平等院凤凰堂等。

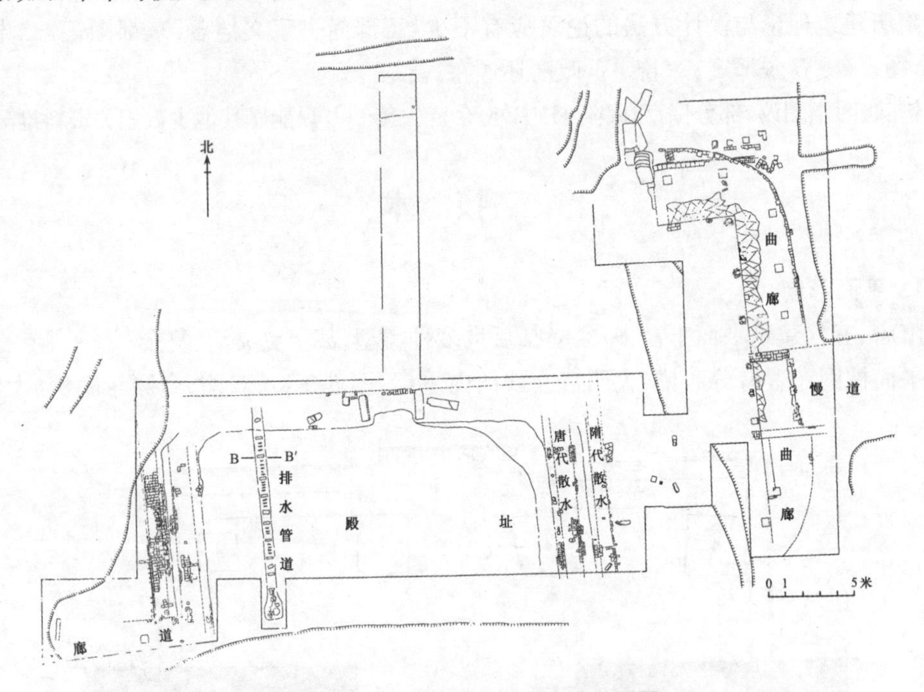

图 6-3-2　隋仁寿宫 1 号殿遗址平面图

2. 铺作与梁架

中国古典建筑最具特色者为斗栱层(铺作层)。斗栱犹如人的手臂,斗是手,栱是臂,模数制制作层层相承,悬挑支撑,形成独特的观瞻效果,并逐渐赋予严格的等级观。

当然,此出挑作用完全可以用挑梁完成。《周书·武帝纪下》:"诸宫殿华绮者,皆撤毁之,改为土阶数尺,不施栌栱。"康骈《剧谈录》卷下云:"政平坊安国观,明皇朝玉真公主所建,门楼高九十尺,而柱端无栱料"。可见,斗栱最重要的作用不在于其出挑功能,而是明

〔1〕 中国科学院考古研究所:《新中国的考古收获》,北京:文物出版社,1961 年,第 98 页。

〔2〕 中国社会科学院考古研究所:《六顶山与渤海镇唐代渤海国的贵族墓地与都城遗址》,第 83 页。

〔3〕 杨鸿勋:《唐长安大明宫含元殿应为五凤楼形制》,《唐大明宫遗址考古发现与研究(下)》,北京:文物出版社,2007 年,第 403 页。

尊卑、分等级及装饰之用，明清亦然。同理，梁架中乳栿（月梁造）也与斗栱的性质一样，唐《营膳令》明确，只能在高等级建筑中使用。

唐《营缮令》不存。但宋《营造法式》中记载了木构架三种类型：殿堂、厅堂、余屋类，按等级由高到低排列。这三类木构架，唐代应已定型。

3. 设计方法

“图”是城市规划与建筑设计的基本语言。现存最早的唐长安城平面图是宋代吕大防所刻的唐长安图（残），宋《云麓漫钞》卷八载北宋元丰三年（1080），吕大防命刘景阳、吕大临、张佑绘制《长安图》。陕西省碑林博物馆藏《兴庆宫图》（图 6-2-4），图上每六寸折地一里，应是按比例描绘的地盘图，为了解兴庆宫的布局提供了实物佐证。尽管这是宋人记录唐人城市之法，但隋唐建造如此大规模的城市，事先亦应有按比例制作的规划图。

同理，进行单体建筑设计及施工时也必须有图。柳宗元《梓人传》中记一位大匠师，在建造房屋之前“画宫于堵，盈尺而曲尽其制，计其毫厘而构大厦，无进退焉”。建成之后，在梁下标注建造人员、日期等题记，以垂永久。

除民间建造需图样外，群儒争议国家重大礼制建筑——明堂制度之时，更需要图样，甚至还做模型。隋将作大匠宇文恺在《明堂议表》中按“一分为一尺”[1]（即 1∶100）的比例绘制明堂图。宇文恺还通过模型，表达设计思想，“依月令文，造明堂木样，重檐复庙，五房四达，丈尺规矩，皆有准凭以献。”《通典》卷四十四载有唐总章三年（670）明堂规制，详列布局及各部分尺寸和所用构件数量，其中记有大、小栱 6 345 件、下昂 72 枚、上昂 84 枚、椽 2 990 根、飞椽 729 根等。如此精确的构件数字，不仅体现其设计应有整体建筑的图纸，更可能表明其时还有刻画建筑细部的大样图。

此外，重要设计往往还采用多方案比较。《旧唐书・礼仪志》载诸儒纷争明堂制度，“曹王友赵慈皓、秘书郎薛文思等，各造明堂图。”又有明堂的“九室样”。为解决九室还是五室这两种议案之争，“高宗令于观德殿，依两议张设，亲与公卿观之”。可见，明堂图样是公开决议的重要依据。

4. 模数化建造

隋唐建筑构架完善，促进材份制成熟，加上隋唐大规模建设使得建筑标准化、模数化大量运用。

城市而言，对长安、洛阳遗址实测图研究发现，规划中均以皇城、宫城之长宽为基数，划全城为若干大的区块，其内再分里坊。洛阳城遗址表明，隋规划时，以坊为单位，每坊方 1 里，极有规律，洛阳城的建设历时仅 10 个月。更突出的是，隋大兴城（唐长安），这座中国历史上规模最大的城市，从隋文帝开皇二年（582）六月下诏建新都，到开皇三年（583）三月，迁入大兴城，建设周期仅 9 个月。除动用大量的人力、物力外，规划中运用模数控制，当是快速完成的主因之一。

单体建筑亦然。前已述及，建筑单体设计体系，可分为框架、构架二大系统。

建筑平面中开间、进深、高度等可属于框架系统，由丈尺来控制，谓之丈尺制。如永徽

---

〔1〕［唐］魏徵等撰：《隋书》卷六十八《列传第三十三・宇文恺》，第 1589 页。

三年(652)的明堂制度:“太室在中央,方六丈,其四隅之室,谓之左右房,各方二丈四尺。当太室四面,青阳、明堂、总章、玄堂等室各长六丈,以应太室;阔二丈四尺,以应左右房。室间并通巷,各广一丈八尺,其九室并巷在堂上,总方一百四十四尺,法坤之策”〔1〕。

构架系统,如做工复杂、耗费人、财、物颇多的斗栱、梁栿、枋椽等,则是以材份计算,可谓之材份制。然有关唐代建筑的材份内容史书缺载。据宋《营造法式》,宋式木构建筑的设计是以“材”,即木构建筑所用素枋或单材栱的断面高度——栱高为基本模数,即一材;以材高的 1/15 为分模数,称“份”〔2〕。从《营造法式》中所表现出的以材为模数的制度看,理当是长期发展的结果。

现存唐代实例表明,其时构件设计同样运用材份制的方法,现存唐代单层建筑用材尺寸,其高宽比都接近 3∶2,说明“材”的断面比例唐代已确定。唐代建筑在模数化的基础上,通过合理的管理,提高工作效率。

与此同时,唐为控制建筑规模,订立《营缮令》,规定哪一等官吏可建什么规模、使用何种样式装饰等,定等级,明尊卑。

5. 工巧

“天有时,地有气,材有美,工有巧,合此四者然后可以为良”〔3〕。隋唐一些颇有工巧的建筑,现已无缘再见,但文献可让我们想象其风采。

《隋书》云:“时帝北巡,欲夸戎狄,令(宇文)恺为大帐,其下坐数千人。帝大悦,赐物千段。又造观风行殿,上容侍卫者数百人,离合为之,下施轮轴,推移倏忽,有若神功。戎狄见之,莫不惊骇”〔4〕。这个观风行殿,是一座可移动的宫殿,可拆分或合并,也是容纳数百人的巨大行殿。

更为壮观的是六合城,由能工巧匠何稠建造。“至是,(隋炀)帝于辽左与贼相对,夜中施之。其城周回八里,城及女垣合高十仞,上布甲士,立仗建旗,四隅置阙,面别一观,观下三门,迟明而毕。高丽望见,谓若神功”〔5〕。何稠还用绿瓷,仿造由于战乱而久绝不造的琉璃。

隋唐造船业空前发展,造船技术高超。隋文帝为准备攻陈,命杨素在江南永安督造战船,“造大舰名曰‘五牙’,上起楼五层,高百余尺。左右前后置六拍竿,并高五十尺,容战士八百人”〔6〕。而隋炀帝游江都(今扬州)时所乘的“龙舟”,“四重,高四十五尺,长二百尺。上重有正殿、内殿、东西朝堂。中二重有百二十房,皆饰以金玉。下重内侍处之。皇后乘翔螭舟,制度差小而装饰无异。别有浮景九艘,三重,皆水殿。……”〔7〕。《旧唐书·李皋传》载德宗时的工匠李皋,制成脚踏木轮推进的战船。这种战船,所造省易而久固,船舷两旁各装一个桨叶车轮,摆脱了风帆的方向限制,“翔风鼓浪,疾若挂帆席”。

---

〔1〕 [后晋]刘昫等撰:《旧唐书》卷二十二《志第二·礼仪二》,第 854 页。
〔2〕 有关“份”的写法颇多,或“分”,或“分°”等。
〔3〕 [清]孙诒让:《周礼正义》,北京:中华书局,1987 年,第 3115 页。
〔4〕 [唐]魏徵等撰:《隋书》卷六十八《列传第三十三·宇文恺》,北京:中华书局,1973 年,第 1588 页。
〔5〕 [唐]魏徵等撰:《隋书》卷六十八《列传第三十三·何稠》,北京:中华书局,1973 年,第 1598 页。
〔6〕 [唐]魏徵等撰:《隋书》卷四十八《列传第十三·杨素》,北京:中华书局,1973 年,第 1283 页。
〔7〕 [宋]司马光编著,[元]胡三省音注:《资治通鉴》卷一八〇《隋纪四·炀帝大业元年》,第 5621 页。

开放的唐代,建筑技艺也吸取国外,包括西域的建造技术。自雨亭,在前文所述王鉷的太平坊宅内,“(亭)从簷上飞流四注,当夏处之,凛若高秋”[1]。通过水冷来散热降温,并结合亭子与飞瀑造型,功能与形式相统一。

与中国传统勒石铭记不同,此时还出现类似古罗马纪功柱的构筑物。据《大唐新语·褒锡》载,云南有波州铁柱。武周时,洛阳在“南街北阙,建天枢大仪之制”。天枢为规模巨大的纪功柱,也是唐朝与藩属国合建的产物。嗣圣三年,“武三思劝率诸蕃酋长,奏请大征敛东都铜铁,造天枢于端门之外,立颂以纪上之功业”[2]。周证圣元年(695),象征武周政权怀柔万国、四夷归附的天枢最终完成,天枢“高一百五尺,径十二尺,八面各径五尺,下为铁山,周百七十尺,以铜为蟠龙,麒麟萦绕之上,为腾云,承铜盘径三丈,四龙人立捧火珠,高一丈。工人毛婆罗造模,武三思为文,刻百官及四夷酋长名,太后自书其榜曰:大周万国颂德天枢”[3]。制模的毛婆罗可能是西域人,诸蕃酋长也鼎力资助。技术上,展示了唐代铸造大型铜铁建筑的能力。

第四节　成就及影响

1. 宏大的体系

隋唐建筑为我国古典建筑的成熟期,形成完整、宏大的建筑体系,并传承至五代,遂为绝响,然泽被后世。

隋享国三十七年,藉一统优势,大举建设。创建大兴、洛阳两座规划完整、规模宏伟的都城。大兴(唐长安)城融入了中国早期城市规划理想,功能分区明确,面积约达 84.1 平方公里,堪称当时世界上最大的都城,为后来中国都城建设的典范,并影响日本京城建制。东都洛阳,水陆发达、经济繁荣,根据自身的自然环境、水系特征,吸收南朝建康城的规划优点,为风景秀美的园林都市。

唐继承隋丰厚的建筑遗产,鉴于隋亡教训,建国之初推尚俭素,新建离宫或用草顶。城市建设沿用隋旧制并逐步完善,分别于 654 年完成长安城楼、692 年建成洛阳外郭。随着国势隆盛,唐自高宗、武后起,至玄宗前期(650—740),开始大规模建设。662 年,高宗在长安东北高地上重建大明宫,此为唐所建最大宫殿群,约占地 3.3 平方公里[4],比现存明清紫禁城大 4.4 倍。

明堂是重要的礼仪建筑。自汉代始,历代帝王多有修建或欲构明堂者。垂拱三年春,武则天毁东都乾元殿,就地创明堂,方 300(约 88 米)、高 294 尺(86 米),应是唐所建体量最大的单体建筑。

---

[1] [唐]封演撰:《封氏闻见记》卷五《第宅》,北京:中华书局,1985 年,第 61 页。

[2] [后晋]刘昫等撰:《旧唐书》卷六《本纪第六·则天皇后》,第 124 页。

[3] [宋]司马光编著,[元]胡三省音注:《资治通鉴》卷二〇五唐纪二十一·则天后天册万岁元年,第 6502 - 6503 页。

[4] 中国科学院考古研究所:《唐长安大明宫》,北京:科学出版社,1959 年,第 12 页,根据考古数据测算。

隋、唐共同建造了中古世界上最宏大的都城和宫殿。随着经济繁荣,"第宅日加崇丽,至天宝中,御史大夫王鉷有罪赐死,县官簿录太平坊宅,数日不能遍"[1]。阴宅也富丽堂皇,令人惊叹。如唐太宗昭陵,因山为陵,众山拱卫,气势远超历代帝陵。

统一的帝国,反映在建筑上,规模宏大、气势磅礴,形体俊美、庄重大方,整齐而不呆板,华美而不纤巧,舒展而不张扬。即便形体不大,亦简洁而具活力(图6-4-1),是时代精神的完美体现。

图6-4-1　隋代陶屋

2. 成熟的技术

全国一统、南北文化交融,给建筑技艺发展带来了新的活力与营养。此时南方经济,特别是国家税收,逐步超越北方;南方建筑文化也不断影响北方。使得北方由土木混合建筑逐渐向以木构为主的建筑转变,建构思维也从完全"累叠式"趋向"架构式"[2]。宫殿坛庙、民居园林、寺庙道观等,大多以木构架为主,创造出一代新风,引领了后世建筑技术的发展。

现存唐代建筑多在山西,虽不能体现唐代广大地域的建筑全貌,但用材较大、构架简洁、受力合理等,是成熟期技艺的体现。目前发现的11座五代建筑,也普遍具有此种结构技术特征。

与结构技术相配套的设计方法,隋唐亦应完备。就建筑设计体系而言,分为丈尺为计量单位框架系统及以材份计构架系统。宋《营造法式》中的"以材为祖",应是以材份系统作为基本构件的尺度设计原则。如此,两套设计系统共同作用、相辅相成,创造出气势宏大、精致简洁的隋唐建筑[3]。

木楼阁技艺完美。唐长安大明宫之中,俗称三殿的麟德殿,很可能还是组合式楼阁。据宋敏求《长安志》卷六云:"此殿三面,南有阁,东西皆有楼。殿北相连,阁有障日阁、东亭、会庆亭",结构复杂。可以想见其建造的精湛程度。

建筑技术的发展,使得人们的居住生活更加舒适。渤海国上京龙泉府宫城西区寝殿遗址,显示了完善的采暖系统,包括火炕、烟道和烟筒(图6-4-2)[4]。这样的采暖构造,在中国北方沿用至今。

此期砖石建筑也有巨大进步。隋赵州安济桥,是目前所知世界上最早的敞肩拱桥,造型优美,栏板精美绝伦(图6-4-3)。高层大型砖塔的建造技术十分成熟,一些尚存留至今。

---

〔1〕[唐]封演撰:《封氏闻见记》卷五《第宅》,北京:中华书局,1985年,第61页。

〔2〕马晓:《中国古代木楼阁》,北京:中华书局,2007年,第35页。

〔3〕未来的研究,或许会揭示出这样的两套设计系统,隋唐之前早已存在,推测当始于秦汉。

〔4〕中国社会科学院考古研究所:《六顶山与渤海镇唐代渤海国的贵族墓地与都城遗址》,北京:中国大百科全书出版社,1997年,第67－69页。

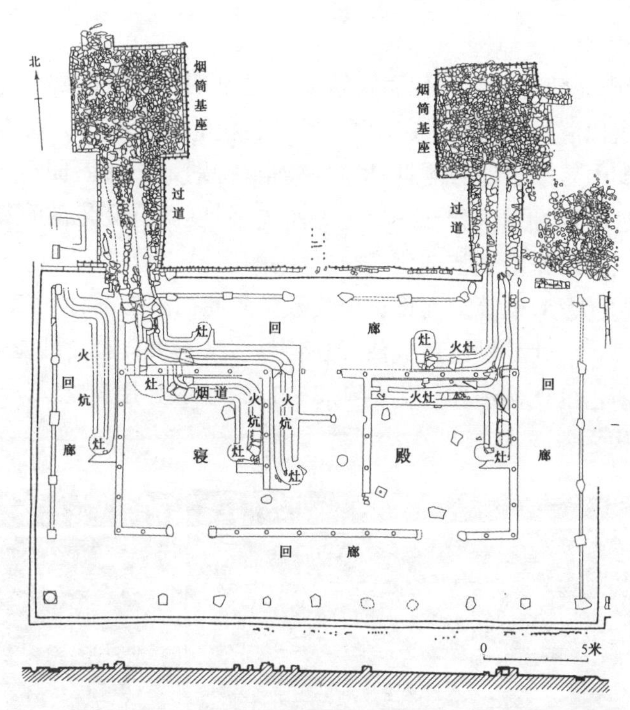

图 6-4-2　上京龙泉府宫城西区寝殿遗址平、剖面图

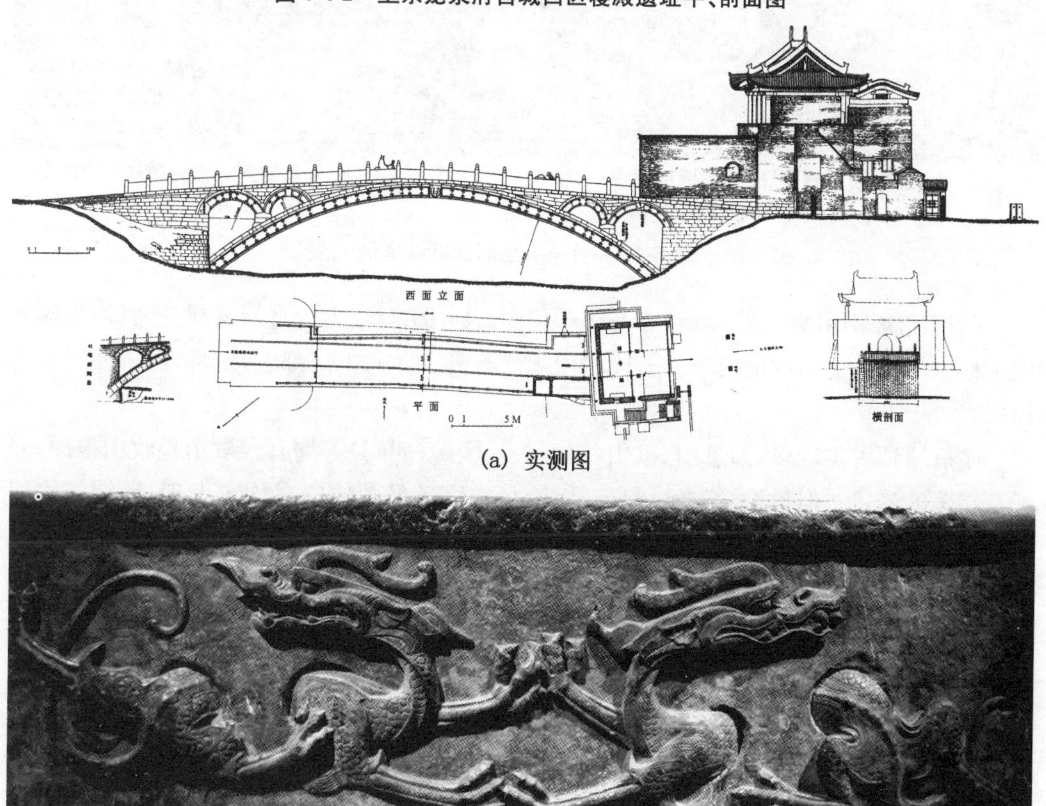

(a) 实测图

(b) 穿壁龙栏板

图 6-4-3　隋安济桥

3. 丰富的艺术

隋代建筑处于南北朝建筑向唐代建筑转变的过渡期。此时的建筑斗栱比较简单,多偷心出挑;鸱尾较唐代清瘦;侧脚、生起明显;檐口起翘平缓等。建筑整体形象已较饱满。

至唐代,南北朝中后期出现的侧脚、生起、翼角,特别是凹曲屋面等手法更成熟,做法规范化。风格由汉式直线形的端严雄强,变为曲线、斜度微有变化的直线等,流丽遒劲更富于韵律。大木作、小木作富于装饰化,彩画作绚丽多彩(图 6-4-4)。

建筑立面造型及大小,依等级而设。唐代殿堂各间面阔有两种,一为明间大而左右各间小;一为各间相等。唐代斗栱已臻成熟,风格奔放,又不失典雅。殿堂者,铺作层根据出挑数不同,其高度所占的比例约在柱高的 1/3~1/2,显示其用材之大,殿堂出檐之深远,恢宏雄伟,尽显结构之美。

(a) 莫高窟第158窟东壁壁画中(中唐)
净土世界的宫殿屋瓦装饰

(b) 榆林窟第25窟南壁壁画(中唐)
净土世界的宫殿装饰

图 6-4-4 甘肃石窟唐代壁画举例

隋唐建筑多用版门、直棂窗;亦有格子门窗,使用相对较少。直棂窗棂分两种:板棂和破子棂。门窗框四周或加线脚。五代时门扇或有分上、中、下三部者,上部较高,便于装直棂采光。

隋唐屋顶种类较多,如悬山、歇山(厦两头)、庑殿(四阿)等均有。歇山顶收山很深,并配有精美的悬鱼。但是重檐建筑,目前,无论是实物还是图像资料均未发现,所谓的重檐建筑应为楼阁,与宋代的单层建筑的重檐概念相异[1]。

隋唐屋顶坡度较缓,宫殿屋顶采用渗炭处理的黑瓦,用黄、绿色琉璃做屋脊和檐口(剪边),和屋身朱柱、绿窗、白墙形成唐代建筑最典型的色调。屋脊常用叠瓦脊,两端立鸱尾。鸱尾的形制比之后世,远为简洁秀拔。高等级的还有对凤、瓦兽等装饰(图 6-4-5~6-4-9)。

---

〔1〕 马晓:《重檐建筑考》,《华中建筑》2004 年第 4 期。

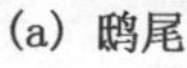

(a) 鸱尾

(b) 鬼瓦

图 6-4-5　昭陵献殿遗址出土的唐代鸱尾、鬼瓦

图 6-4-6　佛光寺东大殿前檐柱础

图 6-4-7　兴庆宫遗址出土莲花纹石柱础

隋唐建筑群体布局，主次分明，错落有致。一些主体建筑四周可接建耳房，左右侧者称“挟屋”，前后“对垒”，局部向前后突出者为“龟头屋”(抱厦)。

合院式建筑多有横向扩展的建筑组群，成多路多进的格局。路与路之间建夹道，合于交通、防火及礼仪等。这样的院落式布局方式和特点，在隋唐成熟并沿用至明清，成为古建筑群体组合最具特色的部分。

唐敦煌壁画显示，大型廊院组合复杂，正殿左右或有配殿，或翼以回廊，形成院落；转角处和庭院两侧又有楼阁和次要殿堂分布，可谓地上人间与天上仙居的融合，是现实与理想的综合图景。

隋唐建筑陈设、装饰美轮美奂，令人炫目(图 6-4-10～6-4-12)。

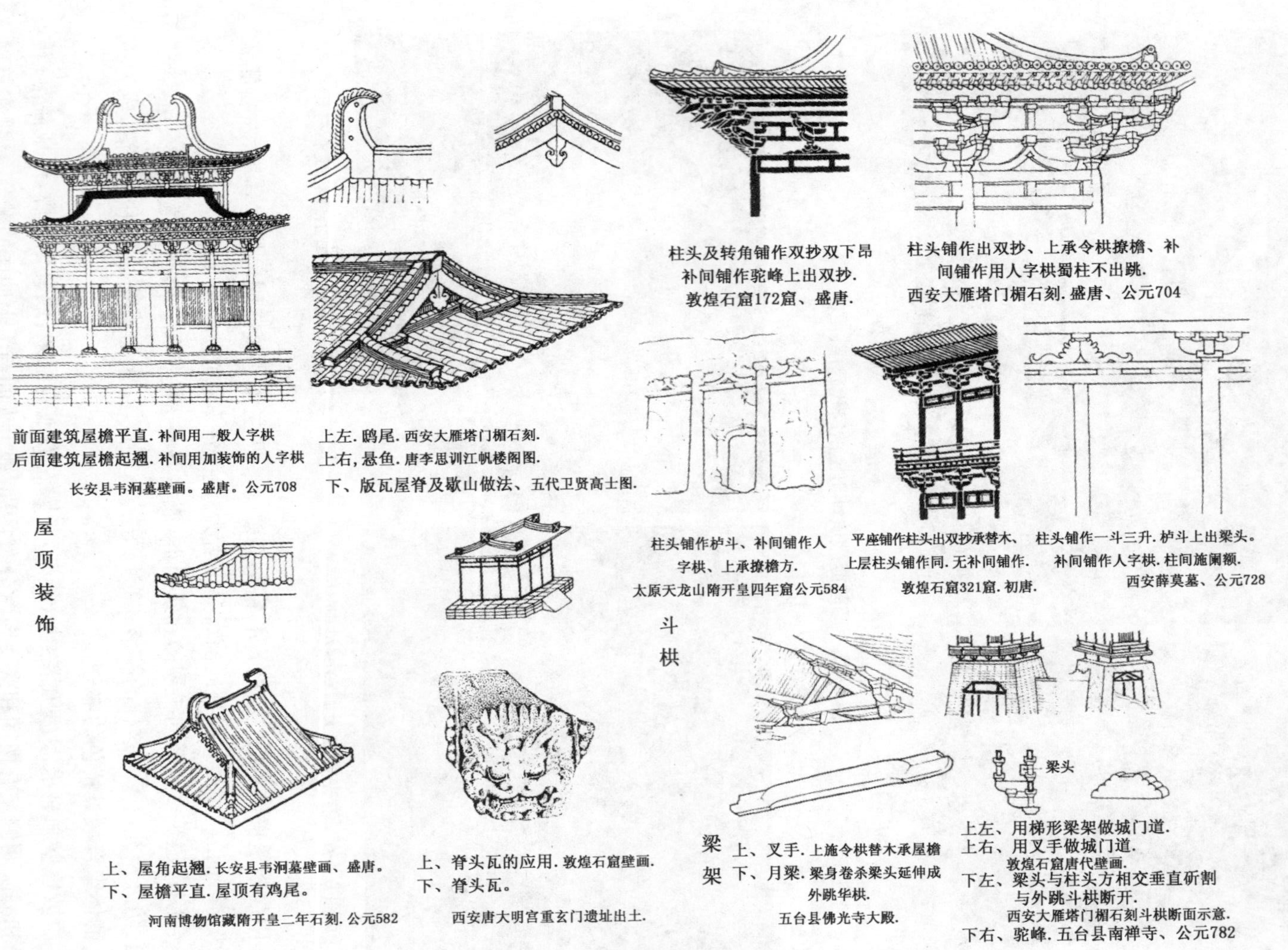

图 6-4-8　隋唐五代建筑细部(一)

门窗

版门及破子棂窗、门窗框四周加线脚柱头铺作一斗三升，栌斗上出梁头斫作耍头，补间铺作人字栱.
登封县会善寺净藏禅师墓塔，盛唐.

直棂格子门.
唐李思训、江帆楼阁图.

乌头门、上段开直棂窗.
敦煌石窟、初唐.

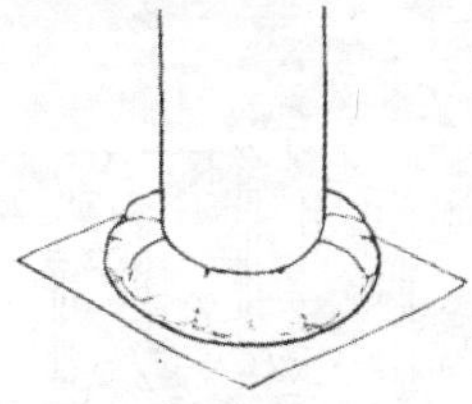

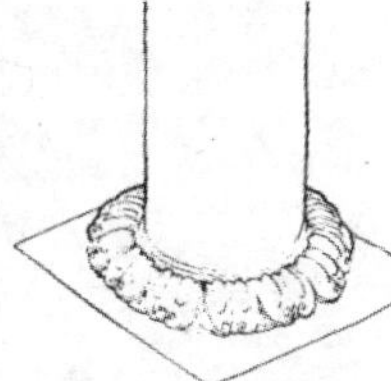

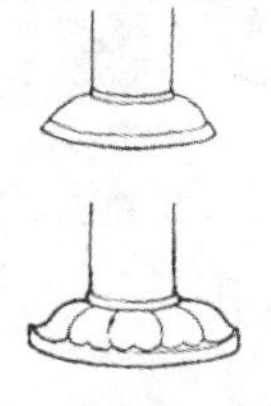

柱础

绿琉璃莲花柱础
宁安渤海国东京
城宫殿遗址出土.

莲花柱础
五台佛光寺大殿.

上、覆盆柱础
下、莲花柱础
西安大雁塔门楣石刻.

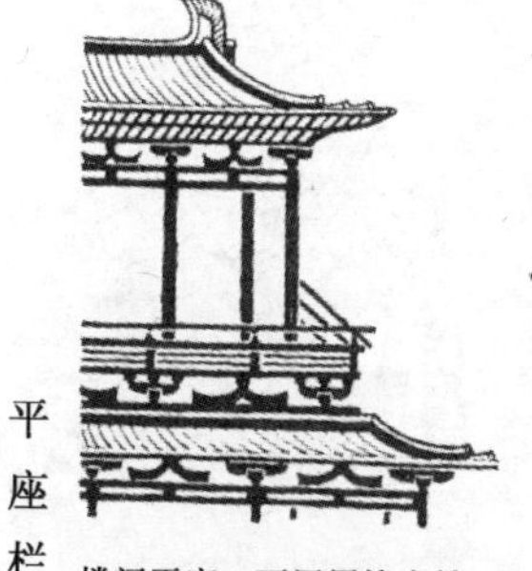

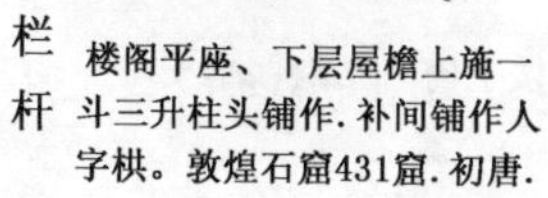

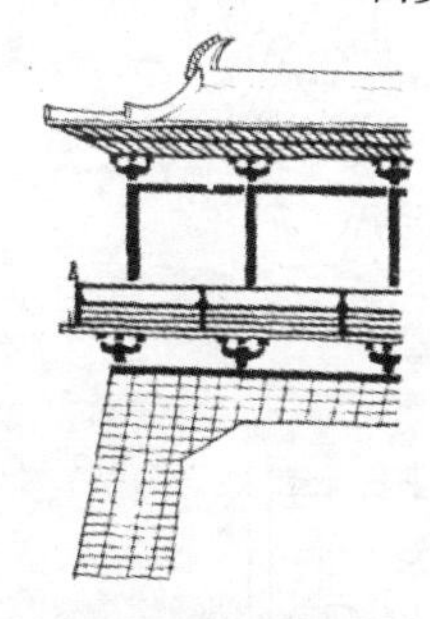

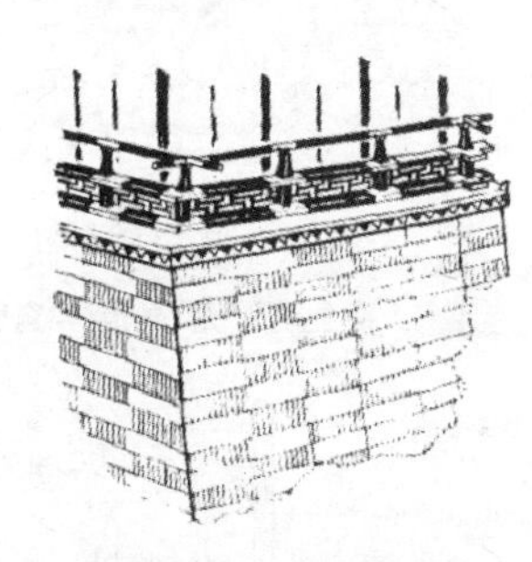

平座栏杆

楼阁平座、下层屋檐上施一斗三升柱头铺作.补间铺作人字栱。敦煌石窟431窟.初唐.

高台基座、下层立柱.柱上平座铺作
敦煌石窟.

城楼基座有斗栱.卧棂栏杆.
敦煌石窟217窟.

城楼基座有雁翅版无斗栱.斗子蜀柱勾片单勾栏寻杖绞角.
西安唐永泰公主墓壁画.

图 6-4-9　隋唐五代建筑细部(二)

住宅内的床 敦煌217窟壁画

屏风、案、桌、扶手椅 五代王齐翰勘书图

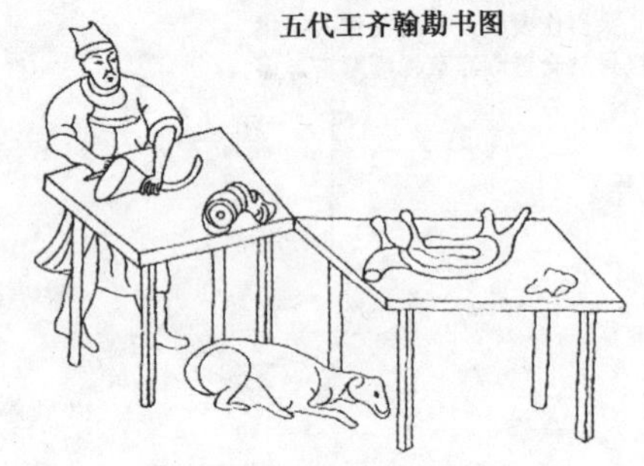

方桌 敦煌85窟壁画

长桌及长凳 敦煌473窟壁画

腰圆形凳及扶手椅 唐画执扇仕女图

桌、靠背椅、冂形状 五代顾闳中韩熙载夜宴图

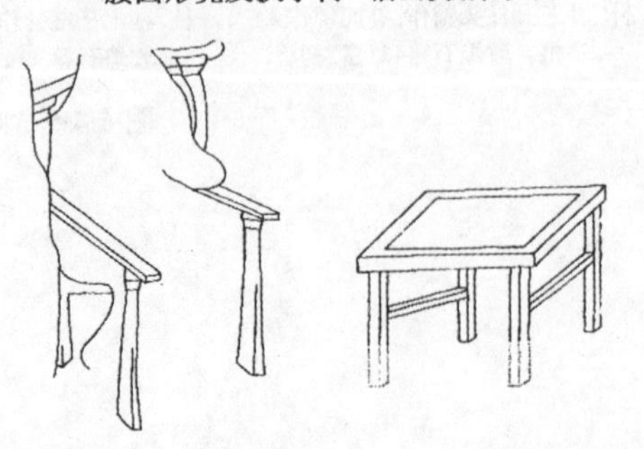

扶手椅 敦煌196窟壁画　　方 凳 五代卫贤高士图

图 6-4-10 隋唐五代家具

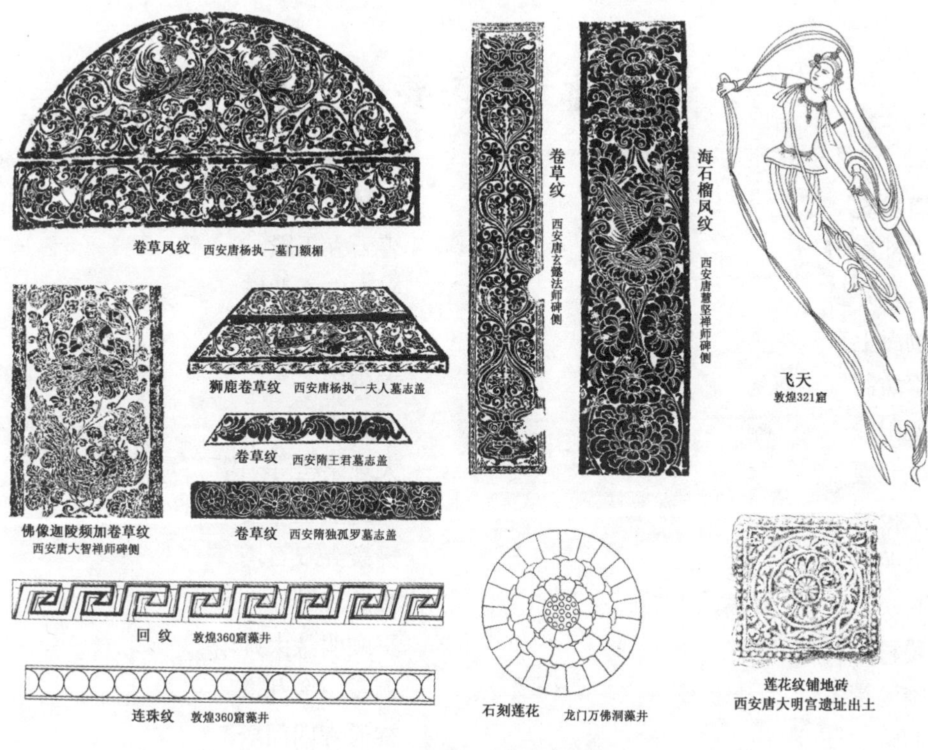

图 6-4-11　隋唐五代装饰纹样(一)

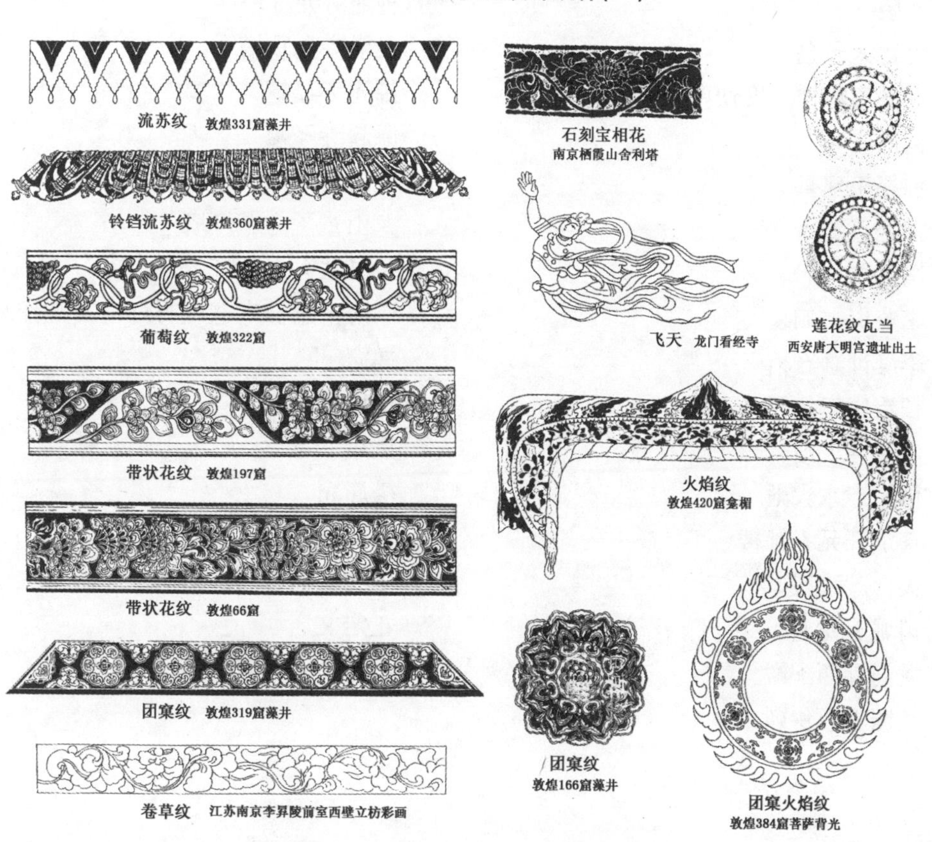

图 6-4-12　隋唐五代装饰纹样(二)

本章学习要点

唐长安
东都洛阳
唐代开封
渤海上京
里坊制
乾阳殿
乾元殿
太极宫
大明宫
兴庆宫
税村隋代壁画墓
隋炀帝陵
昭陵
乾陵
懿德太子墓
莘县唐魏博节度使韩允忠家族墓
南唐二陵
前蜀王建墓
王处直墓
冯晖墓
李茂贞夫妇墓
李静训墓石棺
长治唐王休泰墓
南禅寺大殿
佛光寺东大殿
正定开元寺钟楼
天台庵大殿
芮城五龙庙
龙门寺西配殿
镇国寺万佛殿
华林寺大殿
碧云寺正殿
兴教寺玄奘塔
香积寺塔
大雁塔
小雁塔
大理崇圣寺三塔
登封法王寺塔
灵泉寺双石塔
修定寺塔
平顺明慧大师塔
栖霞山舍利塔
神通寺四门塔
神通寺龙虎塔
九塔寺九顶塔
佛光寺经幢
原起寺经幢
安国寺经幢
龙山童子寺燃灯塔
长子法兴寺石灯
渤海上京佛寺遗址石灯
禅窟
僧房窟
瘗窟
塔庙窟
佛殿窟
多功能混合窟
正定文庙
隋唐建筑技艺

第七章　宋代建筑
——兼及辽金西夏等

960年，太祖赵匡胤立宋，统一中原。此后渐成北有辽、西北有西夏、西南有大理等多个政权并立的格局。

女真1115年崛起，立金，逐步攻灭辽（916—1125）与北宋（960—1125）。

北宋部分宗室南迁，在秦岭——淮河以南地域立南宋，与金对峙。其时尚有大理、高昌、西辽、吐蕃诸部。

13世纪初蒙古国（后称元）崛起漠北，先后灭金（1125—1234）、西夏（1038—1227）、南宋（1127—1279）、大理（937—1253）等，一统全国。

宋与辽、金及西夏、大理等，共同传承中华文明。

第一节　聚　落

宋代经济及人口增长，商业网络遍及，大城市迅速增多。中唐十万户以上城市仅13个，北宋中期达46处[1]。此时，中等城市持续发展，全国中小市镇普遍兴起与繁荣。

宋宣和极盛时，分天下二十六路，置四京，以开封、河南、应天、大名四府充之，谓之京府。其他府三十，州二百五十四，监六十三，县一千二百三十四[2]。

宋代地方行政分路、府（州、军、监）、县三级，故按城市行政级别分区域中心城市，如转运使、安抚使治所为代表的路治城市，一般都是本区域中心城市，如北宋洛阳、荆州、越州与苏州等，人物繁华。州县城市，如常州、台州等，规模较小。一些偏远州县基础设施落后[3]，各地域差距较大。

---

〔1〕杨德泉：《杨德泉文集》，西安：三秦出版社，1994年，第159页。

〔2〕[元]脱脱等撰：《宋史》卷八十五《地理志一》，北京：中华书局，1977年，第2095页。

〔3〕“地僻而贫，故夷陵为下县，而峡为小州。州居无郭郛，通衢不能容车马，市无百货之列而鲍鱼之肆不可入。虽邦君之过市必常下乘掩鼻以疾趋。而民之列处灶、廪、匽、井无异位，一室之间，上父子而下畜豕。其覆皆用茅竹，故岁常火灾，而俗信鬼神，其相传曰：作瓦屋者不利。……景祐二年，尚书驾部员外郎朱公治是州，始树木增城栅，甓南北之街作市门、市区。又教民为瓦屋，别灶廪、异人畜，以变其俗。”[宋]欧阳修《欧阳文忠公集》居士集卷第三十九《夷陵县至喜堂记》，《欧阳修集》，北京：中国戏剧出版社，2002年，第222页。

辽“京五,府六,州、军、城百五十有六,县二百有九,部族五十有二,属国六十”(《辽史》地理志一)。辽五京:上京临潢府、东京辽阳府、南京幽都府(后改析津府)、中京大定府、西京大同府。上京为契丹发祥地,保留原习俗,南北分治,契丹人、汉人分居。

金袭辽五京之制,于地方设路府州县〔1〕:上京临潢府、东京辽阳府、中京大定府、南京析津府、西京大同府。但非通制,不时有异〔2〕。

辽朝城市,部分保留唐坊市制。宋代坊市制削弱,坊墙逐渐消失,城墙仍是城市标志。都城一般三重,惟南宋临安二重;府州治城墙一般二重,或有三重如福州(《淳熙三山志》卷四);广州无城池。一般县〔3〕也有一重城。

一、都 城

1. 北宋东京

汴梁(今开封)因大运河而兴。北宋更臻富饶,东京盛时,人口约150万〔4〕。有外城、内城、宫城和皇城四重,宫城居中(图7-1-1)。城门上有城楼,蔚为壮观。

东京以内城正门朱雀门至外城正门南薰门为中轴。首次在宫城正门宣德门和内城正门朱雀门间设御街,即丁字形纵向广场,两边设廊(千步廊),分列官署与礼制建筑,影响后世都城。

东京附近湖泽广布,河道上桥梁如虹(图1-1-11)。三层城濠防御,亦利于园林景观,甚或水战、水戏(图7-1-2)。

开放的街市和各类集市代替唐代的集中市制〔5〕。城市商业街兴起、夜市繁盛,诸色买卖、手工作坊等一应俱全〔6〕。

城内有寺观70余处;城外有大型园林金明池和琼林苑等。徽宗时,兴“花石纲之役”,在内城东北隅建造皇家园林——艮岳。

总之,“汴宋之制,侈而不可以训”〔7〕。南宋宫室,相对简省。

---

〔1〕 [元]脱脱等撰:《金史》卷二十四《地理志上》,北京:中华书局,1975年,第549页。“袭辽制,建五京,置十四总管府,是为十九路。”

〔2〕 李昌宪:《金朝京府州县司制度述论》,《中国史研究》2012年第3期。

〔3〕 如《嘉定赤城志》有图,见[宋]陈耆卿纂:《嘉定赤城志》,中华书局编辑部编:《宋元方志丛刊》(第七册),北京:中华书局,1990年,第7282页。

〔4〕 吴松弟:《中国人口史·第三卷:辽宋金元时期》,上海:复旦大学出版社,2000年,第574页。

〔5〕 郭黛姮:《中国古代建筑史·第三卷》,北京:中国建筑工业出版社,2009年,第33页。

〔6〕 [宋]孟元老:《东京梦华录》,济南:山东友谊出版社,2001年,第28-29页。

〔7〕 [元]脱脱等撰:《宋史》卷一五四《志第一百七·舆服六》,北京:中华书局,1977年,第3598页。

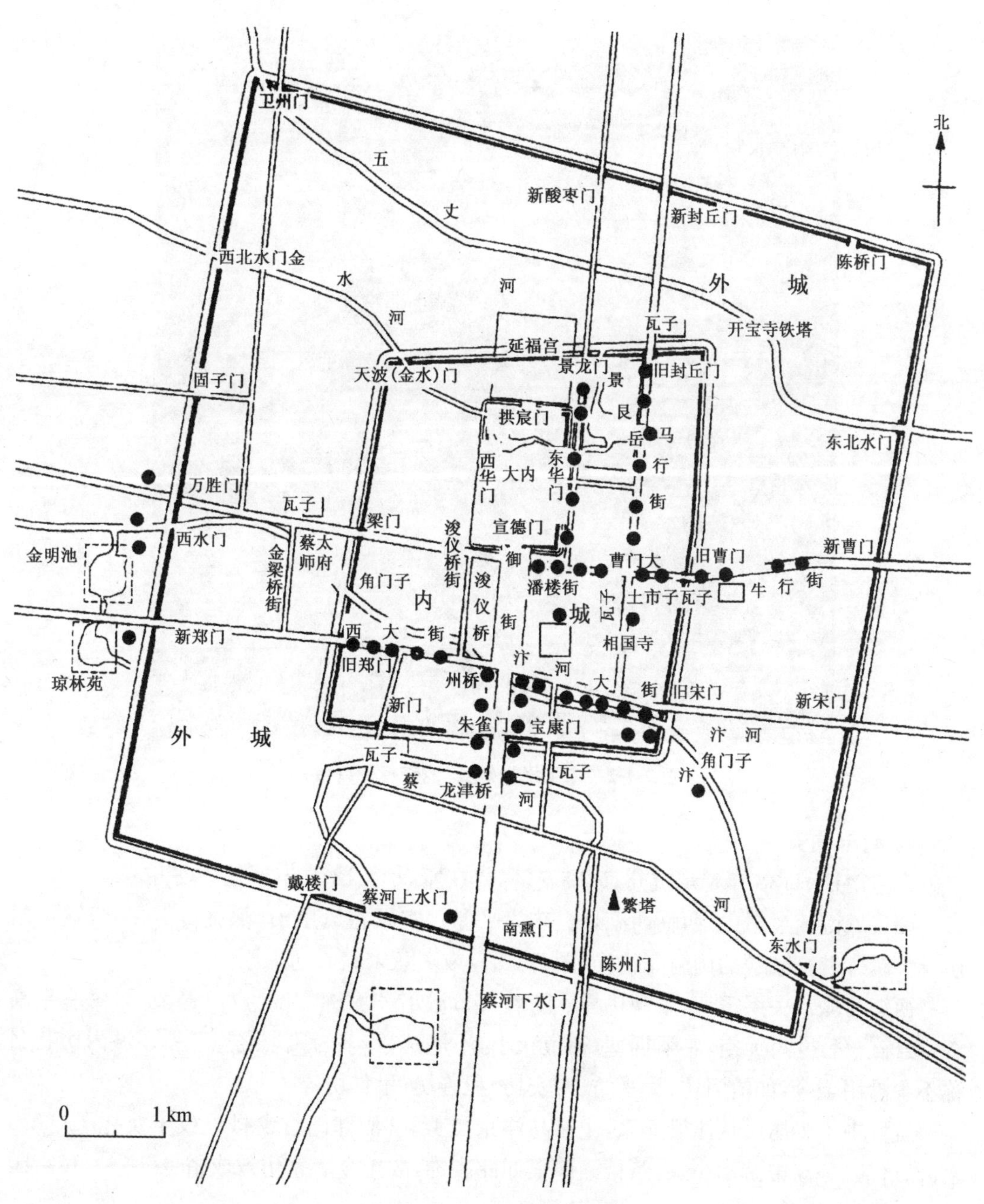

图 7-1-1　宋东京平面示意图

图 7-1-2　宋张择端《金明池夺标图》(传)

2. 南宋临安

宋室南迁,1138 年定都杭州,改临安,称行在所[1]。1276 年被元军攻占。

临安城南倚凤凰山,西临西湖,北、东为平原。宫殿在凤凰山,都城御街在北,继承隋唐及吴越"南宫北城"的倒骑龙格局(图 7-1-3),或寓意宋室心向中原。

西湖与城市关系密切,景观优异。随着人口激增,"城廓广阔,户口繁杂,居民屋宇高森,楼栋连籍,寸尺无空,巷陌拥塞,街道狭小,不堪其行,多为风烛之患"[2]。城内坊巷名称不少沿用至今,如清河坊、太平坊、寿安坊、积善坊、里仁坊等[3]。

杭城中不少居民从汴梁迁来,生活与汴京类似。"酒肆门首夕排设杈子及栀子灯等,盖因五代时郭高祖游幸汴京,茶楼酒肆俱如此装饰,故至今店家仿效成俗也"[4]。私家园林遍布,风景优美。

---

〔1〕 竞放、杜家驹:《中国运河》,南京:金陵书社,1997 年,第 81 页。

〔2〕 [南宋]吴自牧:《梦粱录》,济南:山东友谊出版社,2001 年,第 139 页。

〔3〕 [南宋]吴自牧:《梦粱录》,济南:山东友谊出版社,2001 年,第 88 - 91 页。

〔4〕 [南宋]吴自牧:《梦粱录》,济南:山东友谊出版社,2001 年,第 211 页。

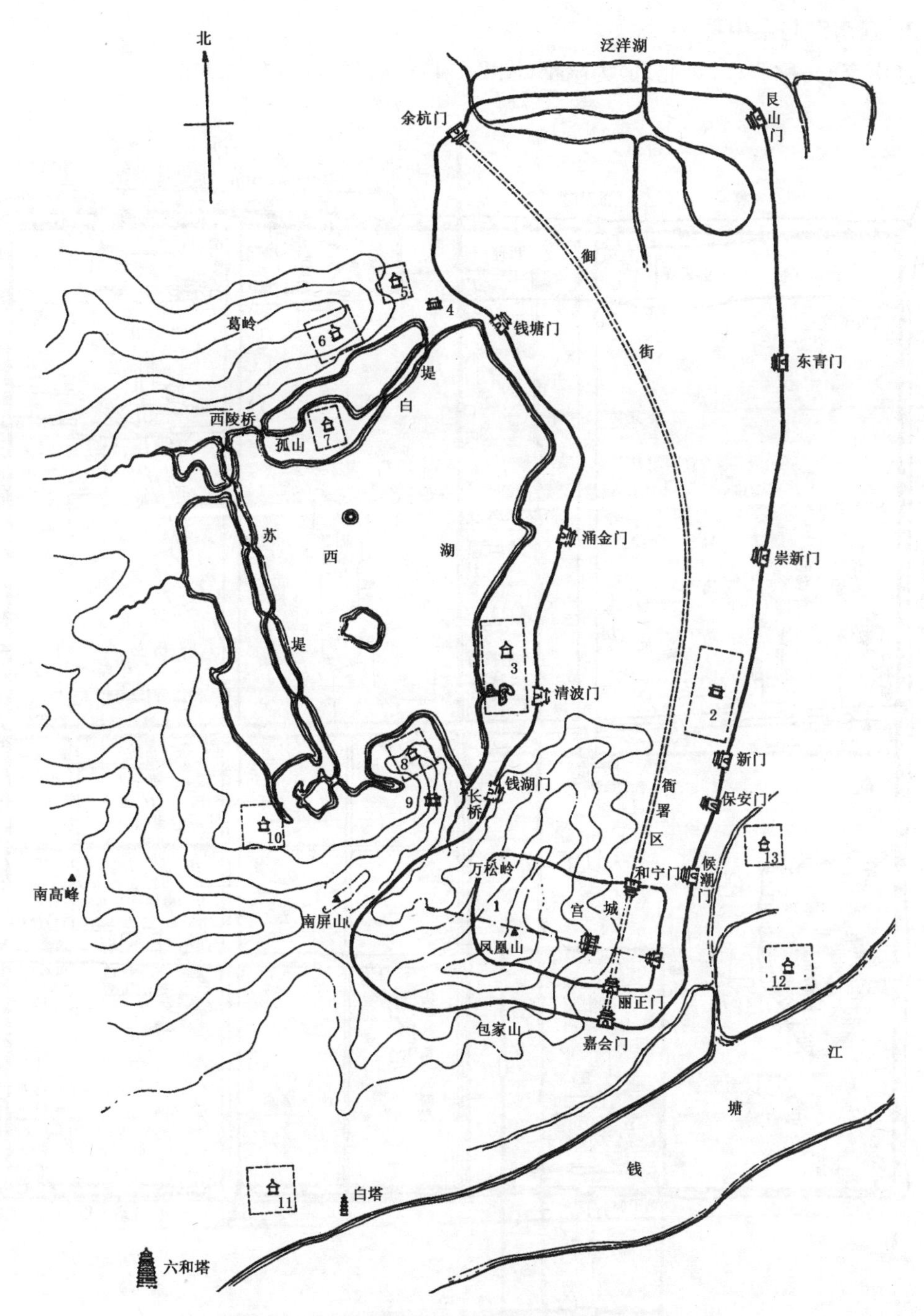

图 7-1-3　南宋临安平面示意及主要宫苑分布图

1—大内御苑；2—德寿宫；3—聚景园；4—昭庆寺；5—玉壶园；6—集芳园；7—延祥园；8—屏山园；9—净慈寺；10—庆乐园；11—玉津园；12—富景园；13—五柳园

3. 辽南京与金中都

辽南京(又称燕京,今北京)为陪都(图 7-1-4)。后为金中都、元大都。

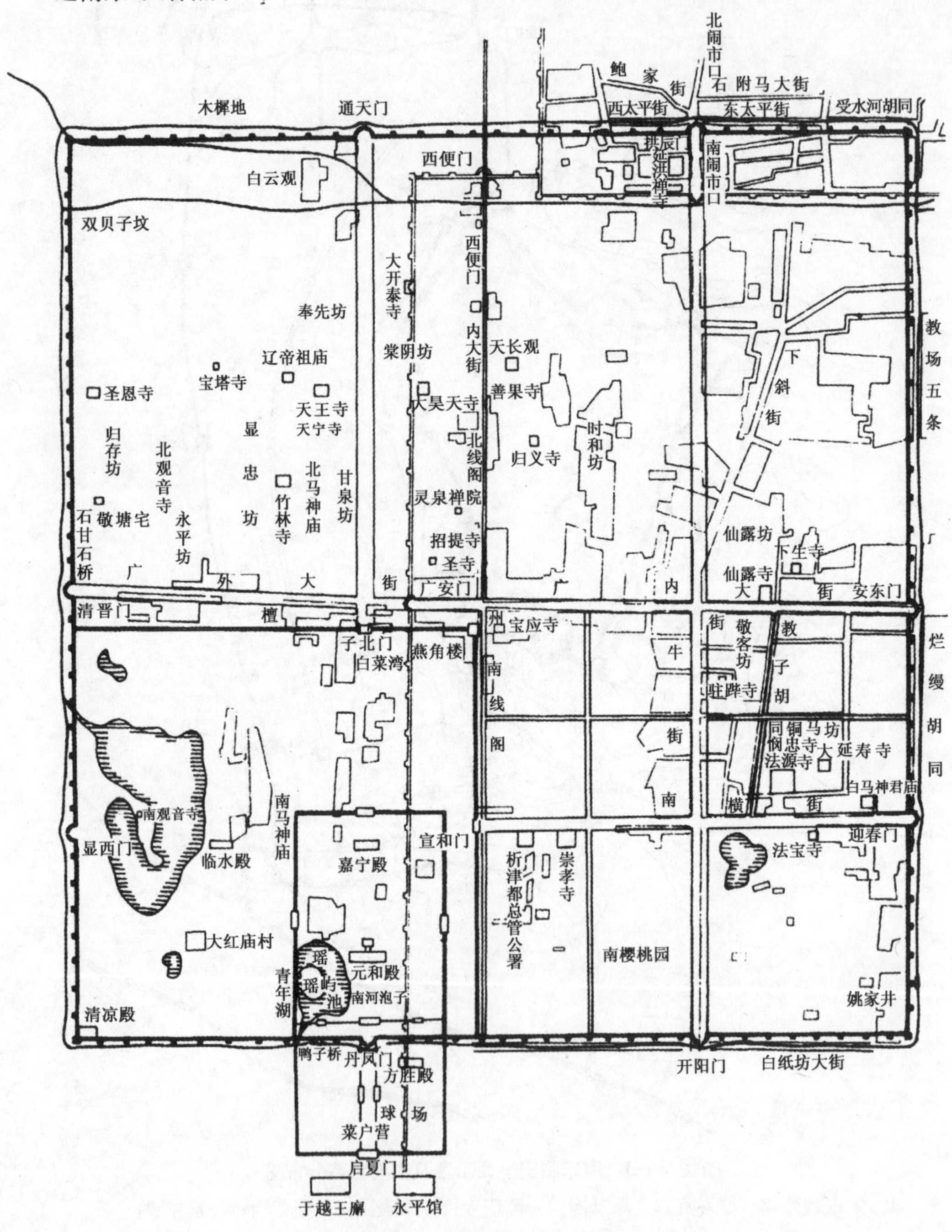

图 7-1-4　辽南京总体布局图

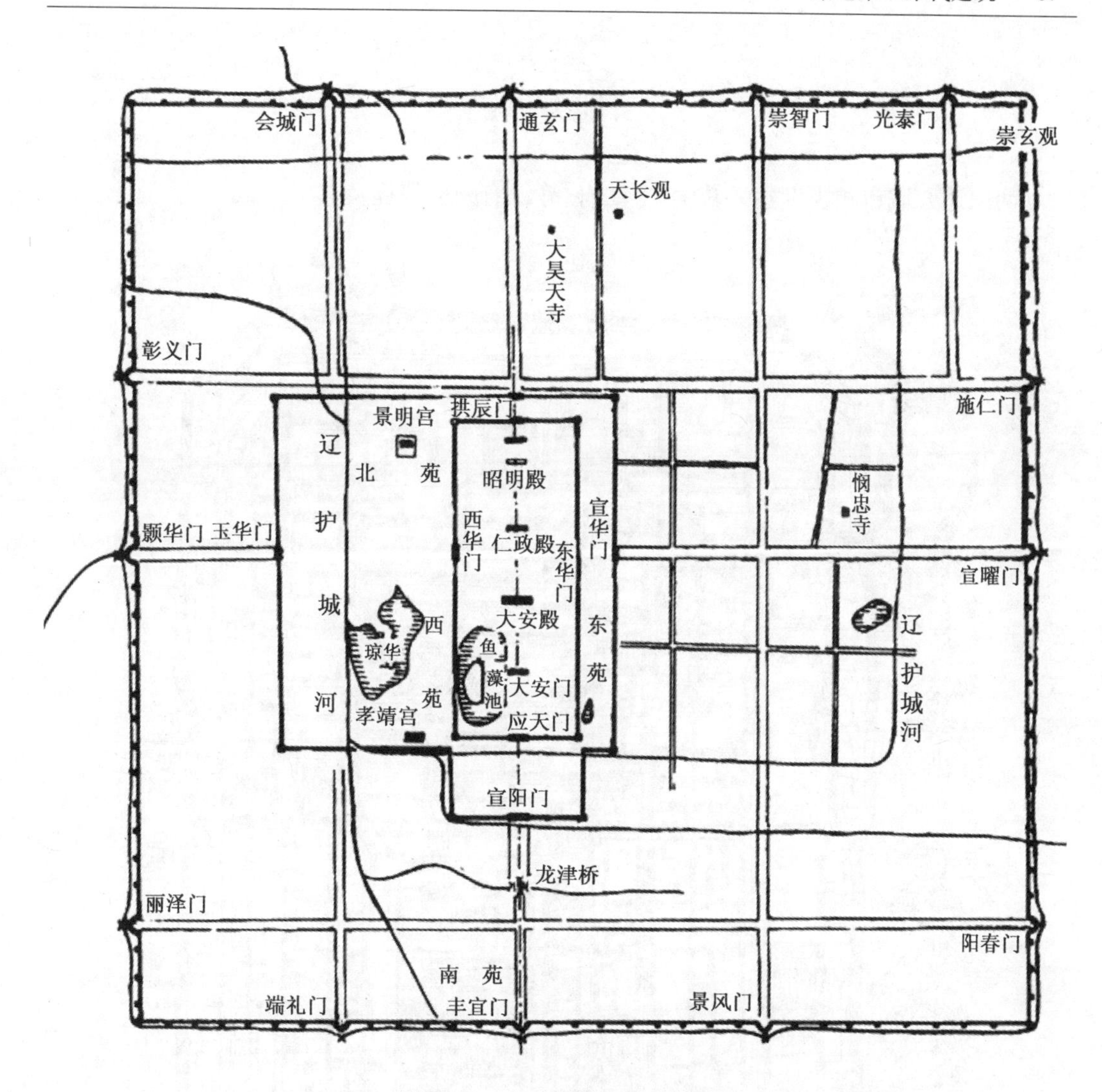

图 7-1-5　金中都城平面示意图

南京析津府：城方 36 里，开八门。城墙高 3 丈，衡广 1.5 丈（《辽史·地理志》）。敌楼、战橹齐备。仿唐之里坊制，有坊门、坊墙〔1〕。

金中都在辽南京基础上扩建，从西、南部外扩。“天德三年作新大邑”，增广城门十三，海陵贞元元年(1153)定都〔2〕(图 7-1-5)。金中都受北宋东京强烈影响〔3〕。

皇城内宫城中偏东，宫城南左为太庙，右为政府、监察机构。结合西部湖泊，宫城之西设御苑。宣阳门内、应天门外御道及东西大街组成丁字形广场，御道东西两旁设千步廊，仿北宋开封〔4〕。

---

〔1〕 王杰、于光度：《金中都》，北京：北京出版社，1989 年，第 35 页。

〔2〕 [元]脱脱等撰：《金史》卷二十四《志第五·地理上》，北京：中华书局，1975 年，第 572 页。

〔3〕 郭湖生：《元大都(兼论金中都)》，《建筑师》编辑部：《建筑师第 75 辑》，北京：中国建筑工业出版社，1997 年，第 90 页。

〔4〕 王杰、于光度：《金中都》，北京：北京出版社，1989 年，第 14 - 75 页。

二、地方城邑

两宋地方城市相当发达。其中,平江府、静江府颇值得提及。

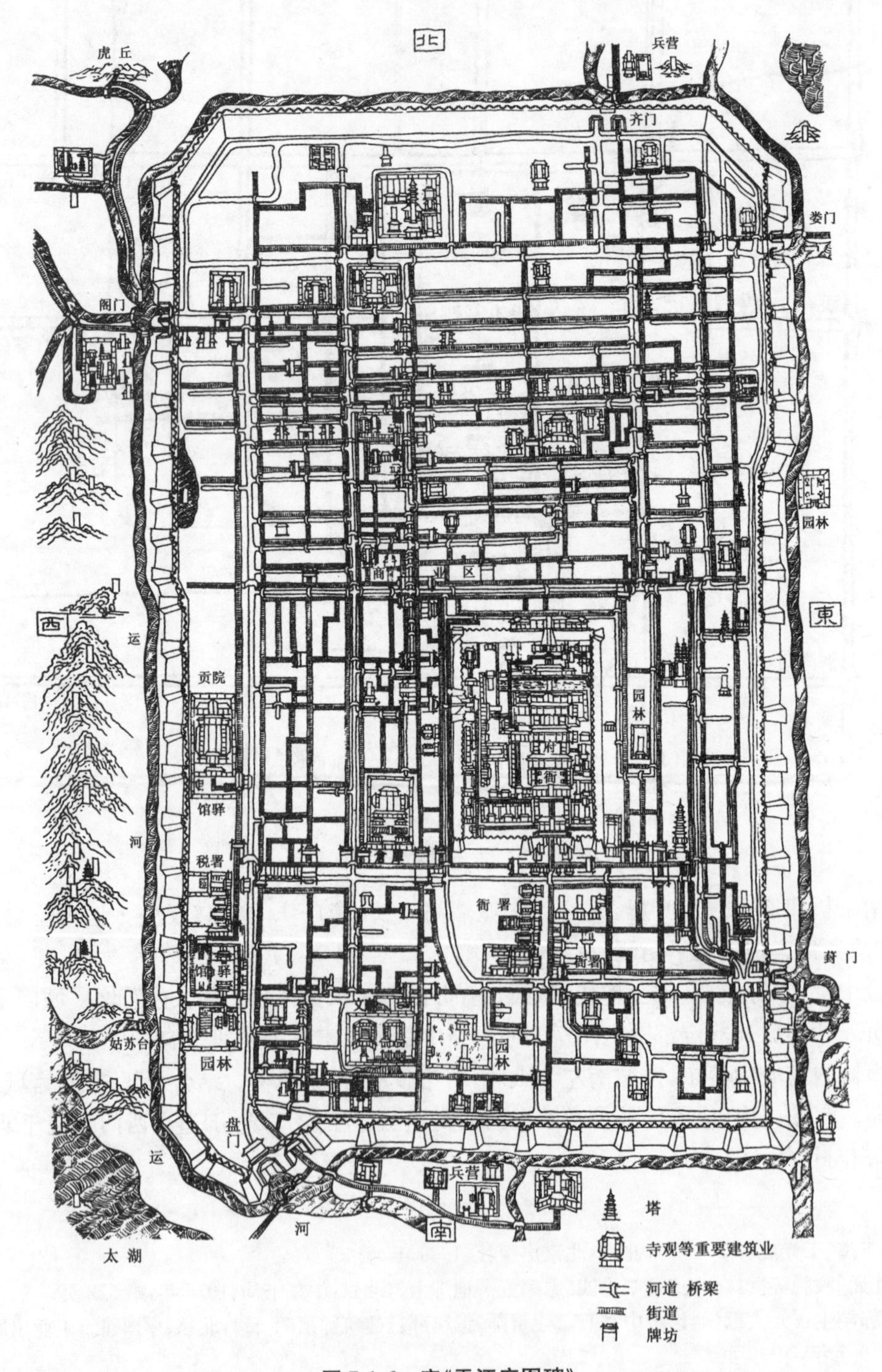

图 7-1-6 宋《平江府图碑》

南宋绍定二年(1229)的《平江府图碑》(或认为完成于南宋理宗绍定三年，1230[1])，完整反映其格局(图 7-1-6)，是目前我国最早的城市平面图，与苏州城现状切合。

《平江府图碑》所记 100 多寺观，或建高塔，如城北报恩寺塔、定慧寺罗汉院(今双塔寺)，构成优美的水城城市景观。

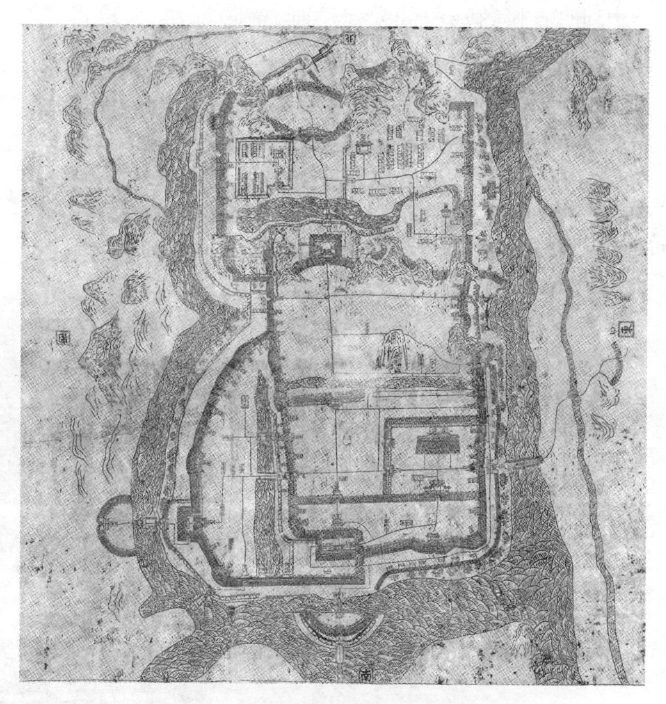

图 7-1-7　宋《静江府城池图》

北宋桂州(现桂林)，南宋称静江府。南宋末，为抵抗蒙古军队，大规模改筑城池，并将新城图样刻石(图 7-1-7)[2]。静江府设大城、子城及北面夹城。《静江府城池图》重点表现城防工事、山川形势，除重要公共建筑及军营和具有军事要素的官署、桥梁、津渡较详细外，民居一概略去，属修筑城防图[3]。

三、村　落

1. 概述

两宋时乡与乡政并存，自然村落是最基本组织单位[4]。耕读传统盛行于宋，不仅影响人们价值观和意识形态，流及村落选址、布局与局部点景[5]。

2. 举要

(1) 实例辨析

目前我国宋代村落无存，或名实不一。如楠溪江古村中最著名者岩头、苍坡、芙蓉三宋村中，无一宋构。其中，芙蓉村始建于北宋天禧年间，曾被元军所毁，元末明初复建[6]。村落中的历代道路、水系、建材等，亦非不变。

〔1〕 张维明:《宋〈平江图〉碑年代考》,《东南文化》1987 年第 3 期。

〔2〕 苏洪济、何英德:《〈静江府城图〉与宋代桂林城》,《自然科学史研究》第 12 卷,1993 年第 3 期。

〔3〕 喻沧、廖克编著:《中国地图学史》,北京:测绘出版社,2010 年,第 131 页。

〔4〕 马新:《试论宋代的乡村建制》,《文史哲》2012 年第 5 期。

〔5〕 朱晓明:《耕读与传统村落》,《同济大学学报》(社会科学版)1998 年第 3 期。

〔6〕 胡理琛:《楠溪江的古代建筑风情》,《小城镇建设》1988 年第 3 期。

因此，有村落形象的宋代绘画、壁画等，颇显珍贵。

(2) 图像

宋代绘画中有村落。相传南宋赵伯驹《江山秋色图卷》，有两处村落：一临水而居[图 7-1-8(a)]，一傍山筑寨[图 7-1-8(b)]。

北宋王希孟《千里江山图》里的村落图(7-1-9)，布局自然，有散列单体，也有合院式布局，与山水浑然一体。

(a) 临水而居

(b) 傍山筑寨

图 7-1-8　传南宋赵伯驹《江山秋色图卷》里的村落

图 7-1-9　北宋王希孟《千里江山图》里的村落

第二节　群(单)体建筑

一、宫　殿

1. 北宋东京

(1) 皇宫

宋太祖赵匡胤,未尝求奢。宋太宗即位,命令按西京洛阳改建,并扩大皇城之东北隅[1]。但改筑后城周亦不过五里,为历代宫城最小者[2]。

南宋末,陈元靓《事林广记》中附《北宋东京宫城图》,为迄今最早[3]。

(2) 宫殿

宫城四角设角楼,大致分外朝、内廷、后苑、学士院、内诸司等区[图 7-2-1(a)],西北角有后苑[图 7-2-1(b)][4]。

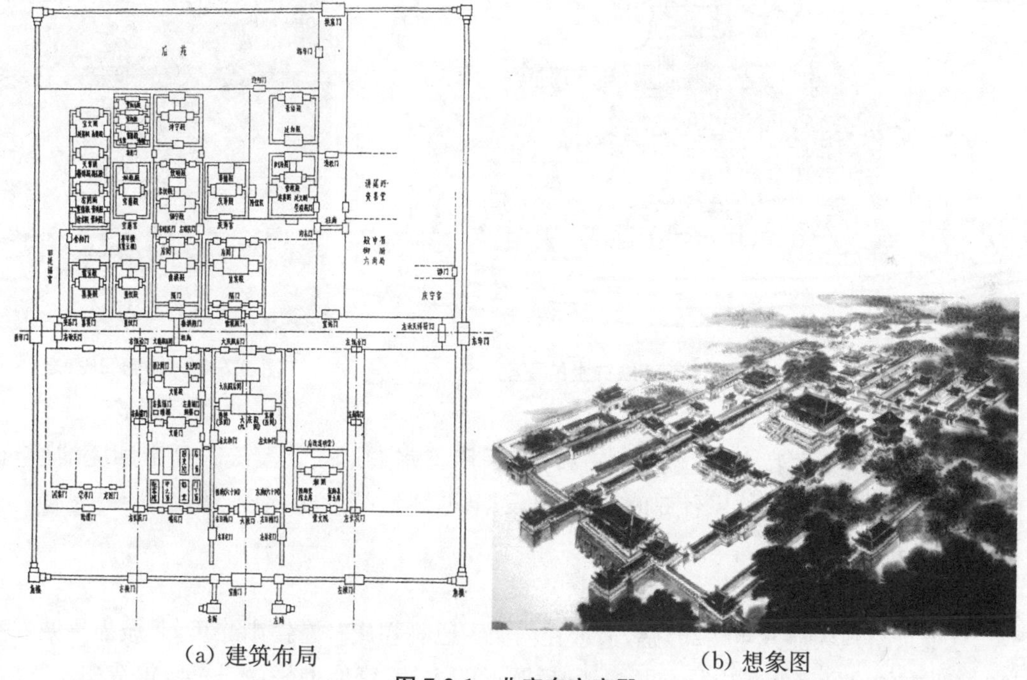

(a) 建筑布局　　(b) 想象图

图 7-2-1　北宋东京宫殿

---

[1] [元]脱脱等撰:《宋史》卷八十五《志第三十八・地理一》,北京:中华书局,1977 年,第 2097 页,"建隆三年,广皇城东北隅,命有司画洛阳宫殿,按图修之,皇居始壮丽矣。雍熙三年,欲广宫城,诏殿前指挥使刘延翰等经度之,以居民多不欲徙,遂罢。宫城周回五里。"

[2] 郭湖生:《中华古都》,台北:空间出版社,1977 年,第 63 页。

[3] 李合群,司丽霞,段培培:《北宋东京皇宫布局复原研究——兼对元代〈事林广记〉中的〈北宋东京宫城图〉予以勘误》,《中原文物》2012 年第 6 期。

[4] 郭黛姮:《中国古代建筑史・第三卷》(第二版),北京:中国建筑工业出版社,2009 年,第 109 页。

大庆殿为正殿。《宋会要辑稿·方域》:“殿九间,挟各五间,东西廊各六十间。有龙墀沙墀,正至、朝会、册尊号御此殿。响明堂恭谢天地,即此殿行礼”。

图 7-2-2　宋徽宗赵佶亲绘皇宫宣德门外观的《瑞鹤图》

据宋徽宗赵佶《瑞鹤图》(图 7-2-2)、辽宁博物馆藏铁钟上宣德门图像(图 7-2-3)等,宣德楼用绿琉璃,朱漆金钉大门。“冂”形城阙,中央城门楼,上部为带平座的七开间庑殿顶建筑。

《太清观书》太清楼为藏书楼,是面阔 7 间、重檐四滴水歇山顶的二层楼阁,腰檐平坐,柱子绿色,沿汉石渠阁传统,四周绕石砌水渠(图 7-2-4)[1]。

图 7-2-3　辽宁博物馆藏铁钟上的图案

图 7-2-4　《景德四图》之《太清观书》

北宋宫殿最主要特点:主殿两侧有挟屋,采用工字殿形式。大庆殿是带廊庑的建筑群,正殿面阔 9 间,左右挟屋各 5 间,殿址已发掘[2]。1127 年金入侵,毁之。

2. 辽五京与行宫

(1) 上京

辽上京宫殿天显元年(926)建,遗址在内蒙古巴林左旗林东镇南二里,北城为皇城,为 500 米见方的宫殿区。正中是前长方形、后圆形的主殿,穹庐型帐篷——毡包造型。宫殿区正南“承天门”,尚存基址和雕刻[3]。宋代富弼《行程录》记辽上京:“有昭德、宣政二殿,

[1] 傅熹年:《中国科学技术史·建筑卷》,北京:科学出版社,2008 年,第 367－368 页。不过,此图是否为宋画,值得深究。张俊然:《〈景德四图〉时代属性再探及太清楼复原》,南京:南京大学历史学院文物鉴定专业本科毕业论文,指导教师:周学鹰,2018 年 5 月。

[2] 丘刚:《北宋东京皇宫沿革考略》,《史学月刊》1989 年第 4 期。

[3] 杨鸿勋:《宫殿建筑史话》,北京:社会科学文献出版社,2012 年,第 121 页。

皆东向，其毡庐亦皆东向。”[1]

(2) 南京

南京为陪都，是施政和居住观光所之一。《辽史·地理志》：“燕京大内在西南隅，皇城内有景宗、圣宗御容殿二：东曰‘宣和’，南曰‘大内’。内门曰‘宣教’，改‘元和’；外三门曰‘南端’、‘左掖’、‘右掖’，左掖改‘万春’，右掖改‘千秋’。门有楼阁，球场在其南，东为永平馆。皇城西门曰‘显西’，设而不开；北曰‘子北’。西城巅有‘凉殿’，东北隅有‘燕角楼’”。宫城位置偏于都城西南隅，南面平列三门，其余每面各一，共六门[2]。

(3) 中京

中京位于内蒙古宁城县老哈河北岸，置大定府。宫城在内城北，正方形。阊阖门北中轴线上有大型宫殿遗址，两侧对称。在东、西两掖门内，则各有两重宫殿遗址，中两座为武功、文化二殿址。辽中京城郭、宫殿、市场等，多仿北宋汴梁(图 7-2-5)[3]。

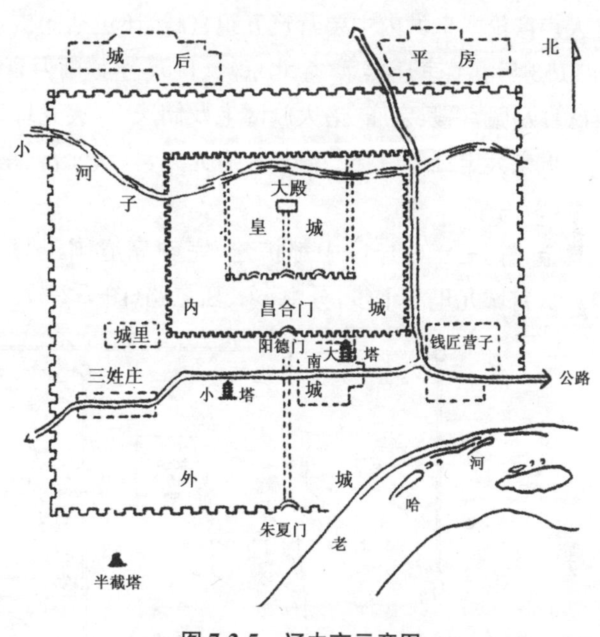

图 7-2-5　辽中京示意图

(4) 东京

东京辽阳府在今辽宁省辽阳县，城周三十里。

《辽史·地理志》：“天显三年(938)，迁东丹国民居之，升为南京，……宫城在东北隅，高三丈，具敌楼南为三门，壮以楼观，四隅有角楼，相去各二里，宫墙北有让国皇帝御容殿，大内建二殿，不置宫嫔，唯以内省使副判官守之，大东丹国新建南京碑铭，在宫门之南。”

今辽阳市关帝庙附近，当辽东丹国宫殿所在[4]。

(5) 西京

1044 年，辽兴宗“升云州为西京”，是辽朝设的最后京城[5]。

西京大同府在今山西大同。西有元魏宫垣，城内有上下华严寺、善化寺等，今存[6]。

---

[1] 杨忠谦：《辽朝的拜日风俗及文化解读》，《民间文化论坛》2005 年第 2 期。

[2] 王璞子：《梓业集：王璞子建筑论文集》，北京：紫禁城出版社，2007 年，第 94 页。

[3] 张瑞杰：《辽上京、辽中京遗址述略》，《赤峰学院学报》(汉文哲学社会科学版)2014 年第 2 期。

[4] 王禹浪、程功：《东辽河流域的古代都城——辽阳城》，《哈尔滨学院学报》2012 年第 6 期。

[5] 韩生存、马志强：《论西京大同在辽宋贸易中的地位》，《大同高等专科学校学报》1994 年第 4 期。

[6] 葛世民：《大同》，北京：中国建筑工业出版社，1988 年，第 28 页。

(6) 行宫

辽有四“捺钵”,为皇帝四季外出巡幸射猎行帐,宋人记“行在”(《辽史·营卫志中》卷三二)。

宫殿简陋,仅毡帐。但有一定规划设计,殿宇防卫森严,等第有序,尊卑分明,反映契丹与汉合璧的建筑特点[1]。

3. 金上京与中都

(1) 上京

上京位于阿城城区南郊2公里。宋代许亢宗《宣和乙巳奉使行程录》有载,设计者是汉人卢彦伦。皇城内主要营筑五组宫殿,还包括阁楼,内外宗庙社稷及行宫、苑囿等,海陵于1153年由上京迁燕京(今北京)。1157年,“削上京之号,止称会宁府”,又“命吏部郎中萧彦良尽毁宫殿、宗庙、诸大族邸宅及储庆寺,夷其址,耕垦之”。

世宗大定二年(1162)修复。有光兴宫、庆元宫,皇武殿、光德殿及太祖庙等[2]。

(2) 中都

金天德三年(1151)中都扩建,完颜亮遣画工写汴京宫室制度,按图筑宫殿(《金图经》)。宫城九里三十步,分中、东、西三路(图7-2-6)。

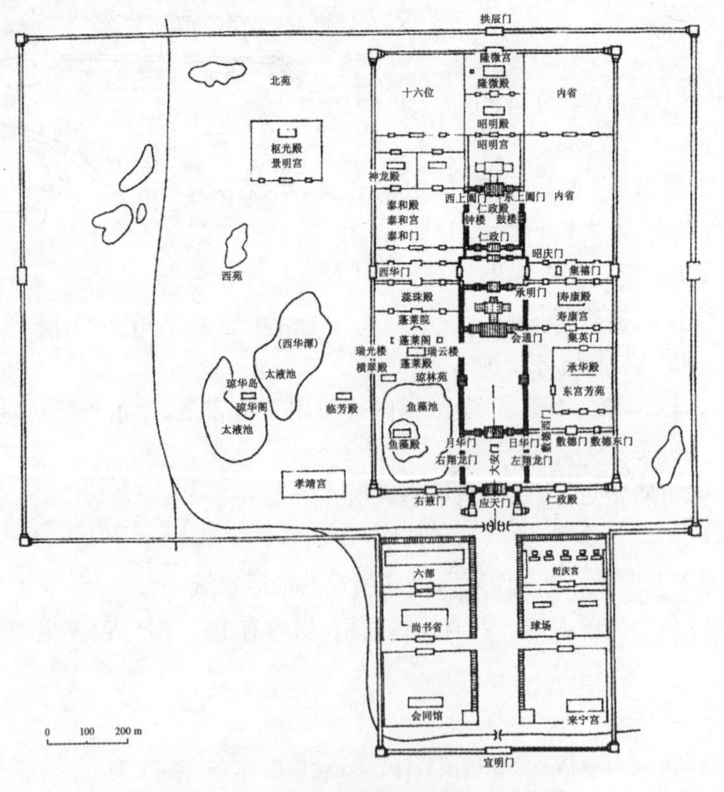

图7-2-6 金中都宫殿建筑群复原平面图

---

〔1〕 郭黛姮:《中国古代建筑史·第三卷》(第二版),北京:中国建筑工业出版社,2009年,第142页。

〔2〕 韩锋:《金上京城市建设》,《黑龙江史志》2010年第15期。

此期，宫殿无实例。山西繁峙岩山寺文殊殿金大定七年(1167)壁画，由“御前承应画匠”王逵等人所绘[1]，或可窥见(图7-2-7)。

图7-2-7　繁峙岩山寺壁画

4. 南宋临安

南宋偏安，宫殿相对较简，主要大殿有垂拱、崇政等。尽管宫城外围整体布局坐南朝北，但其内部宫殿依旧坐北朝南。“临安府治，旧钱王宫也。规制宏大，金人焚荡之余，无复存者。绍兴南巡，因以为行宫，其制甚朴。休兵后，始作垂拱、崇政二殿，其修广仅如大郡之设厅。淳熙再修，亦循其旧。每殿为屋五间、十二架，修六丈，广八丈四尺。殿南檐屋三间，修一丈五尺，广亦如之。两朵殿各二间，东、西廊各六尺。殿后拥舍七间，寿皇因以为延和殿，至今因之。盖圣人卑宫室而尽力乎沟洫之意”[2]。

“大内”宫殿，依凤凰山东麓而筑，近年陆续发掘德寿宫遗址(图7-2-8)[3]。

[1] 金维诺：《山西繁峙岩山寺壁画》，石家庄：河北美术出版社，2001年，前言。

[2] [宋]李心传撰，徐规点校：《建炎以来朝野杂记(下)》，北京：中华书局，2000年，第554页。

[3] 唐俊杰、杜正贤：《南宋临安城考古》，杭州：杭州出版社，2008年，第17－35页。倪士毅：《南宋故宫述略》，《浙江学刊》1989年第4期。

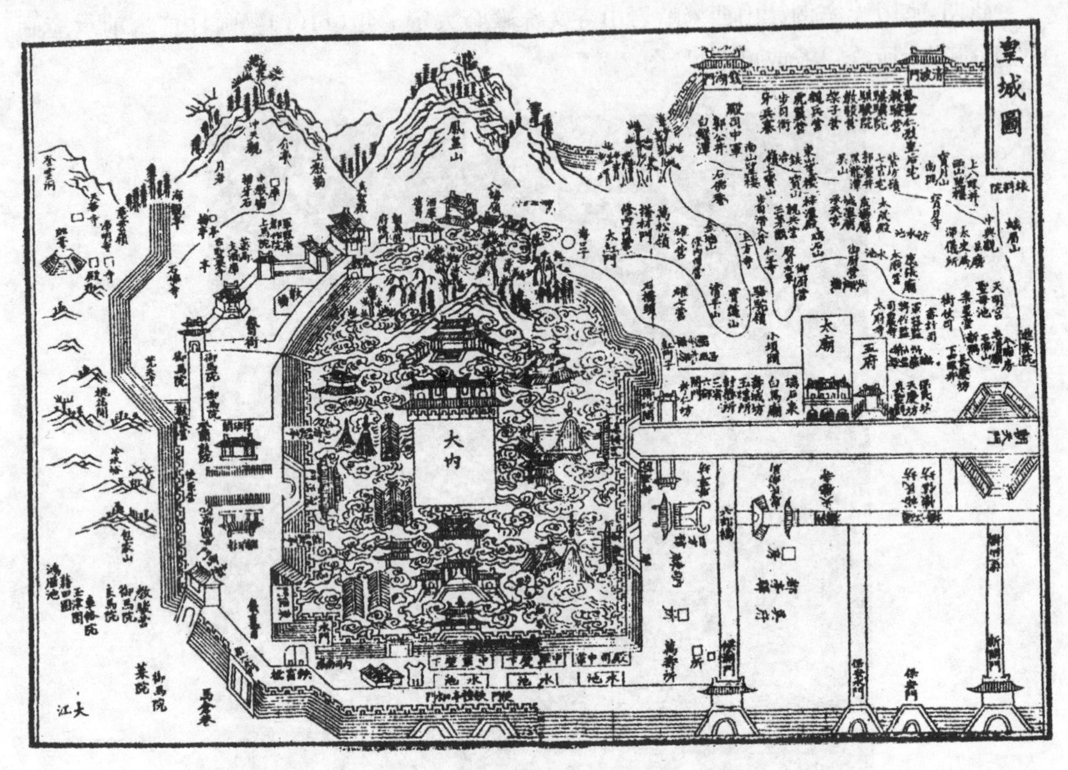

图 7-2-8 《咸淳临安志》中的《皇城图》

二、民 居

宋代里坊制松驰,社会经济及民众生活发展,民居丰富多彩。然宋代民居实物无存,目前仅能依据文献及书画、壁画等,略加探讨。

相关民居文献较多。宋代周去非《岭外代答》:“民编竹苫茅为两重,上以自处,下居鸡豚,谓之麻栏。”应为干栏建筑。

南方“茅檐竹屋”“芦藩映茆屋”构成村居特色。范成大、陆游述其亲历,在长江中游沿岸所见乡村中几乎全是茅荻结庐。陆游《葺舍》诗云:“补漏支倾吾可笑,呼奴乘屋更添茅。”

一般民居多坐北朝南,争取日照、利于通风,开窗多南北向(亦有东西向)。苏辙《葺居》诗云:“开窗北风入,爽气通户牖”。

1. 书画

两宋界画空前绝后,遗留作品十分丰富,显示建筑类型多样。

北宋张择端《清明上河图》城外草顶、瓦顶民居兼具;距离都城越远,草顶民居越多,应客观反映当时现实。城墙内部展现的是都城民居,以瓦房为主,合围成院落。民房多木构架,除壁面有窗外,房顶或加建天窗(图 1-1-11)。故宫博物院藏北宋王希孟《千里江山图》中村庄民居亦然(图 7-2-9),有大门、东西厢,主要部分是前厅、穿廊、后寝构成的工字屋,除后寝用茅屋外,余覆瓦顶。另有少数大宅,大门内建照壁,前堂左右附挟屋,反映大中地主住宅[1]。

图 7-2-9　北宋王希孟《千里江山图》中的村居

(传)南宋萧照《中兴祯应图》中贵族官僚宅第相当宏丽,前堂后寝,以穿廊相连,成工字形格局,两侧有耳房或偏院(图 7-2-10)。

图 7-2-10　南宋《中兴祯应图》中表现的贵族官僚宅第

刘松年《秋窗读书图》(图 7-2-11)、《四景山水图》(春夏秋冬,图 7-2-12),马远《华灯侍宴图》(图 7-2-13)等,同样表现富贵之家、宅院宏大。

北京故宫博物院藏南宋赵伯驹(传)《江山秋色图》手卷,表现山居建筑众多(图 7-2-14)。相关界画中的建筑,不胜枚举。

图 7-2-11　南宋刘松年《秋窗读书图》

[1] 刘敦桢:《中国古代建筑史》(第二版),北京:中国建筑工业出版社,1984 年,第 185 - 186 页。

(a) 春　(b) 夏

(c) 秋　(d) 冬

图 7-2-12　南宋刘松年《四景山水图》

图 7-2-13　马远《华灯侍宴图》深宅大院

图 7-2-14　南宋赵伯驹(传)《江山秋色图》中的独栋山居

此外,宋代还有庐帐式居住建筑,或为行军打仗之帷幄,造型精致(图 7-2-15)。

图 7-2-15　南宋萧照(传)《中兴瑞应图》中的庐帐式居住建筑

2. 壁画

我国建筑壁画唐代最灿烂，元代以降逐渐衰落。现存宋辽金建筑、墓葬中，存留大量壁画，不少描绘多样的建筑。例如：

山西高平宋构开化寺大殿，重建于宋熙宁六年至绍圣三年（1073—1096）间，其《鹿女本生》壁画中竹编建筑，应是贫苦民居（图 7-2-16）[1]。

图 7-2-16　高平开化寺《鹿女本生》图中的竹编建筑

内蒙古克什克腾旗二八地一号辽墓壁画，描绘契丹夏季“营盘”生活场景，出现帐幕（图 7-2-17）。类似帐篷，在莫高窟北宋壁画中，亦有所见（图 7-2-18）[2]。

图 7-2-17　克什克腾旗二八地一号辽墓壁画——帐幕

图 7-2-18　敦煌北宋壁画中的帐篷

〔1〕 山西省古建筑保护研究所：《开化寺宋代壁画》，北京：文物出版社，1983 年，前言文字部分。

〔2〕 贺世哲：《莫高窟壁画艺术·北宋》，兰州：甘肃人民出版社，1986 年，第 11 页穷子喻第 55 窟窟顶南坡图。

三、礼制建筑

《宋史·礼志》载宋代礼制丰富,有复杂而系统的体系[1]。

辽朝礼制记载较少,祭祀采用契丹民族礼仪。

金朝重视对宗室管理,专设大宗正府,职掌修撰玉牒、监察训导宗室、宗庙祭祀等[2]。

此时礼制建筑,主要包括宗庙、祭坛、明堂、祠庙等。

1. 宗庙

(1) 宋

汴京之庙,在宫南驰道之东。殿规,一屋四注,限其北为神室,其前为通廊。东西二十六楹,为间二十有五,每间为一室。庙端各虚一间为夹室,中二十三间为十一室。从西三间为一室,为始祖庙,祔德帝、安帝、献祖、昭祖、景祖祧主五,余皆两间为一室。或曰:"惟第二、第二室两间,余止一间为一室,总十有七间。"[3]

(2) 金

天辅七年九月,太祖葬上京宫城之西南,建宁神殿于陵上,以时荐享。自是诸京皆立庙,惟京师曰太庙。

平辽后,立太庙。迨海陵徙燕,再起太庙,名衍庆之宫,奉安太祖、太宗、德宗;又其东曰元庙,奉安元祖大圣皇帝[4]。

2. 祭坛[5]

(1) 宋

坛在东都城南,与唐大同小异[6]。宋代祭祀天、地、日、月、社稷等,大部用祭坛。例如:

南郊圜丘坛:祭天,位都城南郊,内坛宋初为四层圜坛;政和三年(1113)改三层,层数及尺寸皆阳数。《宋史·礼制二》:"一成(层)用九九之数,广八十一丈;再层用六九之数,广五十四丈;三层用三九之数,广二十七丈。每层高二十七尺"。南宋曾议在临安府东南建圜丘,"第一成纵横七丈,第二成纵广一十二丈,第三成纵广一十七丈,第四成纵广二十二丈,分十二陛,每陛七十二级"。因不宜以偏安示天下,"遂罢役"。辽宁省博物馆藏南宋

〔1〕 靳惠:《宋代官方礼制的实施情况考察——以〈宋史·礼志〉为中心》,《河南师范大学学报》(哲学社会科学版)2011年第1期。

〔2〕 李玉君,赵永春:《金朝宗室管理制度考论》,《河北学刊》2012年第3期。

〔3〕 [元]脱脱等撰:《金史》卷三十《志第十一·礼三》,北京:中华书局,1975年,第728页。

〔4〕 [宋]杨格宋,宇文懋昭:《大金国志》卷三十三《陵庙制度》,《万有文库第二集七百种大金国志下》,北京:商务印书馆,1936年,第247页。

〔5〕 郭黛姮:《中国古代建筑史·第三卷》(第二版),北京:中国建筑工业出版社,2009年,第146-148页。

〔6〕 李罗力等:《中华历史通鉴　第3部》,,北京:国际文化出版公司,1997年,第2976页。

《孝经图》,有圜丘(图 7-2-19)〔1〕。

北郊方泽坛:祭地,由内坛和斋宫组成。“今议方坛定为再成,一成广三十六丈,再成广二十四丈,每成崇十有八尺,积三十六尺,其广与崇皆得六六之数,以坤用六故也。为四陛,陛为级一百四十有四,所谓坤之策百四十有四者也。为再壝,壝二十有四步,取坤之策二十有四也。成与壝俱再,则两地之义也”〔2〕。斋宫主殿为厚德殿,四角楼〔3〕。

社稷坛:分立“社坛”“稷坛”,形制相同;社在东,稷在西。《宋史・礼志》“自京师至州县,皆有其祀”,京师称太社、太稷。《景定建康志》载南宋淳熙间(1174—1189)重建社坛,将多坛组合一处(图 7-2-20)。

图 7-2-19　南宋《孝经图》中《圣治章》圜丘图

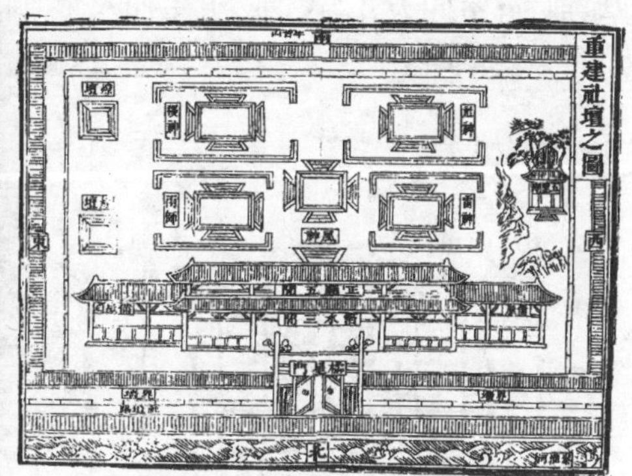

图 7-2-20　南宋《景定建康志》中的社坛图

此外,其他各种祭坛多一层,有方有圆,较有特点的是泰山祭坛和汾阴后土坛。

(2) 金

金灭辽平宋,入汴悉收宋图籍,“载其车辂、法物、仪仗而北,时方事军旅,未遑讲也。既而,即会宁建宗社,庶事草创”〔4〕。

社稷坛:最早建于皇统三年(1143),是年五月,熙宗在上京“初立太庙、社稷”。

金朝真正形成一定规制是迁都燕京(中都)之后,金世宗时。大定二年(1162)正月,世宗“入都于燕,告祠天地社稷”〔5〕。“大定七年七月,又奏建社稷坛于中都”〔6〕。金末贞祐二年(1214),金宣宗为避蒙古兵锋,迁都汴京。“庙社诸祀并委中都,自抹捻尽忠弃城南奔,时谒之礼尽废”〔7〕。

---

〔1〕中国社会科学院考古研究所:《21 世纪中国考古学与世界考古学》,北京:中国社会科学出版社,2002 年,第 511 页。

〔2〕[元]脱脱等撰:《宋史》卷一〇〇《志第五十三・礼三》,北京:中华书局,1977 年,第 2453 - 2454 页。

〔3〕王贵祥等著:《中国古代建筑基址规模研究》,北京:中国建筑工业出版社,2008 年,第 214 页。

〔4〕[元]脱脱等撰:《金史》卷二十八《志第九・礼一》,北京:中华书局,1975 年,第 691 页。

〔5〕[宋]宇文懋昭撰,崔文印校证:《大金国志校证》,北京:中华书局,1986 年,第 222 页。

〔6〕[元]脱脱等撰:《金史》卷二十八《志第十五・礼七》,北京:中华书局,1975 年,第 803 页。

〔7〕徐洁:《金朝社稷祭礼考述》,《黑龙江民族丛刊》2012 年第 1 期。

地坛："方丘"，祭皇地祇之坛。《金史·礼志》"夏至日祭皇地祇于方丘"[1]。金承袭中原王朝祭礼，形成兼具继承性和变革性的本朝方丘祭皇地祇之礼[2]。

长白山祭坛：《金史·礼志》大定十二年(1172)，"长白山在兴王之地，礼合尊崇，议封爵，建庙宇"，兴祭坛。抚松大荒顶子"长白山祭坛"，有方、圆两种[3]。

3. 明堂

北宋初，仁宗皇佑年间(1049—1054)曾议建明堂，未成。北宋末元丰年间，礼官请求建明堂。崇宁三年(1104)，蔡京为相，"铸九鼎，建明堂，修方泽，立道观……大兴工役"。

政和五年至七年(1115—1117)拆改秘书监，建明堂[4]。有学者曾先后复原北宋明堂，或"五室四天井"式；或"五室曲尺形"(图 7-2-21)。

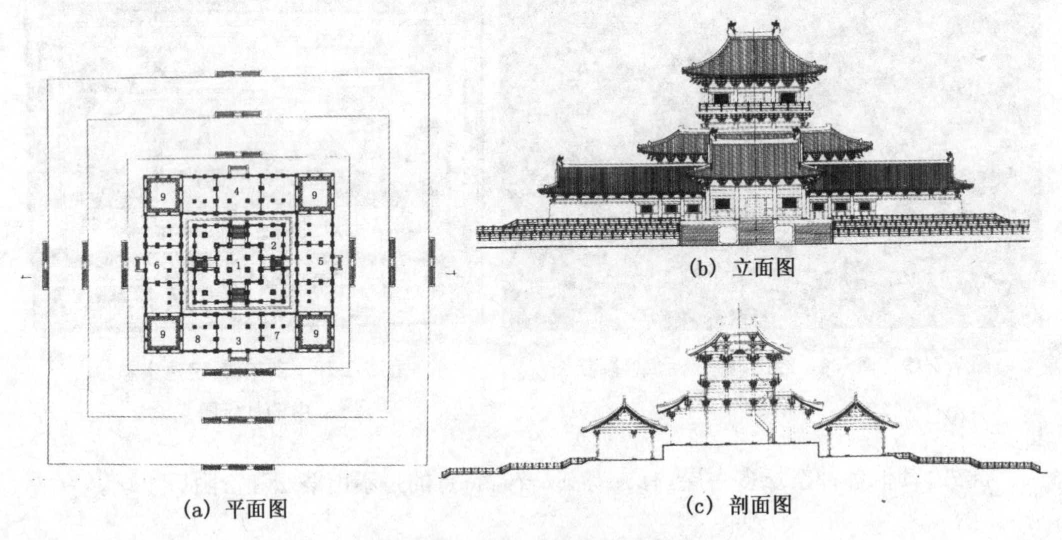

(a) 平面图　(b) 立面图　(c) 剖面图

图 7-2-21　北宋明堂复原想象图

4. 祠庙

祠庙多建筑组群，在中轴线上主祭殿前后伸展，或左右延展，多路多进。有墙垣，或角楼，仿宫殿(等级降低)。

(1) 孔庙

北宋立国，就诏令有司增修文宣王庙。宋太祖亲为孔子、颜回作《先圣》《亚圣赞》，十哲以下命文臣分赞之[5]。此后诸帝尊孔升级，逐步扩建孔庙。

孔子后裔南宋孔传于绍兴四年(1134)撰《东家杂记·宅图》文字，金朝孔元措《孔氏祖庭广记》有图，二者全同。孔庙东、中、西三路，前后四进院落[6]。

---

〔1〕[元]脱脱等撰：《金史》卷二十八《志第九·礼一》，北京：中华书局，1975 年，第 693 页。
〔2〕徐洁，秦世强：《金朝方丘之祭考述》，《北方文物》2013 年第 1 期。
〔3〕张璇如：《长白山祭坛探源》，《东北史地》2009 年第 5 期。
〔4〕王世仁：《中国古建探微》，天津：天津古籍出版社，2004 年，第 77 页。
〔5〕赵强：《宋代文宣王庙考》，《文博》2015 年第 4 期。
〔6〕孔祥林，孔喆：《世界孔子庙研究(上)》，北京：中央编译出版社，2011 年，第 376 页。

金朝孔庙基本保持宋代格局，但增添大中门、棂星门等，一些建筑扩大规模。大殿与后寝殿间平面“工”字形[1]。现孔庙奎文阁后的两座金朝碑亭，保留至今(图 7-2-22)。

(2) 孟庙及颜庙

宋金尊孔，孔门弟子亦立庙祭祀。例如：

孟子权威初步形成于宋，正式确立于元，明清彻底巩固[2]。最早孟庙由孔道辅于宋仁宗景佑五年(1038)春建成。宋神宗时，追封孟子为邹国公，次年在邹县重建孟子庙[3]。宣和三年(1121)定址于邹县城南道左[4]，见“宋南门外庙制”图[5]。

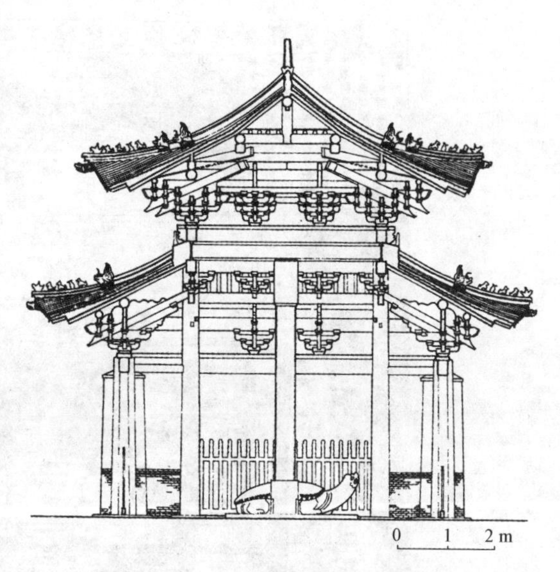

图 7-2-22　曲阜孔庙金朝碑亭剖面图

颜庙最早庙制是金明昌四年(1193)修后，见于“鲁国图”。现存颜庙是元泰定三年(1326)移陋巷后，历代重建，规模渐扩[6]。

(3) 汾阴后土祠

汉武帝立。至“宋开宝九年，徙庙，稍南，遣官致祭。宋真宗大中祥符四年，亲幸汾阴告祀。先一年修祠，倍益增丽。后金章宗、元世祖并遣官致祭。其祠庄严弘拒，为海内祠庙之冠”(《蒲州府志》)。宋代祠祀建筑分三等，后土庙属最高等级。

现藏祠内，始刻于金天会十五年(1137)庙貌，为景德四年(1006)升大祀后的祠庙[7]。后土祠“南北长七百三十二步，东西阔三百二十步”(图 7-2-23、24)[8]。正殿坤柔殿与寝殿成工字形，与东京宫殿略同。这种工字形殿和两侧斜廊及周围回廊等，亦见于北宋开宝六年(973)河南济渎庙、金中岳庙图碑[9]。

---

[1] 梁思成:《中国建筑史》,北京:生活·读书·新知三联书店,2011 年,第 210 页。

[2] 孙召华:《自孟庙修建看孟子地位的变迁——兼论孟子形象的多面性》,《管子学刊》2006 年第 3 期。

[3] 郭黛姮:《中国古代建筑史·第三卷》,北京:中国建筑工业出版社,2003 年,第 143 页。

[4] 刘培桂:《孔道辅和祭祀孟子之始》,《孔子研究》1994 年第 1 期。

[5] 《宋南门外庙制》原载明洪武六年方志,现碑存于孟庙邾国公殿前廊下。

[6] 李翠,孔勇:《览圣曲阜之颜庙》,《走向世界》2015 年第 10 期。

[7] 碑立于山西万荣县庙前村后土庙献殿前。因明万历年间汾河缺口,原庙无存,现庙经康熙、同治两次移地重建与此。

[8] 杨高云:《汾阴后土祠兴建原因探究》,《运城学院学报》2004 年第 4 期。

[9] 刘敦桢:《中国古代建筑史》(第二版),北京:中国建筑工业出版社,1984 年,第 197 页。

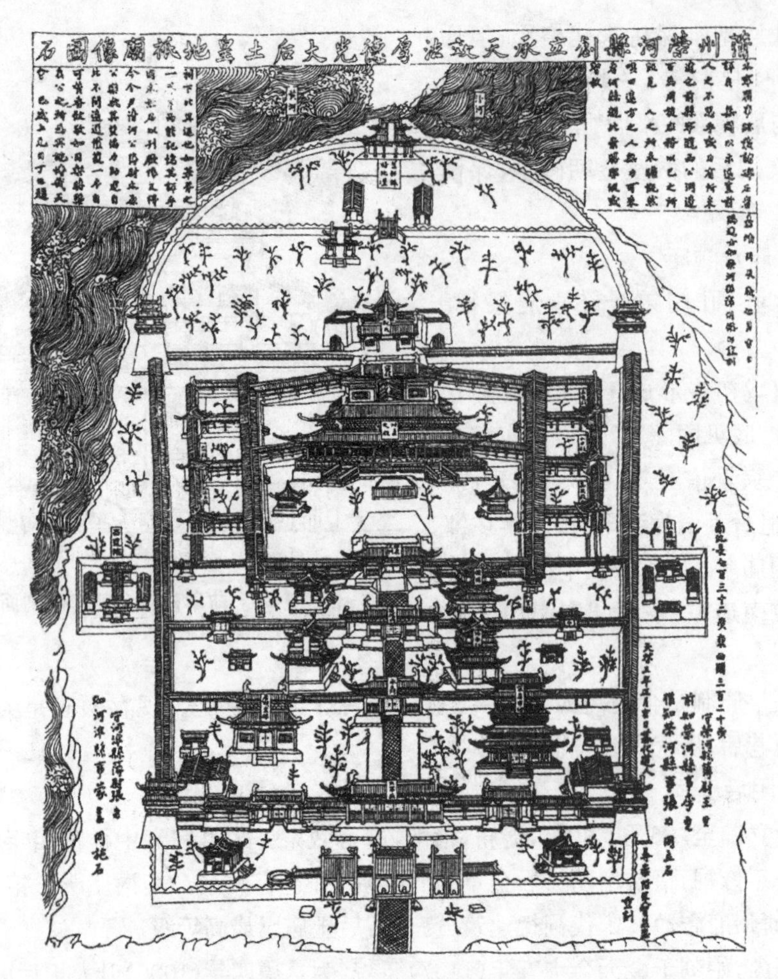

图 7-2-23　宋汾阴后土祠庙貌碑摹本

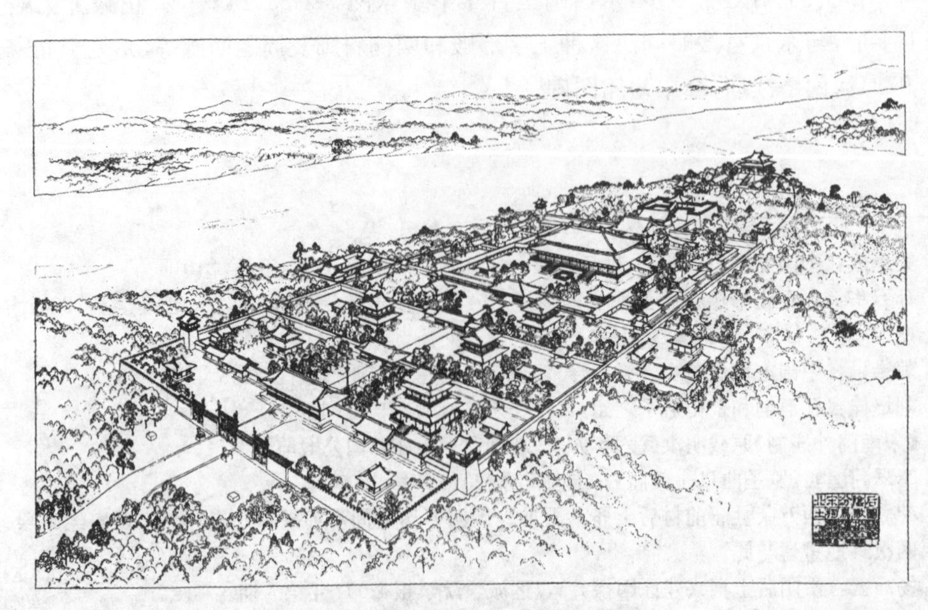

图 7-2-24　宋汾阴后土祠庙鸟瞰图

(4) 登封中岳庙

金章宗完颜王景承安五年(1200)刻立《大金承安重修中岳庙图》碑。庙图应是各代宫廷再现,为研究此时宫廷与祠庙制度的重要资料(图 7-2-25)[1]。

(5) 晋祠

初名唐叔虞祠,位于山西太原西南悬瓮山下,祭祀古唐国(晋国)开国国君唐叔虞及其母邑姜而建[2]。

主轴线上有戏台、石桥、铁狮子、金人台、献殿、鱼沼飞梁、圣母殿等(图 7-2-26)。

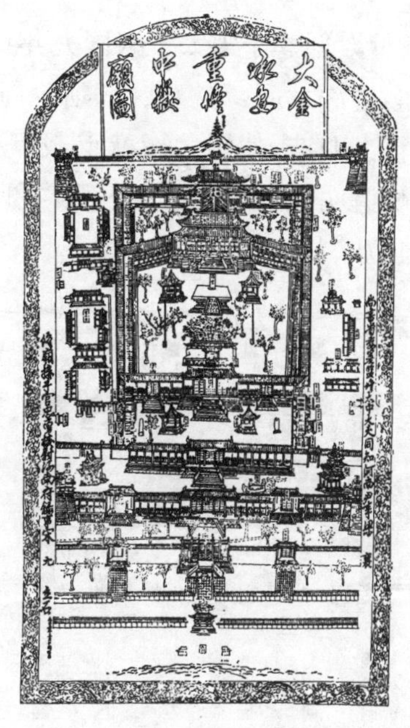

图 7-2-25　金刻中岳庙图(拓本描摹)

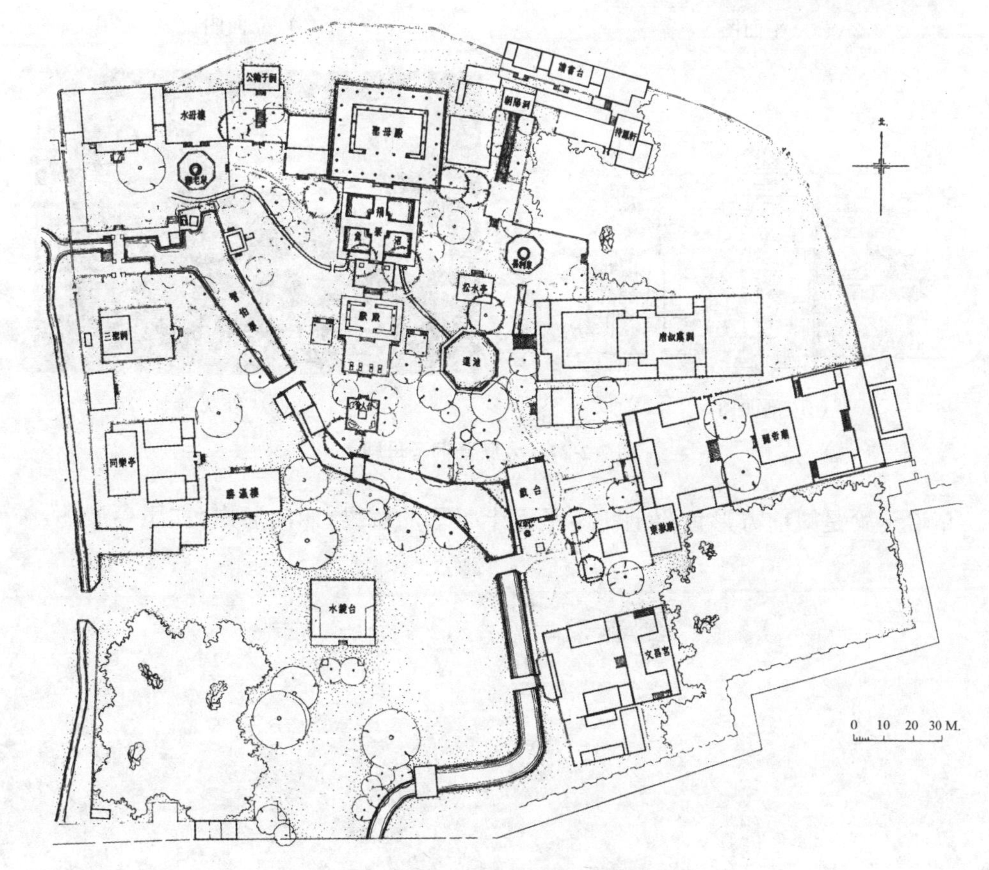

图 7-2-26　太原晋祠总平面图

[1] 张家泰:《〈大金承安重修中岳庙图〉碑试析》,《中原文物》1983 年第 1 期。
[2] 罗哲文,刘文渊等:《中国名词》,天津:百花文艺出版社,2002 年,第 252 页。

圣母殿创建于宋太平兴国九年(984),重建于北宋天圣年间(1023—1032)[1]。面阔七间,进深六间,重檐歇山,副阶周匝(图 7-2-27)。前廊深达两间,殿内无金柱,殿堂构架,彻上明造,使用六椽栿承载屋架。斗栱用材较大,上檐较下檐多两跳,角柱生起显著,侧脚明显,整座建筑外观柔和,与唐代雄朴不同。脊饰明代。四十尊宋侍女像,堪称典范[2]。

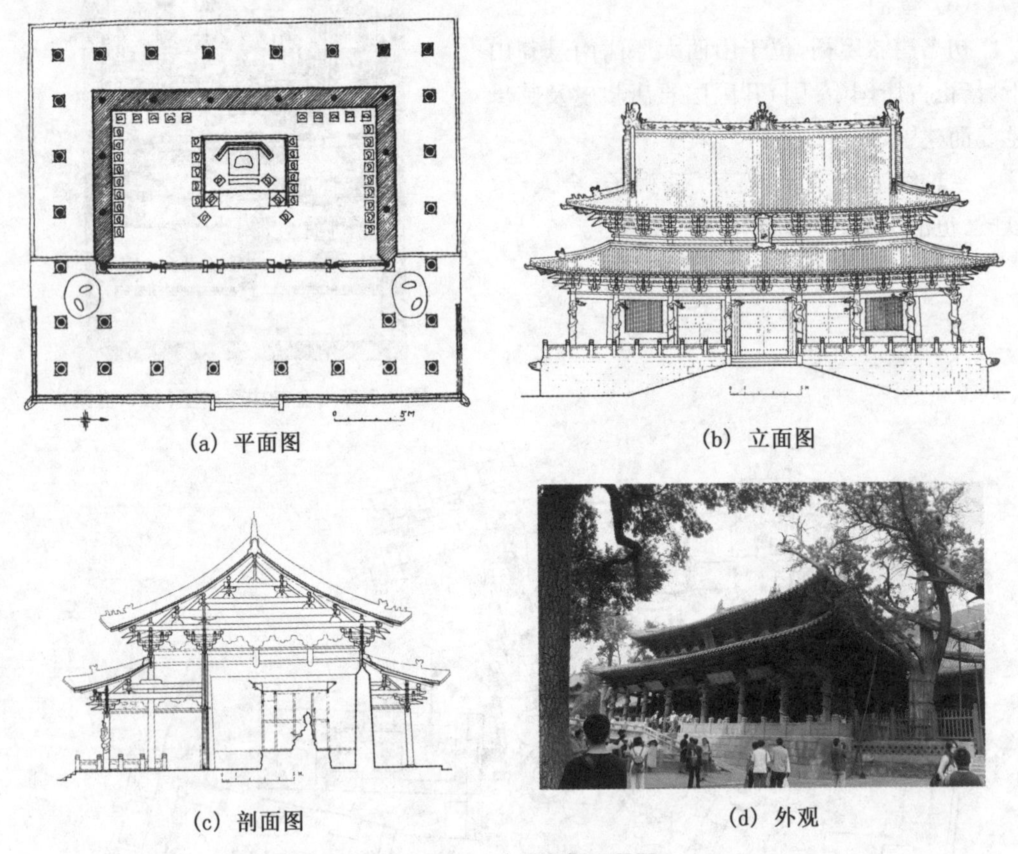

(a) 平面图　(b) 立面图

(c) 剖面图　(d) 外观

图 7-2-27　太原晋祠圣母殿

鱼沼飞梁是殿前方形鱼沼上一座平面十字形的桥梁,四向通岸,如飞鸟展翅,类于月台。

〔1〕 任毅敏:《晋祠圣母殿现状及其变形原因》,《文物季刊》1994 年第 1 期。
〔2〕 丁灏,谢枫:《宋代世俗雕塑的典范——晋祠宋塑侍女像》,《文物世界》2007 年第 4 期。

飞梁前献殿，重建于金大定八年(1168)，通檐用二柱，彻上明造(图 7-2-28)[1]。

(6) 陈太尉宫

位于福建罗源县中房镇大官口村，堪称我国现存最古老先贤祠庙，占地1 155 平方米。宋代正殿主体造型古拙，栌斗硕大，叠斗插昂，梭柱月梁(图 7-2-29)。

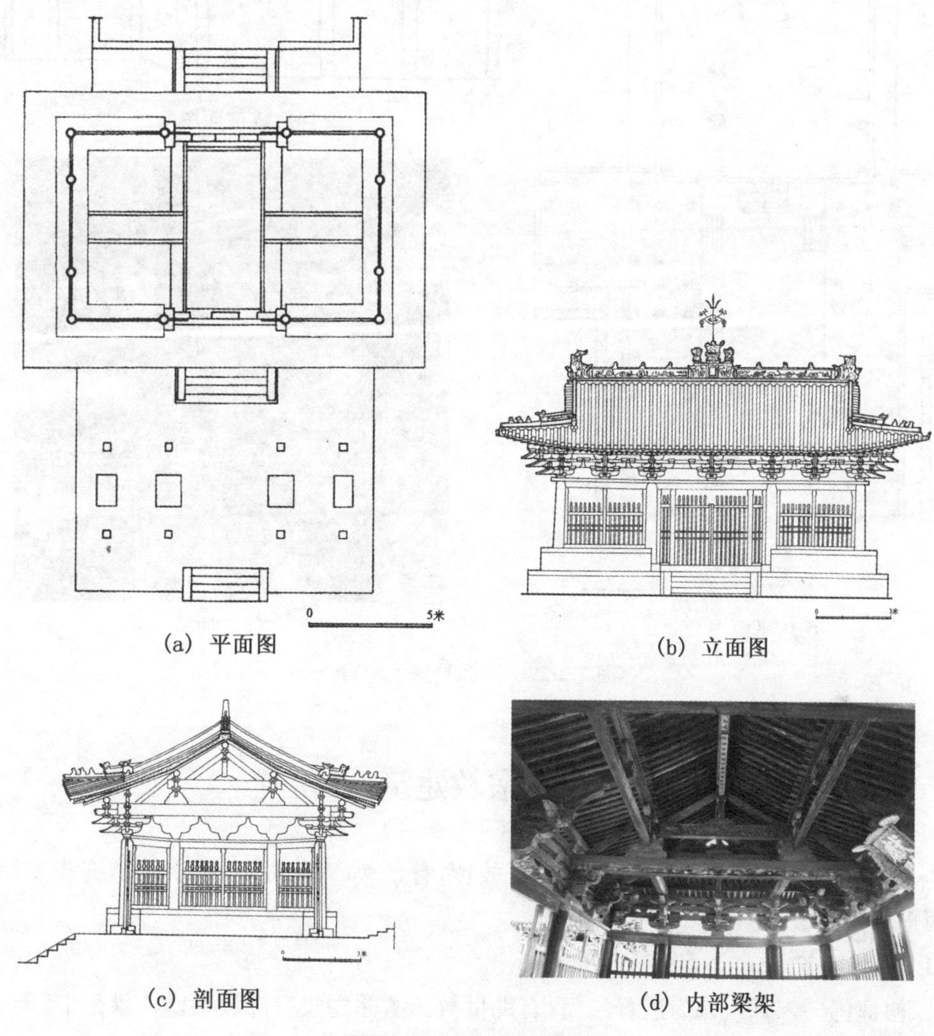

(a) 平面图　(b) 立面图

(c) 剖面图　(d) 内部梁架

图 7-2-28　太原晋祠献殿

〔1〕 刘敦桢：《中国古代建筑史》(第二版)，北京：中国建筑工业出版社，1984 年，第 197 页。

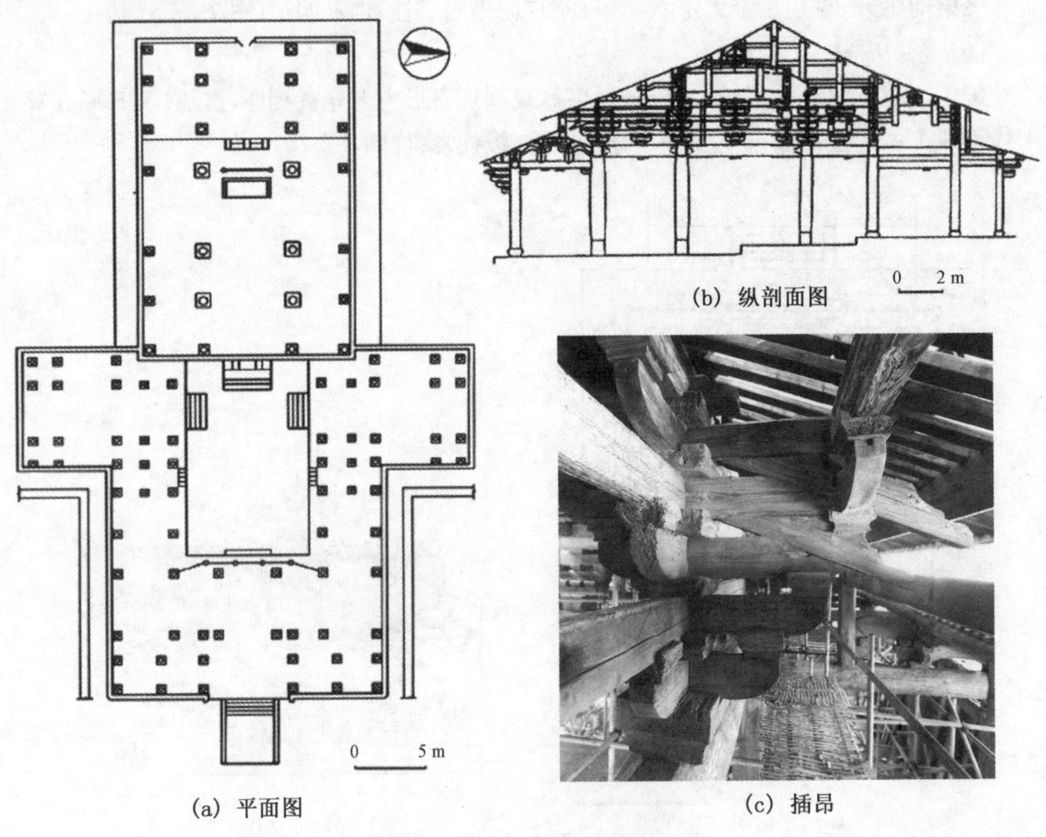

(a) 平面图　(b) 纵剖面图　(c) 插昂

图 7-2-29　罗源县陈太尉宫

四、宗教建筑

宋代宗教宽容,儒、释、道共存,文化开放,时有景教、摩尼教等,故宗教建筑繁多。辽、金、西夏尤崇佛教。

1. 佛教建筑

宋初抑佛。宋真宗认为道释二门,有助世教。澶渊之盟后佛教兴盛,"景德中,天下二万五千寺"[1]。但对私造、不系名额寺院,仍有限制。

辽、金、西夏,上至皇室下至平民,无不佞佛,遗留较多的佛教建筑。

(1) 以塔为主

自佛教传入,塔在中轴线上、大殿之前的布局直至 10 世纪后的一些辽朝寺院还存在。如庆州释迦佛舍利塔佛寺,山门之内即白塔,其后佛殿[2]。南宋时,不少佛寺亦然,如江苏震泽慈云寺,以南宋慈云塔为中心。四川邛崃石塔寺,南宋石塔也在山门后中轴。

〔1〕 [宋]孔平仲:《谈苑》卷二,民国景明宝颜堂秘籍本,第 9 页。
〔2〕 张汉君:《辽庆州释迦佛舍利塔营造历史及其建筑构制》,《文物》1994 年第 12 期。

建于辽清宁二年(1056)的山西应县佛宫寺,前塔后殿,释迦塔为主体,塔内塑佛像(图7-2-30)。

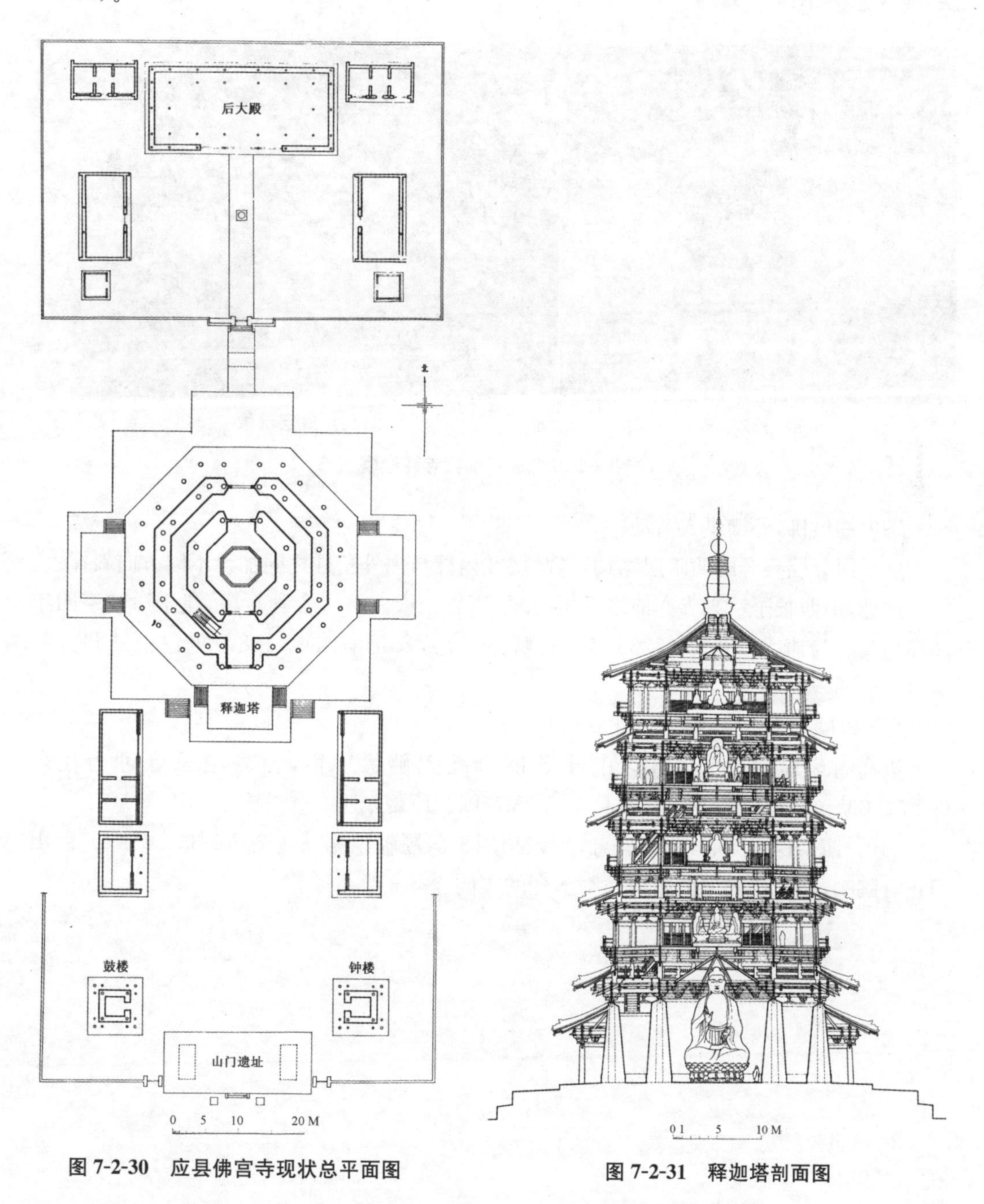

图 7-2-30　应县佛宫寺现状总平面图

图 7-2-31　释迦塔剖面图

释迦塔是我国现存辽朝唯一多层楼阁式木塔。此塔在我国无数宝塔中,不论建筑技术、造型、内部装饰与造像技艺等,出类拔萃,堪称“塔王”。

总高67.3米、底径30.27米。八角形平面,金箱斗底槽。外观五层,内四暗层,实九层,峻极神功(图7-2-32)[1]。

(a) 外观

(b) 底层佛像

图7-2-32 应县佛宫寺释迦塔

塔内槽供佛,外槽供人活动。

塔采用分层叠合的明暗层结构,各暗层在内柱与内外角柱之间加设不同方向斜撑。

此外,山西长子法兴寺亦前塔后殿格局,唐塔宋殿。单层舍利石塔,建于唐咸亨四年(673);其后为唐大历八年(773)燃灯石塔;再后为宋元丰四年(1081)重建十二圆觉菩萨殿。

(2) 以阁为主

以高阁为全寺中心,为唐中叶后供奉高大佛像所需,蓟县独乐寺可为代表(图7-2-33)。现存辽统和二年(984)山门、观音阁。原貌未明。

山门:四架椽屋分心,单檐庑殿,庑殿顶用于门屋较罕见[2][图7-2-33(b)、(c)]。山门正脊鸱吻,是唐代鸱尾向明清龙吻演变的实例[3]。

---

〔1〕 陈明达:《应县木塔》,北京:文物出版社,1980年,第2-4页。

〔2〕 大同善化寺金朝山门,亦为单檐庑殿顶。

〔3〕 梁思成:《蓟县独乐寺观音阁山门考》,《中国营造学社汇刊》第三卷第二期,知识产权出版社,2006年,第13页。

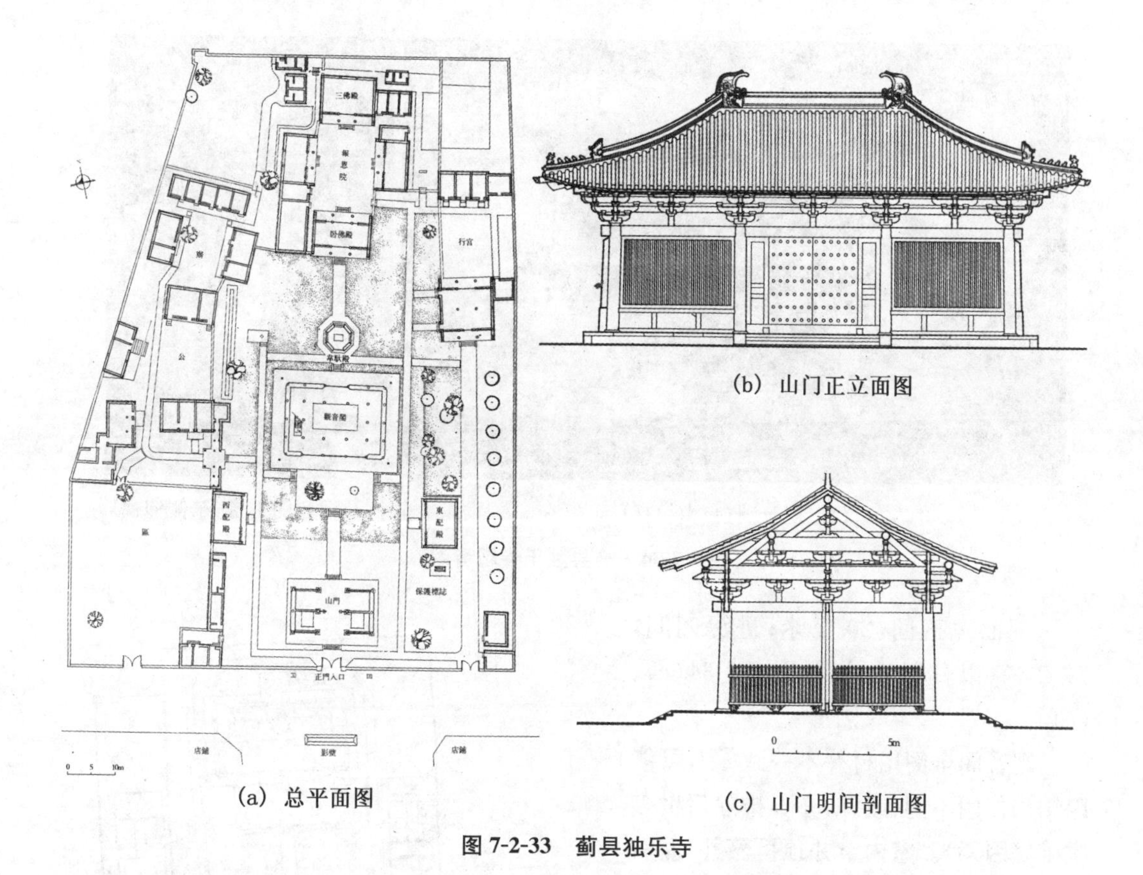

(a) 总平面图　　(b) 山门正立面图　　(c) 山门明间剖面图

图 7-2-33　蓟县独乐寺

观音阁:现存辽金楼阁中最早、最大、最重要代表。通高 23 米,外观两层,内有一平坐暗层,实三层,内置 15.4 米高十一面观音像[1][图 7-2-34(a)、(b)]。

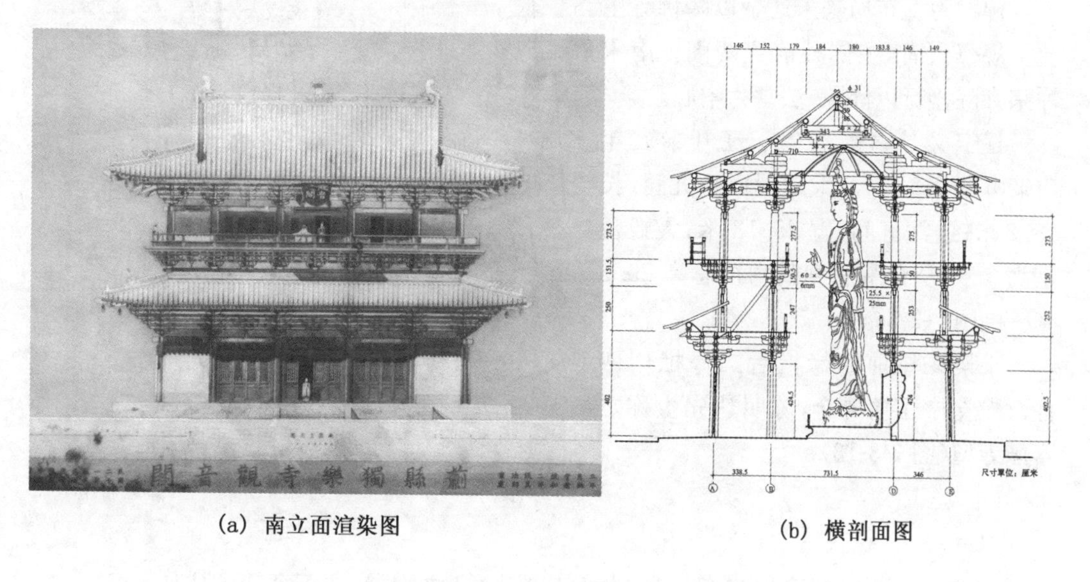

(a) 南立面渲染图　　(b) 横剖面图

〔1〕 观音像及其胁侍菩萨均为辽朝彩塑精品。

(c) 观音阁(自山门视)

(d)观音阁主像(东侧仰视)

图 7-2-34 蓟县独乐寺观音阁

阁面宽五间,20.2 米;进深四间,14.2 米(以柱根计)〔1〕[图 7-2-34(c)、(d)]。

观音阁全阁用材并不一致〔2〕,可能因结构作用不同(或许,亦不排除后世多次维修因素)。室内空井顶覆藻井,左右次间用平闇天花。

(3) 佛殿为主

佛殿为主布局是宋辽金以降佛寺主流。规模大者,主佛殿前置两阁。南宋禅宗寺院盛行以佛殿、法堂为中心。

辽宁义县奉国寺建于辽开泰九年(1020,图 7-2-35)。大雄殿面阔九间,长 48.2 米;进深五间,宽 25.13 米;大殿台基高 3 米,从台基底到鸱吻顶总高 23.3 米〔3〕(图 7-2-36)。

十架椽屋前四椽栿后二椽栿用四柱。殿堂与厅堂混合,陈明达先生称之奉国寺型(图 7-3-13)。

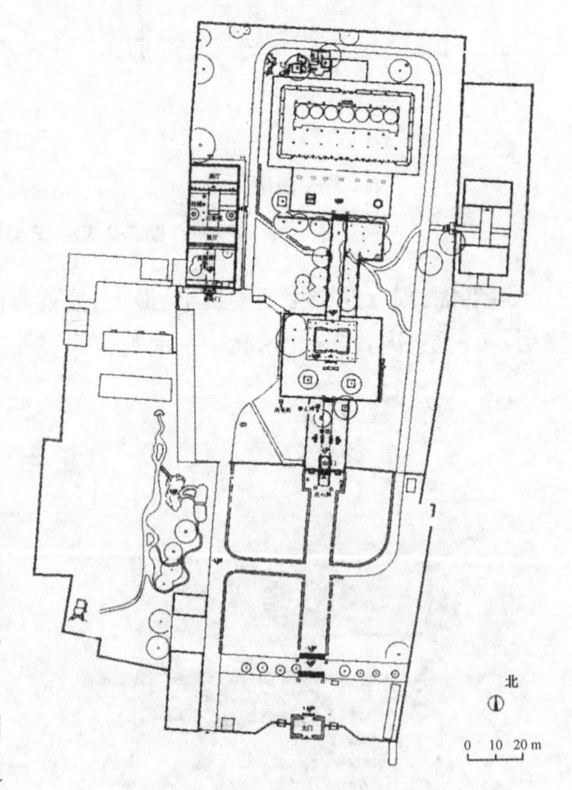

图 7-2-35 义县奉国寺平面图

〔1〕 郭黛姮:《中国古代建筑史・第三卷》,北京:中国建筑工业出版社,2003 年,第 271 页。
〔2〕 陈明达著,王其亨、殷力欣整编:《蓟县独乐寺》,天津:天津大学出版社,2007 年,第 3 页。
〔3〕 建筑文化考察组:《义县奉国寺》,天津:天津大学出版社,2008 年,第 7-98 页。

(a) 外观　　(b) 佛台内景

图 7-2-36　义县奉国寺大殿

室内彻上明造，梁栿及内檐斗栱部分尚有辽朝彩画。此殿共 76 尊辽塑。此外还有元代壁画、明代男相倒座观音，较完整体现中国古代单体建筑的整体风貌。

大同善化寺：创建于唐，辽末毁，金天会六年(1128)重建。中轴线上遗存山门殿、三圣殿、大雄宝殿均单檐庑殿顶，全国唯一[图 7-2-37(a)]。

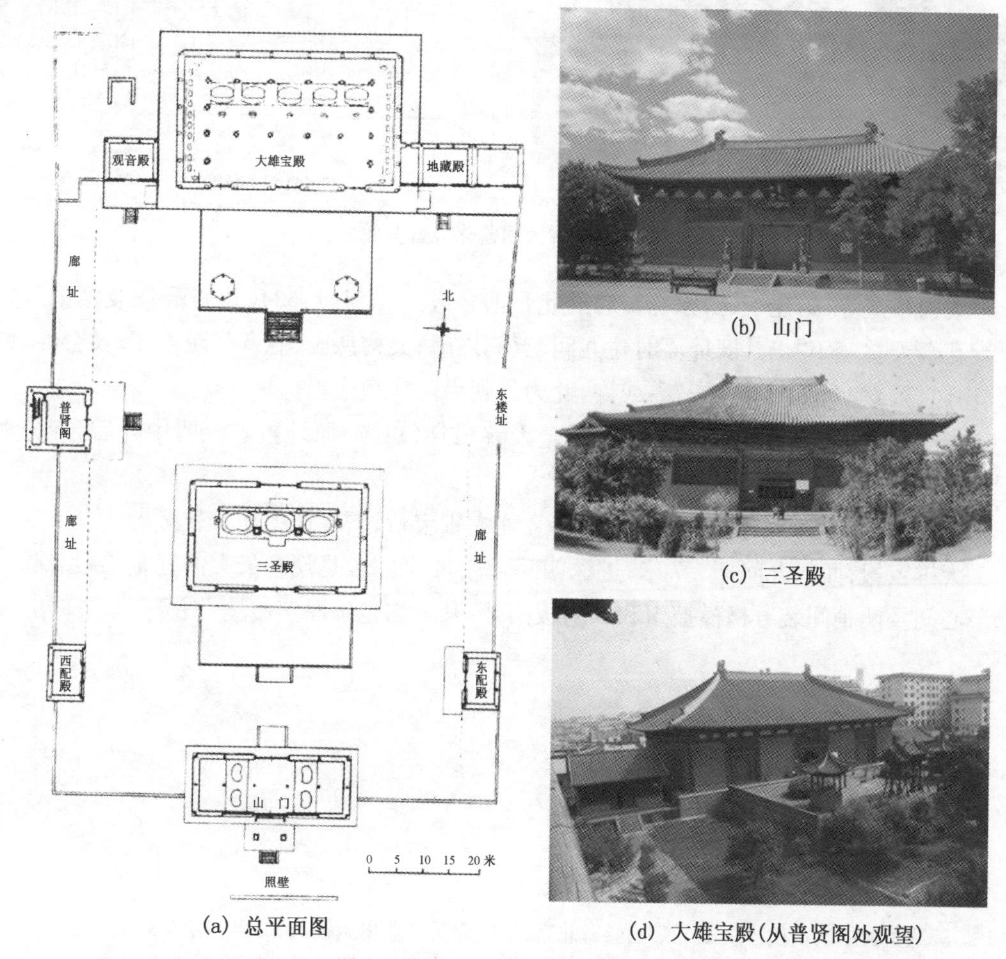

(a) 总平面图　　(b) 山门　　(c) 三圣殿　　(d) 大雄宝殿(从普贤阁处观望)

图 7-2-37　大同善化寺

金朝山门殿,后世改动较多[图 7-2-37(b)]。

三圣殿金朝遗构,殿内移柱;当心间两朵补间,次间一朵花瓣样装饰斜拱;侧脚、升起明显[图 7-2-37(c)]。

金朝大雄宝殿,前左设文殊阁,前右普贤阁及周围回廊(文殊阁及回廊无存)。大雄宝殿面阔七间,进深五间[41×25 米,图 7-2-37(d)]。

普贤阁金贞元二年建,外观二层,内部一二层之间有平坐暗层,叉柱造。底层 10.4 米见方[1](图 7-2-38)。

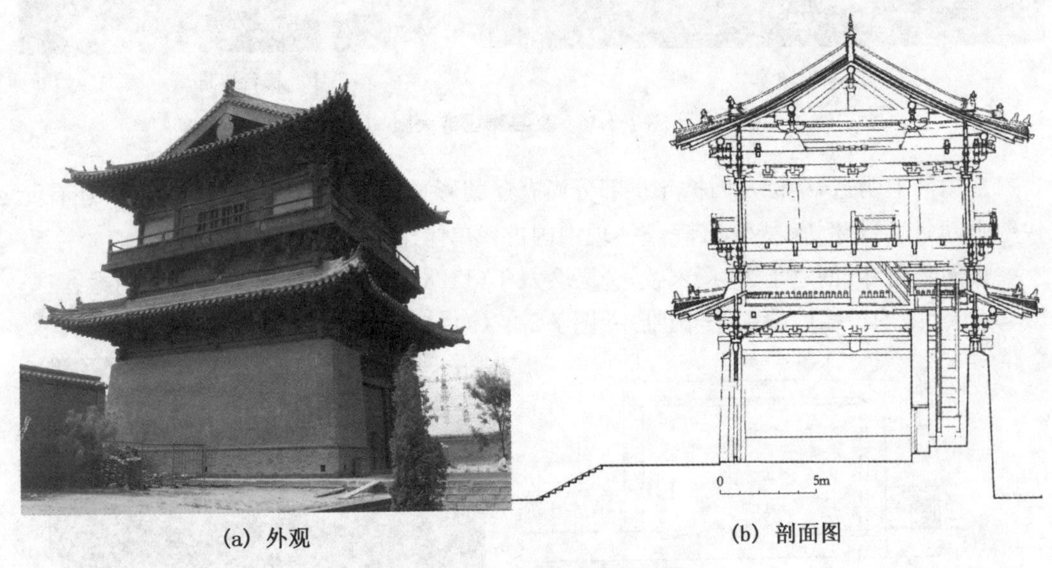

(a) 外观　　(b) 剖面图

图 7-2-38　大同善化寺普贤阁

大同华严寺:始建于辽,原初布局准此。据金大定二年(1162)《重修薄伽教藏记》,华严寺在金天眷三年"仍其旧址而时建九间、五间之殿;又构慈氏、观音降魔之阁,及会经、钟楼、山门、朵殿","两阁夹一殿"。或许,此为辽朝寺院典型格局。

华严寺辽末毁于兵火。现大雄宝殿金天眷三年(1140)原址重建。明中叶后,寺分上下,各有山门,自成体系(图 7-2-39)。

主要殿宇皆东向,与崇日有关。上寺金朝大雄宝殿、下寺辽朝薄伽教藏殿。

大雄宝殿:面阔九间,53.7 米;进深四间,27.44 米[2],是现存最大的辽金佛殿。除前檐当心间及两梢间装方格横披窗和双扇板门外,其余均包砌厚实砖墙(图 7-2-40)。

---

〔1〕 郭黛姮:《中国古代建筑史·第三卷》,北京:中国建筑工业出版社,2003 年,第 333 页。

〔2〕 郭黛姮:《中国古代建筑史·第三卷》,北京:中国建筑工业出版社,2003 年,第 313 页

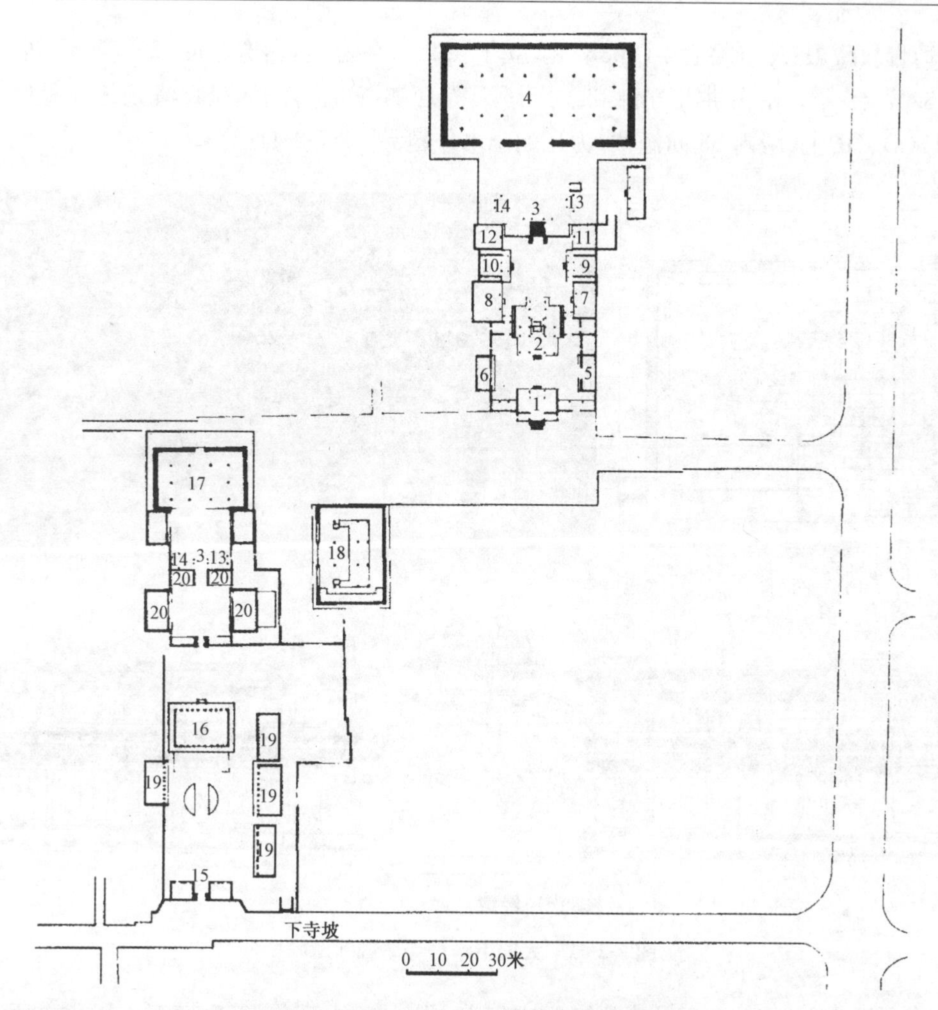

图 7-2-39　大同上、下华严寺总平面图

1—上寺山门；2—前殿；3—牌楼；4—大雄宝殿；5—云水堂；6—念佛堂；7—客室；8—禅堂；9—祖师堂；10—财神殿；11—师房；12—殿主寮；13—钟亭；14—鼓亭；15—下寺山门；16—天王殿；17—薄迦教藏；18—海会殿(已毁)；19—展室；20—僧房

(a) 鸟瞰图　　(b) 内景图(局部)

图 7-2-40　大同上华严寺大雄宝殿

薄伽教藏殿:辽重熙七年(1038)建,立于4.2米高台上,面宽五间,25.65米;进深四间,18.47米[1]。中央供五方佛和二十诸天等辽塑,四壁满绘壁画,清光绪间重绘[图7-2-41(a)、(b)]。殿内38间经藏,为辽朝小木作精品[图7-2-41(c)]。

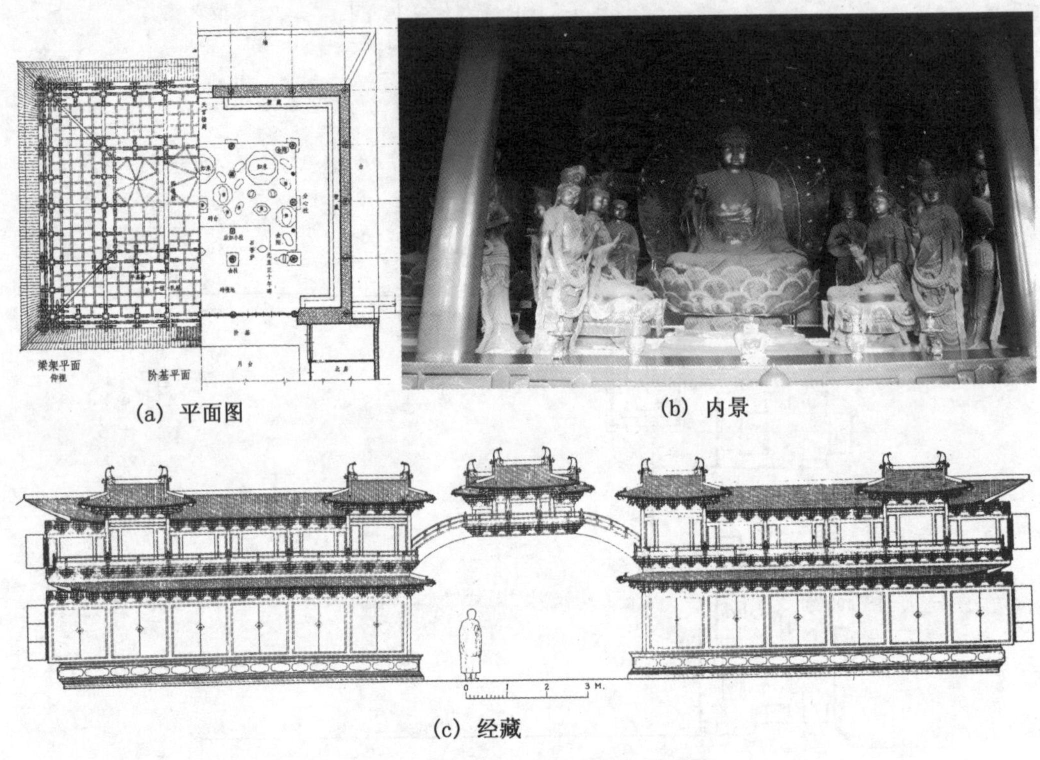

(a) 平面图　(b) 内景

(c) 经藏

图7-2-41　大同下华严寺薄伽教藏殿

南宋禅寺:慧能改造后的新禅宗顺应唐宋之际的巨大变化,至中唐百丈怀海禅师创意经纶,制定清规,别立禅居。"立通堂,布长连床,励其坐禅"[2]。禅宗寺院始有制度。

南宋五山十刹为江南最高等级。日本京都东福寺所藏《大宋诸山图》约绘于南宋淳熙七年至宝祐四年(1247—1256),载灵隐寺、天童寺、万年寺平面示意图。可知"山门朝佛殿,库院对僧堂"的基本格局。如灵隐寺中轴线上立山门、佛殿、卢舍那殿、法堂、前方丈、方丈、坐禅室等,佛殿东西两侧设库院与僧堂。天童寺、万年寺中轴线上设山门、佛殿、法堂、方丈,佛殿两侧僧堂对库院,为南宋禅宗寺院典型格局。成书相当清初的日本《禅林象器笺》殿堂门总结七堂伽蓝(图7-2-42):法堂、佛殿、山门、厨库、僧堂、浴室、西净(便所),依规模不同增减。

〔1〕 郭黛姮:《中国古代建筑史·第三卷》,北京:中国建筑工业出版社,2003年,第322页。
〔2〕 [宋]释赞宁:《大宋僧史略》卷上《别立禅居》,大正新修大藏经本,第10页。

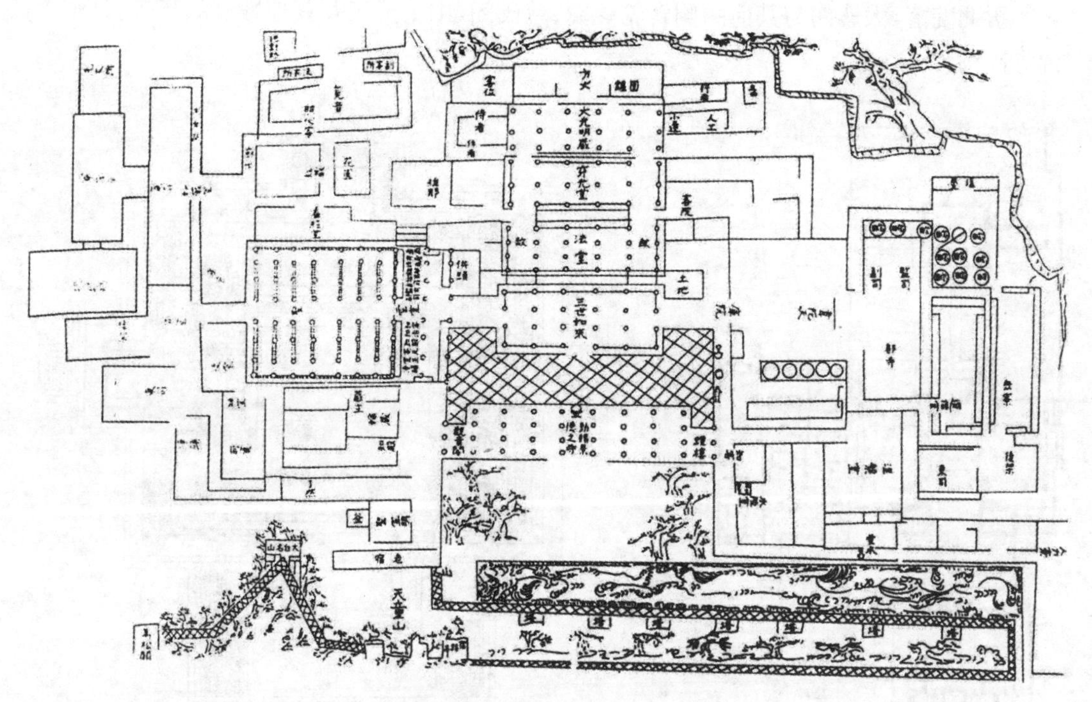

图 7-2-42　宁波天童寺平面布局

(4) 殿阁辉映

大型寺院常殿阁辉映。或高阁置殿后，或山门为门楼，如“(相国)寺三门阁上并资圣门，各有金铜铸罗汉五百尊”〔1〕。鄞县(宁波)天童寺山门亦为七间三层大阁，铸千佛列其上；寺内还有卢舍那阁，甚至为方丈专建一阁，以藏真迹〔2〕。

隆兴寺：位于河北正定。宋代佛寺布局重要实例，依中轴线前有影壁、牌坊，过石桥有山门、大觉六师殿(遗址)、摩尼殿、戒坛、大悲阁〔3〕及阁前东西对峙的慈氏阁和转轮藏殿，阁后弥陀殿等。大悲阁、弥陀殿，均三殿并列(图 7-2-43)。

山门殿或为金朝，改动较多，平面分心。门内为大觉六师殿遗址，原建于元丰年间(1078—1085)。

摩尼殿：北宋皇祐四年(1052)建，是我国现存唯一十字形大型佛殿、四出抱厦最古之例，也是传世宋画此种式样唯一实例(图 7-2-44)，殿内梁架与《营造法式》相符。唯宋构补间出 45°斜栱。

〔1〕[宋]孟元老撰，郑之诚注《东京梦华录注》，北京：中华书局，1982 年，第 89 页。

〔2〕楼钥：《天童寺千佛阁记》，程国政编注，路秉杰主审：《中国古代建筑文献集要　宋辽金元　下》，上海：同济大学出版社，2013 年，第 101 - 102 页。

〔3〕1944 年修缮的大悲阁 1997—1999 年被拆除。张秀生等编著：《正定隆兴寺》，北京：文物出版社，2000 年，第 14 - 15 页。

再北院落,大悲阁与其前两侧转轮藏阁、慈氏阁,中为戒坛及其他殿、阁、亭等,是整个佛寺高潮。

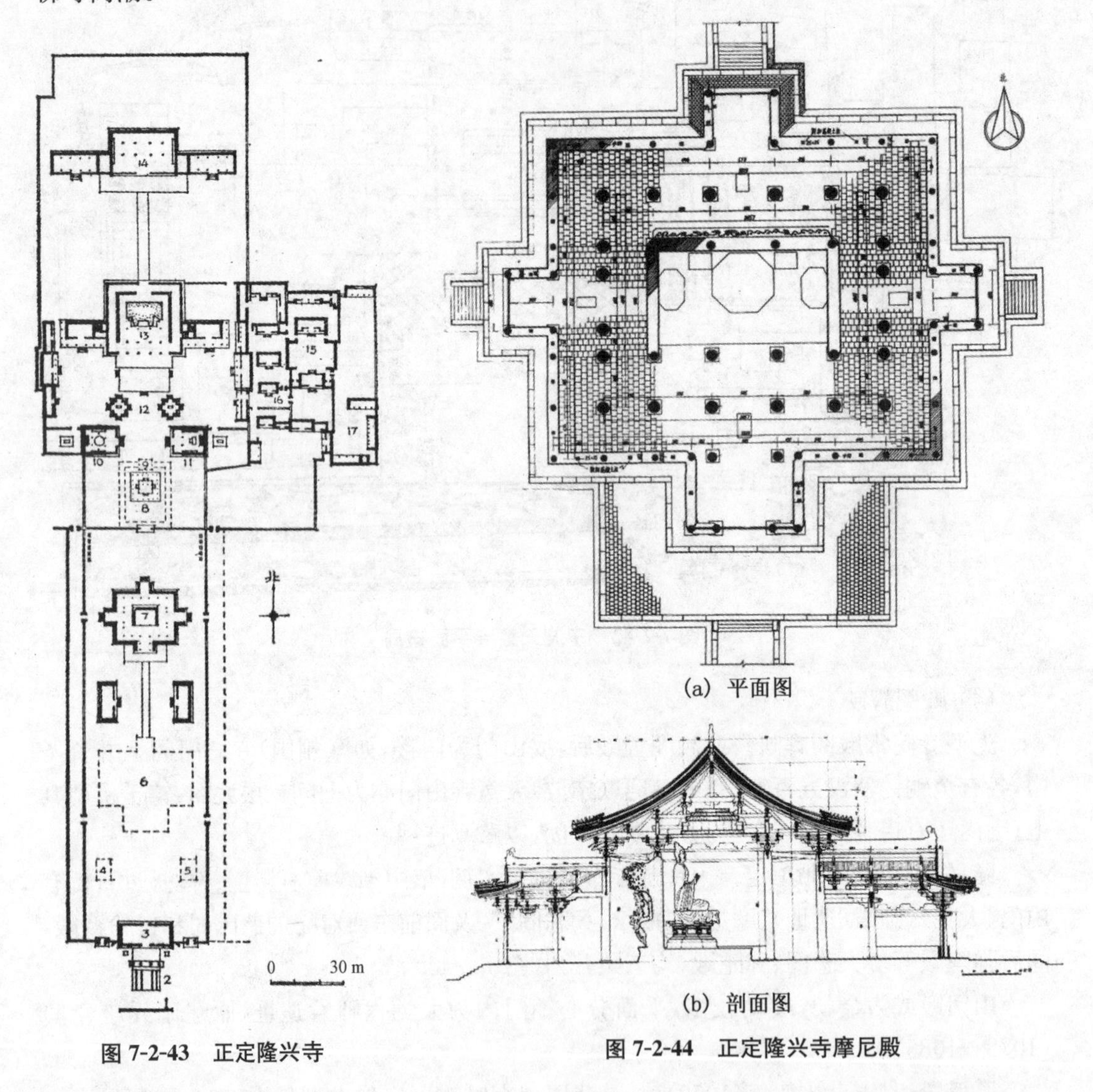

图 7-2-43　正定隆兴寺

图 7-2-44　正定隆兴寺摩尼殿

大悲阁:隆兴寺内主体。以高阁为全寺中心布局,应缘于唐中叶后供奉高大佛像,反映唐末至北宋佛寺特点。阁内千手观音高 24 米,北宋开宝四年(971)建阁时铸,是至今我国古代最大铜像(图 7-2-45)。现阁(包括两侧的御书楼、集庆阁)1999 年重建,拆除民国时重修过的清代大悲阁(图 7-2-46)。

转轮藏阁(殿):二层楼阁,上下层间有平坐暗层,叉柱造,采用移柱法,以便安装转轮藏。存宋风较多(图 7-2-47)。

图 7-2-45　正定隆兴寺大悲阁内的千手观音

(a) 1944年重修后的大悲阁　　(b) 明间横剖面图

图 7-2-46　正定隆兴寺大悲阁

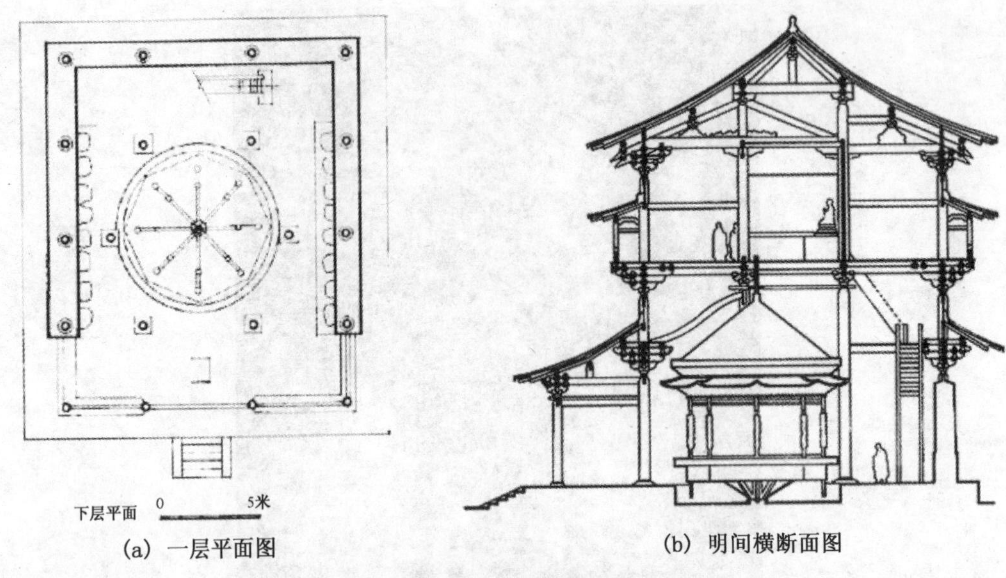

(a) 一层平面图　　(b) 明间横断面图

图 7-2-47　正定隆兴寺转轮藏殿

慈氏阁:二层楼阁,外观与转轮藏殿相似,实际构架大不相同。采用永定柱造(即自地面直接立柱支撑平坐);并外敷一柱,作下层檐的支撑,做法巧妙(图 7-2-48)。

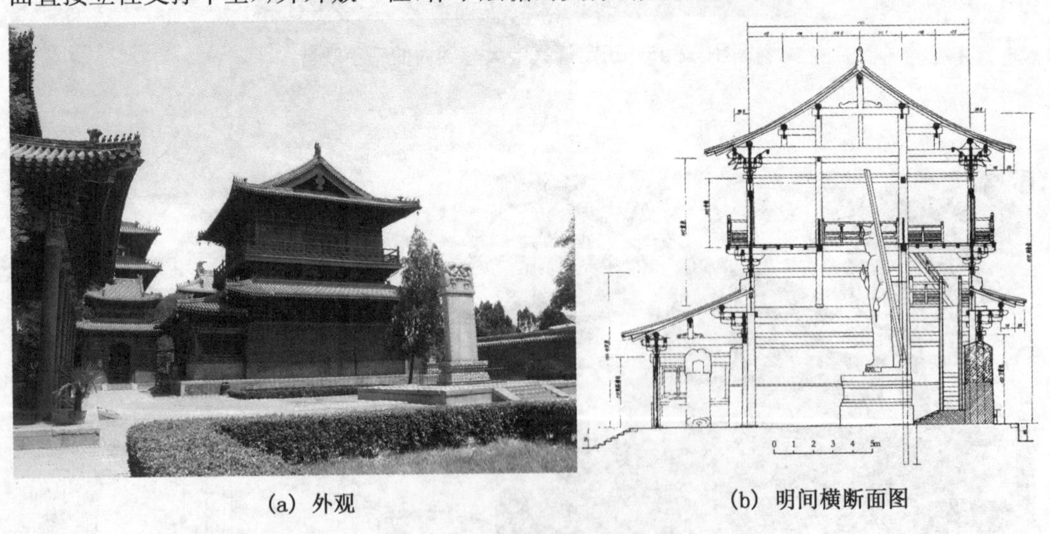

(a) 外观　　(b) 明间横断面图

图 7-2-48　正定隆兴寺慈氏阁

(5) 其他佛殿

阁院寺文殊殿:位于河北涞源。寺内有天王殿、文殊殿、藏经楼、钟楼、配房和一些新中国前后增建的房舍和围墙。文殊殿为辽构[1]。

保国寺大殿:位于浙江宁波。现存大殿为宋大中祥符六年重建,是长江以南迄今为止发现的年代第二早、保存完整的木构(图 7-2-49)。

---

〔1〕 冯秉其,申天:《新发现的辽朝建筑——涞源阁院寺文殊殿》,《文物》1960 年第 Z1 期。

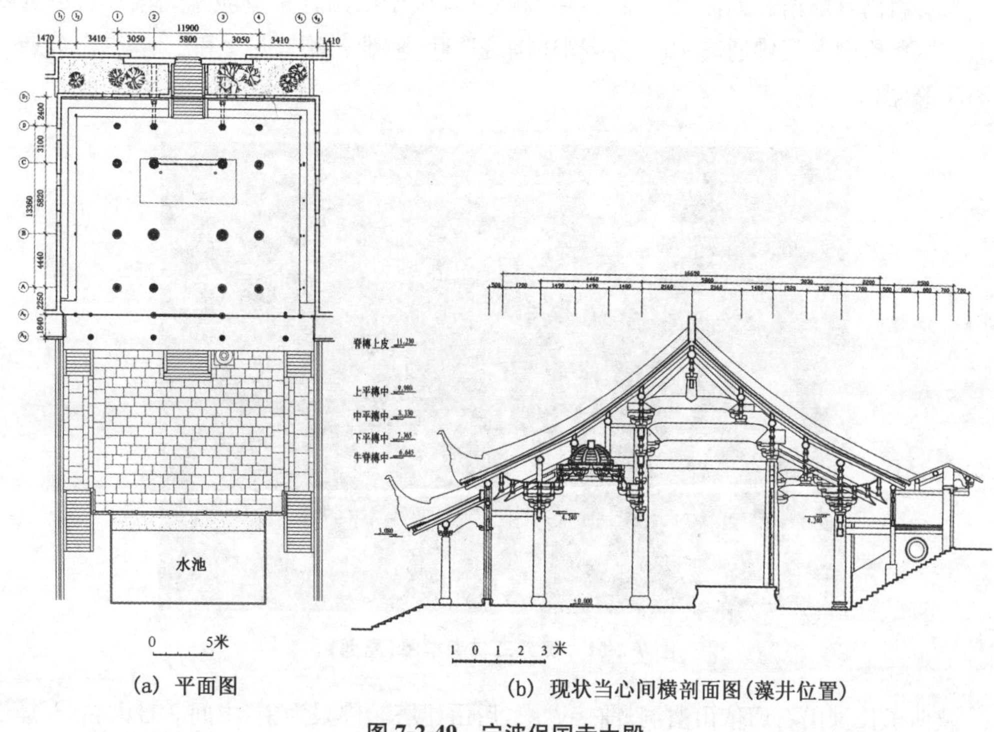

(a) 平面图　　(b) 现状当心间横剖面图(藻井位置)

图 7-2-49　宁波保国寺大殿

(6) 石窟

宋辽金石窟，以重装前代及少量增加为主，亦雕造新窟。主要分布在四川、陕西等地(临安亦有部分开凿)；辽朝石窟集中在内蒙古；南诏及大理国石窟在云南剑川县石钟山等。例如：

四川大足石窟：以北山和宝顶山两处造像规模最宏大、著名。其中，宋代作品宗教气息相对较弱，世俗热闹。

其北山佛湾第 245 号观无量寿佛经变相龛中的西方三圣上部绘琼台玉宇，展现西方极乐世界，一般认为晚唐作品，更似宋代(图 7-2-50)。

图7-2-50　大足石窟北山佛湾第 245 号观无量寿佛经变相龛

大佛窟仍有雕凿。如涞滩二佛寺(原鹫峰寺),位于四川合川县城东北渠江边的鹫峰山上。主尊释迦牟尼佛通高 12.5 米,周边围绕迦叶、阿难、善财、龙女和十地菩萨,分层分布罗汉等(图 7-2-51)。

图 7-2-51 涞滩二佛寺群雕(局部)

陕西子长钟山石窟依山凿洞,前接大殿,后山建塔。佛殿为主,中间 3 号大窟,开窟于北宋治平四年(1067)[1]。中央佛坛分三开间、进深一间,立方柱八,如金厢斗底槽之内槽、庄严妙相(图 7-2-52)。

图 7-2-52 子长钟山石窟 3 号大窟主像

〔1〕 李域铮:《陕西古代石刻艺术》,西安:三秦出版社,1995 年,第 111 页。

窟前建筑是保护措施也是空间组成。敦煌保留五座宋初窟檐，部分存唐五代手法，梭柱上无普拍枋，重楣，补间无铺作。敦煌431窟斗栱在立面所占比例大，但铺作均计心，近于《营造法式》，梁上有太平兴国五年题记(980，图7-2-53)〔1〕。

图7-2-53　敦煌431窟檐

另有道教石窟。如大足南山第五号三清洞道教造像，凿于南宋绍兴间，存世最早的三清组像〔2〕。

2. 道教与民间神祀建筑

宋代尊奉道教，真宗、徽宗更盛〔3〕。真宗时，为供奉“天书”建玉清昭应宫，规模宏巨。又“诏天下并建天庆观”〔4〕。

徽宗自称“道君皇帝”，下诏“天下洞天福地，修建宫观，塑造圣像”〔5〕。上行下效，各地大造道观。

北宋亡，南宋不宠道教，推崇儒教理学，道教为补充以安民心。

史载大定十二年，金人在兴王之地长白山建兴国灵应王庙宇，无存。

目前较完整的宋金道观极少，道教建筑尚有一些。主要为苏州玄妙观三清殿，莆田玄妙观三清殿，四川江油窦山云岩寺飞天藏殿及飞天殿等。北方更少，如河南济源奉仙观三清殿。

(1) 苏州玄妙观

唐为开元观，北宋大中祥符间更名天庆观。宋《平江府城图》碑显示，有棂星门、中门、

---

〔1〕 辜其一:《敦煌石窟宋初窟檐及北魏洞内斗栱述略》,《土木建筑与环境工程》1957年00期。

〔2〕 李远国:《四川大足道教石刻概述》,胡文和编:《西南石窟文献》第五卷,兰州:兰州大学出版社,第174页。

〔3〕 傅勤家:《道教史概论》,北京:商务印书馆,1933年,第66页。

〔4〕 韩秉方:《道教与民俗》,北京:文津出版社,1997年,第140－141页。

〔5〕 许地山:《许地山论道》,北京:九州出版社,2006年,第247页。

三清殿与两廊。大殿建于南宋淳熙三年(1176)[1],平面满堂柱。内槽铺作用上昂(图 7-2-54)。因屡次修建,其古朴之意明显弱于苏州轩辕宫大殿(图 7-2-55)与虎丘二山门(图 7-2-56),后两者年代不应晚于三清殿,应重新认识。

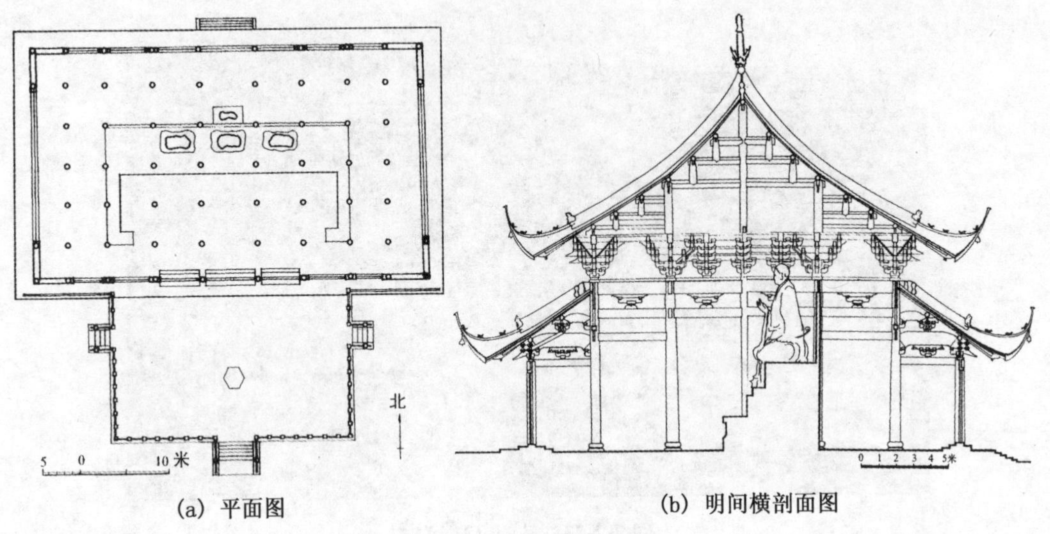

(a) 平面图　　(b) 明间横剖面图

图 7-2-54　苏州玄妙观三清殿

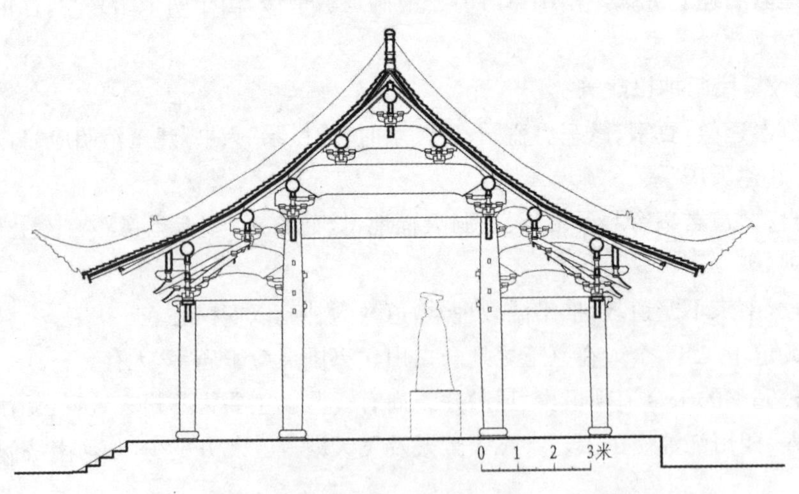

图 7-2-55　苏州东山杨湾轩辕宫大殿次间剖面图

---

〔1〕 其时还有圣祖殿、三清殿后为通神庵。[宋]范成大:《吴郡志》,南京:江苏古籍出版社,1999 年,第 460－462 页。

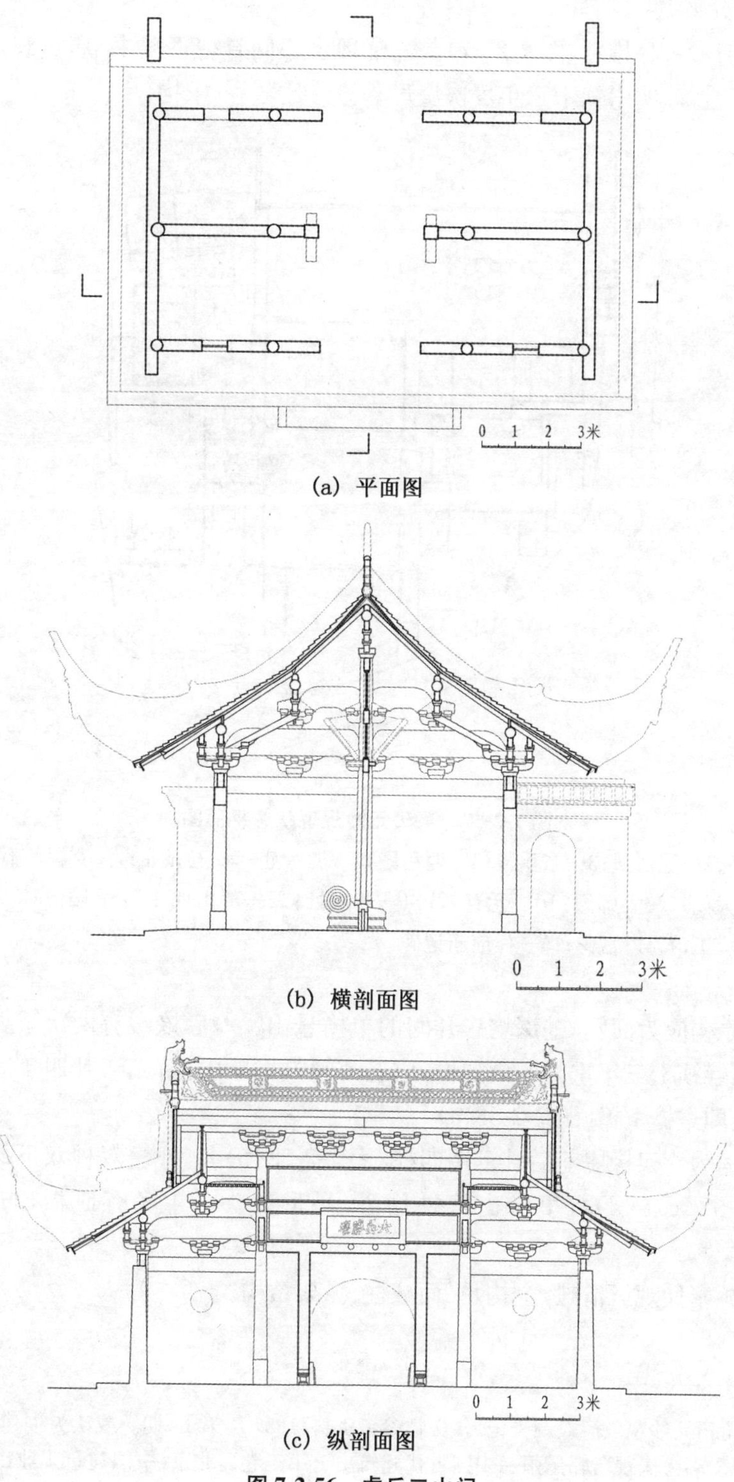

(a) 平面图

(b) 横剖面图

(c) 纵剖面图

图 7-2-56　虎丘二山门

(2) 莆田元妙观

头门、三清殿古朴雄壮(图 7-2-57)。三清殿当心间脊槫下墨书“唐贞观二年敕建,宋大中祥符八年重修,明崇祯十三年岁次庚辰募椽修建”[1],宋构。

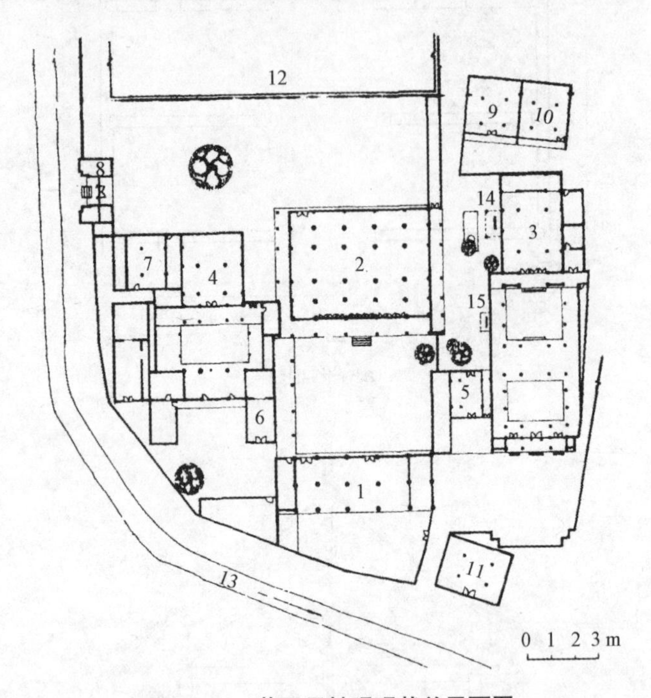

图 7-2-57 莆田元妙观现状总平面图

1—山门;2—三清殿;3—东岳殿;4—西岳殿;5—五帝庙;6—五显庙;7—文昌三代祠;8—关帝庙大门;9—太师殿;10—元君殿;11—寿康社;12—莆田四中科学楼;13—兼济河;14—神霄玉清万寿宫碑;15—祥应庙记碑

三清殿原构应为面阔、进深均三开间的单檐悬山[2],后该殿有两次重要加建。结合县志可证,明崇祯十三年重修四周加檐,成五开间重檐歇山;清光绪廿四年间再次增建东西南面回廊,即重檐下檐[图 7-2-58(a)]。

宋代原构为八架椽屋前后乳栿用四柱[图 7-2-58(b)]。外檐双杪双下昂七铺作隔跳计心[图 7-2-58(c)、(d)],里转出双杪偷心,昂形耍头。斗底有皿板,与华林寺大殿类似[3]。

河南济源奉仙观三清殿,金构,平面减柱、纵架结构。

---

〔1〕 林钊:《莆田元妙观三清殿调查记》,《文物参考资料》1957 年第 11 期。或认为创建于“大中祥符二年奉敕建,名天庆观”,郭黛姮:《中国古代建筑史・第三卷》,北京:中国建筑工业出版社,2003 年,第 537 页。

〔2〕 宋代悬山顶作为宗教建筑的主殿并不鲜见,如山西武乡大云寺大殿、柳林香岩寺大雄宝殿(金)等。

〔3〕 郭黛姮:《南宋建筑史》,上海:上海古籍出版社,2014 年,第 277 页。

(a) 外观

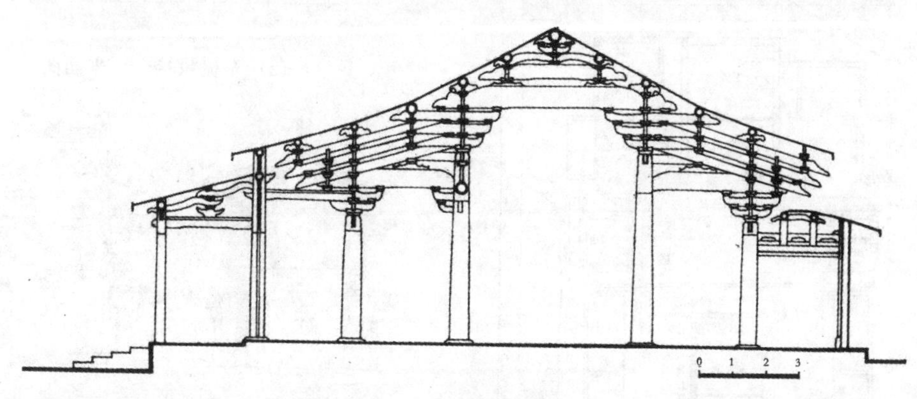

(b) 横剖面图

(c) 内部梁架：八架椽屋前后乳栿用四柱

(d) 柱头斗栱，后世改造，第二跳华栱被砍去，加入乳栿，扩大了内部空间

图 7-2-58　莆田元妙观三清殿

(3) 西溪二仙庙

又称真泽宫，位于山西陵川县城西 2.5 公里城关镇岭常西溪村。崇奉传说中的乐氏二姊妹[1]。寺院背水面山，不拘一格(图 7-2-59)。沿轴线有山门楼(兼戏楼)、前殿(前附

〔1〕 师振亚：《陵川西溪二仙庙》，《文物世界》2003 年第 5 期。

拜殿,又称香殿[1]),后殿。前后殿之间东、西梳妆楼相对。

梳妆楼、后殿尚留金朝建筑特征,前殿部分采用金朝遗留木构[2]。两座梳妆楼均二层,重檐三滴水,庙貌庄严,具金朝建筑气势(图 7-2-60)。

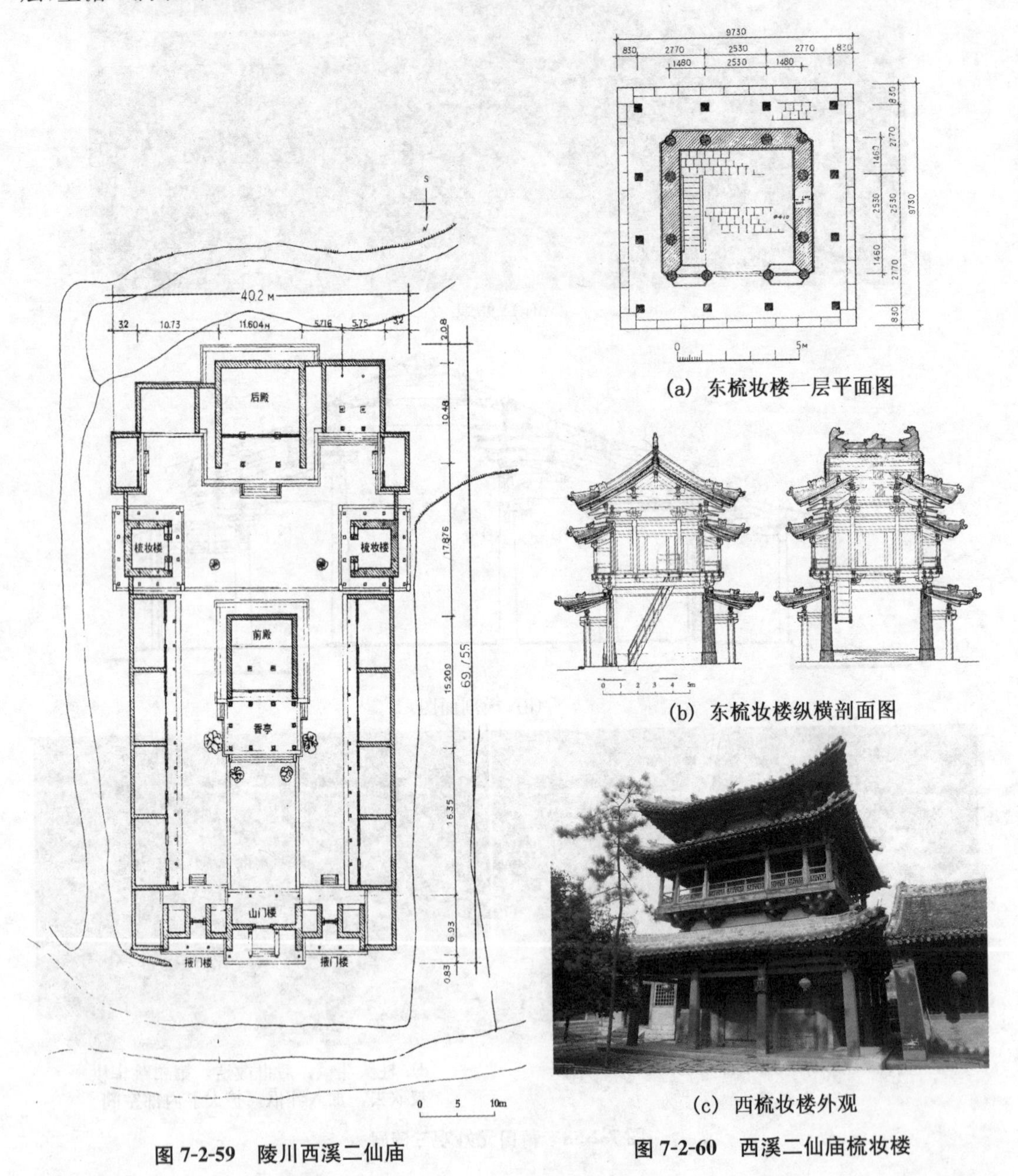

(a) 东梳妆楼一层平面图

(b) 东梳妆楼纵横剖面图

(c) 西梳妆楼外观

图 7-2-59　陵川西溪二仙庙

图 7-2-60　西溪二仙庙梳妆楼

〔1〕 王云鹏:《元好问与西溪二仙庙》,《沧桑》1996 年第 2 期。

〔2〕 李会智、赵曙光、郑林有:《山西陵川西溪真泽二仙庙》,《文物季刊》1998 年第 2 期。

3. 伊斯兰教建筑

(1) 概述

伊斯兰教约7世纪中叶始传我国，分陆路、海上。宋辽金时，陆上丝路因受西夏控制处于闭塞状态，海上丝路成为宋朝重要外贸通道。我国东南沿海，如广州、泉州、明州(宁波)、杭州的阿拉伯商人大增，群居蕃坊。

为适应伊斯兰教众日常所需，富于阿拉伯风格的清真寺、居室和墓地逐渐发展。

(2) 举要

唐宋两代广州均是海上丝路最主要港口。广州怀圣寺为伊斯兰教传入我国后最早的清真寺，现仅存光塔，年代有唐〔1〕、北宋〔2〕、南宋〔3〕之说。塔高36米，富伊斯兰教建筑特色。

4. 砖石塔幢

宋塔多以宗教功能为主，兼具他用。如开元寺料敌塔；或双塔形式出现，如辽宁北镇崇兴寺塔，宁夏银川拜寺口双塔(图7-2-61)、安徽宣州广教寺双塔，苏州罗汉院双塔(图7-2-62)等，规模壮观。

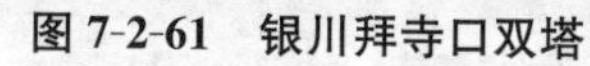

图 7-2-61　银川拜寺口双塔

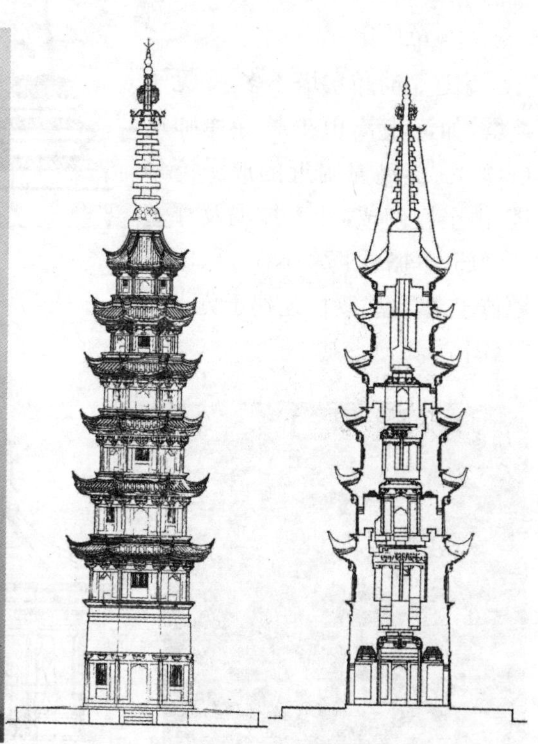

图 7-2-62　苏州罗汉院双塔东塔正立面、剖面图

〔1〕 邓其生:《广州怀圣寺的建造年代考释》,《广州研究》1985年第6期;陈泽泓:《广州怀圣寺光塔建造年代考》,《岭南文史》2002年第4期等。

〔2〕 廖大珂:《广州怀圣塔建筑问题初探》,《宁夏社会科学》,1992年第1期;刘有延:《广州怀圣塔建造年代研究》,《回族研究》2009年第2期等。

〔3〕 学者大多据南宋岳珂《桯史》推断。

唐塔以正方形居多。宋辽金塔多八角形,抗震抗风,结构上更胜一筹;且不同角度景观效果一致;或隐喻八方随佛。然四川宋塔多存古风,不少正方形平面。

南方塔,(包括部分位于北方的宋塔)多楼阁式,绝大多数可登高远眺,多砖身木檐,造型轻盈飘逸。福建石塔则石材出挑。

北方塔,特别是辽金塔,多密檐式,以参拜礼佛为主,多不登临。檐短、身壮,加上高大基座,淳朴厚重。

此时建塔材料丰富,除木、砖、石甚或土坯外,还有规模不大的铁塔、陶塔。如湖北当阳玉泉寺铁塔、聊城兴隆寺铁塔、福州涌泉寺千佛陶塔等。

(1) 单层塔

宋辽金时单层塔不多,多见于墓塔,如河南嵩山少林寺禅师塔(1121)。莫高窟附近的成城湾华塔,由土坯砌成,外表抹泥及浮塑各细部,单檐(图 7-2-63)。慈氏塔原位于老君堂,现已迁建于莫高窟前(图 7-2-64)[1]。

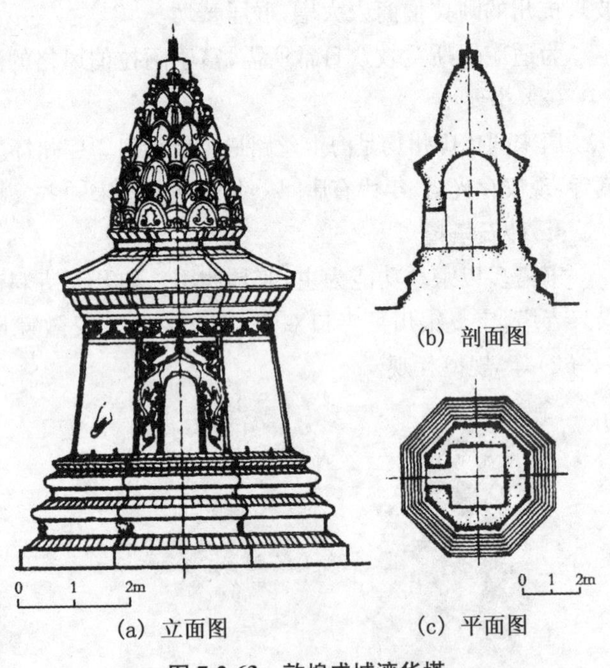

(a) 立面图　(b) 剖面图　(c) 平面图

图 7-2-63　敦煌成城湾华塔

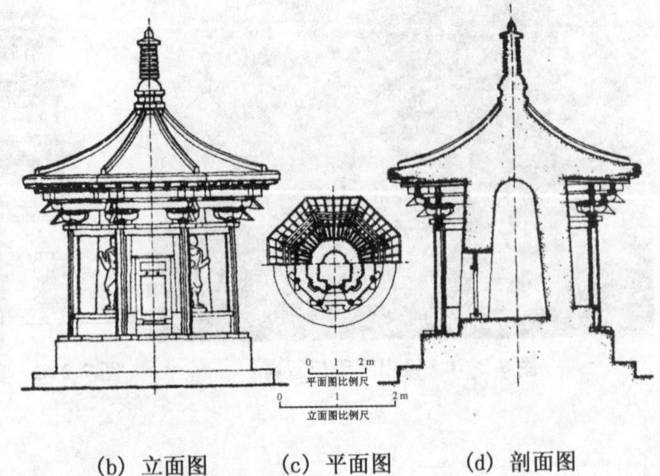

(a) 外观　(b) 立面图　(c) 平面图　(d) 剖面图

图 7-2-64　敦煌老君堂慈氏塔

〔1〕 萧默:《敦煌莫高窟附近的两座宋塔》,《敦煌研究》1983 年 00 期。

(2) 密檐式塔

密檐式塔多实心或中空无梯。塔身与基座装饰华美，出檐有砖石叠涩，也有木构辅助。实为舍利式塔形，多见于辽金，大型塔以八角十三层密檐式为主。

辽南京天宁寺塔：八角十三层密檐式实心砖塔，高 57.8 米(图 7-2-65)。塔身八面间隔作拱门和直棂窗，门窗上部及两侧浮雕金刚力士、菩萨、天部等像，转角砖柱上剔地起突升、降龙，堪为杰作。

图 7-2-65　北京(辽南京)天宁寺塔

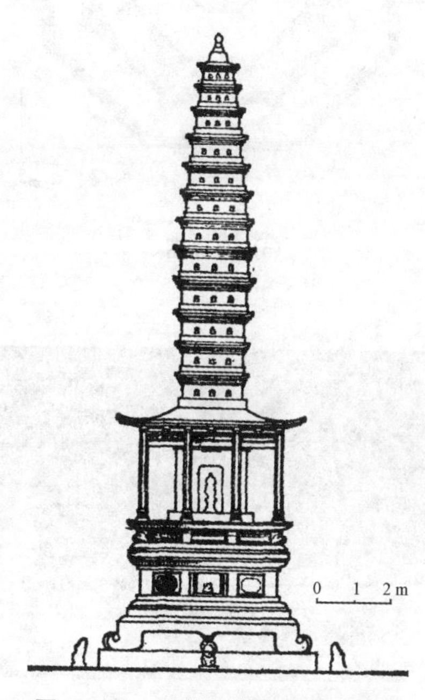

图 7-2-66　邛崃石塔寺宋塔立面图

四川邛崃石塔寺南宋石塔(1169)，平面方形，高 17 米，二层须弥座上立十三层密檐塔身，底层塔身副阶周匝(图 7-2-66)[1]，国内罕见。此塔保存完整，有修建原委、经过记载，纪年确切，弥足珍贵[2]。

(3) 楼阁式塔

不少砖石塔，有屋檐、柱额、腰檐和平坐等，精致模仿木楼阁，然内部结构各异。

塔心柱塔：中心为柱墩，四周砖砌筒壁，两者间以砖叠涩或斗栱出挑相连，上覆楼板；同时塔壁外挑平座，登塔观览。塔内楼梯，绕塔作旋转式或穿心式。前者如泉州开元寺西塔仁寿塔(或东塔镇国塔)，后者如河北定州开元寺料敌塔。

泉州开元寺仁寿塔：开元寺内二石塔东、西遥峙，相距不及二百米，东名镇国塔，西名仁寿塔，两塔平面结构相同(图 7-2-67)。仁寿塔比东塔建造稍早数年，五层八角，全高 44 米余，较东塔略低，结构与雕刻有些许差异[3]。

---

〔1〕 陈振声：《四川邛崃石塔寺宋塔》，《文物》1982 年第 3 期。

〔2〕 胡立嘉：《邛崃大悲院石塔建筑艺术》，《四川文物》1995 年第 1 期。

〔3〕 林钊：《泉州开元寺石塔》，《文物参考资料》1958 年第 1 期。

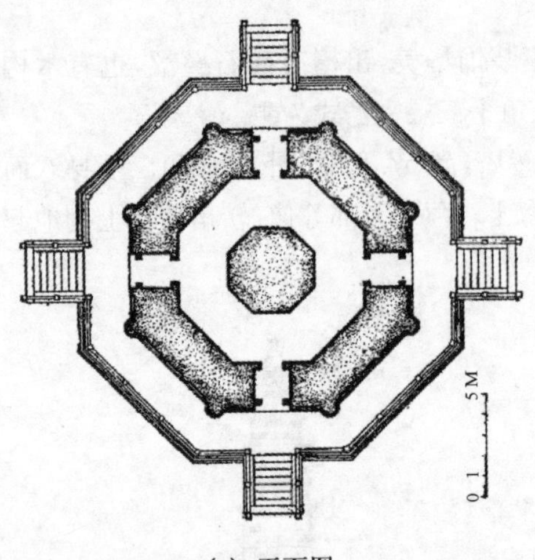

(a) 平面图

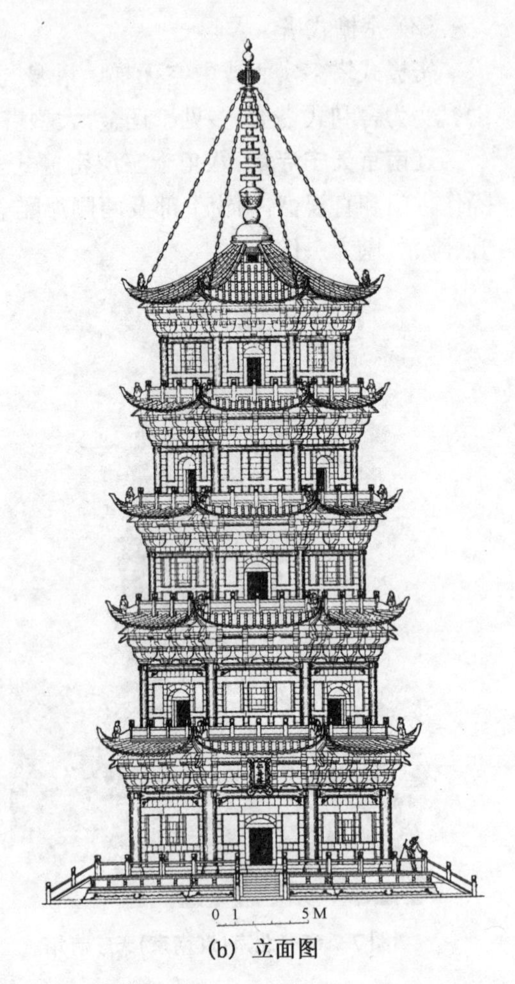

(b) 立面图

(c) 仁寿塔力士及石质斗栱出挑

图 7-2-67 泉州开元寺仁寿塔

河北定州北宋开元寺塔:砖砌,八角十一层,高 84.2 米,最高宋塔。《定州志》"盖筑以望契丹",故名料敌塔〔1〕(图 7-2-68)。

双套筒:内外两圈塔壁,内环围塔心室,无塔心柱;外环与内环间为回廊。廊中置塔梯,楼板用砖发券,如苏州报恩寺塔、杭州六和塔。其中苏州报恩寺塔高 76 米,九层。辽塔亦有此类,如涿州云居寺塔、智度寺塔〔2〕。

单筒塔:仅一层塔壁,中空,有阶级可上,构造简单,各地通用,如松江方塔、湖州飞英塔、宁波天封塔等。江苏震泽慈云寺塔,总高 38.44 米,底层做法近宋,历代维修(图 7-2-69)〔3〕。

辽朝楼阁式砖塔仿木构程度高。单筒塔者如呼和浩特辽万部华严经塔,八角七级,残

〔1〕 朱希元:《北宋"料敌"用的定县开元寺塔》,《文物》1984 年第 3 期。
〔2〕 田林,郑利军:《涿州智度寺塔初探》,《古建园林技术》2005 年第 3 期。
〔3〕 周学鹰、马晓:《江南水乡历史文化景观保护与复兴——以震泽慈云寺塔整治规划为例》,《城市规划》2008 年第 6 期。

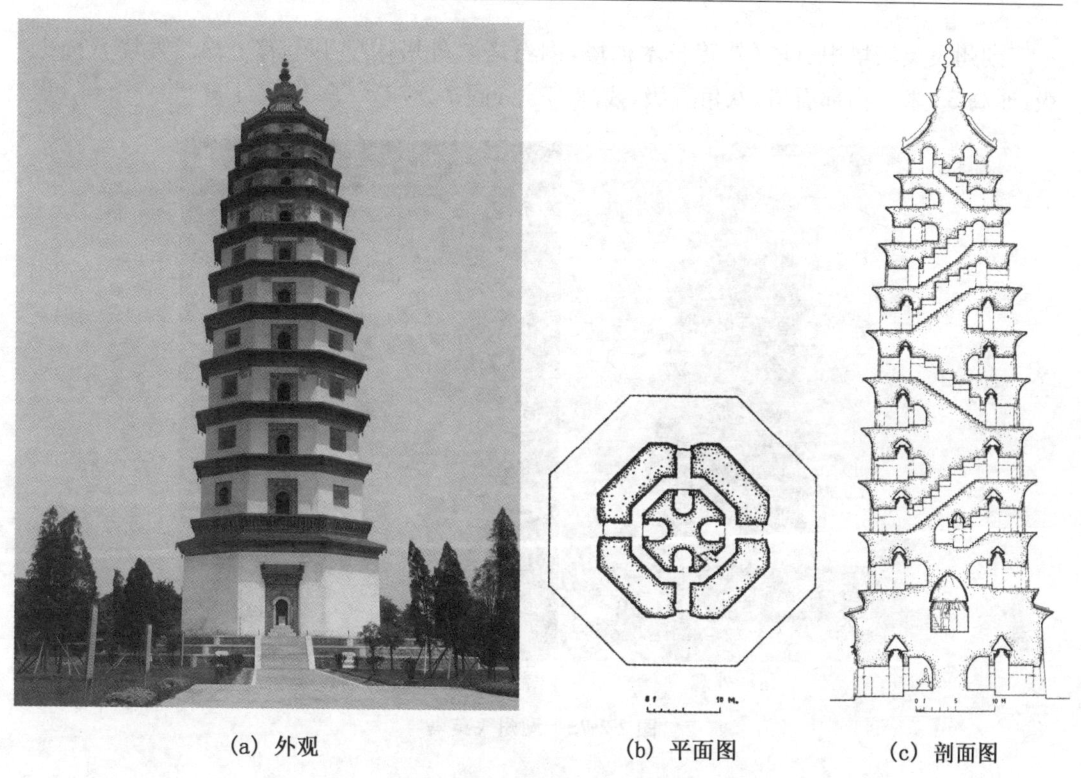

(a) 外观　(b) 平面图　(c) 剖面图

图 7-2-68　定州开元寺料敌塔

高 43.15 米(图 7-2-70)。内蒙古巴林右旗辽庆州白塔,八角七级,总高 73.27 米[1](图7-2-71)。

图 7-2-69　苏州震泽慈云寺塔剖面图

图 7-2-70　呼和浩特辽万部华严经塔

图 7-2-71　巴林右旗的辽庆州白塔外观

〔1〕 张汉君:《辽庆州释迦佛舍利塔营造历史及其建筑构制》,《文物》1994 年第 12 期。

湖州飞英塔塔中有塔(外砖身木檐塔,内石塔),外塔内壁平坐有上昂。外塔八面七级,通高 55 米。内部石塔,八角五级,残高 15 米(图 7-2-72)[1]。

(a) 外观　　(b) 内部石塔

图 7-2-72　湖州飞英塔

实心楼阁式:外表楼阁式,但不能登临,一般规模较小,类似模型。如闸口白塔(图 7-2-73),灵隐寺双石塔(图 7-2-74),岳阳慈氏塔,山西潞城原起寺塔等,仿木构逼真。

图 7-2-73　闸口白塔立面图

图 7-2-74　灵隐寺双石塔之东塔

〔1〕 林星儿:《湖州飞英塔　发现一批壁藏五代文物》,《文物》1994 年第 2 期。

（4）异形塔

种类多样。例如：

① 将两种或以上不同的结构体系混合：或下部砖砌，上部木构，如河北正定天宁寺凌霄塔（图 7-2-75）。

图 7-2-75 正定天宁寺凌霄塔

图 7-2-76 长清灵岩寺辟支塔

② 塔身造型上下不同。楼阁式塔下部有平坐，上部无，如山东长清灵岩寺辟支塔（图 7-2-76）、河北武安舍利塔等。甚或下部楼阁式，上部覆钵式，如宁夏贺兰县宏佛塔，北京房山云居寺塔及天津蓟县独乐寺塔（图 7-2-77）等。

图 7-2-77 蓟县独乐寺塔

图 7-2-78 正定广惠寺华塔

③ 华塔。正定广惠寺华塔,一层似金刚宝座塔,下三层为楼阁式塔。第四层通体彩塑菩萨、力士、狮、象……,如繁华盛开(图 7-2-78)。再如重熙年间(1032—1055)建造的河北丰润药师塔[1]、清宁四年(1058)的辽宁凌海班吉塔等。

当然,有些造型奇特的塔,或有不同时期维修、改建而成,需深入研究。

(5) 经幢

始于初唐,盛行于宋辽金。通常立于寺院、城镇及近官衙街道上、安置在墓园或藏于佛塔地宫中[2]。一般分台基、幢座、幢身、幢刹等四部。幢座或为八角形单层或多层须弥座,雕刻佛传故事、伎乐等题材。幢身分多层,每层设檐,精致者檐下刻出仿木斗栱,幢身刻经文及题记等。

相传《佛顶尊胜陀罗尼经》咒语可净一切恶道,满足现世需求,故当时陀罗尼经幢最流行。例如:杭州梵天寺前的石幢、灵隐寺前双石幢(图 7-2-79);山西高平定林寺宋代经幢、大同下华严寺薄伽教藏殿前辽朝经幢,江苏苏州角直保圣寺经幢、常州天宁寺经幢等。

图 7-2-79 浙江杭州灵隐寺前西石幢局部

河北赵县陀罗尼经幢石质,八棱七级,通高 16.44 米[3],刻莲花、力士及"妇人启(掩)门"等(图 7-2-80)。

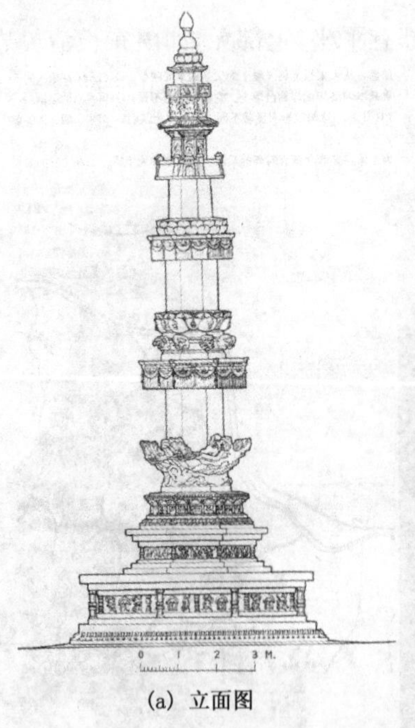

(a) 立面图

(b) 现状

图 7-2-80 赵县陀罗尼经幢

〔1〕 刘清波:《药师灵塔的勘查与维修方案的设计》,《文物春秋》1999 年第 3 期。
〔2〕 冀洛源:《辽南京地区城镇中的经幢三例》,《文物》2013 年第 6 期。
〔3〕 高英民、刘元树、王国华:《赵县文物与古迹》,《文物春秋》1991 年第 4 期。

五、陵 墓

1. 帝陵

(1) 宋

宋皇陵分北宋、南宋。北宋皇陵始建于乾德元年(963),历160余年,形成气势雄伟的皇家陵墓群。南宋皇陵沿袭北宋,但规模远不逮,既无高耸陵台,也无神道两侧精美石雕,早已湮没[1]。

宋帝生前不建陵,“七月而葬”,时间紧、工程量巨[2]。

巩义陵[3]:位于河南巩县邙岭山麓,总面积约30平方公里。北宋九帝,除徽、钦二帝被虏囚死漠北外,七帝及被追尊为宣祖的赵弘殷均葬此,七帝八陵(图7-2-81)。

八陵埋葬先后:宋宣祖永安陵、宋太祖永昌陵、宋大宗永熙陵、宋真宗永定陵、宋仁宗永昭陵(图7-2-82)、宋英宗永厚陵(图7-2-83)、宋神宗永裕陵和宋哲宗永泰陵。

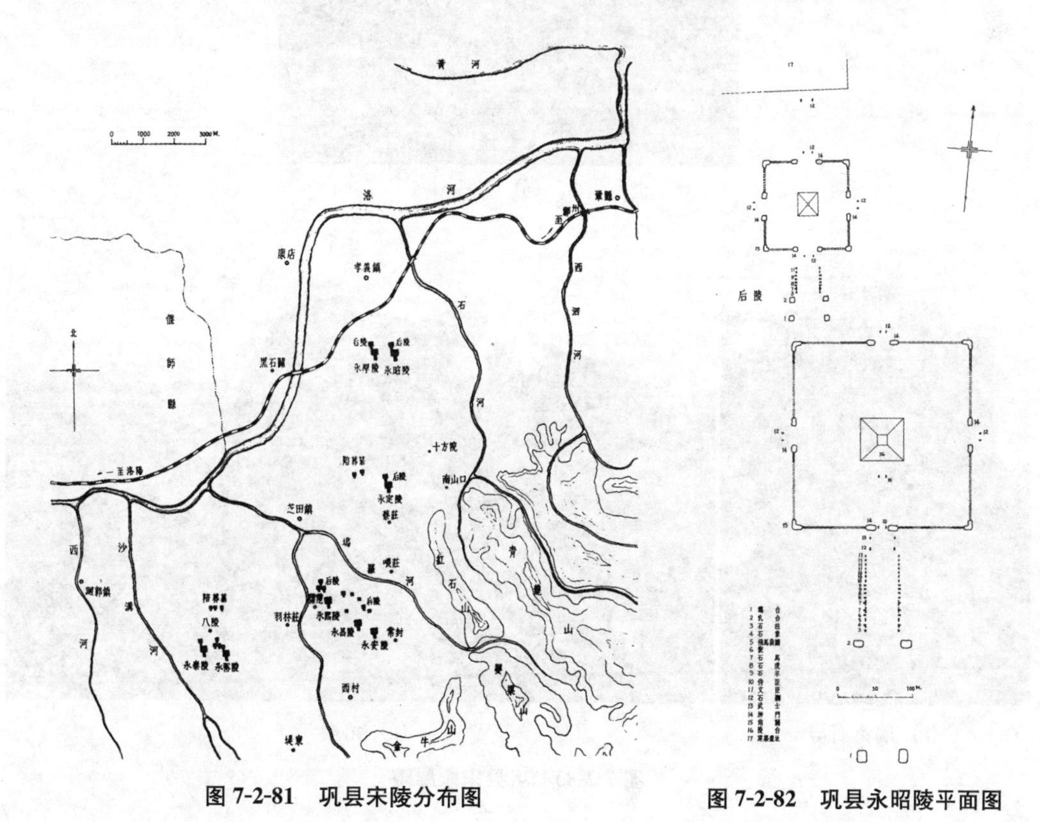

图 7-2-81 巩县宋陵分布图　　图 7-2-82 巩县永昭陵平面图

〔1〕 邓瑞全:《地下君王》,合肥:黄山书社,2013年,第59页。

〔2〕 [宋]乐辅国撰:《永定陵修奉采石记》,曾枣庄、刘琳主编《全宋文》(第10册)卷三九三,成都:巴蜀书社,1990年,第115-119页。

〔3〕 河南省文物局:《河南省文物志》下卷,北京:文物出版社,2009年,第993-994页。

(a) 望柱

(b) 瑞禽石屏

(c) 角端

图 7-2-83　巩县宋永厚陵

北宋皇陵集中布局,建制统一,皆坐北朝南,由上宫、宫城、地宫、下宫 4 部组成。宫城平面呈正方形,边长约 240 米左右。帝、后陵上宫以陵台为主体,四周围护神墙,四隅建角阙。每面正中开门,门侧设阙台;门外各列石狮一对。南神门外神道两侧,东、西对称排列着象征仪仗的石雕像,再南设置两个乳台,最南端入口处为一对鹊台。因"五音姓利"各陵地形东南高而西北垂,独具特色。

南宋六陵：在浙江绍兴东南25华里宝山一带。高宗永思陵、孝宗永阜陵、光宗永崇陵和宁宗永茂陵在南，称南陵；理宗永穆陵、度宗永绍陵在北，称北陵（图7-2-84）。通称“攒宫”，盼为收复北地改葬[1]，相对节约（《宋史》卷一二四）。另有北宋徽宗陵、徽宗后陵、哲宗后陵、高宗后陵。占地2.25平方公里，江南最大皇陵区[2]。

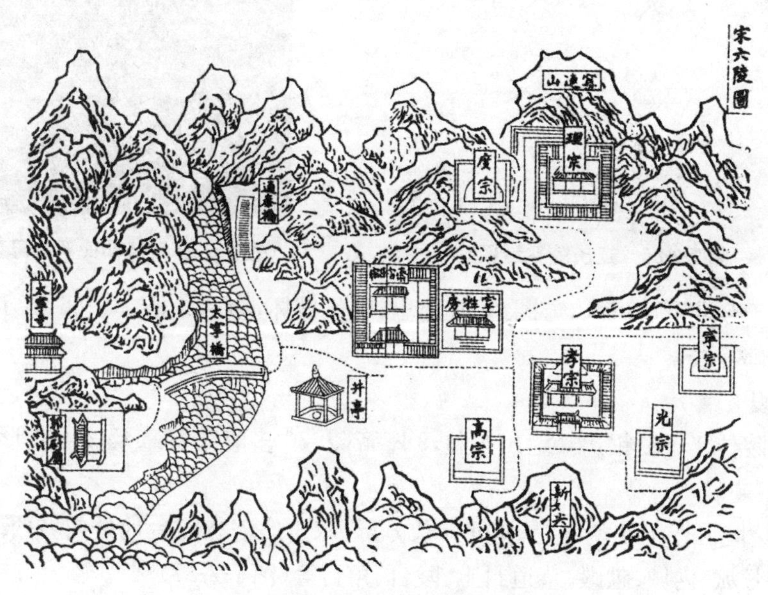

图7-2-84　绍兴南宋六陵关系图

南宋陵园大体沿袭北宋上宫和下宫规制。地面有神道、享殿、宰牲房等，与文武百官、飞禽走兽石像生。地下有长达数十丈的石砌甬道、墓室，精致墓阙[3]。

(2) 辽

辽立国垂200年，传九帝，除世宗、景宗与天祚帝外，余六帝都葬在契丹本土赤峰北，集中分布今内蒙古巴林左、右旗和辽宁北镇两区。

依山为陵。砖砌穹窿式多室墓，规模宏大。墓室内壁和墓道两侧以白灰抹平，饰精美彩色壁画。木棺椁，皇帝尸体上或覆裹金质网络和面具。辽陵地面有影堂、祭殿等，纪功碑石、翁仲、瑞兽等俱全。每陵园置州城，“充奉陵邑”（图7-2-85、7-2-86）[4]。

(3) 金

《大金国志》卷三三陵庙制度，金上京本无山陵，祖宗葬于护国林之东。至海陵徙燕，选择良乡县西五十里大洪谷曰龙城寺地为陵地，迁祖陵于此。

---

〔1〕[日]伊东忠太著，刘云俊、张晔译：《中国古建筑装饰（上册）》5，北京：中国建筑工业出版社，2006年，第72页。

〔2〕邓天杰：《中国文化概论》，北京：北京师范大学出版集团、北京师范大学出版社，2012年，第279页。

〔3〕邓瑞全：《地下君王》，合肥：黄山书社，2013年，第63页。

〔4〕田广林，崔振岚：《赤峰地区辽陵述论》，《昭乌达蒙族师专学报》（哲学社会科学版）1989年第2期。

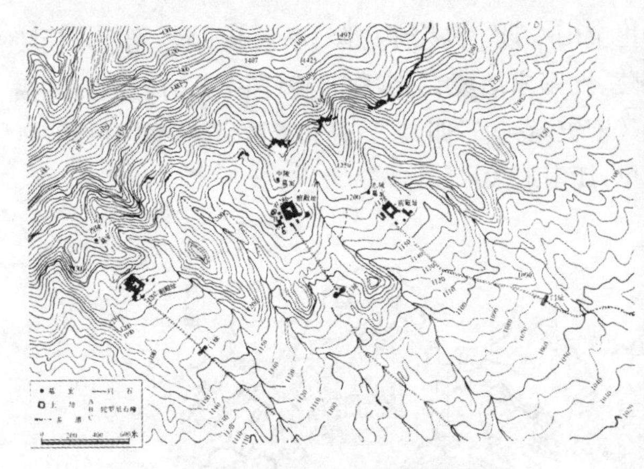

图 7-2-85　辽庆陵兆域图

图 7-2-86　辽耶律羽之墓墓门彩画

金陵位于今北京房山区，方圆约 60 公里；明代破坏，布局不清。1986 年，周口店发现睿宗景陵石碑等线索〔1〕。

(4) 西夏

西夏皇陵位于宁夏银川贺兰山东麓，9 座帝陵、70 多座陪葬墓及 254 座形状、规模不等的墓葬〔2〕。

9 座帝陵陵园皆坐北朝南，呈南北向长方形，八角形塔状陵台地处内城西北。单体有阙台、碑亭、月城、内城、献殿、墓道封土、陵台、角台等(图 7-2-87)〔3〕。

(a) 三号陵陵塔

(b) 出土的嫔伽、鸱吻

图 7-2-87　西夏王陵

西夏王陵多圆形、塔式建筑。传统文化中，奇数为阳，八角(圆形)为天，塔形为佛，其 3 号陵多此类建筑，意为天子之陵、佛王之冢。陵园规模与西夏对辽、宋、金称臣的政治地位相符，充分反映党项民族既尊儒教，又行佛法的文化特质〔4〕。

---

〔1〕 白寿彝总主编，陈振主编：《中国通史 · 第 7 卷：中古时代 · 五代辽宋夏金时期(上册)》上海：上海人民出版社，2013 年，第 57 页。

〔2〕 刘勇：《帝王陵寝》，合肥：黄山书社，2013 年，第 103 页。

〔3〕 韩小忙：《西夏王陵》，兰州：甘肃文化出版社，1995 年，第 12 页。

〔4〕 杨浣，王军辉：《西夏王陵形制综论》，《西夏研究》2010 年第 3 期。

2. 民间墓葬[1]

宋辽金民间有墓室葬、石棺葬、木棺葬与火葬等。墓室葬最讲究，墓主多官吏、地主或富商等，一般每座墓由墓道、甬道、墓室等组成。墓室有多室墓、三室墓、二室墓和单室墓[2]。

(1) 类型

多室墓：四个以上墓室。如北京南郊辽朝赵德钧墓九室，全部砖砌，模仿住宅，各室均圆形，分前、中、后三进，建于辽天显十二年(937)后[3]。辽宁法库叶茂台辽墓四室，墓室皆方形，主墓室前有中室，两侧为耳室。主墓室中有一具石棺放在木制棺床上，棺外罩一座木构九脊小帐(图 7-2-88)，相当外椁，属"明器式建筑"[4]。

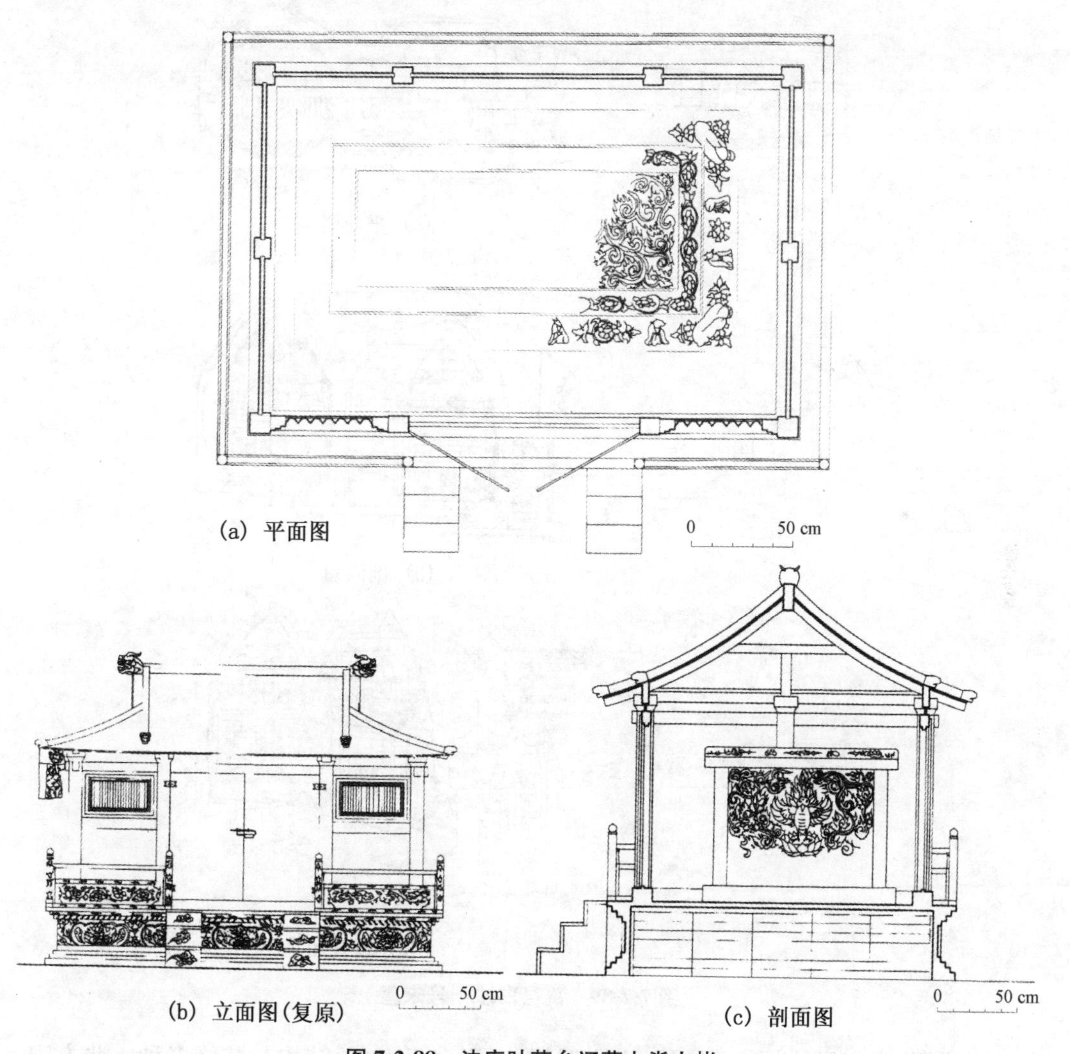

图 7-2-88　法库叶茂台辽墓九脊小帐

---

〔1〕 郭黛姮：《中国古代建筑史·第三卷》，北京：中国建筑工业出版社，2003 年，第 229－252 页。

〔2〕 耿纪朋：《中国美术史》，重庆：重庆出版社，2010 年，第 292 页。

〔3〕 北京文物队：《北京南郊辽赵德钧墓》，《考古》1962 年第 5 期。

〔4〕 周学鹰：《"明器式"建筑与"建筑式"明器》，张复合主编：《建筑史》，北京：机械工业出版社，2003 年，第 45－58 页。

三室墓:一个主室与两耳室。如辽宁新民巴图营子墓,主墓室略带圆弧的方形,耳室方形。

二室墓:可前后串连式,或左右并列式。前者宋、辽、金墓皆有,如河南禹县白沙一号宋墓,该墓墓道、甬道、前室、过道、后室五部分串通于中轴线上。墓门、前后墓室及过道均做仿木构之装修(图 7-2-89)。左右并列式墓主要为宋墓,长江以南居多,且多非仿木构。仅四川广元、重庆等地曾有柱、额、斗栱等仿木或带雕刻画像石墓,内部多相通。如重庆井口宋墓(图 7-2-90)[1]。

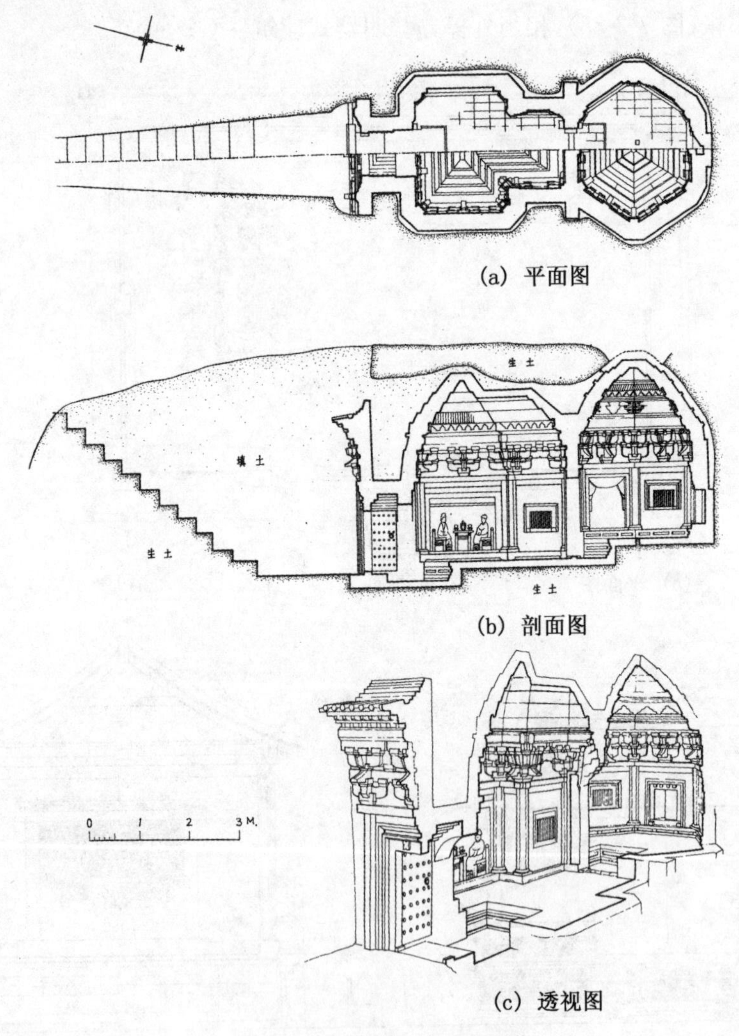

(a) 平面图

(b) 剖面图

(c) 透视图

图 7-2-89　禹县白沙一号宋墓

单室墓:有方形、圆形、八边形、六边形等,面积多不大,但结构与装修多种。北方宋、金单室墓主要采用砖砌仿木构、穹窿顶,可以山西侯马董氏墓(图 7-2-91)、汾阳 M5 号金墓与山西稷山金墓为代表(图 7-2-92)。南方几省发现长方形、船形筒券顶或平顶单室墓,

〔1〕 重庆市博物馆历史组:《重庆井口宋墓清理简报》,《文物》1961 年第 11 期。

如四川荣昌沙坝子宋墓(图 7-2-93)[1]。

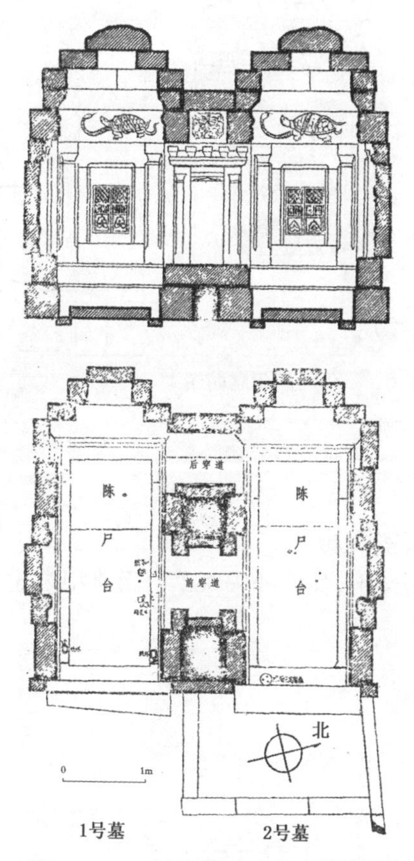

图 7-2-90 井口宋墓平面、横剖面图

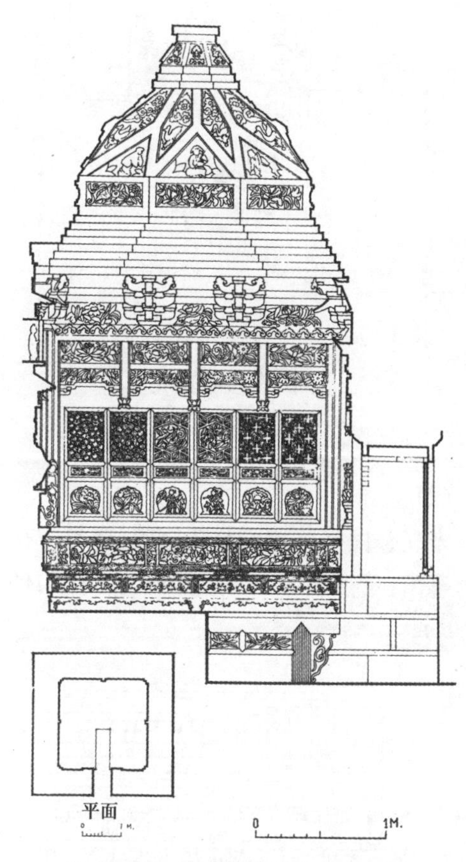

图 7-2-91 侯马董氏墓平、剖面图

(a) 舞亭

(b) 墓室一角

图 7-2-92 稷山段氏金墓

〔1〕 四川省博物馆,荣昌县文化馆:《四川荣昌县沙坝子宋墓》,《文物》1984 年第 7 期。

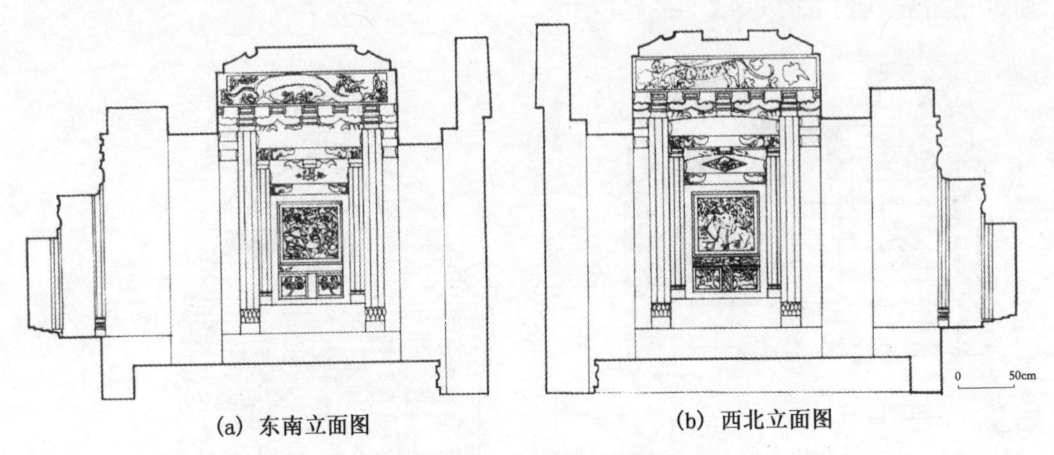

(a) 东南立面图　　(b) 西北立面图

图 7-2-93　荣昌沙坝子宋墓

(2) 装饰

宋辽金民间墓雕刻及装修等,多集中在墓门、墓室两处。

墓门:重点装饰。一般做成仿木构门楼,附在砖墙上,如白沙宋墓墓门为典型宋式(图7-2-94)。

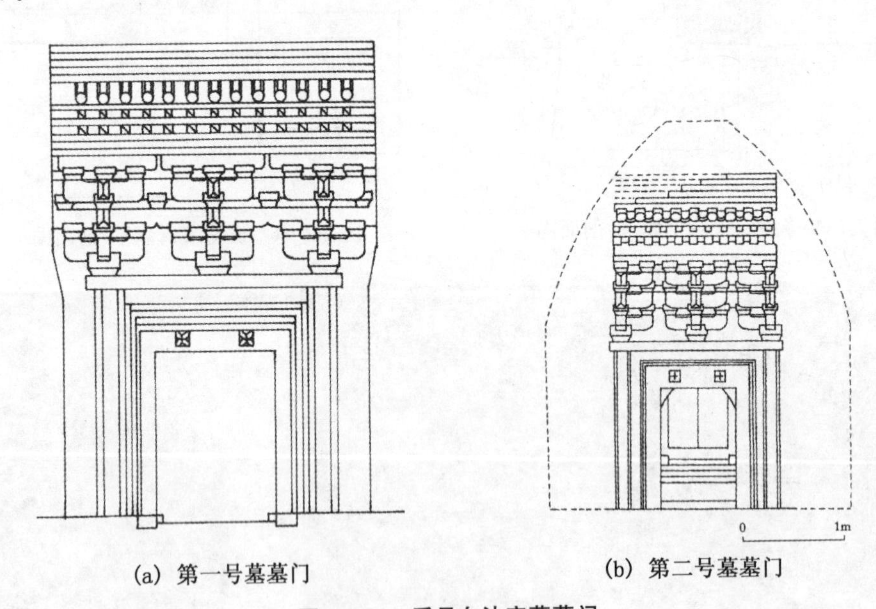

(a) 第一号墓墓门　　(b) 第二号墓墓门

图 7-2-94　禹县白沙宋墓墓门

墓室:一、砖雕仿木构。宋墓多见,如白沙宋墓、郑州南关外宋墓等。辽朝此类墓室中或不雕家具,重点装饰假门,如河北迁安上芦村辽墓。北宋墓中"妇人启门"图,南宋与金朝更流行(图 7-2-95)[1]。

图 7-2-95　稷山段氏金墓"妇人启门"图

二、精致仿木装修。在金墓墓室砖雕仿木构基础上,再加精致仿木装修。例如:山西汾阳 M5 号金墓,表现墓主生前悠闲的生活(图 7-2-96)。山西稷山金墓,主题更明显[2]。

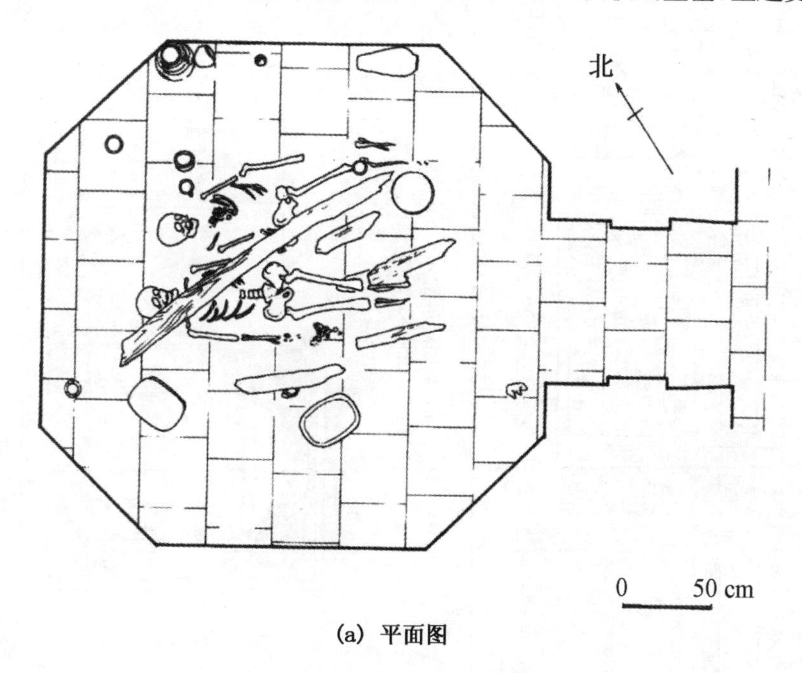

(a) 平面图

〔1〕 吴伟:《"启门"题材汉画像砖石研究》,硕士毕业论文,南京大学,2013 年,第 52 - 54 页。
〔2〕 束金奇:《山西稷山马村金墓反映的建筑形制》,本科毕业论文,南京大学,2013 年,第 9 - 31 页。

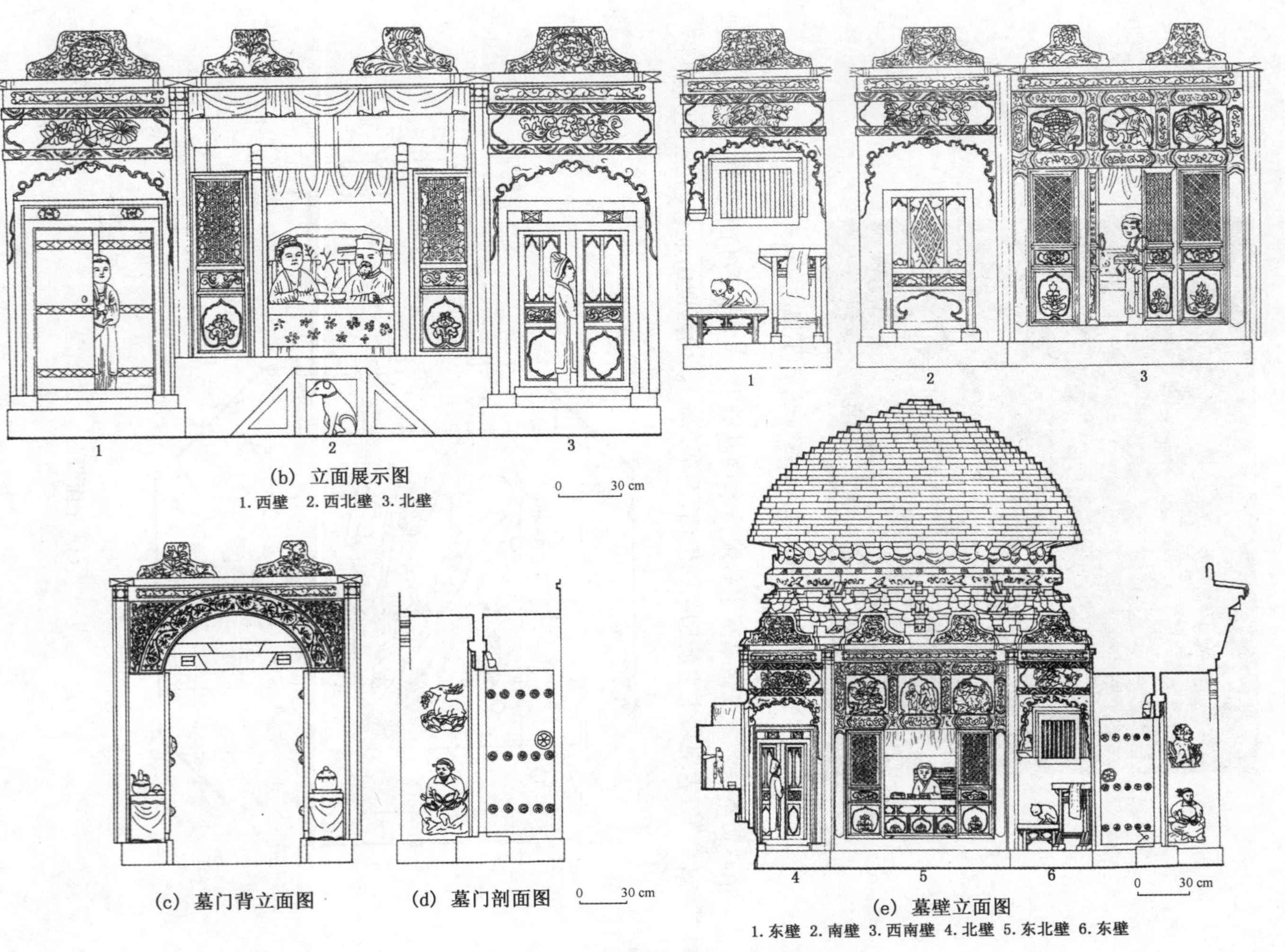

(b) 立面展示图
1. 西壁 2. 西北壁 3. 北壁

(c) 墓门背立面图

(d) 墓门剖面图

(e) 墓壁立面图
1. 东壁 2. 南壁 3. 西南壁 4. 北壁 5. 东北壁 6. 东壁

图 7-2-96 汾阳金墓 M5 号墓

三、壁画:辽墓墓室中,出现不少壁画。如内蒙古库伦旗七、八号墓与吉林哲盟库伦旗一号墓。其中,宣化张文藻墓(图 7-2-97)、哲盟辽墓壁画为典型[1]。

四、画像石墓:石砌墓室以画像石作装饰,雕出柱子、额枋、斗栱及动物纹样、植物花卉等。贵州遵义杨璨墓,四川广元、重庆、荣昌、宜宾等地宋墓,锦西大卧铺辽墓等。如四川广元宋墓(图 7-2-98)[2]。贵州杨璨及夫人墓,雕刻精湛(图 7-2-99)[3]。

图 7-2-97 宣化张文藻墓后室北壁壁画

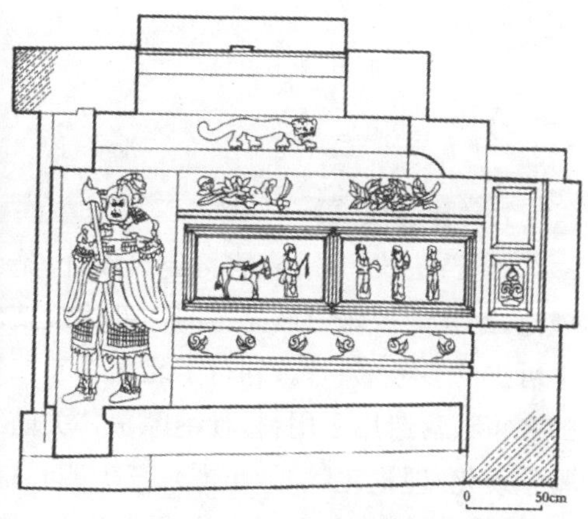

图 7-2-98 广元宋墓东室画像

图 7-2-99 南宋杨璨墓前室

图 7-2-100 白沙宋墓彩画(局部)

(3) 彩画

仿木构砖墓或画像石墓普遍有彩画。砖墓在青砖表面抹灰后彩画,使所雕更近木构。如白沙宋墓(图 7-2-100)[4]、平阳金墓、侯马董海墓[5]。辽墓彩画以平涂为主,用色系谱

[1] 吉林省博物馆,哲里木盟文化局:《吉林哲里木盟库伦旗一号辽墓发掘简报》,《文物》1973 年第 8 期。

[2] 广元市文化局盛伟:《四川广元宋墓石刻》,《文物》1986 年第 12 期。

[3] 傅熹年:《中国科学技术史·建筑卷》,北京:科学出版社,2008 年,第 387-388 页。

[4] 宿白:《白沙宋墓》,北京:文物出版社,1957 年,第 57-62 页。

[5] 董海墓发掘完毕后,随即迁移复原于山西省考古研究所侯马工作站院内,资料未发表。山西省考古研究所侯马工作站:《侯马 101 号金墓》,《文物季刊》1997 年第 3 期。

与宋式不同。

宋辽金民间富户或官吏墓堪称地下宝藏,年代可靠,在建筑考古研究中具独特价值。

第三节 理论与技术

一、理 论

1.《营造法式》

《营造法式》是北宋官订建筑设计、施工专书。性质略似于今天的设计手册加上建筑规范,是我国古籍中最完善的一部建筑技术专书,也是研究宋代建筑、中国古代建筑的必不可少的参考书〔1〕。刊行于北宋崇宁二年(1103),南宋绍兴十五年(1145)重刊。主要目的在审核营造用工用料,杜绝靡费,"关防工料,最为要切"。客观上把其时及前代工匠经验系统化、理论化〔2〕。正文凡三十四卷:

(1) 总释 2 卷。

(2) 制度 13 卷。各工种标准做法,以石作、大木与彩画最全面。此三作或耗功或耗材,并皆与等级制度相关,因此详述之。

(3) 功限 10 卷。各工种的用工定额,功分三等:中功、长功、短功,根据不同季节、军民不同人等、新建与维修、不同工种造作等,增减计功。

(4) 料例 3 卷。制定石作、大木作、竹作、瓦作、泥作、彩画作、砖作、窑作八个工种的用料管理与定额等,定量详尽,便于实施。

(5) 图样 6 卷。对文字的图解,包括壕寨、石作、大木作、小木作、雕作、彩画作、刷饰制度。

2.《木经》

原书已佚。仅《梦溪笔谈》中辑录四段:"凡屋有三分,自梁以上为上分,地以上为中分,阶为下分。凡梁长几何,则配极几何,以为等衰。如梁长八尺,配极三尺五寸,则厅堂法。楹若干尺,则配堂基若干,以为等衰。若楹一丈一尺,则阶基四尺五寸之类。以至承栱、榱桷等,皆有定法。此谓之中分。阶级有峻、平、慢三等。宫中则以御辇为法:凡自下而登,前竿垂尽臂,后竿展尽臂为峻道;前竿平肘,后竿平肩为慢道;前竿垂手,后竿平肩为平道。此谓之下分。"

该书作者喻浩(? —989),杭州人,五代末北宋初名匠〔3〕。也有人认为,《木经》或是

〔1〕 梁思成:《梁思成全集·第七卷》,北京:中国建筑工业出版社,2001 年,第 5 页。

〔2〕 傅熹年:《中国古代建筑工程管理和建筑等级制度研究》,北京:中国建筑工业出版社,2011 年,第 272 页。

〔3〕 郭湖生:《喻浩》,《建筑师》1980 年第 3 期。

无名氏著作[1]。

二、技　术

1. 平面形制

《营造法式》记载、图示四种单体木构殿身[2]地盘(平面):

金厢斗底槽[3]:由二组矩形列柱套框组成的平面,多为规模较大、等级较高建筑所用[图 7-3-1(a)]。其来源,或在于商代以降的高台建筑[4]。如应县木塔、蓟县独乐寺观音阁、义县奉国寺大殿(与大同善化寺大雄宝殿平面类似[5])、下华严寺薄伽教藏殿、朔州崇福寺弥陀殿等。

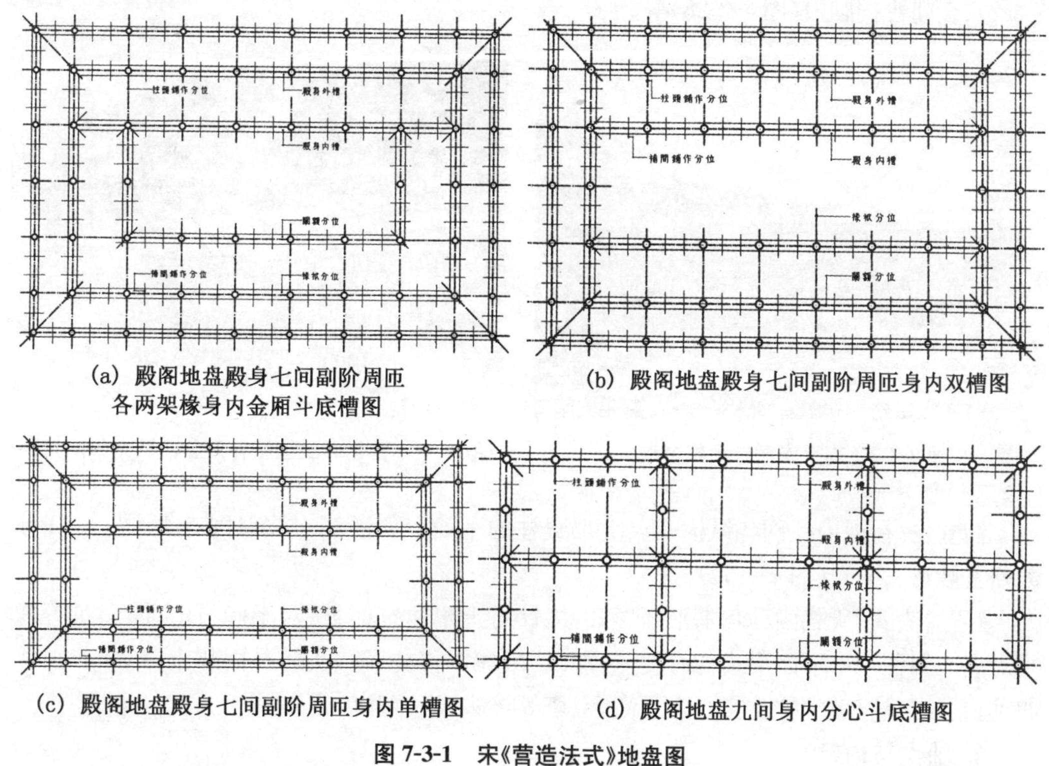

(a) 殿阁地盘殿身七间副阶周匝各两架椽身内金厢斗底槽图

(b) 殿阁地盘殿身七间副阶周匝身内双槽图

(c) 殿阁地盘殿身七间副阶周匝身内单槽图

(d) 殿阁地盘九间身内分心斗底槽图

图 7-3-1　宋《营造法式》地盘图

---

〔1〕 夏鼐:《梦溪笔谈中的喻皓木经》,《考古》1982 年第 1 期。

〔2〕 即不涉及有没有环绕一圈回廊——副阶周匝。如有副阶周匝时,则仅论及其内围合的主体——殿身。

〔3〕 此"槽"包括有结构中心线与柱列排列的空间等,多重含义。

〔4〕 周学鹰:《汉代高台建筑技术研究》,《考古与文物》2006 年第 4 期。

〔5〕 如将外围檐柱视为外圈主网,则可称金箱斗底槽平面。但是,此两例相对较复杂:其最外一圈柱网柱子直径与其内金柱相比明显偏小,可归于副阶周匝(为扩大室内净空,而将外墙推至最外圈)。而入口处前排减去 4 根金柱,视线通畅,利于观瞻佛像,如此则或可视其为单槽平面。

双槽:两排金柱划分为大小不等的三部分的平面,或称前后槽,类似于金厢斗底槽侧面无围合柱[图 7-3-1(b)]。如河南登封初祖庵大殿,山西武乡大云院、佛光寺文殊殿、大同善化寺三圣殿等。

单槽:殿内仅一排金柱[图 7-3-1(c)],类于单廊。如河北新城开善寺大殿、涞源阁院寺大殿,山西平顺龙门寺大殿、晋城青莲寺大殿、下黄原起寺大殿,河南临汝风穴寺中佛殿等。

分心槽:置中柱等分前后二部分的平面,实为特殊的单槽[图 7-3-1(d)]。如河北蓟县独乐寺山门、山西大同善化寺天王殿、江苏苏州虎丘二山门等。

实际单体木构建筑平面并非仅以上 4 种形式。至少还有如下 2 种:

无金柱:殿内无柱(通檐用二柱)。如唐代南禅寺大殿、北宋高平崇明寺大殿(图 7-3-2)、金朝晋祠献殿(图 7-2-28)等。

图 7-3-2　高平崇明寺大殿外观

图 7-3-3　善化寺三圣殿补间斜栱及角部附角斗

满堂柱:在殿内柱网各纵横交点上都置柱的平面。如浙江宁波保国寺大殿[1]、江苏苏州玄妙观三清殿(图 7-2-54)。

《营造法式》所载四种基本平面形式,多针对土木建筑而言,对于砖石、金属建筑等较难对应。四种基本平面形式均有变体,加以"减柱""移柱"等,实际平面颇丰富,并非仅此四种,它如无柱、满堂柱及实心夯土高台、塔等,《法式》均没有提及。

2. 铺作与构架

宋辽金时建筑构架形式,结合平面无柱、"减柱""移柱"等,十分丰富。例如:

(1) 斜栱

辽金时补间铺作中大量出现斜栱[2]。辽朝实例如应县木塔;北宋隆兴寺摩尼殿;金朝如大同善化寺三圣殿、大雄宝殿等,多采用斜栱,且出现部位多样[3](图 7-3-3)。

---

〔1〕 宁波保国寺大殿每个节点上都有立柱,可称满堂柱。不过,其规模有限的方三间殿,或也可以视之为双槽。

〔2〕 讨论斜栱,应首先从补间铺作开始。至于转角铺作中斜缝上的所谓"斜栱",与此还是有所区别的。

〔3〕 马晓:《附角斗的流变》,《华中建筑》2004 年第 2 期。

辽金建筑中大量使用附角斗，两宋却几乎没有。体现出辽金匠师，熟练而灵活地运用木构技术的能力，直率而有力。那特有的创造性，为我国古建木构技术注入一股新鲜活力，一定程度上影响元明清建筑，其历史地位有待重新认识〔1〕。

(2) 杠杆式

山西高平崇明寺中佛殿是我国现存最早的北宋建筑〔2〕，通檐用二柱。由昂特长，为地域做法。柱头为双抄双下昂出4跳7铺作，铺作内外具有显著杠杆作用(图7-3-4)。整体构架用料小，料小空间大，殊为罕见。

(a) 柱头铺作　(b) 殿内部梁架

图7-3-4　高平崇明寺中佛殿

(3) 斜撑式

河北正定隆兴寺转轮藏殿：二层屋架采用斜向构件，梁思成先生谓之大斜柱(图7-2-47)〔3〕。金朝朔州崇福寺观音殿(图7-3-5)、五台延庆寺大殿(金)，如出一辙。

山西平遥文庙金朝大成殿，前有月台〔4〕。无补间铺作，采用斜梁支撑屋架，其端部直接砍杀，向下伸出，易被误为补间铺作的下昂(图7-3-6)。

图7-3-5　朔州崇福寺观音殿室内斜撑

图7-3-6　平遥文庙大成殿柱头铺作及补间下垂的斜梁

〔1〕马晓：《附角斗的缘起(续)》，《华中建筑》2003年第6期。

〔2〕许永忠：《高平地面古建独占四个全国第一》，《文史月刊》2015年第1期。

〔3〕梁思成：《梁思成全集·(第二卷)》，北京：中国建筑工业出版社，2001年，第13页。

〔4〕杨子荣编：《三晋文明之最》，太原：三晋出版社，2012年，第86页。

金朝建筑斜撑不仅使用在横架上,纵架上也有,如佛光寺文殊殿(图 7-3-7)。

宋金歇山建筑中,不时可见山面斜向丁栿入金柱,或搁置在横向梁栿上,类似斜撑。如隆兴寺转轮藏殿、高平游仙寺大殿(图 7-3-8)等。

图 7-3-7　五台佛光寺文殊殿纵剖面、立面图

图 7-3-8　高平游仙寺前殿内部次间纵剖面

金朝定襄关王庙二椽栿跨度大,叉手如三角形构架。此斜撑构架,元代达到顶峰。如洪洞广胜下寺前殿、大雄宝殿,襄汾北史威村普净寺大殿。

辽金建筑中"减柱""移柱"法较多,宋代建筑中亦可见到。如山西武乡大云寺大殿,后槽采用所谓"断梁"法(图 7-3-9)。类如河南济源奉仙观三清大殿(金,图 7-3-10)。

图 7-3-9　武乡大云寺大殿内景

图 7-3-10　济源奉仙观三清大殿内的纵向大额

(4) 殿堂型、厅堂型、奉国寺型与余屋

《营造法式》载殿身木构主要有殿堂、厅堂、余屋三种。隋唐早已有之,实际成熟更早。陈明达论曰:它们既是不同、规模等级的建筑分类,即殿堂、厅堂、余屋标准渐低;同时又是不同结构形式[1]:

殿堂型:殿堂型抬梁式水平分层体系主要用于大型殿堂建筑,结构可分为三个木构层(屋顶草架层、柱顶铺作与柱头枋组成的闭合槽层、柱网组成的空间层)与一个柱下阶基

〔1〕 陈明达:《中国古代木结构建筑技术(战国—北宋)》,北京:文物出版社,1990 年,第 57 页。

层，共四个水平层[1]。其要点在于檐柱与金柱等高或几乎等高（图 7-3-11）；采用铺作最大出 5 跳 8 辅作；内部一般有天花、藻井。如正定隆兴寺摩尼殿、应县木塔、独乐寺观音阁、晋祠圣母殿、苏州玄妙观三清殿等。

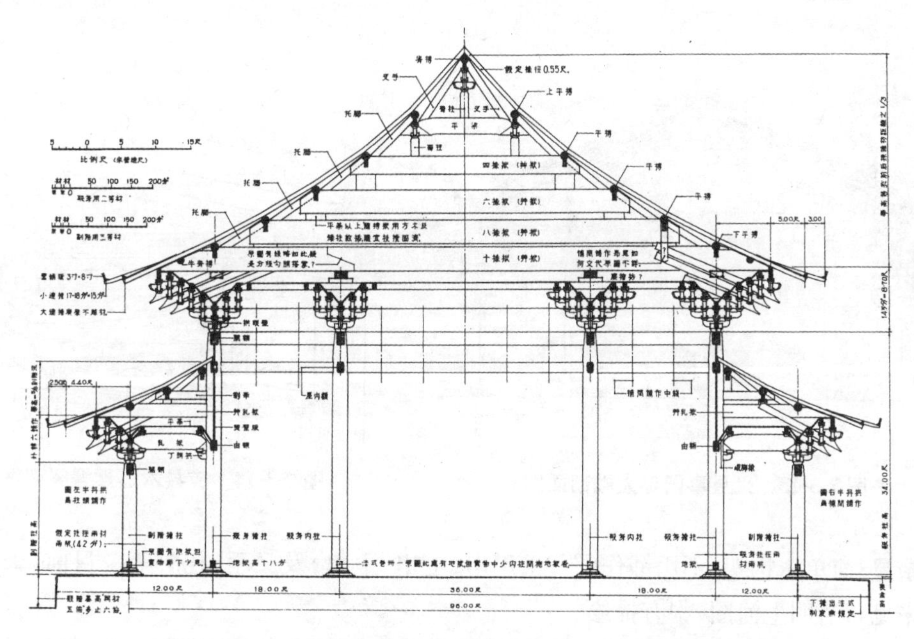

图 7-3-11　宋《营造法式》殿堂等八铺作副阶六铺作双槽图

厅堂型：厅堂型抬梁式内柱升高体系，内外柱不同高，内部金柱高于外部檐柱（图 7-3-12）；采用铺作最大出 4 跳 7 辅作；一般内部为彻上明造（或有采用天花藻井，如宁波保国寺大殿）。如福州华林寺大殿、登封初祖庵大殿、苏州虎丘二山门、泽州岱庙大殿、太谷兴化寺大殿、五台延庆寺大殿、定襄关王庙等。

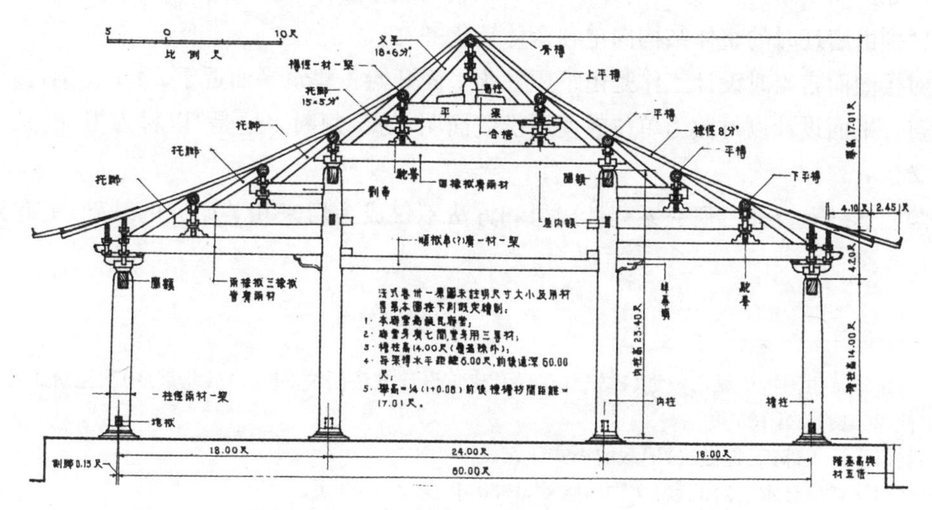

图 7-3-12　宋《营造法式》厅堂等十架椽屋前后三椽栿用四柱侧样图

[1]　傅熹年：《傅熹年建筑史论文集》，天津：百花文艺出版社，2009 年，第 331 页。

奉国寺型:混合型,陈明达先生命名。要点在于:内外柱不同高;内外柱柱头之上分别有交圈的铺作层。如辽宁义县奉国寺大殿(图 7-3-13)、宁波保国寺大殿、朔州崇福寺弥陀殿及宝坻广济寺三大士殿、大同善化寺大殿[1]等。

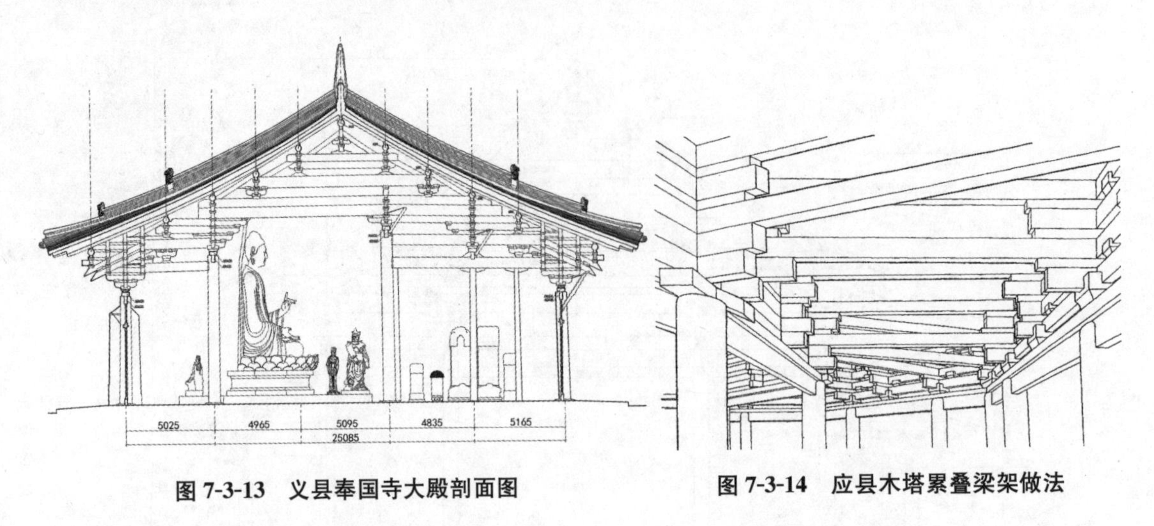

图 7-3-13　义县奉国寺大殿剖面图

图 7-3-14　应县木塔累叠梁架做法

余屋:简单木构架,不用铺作[2],采用串(上串、下串)及叉手、托脚等。目前,宋辽金实例未见,《清明上河图》中有描绘。

3. 设计方法

《营造法式》为了解宋代建筑设计规律,提供了"读本"。

梁思成《营造法式注释》,是学习宋代建筑的奠基巨作;陈明达的《应县木塔》[3]《营造法式大木作研究》[4]《蓟县独乐寺》[5]等,堪称宋代建筑研究的集大成之作,取得一系列突破性成果。

例如:"斗栱结构,与原始的井干、悬臂结构有继承发展的关系"(图 7-3-14)。唐辽宋斗栱区别由唐辽时的整体结构向单独个体转化[6]。

对楼阁而言当时设计工作是由下屋柱头平面开始。建筑平面近于 2∶1 比例,多用四阿屋盖。平面设计以材数为单位较使用份数简明,易于判断。这是"以材为祖"的又一重要意义。

陈明达《营造法式》研究系列性成果和方法不仅成为后来相关研究的基础,更起到重

---

〔1〕 傅熹年:《中国古代城市规划、建筑群布局及建筑设计方法研究(上册)》,北京:中国建筑工业出版社,2001 年,第 105 页。

〔2〕 类似于清工部《工程做法》记载的小式建筑。

〔3〕 陈明达:《应县木塔》,北京:文物出版社,1980 年,第 33 - 43 页。

〔4〕 陈明达:《营造法式大木作制度研究》,北京:文物出版社,1981 年,第 10 - 11 页、第 25 - 26 页。

〔5〕 陈明达:《蓟县独乐寺》,天津:天津大学出版社,2007 年,第 1 - 44 页。

〔6〕 周学鹰:《才识明达,智虑通晓:读陈明达先生著作有感(之一)》,《建筑创作》2007 年第 8 期。

要指导作用[1]。

目前,我们认识到:我国古代建筑应有两套行之有效的模数制设计方法:丈尺制与材份制,相辅相成、相互补充。有识者论曰:宋代建筑设计可分建筑设计与结构设计两部,建筑设计采用营造尺模数制,大木作结构设计则为材份模数制,二者之间存在着和谐的倍数关系,是一种以构架空间跨度大小决定建筑结构断面大小的设计方法,较之西方同类理论早数百年[2]。或认为,这是继承并突出《周易》体系中"大壮"精神与《周礼》体系中"礼制"精神的统一[3]。

宋代建筑多首先画出设计图,图示先行。如"政和五年,……于是内出(明堂)图式,宣示于崇政殿,命蔡京为明堂使,开局兴工,日役万人"[4]。

4. 模数化建造

《营造法式》可见,其大木作建筑设计与结构设计为不同阶段,并运用两种不同的设计模数。其中,建筑设计模数为营造尺模数制;大木作结构设计为材份制[5]。

《营造法式》:"凡构屋之制,皆以材为祖。材份八等,度屋之大小而用之。……凡屋宇之高深、名物之短长、曲直举折之势、规矩绳墨之宜,皆以所用材之份,以为制度焉"(《法式》卷四),具有规范性和强制性。说明此时建筑设计与施工之预制性、模数化。

"材分八等",严格规定八个材等的具体模量及相应用途,在一定范围内形成系列化。主要是基于力学考虑,并综合各方面因素划分,体现建筑技术、建筑管理及建筑文化等方面的内涵[6]。

5. 木楼阁技术[7]

首先,为保证楼阁强度、刚度与稳定性,主要有二种方式,一是设立平坐层,宋辽金时不少楼阁,特别是叉柱造中的平坐层是空间结构层。二是楼阁逐层上收,下大上小。

其次,《营造法式》平坐条中所述的叉柱造和缠柱造,是使用斗栱的楼阁柱造方式。叉(插)柱造是上层柱脚叉(插)入下层平坐斗栱之上,平坐层是叉柱造最重要的结构层(图7-3-15)。现存宋辽金楼阁,较多采用此法,如应县木塔、蓟县独乐寺观音阁、正定隆兴寺转轮藏殿、陵川二仙庙东西梳妆楼等。

如果说叉柱造是通过楼阁上下柱断开,上层柱内收造成楼阁内收的形象,那么缠柱造则运用通柱,通过平坐斗栱缠绕在通柱外,上小下大,视觉上同样造成楼阁收分的外观(图

---

[1] 成丽、王其亨:《陈明达对宋〈营造法式〉的研究——纪念陈明达先生诞辰100周年》,《建筑师》2014年第4期。

[2] 杜启明:《宋〈营造法式〉设计模数与规程论》,《中原文物》1999年第3期。

[3] 邹其昌:《〈进新修《营造法式》序〉研究——〈营造法式〉设计思想研究系列》,《创意与设计》2012年第1期。

[4] [元]脱脱等撰:《宋史》卷一〇一《志第五十四·礼四》,北京:中华书局,1977年,第2472-2473页。

[5] 杜启明:《宋〈营造法式〉大木作设计模数论》,《古建园林技术》1999年第4期。

[6] 杨国忠,王东涛:《〈营造法式〉"材分八等"科学意义研究》,《古建园林技术》2005年第3期。

[7] 马晓:《中国古代木楼阁》,北京:中华书局,2007年。

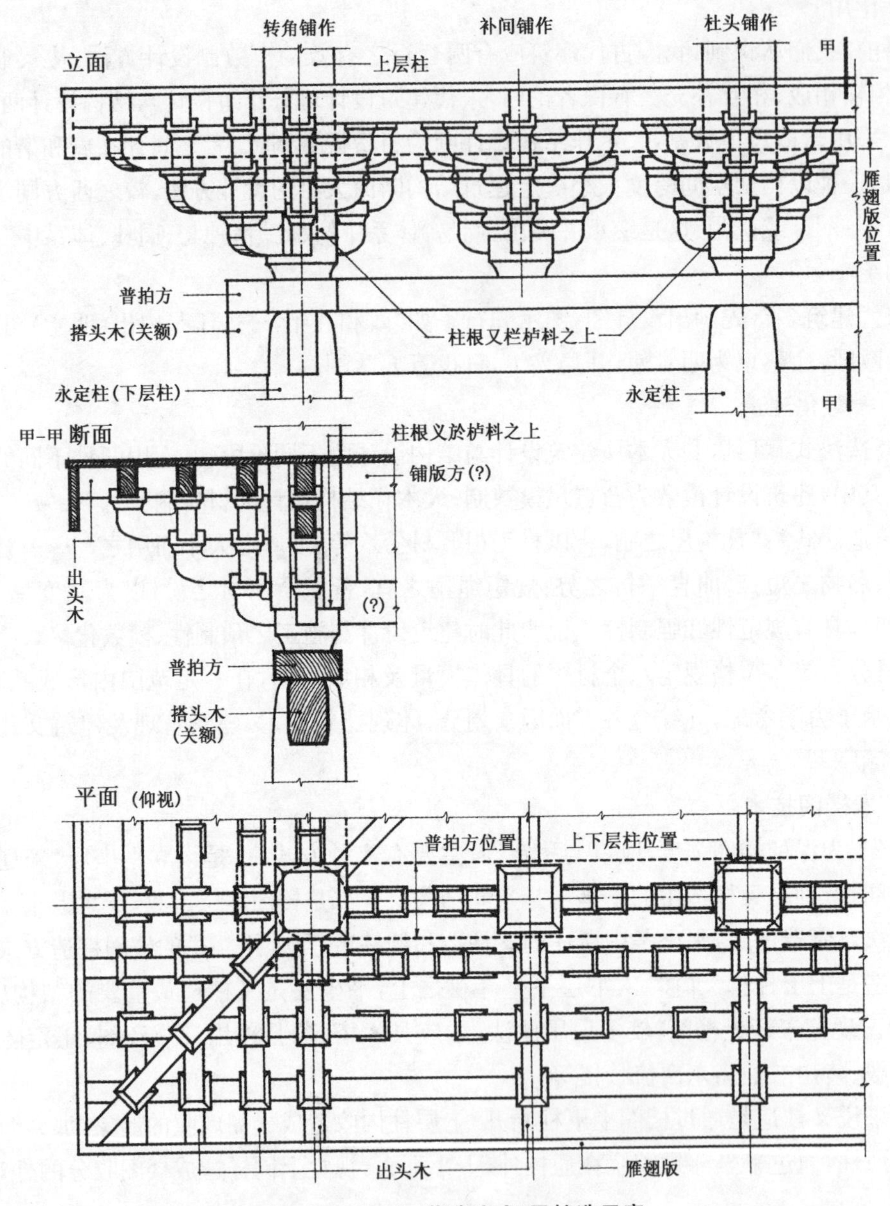

图 7-3-15　宋《营造法式》叉柱造示意

7-3-16)。此法在宋代楼阁暂未发现,但有明代万荣飞云楼(图 7-3-17)[1]、山西平顺县九天圣母庙梳妆楼实例(图 7-3-18)。

[1] 马晓:《附角斗与缠柱造》,《华中建筑》2004 年第 3 期。马晓:《楼阁及其上层开间划分》,张复合主编:《建筑史》2003 年第 2 辑,北京:机械工业出版社,2003 年,第 63－83 页。马晓:《中国古代木楼阁》,北京:中华书局,2007 年,第 220－239 页。

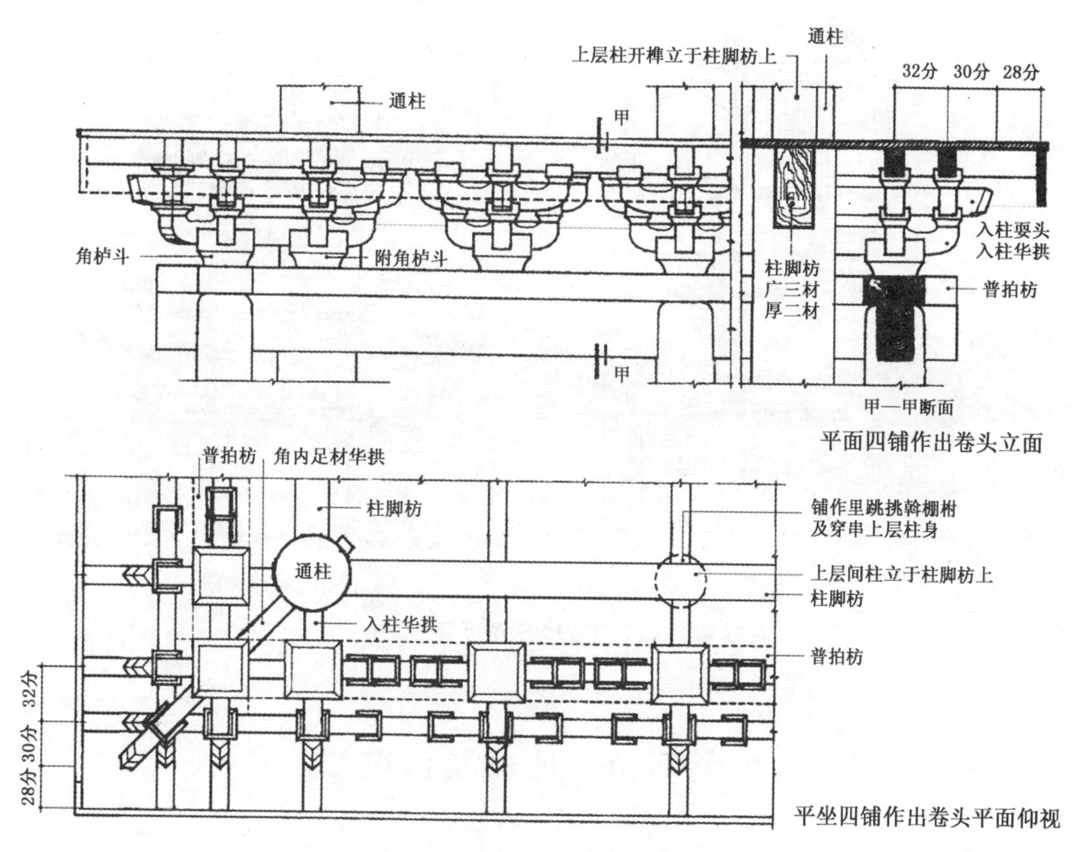

图 7-3-16　缠柱造图样

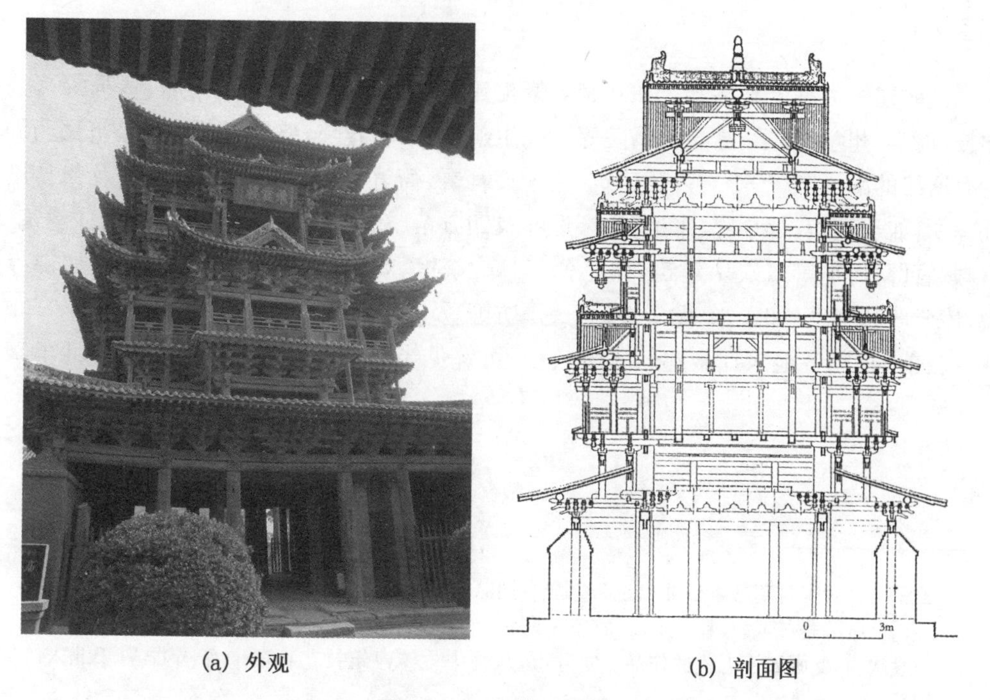

(a) 外观　　(b) 剖面图

图 7-3-17　万荣飞云楼

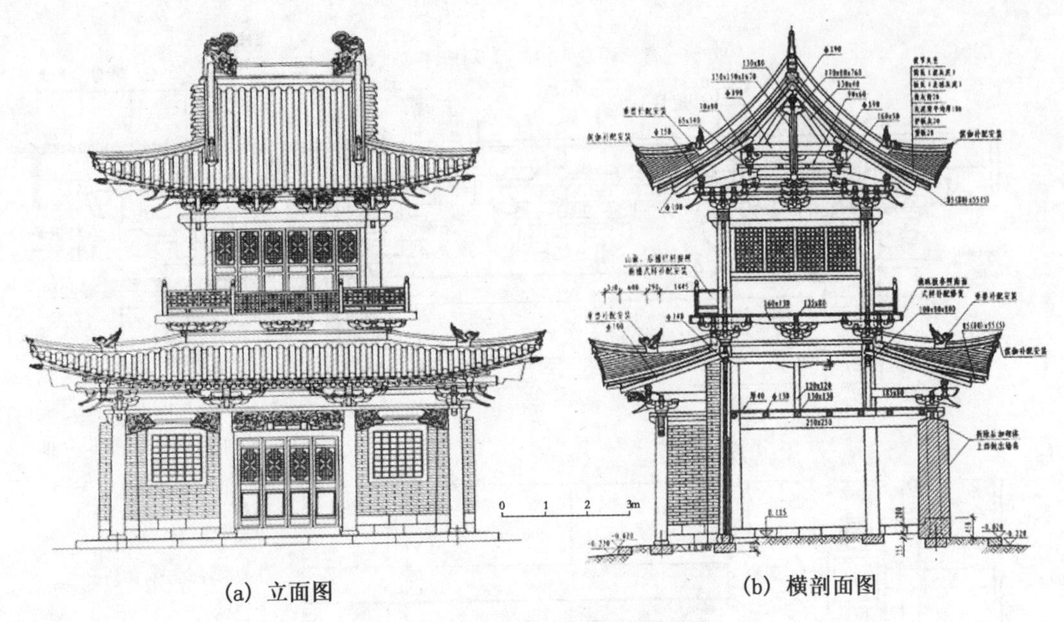

(a) 立面图　　　　(b) 横剖面图

图 7-3-18　平顺九天圣母庙梳妆楼

第四节　成就及影响

一、类型丰富

此时建筑类型丰富多彩。如礼制与祭祀建筑(太庙、辟雍、孔庙、岳庙、晋祠等),公私学校(府学、州学、郡学、县学及书院等),民生建筑(如居养院、慈幼局、安济坊、济民药局及老有所终的漏泽园〔1〕等),行政建筑(如中央官署、衙署等),驿站(汴京、临安及州县设对外驿所,如班荆馆、都亭驿、来远驿、怀远驿及四方馆、礼宾院、蕃译院等〔2〕),居住建筑(如宫殿、官邸、民居等),娱乐建筑(如瓦舍、酒肆、茶馆、戏台、水阁等),宗教建筑(如佛寺道观、庵堂等),生产(如舂米,图 7-4-1〔3〕、作坊等)及行业建筑等。

目前,我国各地宋辽金建筑实物较多,可窥见当时社会经济发展和世俗生活丰富。

---

〔1〕 王卫平:《唐宋时期慈善事业概说》,《史学月刊》2000 年第 3 期。

〔2〕 [宋]王应麟纂:《玉海》卷一七二《宫室・邸驿》,清文渊阁四库全书本,第 3334 页。

〔3〕 一般认为,此画属于五代的作品。实际上,从画中主体建筑技艺特征来看,至早属于北宋晚期的作品。

图 7-4-1 《闸口盘车图》

二、体系成熟

《营造法式》与宋辽金建筑实物可相互佐证。此期建筑管理、施工、设计等已形成一套严谨科学体系：从建筑前期策划、开始设计到工料估算，从施工组织、管理及其后的利用与维护等。

宋代建筑管理施工设计体系成熟，是整个社会组织管理水平的深刻反映。肇始于北宋的架阁库制度，或可佐证[1]。

三、造型多彩

此时屋顶有庑殿、歇山、悬山、攒尖及各种组合形式，最能体现宋辽金建筑造型之丰富。

现存辽金建筑不少采用庑殿顶。如辽朝天津蓟县独乐寺山门，河北新城开善寺大雄宝殿，辽宁义县奉国寺大雄殿；金朝如山西太赵稷王庙、大同华严上寺大殿、善化寺山门及大殿等。其屋顶未见明清完整推山法：辽朝不推；宋金只在脊槫两头推。因此，宋金庑殿顶正脊较明清庑殿顶为短，辽朝更甚。

宋代出现重檐顶，并广泛应用在高等级建筑上。金刻汾阴后土庙图碑中的坤柔殿，金朝王逵所作繁峙岩山寺壁画中的亭台楼阁等，多台阁加重檐式建筑[2]。现存实物，以晋祠圣母殿为著[3]。辽承唐制，现存辽朝建筑无一重檐，可谓确证。

---

〔1〕 赵彦昌：《宋代档案文化述要——以架阁库研究为中心》，《浙江档案》2012 年第 2 期。

〔2〕 品丰、苏庆：《繁峙岩山寺壁画》，重庆：重庆出版社，2001 年。

〔3〕 马晓：《中国古代木楼阁》，北京：中华书局，2007 年，第 77 页。

组合屋顶也为宋金习用。如歇山十字脊、屋身出抱厦,加上披檐、重檐、多重檐、腰檐、缠腰等,在简单平面中寻求丰富立面的造型之路。

除屋顶造型外,建筑整体造型亦有变化。如工字、十字及异形平面,出抱厦(龟头屋)、搭彩楼欢门等。装饰华丽(图 7-4-2～7-4-4)、雕刻精美(图 7-4-5～7-4-7)、做法考究(图 7-4-8～7-4-13),不一而足。

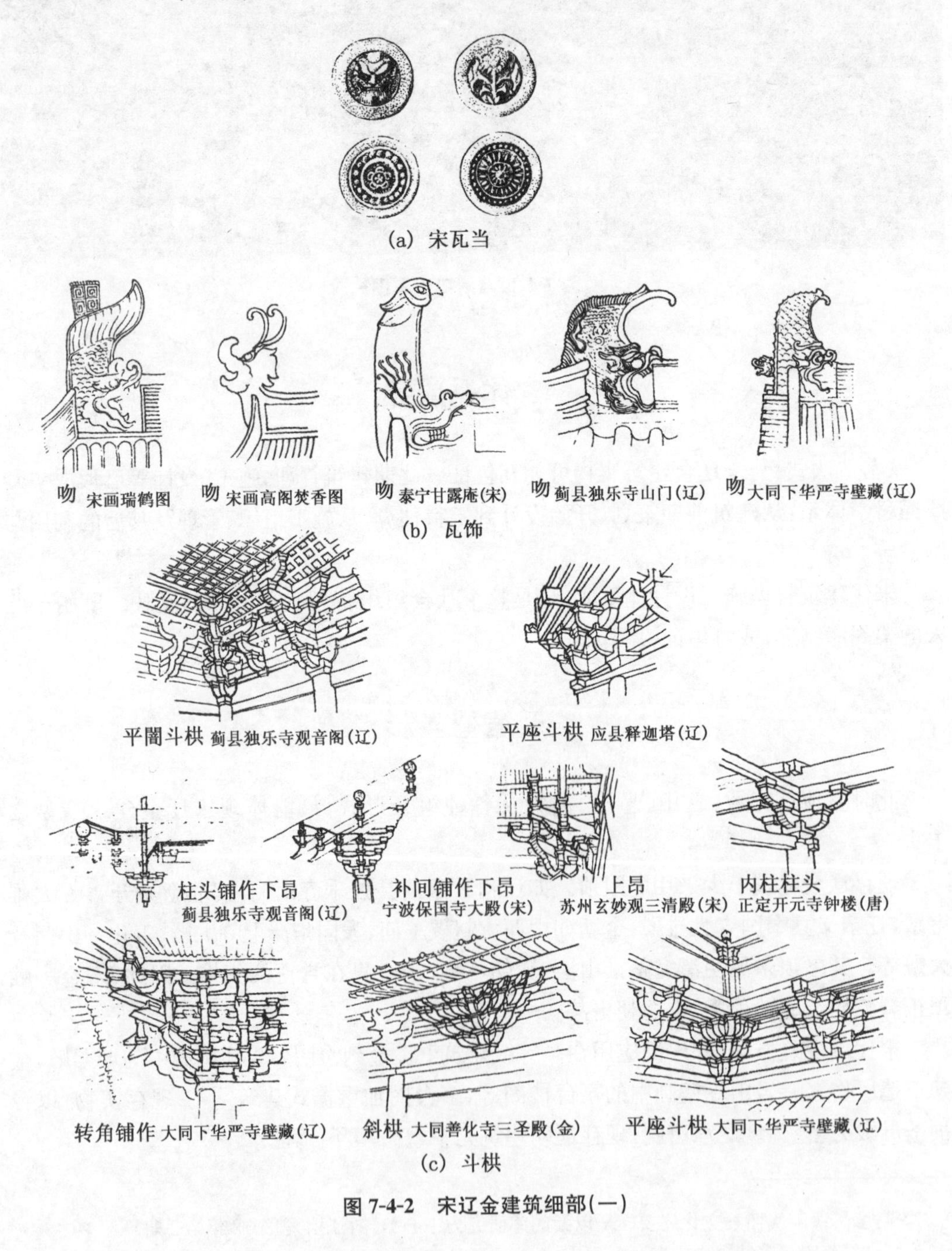

图 7-4-2　宋辽金建筑细部(一)

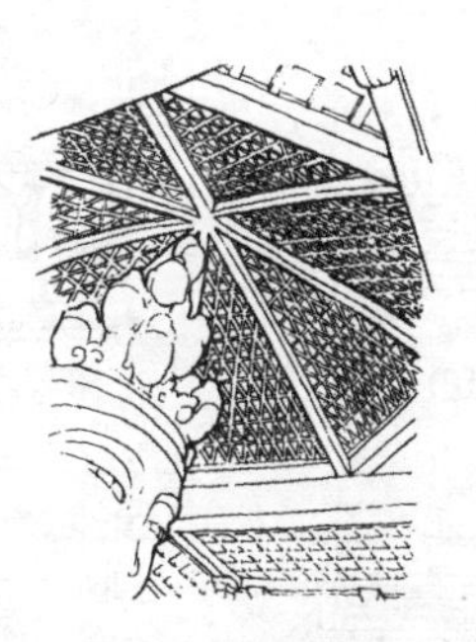

八角井、平闇
蓟县独乐寺观音阁(辽)

八角井、平棊
大同下华严寺薄伽教藏殿(辽)

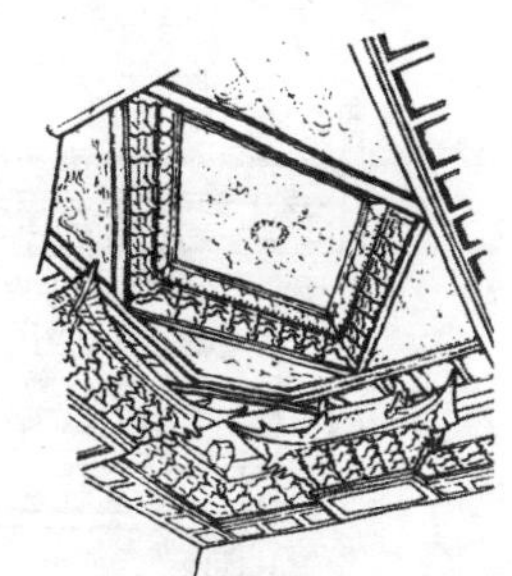

菱形覆斗井
应县净土寺大殿东间(金)

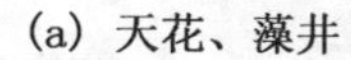

(a) 天花、藻井

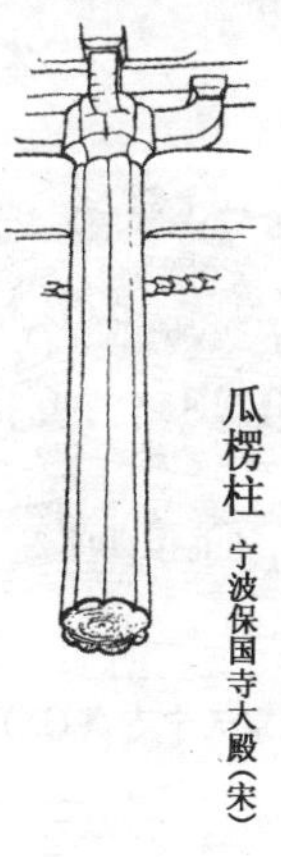

瓜楞柱 宁波保国寺大殿(宋)

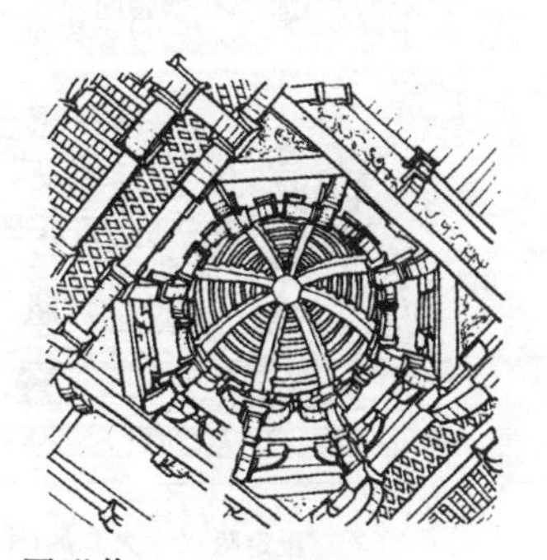

圆形井 宁波保国寺大殿(宋)

(b) 柱

石雕柱及覆盆柱础
登封少林寺初祖庵(宋)

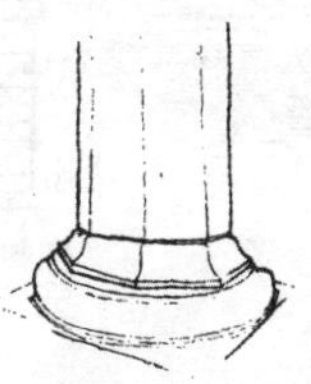

盆唇覆盆柱础
苏州玄妙观(宋)

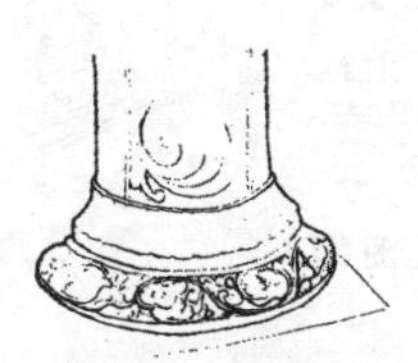

盆唇覆盆柱础
苏州罗汉院(宋)

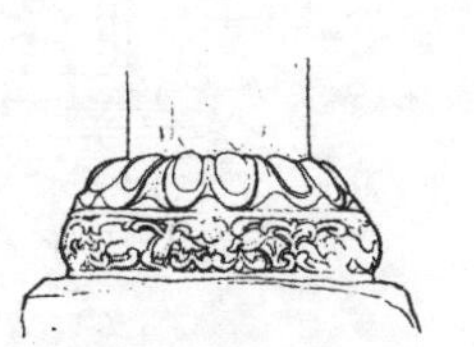

合连卷草重层柱础
曲阳八会寺(金)

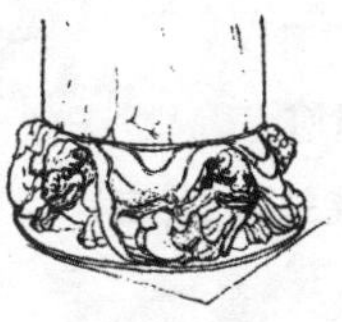

刻狮柱础
汜水等慈寺(宋)

力神柱础
汜水等慈寺(宋)

(c) 柱础

图 7-4-3　宋辽金建筑细部(二)

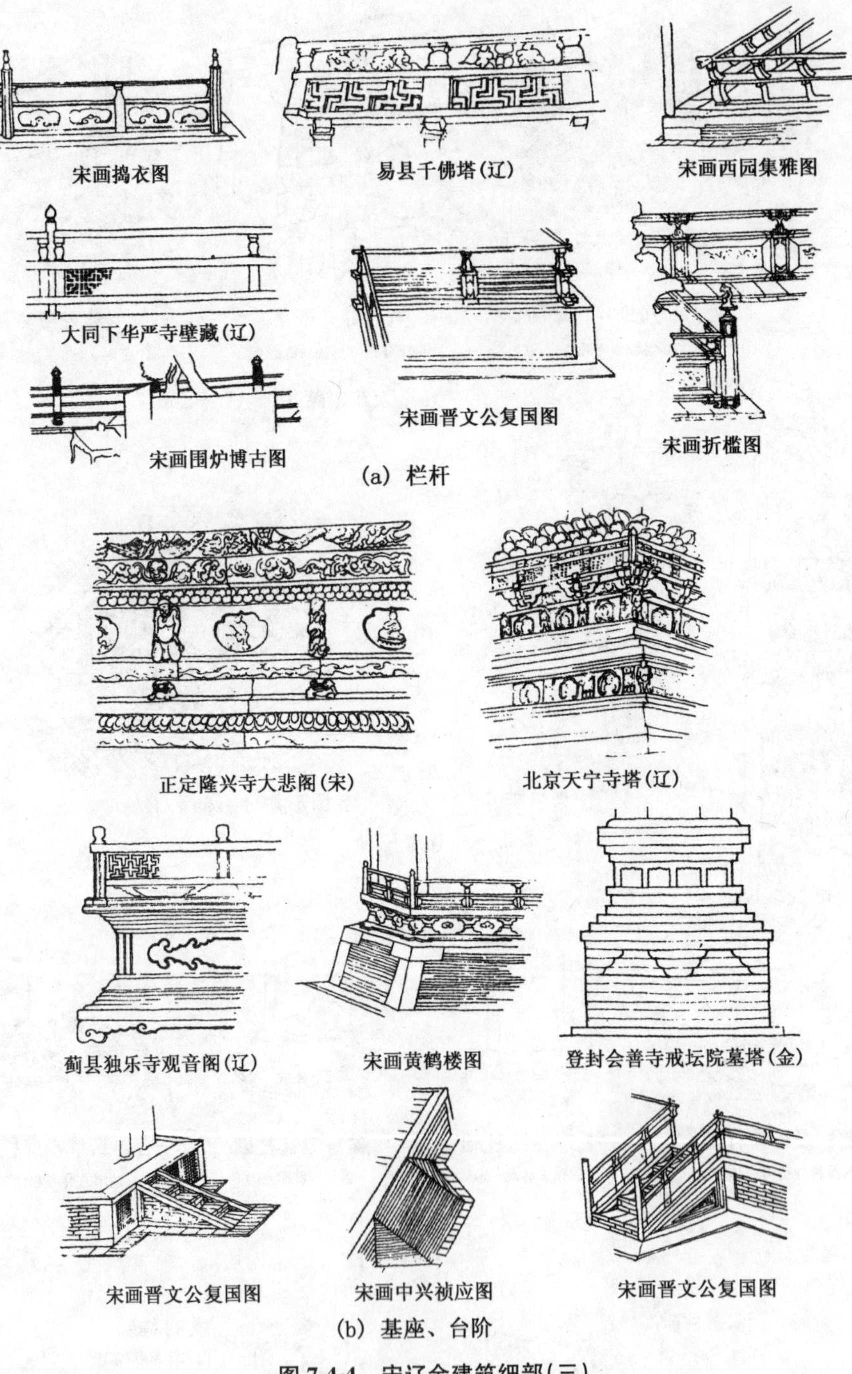

(a) 栏杆

(b) 基座、台阶

图 7-4-4　宋辽金建筑细部(三)

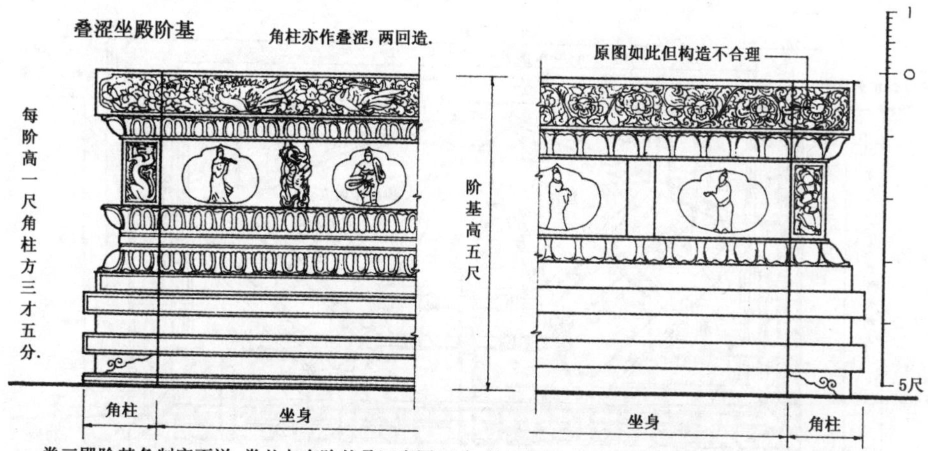

卷三殿阶基条制度不详. 卷廿九有阶基叠涩坐图两种，兹按原图，并参照专作须弥坐之制，拟制图如上。

图 7-4-5 《营造法式》中的殿阶基图

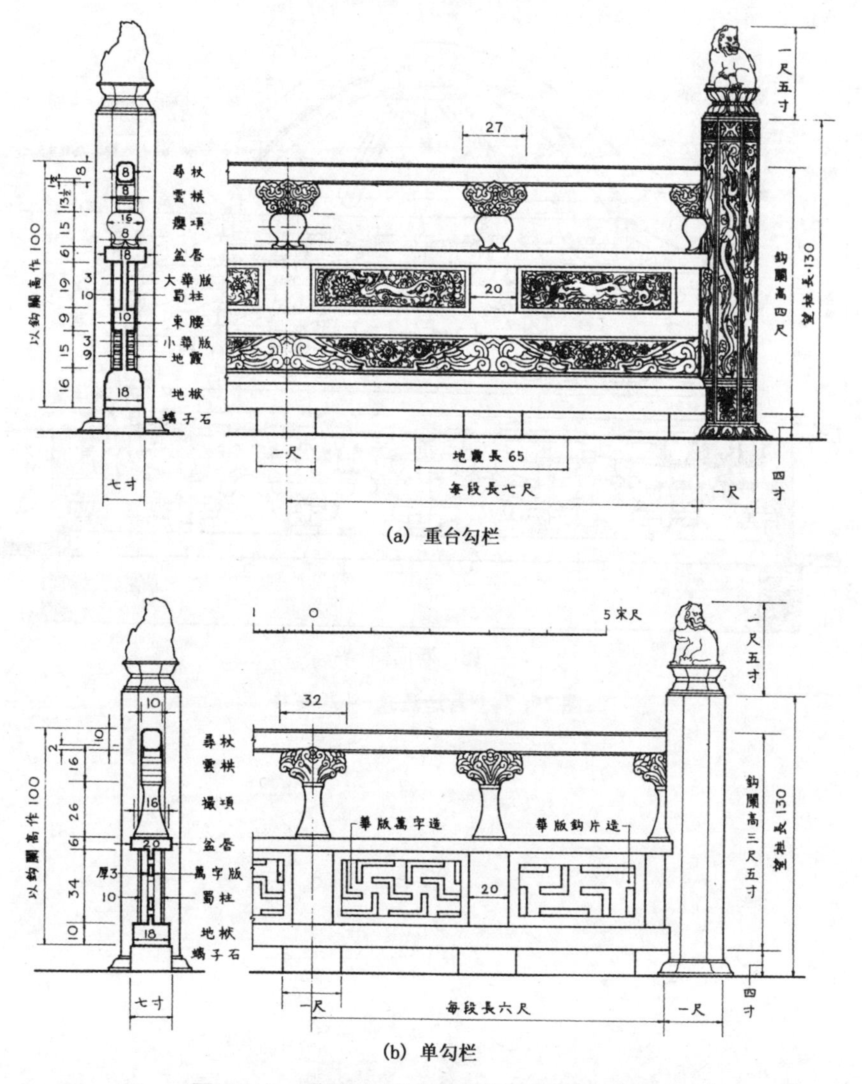

(a) 重台勾栏

(b) 单勾栏

图 7-4-6 《营造法式》中的重台勾栏、单勾栏图

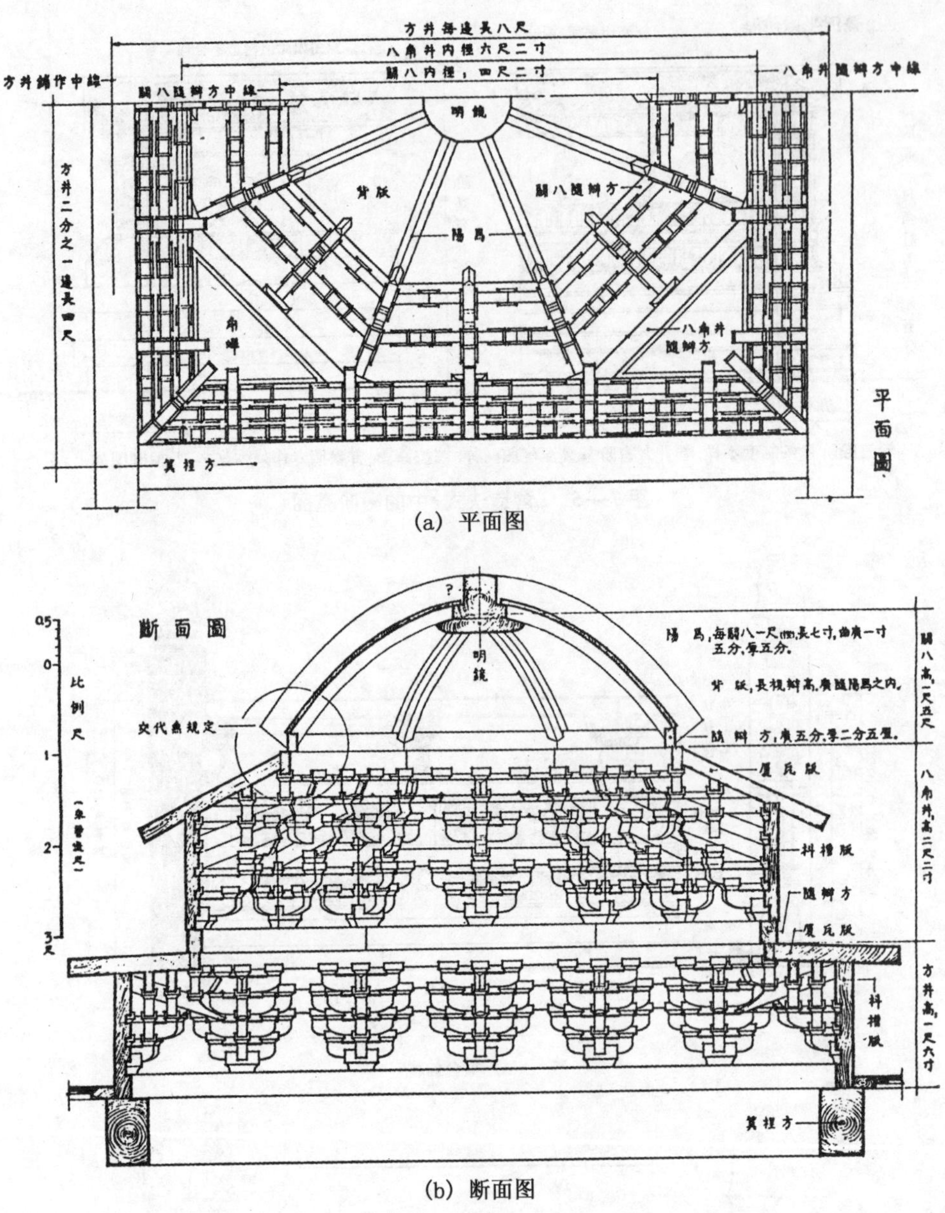

(a) 平面图

(b) 断面图

图 7-4-7 《营造法式》斗八藻井

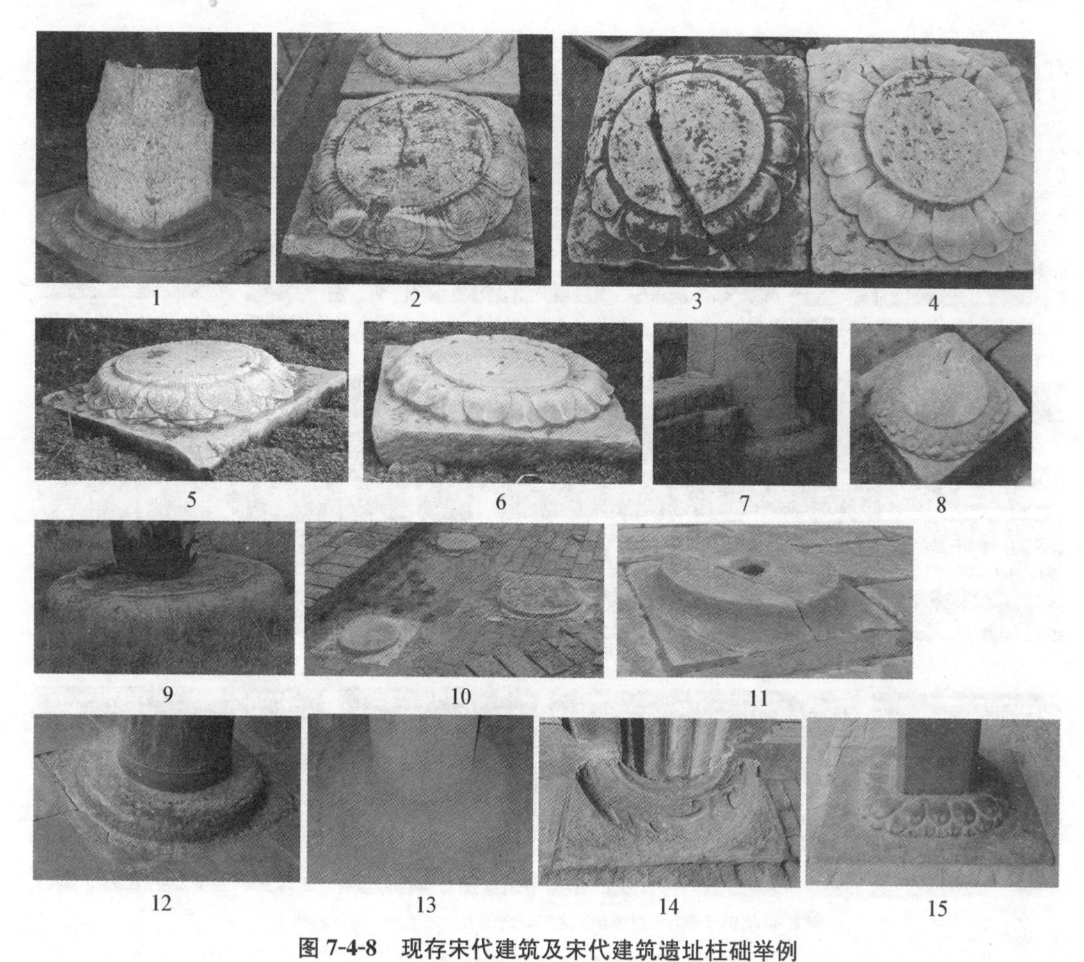

图 7-4-8　现存宋代建筑及宋代建筑遗址柱础举例

1、2、3、4、5、6—角直保圣寺；8—高平崇庆寺；10、11—正定隆兴寺大觉六师殿遗址；
13—晋城青莲寺（上寺）；12—晋祠圣母殿；14—长清灵岩寺；7、9—苏州罗汉院；15—泽州岱庙

北宋　苏汉臣(传)《灌佛戏婴图轴》栏杆

北宋　王居正(旧传)《调鹦图》栏杆

北宋　佚名《戏猫图》栏杆

南宋　金处士《十王图轴五道转轮王》栏杆

南宋　刘松年(传)《十八学士图》之二、之三、之四栏杆

南宋　陆信忠《十六罗汉图轴》之二、之十五、之十一、之一栏杆

图 7-4-9　宋画中勾栏样式举例

金　繁峙岩山寺壁画中的歇山顶

宋　李嵩《朝回环佩》图中的歇山顶

宋　佚名《水阁纳凉图》中的歇山顶

图 7-4-10　宋金绘画中的歇山顶博风板、悬鱼、惹草及脊饰等

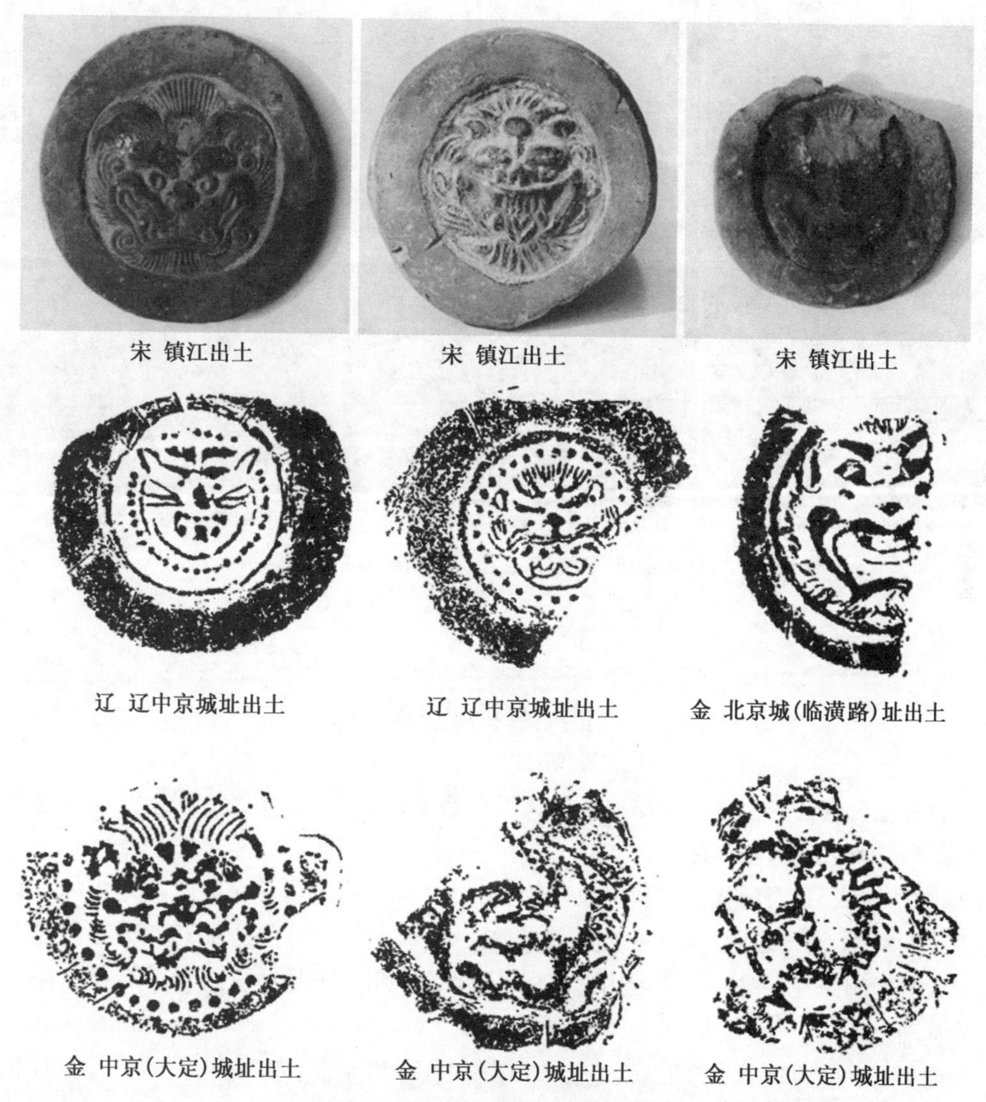

宋 镇江出土　宋 镇江出土　宋 镇江出土

辽 辽中京城址出土　辽 辽中京城址出土　金 北京城(临潢路)址出土

金 中京(大定)城址出土　金 中京(大定)城址出土　金 中京(大定)城址出土

图 7-4-11 各地出土宋辽金瓦当示例

图 7-4-12 平綦、平闇两种天花示例

(大同上华严寺大殿平綦、蓟县独乐寺观音阁二层平闇)

宋 浙江宁波保国寺大殿斗八藻井　宋 江苏苏州北寺塔斗八藻井　辽 山西大同下华严寺薄伽教藏殿斗八藻井

辽 天津蓟县独乐寺观音阁斗八藻井　金 山西应县净土寺六藻井与天宫楼阁　金 山西应县净土寺斗八藻井与天宫楼阁

图 7-4-13　现存宋辽金建筑内部藻井示例

四、木构成熟

以夯土台为心的土木混合结构消失。但在抬梁式建筑中，仍以夯土墙、或土坯墙作支护，保持木框架稳定，至今沿用。

《营造法式》是对历代以来建筑技艺的全面总结，堪称我国古典建筑理论代表。其核心记载大木作，清晰表明我国古代建筑在建筑、结构、装饰设计等方面巧夺天工。辽金建筑中大胆运用减柱、移柱，且成习用之法（北宋建筑少用），正是建立在对已有技术深入认识的基础上。

现存宋辽金建筑基本按照《营造法式》用材制度，然南北、东西确有异同。例如，北方相对遵从法式，北宋、辽的梁栿断面多矩形；南方地域特色显明，梁栿偏月梁造，且其月梁造与法式之月梁造并非全同。

本章学习要点

北宋东京
南宋临安
辽南京与金中都
平江府
静江府
钓鱼城
工字殿
繁峙岩山寺文殊殿壁画
捺钵
北宋皇陵
南宋皇陵
辽庆陵
西夏皇陵
明器式建筑

建筑式明器
白沙宋墓
稷山段氏金墓
宣化张文藻墓
哲盟辽壁画墓
孔庙
孔庙金朝碑亭
孟庙
颜庙
济渎庙
汾阴后土祠庙貌碑
重修中岳庙图碑
晋祠圣母殿
鱼沼飞梁
晋祠献殿
金人台
陈太尉宫
应县木塔
长子法兴寺(舍利塔、燃灯塔、圆觉菩萨殿)
蓟县独乐寺(山门、观音阁)
义县奉国寺
大同善化寺(山门殿、三圣殿、大雄宝殿、普贤阁)
大同上华严寺大雄宝殿
大同下华严寺薄伽教藏殿
隆兴寺(山门、大觉六师殿遗址、摩尼殿、转轮藏殿、慈氏阁)
阁院寺文殊殿
保国寺大殿
大足石窟
子长钟山石窟
敦煌石窟宋代窟檐
苏州玄妙观三清殿
莆田元妙观三清殿
西溪二仙庙(东、西梳妆楼,后殿)
开元寺料敌塔
辽南京天宁寺塔
泉州开元寺双石塔
苏州北寺塔
正定四塔
河北赵县陀罗尼经幢
《营造法式》与《木经》
分心槽
金厢斗底槽
单槽
双槽
殿堂
厅堂
余屋
铺作
斜栱
叉柱造
缠柱造
材份制
宋代建筑技艺

第八章　元代建筑

1206年太祖(铁木真)即大汗位;1271年世祖(忽必烈)改国号"大元",元朝立。1279年,元灭南宋,一统中国[1]。

1368年,朱元璋占南京,立大明。随后明军克大都,元灭。

第一节　聚　落

一、都　城

1. 哈喇和林

1235年,窝阔台定都哈喇和林(图8-1-1),始有首都[2]。

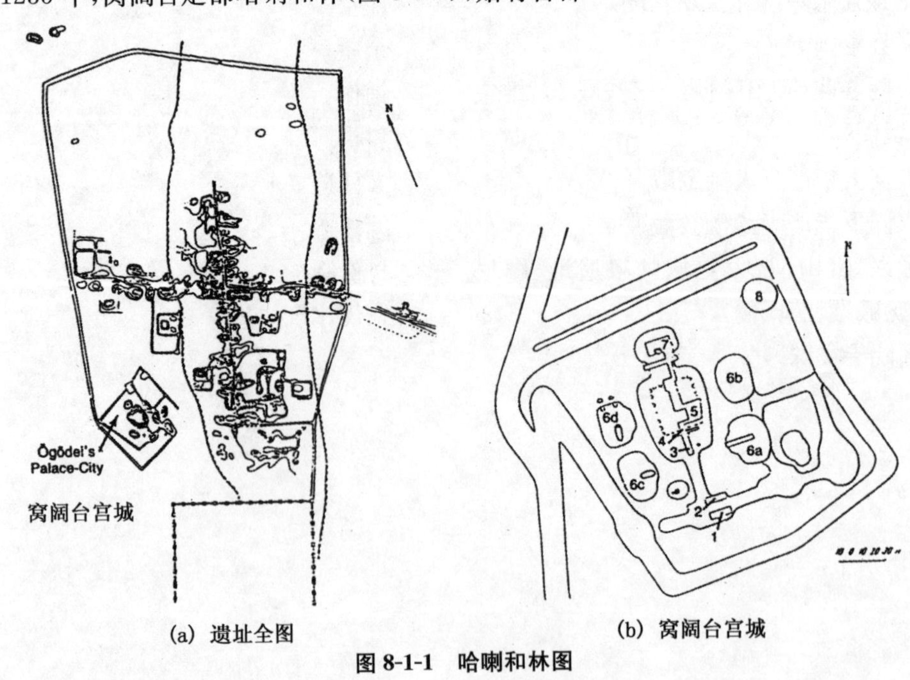

(a) 遗址全图　　(b) 窝阔台宫城

图8-1-1　哈喇和林图

---

〔1〕 刘敦桢:《中国古代建筑史》(第二版),北京:中国建筑工业出版社,1984年,第266页。

〔2〕 郭湖生:《中华古都》,台北:空间出版社,1997年,第85页。

和林城为不规则长方形，周有土墙，四面设门。

2. 元大都

至元元年(1264)，忽必烈迁都燕京，改中都，以阿拉伯人也黑迭儿负责建新宫。

至元四年(1267)，正式动工筑新城，刘秉忠以太保领中书省总负责。

1272 年更名大都。

1276 年基本建成。

1283 年正式迁入。至元末，终成一代恢宏帝都。

元大都以金中都东北的离宫、琼华岛万安宫为中心另建，受金中都规划体制影响[1]（图 8-1-2）。

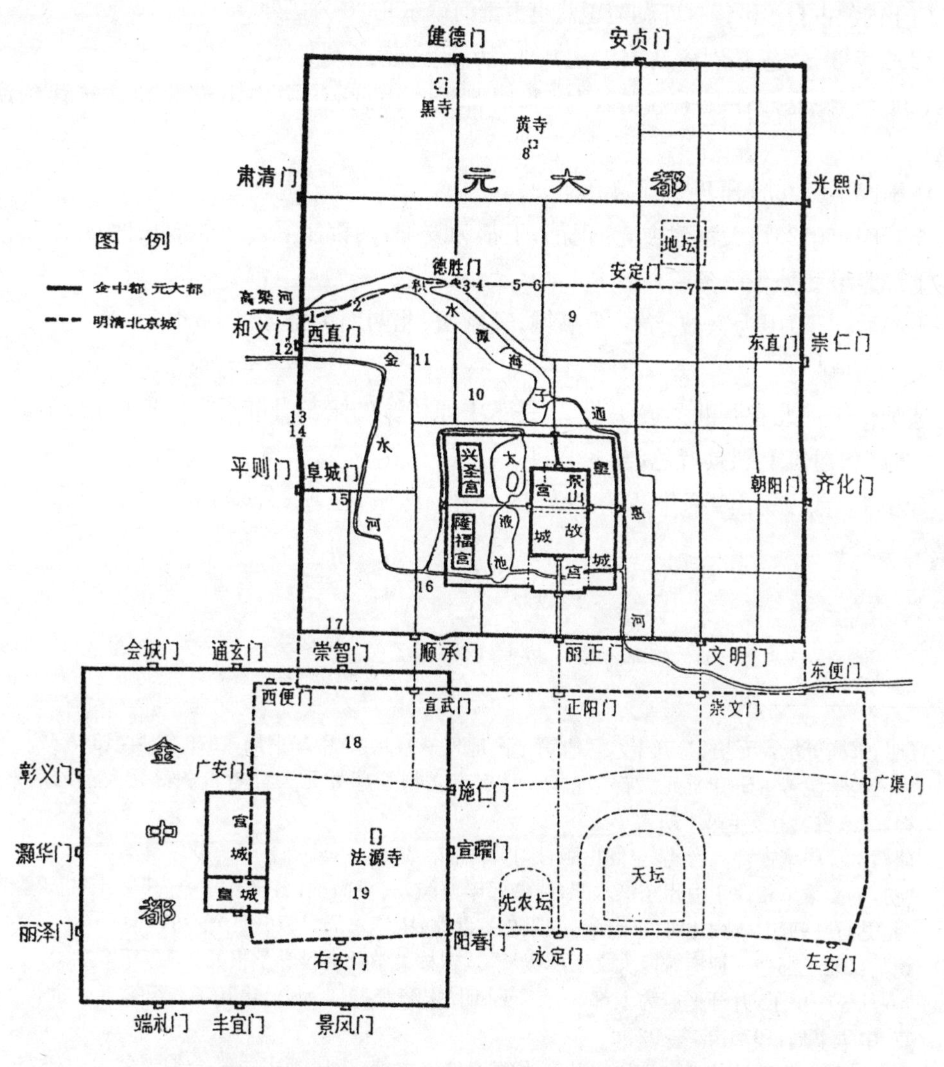

图 8-1-2　金中都、元大都、明清北京城位置关系图

[1] 郭湖生：《中华古都》，台北：空间出版社，1977 年，第 87－88 页。

《元史》云大都“右拥太行,左挹沧海,枕居庸,奠朔方。城方六十里,十一门:正南曰丽正,南之右曰顺承,南之左曰文明,北之东约安贞,北之西曰健德,正东曰崇仁,东之右曰齐化,东之左曰光熙,正西曰和义,西之右曰肃清,西之左曰平则。海子在皇城之北、万寿山之阴,旧名曰积水潭,聚西北诸泉之水,流入都城而汇于此,汪洋如海,都人因名焉。恣民渔采无禁,拟周之灵沼云”[1]。

全城呈南北略长的长方形,周长约 28 600 米[2],约 60 里,门十一。外城南面正中丽正门,入内为七百步的“千步廊”,过廊抵皇城正门棂星门(图 8-1-3)。皇城、宫城总体布局、宫殿平面形式、装修等,均可看出承前启后的特征[3](详见“宫殿”)。

3. 元上都

位于内蒙古自治区锡林郭勒盟正蓝旗上都河镇东北 20 公里处。

1256 年 3 月,忽必烈命刘秉忠建城郭,历三年,初名开平[4]。

1260 年,忽必烈在开平登基汗位,临时都城。由此,治中心由漠北和林转移到漠南汉地[5]。

中统四年(1263)升开平府为上都[6]。

至元四年(1267)大都建成,为正都;上都为夏都,两都制立。每年农历四月至九月,皇帝在上都避暑和处理政务[7]。

上都城三重:中为宫城;绕之为皇城;皇城西、北两面为外城(图 8-1-4)[8]。

4. 元中都

遗址位于河北省张北县馒头营乡,是承中原传统的陪都,同时受地理、政治、军事等影响,在布局和建筑上别具特色(图 8-1-5)[9]。

元中都遗址系元四都中保存较好的一座,宫城、皇城、外城内有许多突兀的建筑台基[10]。

---

〔1〕[明]宋濂等撰:《元史》卷五十八,《志第十・地理一》,北京:中华书局,1976 年,第 1347 页。
〔2〕中国科学院考古研究所元大都考古队、北京市文物管理处元大都考古队:《元大都的勘察与发掘》,《考古》1972 年第 1 期。
〔3〕郭湖生:《中华古都》,台北:空间出版社,1997 年第 89 - 90 页。
〔4〕“初,帝命秉忠相地于桓州东滦水北,建城郭于龙岗,三年而毕,名曰开平……”见:[明]宋濂等撰:《元史》卷一五七,《列传第四十四・刘秉忠》,北京:中华书局,1976 年,第 3693 页。
〔5〕魏坚:《元上都——拥抱着巨大文明的废墟》,《吉林大学社会科学学报》2005 年第 6 期。
〔6〕“五月……戊子,升开平府为上都,……”见[明]宋濂等撰:《元史》卷五,《本纪第五・世祖二》,北京:中华书局,1976 年,第 92 页。
〔7〕魏坚:《元上都城址的考古学研究》,齐木德道尔吉主编,中国蒙古史学会编:《蒙古史研究　第 8 辑　特布信教授八十寿辰纪念专集》,呼和浩特:内蒙古大学出版社,2005 年,第 86 页。
〔8〕李逸友:《元上都大安阁址考》,《内蒙古文物考古》2001 年第 2 期。
〔9〕张春长:《元中都与和林、上都、大都的比较研究》,《文物春秋》2005 年第 5 期。
〔10〕李惠生、赵桂香:《元中都遗址及其周围村庄出土的元代文物》,《文物春秋》1998 年第 3 期。

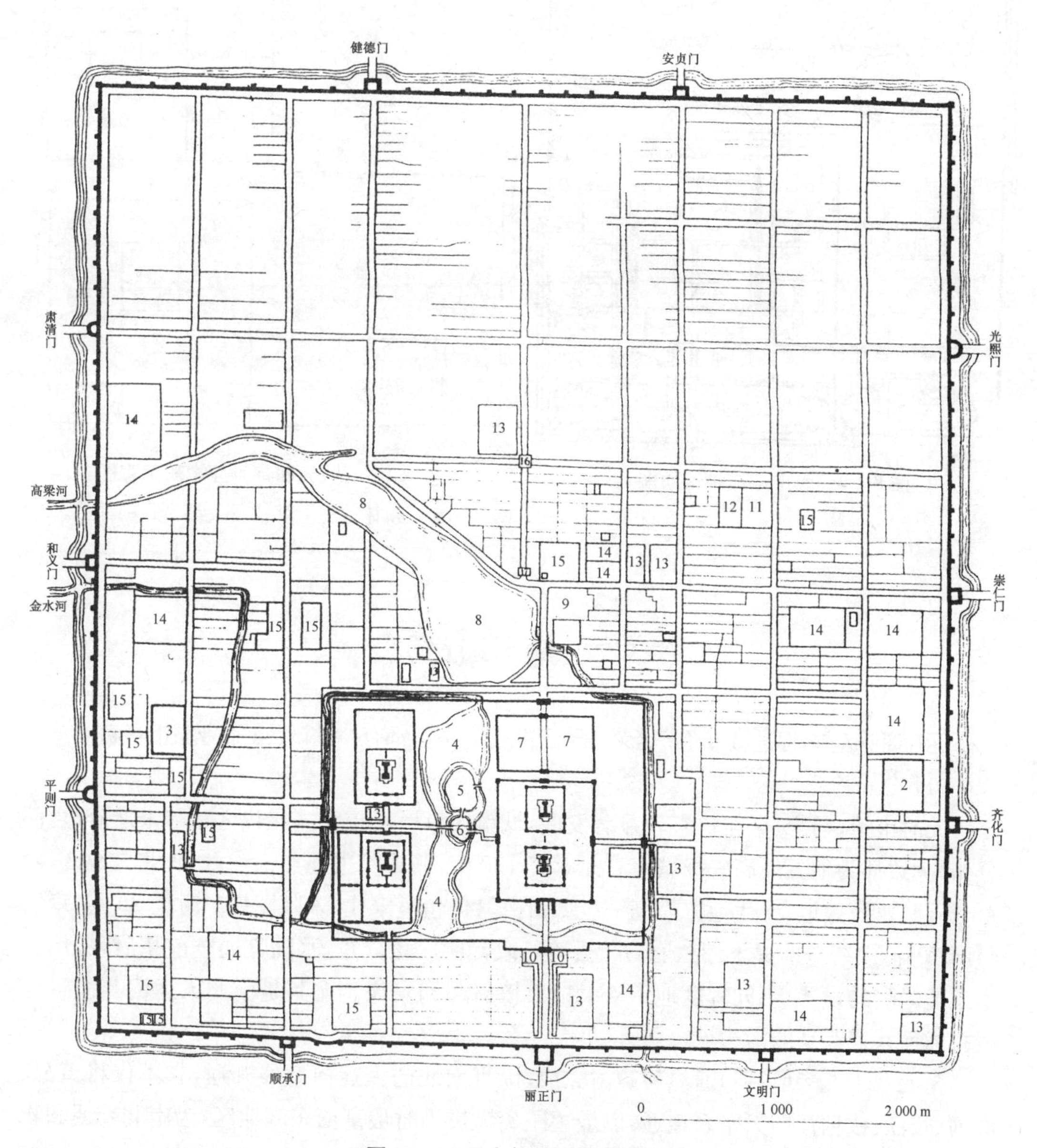

图 8-1-3　元大都城平面示意图

1—宫殿；2—太庙；3—社稷坛；4—太液池；5—琼华岛（万寿山、万岁山）；6—园坻（瀛洲）；7—御园；8—积水潭；9—中心阁；10—千步廊；11—文庙；12—国子监；13—衙门；14—仓库；15—寺观、庙宇；16—钟楼；17—鼓楼

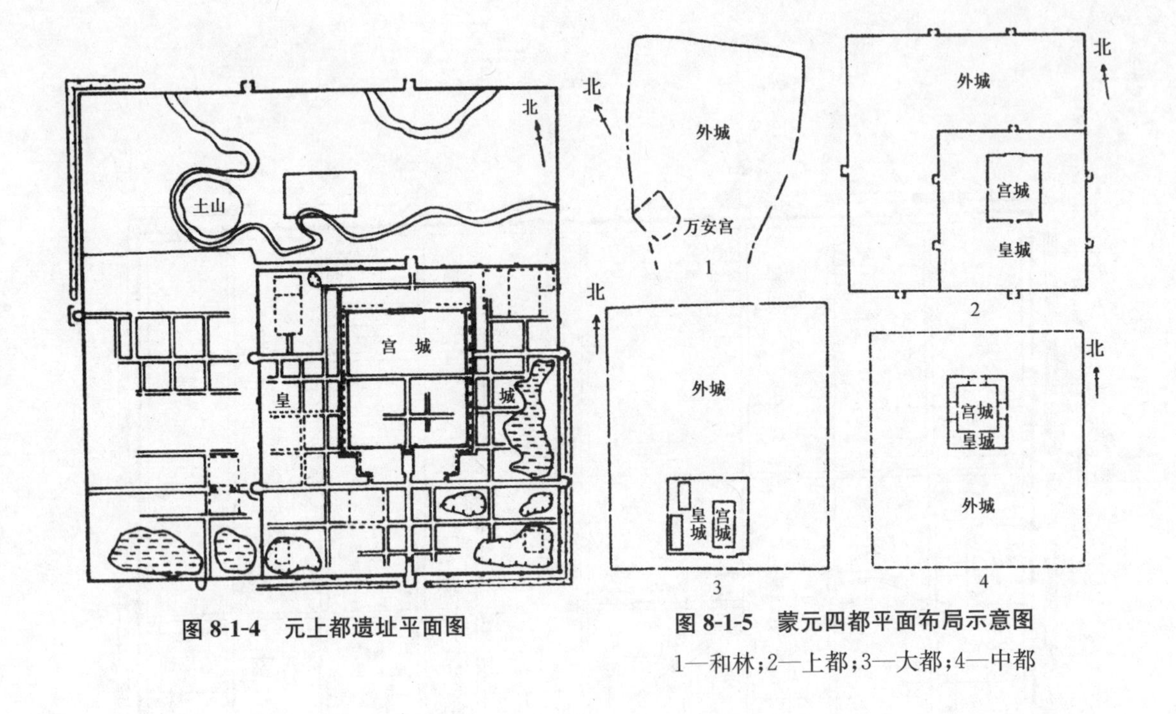

图 8-1-4　元上都遗址平面图

图 8-1-5　蒙元四都平面布局示意图
1—和林;2—上都;3—大都;4—中都

二、地方城邑

元代商业发展,促进城市经济繁荣。无论边疆或内地,都有一批新兴工商业城市兴起[1]。

(1) 分布广泛

元时市镇,与宋、金相比有较显著发展,城镇人口增长较大。元代之路与宋之府(含部分州)大致都为地方最高一级城市。元有路 185 个,其中除去原燕云十六州、北方地区、西夏、新疆、西藏等地,元代地方最高一级城市数量仍超过宋代(宋版图最广时设 26 路、京府 4、府 30)。大统一前提下,路、府、州、县等行政治所广泛分布,水陆交通空前拓展,各地官手工业局院的设置,不同程度地带动大批市镇兴起和发展。尤其是南北大运河与海运全线打通而兴盛起来的沿边城市[2]。

至元二十九年(1291)通惠河疏凿完成,纵贯南北的大运河全线开通,它不仅将黄河、淮河、长江、钱塘江四大水系连通,以最短距离纵贯当时最富庶东南地区,为南北交通和物资交流提供有利条件[3],使江南漕船第一次直达大都(今北京)城内积水潭[4],亦带动运河沿线城市的迅速发展,如临清、济宁、德州等。

---

〔1〕 任崇岳:《中国社会通史·宋元卷》,太原:山西教育出版社,1996 年,第 43 页。
〔2〕 杜倩萍:《论元代城市及商业的发展》,《西部蒙古论坛》2009 年第 3 期。
〔3〕 路征远、王雄:《元代通惠河的修治》,《内蒙古大学学报》(人文社会科学版)2005 年第 5 期。
〔4〕 蔡蕃:《北京通惠河考》,《中原地理研究》1985 年第 1 期。

元代纺织业带动了相关产业发展，催生了一批新市镇〔1〕。边远地区也得到了发展，元代是青海城镇产生和初步发展期〔2〕。

(2) 市民文化兴起

元代经济恢复、发展，城市经济渐趋繁盛；与此同时，大众娱乐相应开展起来。城市经济和大众娱乐相互促进和影响，塑造元代城市的物质和精神生活。元代大众性娱乐主要以观赏元曲（杂剧）的日常娱乐活动及以节日庆祝为主的娱乐活动。当然，大众娱乐还有一些其他形式：如摔跤比赛、放风筝，还有自娱自乐的表演（如票友演出）〔3〕。

元代大中城市特别是京城，具备促进戏曲发展和繁荣的良好条件，城市里勾栏瓦舍成为戏曲表演的舞台，其中商业性演出十分频繁，作家面向观众创作的剧本以及演员精彩的舞台表演吸引着大批乐意花钱消费的观众〔4〕。夏庭芝《青楼集志》有“内而京师，外而郡邑，皆有所谓勾栏者，辟优萃而隶乐，观者挥金与之”〔5〕。

(3) 边远城市勃兴

兴起于大漠，疆域广大的蒙元统治者，在勉力经营中原汉地的同时，亦瞩目于边疆各地。

今内蒙古的大部分地区，中书省辖，“腹里”之地，为连接中原地区和岭北行省的枢纽。此范围内发现的众多元代城址即为明证，如 1958 年发掘的集宁路遗址，1959—1960 年发掘的大宁路遗址，1980 年勘测的丰州遗址，1983—1984 年全面发掘的亦集乃路遗址等〔6〕。研究发现，无论规划布局还是建筑组合，均与中原城市相似，应接受汉文化影响所致〔7〕。李逸友将蒙古元代城市分三种：完全沿用辽金旧城、改造辽金旧城、新建城市；并将其分为都城、投下城和路、府、州、县城，对其城市布局和等级制度做了探讨〔8〕。其重要城址有：

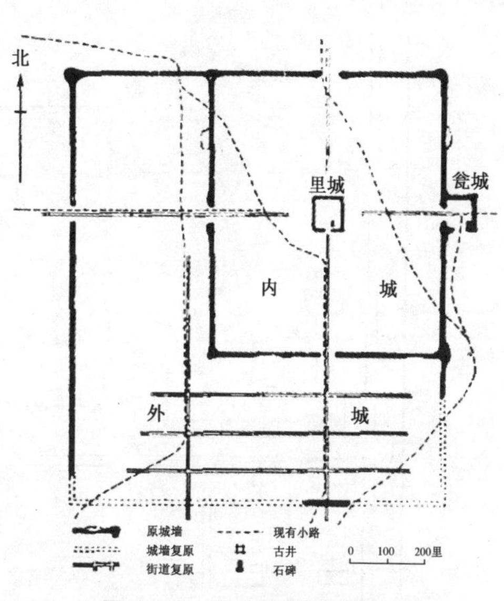

图 8-1-6　集宁路城址平面图

集宁路城址，在今察哈尔右翼前旗巴彦塔拉乡土城子村北，位于黄旗海东北岸的盆地

〔1〕 于桂萍：《元代纺织业对当时城市和经济的影响》，《兰台世界》2013 年第 33 期。

〔2〕 陈新海：《汉至元代青海城镇形态初探》，《青海民族学院学报》（社会科学版）1999 年第 4 期。

〔3〕 田志勇、杨永平：《元代繁荣的城市经济和大众娱乐》，《昆明师范高等专科学校学报》2009 年第 3 期。

〔4〕 杜刚：《元代戏曲中的“城市文化”元素》，《湖南社会科学》2014 年第 2 期。

〔5〕 中国戏曲研究院编：《中国古典戏曲论著集成　第 2 集》，北京：中国戏剧出版社，1959 年，第七页。

〔6〕 李逸友：《内蒙古元代城址概说》，《内蒙古文物考古》，1986 年，第 87 - 108 页。

〔7〕 马耀圻、吉发习：《内蒙古境内的元代城址初探》，《内蒙古社会科学》1980 第 1 期。

〔8〕 秦大树：《宋元明考古》，北京：文物出版社，2004 年，第 103 页；李逸友：《内蒙古元代城址所见城市制度》，《中国考古学会第五次年会论文集》，北京：文物出版社，1988 年，第 143 - 152 页。

边沿,城址东南方临近丘陵山区。城垣平面呈方形,分内、外两城,外城由内城西、南两面扩展而成[1](图 8-1-6)。

应昌路城址,位于今克什克腾旗达里诺尔湖西岸的达尔罕苏木境内。[2] 应昌路是元代最重要的投下城,为弘吉剌部鲁王世居之地,故也称鲁王城[3]。古城平面呈长方形,东西宽 650 米,南北长 800 米(图 8-1-7)。

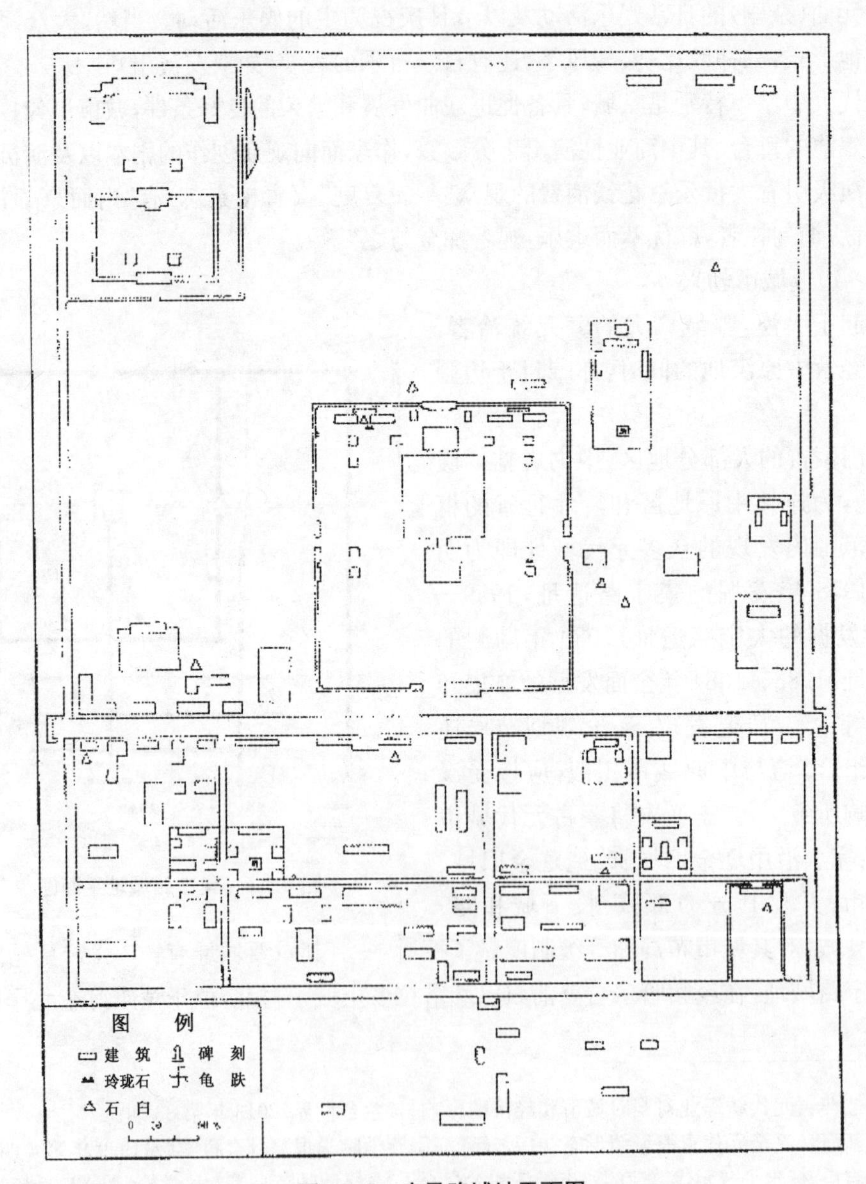

图 8-1-7　应昌路城址平面图

〔1〕 赵立波:《集宁路城址布局的考古学探索》,《河北师范大学学报》(哲学社会科学版)2013 年第 1 期。

〔2〕 李逸友:《内蒙古元代城址概说》,《内蒙古文物考古》,1986 年,第 87－108 页。

〔3〕 秦大树:《宋元明考古》,北京:文物出版社,2004 年,第 104 页。

云南、新疆、西藏等纳入元代版图后，各地城市均有发展。如元代在新疆实施规模较大的屯田，屯田与戍边联系紧密[1]。新疆地区发现元代城址若干，如元北庭都护府故址为今新疆天山北麓吉木萨尔县城北约十二公里的后堡子古城，古城有内外两重，平面均呈不规则的南北长方形。内城位于外城中部略偏东北。城的四角都建有角楼，城墙外部筑有敌台和较密集的马面，外绕护城壕，外城之北还有羊马城(图 8-1-8)[2]。

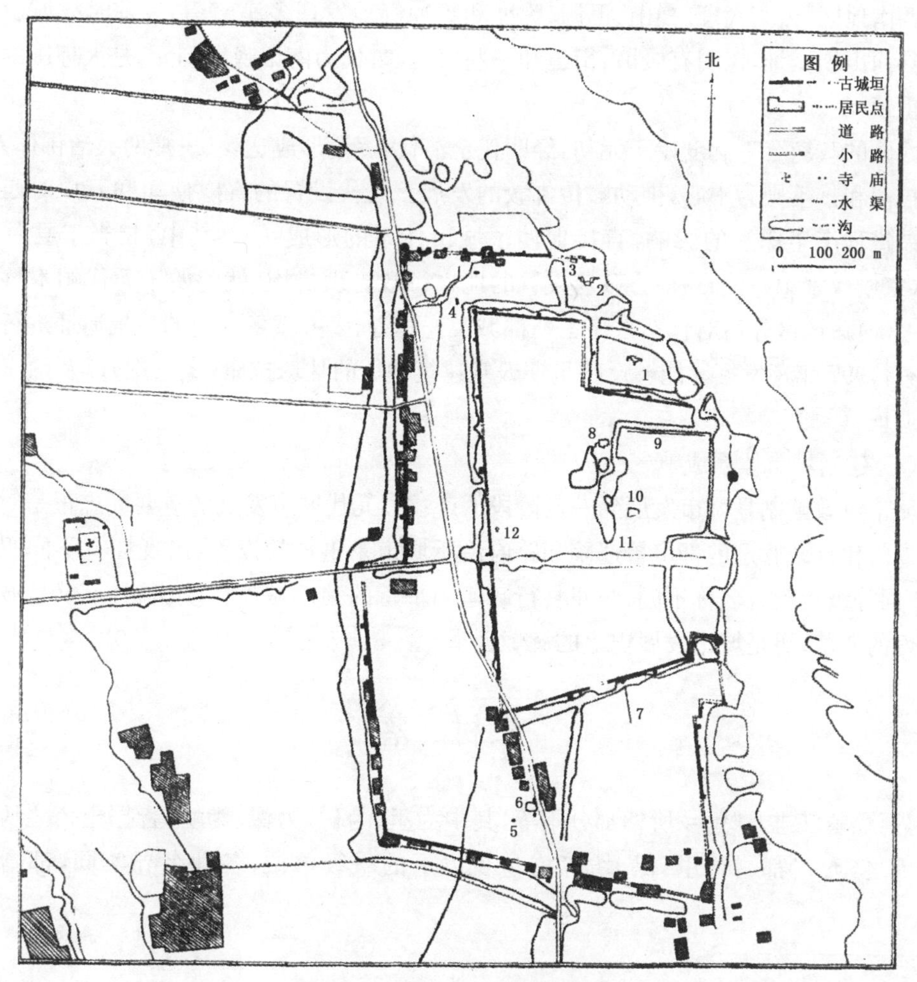

图 8-1-8　后堡子古城平面图

1—6、8、10、12—建筑遗迹；7、9、11—残墙基

〔1〕 陈广恩：《略论元代新疆屯田》，《喀什师范学院学报》2001 年第 4 期。

〔2〕 中国社会科学院考古研究所新疆工作队：《新疆吉木萨尔北庭古城调查》，《考古》1982 年第 2 期；陈戈：《失八里(五城)名义考实》，《新疆社会科学》1986 年第 1 期。

元阿力麻里城,西距老霍城13公里,东西约5公里,南北尺寸不明;相传最盛时,阿力麻里城周绵延约25公里左右[1]。昌吉县城东的元代昌八里城,平面长方形,在城东南部发现一窖藏陶管,装有一千三百七十枚阿拉伯文银币[2]。又如伊宁县巴拉克把什、布拉那什和可坦买里三处均为周长800米左右的小城,相距很近,时代约为元至准噶尔时期等[3]。

西南地区,云南大理、巍山、洱源、弥度和腾冲等地发现多座南诏、大理时故城。其中腾冲县西山坝城址,探明有城垣、街道和一些房基,时代为南诏晚期到元,是大理国的一座边陲重镇[4]。

西藏的政教合一制度始于元初,经明代至清代,逐渐形成达赖、班禅两大活佛体系,分别以拉萨和日喀则为中心,推动藏传佛教的发展。元代设置的宣慰使司和万户对西藏城市发展进程产生深远的影响,直接促使了城市体系的形成[5]。其中,相当于县一级的"宗"(宗堡或宗山)是西藏地方政府设置的地方行政管理机构,就起始于元代帕木竹巴时期[6]。西藏地区先后对包括古格王朝都城及托林寺、多方城堡在内的一批遗址进行了考古调查,1997年还发掘了能够反映早期殿堂建筑特征的甘珠拉康(经书殿)以及两座窟前建筑遗址[7]。

(4) 建制城市体系成熟

城市行政建制是城市发展到一定阶段的产物。元代城市发展的重要标志正是对城市实行专门化行政管理的都市警巡院和路府治所城市录事司的设置,出现拥有不同职能地位、不同等级规模且名称不同、与州县行政建制平行的独立城市行政建制,不仅是城市管理制度的变革,更是城市发展史上的辉煌创举[8]。

三、村　落

《至顺镇江志》:"每乡所辖都分不等,其中为里、为村、为保、为坊,皆据土俗之所呼以书。"因之,元代都、村、里、保、坊等均是乡以下的一级单位,各地名异实同,都指自然

---

〔1〕 张玉忠:《元阿力麻里故城》,《文博》1987年第4期。

〔2〕 新疆维吾尔自治区社会科学院考古研究所:《昌吉古城调查记》,《文物资料丛刊》(第4辑),1981年,第218-222页。

〔3〕 张玉忠:《伊宁县布拉克把什城址》《伊宁县布拉那什城址》《伊宁县可坦买里城址》,《中国考古学年鉴·1990》,北京:文物出版社,1991年,第335-337页。

〔4〕 何金龙:《腾冲西山坝南诏之大理国时期城址》,《中国考古学年鉴·1997》,北京:文物出版社,1999年,第229-230页。

〔5〕 何一民、付志刚、邓真:《略论西藏城市的历史发展及其地位》,《民族学刊》2013年第1期。

〔6〕 周晶、李天:《宗堡的设立与西藏初级城市发展关系研究》,《西藏研究》2014年第6期。

〔7〕 西藏自治区文物管理委员会:《古格故城》,北京:文物出版社,1991年,第3-5页;哈比布:《古格王国都城遗址》,《中国考古学年鉴·1997》,北京:文物出版社,1999年,第231-232页。

〔8〕 韩光辉、刘旭、刘业成:《中国元代不同等级规模的建制城市研究》,《地理学报》2010年第12期。

村落[1]。

目前，考古发现元代村落遗址较少。

包头市固阳县发现元代遗址十余处，均属中小型村落，面积小者 40×40 米，大者 200×600 米[2]。

山西阳城润城镇上庄村中街的下圪坨院落中，完整保存正房和东、西厢房 3 座元代民居，正配齐全、院落完整(图 8-2-5)[3]。

可喜的是，元代文人画多以山水为题材，不乏对山中隐居处所的描绘，虽简省至极，却仍可探考元代文人之山居形态。或可据此领略元代村落景观。

如钱选《山居图》(图 8-1-9)，何澄《归庄图》，黄公望《富春山居图》(图 8-1-10)，王蒙《春山读书图》《林泉清集图》(图 8-1-11)、《深林叠嶂图》，黄公望《剡溪访戴图》《剩山图》(图 8-1-12)等。

图 8-1-9　钱选《山居图》

图 8-1-10　黄公望《富春山居图》(局部)

〔1〕 仝晰纲:《元代的村社制度》,《山东师大学报》(社会科学版)1996 年第 6 期。

〔2〕 包头市文物管理处:《固阳县元代遗址调查记》,《内蒙古文物考古》2000 年第 1 期。

〔3〕 贺大龙、杨海军、卫伟林:《山西阳城发现元代民居》,《中国文物报》2013 年 10 月 23 日第 003 版。

图 8-1-11 传王蒙《林泉清集图》(局部)

图 8-1-12 黄公望《剩山图》

第二节 群(单)体建筑

一、宫 殿

1. “斡耳朵”与幕帐

蒙元初或无固定宫殿。“其居穹庐,无城壁栋宇,迁就水草无常”[1]。大汗起居生活、处理政事、举行筵宴等,均在可拆装移动的巨大毡帐内进行。皇帝毡帐称“斡耳朵”[2],为“中央”“帐殿”,初为君长或君王住所。元世祖时,皇帝有宫室,斡耳朵专指各后妃所居宫帐[3]。

斡耳朵“以柳木织成硬圈径用毡,鞔定不可卷舒,车上载行,水草尽则移,初无定日”[4]。门向南方,主人床榻在帐内北面,妇女在东面。男、女主人的头上各悬挂一个用毛毡做成的偶像,视为男、女主人的兄弟,是整个帐幕的保护者[5]。

2. 哈喇和林

和林城西南郊发现宫殿址,不规则方形,内有五台基。中央台基高约 2 米,上有殿址,面积 55 米×45 米,殿南有花岗岩石板砌成的门址。一般认为,中央大殿和周围四个台基殿址构成的建筑群即 1235 年窝阔台所建之万安宫,形制和设置体现本民族政治、文化和艺术特色:

---

[1] [宋]彭大雅:《黑鞑事略》,明嘉靖二十一年钞本,第 1 页。

[2] 王贵祥:《元代城市与宫苑概说》,《中国文物学会传统建筑园林委员会第十一届学术研讨会论文集》,1998 年,第 210 - 225 页。

[3] 程嘉静:《蒙元时代的斡耳朵》,硕士学位论文,吉林大学,2005 年,第 3 - 6 页。

[4] [宋]彭大雅:《黑鞑事略》,明嘉靖二十一年钞本,第 2 页。

[5] 程嘉静:《蒙元时代的斡耳朵》,硕士学位论文,吉林大学,2005 年,第 6 - 8 页。

“元代宫殿之外别有帐殿，名斡尔朵，金碧辉煌，层层结构，棕毛与锦绣相错，高敞帡幪，可庇千人，每帐殿所费巨万。……每新君立，复别置帐殿，帝帝皆然，其靡费更在宫室之上，宫殿可百年轮换，而帐殿则屡朝展易也”[1]。

和林宫殿主要分楼阁殿堂、帐殿两部，具有朝政、家庙之功，包括财产、权力传世及居住等多重内容。“斡耳朵”(帐殿)制度，使得和林宫殿带有显明的民族特色，呈现出蒙汉文化交融的景象。

3. 上都

“宪宗五年(1255)，命世祖(忽必烈)居其地，为巨镇。明年，世祖命刘秉忠相宅于桓州东、滦水北之龙岗。中统元年(1260)，为开平府。五年，以阙庭所在，加号上都，岁一幸焉”[2]。“(至元)三年(1266)……。十二月……，建大安阁于上都”[3]。

开平宫室创建后，元庭不断增修扩建，使其规模愈加宏大、完善[4]。有研究者认为，上都宫殿可分三大组。

(1) 大安阁

大安阁是上都主殿，元帝在此登基、临朝、议政、修佛事，与诸王、大臣聚会，接见外使等，是上都大内[5]。

“……大安阁，故宋汴熙春阁也，迁建上京”[6]，仅“稍损益之”[7]。

宫城正中与东华门、西华门和御天门三街相对处，发现一方形基址。在正门和西侧分别竖向浮雕一条对称的五爪龙，并配以牡丹、菊花和荷花、莲藕等。龙纹神态飘逸，形象逼真，属中原传统。此应为大安阁址[8]。

(2) 穆清阁

又称穆清殿，初建在至治元年(1321)五月之前[9]；至正年间重建[10]，至正十三年(1353)建成，史载“连延数百间”[11]。

上都宫城遗址北墙正中之台基十分高大，两侧又相连东、西配殿，中殿呈凸字形而凹

[1] [清]魏源：《元史新编》卷七十八，《志四・礼》，清光绪三十一年邵阳魏氏慎微堂刻本，第1107页。
[2] [明]宋濂等撰：《元史》卷五十八，《志第十・地理一》，北京：中华书局，1976年，第1350页。
[3] [明]宋濂等撰：《元史》卷六，《本纪第六・世祖三》，北京：中华书局，1976年，第113页。
[4] 魏坚：《元上都的考古学研究》，博士学位论文，吉林大学，2004年，第37－38页。
[5] 杨允孚：《滦京杂咏》，《知不足斋丛书》本，转引自：魏坚：《元上都的考古学研究》，博士学位论文，吉林大学，2004年，第38页。
[6] [元]周伯琦：《近光集》卷一，四库全书清文渊阁本，第10页，“是(至正二年，1342)五月扈从上京学宫纪事绝句二十首”之一，诗末注。
[7] 虞集《跋大安阁图》：“世祖皇帝在蕃，以开平为分地，即为城郭宫室。取故宋熙春阁材于汴，稍损益之，以为此阁，名曰大安……”见：[清]孙衣言：《瓯海轶闻下》，上海：上海社会科学出版社，2005年，第1268页。
[8] 魏坚：《元上都的考古学研究》，博士学位论文，吉林大学，2004年，第38－39页。
[9] [明]宋濂等撰：《元史》卷一三六，《列传第二十三・拜住》，北京：中华书局，1976年，第3301页。
[10] [明]宋濂等撰：《元史》卷四十三，《本纪第四十三・顺帝六》，北京：中华书局，1976年，第916页。
[11] [明]权衡：《庚申外史》，清雍正六年鱼元传抄本，第13页。

后;东、西殿工字形而趋前。其形制与阙相似,为宫城内最高大建筑。此应即穆清阁址[1]。

(3) 水晶殿

杨允孚诗:"大安阁下晚风收,海月团团照上头。谁道人间三伏节,水晶宫里十分秋。"并注云:"大安阁,上京大内也。别有水晶殿"[2]。

上都宫城三街相对的大安阁东北约100米处,有宫城内除穆清阁外最高大的台基,平面长方形,此即水晶殿址[3]。

(4) 香殿

位大安阁后,见于《元史》《元典章》等。做工坚固、精巧,四壁绘有龙凤图案,专为天子敬香拜佛处,故名。

大安阁址后的东北,有一与其相连的基址,或香殿址[4]。

(5) 其他

见于文献的上都宫殿主要有:洪禧殿、睿思殿、清宁殿、崇寿殿、仁寿殿及宫学等。顺帝时,监察御史崔敬在一份上疏中提及上都大安阁、睿思殿、洪禧殿,并称"内殿"[5]。

上都宫城内分布约43处相互独立的基址,大部有自己的院落。台基高大,四周院墙较整齐、宽大而坚固。此类台基除穆清阁、大安阁和水晶殿外,有10处左右应为上都几处重要宫殿所在。

4. 大都

大都宫殿上承宋金、下启明清。惜大都元宫毁于永乐间营建北京宫殿之役,其遗址压在今明清北京故宫和景山下[6]。

"中国营造学社之父"朱启钤先生,曾撰文详实考证,并首次绘出平面图7幅,元大都的规划设计、规模布局一目了然[7]:元京城图、元大内图、元万寿山图、元兴圣宫图、元隆福宫及西御苑图、元太庙图、元社稷坛图(图8-2-1)[8]。

(1) 大内

即"宫城",是大都宫殿最主要部分[图8-2-2(a)]。宫城东西四百八十步,南北六百十五步。宫墙高三十五尺,表面用砖包砌。

宫城6门。南门崇天门有门道五,门阙楼观造型丰富,气势雄伟[图8-2-2(b)][9]。

---

〔1〕 魏坚:《元上都的考古学研究》,博士学位论文,吉林大学,2004年,第39页。

〔2〕 杨允孚:《滦京杂咏》,北京:中华书局,1985年,第4页。

〔3〕 魏坚:《元上都的考古学研究》,博士学位论文,吉林大学,2004年,第39-40页。

〔4〕 魏坚:《元上都的考古学研究》,博士学位论文,吉林大学,2004年,第40页。

〔5〕 [明]宋濂等撰:《元史》卷一八四,《列传第七十一·崔敬》,北京:中华书局,1976年,第4242页。

〔6〕 傅熹年:《元大都大内宫殿的复原研究》,《考古学报》1993年第1期。

〔7〕 王剑英:《明中都研究》,北京:中国青年出版社,2005年,第526页。

〔8〕 朱启钤:《元大都宫苑图考》,《中国营造学社汇刊》第一卷第二册,1930年,第1-118页。

〔9〕 王贵祥:《元代城市与宫苑概说》,《中国文物学会传统建筑园林委员会第十一届学术研讨会论文集》,1998年,第210-225页。

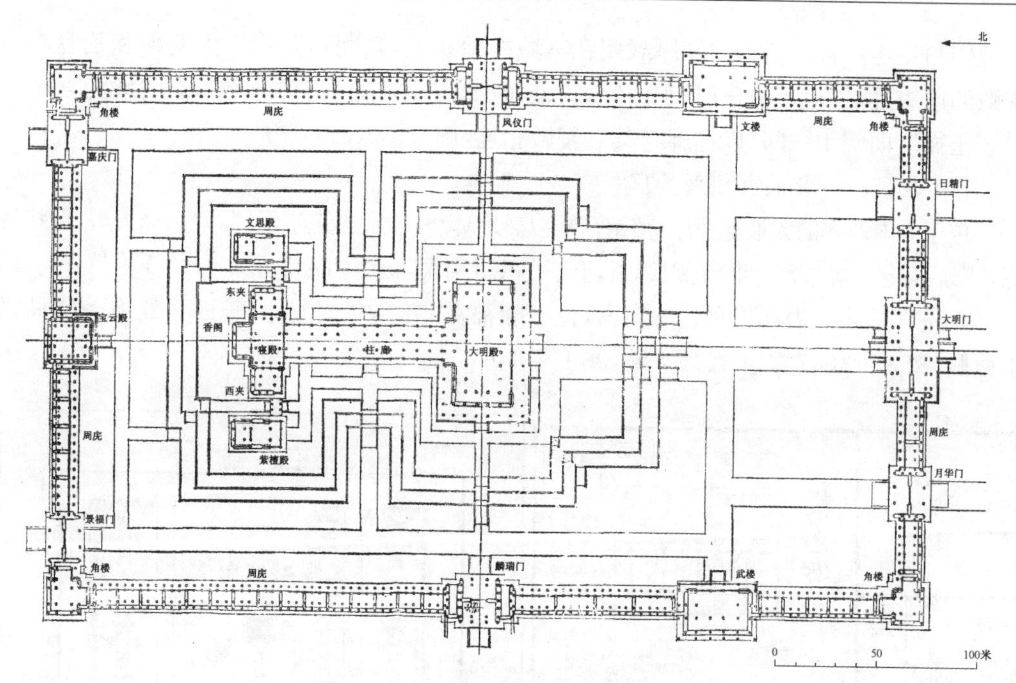

图 8-2-1　大明殿建筑群总平面复原图

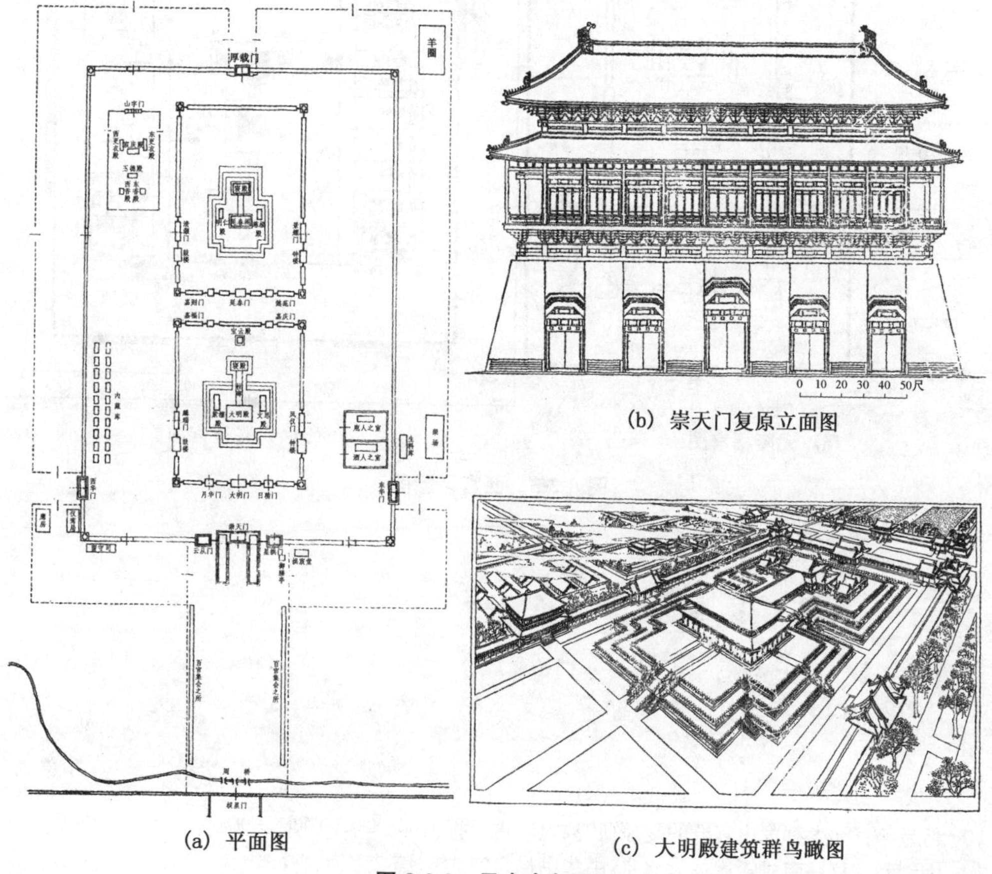

(a) 平面图

(b) 崇天门复原立面图

(c) 大明殿建筑群鸟瞰图

图 8-2-2　元大内复原图

宫城四角各建角楼。崇天门和厚载门在宫城中轴线上,其间建分别以大明殿和延春阁为主殿的两组建筑群,各由正门、东西门、钟鼓楼、廊庑围成矩形宫院〔1〕。大明殿为宫城正殿,“正衙”,面阔十一间,以柱廊与其后寝殿相连[图 8-2-2(c)]〔2〕。

(2) 西宫——隆福宫和兴圣宫

位于大内西侧的太液池西岸,整组宫殿以砖垣环绕,主殿亦工字形,前殿为光天殿,后接柱廊,“廊后高起为隆福宫,四壁皆以绢素,上下尽飞龙舞凤,极为明旷”[图 8-2-3(a)]〔3〕。

兴圣宫是武宗为其母兴建的新宫,位于隆福宫北,亦在太液池西,即今北海琼华岛之正西侧[图 8-2-3(b)]。主殿兴圣殿,亦工字形。

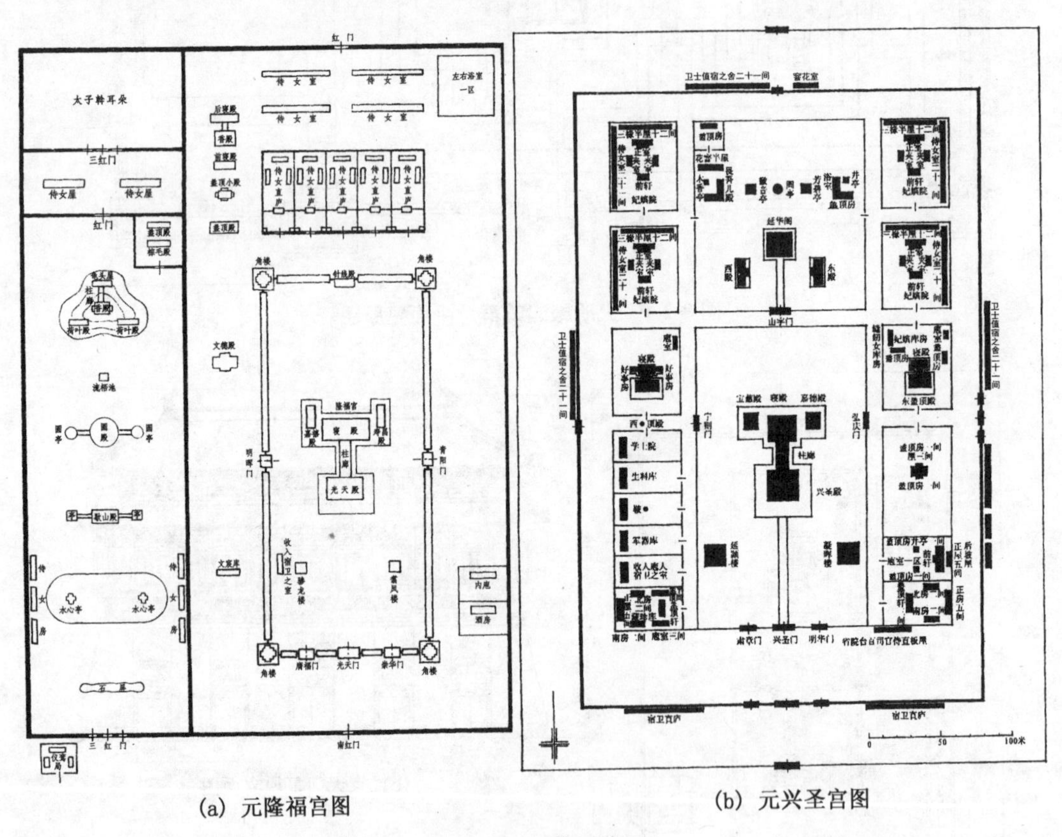

(a) 元隆福宫图　　　(b) 元兴圣宫图

图 8-2-3　西宫示意图

〔1〕 傅熹年:《元大都大内宫殿的复原研究》,《考古学报》1993 年第 1 期。

〔2〕 [元]陶宗仪:《南村辍耕录》,北京:中华书局,1959 年,第 250 页。

〔3〕 [明]萧洵:《故宫遗录》,见《北平考、故宫遗录》,北京:北京古籍出版社,1963 年,第 76 页。

二、民　居

元代住宅资料，大体可分四类：文献，实例，图像（绘画、笔画等），遗址。

1. 文献

元代住宅制度散见于《元史》中的《世祖纪》《刑法志》及《元典章》等。如至元二十二年(1285)："旧城居民至迁京城者，以赀高级居职者为先，仍定制，以地八亩为一分，或其地过八亩及力不能作室者，皆不得冒据，听民作室。"[1]

《元史·刑法志》："诸小民房屋安置鹅项衔脊。有鳞爪瓦兽者，笞三十七，陶人二十七。"[2]

《元典章·工部》中亦有些条目与官员宅舍有关。

2. 实例

(1) 姬宅

位于山西高平中庄村，仅存北房一栋，年代题记明确(图 8-2-4)。

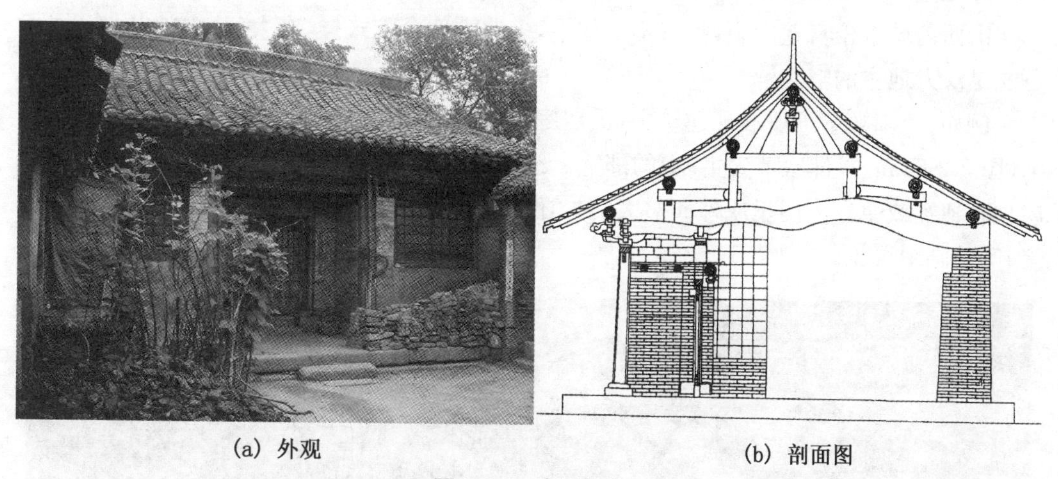

(a) 外观　　(b) 剖面图

图 8-2-4　高平姬宅

单檐悬山顶，长方形平面，面阔三间，六架椽屋前两椽栿对四椽栿用三柱。砂岩基座高 42 厘米，屋顶举折平缓，风格古朴。

左边门砧与地栿衔接处预留猫道，道洞门砧石上竖刻两行小字：大元国至元三十一年岁次甲午仲□□□，姬宅置□石匠天党郡冯□□。发现题记明确其创建于元代早期，价值重大[3]。

(2) 阳城上庄村民居

院落式建筑群，罕贵的实例。有正房、东西两厢，共三座建筑(图 8-2-5)，各三间，院门在西南角。三座建筑皆长方形平面，外观相仿，单檐悬山顶（不厦两头造），青灰色陶制仰

〔1〕［明］宋濂等撰：《元史》卷十三，《本纪第四·世祖十》，北京：中华书局，1976 年，第 274 页。

〔2〕［明］宋濂等撰：《元史》卷一〇五，《志第五十三·形法四》，北京：中华书局，1976 年，第 2682 页。

〔3〕张广善：《高平县元代民居——姬宅》，《文物季刊》1993 年第 3 期。

合瓦顶。

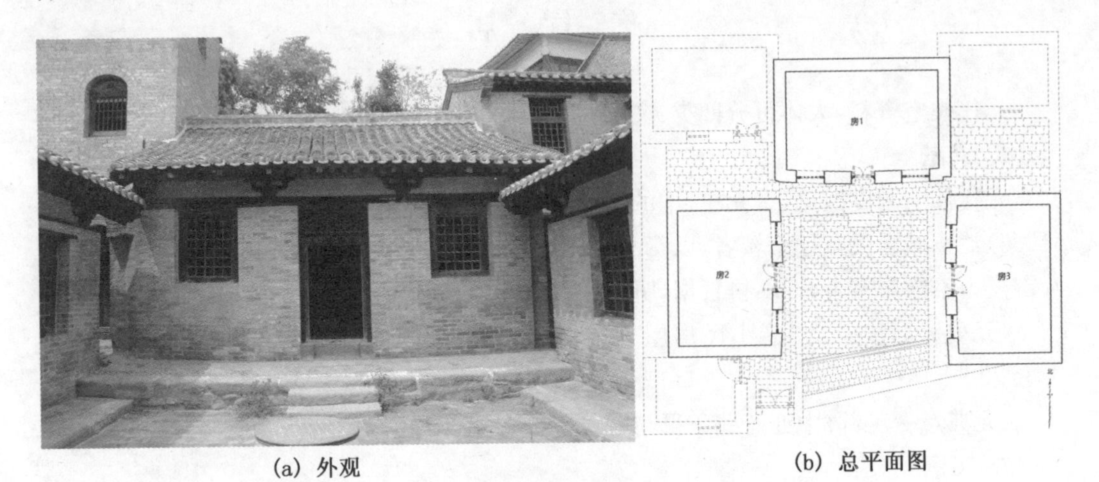

(a) 外观　　(b) 总平面图

图 8-2-5　阳城上庄村民居

3. 图像(绘画、壁画等)

山西芮城永乐宫壁画中,画有不少住宅,多北方四合院式样,有大门、中门,屋有斗栱,可能是汉人地主的宅院[1]。

例如,纯阳殿壁画所表现建筑中,民居庭院所占画幅比例最大。如《再度郭仙》中的郭宅(图 8-2-6)和《提邵康节先生》中的邵宅。纯阳殿壁画中的大门多一间两架椽覆两坡顶,屋顶有覆瓦或草。大门里或外面对大门处还常见影壁,构造简单,在《题诗天庆》《度马庭鸾》等壁画中可见。

图 8-2-6　纯阳殿内《再度郭仙》壁画中的住宅

图 8-2-7　王蒙《葛稚川移居图》中的住宅

---

〔1〕 石永士:《中国民居考——就文物考古资料简论中国古代民居的源起和发展》,《文物春秋》1999 年第 3 期。

元代绘画中住宅建筑实例较多。例如，王蒙的《葛稚川移居图》（图 8-2-7）、《具区林屋图》《夏山高隐图》、张渥的《竹西草堂》（图 8-2-8）、朱德润的《秀野轩图》（图 8-2-9）、盛懋的《山居纳凉图》、吴镇的《草亭诗意图卷》[1]（图 8-2-10）、赵孟頫的《鹊华秋色图》（图 8-2-11）等，及佚名画作《卢沟运筏图》[2]《秋亭书壁》等，表现平原或山居的住宅图景。

图 8-2-8　张渥《竹西草堂》

图 8-2-9　朱德润《秀野轩图》

图 8-2-10　吴镇《草亭诗意图卷》

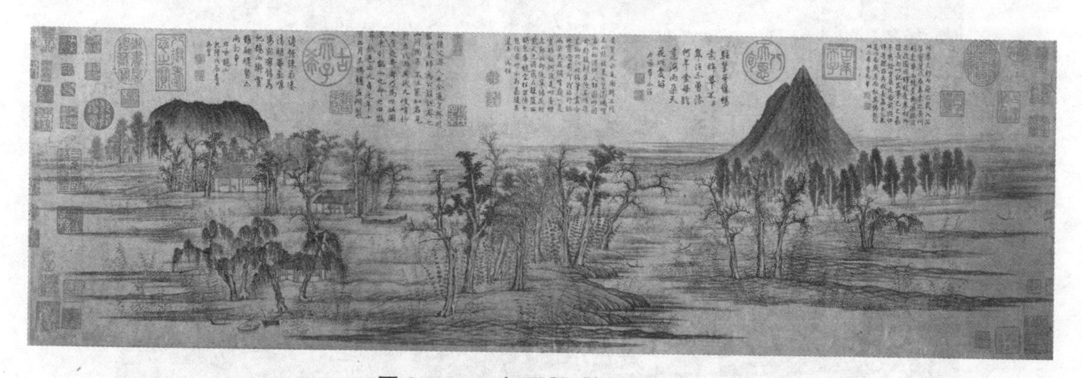

图 8-2-11　赵孟頫《鹊华秋色图》

4. 遗址

目前，出土的元代住宅遗址以元大都为多。如后英房遗址、西绦胡同[3]遗址、后桃园

---

〔1〕 南京大学历史学院考古文物系车旭东老师此图存疑，应是明人所作。

〔2〕 国家文物局：《中国文物精华大辞典书画卷》，上海：上海辞书出版社；北京：商务印书馆，1996 年，第 222 页。

〔3〕 “胡同”名称来源，至今学术界仍有不同的认识。不少学者认为“胡同”来自家语“呼图格”（水井），较可信，刘志雄：《北京城的胡同与民居》，《建筑创作》2006 年第 9 期。

遗址、雍和宫后遗址、106 中学遗址及建华铁厂遗址等[1]。

后英房居住遗址[2]:位于北京西直门里后英房胡同西北的明清北城墙墙基下。平面分三部:中部主院,两旁分列东、西院,东院较完整,西院仅存北房月台等处(图 8-2-12)。

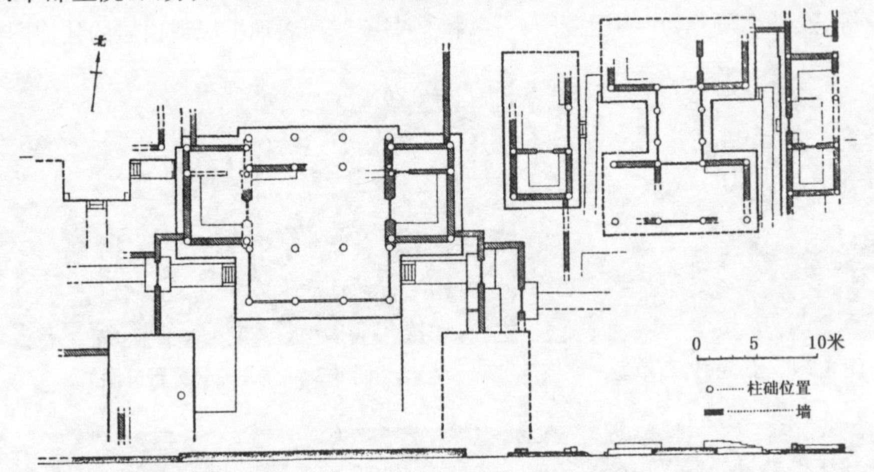

图 8-2-12　北京后英房居住遗址平面图

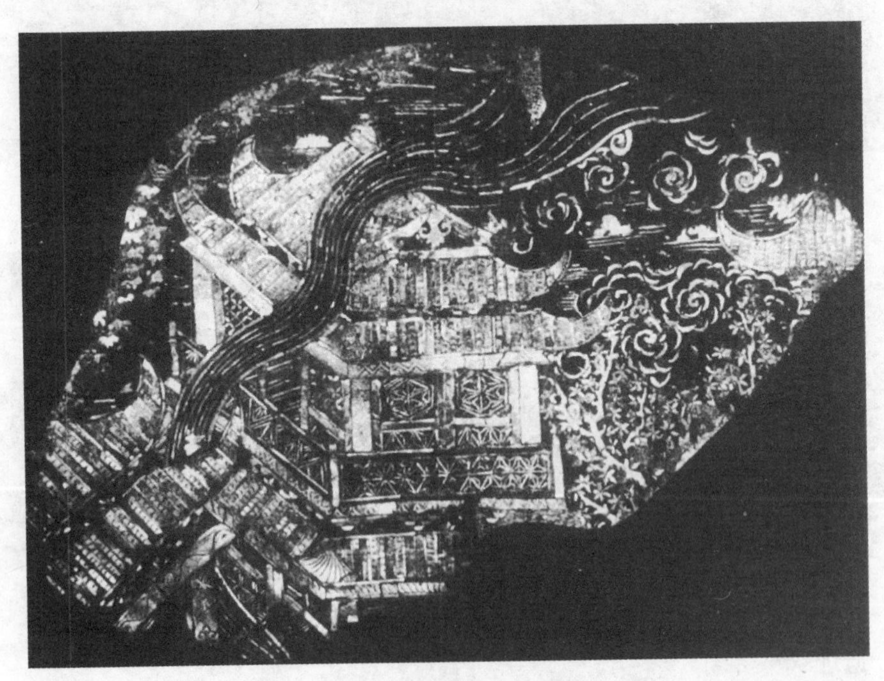

图 8-2-13　后英房出土的平脱薄螺辅漆器

〔1〕 中国科学院考古研究所等:《元大都的勘察和发掘》,《考古》1972 年第 1 期。

〔2〕 中国科学院研究所、北京市文物管理处元大都考古队:《北京后英房元代居住遗址》,《考古》1972 年第 6 期。

格子门发现在南房北侧，其格眼图案有四直方格眼、六簇菱形等，装饰华丽。出土的元代平脱薄螺铀漆器，组成一幅以“广寒宫”为背景的图画(图 8-2-13)。

西绦胡同居住遗址[1]：位于旧鼓楼大街豁口以西约 150 米的明清北城墙下，保存不完整。

后桃园居住遗址[5]：位于新街口豁口以西明清北城墙下，东距后英房元代居住遗址约 125 米。遗址出土建筑构件若干，如覆盆式柱础、鋜脚石、门砧和壁画残片。另有各种瓦饰，如鸱尾、武士、嫔伽。

雍和宫后住房遗址[3]：主要建筑为北房三间，建于砖石台基上。两明间后檐墙向内收入 1.66 米，形成两间后厦，是元大都较流行的建筑形式。

普通住房，在第 106 中学发掘出一间低狭的房基，房内仅一灶、一炕、一石臼，墙壁用碎砖块砌成，房四角各有一直径不到 18 厘米的暗柱，地面比门约低 40 厘米。

三、礼制建筑

1. 岳镇海渎

元时仍重岳、镇、海、渎之祀，实物遗留甚少。每年分五道遣使，会同地方官致祭。五岳道教兴旺，岳庙除祭祀外还属道教建筑系统，庙内多有道观。

祠庙实例见曲阳北岳庙德宁殿、北海神庙山门临渊门及龙亭、洪洞水神庙明应王殿。

(1) 北岳庙德宁殿[4]

北岳庙位于山西省曲阳县城西南隅，元至元七年(1270)重建，历代屡加修葺。北岳庙规模宏大，历代祭祀北岳神之所。清顺治七年(1660)改祭北岳神于浑源州，北岳庙遂废。

庙内主要建筑坐落在南北中轴线上，依次为神门(午门，已毁)、牌坊(存基座)、朝岳门(今庙门)、御香亭、凌霄门、三山门、飞石殿(遗址)及德宁殿。

德宁殿是庙内也是我国遗留的规模最大的元代祠庙，是重要的官式建筑实例。坐北朝南，殿身面阔七间、进深四间，副阶周匝，重檐庑殿(图 8-2-14)。

图 8-2-14　北岳庙德宁殿外观

殿内砌筑墙体，东、西内墙绘元代壁

---

[1][2]　中国科学院考古研究所、北京市文物管理处元大都考古队：《北京西绦胡同和后桃园的元代居住遗址》，《考古》1973 年第 5 期。

[3]　中国科学院考古研究所、北京市文物管理处元大都考古队：《元大都的勘察和发掘》，《考古》1972 年第 1 期。

[4]　聂金鹿：《曲阳北岳庙德宁之殿结构特点刍议》，《文物春秋》1995 年第 4 期。

画〔1〕。内槽北扇面墙背面，及栱眼壁等处亦有〔2〕。

(2) 北海神庙(济渎庙)临渊门、龙亭

《释名》:“渎，独也。”四渎即四条独流入海的大河，与五岳、四海、四镇同属中祭〔3〕。

济渎北海庙为祭祀四渎之一——济水而建。临渊门在寝宫北，具元代特征(或清代重修时，用元代斗栱)。

龙亭面阔、进深各三间，单檐歇山。额枋以下应为宋、元旧物，以上明代重修(图 8-2-15)〔4〕。

图 8-2-15　济渎庙龙亭

(3) 水神庙明应王殿〔5〕

水神庙位于洪洞霍山南端脚下，南邻霍泉池沼，东侧与广胜下寺毗邻。

明应王殿，元大德九年(1305)筹备重建，元祐二年(1315)基本告竣[图 8-2-16(a)]。四周环廊及瓦顶明代重修，殿之主体构造、神龛、塑像、板门、额槛等皆元代遗物。

殿内壁画保存较好。依所绘内容共计 14 幅，东、西两壁中部绘祈雨图和降雨图，表现了水府诸神，其余壁面多为历史故事、社会文物和社会生活场景。殿内南壁西次间内侧绘“大行散乐忠都秀在此作场”的戏剧壁画 6 幅[图 8-2-16(b)]，对中国古代戏曲艺术史研究颇具价值〔6〕。

(a) 外观

(b) 壁画(局部)

图 8-2-16　水神庙明应王殿

〔1〕 李长瑞、周月姿:《曲阳北岳庙壁画》,《美术研究》1985 年第 4 期。

〔2〕 聂金鹿、林秀珍:《曲阳北岳庙德宁之殿壁画维修技术》,《古建园林技术》1989 年第 1 期。

〔3〕 李震、徐千里、刘志勇:《济读庙寝宫建筑研究》,《华中建筑》2003 年第 6 期。

〔4〕 曹修吉:《济渎庙》,《中原文物》1981 年第 2 期。

〔5〕 柴泽俊、任毅敏:《洪洞广胜寺》,北京:文物出版社,2006 年,第 67－76 页,第 117－122 页。

〔6〕 李歆:《从山西洪洞明应王殿壁画浅析元杂剧的演出形式》,《山西师院学报》(社会科学版)1984 年第 1 期。

2. 城隍庙

城隍神信仰始于魏晋南北朝[1]，南宋统治区域蔚为大观[2]。或认为龙由保护神衍变为水神，与城隍神信仰密切关系[3]。

蒙古统治者对汉地祀典制度加以采纳，作为新王朝的祀典。《续文献通考·群祀考》卷三："元世祖至元五年正月，上都建城隍庙。七年(1270)，大都始建庙。封神曰圣王。文宗天历二年(1329)八月，加王及夫人曰护国保宁。"此为国家级城隍之始[4]。元大都城隍庙建设与元政权关系密切，城隍庙第一次由朝廷兴建[5]。

元代道教受统治者提倡，势力极大。道教对各级城隍庙拥有管理权、控制权，城隍庙等也多归属道教宫观[6]。

元代重建、修葺之城隍庙甚多，但遗留至今者较少。

潞安府城隍庙：位于山西长治潞安城东丽泽坊宏门街北端，元至元二十二年(1285)始建。南往北有六龙壁、宏门、木牌楼、石牌楼、山门、重楼(玄鉴楼)、戏楼、献亭、中大殿、寝宫及各院东西配殿、廊房等[图 8-2-17(a)]。现存中大殿[图 8-2-17(b)]、角殿为元构，寝宫、戏楼、玄鉴楼等为明构，廊庑、耳殿为清构[7]。

芮城城隍庙享亭，俗称"看台"，单檐歇山。前檐柱粗短，大檐额横跨三间，为典型的元代建筑[图 8-2-17(c)]。

3. 宗庙

(1) 皇室宗庙

元代祭祖最主要有三个场所：太庙、影堂、烧饭院。前二者源于汉地，后者来自草原[8]。

太庙：中统四年(1263)初，立太庙于燕京旧城；次年，至元元年(1264)冬十月部分建成，奉安神主于太庙[9]。共七室，蒙古族尚右，以西为上[10]。泰定元年(1324)，按周礼改左尊右卑，序昭穆排神主。

元朝皇室祭祖除宗庙外，大都的一些佛寺还建有历朝帝后仪容的"神御殿"。如"世祖帝后大圣寿万安寺，裕宗帝后亦在焉；顺宗帝后大普庆寺，仁宗帝后亦在焉；成宗帝后大天寿万宁寺；武宗及二后大崇恩福元寺，为东西二殿；明宗帝后大天源延圣寺；英宗帝后大永福寺；也可皇后大护国仁王寺"[11]。

---

[1] 张泽洪：《城隍神及其信仰》，《世界宗教研究》1995 年第 1 期。

[2] 王𫖮、宋永志：《宋代城隍神赐额封爵考释》，《河南大学学报》(社会科学版)2006 年第 2 期。

[3] 吉成名：《论城隍神信仰的产生与龙神职能的变化》，《文物春秋》199 年第 4 期。

[4] 赵杏根：《论城隍神信仰》，《浙江师大学报》1993 年第 1 期。

[5] 张传勇：《明清城隍庙建置考》，硕士学位论文，南开大学，2003 年，第 29 页。

[6] 宋永志：《城隍神信仰与城隍庙研究：1101—1644》，硕士学位论文，暨南大学，2006 年，第 51 - 59 页。

[7] 冯静：《潞安府城隍庙琉璃鸱吻纹饰研究》，《包装世界》2015 年第 1 期。

[8] 马晓林：《元代国家祭祀研究》，博士学位论文，南开大学，2012 年，第 133 页。

[9] [明]宋濂等撰：《元史》卷七十四，《志第二十五·祭祀三》，北京：中华书局，1976 年，第 1831 页。

[10] 据 13 世纪西方旅行家鲁布鲁克(William of Rubruck)所见，蒙古人的诸妻的营帐按尊卑自西向东排列；何高济译：《鲁布鲁克东行纪》，北京：中华书局，2002 年，第 210 页。

[11] [明]宋濂等撰：《元史》卷七十五，《志第二十六·祭祀四》，北京：中华书局，1976 年，第 1875 页。

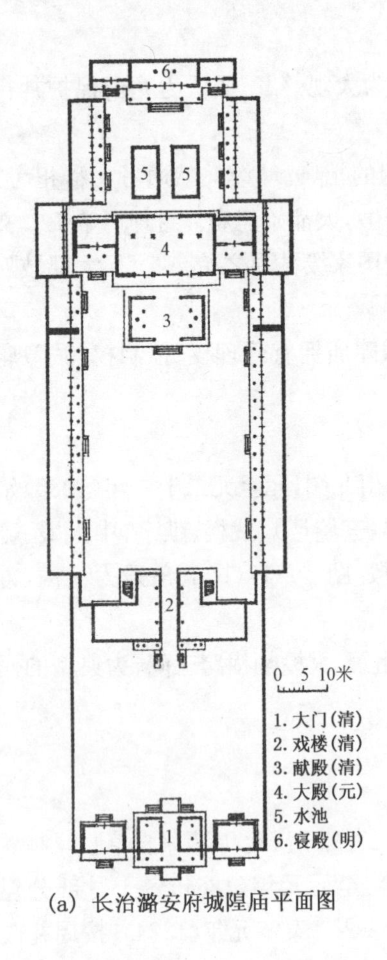

(a) 长治潞安府城隍庙平面图

(b) 长治潞安府城隍庙中大殿外观

(c) 芮城城隍庙享亭外观

图 8-2-17　城隍庙

(2) 圣贤庙

元代夫子庙、文庙、宣圣庙、宣王庙、显圣庙、至圣庙、文宣王庙、至圣文宣王庙等,都是孔庙,前所未有的繁荣[1]。国家教育机构首次三监并立:即国子监与蒙古国子监、回回国子监,分庭抗礼[2]。

元太宗九年诏衍圣公孔元措,修阙里孔子庙,“官给其费”[3]。现曲阜孔庙承圣门、启圣门;曲阜颜庙杞国公殿(祀颜回之父)及其后寝殿(祀颜回母亲)均为元构[4]。

杞国公殿是颜庙现存最早殿堂,面阔 5 间,前后廊式,梁思成先生称其为元代卓越的宫殿式木构(图 8-2-18)[5]。

---

〔1〕 胡仁:《元代庙学的发展过程》,《文史杂志》1994 年第 5 期。

〔2〕 姜东成:《元大都孔庙、国子学的建筑模式与基址规模探析》,《故宫博物院院刊》2007 年第 2 期。

〔3〕 孔祥林:《曲阜孔庙修建述略》,《孔子研究》1986 年第 2 期。

〔4〕 国家文物事业管理局:《中国名胜词典　山东分册》,上海:上海辞书出版社,1981 年,第 59 页。

〔5〕 罗哲文、柴福善:《中华名寺大观》,北京:机械工业出版社,2008 年,第 37 页。

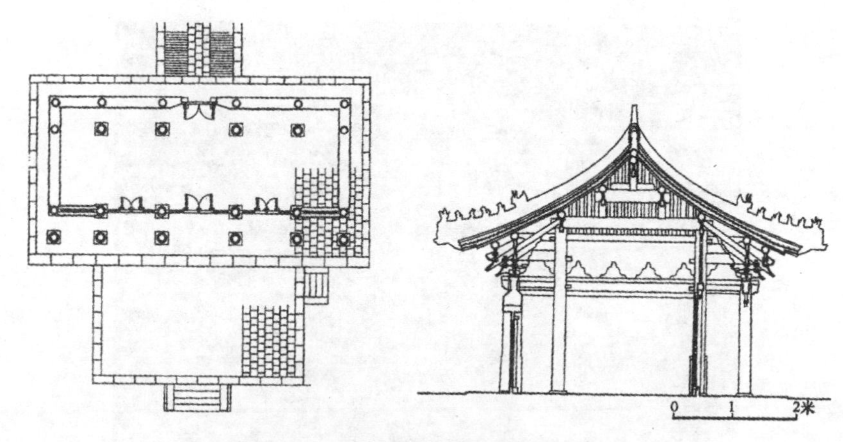

图 8-2-18　曲阜颜庙杞国公殿平、剖面图

山东宁阳颜庙复圣殿：元构[图 8-2-19(a)]，四架椽屋通檐用二柱。明间采用垂莲吊柱，支撑伞状藻井，颇特殊[或为安装藻井之需，图 8-2-19(b)]。

(a)　外观　　(b)　明间内部梁架

图 8-2-19　宁阳颜庙复圣殿

正定府文庙戟门：悬山顶，六架椽屋分心用三柱，元构[1]。

4. 民间祠庙

目前，遗存有元代民间祠庙主要是民间信仰的圣人庙、祠堂等。著名者如太原窦大夫祠献殿、大殿，梓潼七曲山大庙盘陀石殿等。

窦大夫祠献殿、大殿[2]：位于太原市西北 25 公里处，又称英济祠、烈石神祠，祀奉春秋晋国大夫窦犨的祠庙[3]。

献殿占地面积约 79 平方米[4]，面阔、进深皆一间，正方形平面，单檐歇山顶。藻井上圆下方寓“天圆地方”(图 8-2-20)。

---

〔1〕 梁小丽，聂松鹿：《正定府文庙戟门》，《文物春秋》2006 年第 4 期。

〔2〕 朱向东：《宋金山西民间祭祀建筑》，北京：中国建筑工业出版社，2012 年，第 304－311 页。

〔3〕 夏惠英：《太原窦大夫祠》，《文物世界》2008 年第 2 期。

〔4〕 李仁伟：《窦大夫祠建筑装饰艺术探微》，《天津美术学院学报》2011 年第 1 期。

图 8-2-20　太原窦大夫祠献殿藻井(局部)

正殿面阔五间、进深六架椽,单檐悬山。明间檐柱间辟板门,造型浑厚大方,门扇题“大元国至元十二年十月十八日门盘韩监助造”,左右两扇门上各采用沥粉堆金技法绘盘龙一条,是遗存不多的元代板门原物[1]。殿前设月台,献殿相对独立又是正殿前出抱厦,较罕见。

泽州大阳汤帝庙成汤殿:因成汤为民以身祷雨于桑林而立。殿坐北朝南,面阔、进深各三间,八架椽屋,单檐悬山。运用移柱、减柱法,前槽宽大,梁柱壮硕,整体造型敦实有力,具有山西地区元代建筑的典型特征(图 8-2-21)。

(a) 外观

(b) 前槽

图 8-2-21　大阳汤帝庙

七曲山大庙盘陀石殿[2]:位于梓潼县城北 9 公里。七曲山大庙为文昌帝君发祥地,经明、清两代不断加封,营建宏大的殿堂群。

〔1〕 夏惠英:《窦大夫祠略探》,《文物世界》2012 年第 1 期。

〔2〕 李显文:《梓潼盘陀石殿建筑年代初探》,《四川文物》1984 年第 10 期;姚光普:《七曲山大庙》,《四川文物》1991 年第 5 期。

大庙现有殿堂20余处，元构盘陀石殿，因殿内有一硕大顽石而名。面阔、进深各三间[图8-2-22(a)、(b)]。殿内彻上明造，四架椽屋前一椽栿后三椽栿用三柱。

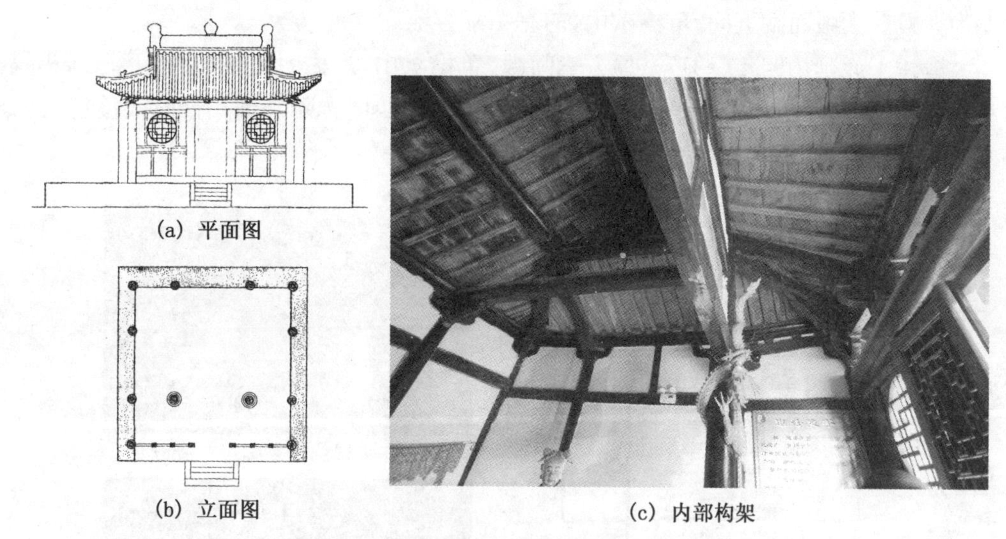

(a) 平面图

(b) 立面图

(c) 内部构架

图8-2-22　梓潼盘陀石殿

殿用一根长约8米的阑额，无普拍枋，阑额上弯成“月梁”状，出头直接砍杀[图8-2-22(c)]，与元构阆中永安寺大殿及四川境内不少宋代仿木构砖塔，做法一致。

四、宗教建筑

1. 汉地佛教建筑

元代汉地佛教，除帝王和皇室成员所建多属喇嘛教寺庙外，仍以禅宗为主，倡导实参实悟[1]。

禅林基本格局与南宋五山十刹一脉相承[2]。寺格等级，因元文宗创建大龙翔集庆寺(至顺元年，1330)“独冠五山”“在五山之上”。其建筑依宫殿图样，“画宫为图”[3]。

元代禅宗在江南仍有较大势力[4]。惜禅宗五山十刹，绝大多数已毁或面目全非。

(1) 布局形式

元代伽蓝布局，有南宋持续下的江南大禅院[5]。五山十刹图中载南宋末灵隐、天童(图7-2-42)、万年三寺的伽蓝布局显示，佛殿在伽蓝布局上逐渐取代法堂的中心地位，形成“山门朝佛殿，厨库对僧堂”格局。

---

[1] 皮朝纲：《实参实悟与元代禅宗美学思潮》，《四川师范大学学报》(社会科学版)2000年第2期。

[2] 五山十刹亦非禅宗独有，其他宗派如教院就曾建立五山十刹。孙宗文：《茶禅一味——禅林谈艺录之四》，《法音》1987年第4期。

[3] 王志高：《花翔集庆寺专略》，《江苏地方志》1997年第4期。

[4] 张则桐：《船子和尚和他的偈颂》，《中国典籍与文化》1998年第3期。

[5] 王媛：《江南禅寺》，上海：上海交通大学出版社，2009年，第82页。

(2) 佛殿举要

延福寺大殿[1]:位于浙江武义桃溪镇。寺南向,今存山门三间,天王殿三间,天王殿后即为大殿。大殿面阔五间,重檐歇山,前有一泓方池。

大殿建于元延祐四年(1317),原方三间殿,单檐歇山,下檐明代所加。进深与面阔基本相同[图 8-2-23(a)]。殿内四金柱间置佛台,须弥座四周砖雕装饰,有仰莲、覆莲,也有海水、团龙、花卉、动物和人物故事等[图 8-2-23(b)][2]。

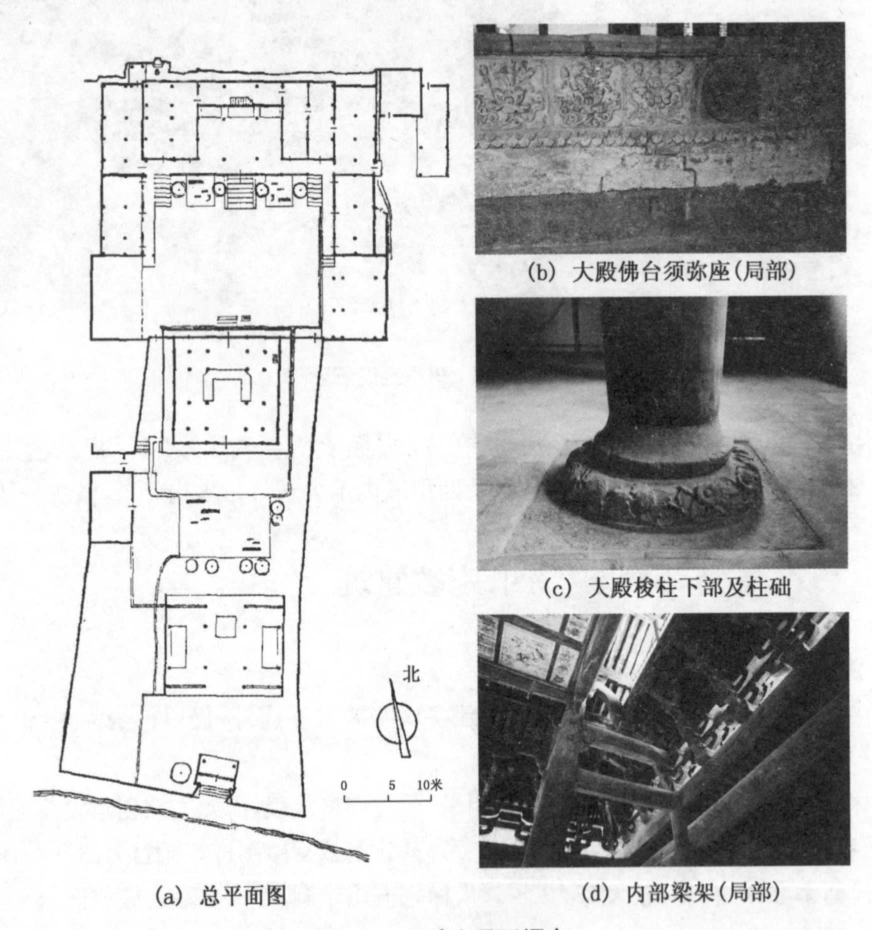

(a) 总平面图　(b) 大殿佛台须弥座(局部)　(c) 大殿梭柱下部及柱础　(d) 内部梁架(局部)

图 8-2-23　武义县延福寺

大殿柱础有两种[图 8-2-23(c)]:正门当心间檐柱下施雕宝相花的覆盆础,础上有石碛,余皆碛形础。除下檐柱外,余均梭柱,上下收分,曲线优美[3]。

大殿为八架椽屋前后三椽栿用四柱。原彻上明造,当心间正中于清乾隆九年(1744)修佛像时加天花[图 8-2-23(d)]。或认为类似于此的宋元方三间殿作为江南典型构架形

[1] 陈从周:《浙江武义县延福寺元构大殿》,《文物》1966 年第 4 期。
[2] 赵一新:《金华砖雕考》,《东方博物》2008 年第 1 期。
[3] 黄滋:《元代古刹延福寺及其大殿的维修对策》,《东南文化》2002 年第 9 期。

式,被录入《营造法式》"月梁造八架椽屋"[1]。

该殿在江南元构中年代最早、保存最好,对研究元构由宋至明之演化具重要意义。

天宁寺正殿[2]:位于金华城南[图 8-2-24(a)],旧名大藏院。平面正方形,单檐歇山,方三间殿。当心间超大,与武义延福寺正殿同。

(a) 外观　　(b) 内景

图 8-2-24　金华天宁寺正殿

前檐柱柱头铺作里转出一跳压在三椽栿下,第一层下昂后尾在第二层下昂之下,第二层下昂后尾压在下平榑下。补间铺作里转第一跳华栱上出鞾楔承上昂,同一斗栱上并用上、下昂,《营造法式》未载,然江南实例时有所现,如苏州虎丘二山门、东山轩辕宫、文庙等。

天宁寺正殿为延祐五年(1318)元构:"大元延祐五年岁在戊午六月庚申吉旦重建恭祝",八架椽屋前三椽栿后乳栿用四柱[图 8-2-24(b)]。

真如寺大殿[3]:真如寺又名万寿寺,俗名大寺,在上海真如镇北端,只存正殿、东西配殿及韦驮殿一间。

正殿原系方三间殿,单檐歇山[图 8-2-25(a),后加下檐在 1963 年拆除]。

正殿为十架椽屋前四椽栿后乳栿用四柱。

1963 年正殿整修中,从木构件的榫卯隐蔽处发现 54 条工匠书写墨字,可分 8 类,对了解各构件部位和名称十分珍贵[图 8-2-25(b)][4]。

殿内额下有双钩阴刻墨书二十六字:"旹大元岁次庚申延祐七年癸未季夏月乙巳二十乙日巽时鼎建"。刘敦桢先生认为双钩是元人题记常用法,且殿身柱础颇古,为元延祐七年(1320)无疑。

---

[1] 赵琳:《江南小殿构架地域特征初探》,《华中建筑》2002 年第 4 期。

[2] 陈从周:《金华天宁寺元代正殿》,《文物参考资料》1954 年第 12 期。

[3] 刘敦桢:《真如寺正殿》,《文物参考资料》1951 年第 8 期;上海市文物保管委员会:《上海市郊元代建筑真如寺正殿中发现的工匠墨笔字》,《文物》1966 年第 3 期。

[4] 路秉杰:《从上海真如寺大殿看日本禅宗样的渊源》,《同济大学学报》(人文·社会科学版)1996 年第 2 期。

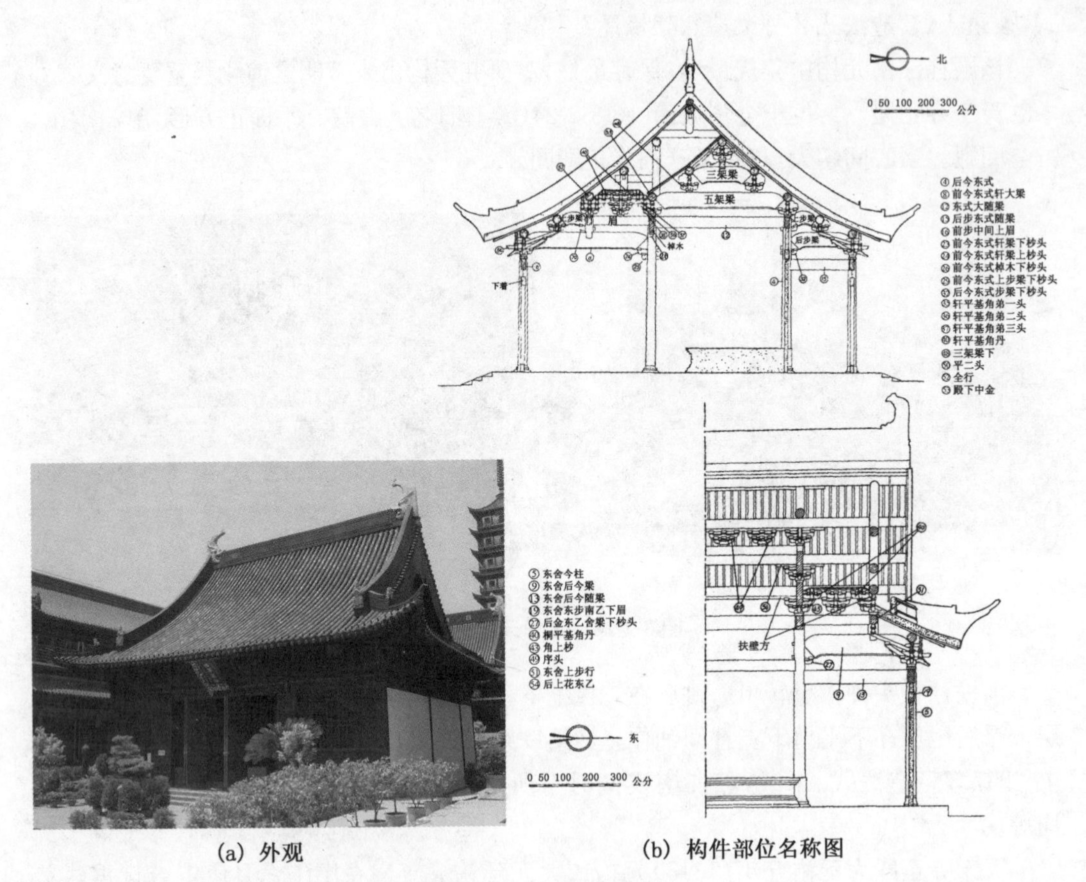

(a) 外观　　(b) 构件部位名称图

图 8-2-25　上海真如寺大殿

广胜下寺：位于山西洪洞霍山南麓，分上、下寺，下寺与水神庙邻[图 8-2-26(a)][1]。上寺有山门、飞虹塔、弥陀殿、大雄宝殿、地藏殿及厢房等，前塔后殿。明嘉靖间的琉璃塔——飞虹塔，享誉中外。下寺有山门、前殿、后殿、垛殿等[2]。下寺轴线上现存三座元构。

山门殿单檐歇山，前后各加披檐，形成类似重檐的效果，位置高坡，体量不大然颇壮观[图 8-2-26(b)]。

前殿(弥陀殿)悬山顶[图 8-2-26(c)]。柱头铺作、补间铺作(仅当心间一朵)均单下昂出一跳四铺作，明间柱头铺作里转出沓头压在乳栿下；次间柱头铺作里转出一跳压在下昂后尾(人字形斜梁)。殿内减柱。

---

〔1〕 李玉明：《山西古建筑通览》，太原：山西人民出版社，2001 年，第 251 页。

〔2〕 李永奇、严双鸿：《广胜寺镇志》，太原：山西古籍出版社，1999 年，第 304 - 305 页。

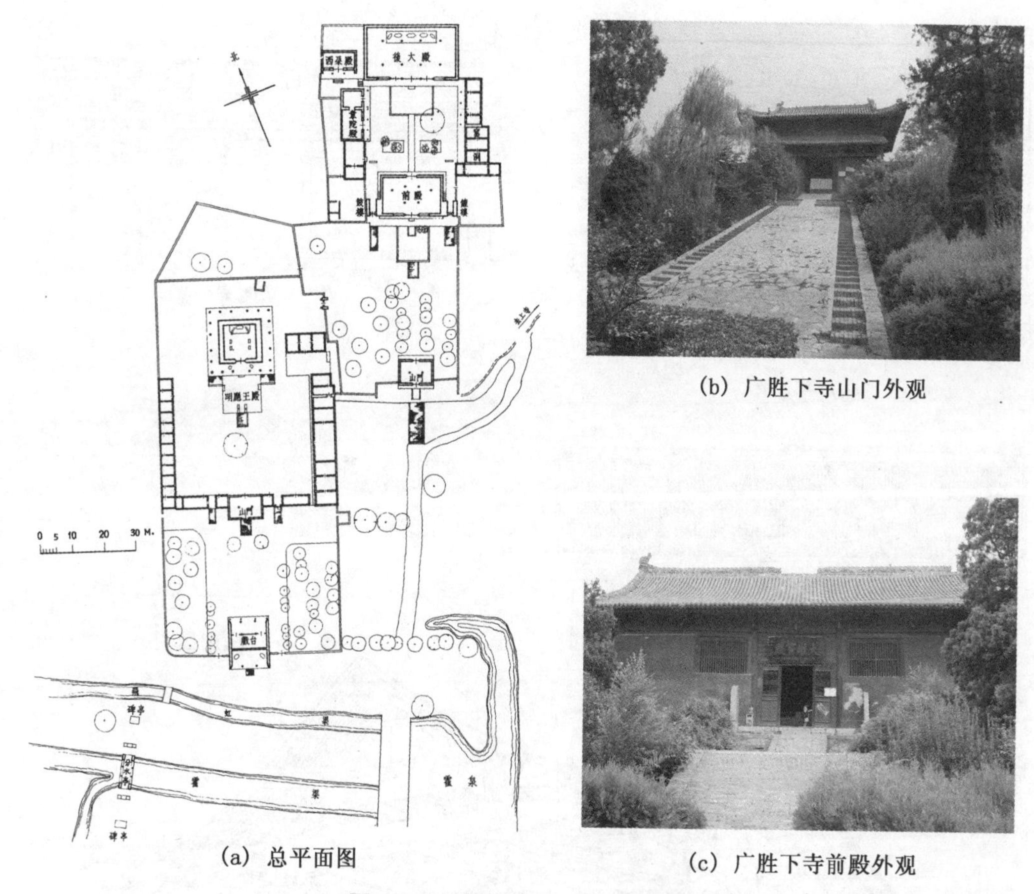

(a) 总平面图

(b) 广胜下寺山门外观

(c) 广胜下寺前殿外观

图 8-2-26　洪洞广胜下寺和水神庙

后殿(大佛殿、大雄宝殿、后大殿),重建于元武宗至大二年(1309),八架椽屋前后乳栿用四柱,大殿减柱,单檐悬山[1]。殿内四壁原绘有五十三幅壁画,画工精美,色泽富丽,系元至大二年重修佳作。1929 年,几经倒卖,现藏于美国纽约大都会博物馆[2](图 8-2-27)。

图 8-2-27　美国纽约大都会博物馆藏《药师经变图》

殿内用不整齐的圆料和弯料做梁、额等,梁架简率、随意。这反映元代北方木材紧缺的现实,亦为灵活、变通之法(图 8-2-28)。

〔1〕 刘临安:《中国古代建筑的纵向构架》,《文物》1997 年第 6 期。

〔2〕 赵芷仪:《论广胜下寺的元代壁画〈药师经变〉的流失》,《兰台世界》2013 年第 S2 期。

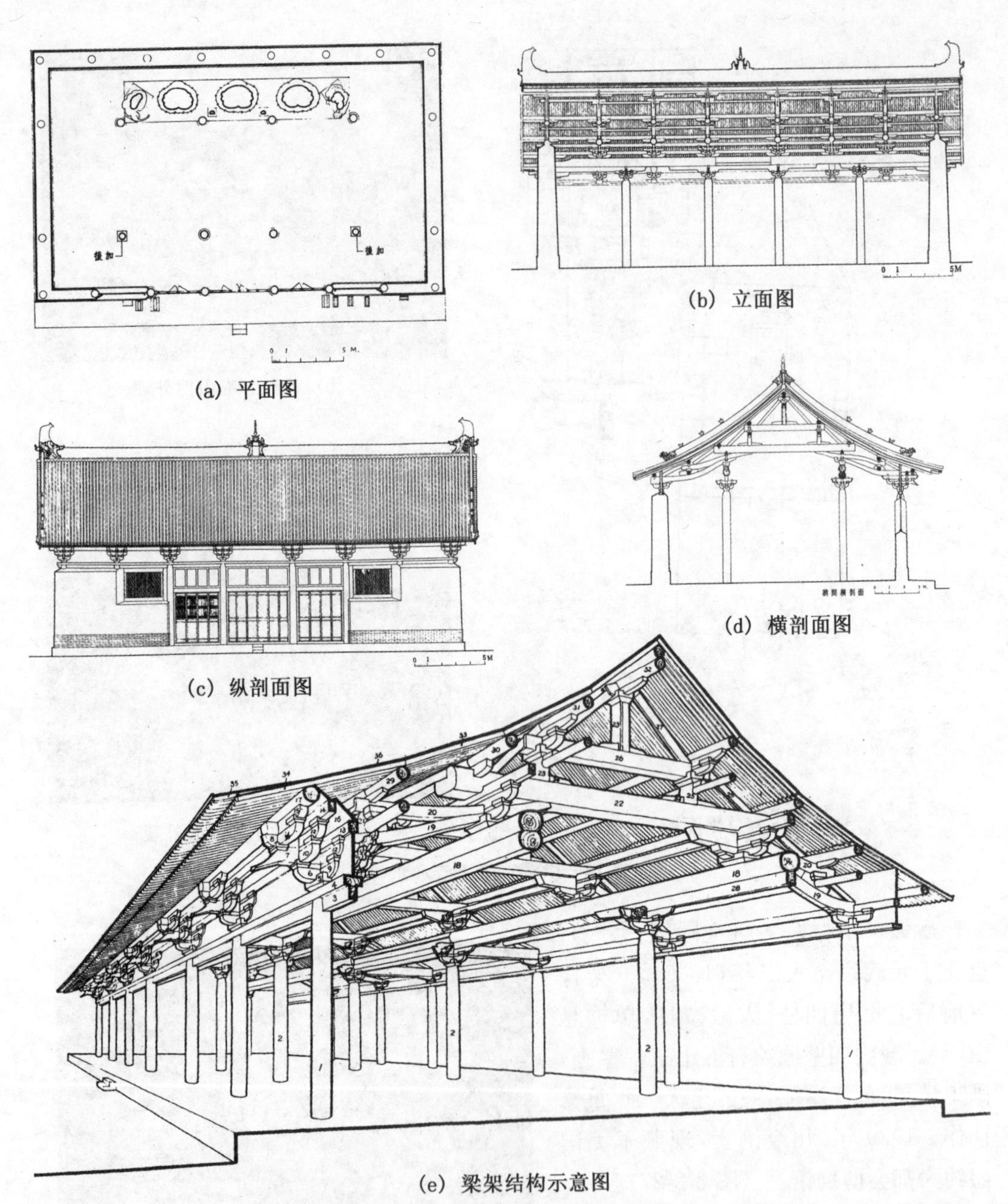

(a) 平面图　(b) 立面图　(c) 纵剖面图　(d) 横剖面图　(e) 梁架结构示意图

1—檐柱；2—内柱；3—阑额；4—普拍方；5—栌斗；6—华栱；7—昂；8—耍头；9—泥道栱；10—瓜子栱；11—令栱；12—慢栱；13—柱头方；14—罗汉方；15—替木；16—遮椽版；17—撩檐榑；18—内额；19—斜栿；20—劄牵；21—驼峰；22—四椽栿；23—蜀柱；24—角背；25—托脚；26—平梁；27—叉手；28—绰幕方；29—下平榑；30—中平榑；31—上平榑；32—脊榑；33—椽；34—檐椽；35—飞子；36—望版

图 8-2-28　洪洞广胜下寺后殿

普照寺大殿〔1〕:位于韩城东北昝村镇。寺内现存:大佛殿、土地庙、关公庙、伽蓝殿、护法庙、观音洞等。

大佛殿建于元延祐三年(1316),元泰定三年(1326)塑造佛像。前檐采用大檐额(图8-2-29)〔2〕。

图 8-2-29 韩城普照寺迁建的元代殿宇之一

大殿平面大致呈方形,正中设佛道帐,有佛台。佛道帐顶为木质天花,包括人物、花鸟等,笔墨生动,手法细腻。

慈云阁〔3〕:位于河北省保定市定兴县旧城中心的十字路口处,元大德十年(1306)建。20世纪50年代,当时寺院平面为"船"形,或象征佛教普度众生;南北中轴线依次有山门、前殿、慈云阁、后殿;两侧置东、西配殿、配房。现仅存慈云阁。

慈云阁坐北朝南,面阔三间,内部减柱造以扩大空间[图8-2-30(a)]。柱布置较特殊,下层檐柱附在上层檐柱之外,与上层檐柱间距离较近,仅隔16厘米[图8-2-30(b)]。

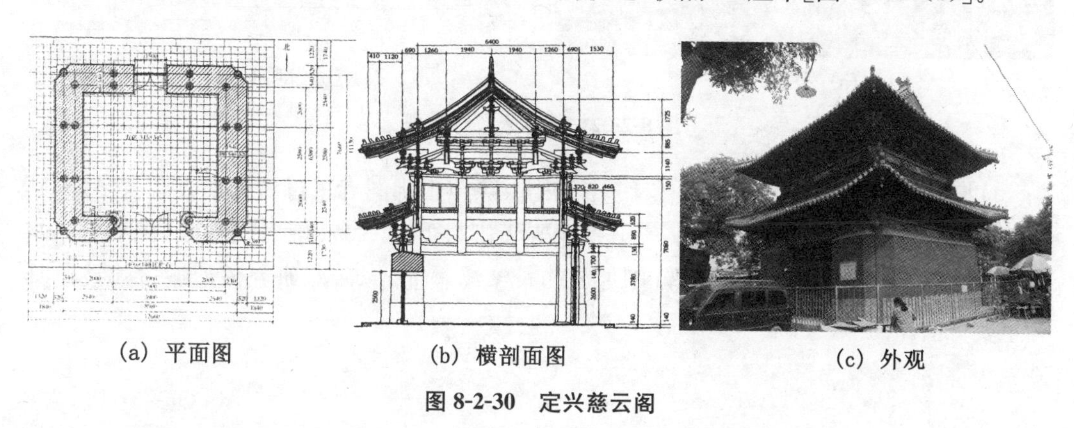

(a) 平面图 (b) 横剖面图 (c) 外观

图 8-2-30 定兴慈云阁

---

〔1〕 何修龄:《韩城县所见的元代建筑及其基本特征》,《文物参考资料》1953年第11期;贺林:《佛寺建筑赏析——韩城普照寺》,《文博》2005年第5期。

〔2〕 李平新、贺林、许艳:《韩城元代建筑搬迁保护工程》,《文博》2005年第4期。

〔3〕 聂金鹿:《定性慈云阁修缮记》,《文物春秋》2005年第3期。

屋顶举折平缓。上、下檐均置阑额、普拍枋,转角均出头,断面“T”字形,普拍枋出头作海棠瓣纹饰[图 8-2-30(c)]。

五龙庙:又名文昌阁,位于阆中河楼乡白虎村五龙山下[图 8-2-31(a)]。大殿抬梁构架,明间补间为简洁的斜梁[图 8-2-31(b)]。

(a) 外观　　(b) 梁架

图 8-2-31　阆中五龙庙

永安寺:位于阆中东南 45 公里水观乡,已修缮一新(图 8-2-32)。依山势由南至北中轴线上排列山门、观音殿、大殿。大殿内壁画,毁于“文化大革命”〔1〕。

(a) 外观　　(b) 剖面

图 8-2-32　阆中永安寺大殿

实际上,四川、重庆各地尚散落 10 座元构。除芦山佛图寺王母殿构架改动太多外,其余如眉山报恩寺大殿(图 8-2-33)、芦山青龙寺大殿(图 8-2-34)、峨眉飞来殿(图 8-2-35)、南部县醴峰观、潼南县独柏寺正殿(图 8-2-36)、蓬溪金仙寺等,对研究该地域古建技艺具有重要价值。

---

〔1〕 朱小南:《阆中永安寺大殿建筑时代及构造特征浅析》,《四川文物》,1999 年第 1 期。

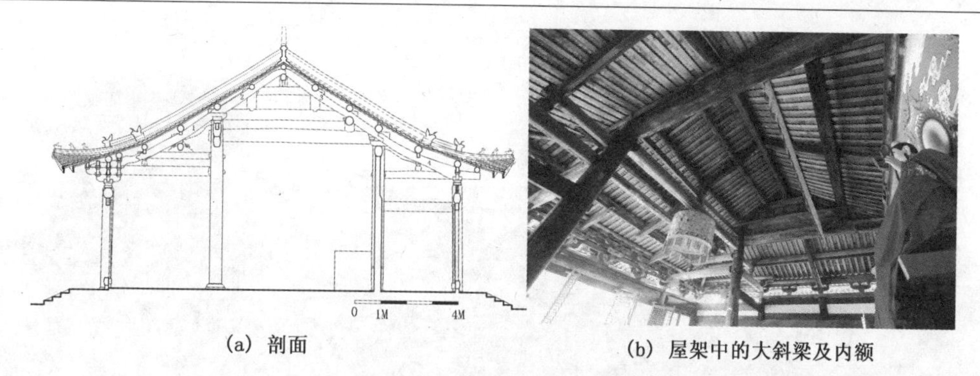

（a）剖面　　（b）屋架中的大斜梁及内额

图 8-2-33　眉山报恩寺大殿

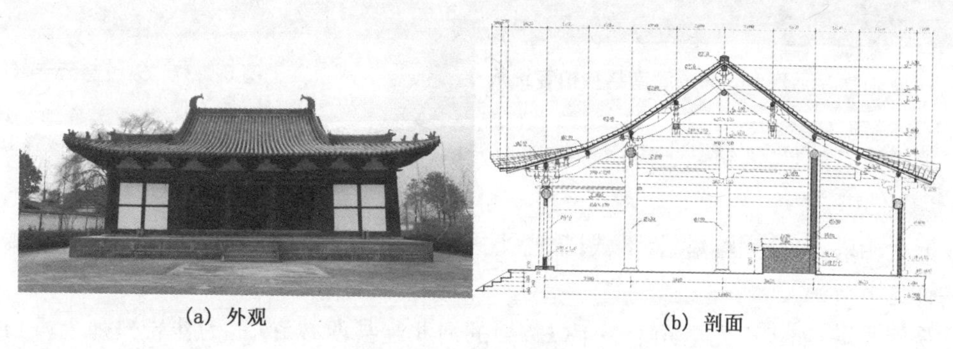

（a）外观　　（b）剖面

图 8-2-34　芦山青龙寺大殿

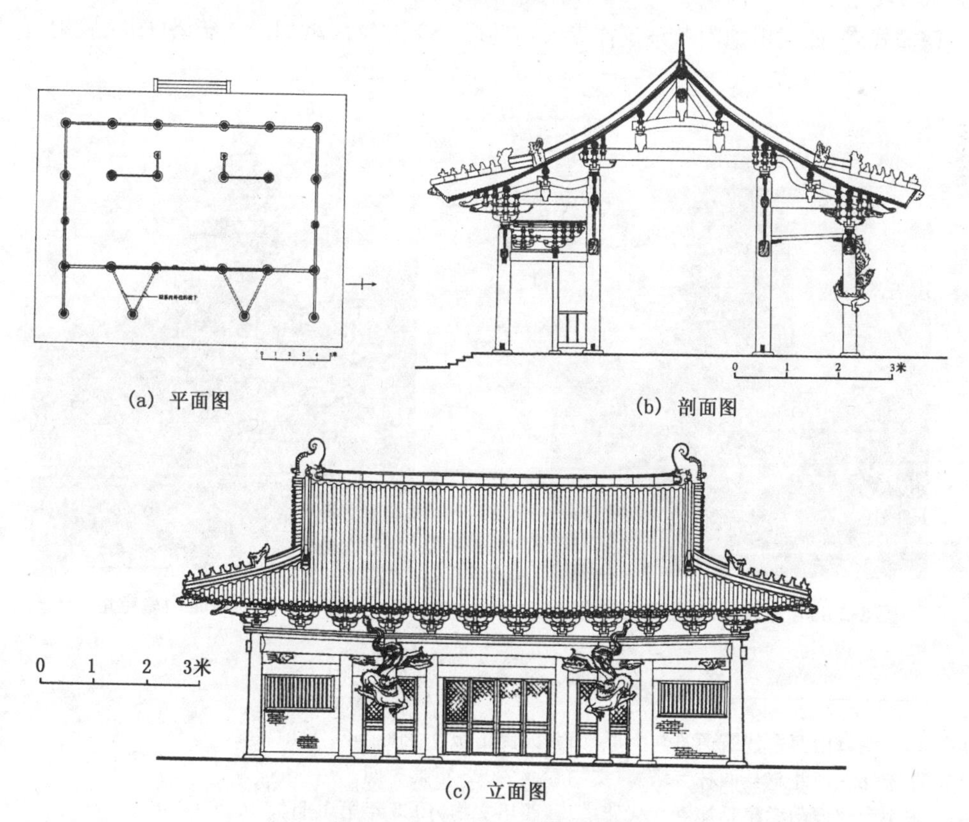

（a）平面图　　（b）剖面图

（c）立面图

图 8-2-35　峨眉飞来殿测绘图

图 8-2-36　潼南县独柏寺正殿　　图 8-2-37　天镇慈云寺鼓楼

值得注意的是,天镇慈云寺内钟鼓楼为元构,重檐圆攒尖,形制独特(图 8-2-37)[1]。

(3) 佛塔

元代佛塔,可分喇嘛塔、楼阁式塔、密檐式塔、多宝塔、单层塔及过街塔等(喇嘛塔、过街塔详见下节)。

楼阁式塔:如建于元至元十一年(1274)的河北赵县西林寺塔,为桂岩禅师墓塔,实心楼阁式砖塔,高约 14 米,4 层,六边形平面,塔身收分显著[2]。

密檐式塔:如四川德阳孝泉延祚寺元代砖塔[3]、北京砖塔胡同之砖塔(图8-2-38)[4]。

图 8-2-38　北京砖塔胡同之砖塔

图 8-2-39　普陀山多宝塔

〔1〕 李玉明:《山西古建筑通览》,太原:山西人民出版社,2001 年,第 81 页。

〔2〕 张宏伟:《河北赵县西林寺塔》,《文物春秋》2005 年第 3 期。

〔3〕 朱小南:《德阳孝泉延祚寺元代砖塔》,《四川文物》1985 年第 1 期。

〔4〕 王彬:《砖塔胡同:北京的胡同之根》,《北京规划建设》2005 年第 4 期。

多宝塔：如普陀山多宝塔，建于元元统二年(1334，图 8-2-39)〔1〕。

宋元以降，造塔超出佛教本义，演化出多用途之塔。禅林之塔大致分两种：一个人之塔，曰祖塔；一僧众之塔，曰普同塔〔2〕，或称普通塔、海会塔。“凡藏亡僧，骨植同归于一塔，故云普同塔”〔3〕。“此类塔都采用石材建造，式样有无缝塔式、多宝塔式、五轮塔式、单层塔式等”〔4〕。普同塔不仅是亡僧墓塔，也是功德塔乃至带特殊作用的风水塔；同时，“普同”含义也宽泛起来，不仅适用僧众，普通居士也在“普同”范畴〔5〕。

元代墓塔多样：

一经幢式塔。如山西交城石壁山玄中寺〔6〕、交城县城北 3 公里的万卦山天宁万寿禅寺的墓塔。数量较多。

二单层仿木构墓塔。河北平山万寿禅寺塔林中，有元大德元年(1297)、大德十一年(1307)、至大三年(1310)修建元代墓塔，均砖仿木构，六边形平面，六棱柱体塔身，单层单檐，檐部多施铺作，唯与现存少林寺、风穴寺、灵岩寺等塔林相比，塔型相对单一〔7〕。

三楼阁式塔。元代楼阁式塔相对较少，从现存遗构看，元代营建有若干石仿木构楼阁式墓塔，如曲阳不二寺慧净祖师塔〔8〕等。

四密檐式塔。蒙元宪宗七年(1257)的灵峰寺遗址上，有八角五层密檐式佛日圆明舍利塔。四川德阳龙护舍利塔，十三级密檐方塔，层檐收分呈抛物线形，造型古拙。

五喇嘛塔。陇西发现的一些小型舍利塔为灰陶或琉璃制成，在造型和功用方面有一些共同点。经分析研究，有用来存放高僧遗骨，有作礼拜之用〔9〕。

此外，江西九江地域曾出土专事殉葬的塔盖瓷瓶〔10〕。

2. 藏传佛教建筑

藏传佛教自九世纪中叶“朗达玛灭法”〔11〕后一度沉寂，至十世纪下半叶经“下部弘传”和“上部律传”再次在西藏兴起，开始藏佛教史上的“后弘期”〔12〕。

---

〔1〕 陈舟跃：《普陀山多宝塔考析》，《浙江海洋学院学报》(人文科学版)2007 年第 3 期。

〔2〕 周裕锴：《老僧已死成新塔——略论禅林僧塔之体制及其丧葬文化观念》，《宗教学研究》2013 年第 3 期。

〔3〕 [日]无著道忠：《禅林象器笺》卷二，见《佛光大藏经 · 禅藏 · 禅林象器笺一》，高雄：佛光出版社，1994 年，第 130 页。

〔4〕 张驭寰：《中国塔》，太原：山西人民出版社，2000 年，第 150 页。

〔5〕 王大伟：《汉传佛教普同塔研究》，《宗教学研究》2012 年第 4 期。

〔6〕 《玄中寺塔建筑》，《沧桑》1996 年第 5 期；孙安邦：《净土宗祖庭玄中寺》，《五台山研究》1987 年第 6 期。

〔7〕 董旭：《平山万寿禅寺塔林建筑形制及建筑年代考略》，《文物春秋》2014 年第 6 期。

〔8〕 杨海军、郭步艇：《山西古塔大观》，太原：山西经济出版社，2017 年，第 94 - 96 页。

〔9〕 常霞：《陇西发现的元代舍利塔研究》，《敦煌研究》2012 年第 6 期。

〔10〕 胡尧夫：《元代青花牡丹塔盖瓷瓶》，《文物》1981 年第 1 期。

〔11〕 彭英全：《西藏宗教概说》，拉萨：西藏人民出版社，1983 年，第 26 - 27 页。

〔12〕 后弘期是指吐蕃王朝解体后，特别是十世纪后半期，在新兴封建农奴主阶级的倡导、扶植下，复兴佛教的历史发展期。一般把佛教在西藏地区重新传播路线归结为两条，一条是“下部”(即卫藏地区)弘传，一条是“上部”(即阿里地区)弘传。后弘期的藏传佛教以诸派纷起、密宗盛行为主要特色。罗广武：《简明西藏地方史》，2008 年，第 100 页。

“后弘期”寺院发展迅速。宁玛派的敏珠林寺、亚钦寺;葛当派的扎塘寺、纳塘寺、热振寺和葱堆措巴;萨迦派的萨迦寺;葛举派的建叶寺、丹萨替寺;布敦派的夏鲁寺和阿里古格王国的托林寺,都是15世纪前建的著名寺院[1]。

十一世纪初至十四世纪末,是寺院发展及风格的成熟期[2]。

(1) 西藏

佛教入藏后,佛教建筑就一直在多种建筑文化影响中发生、发展,以藏族土著建筑文化为主,并受到印度(包括尼泊尔[3]、克什米尔)、中原的影响;而以佛教为纽带的文化联系在印度与西藏的交往,及西藏佛教文明的演化中起过尤为重大的作用[4]。

元以前,藏传佛教建筑主要受印度影响,入元后主要受汉族影响[5]。设立驿站又使得内地与西藏往来更加方便、迅速[6]。藏汉建筑文化迅速交融、发展。

萨迦寺:萨迦派主寺,坐落于日喀则西南150公里处的萨迦县城北山坡上,分南、北两寺,北寺在“文化大革命”中已毁。南寺规模宏大,形制特殊,寺藏文物丰富,地位重要[7]。

据传原萨迦北寺有拉康(佛殿)、贡康(护法殿)、颇章(宫殿)、拉让(主持宅邸)等108座。目前仅贡康努、拉让夏、仁钦岗等近十几年来修复,余皆断壁残垣[8]。

南寺与北寺布局不同。前者为典型的元代城堡式建筑格局,后者随山而筑相对自由,这或是因南寺为元代统一规划布局后兴建,萨迦派“政教合一”,使得萨迎南寺的建筑,不但包含了佛教的曼陀罗思想,且融入中国古代修建城郭的军事防御思想[图8-2-40(a)][9]。萨迦寺保存有大量的精美壁画,以萨迦法王像和曼陀罗最有特色,仅曼陀罗就有130多幅[图8-2-40(b)],誉称第二个敦煌[10]。

夏鲁寺[11]:位于日喀则东南约30公里的一处河谷平地上。原规模较大,除主殿夏鲁拉康外还有四座扎仓及活佛拉章、僧舍等[12],今夏鲁拉康仅存[图8-2-41(a)]。

其二层殿堂梁架、铺作均内地元代官式做法,上覆歇山顶,铺绿色琉璃瓦,仅用材稍小[图8-2-41(b)]。

夏鲁寺在西藏佛教寺院发展史上有着重要地位,就西藏现存佛教建筑而言,是典型的

---

[1] 于水山:《西藏建筑及装饰的发展概说》,《建筑学报》1998年第6期。

[2] 应兆金:《西藏佛教寺院建筑艺术》,见南京工学院建筑系编:《建筑理论与创作》,南京:南京工学院出版社,1987年,第230页。

[3] 周晶、李天:《尼泊尔建筑艺术对藏传佛教建筑的影响》,《青海民族学院学报》2009年第1期。

[4] 张力:《藏传佛教的印度源流初探》,《南亚研究季刊》1992年第1期。

[5] 陈建华、范鹏主编:《历代中央政府治藏方略研究》,北京:民族出版社,2013年,第65页。

[6] 刘芸:《谈元朝对西藏的政策》,《晋中学院学报》2005年第2期。

[7] 格桑:《古老的萨迦寺第二敦煌》,《中国文化遗产》2009年第6期。

[8] 张建林:《萨迦寺考古》,《文博》2006年第1期。

[9] 杨永红:《西藏古寺庙建筑的军事防御风格》,《西藏研究》2005年第1期。

[10] 段修业、汪万福、格桑、丹不拉:《西藏萨迦寺壁画保护修复研究》,《中国藏学》2010年第S1期。

[11] 陈耀东:《夏鲁寺——元官式建筑在西藏地区的珍遗》,《文物》1994年第5期。

[12] 谢彬:《西藏夏鲁寺及其佛教艺术》,《法音》2005年第4期。

(a) 庭院内景

(b) 大殿内景

图 8-2-40 西藏萨迦寺

汉藏建筑工艺结合体，受汉式建筑影响的最早实例〔1〕。

(a) 大殿内景

(b) 第二层局部

图 8-2-41 西藏夏鲁寺大殿

(2) 其他地域的藏传佛教建筑

有元一代，因统治者倡导，藏传佛教建筑各处发展。元大都成为佛教发展中心，惜未能保留〔2〕。

藏地以外的藏传佛教建筑大体分三类：藏式、汉式、汉藏混合式〔3〕。

藏式：与西藏佛教寺院类似，整体布局自由，各单体之间无明确轴线关系，单体自身往往有对称的中轴，多因地制宜将主体建筑布置在主位。

汉式：寺院整体布局、单体技艺等均与内地佛寺类似，有明确中轴线，主体建筑置于中轴线最主要位置。

---

〔1〕 欧朝贵：《汉藏结合的建筑艺术夏鲁寺》，《西藏研究》1992 年第 1 期。

〔2〕 佟洵：《佛教在元大都传布的历史考察》，《北京联合大学学报》（人文社会科学版）2009 年第 3 期。

〔3〕 雪犁：《中国丝绸之路辞典》，乌鲁木齐：新疆人民出版社，1994 年，第 127 页。

汉藏混合式:此种形式最常见,多在汉式佛寺基础上,中轴线上最重要的主体建筑,为汉藏结合的大经堂〔1〕。

大都敕建佛寺〔2〕:元世祖忽必烈时,推崇藏传佛教,地位远在其他宗派之上。有学者根据《元史》《析津志辑佚》《日下旧闻考》等统计,大都敕建佛寺有:大护国仁王寺、西镇国寺、大圣寿万安寺、大兴教寺、大承华普庆寺、大天寿万宁寺、大崇恩福元寺(南镇国寺)、大永福寺(青塔寺)、黑塔寺、大天源延圣寺、大承天护圣寺(西湖寺)、寿安山寺(大召孝寺、洪庆寺),共十二座,与《元史》相符。元末荡然。

其他地区:元代皇家佛寺不断建造,佛寺在蒙古草原的兴建,及藏传佛教寺院在中原和江南的兴起,是元代新寺的几个特色〔3〕。

除大都外,藏传佛教在藏区外广大区域内,亦有较广泛弘传。譬如:

五台山是中国四大佛教名山之"文殊道场"。自元代藏传佛教正式传入始,这里亦成为藏传佛教在中原内地的重要发展中心〔4〕。

杭州至今仍保留一些元代藏传佛教的遗迹,杭州飞来峰藏传佛教造像是其典型〔5〕。飞来峰现存元代造像68龛、117尊,其中藏传佛教造像33龛、47尊(图8-2-42)〔6〕。

图8-2-42　杭州飞来峰现存元代造像之一

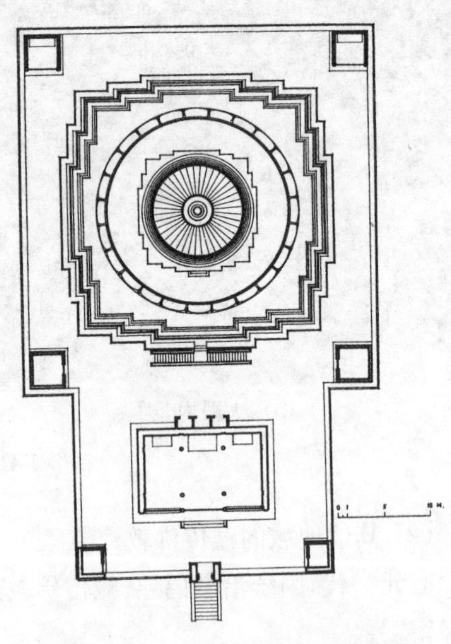

图8-2-43　北京妙应寺白塔平面图

〔1〕陈梅鹤:《塔尔寺建筑》,北京:中国建筑工业出版社,1986年,第51页。

〔2〕姜东成:《元大都城市形态与建筑群基址规模研究》,博士学位论文,清华大学,2007年,第159-195页。

〔3〕陈高华:《元代新建佛寺略论》,《中华文史论丛》2015年第1期。

〔4〕赵改萍:《略论元代藏传佛教在五台山的传播》,《内蒙古社会科学》(汉文版)2005年第5期。

〔5〕赵改萍:《元明时期藏传佛教在内地的发展及影响》,博士学位论文,四川大学,2007年,第127-142页。

〔6〕赖天兵:《杭州飞来峰元代石刻造像艺术》,《中国藏学》1998年第4期。

上海松江曾出土藏传佛教祖师铜造像[1]。

福建泉州清源山碧霄岩的三世佛造像与弥陀岩的阿弥陀佛造像相邻，是研究元代藏传佛教在江南传播，特别在福建的重要见证[2]。

(3) 藏传佛塔

藏式佛塔是藏传佛教体系中一种独具特色的佛塔形式[3]。藏传佛塔一般称喇嘛塔，其形制源自印度窣堵波(梵文 stupa，原指坟冢)[4]。

通常，佛塔用以供奉和安置舍利、经文及各种法物。十四世纪时，布顿大师对西藏佛塔的形制做出严格、具体规定，从此藏传佛塔不仅有理论依据，且形成较统一模式[5]。

白塔：常用于埋葬活佛和高僧的舍利、尸骨，供人礼拜，其形状接近印度窣堵坡和尼泊尔“覆钵式”佛塔。砖石砌筑，外涂白垩，故名。

喇嘛塔遗存数量最多。著名者如北京妙应寺白塔(图 1-1-12、图 8-2-43)、五台山塔院寺白塔、开鲁镇喇嘛塔[6]、广东新会圭峰山的“镇山宝塔”[7]等。

白塔在中国的出现与尼泊尔著名工匠阿尼哥(1243—1305)有关。阿尼哥曾在吐蕃建“金塔”，其后随帝师八思巴赴京，至元八年(1271)负责建造大圣寿万安寺白塔(妙应寺白塔)，历时八年。后又于“大德五年(1301)，建浮图于五台”，即塔院寺白塔。

大圣寿万安寺白塔(妙应寺白塔)，位于今北京阜成门内的妙应寺内。高 50.9 米，建在双层须弥座台基上，底面积达 1422 平方米。由塔基、塔身、塔刹三部组成。华盖顶上是一个鎏金铜制的小喇嘛塔，高近 5 米，重达 4 吨，用八根粗壮的铁链固定在宝盖上[8]。妙应寺白塔全部用砖砌造，外抹白灰，不事雕饰，塔身各部比例匀称，气势非凡，堪称杰作。

塔院寺白塔：位于五台山塔院寺内。元大德五年(1301)阿尼哥建，“释迦文佛真身舍利宝塔”，形制和妙应寺白塔基本相同，比例略有调整[9]。塔高 54.37 米，建在方形台基上。此外，在五台山显通寺藏珍楼中，保存一座元代钟形铜塔[10]。

过街塔[11]：建在街道中或大路上的塔，可供人通行。元代始出现，是为让过往行人顶戴礼佛。

---

[1] 徐汝聪：《一件珍贵的藏传佛教祖师像》，《东南文化》1999 年第 2 期。

[2] 陈立华：《元代藏传佛教在福建地区的遗迹考——以泉州清源山三世佛石刻题记为中心》，《中国藏学》2013 年第 4 期。

[3] 尕藏加：《藏式佛塔考述》，《中国藏学》1996 年第 3 期。

[4] 吴庆洲：《藏传佛教佛塔的象征意义及文化内涵》，《营造第一辑(第一届中国建筑史学国际研讨会论文选辑)》，第 137 - 142 页。

[5] 尕藏加：《藏式佛塔考述》，《中国藏学》1996 年第 3 期。

[6] 秦保平：《开鲁镇元代佛塔》，《内蒙古文物考古》1998 年第 1 期。

[7] 陈广恩：《略论元代广东地区佛教的传播与发展》，《华南师范大学学报》(社会科学版)2008 年第 1 期。

[8] 孙大章：《中国古今建筑鉴赏辞典》，石家庄：河北教育出版社，1995 年，第 645 - 648 页。

[9] 黄盛璋：《五台山大塔院寺白塔的来源与创建新考》，《晋阳学刊》1982 年第 1 期。

[10] 崔正森：《山西古塔的考察》，《佛学研究》1997 年第 00 期。

[11] 潘谷西：《中国古代建筑史》第 4 卷，北京：中国建筑工业出版社，2001 年，第 349 - 351 页。

现存最早过街塔实例是竣工于元至大四年(1311)的江苏镇江昭关过街塔(图8-2-44)、至正十四年(1354)大都卢沟桥过街塔[1]、元顺帝命大丞相与左丞相创建的居庸关过街塔[2]。

图 8-2-44 镇江昭关过街塔

过街塔存世甚少。云台山昭关过街塔,位于江苏镇江西津渡向东不远处。门洞形式与居庸关云台券门同,台上之塔为“瓶形”,又称“瓶塔”,寓意“河清海晏”“天下太平”[3]。这是我国目前唯一保存完好、年代最久的过街石塔[4]。与元至正年间武昌蛇山的胜象宝塔相似。

北京居庸关云台原是过街塔塔座,建于元至正年间。台上原有三塔,毁于元末明初的一次地震,仅存基座。台正中券门两端及门洞内壁布满浮雕,包括佛教图像、装饰花纹、经咒、六体文字石碑等,十分精美[5](图 8-2-45)。

3. 云南傣族的南传上座部佛教建筑

(1) 寺院

南传上座部佛教,多称“小乘佛教”,传入缅甸大致在公元前后[6],入我国云南时间、线路说法不一[7]。在云南傣族聚居区的傣族及其他少数民族(如布朗族、拉祜族、德昂

〔1〕 [明]宋濂等撰:《元史》卷五十二,《本纪第四十三·顺帝六》,北京:中华书局,1976 年,第 915 页。
〔2〕 谢继胜:《居庸关过街塔造像义蕴考——11 至 14 世纪中国佛教艺术图像配置的重构》,《故宫博物院院刊》2014 年第 5 期。
〔3〕 左广斌:《五塔辉映镇江城》,《江苏地方志》2002 年第 4 期。
〔4〕 范然、贾婧:《中国古渡博物馆——西津渡》,上海:上海文艺出版社,2007 年,第 100 页。
〔5〕 京山:《居庸关云台》,《北京档案》1987 年第 2 期。
〔6〕 王士录:《关于上座部佛教在古代东南亚传播的几个问题》,《东南亚纵横》1993 年第 1 期。
〔7〕 袁宁:《“上座部佛教传入中国”学术讨论会在昆明召开》,《云南社会科学》1983 年第 1 期。

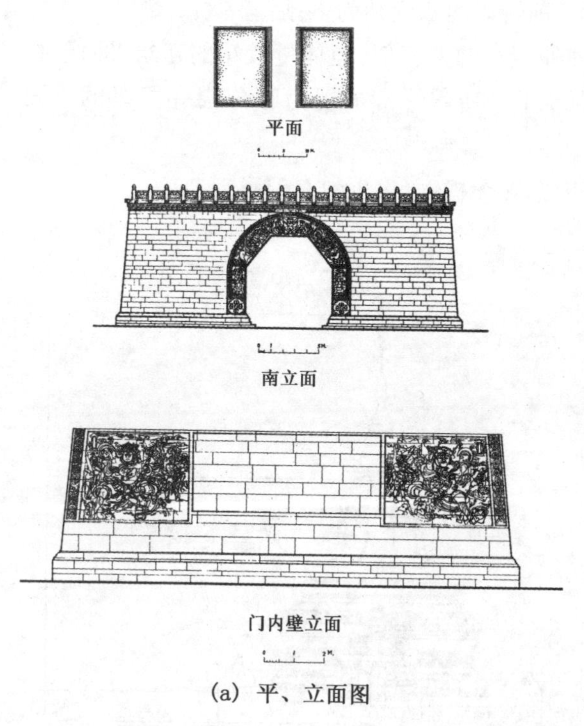

(a) 平、立面图

(b) 北立面外观

(c) 天王雕像之一

图 8-2-45　北京居庸关云台

族、阿昌族等)拥有大量信众,其中,傣族、布朗族、德昂族为全民信仰[1]。

这些地区的佛教建筑,经本地化过程渐进立足、发展起来[2],受东南亚地区建筑文化、中原内地建筑文化冲击,融合出自身的独特面貌。

南传佛寺按寺院组织系统,不仅是僧侣住所和宗教活动场所,也是普及教育机构和公众社会活动中心,群众活动的主要场所[3]。通常分三等:总佛寺、中心佛寺和基层佛寺[4]。

历史上,西双版纳的佛寺分四等:最高叫"瓦拉扎探"大总寺,设置在封建领主召片领的所在地——"暴帕抗"(宣慰厅),是统领整个西双版纳所有佛寺的总佛寺。

云南地区傣族佛寺的基本构成是佛殿、佛塔和僧舍,依地区与教派不同,还有戒堂、鼓房、藏经亭等不一的附属建筑。布局上,有以佛殿为主、以佛塔为主之别,所谓"僧寺"与"塔寺"。

佛殿是供僧侣及信众们举行宗教典礼或其他重要仪式的场所,平面多矩形,坐西朝东,主入口在东端山面,由于山面有中柱,故入口不在正中,一般偏向北侧。佛像置于西端

[1] 赵世林、陈燕、王玉琴:《南传上座部佛教与边疆民族地区和谐社会构建》,《西南民族大学学报》(人文社会科学版)2012 年第 12 期。

[2] 吴之清、杨杰、墨婧金:《试论南传佛教对云南傣族审美艺术的影响》,《宗教学研究》2013 年第 3 期。

[3] 刘扬武:《西双版纳傣族佛教建筑艺术浅谈》,《法音》1988 年第 10 期。

[4] 杨大禹、吴庆洲:《南传上座部佛教建筑及其文化精神》,《建筑师》2007 年第 5 期。

第二间面东[1]。建筑可分地面、干栏两类,前者以西双版纳为多;后者常见于德宏[2]。

西双版纳地区的傣族佛寺中还有一种外观与佛殿相似,但体量较小的建筑,即戒堂,为高级僧侣定期讲经以及新僧人受戒的专用场所[3],常被视为区分佛寺等级的重要标志。

戒堂朝向、构架、屋顶形式等与佛殿相似,多无檐廊,仅少数有门廊[4]。

(2) 佛塔

数量十分可观,有单塔、群塔和与佛殿结合的塔窟。

傣族佛塔大体可分塔基、塔座、塔身、塔刹四部。塔身常见覆钟式和叠置式两种。塔刹一般包括莲座、相轮、刹竿、华盖、宝瓶及风铎等(图 8-2-46)[5]。

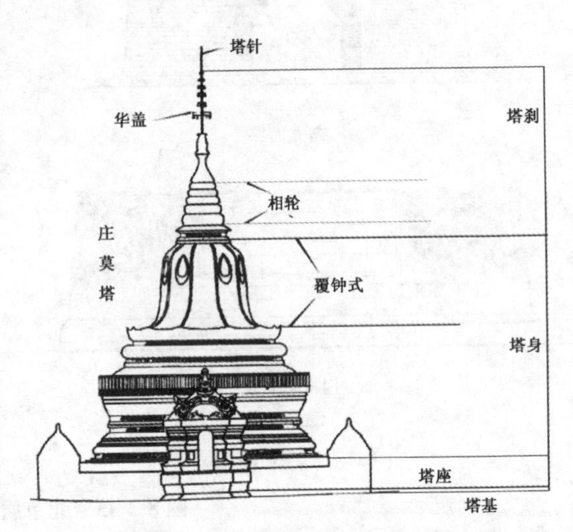

图 8-2-46　傣族元代佛塔示例

4. 道教建筑

(1) 概述

元代实行宗教包容政策,对道教采取兼容态度。成吉思汗赋予全真派掌门人丘处机总领道教,并准许全真派自由建造宫观,广收徒众,促成全真派之盛。

元统一全国后,全真派更向南方地区发展,势力更强。元皇室对全真祖师不断册封,也让全真派地位日益提高。全真派贵盛后热衷建造大殿高堂。史载全真派教首"居京师,徒众千百,崇墉华栋,连亘街衢。……道宫虽名为闲静清高之地,而实与一繁剧大官府无异焉"[6]。

正一派是元代颇受重视的另一道教派别,因尊张道陵为"正一天师",故称"正一道"。历代正一天师都被元室封为"真人"或"真君",元室还赐建宫观并赐命其教徒为道宫提点,此时江南一带的大型宫观不少被正一道士把持[7]。

至元十五年(1278)授玄教宗师张留孙道教都提点,锡银印,总摄江北、淮东、淮西荆襄道教事,自立玄教。元代后期元仁宗极为重视武当道教,武当道场已成为元政府为皇帝"告天祝寿"的专门场所,成了官方的御用道教[8]。

---

[1] 罗廷振:《西双版纳佛寺及其附属建筑的民族特色》,《云南民族学院学报》(哲学社会科学版)1994年第1期。

[2] 萧默:《中国建筑艺术史》,北京:文物出版社,1999 年,第 1047 页。

[3] 郭湖生主编,杨昌鸣著:《东方建筑研究下》,天津:天津大学出版社,1992 年,第 152 页。

[4] 萧默:《中国建筑艺术史》,北京:文物出版社,1999 年,第 1048 页。

[5] 郝云华、贺天增:《德宏傣族佛教建筑之佛塔艺术》,《民族艺术研究》2011 年第 5 期。

[6] [元]王鹿庵:《刱建真长观记》,《甘水仙源录》卷九,明正统道藏本,第 106 页。

[7] 任继愈:《中国道教史:增订本下》,北京:中国社会科学出版社,2001 年,第 734 页。

[8] 杨立志:《元代武当道教》,《宗教学研究》1991 年第 Z1 期。

除全真派、正一派、玄教(武当派)外，元廷还扶持了一些其他道教派系。元代末期，各教派间长期的互相影响而逐渐融合。

(2) 举要

或认为在我国现存172处元代古建中，仅陕西省就有30处，而渭南韩城多达23处，其中大部道教建筑[1]。如紫云观、九郎庙、韩城关帝庙(东前檐角柱为梭柱，陕西仅见)、三圣庙等。

三圣庙：原位于韩城市昝村镇薛村内，建于元至正十年(1350)。20世纪70年代末到80年代初，其献殿、正殿迁入韩城市南十公里的司马迁祠内。

献殿四架椽屋，当地俗称“明三间，暗五间”。前檐“大檐额”(檐栿)，有绰幕枋。

寝殿，单檐悬山顶，有阑额和普柏枋。

开封延庆观[2]：位于河南省开封市区西南隅，包公湖东北岸，仅存玉皇阁，仿木构，是(琉璃)砖瓦构筑的独特元代建筑。

玉皇阁坐北向南，三层，上八角下方，寓意“天圆地方”(图8-2-47)。

顶层平坐采用碧色琉璃构件砌成重层勾栏，国内罕见。前些年，为解决地下水侵害，对其采取了整体顶升保护措施[3]。

图8-2-47　开封延庆观玉皇阁外观

芮城永乐宫[4]：原在永济县。1959年3月，因建造三门峡水库，迁建芮城县北龙泉村[5]。中轴线上的山门、无极门(龙虎殿)、无极殿、纯阳殿、重阳殿等为元构[6]。

永乐宫是元朝道教建筑的典型(图8-2-48)。其中：

无极门：又称龙虎殿，平面分心，彻上明造，单檐庑殿。其大门门枕石雕刻石狮及栱眼壁所绘彩画都很精美，仅东北壁残存模糊不清的部分壁画[7]。

---

[1] 段晓明：《韩城元代道教建筑》，《现代装饰(理论)》2015年第1期。著者按：实际我国现存元代建筑数量众多。

[2] 洞天胜境：《全真祖师羽化地——延庆观》，《中国道教》1999年第2期。

[3] 张卫喜等：《开封延庆观玉皇阁的整体顶升工程设计》，《工业建筑》2009年第12期。

[4] 刘敦桢：《中国古代建筑史》，北京：中国建筑工业出版社，1980年，第261页。祁英涛等：《两年来山西省新发现的古建筑》，《文物参考资料》1954年第11期；山西省文物管理工作委员会编：《永乐宫》，北京：人民美术出版社，1964年，第7页。

[5] 吉：《永乐宫迁移重建竣工》，《美术》1963年第5期。

[6] 王世仁：《“永乐宫”的元代建筑和壁画》，《文物参考资料》1956年第9期。

[7] 傅熹年：《永乐宫壁画》，《文物参考资料》1957年第3期。

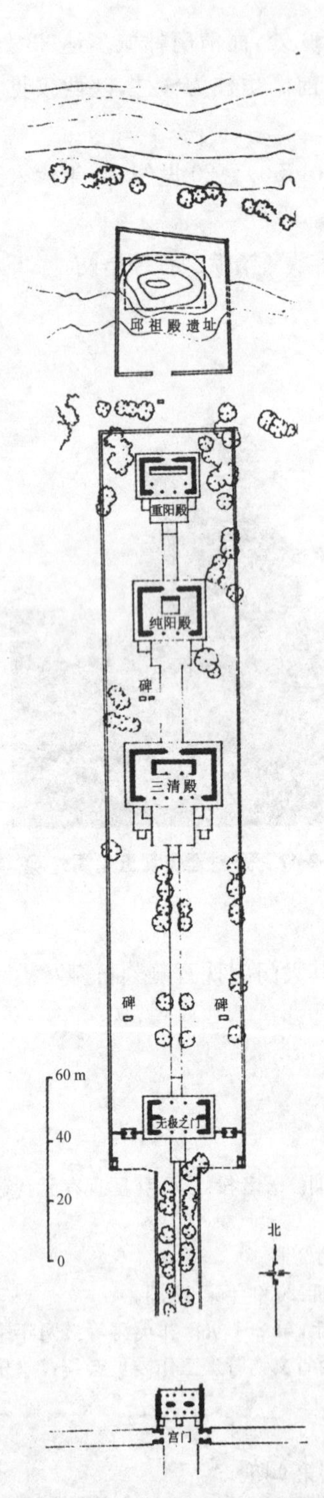

图 8-2-48　芮城永乐宫总平面图

(a) 外观

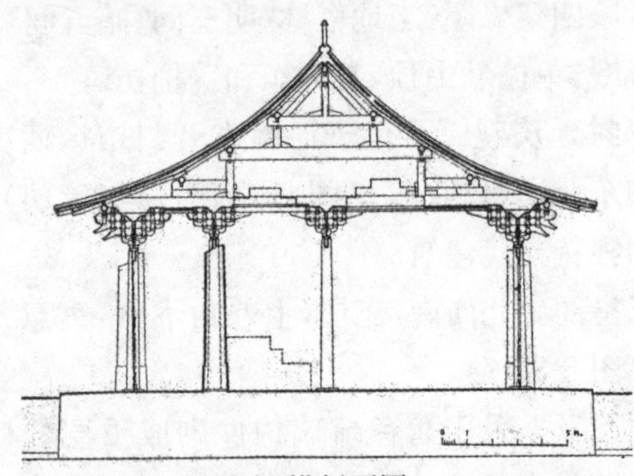
(b) 横剖面图

(c) 室内天花、藻井

(d) 壁画(局部)

图 8-2-49　永乐宫三清殿

三清殿：平面减柱，单檐庑殿。殿之外檐栱眼壁，次、梢间阑额即撩檐槫上枋心彩画部分用泥塑出，明间阑额彩画则在木材上镂刻而成，非常精致（或认为是清代补葺〔1〕）。推断殿内天花以下为元代原物，而天花以上混乱的梁架为后代修理时改换。殿内四壁满画神像，大部分年代不晚于元泰定二年（1325）。三清殿立面各部分比例和谐，稳重而清秀，仍保有些宋代建筑特点。屋顶有使用黄绿二色琉璃瓦的方胜，并有国内现存最大的象眼、礓䃰台基，是元代建筑中的精品（图 8-2-49）。

纯阳殿：平面减柱，单檐歇山。全部壁画“纯阳帝君仙游显化之图”共 212 平方米，52 幅连环壁画把吕纯阳的一生巧妙组织起来。完成于至正十八年（1358），比前殿晚 30 余年〔2〕。

重阳殿：又名七真殿，平面减柱，殿内彻上明造，单檐歇山。梁架全部彩绘，保留了不少元代原作〔3〕。殿中绘有全真教创始人王重阳的仙传壁画，故事情节大都来源于全真教的传记史料〔4〕。

三座大殿梁架与广胜下寺后殿不同，仍传承宋代建筑做法，规整有序。三清殿、纯阳殿均满堂天花、藻井，梁栿明草两套制度，是元代官式建筑大、小木作的典型[图 8-2-49(c)]。

永乐宫三座主殿内都留下了精美的壁画。尤其是三清殿内的壁画构图宏伟，题材丰富，线条流畅生动，为元代壁画代表作。不少描绘有各类建筑，值得进一步研究[图 8-2-49(d)]。

值得注意的是，原稷山县城西南三十里的小宁村兴化寺（俗称神画寺），寺中有元代著名画家朱好古、张伯渊于 1298 年画的壁画，惟七佛图尚在国内，重要部分帝后削发图等现在国外。山西稷山青龙寺内的大殿、腰殿、伽蓝殿都有壁画，比永乐宫壁画稍晚而高度相似，甚或与乐宫壁画同一粉本或副本（图 8-2-50）〔5〕。

图 8-2-50　稷山青龙寺壁画——腰殿西壁壁画

峨眉飞来殿〔6〕：位于四川省峨眉县城北 2 公里的飞来岗上，坐西向东，原名东岳庙，明崇祯八年（1635）改称飞来殿。1984 年落架维修时在一处角梁上发现刻“元大德戊戌年”（1298）的铁卯栓，确为元构。

---

〔1〕 朱希元：《永乐宫元代建筑彩画》，《文物》1963 年第 8 期。
〔2〕 陆鸿年：《永乐宫壁画艺术》，《美术研究》1959 年第 3 期。
〔3〕 山西省文物管理工作委员会：《永乐宫》，北京：人民美术出版社，1964 年，第 9 页。
〔4〕 张方：《永乐宫重阳殿的地狱经变图与元代神仙道化剧》，《山西档案》2013 年第 3 期。
〔5〕 王泽庆：《稷山青龙寺壁画初探》，《文物》1980 年第 5 期。
〔6〕 李显文：《峨眉东岳庙飞来殿和香殿进行落架维修》，《四川文物》1984 年第 3 期；王小灵：《峨眉山市元代古建筑飞来殿落架维修及香殿搬迁工程》，《四川文物》2002 年第 2 期。

飞来殿面阔五间，进深五间，前设檐廊，减柱、移柱，前廊呈现三开间，单檐歇山顶。殿内彻上明造，梁架规整，檐柱侧脚、生起明显，具宋构遗风(图 8-2-51)，是南方元构珍品。

图 8-2-51　峨眉飞来殿檐下铺作

5. 伊斯兰教建筑

(1) 概述

元代是中国伊斯兰教传播的黄金时代。大量穆斯林涌入中原并散居各处，“回回遍天下”，回族产生[1]。

至元十年(1273)元世祖下令：“探马赤军，随地入社，与编民等”。从此，他们过着“屯戍”即兵农合一的生活。除与他族杂居外，一般聚居在一村一营，成为后世回回村、回回营的雏形[2]。有研究者认为，元延祐二年(1315)咸阳王赛典赤·瞻思丁奉敕重建陕西西安长安寺，奏请赐名“清真”以称颂清净无染的真主，始有清真寺之名[3]。

唐宋时，清真寺除作为宗教活动场所外，还是增强穆斯林情感和社会联系的场所，也是处理穆斯林事务的办公场地；至宋代，清真寺还有司法和外交功能；元代清真寺增加了祝延圣寿的功能，司法权也有所扩大[4]，此时修建、扩建清真寺(礼拜寺)亦众。

三块在中国伊斯兰教历史上重要的元代碑记，分别为河北定县的《重建礼拜寺记》[5]、广州《重建怀圣寺之记碑》和泉州《重立清净寺碑》均有所载。

---

[1] 于卫青：《论元代伊斯兰教在中国传播的原因》，《聊城师范学院学报》(哲学社会科学版)1998 年第 1 期。

[2] 刘祯：《略述元代的回回》，《内蒙古社会科学》1982 年第 2 期。

[3] 虎利平：《云南清真寺的建筑风格》，《今日民族》2012 年第 3 期。

[4] 苏雪、刘锦：《中国清真寺社会功能的历史演变》，《河北经贸大学学报》(综合版)，2009 年第 3 期。

[5] 有学者重新校订，马生祥：《定州清真寺元明清三幢古碑之校点》，《回族研究》2002 年第 3 期。也有学者断其为明碑，杨晓春：《河北定州清真寺〈重建礼拜寺记〉撰写年代详考》，《中国文化研究》2007 年第 3 期。

(2) 举要

福建泉州清净寺:《重立清净寺碑》:“金阿里质以已赀,一新其寺,……今泉造礼拜寺,增为六七。”(图 8-2-52)福州南门兜清真寺也在元代得到修缮(米荣《重建清真寺记》)。

(a) 外观

(b) 内景

图 8-2-52　泉州清净寺

浙江杭州真教寺:据清康熙九年碑载“创自唐,毁于季宋,元辛巳年有大师阿老丁者,来自西域,息是于杭,瞻遗址而慨然捐金……”[1]。

元代伊斯兰教在中国东南沿海的传播和发展可通过《伊本·白图泰游记》,得到初步佐证[2]。

除一般外观仍基本保留阿拉伯形式、后窑殿用砖砌拱顶外,开始吸收中国传统建筑的平面布局和木结构体系,出现从阿拉伯式向中国建筑的过渡形式或中西混合的清真寺。如杭州的凤凰寺、河北定县礼拜寺等[3]。

五、文娱、科学建筑

1. 文娱建筑

我国古代的舞台戏曲表演大体可分民间娱乐、庙宇祭祀两种。前者由街头杂耍演化而来,主要指酒肆、茶楼中的曲艺表演等;后者主要为庙宇中祭祀神明时表演的节目,所谓“娱神”[4]。

元代是中国戏曲艺术发展的黄金期。勾栏是元杂剧演出的主要基地。元代戏剧中,有关勾栏演出的描述多见。元代勾栏有划分场内场外的“栏”,也有遮风蔽雨的“棚”。当时的勾栏即剧场,已有完整的建筑。剧场呈圆形,中央是高耸如钟楼的戏台,四周是梯形

---

[1] 陆芸:《元代伊斯兰教在中国东南沿海的传播与发展》,《西北民族大学学报》(哲学社会科学版)2008 年第 6 期。

[2] 伊本·白图泰著,马金鹏译:《伊本·白图泰游记》,银川:宁夏人民出版社,1985 年。

[3] 张伟达、冯今源:《清真寺建筑艺术》,《中国宗教》1996 年第 2 期。

[4] 柳素:《中国古代戏台建筑与观演文化》,《宁波保国寺大殿建成 1000 周年学术研讨会暨中国建筑史学分会 2013 年会论文集》,2013 年,第 1 - 6 页。

的观众席[1]。江苏太仓樊村泾元代遗址房屋基址中发现两处戏台遗迹,戏台下埋有两排多口大缸,以增强共鸣声效。

现存元代戏台实例以山西省最丰富,而又以山西南部,特别是古平阳地区(今临汾和运城一带)最集中[2]。

金元时戏台全国现有8座,7座在晋南[3]。山西元代戏台多面阔、进深一间,平面基本呈方形。元代戏台往往在大额枋上置抹角梁,层叠而上构成藻井。戏台多用单檐歇山顶,屋顶举折较平缓[4]。

下文以山西牛王庙戏台、董村戏台等为例。

(1) 牛王庙戏台[5]

位于山西省临汾市尧都区西北25公里的魏村镇魏村,庙址坐北朝南。

戏台前檐两根石柱上有元代题记,西柱:“交底村都维那郭忠臣,蒙大元国至元二十年岁次癸未季春竖石石泉村施石人杜李”;东柱:“交底村都维那郭忠臣次男郭敬夫,维大元国至治元年岁次辛酉孟秋下旬九日竖,石匠赵君王”,与碑记完全相符。可知,戏台建于元至元二十年(1283),至治元年(1321)重修。

戏台面阔、进深皆一间,平面近方形,单檐歇山(图8-2-53)。

(a) 外观

(b) 藻井

图8-2-53　牛王庙戏台

临汾市城西还有元代王曲村东岳庙戏台、东羊村后土庙戏台。东岳庙戏台正方形,两侧山墙亦有辅柱,进深三分之一左右。后土庙戏台建于至元五年(1345),八卦形斗八藻井,十分精美[6]。

---

〔1〕 李祥林:《从“勾栏”看元代城市的戏剧演出》,《文史杂志》2003年第2期。
〔2〕 薛林平、王季卿:《山西元代传统戏场建筑研究》,《同济大学学报》(社会科学版)2003年8月。
〔3〕 朱向东、佟雅茹:《晋南金元戏台视听功能浅析》,《华中建筑》2013年第3期。
〔4〕 薛林平、王季卿:《山西元代传统戏场建筑研究》,《同济大学学报》(社会科学版)2003年8月。
〔5〕 柴泽俊:《山西临汾魏村牛王庙元代舞台》,《建筑历史与理论第5辑》,北京:中国建筑工业出版社,1997年,第183－189页。
〔6〕 乔忠延:《元代戏台群》,《中关村》2003年第4期。

(2) 董村戏台[1]

坐落于中条山下。据戏台所嵌清康熙十五年(1676)《重修乐楼记碑》载,该戏台创建于元至治二年(1322),清乾隆二十六年(1761)、嘉庆二十四年(1819)两次重修。

戏台坐南朝北,平面近方形,面阔三间、进深四椽,单檐歇山。立柱粗矮柱头有卷刹,元代特征明显。

2. 科学建筑

元代我国天文科学有较大发展。至元十三年(1276)元世祖任用郭守敬和王恂在大都建太史院,进行历法改革。于至元十七年(1280)编制出当时世界上最先进的立法之一——《授时历》[2]。目前,司天建筑仅登封遗留一处。

观象台(观星台):位于河南登封东南15公里的告成镇北岭上[3],是古代所谓"地中"之处,亦为元代全国27处观测点的中心台(图8-2-54)。

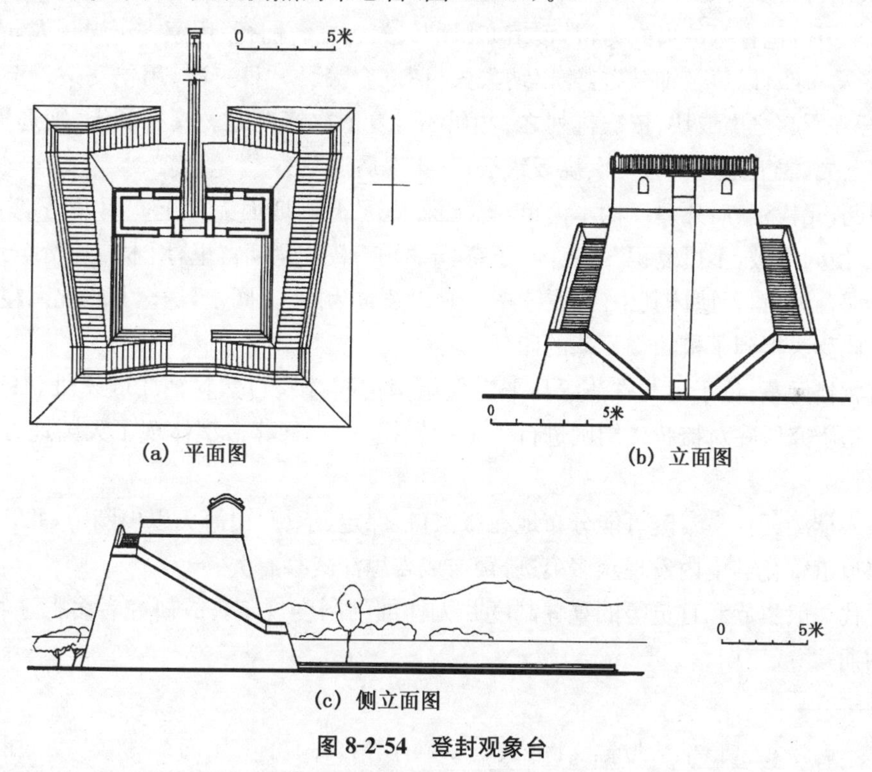

(a) 平面图　(b) 立面图

(c) 侧立面图

图 8-2-54　登封观象台

观象台为砖石建筑,由台身和石圭两部组成。2003年7月,发现一处与观象台同期,同处一条中轴线上、较完整的大殿基址[4]。推测为观象台之附属建筑。

---

[1] 王晓玫:《董村元代戏台与元杂剧》,《文物世界》2011年第3期。

[2] 潘鼐、盛钧:《郭守敬和他的科学贡献》,《自然杂志》1981年第11期。

[3] 宋秀兰、张高岭:《登封观星台元代建筑遗址探析及复原设计》,《古建园林技术》2010年第3期。

[4] 郑州市文物考古研究院、登封市文物管理局:《河南登封市观星台元代大殿基址发掘简报》,《华夏考古》2010年第4期。

六、陵 墓

元代是中国古代政治制度上的重要变革期,元世祖在建立元代制度时主要吸取金朝的制度,同时大量保留蒙古旧制[1]。

1. 帝陵

元代皇室与蒙古宗室贵族死后都“秘葬”蒙古高原,至今未见踪迹。

“凡帝后有疾危殆,度不可愈,亦移居外毡帐房。有不讳,则就殡殓其中。葬后,每日用羊二次烧饭以为祭,至四十九日而后已。其帐房亦以赐近臣云”。“凡宫车晏驾,棺用香楠木,中分为二,刳肖人形,其广狭长短,仅足容身而已。殓用貂皮袄、皮帽,其靴袜,紧腰、盒钵,具用白粉皮为之。殉以金壶瓶二,盏一,碗碟匙箸各一。殓讫,用黄金为箍四条以束之。舆车用白毡青绿纳失失为帘,覆棺亦以纳失失为之。前行,用蒙古巫媪一人,衣新衣,骑马,牵马一匹,以黄金饰鞍辔,笼以纳失失,谓之金灵马。日三次,用羊奠祭。至所葬陵地,其开穴所起之土成块,依次排列之。棺既下,复依次掩覆之。其有剩土,则远置他所。送葬官三员,居五里外。日一次烧饭致祭,三年然后返”[2]。

因此,元代帝、后死后以楠木为棺,掘土深埋葬[3]。地面无封土,“用万马蹴平,候草青方已,使同平坡,不可复识”[4]。叶子奇《草木子》载,“元朝宫里,用木二片凿空其中,类人形小大合为棺,置遗体其中,加髹漆毕。则以黄金为圈,三圈定,送至其直北园寝之地深埋之”,此葬法得到了梳妆楼元墓的印证[5]。

梳妆楼元墓:位于河北省沽源县平定堡镇南沟村楼底自然村西150米处,1999年河北省文物研究所在对梳妆楼周围进行了勘探发掘[6]。墓葬造型体现了天圆地方的宇宙模式[7]。

有人推测元代皇帝陵可能分布地在张家口、保定、承德、山海关以内圈中,并认为目前在张家口市宣化县境内发现众多痕迹,疑与成吉思汗陵墓有关[8]。

元代一般贵族和官员等的墓葬制度并无详细的制度规定。故研究者多据遗物探讨,可分两期[9]或三期。

---

〔1〕 秦大树:《宋元明考古》,北京:文物出版社,2004年,第226页。

〔2〕 [明]宋濂等撰:《元史》卷七十七,《志第二十七下·祭祀六》,北京:中华书局,1976年,第一九二六页。

〔3〕 额尔德木图:《论元代蒙古族丧葬风俗》,《内蒙古民族大学学报》(社会科学版)2001年第1期。

〔4〕 [清]孙承泽:《春明梦馀录》卷七十,陵园,四库全书文渊阁本,第932页。

〔5〕 张家口市文物考古研究所编著:《边塞古迹 张家口文物保护单位通览》,北京:科学出版社,2012年,第59页。

〔6〕 任亚珊、张春长:《沽源萧后“梳妆楼”实为元代蒙古贵族墓》,《中国文物报》2000年4月23日第一版。

〔7〕 潘莹、赵晓霞、赵晓冬:《北方蒙元贵族墓葬建筑文化特征浅析——以河北沽源梳妆楼为个案》,《才智》2013年第19期。

〔8〕 佚名:《千年隐秘 成吉思汗陵墓的七大谜团》,《大陆桥视野》2007年第11期。

〔9〕 徐苹芳:《金元墓葬的发掘》,《新中国的考古发现和研究》,北京:文物出版社,1984年,第607-609页。

2. 一般墓葬

从地域来看，元朝墓葬南北差异明显，北方元墓变化明显而强烈，南方基本是南宋的延续。

(1) 北方〔1〕

主要集中在辽宁、内蒙古、河北、山东、山西、北京、陕西、甘肃和新疆等地。

可以从地表遗存、墓葬构造、墓葬壁画、砖雕及仿木构装饰等几方面，对北方蒙元墓葬形制进行类型划分。例如：

墓葬地表遗存主要包括墓茔、石雕像、石碑、墓顶石、石堆和石块堆积及祭祀建筑六类。

墓葬构造分土坑墓、砖室墓（图 8-2-55）、石室墓（图 8-2-56）、土洞墓、石圹墓和砖石混筑墓六类。

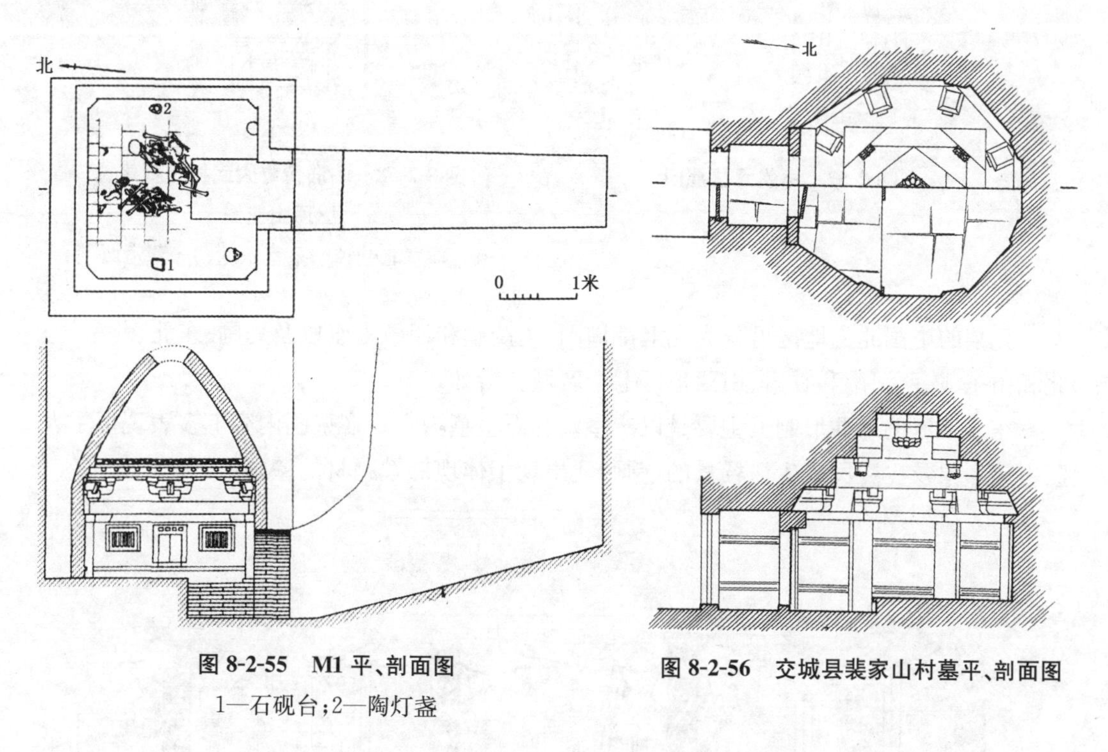

图 8-2-55　M1 平、剖面图

1—石砚台；2—陶灯盏

图 8-2-56　交城县裴家山村墓平、剖面图

墓室壁画和砖雕装饰的题材大致可分为六型。主要包括墓主人夫妇的形象和活动图、侍者图、孝行图、杂剧题材、宗教题材以及其他花鸟山水图画。仿木构装饰主要有墓门（图 8-2-57）、墓室内斗栱及建筑屋顶山花类装饰（图 8-2-58）等。

---

〔1〕 爱丽思：《中国北方地区蒙元时期墓葬形制研究》，硕士学位论文，内蒙古师范大学，2011 年。

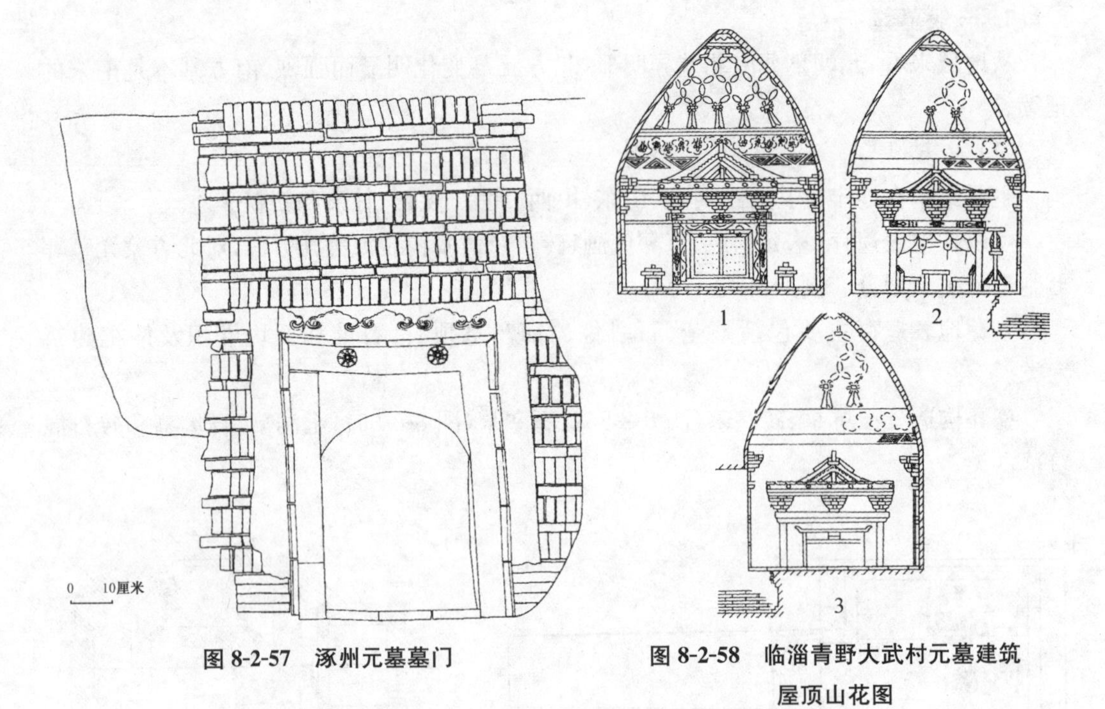

图 8-2-57　涿州元墓墓门

图 8-2-58　临淄青野大武村元墓建筑屋顶山花图

1—墓室北壁；2—墓室东壁；3—墓室西壁

元墓的中国北方地区可分为元上都周围、达茂旗和四子王旗以及周围、东北、北京、河北和山东、陕西河南和甘肃、山西地区七个区域。譬如：

东北地区的墓葬形制上主要是以砖室墓和石室墓为主。在壁画内容上多表现墓主人蒙古族形象及少数民族生活场景的壁画，还出现了体现佛教题材的壁画。

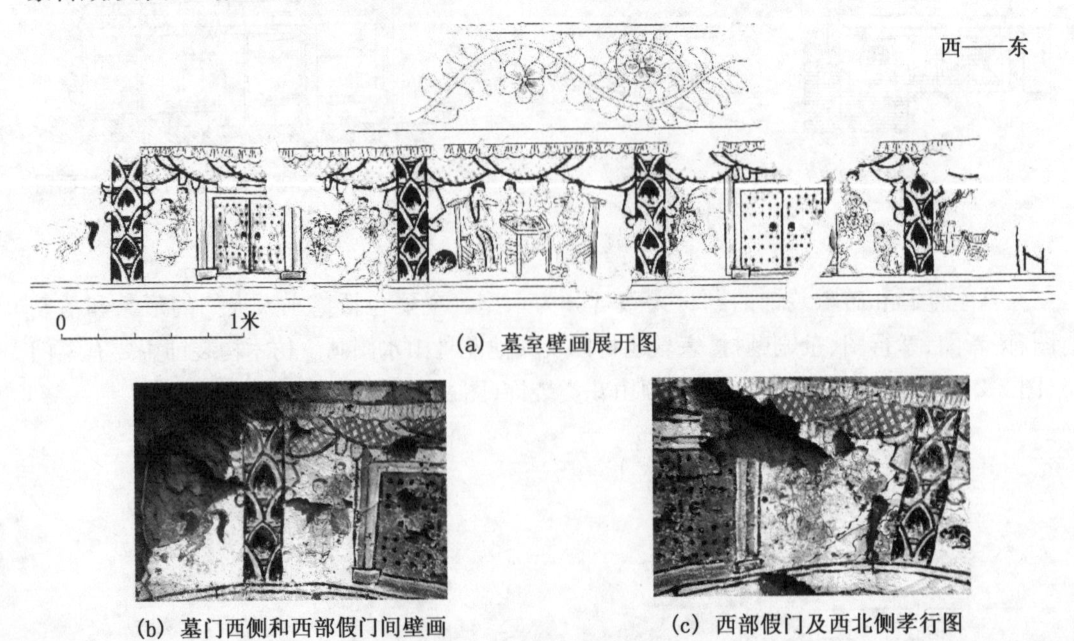

(a) 墓室壁画展开图

(b) 墓门西侧和西部假门间壁画

(c) 西部假门及西北侧孝行图

图 8-2-59　邢台邢钢墓室壁画

河北和山东地区的墓葬形制以砖室墓为主。壁画和砖雕的主要内容有墓主人对坐或并坐图、侍者图、孝行图、以花鸟山水画等。壁画墓中经常出现在墓室内的两个或者三个壁面装饰假门窗(图 8-2-59),使整个墓室看起来近似一个四合院的天井。

山东地区的仿木结构装饰在北方地区的蒙元墓葬中,较复杂和华丽(图 8-2-60,图 8-2-61)。

图 8-2-60 济南大武村壁画及仿木结构装饰

图 8-2-61 临淄大武村元墓砖雕和壁画——墓室东壁、后壁,墓门东侧

图 8-2-62 南平市三官堂元代纪年墓墓室结构及彩绘、墓室彩绘(局部)

河南和陕西及甘肃墓葬形制以土洞墓比较常见,还有另一种墓葬是传统的仿木结构砖室墓,仿木斗栱已大大简化,甚至不用。这一地区有些墓室壁画墓主人夫妇形象和服饰装扮都具有典型的蒙古族形象特点,同时壁画内容多为蒙古贵族生活场景,如狩猎、宴饮及放牧等景象。

北方发现蒙元墓葬最多的是山西省,主要是带有壁画或者砖雕的石室墓和砖室墓。壁画装饰题材十分丰富。

(2) 南方〔1〕

江南地区的元墓基本是南宋后墓葬的延续,以长方形券顶砖室墓为多,少量单室,流行并列双室或多室墓,并延续两墓间开一处或数处通道相连,或两墓共用隔墙、"同茔异穴"。

长江上游:主要包括四川省、重庆市和贵州省大部,区内元墓与宋墓一脉相承,变化不大。

成都平原仍以长方形券顶砖室墓为主,如华阳皇庆二年(1313)杨氏墓〔2〕。

四川盆地周围的丘陵地区,从川南到贵州省乌江以北,元代仍流行石室墓,有单室、并列双室石室墓和砖室石顶墓,如四川广汉大德十年(1306)墓、重庆北碚大德年间墓〔3〕等。宋代流行的仿木构石室墓已基本不见。

贵州地区元墓以播州土司杨氏家族墓〔4〕最著,已发现并清理 8 座,从南宋到明中后期,均为大型多室石雕墓。另乌江以北清理 20 多座宋明此类大型石室墓及小型石室墓、竖穴土坑墓和崖墓等〔5〕。

云南和四川南部原为大理国区域,曾清理 2 000 余座火葬墓,形制变化不大,难以单独区分元墓。均在较小的竖穴土圹中置陶骨灰罐,用石块封堵上口,墓上有墓幢或墓碑,多梵文,汉字简单。此类墓群相对集中在四川西昌地区〔6〕、云南剑川〔7〕、禄丰黑井〔8〕、宜良孙家山〔9〕、红河州泸西和尚塔〔10〕、大理凤仪镇大丰乐〔11〕。此区土坑火葬墓与大理

〔1〕 秦大树:《宋元明考古》,北京:文物出版社,2004 年,第 226 - 229 页。
〔2〕 张才俊、袁明森:《四川华阳县发现元代墓葬》,《考古通讯》1957 年第 5 期。
〔3〕 四川省博物馆:《四川古代墓葬清理简况》,《考古》1959 年第 8 期。
〔4〕 贵州省博物馆:《遵义高坪"播州土司"杨文等四座墓葬发掘记》,《文物》1974 年第 1 期。
〔5〕 贵州省文物考古研究所:《贵州省考古五十年》,《新中国考古五十年》,北京:文物出版社,1999 年,第 398 - 399 页。
〔6〕 黄承宗:《西昌附近的古代火葬墓》,《文物资料丛刊》7,北京:文物出版社,1983 年,第 61 - 66 页。
〔7〕 万斯年:《云南剑川元代火葬墓之发掘》,《考古通讯》1957 年第 1 期。
〔8〕 楚雄州博物馆:《禄丰黑井火葬墓清理简报》,《大理丛书·考古文物篇卷七》昆明:云南民族出版社,2009 年,第 3254 - 3260 页。
〔9〕 云南省博物馆文物工作队、昆明市文物管理委员会:《云南宜良县孙家山火葬墓发掘简报》,《考古》1993 年第 11 期。
〔10〕 云南省文物考古研究所、红河州文物管理所、泸西县文化馆:《云南泸西县和尚塔火葬墓的清理》,《考古》2001 年第 12 期。
〔11〕 云南省考古研究所、大理市博物馆:《云南大理市凤仪镇大丰乐墓地的发掘》,《考古》2001 年第 12 期。

时基本相同,为该地传统习俗。

长江中游:湖北、湖南和江西多小型元墓。墓形有长方形并列双室或三室的券顶砖室墓、砖室石顶墓,砖框上盖石板再砌砖券的墓葬较流行,另外还发现少量仿木构砖室或石室墓。

湖北有黄陂周家田韩姓夫妇妾合葬墓[1]、宜城至正五年(1345)墓[2]等。安陆至正八年(1348)杨宜中墓[3],为土坑木椁墓。

湖南元墓如临湘陆城 M2、华容城关墓[4],沅陵县双桥大德九年(1305)墓[5],三墓在土坑内用三合土夯墙隔成双室,这是明代南方地区流行灰砂板墓的前序。

江西元墓中随葬青白瓷和其他瓷器较多。江西万载发现的延祐五年(1318)墓则为长方形仿木构石室墓[6],为中原地区到福建的仿木构墓葬的连接环节。抚州至正八年(1348)傅希岩墓[7],墓主是充任译史和蒙古学谕的蒙古人,为蒙古人采用当地葬式的例证。

长江下游:主要是并列双室的砖室墓和砖石墓,一般都作防潮、防腐处理。葬具多木棺、木椁,墓壁上一般开小龛,以放置随葬品。也有一些砖、石单室墓和少量的仿木构石室墓。江苏徐州曾出土"延祐七年"的元代画像石墓,下方上圆,叠涩穹窿顶[8]。

本区元墓主要变化在于墓葬密封加强,且更加普遍;更多的变化体现在随葬品上,大量随葬金银、玉石、珠宝类及较高级的漆器、瓷器,这些器物与锡明器构成了一套祭器或供器。

福建、两广:元墓数量不多,但有地方特点。

宋代始福建与岭南两广差别较大,可视为单独区域。福建尤溪、南平、将乐一带上承宋墓,元代仍流行壁画墓,均为双室,或有殿堂式的仿木构建筑。如南平三官堂大德二年(1298)刘千六和妻许氏(1312)墓,此墓壁画以建筑彩画为主,出土物不多(图 8-2-62)[9]。将乐光明元墓,壁画内容丰富,有人物、灵兽仙人和天象图。福建南安至大三年(1310)潘八墓,为长方形并列双室券顶砖墓,有小窗相通,做法与南平三官堂墓相同,在福建具有普遍性[10]。此外,福建地处东南沿海,贸易发达,受外界影响较甚,故此区有属于伊斯兰教

---

〔1〕 武汉市博物馆:《黄陂县周家田元墓》,《文物》1989 年第 5 期。
〔2〕 张乐发:《湖北宜城市出土元代人物堆塑罐》,《考古》1996 年第 6 期。
〔3〕 安陆市博物馆:《安陆发现元杨宜中墓》,《江汉考古》1990 年 2 期。
〔4〕 湖南省博物馆:《湖南临湘陆城宋元墓清理简报》,《考古》1988 年第 1 期。
〔5〕 熊传新:《沅陵县双桥元代夫妇合葬墓》,《中国考古学年鉴·1986》,北京:文物出版社,1988 年,第 182 页。
〔6〕 陈美英、宴扬:《江西万载发现元代墓葬》,《南方文物》1992 年第 2 期。
〔7〕 程应麟、彭适凡:《江西抚州发现元代合葬墓》,《考古》1964 年第 7 期。
〔8〕 邱永生、徐旭:《江苏徐州大山头元代纪年画像石墓》,《考古》1993 年第 12 期。
〔9〕 张文崟、林蔚起:《福建南平市三官堂元代纪年墓的清理》,《考古》1996 年第 6 期。
〔10〕 福建省博物馆:《福建将乐元代壁画墓》,《考古》1995 年第 1 期。

和景教等反映外来宗教信仰的墓碑出土,独具特色[1]。

两广元代墓葬以单室墓居多。广州一带的元墓很有特点,如模子夯制的灰砂板建墓,多长方形墓室,以木棺椁为葬具。另一是砖室石顶墓,如海康县城东南水鬼岭发现的嵌砌画像石的元墓[2]、海康至正九年(1349)李氏墓、东莞大德二年(1298)李春叟墓等[3]。此外,还有少量砖室墓和石室墓,如广州沙河双燕岗元墓[4]。该区另有土坑石椁墓、火葬墓,如海康附城西湖水库后至元三年(1266)墓[5],佛山至正二年(1342)、九年(1349)墓等[6]。

广东元墓多小型火葬墓,出土物亦少。

七、其他:绘画中的建筑

1. 界画(纸本)

"界画"在元代取代"屋木舟车"等,成为此类绘画的专称,实现了从重视题材到重视技术的重大转折[7]。

图 8-2-63　传王振鹏所绘《唐僧取经图册 下》之一

元代界画以王振鹏及其后学为代表,发展前代细笔白描的画法,专用墨线白描法画建筑(图 8-2-63)。元后期夏永,专学王振鹏画法,但只画小幅。此外,元代界画也有对宋、金继承,还出现一种近于王振鹏而上加重色,旧体新风。

相比于前代,元代界画一个十分重要的特征是其所绘建筑、连同绘建筑之方法出现明显的程式化倾向,斗栱、窗格、栏杆等已由写实逐渐简化为固定形式和一定的线条组织,似是而

---

〔1〕 庄为玑、陈达生:《福州新发现的元明时代伊斯兰教史迹》,《考古》1982 年第 3 期;吴幼雄:《福建泉州发现的也里可温(景教)碑》,《考古》1988 年第 11 期。

〔2〕 广东省博物馆:《广东省博物馆集刊 1996》,广州:广东人民出版社,1997 年,第 176 页。

〔3〕 曹腾騑、阮应祺、邓杰昌:《广东海康元墓出土阴线刻砖》,《考古学集刊》2,北京:中国社会科学出版社,1982 年,第 171 - 180 页;崔勇:《东莞市元代李春叟墓发掘简报》,《广东省博物馆馆刊》,1991 年第 2 期。

〔4〕 黎金:《广州沙河双燕岗发现元墓》,《考古》1960 年第 4 期。

〔5〕 宋良璧:《介绍一件元代釉里褐凤鸟纹盖罐》,《文物》1983 年第 1 期。

〔6〕 曾广亿:《广东佛山鼓桑岗宋元明墓记略》,《考古》1964 年第 10 期。

〔7〕 陈韵如:《"界画"在宋元时期的转折:以王振鹏界画为例》,《美术史研究集刊》(台湾)第 26 期,第 135 - 182 页。

非[1]，即由宋代写实风格转向元代以后的幻境作风。

这种绘制技巧的发展，直接导致界画写实性逐渐丧失。元后期，已难将界画中所绘对应于现实中的建筑。夏永所绘之“岳阳楼”（图 8-2-64）、“滕王阁”“黄鹤楼”等，其基本性质几无差别，至多是将画面镜像而得。画家们描绘更多其心中景象，而非现实中的建筑了[2]。

图 8-2-64 夏永所绘之“岳阳楼”

2. 壁画

元代壁画保存部分建筑形象，数量较多。以芮城永乐宫纯阳殿、重阳殿内壁画，最为丰富。

纯阳殿：东、西、北三壁，所绘壁画《纯阳帝君神游显化图》构图分为上、下两栏，共 52 幅，每幅上方有榜题，是图文并茂的大型连环壁画，总面积约 193.2 平方米，以吕洞宾生平故事为主要题材。所有画面几乎都以建筑景观为背景，类型多样：宫殿衙署、民居住宅、苑囿池沼、城楼市井、桥梁涵洞、寺观庙堂和山野舟船等，其中对住宅建筑的描绘数量多、类型最丰富[3]。对深入了解元代单体建筑、院落群组等，价值重大（图 8-2-65）。

壁画中有多处出现宫殿建筑，如《神话度曹国舅》[图 8-2-65(b)]、《神化赴千道会》《宫中劓祟》《正君心非》等，带有很多元代独有的时代特点和建筑元素。

《武昌货墨》《神话赵相公》《度孙卖鱼》等中表现了观景、娱乐的楼阁、台榭建筑。

《神化上清庙题》《度孙卖鱼》等中，对亭、桥、栽植、园石、瀑布园池等都有描绘。

此外，还有茶楼、酒肆等商业建筑和私塾、寺观、庙堂等公共建筑。如《神化赴赵相公》[图 8-2-65(c)]、《神化金陵鹤会》等中所见，涉及政治、经济、文化各方面及社会各个阶层的日常生活的多层面和领域[4]。

---

[1] 陈韵如：《“界画”在宋元时期的转折：以王振鹏界画为例》，《美术史研究集刊》（台湾），第 26 期，第 135 - 182 页。转引自：Robert J. Meada，《Chieh-Hua: ruled-line Painting in China》，p. 141.

[2] 马晓：《略论界画岳阳楼的建筑形制》，《古建园林技术》2013 年第 1 期。

[3] 刘爱琴：《永乐宫纯阳殿壁画中的建筑景观研究》，硕士学位论文，山西大学，2011 年，第 9 页。

[4] 刘爱琴：《永乐宫纯阳殿壁画中的建筑景观研究》，硕士学位论文，山西大学，2011 年，第 8 - 9 页。

(a)《纯阳帝君神游显化图》(局部)

(b)《神化度曹国舅》

(c)《神化赵相公》

图 8-2-65 纯阳殿内壁画所绘建筑图

3. 其他

宋德方道士墓位于永乐宫西北峨嵋岭上,石椁内有木棺一具[1]。

石椁雕刻图案是此墓重要发现,反映出元代房屋建筑和一部分社会生活情况。正面为大厅,面阔三间,单檐悬山顶;其左侧有楼阁,八角攒尖;右侧建筑重檐歇山;厅对面有门,门左有庖厨等。

左壁的构图与右壁基本一致。石椁上所绘建筑补间铺作常用斜栱、斜昂。元构补间铺作用斜栱仍甚流行。此石椁为山西稷山胡姓匠人所制,反映当地建筑形式[2]。

---

〔1〕 李奉山:《山西芮城永乐宫旧址宋德芳、潘德冲和吕祖墓发掘简报》,《考古》1960 年第 8 期。

〔2〕 徐苹芳:《关于宋德方和潘德冲墓的几个问题》,《考古》1960 年第 8 期。

第三节　理论与技术

一、理　论

元代统治者对匠作典籍的编著相当重视。元文宗至顺元年(1330),由奎章阁学士院负责编纂《皇朝经世大典》。工典分宫苑、官府、仓库、城郭、桥梁、河渠、郊庙、僧寺、道宫、庐帐、兵器、卤簿、玉工、金工、木工、抟埴之工、石工、丝枲之工、皮工、毡罽、画塑、诸匠等二十二目,多为唐、宋会要所无[1],且与建筑营造相关者太半。

明初修《元史》时对该书多有引用,《永乐大典》亦予辑录。

1.《梓人遗制》

《梓人遗制》现存包含纺织机械制造与板门、隔扇门的制造两部。此书成于元初,是介于宋代《营造法式》传统与明清做法之间,兼有两方面特征的重要民间匠书。

作者为河中万泉(今山西万荣县)人,字叔矩,生平事迹亦失考。原书前有元中统四年(1263)段成已所作序言[2]:"古攻木之工七:轮、舆、弓、庐、匠、车、梓,今合而为二,而弓不与焉",应包括大木作、小木作及其他木工[3]。

《梓人遗制》原书已佚,现仅散见《永乐大典》。藏于英国的《永乐大典》卷 3 518、卷 3 519 为"九真门制"两卷,前一卷中有格子门、板门两类,均收自《梓人遗制》,附图九页半,计有格子门 34 式、板门 2 式及额、限等构件图。其所叙内容如"四斜毬文格子""四直方格子","名件广厚,皆取门桯每尺之高,积而为法"与《营造法式》所述大同小异,可从中辨析两代小木作制度的差别[4]。图中格子门格眼图案与《营造法式》差别较大,已近于明清样式。板门中的"转道门"一式则不见于《营造法式》,亦未见后代实例[5]。

2.《元代画塑记》[6]

原载于元《经世大典》中,为《经世大典・工典》中的《画料门》,佚名撰,不分卷。《广仓学窘丛书甲类》(一名《学术丛编》)第二集收录,书末有王国维《跋》。明永乐间收入《永乐

[1] 张岱年:《中华思想大辞典》,长春:吉林人民出版社,1991 年,第 647 页。
[2] 陈捷、张昕:《〈梓人遗制〉小木作制度考析》,《中国建筑史论汇刊》2011 年,第 198 - 223 页。
[3] 姜椿芳、梅益总编辑:《中国大百科全书——建筑、园林、城市规划》卷,北京:中国大百科全书出版社,1988 年,第 595 页,"梓人遗制"条(陈明达)。
[4] 陈捷、张昕:《〈梓人遗制〉小木作制度释读——基于与〈营造法式〉相关内容的比较研究》,《建筑学报》2009 年第 S2 期,第 82 - 88 页;陈捷、张昕:《〈梓人遗制〉小木作制度考析》,《中国建筑史论汇刊》2011 年,第 198 - 223 页。
[5] 姜椿芳、梅益总编辑:《中国大百科全书——建筑、园林、城市规划》卷,北京:中国大百科全书出版社,1988 年,第 595 页,"梓人遗制"条(陈明达)。
[6] 王灿炽:《燕都古籍考》,北京:京华出版社,1995 年,第 66 - 67 页;汤麟:《中国历代绘画理论评注・元代卷》,武汉:武汉湖北美术出版社,2009 年,第 275 - 290 页。

大典》,清光绪间学者文廷式辑录《经世大典》。

《元代画塑记》载元成宗大德十一年(1307)至文宗天历二年(1329)的画塑制作,以成宗和仁宗朝最多,大致可分御容、儒道像、杂类(主要为挂幡铜杆)等三种,涉及绘画、雕塑、建筑、织绣、铸铜翻模等门类,是元代绘画、雕塑、建筑和工艺及有关画塑管理制度的综合反映[1]。

3.《元内府宫殿制作》[2]

撰人无考,一卷,佚失。

《四库全书总目》卷八十四"史部・政书类存目二"云:"《元内府宫殿制作》,一卷。《永乐大典》本,不著撰人名氏。所记元代门廊宫殿制作甚详,而其辞鄙俚冗赘,不类文士之所为。疑为时营缮曹司私相传授之本也。"因此,该著为元代营建时的营缮曹司,详记宫殿制作而成[3]。

二、技　术

元代疆域广大、国祚相对短暂,故其各地区建筑技艺特色鲜明,大木作表现明显,建筑技艺在曲折发展。

1. 大木作

元代很少裁剖大料,随宜使用。其大木用材往往利用天然圆料较多,然各地域均有自身的某些特色。例如,陕西、山西、河北等地多为直梁型抬梁式构架体系,用材多不甚规整;而四川、重庆、湖北等地用材相对规整,尤其四川、重庆构架特色显明(详见寺庙)。

月梁型抬梁式木构体系,多见于江浙沪等地的元代建筑中,或受南宋再次刊行《营造法式》影响。实例如浙江武义延福寺大殿、金华天宁寺大殿、上海真如寺大殿、江苏南通天宁寺大殿等。

(1) 构架趋于简洁,迈向梁柱体系

元代厅堂造比宋简洁,简化柱头与梁栿、梁栿与檩条间之构造。

(2) 斗栱文化意义增强,占立面比例减小,柱头铺作少真昂,补间铺作多真昂,多梁栿出头作耍头

我国斗栱用材逐渐减小演化中,元构用材尺寸下降颇明显,文化意味及装饰性增强。如琴面昂较多,批竹昂很少;不少元构中的琴面昂略显上翘,成为明清两代象鼻昂、凤头昂等装饰性昂的先声[4]。宋、金时已出现的柱头铺作出平昂(假昂)的做法更普遍,并出现假华头子。补间铺作增多,出现隐刻或彩画上昂,见永乐宫纯阳殿。

---

[1] 中国大百科全书总编辑委员会《力学》编辑委员会,中国大百科全书出版社编辑部:《中国大百科全书・美术卷》,北京:中国大百科全书出版社,1991年,第1030页。

[2] 王灿炽:《燕都古籍考》,北京:京华出版社,1995年,第49页。

[3] 叶定侯:《故宫琐闻》,《文物参考资料》1957年第10期。

[4] 祁英涛:《怎样鉴定古建筑》,北京:文物出版社,1985年,第40页。

出现仅具外跳的斜栱。或用斜栱数道，宛若花朵，如韩城普照寺大殿、法王庙大殿等。

外檐铺作上出现梁栿出头作耍头(图 8-3-1)，显示出梁栿逐渐取代柱头铺作成为支承屋顶出檐的悬挑构件，相应地柱头、转角铺作用真昂就成为可贵的实例(图 8-3-2)。

图 8-3-1　永乐宫纯阳殿外檐铺作

图 8-3-2　金华天宁寺大殿外檐转角铺作采用真昂

(3) 平、立面“减(移)柱”，大檐额与“断梁造”相得益彰

单体建筑平面“减(移)柱”，宋金已出现，如武乡大云寺大殿(图 7-3-9)、佛光寺文殊殿等，均为内部的金柱减(移)柱，没有涉及外立面檐柱的减(移)。

元代建筑“减(移)柱”，或如前代仅涉及金柱，如山西襄汾普净寺大殿、洪洞广胜下寺后殿、高平县开化寺后殿等；或将此“减柱”用于檐柱，檐柱柱头上用大檐额，如山西绛县绛州州署大堂(图 8-3-3)、霍州州署大堂，陕西韩城禹王庙大殿等。

这种使用近乎天然木构大料也出现在室内梁架上，如洪洞广胜下寺后殿(图 8-3-4)，更早见南宋苏州虎丘二山门，俗称“断梁殿”。

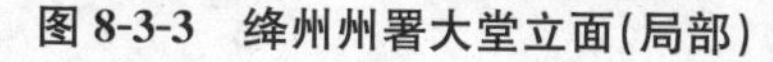

图 8-3-3　绛州州署大堂立面(局部)

图 8-3-4　洪洞广胜下寺后殿前檐柱头铺作里转内景

(4) 弯扒梁、斜梁式梁架等争奇斗艳

北宋出现使用天然弯曲木料斜向搭接的构架方式，元代继续发展。广胜下寺后殿柱头铺作之耍头里转为弯曲的乳栿与其上搭牵一起，向平槫下方延伸，支承四椽栿。

四川芦山青龙寺大殿、峨眉大庙飞来殿、阆中五龙庙大殿、眉山报恩寺大殿等，明间正中弯梁连续承托脊槫与各平槫，或是早期斜梁式屋架遗意(图 8-2-34)。

2. 石(砖瓦)作

(1) 砖石建筑类型多、使用广

元代之前地面砖石建筑多为塔幢、桥梁、墓祠,地下多墓葬等。元代砖石建筑使用广泛,如浴室、清真寺甚或宫殿等,为明清砖石、琉璃建筑的发展奠定了坚实基础。

元伊斯兰教盛行。各地礼拜寺受教义影响及主事者多用域外工匠,寺院之后殿不少采用中亚常见的穹隆顶式样,如回回人阿老丁所建的杭州凤凰寺大殿[1]。河北定县清真寺后殿[2]、河南开封延庆观玉皇阁[3]、原北京崇文门外天庆寺内一浴室、故宫武英殿浴德堂[4]等均为穹窿顶。

元代砖构喇嘛塔,外抹石灰,内为砖构,用砖量大,砌筑水平较高。

武当山天乙真庆宫元代石殿,建于延祐元年(1314),单檐歇山,仿木构,屋顶做出曲线和起翘,每攒斗栱整石刻成,补间有斜栱。石殿崖前精工雕刻一条石龙,飞出崖外,上置小香炉,称"龙头香"[5]。

江苏吴县天池山寂鉴寺三座元代仿木构石屋(一座在寺内),建于元至正十七年至二十三年(1357—1363)间。寺外西石屋(又称"极乐园")、东石屋[即"兜率宫",图 8-3-5(a)]。寺内石殿称"西天寺"[图 8-3-5(b)、(c)][6]。

(a) "兜率宫"　　(b) "西天寺"　　(c) "西天寺"室内藻井之一

图 8-3-5　吴县天池山寂鉴寺

(2) 砖石构筑城门增多,逐渐取代梯形木构城门

目前,我国城门最早使用券洞资料,见于南宋咸淳八年(1272)的《桂州城图》城门[7]。

元时,砖石筑城渐多,如元大都西城墙和义门瓮城门洞[8]。元末明初城门砖构券洞

---

〔1〕 纪思:《杭州的伊斯兰教建筑凤凰寺》,《文物》1960 年第 1 期。

〔2〕 白玉琛:《定州清真寺及其碑刻》,《中国穆斯林》1982 年第 1 期。

〔3〕 庶文:《汴梁胜迹延庆观》,《中州统战》1995 年第 12 期。

〔4〕 单士元:《故宫武英殿浴德堂考》,《故宫博物院院刊》1985 年第 3 期。

〔5〕 金立刚《武当之疑,神工鬼斧探神》,《中华民居》2012 年第 5 期。

〔6〕 钱正坤:《寂鉴寺石屋及造象小考》,《古建园林技术》1988 年第 1 期。

〔7〕 桂林市文物管理委员会:《南宋"桂州城图"简述》,《文物》1979 年第 2 期。

〔8〕 中国科学院考古研究所,北京市文物管理处元大都考古队:《元大都的勘查和发掘》,《考古》1972 年第 1 期。

代替木构梯形过梁式，和义门瓮城起券法可谓过渡[1]。

(3) 单孔石桥技术进步

镇江宋元粮仓遗址上的拖板桥，为单栱石桥、纵联有伏，券石间有榫，与河埠头结合在一起(图 8-3-6)。

8-3-6　镇江宋元粮仓遗址上的拖板桥(局部)

江苏太仓五座元代石桥(城内周径桥、安福桥、兴福桥，南郊新丰金鸡桥、众安桥)，桥拱几为半圆[2]。

第四节　成就及影响

一、类型增多

出现“畏吾儿殿”、“盝顶殿”、“棕毛殿”和喇嘛塔等，皆为元以前传统所无。元大都宫殿中的“畏吾儿殿”，应为维吾尔族建筑式样。

盝顶之顶平坡短。元大都宫殿中常用“盝顶殿”，如今藏式庙宇、内蒙古喇嘛庙等。元大都之“盝顶”，应取自民间，采用琉璃装饰[3]。

马可·波罗称“棕毛殿”为竹宫。“纯以竹茎结之，内涂以金，装饰颇为工巧。宫顶之茎，上涂以漆，涂之甚密，雨水不能腐之。茎粗三掌，长十或十五掌，逐节断之。此宫盖用此种竹茎结成。竹之为用不仅此也，尚可作屋顶及其他不少功用。此宫建筑之善，结成或折卸，为时甚短，可以完全折成散片，运之他所，惟汗所命。给成时则用丝绳二百余系

[1] 张先得:《元大都和义门》,《古建园林技术》1987 年第 3 期。

[2] 吴聿明:《江苏太仓五座元代石拱桥》,《文物》1983 年第 10 期。

[3] 张驭寰:《张驭寰文集·第七卷》,北京:中国文史出版社,2008 年,第 229 页。

之"[1]。

元代宗教包容、自由,喇嘛教为国教,西藏建筑技艺传至内地,出现不少喇嘛塔。如北京妙应寺白塔、五台山塔院寺白塔、盱眙大胜塔[2]、居庸关过街塔。

二、建材改善

元代宫殿屋顶用材进一步发展,大量采用琉璃、大理石。琉璃从宋的褐、绿两种色彩发展出黄、绿、蓝、青、白各色,色彩丰富[3]。

《马可·波罗行纪》载上都宫殿:"内有大理石宫殿,甚美。其宫舍内皆涂金,绘有种种鸟兽花木,工巧之极,技术之佳,见之足以娱人心目"[4]。建筑壁画、彩画多彩(图 8-4-1～8-4-3)

图8-4-1　兴县红峪村元至大二年壁画第1、2幅

图 8-4-2　北京雍和宫城墙豁口出土元代建筑残材上彩画复原图

图 8-4-3　平顺王曲龙王庙正殿元代彩画(局部)

〔1〕[法]沙海昂注,冯承钧译:《马可波罗行纪》,北京:商务印书馆,2012 年,第 158 页。

〔2〕盱眙泗州城考古工地,2013 年江苏省考古研究所邀请周学鹰教授考察现场时,周学鹰教授就出土的砖块体外有白灰饰面、花纹砖极少,结合《泗州志》等文献,现场判定其应为元代喇嘛塔。

〔3〕梁思成、林徽因、莫宗江:《中国建筑发展的历史阶段》,《建筑学报》1959 年第 2 期。

〔4〕[法]沙海昂:《马可·波罗行纪》,北京:商务印书馆,2012 年,第 157 页。

铜铸建筑有所应用，我国留存最早的铜建筑为武当山金顶小铜殿，原在金顶，后移置金顶下的小莲峰转运殿内，元大德十一年(1307)建，仿木构，结构严谨朴实，单檐悬山顶，高 2.4 米，面阔 2.7 米，进深 2.5 米。正面角柱间使用四抹头球状十字花隔扇，隔扇上置一横枋承托瓦顶。殿通体榫卯，可拆可合(图 8-4-4)。

图 8-4-4　武当山金顶小铜殿

三、戏曲发达，观演戏台(楼)快速发展

元代戏曲理论逐步成熟，与元杂剧实践相互促进，共同构成元代戏曲的繁荣[1]。

此时，戏台遍及各地。山西古有“戏曲之乡”美称，金元时蒲州、平阳一带，为杂剧演出中心[2]。

戏曲剧本经舞台演出后广为人知，演员队伍与演出场所成为不可或缺的硬件[3]。元时城市瓦舍勾栏发达，农村出现大量固定戏台。

其时戏曲表演都与酬神相关。通常设戏台于会馆、祠庙内，成为节庆仪典、公共聚会与娱乐中心，与庙宇相连者称“庙台”[4]。

本章学习要点

元大都　　　　“斡耳朵”与幕帐

元上都　　　　阳城润城镇上庄村中街下圪坨院落

元中都　　　　高平中庄村姬宅

〔1〕 曾贤兆:《元代戏曲理论略述》,《齐齐哈尔师范专科学校学报》2008 年第 1 期。
〔2〕 宋燕燕:《洪洞广胜寺元代壁画中的戏曲人物》,《艺术探索》2007 年第 6 期。
〔3〕 杜刚:《元代戏曲中的“城市文化”元素》,《湖南社会科学》2014 年第 2 期。
〔4〕 王慧慧:《古戏台的形成及其演变》,《文博》2006 年第 4 期。

北京后英房遗址、西绦胡同遗址、后桃园遗址、雍和宫后遗址、106 中学遗址及建华铁厂遗址等

北岳庙德宁殿

北海神庙(济渎庙)临渊门、龙亭

水神庙明应王殿

潞安府城隍庙

芮城城隍庙享亭

曲阜颜庙杞国公殿

宁阳颜庙复圣殿

太原窦大夫祠献殿、大殿

梓潼七曲山大庙盘陀石殿

泽州大阳汤帝庙成汤殿

武义延福寺大殿

金华天宁寺正殿

上海真如寺大殿

洪洞广胜下寺

韩城普照寺大殿

定兴慈云阁

阆中永安寺大殿

阆中五龙庙大殿

眉山报恩寺大殿

芦山青龙寺大殿

峨眉飞来殿

北京砖塔胡同之砖塔

普陀山多宝塔

普同塔

西藏萨迦寺、夏鲁寺

北京妙应寺白塔

五台山塔院寺白塔

过街塔(镇江韶关过街塔、北京居庸关过街塔)

傣族元代佛塔

开封延庆观

芮城永乐宫

泉州清净寺

山西牛王庙戏台、董村戏台

登封观象台

梳妆楼元墓

《元代画塑记》

大檐额

元代建筑技艺

第九章　明代建筑

洪武元年(1368)春正月乙亥,朱元璋"祀天地于南郊,即皇帝位。定有天下之号曰明,建元洪武"(《明史·太祖本纪二》)。不久,明军占大都,元亡。

崇祯十七年(1644)三月十六日,崇祯帝自缢,明亡。明立国276年(1368—1644),历16帝(不含南明4帝)。

无论诗文、戏曲小说、绘画、雕刻及建筑等,明代均取得很大成就[1];标志着我国古代建筑主要方面达到成熟阶段[2]。

第一节　聚　落

一、都　城

凤阳明中都、南京、北京,为"国初三都",又称"两京一都"[3]。明初,朱元璋与其儒臣集历代都城制度,特别吸收北宋东京、元大都精华,创建系统完整的明都城制度[4]。

1. 明中都[5]

明中都位于今安徽省凤阳县城西偏南。

洪武二年(1369)九月癸卯,"诏以临濠为中都,……命有司建置城池宫阙,如京师之制焉",大规模营建中都(图9-1-1)。

中都建城以李善长主事,还有汤和、薛祥等工部官员参与[6]。

---

〔1〕 孙文良等:《中国古代史第六分册:明清史》,长春:辽宁大学历史系,第104-108页。

〔2〕 孙大章:《中国古代建筑史·第五卷》,北京:中国建筑工业出版社,2002年,第532页。

〔3〕 [明]黄瑜撰,魏连科点校:《双槐岁钞》卷二《国初三都》,北京:中华书局,1999年,第20页。

〔4〕 陈怀仁:《明初三都规划制度比较——兼析明中都规划布局对北京城的影响》,中国紫禁城学会编,郑欣淼、朱诚如主编:《中国紫禁城学会论文集》第5辑(上),北京:紫禁城出版社,2007年,第233-242页。

〔5〕 孟凡人:《明朝都城》,南京:南京出版社,2013年,第7-30页;王剑英:《明中都研究》,北京:中国青年出版社,2005年。

〔6〕 王剑英:《明中都研究》,北京:中华书局,1992年,第72页。

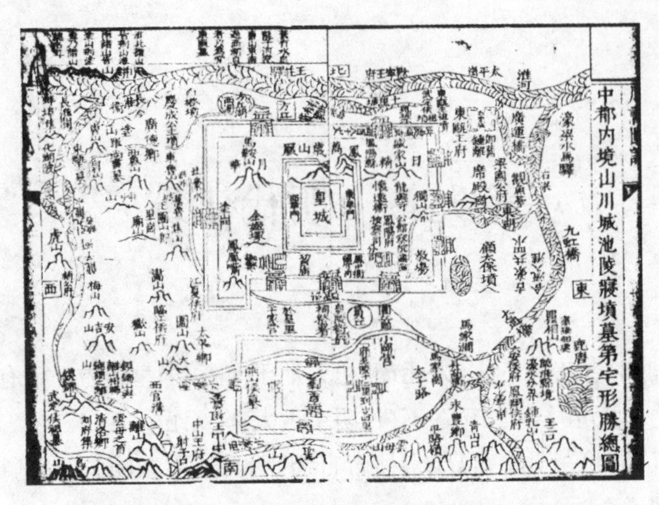

图 9-1-1　明天启《凤阳新书》里的《中都形胜总图》

《明太祖实录》载洪武五年正月甲戌,“定中都城基址,周围四十五里”,由外城、禁垣、皇城三城相套。云霁街在中都营建中形成与发展起来〔1〕。

明中都作为明早期营建的第一个都城,是后来改建南京、营建北京的范式,承前启后〔2〕。

2. 南京〔3〕

洪武元年(1368)朱元璋定都应天府。“八月己巳,以应天为南京,开封为北京”。

洪武八年四月,以“劳费”为由,“诏罢中都役作”。

洪武十一年(1378),罢北京,仍称开封府,南京改京师,正式定都。明代南京城包括外郭、都城、皇城、宫城四重城垣。洪武末,南京全盛,人口 119 万(图 9-1-2)〔4〕。

应天府城在元集庆路城基础上扩大而成,集庆路城即南唐之金陵城,含六朝建康城、丹阳郡、西州城、冶城、石头城在内〔5〕。

南京城雄伟壮阔,都城内可分皇城、居民市肆及西北部军营等三区。“其龙蟠虎踞之势,长江卫护之雄,群山拱翼之严,此天地之所造设也”〔6〕(图 9-1-3)。

3. 北京〔7〕

明初北京在元大都基础上改建,有继承亦有发展。明朝前期,逐步加固外城城墙,一律砖包,城门洞改砖砌拱券,修建城楼,改横跨护城河木桥为石桥(图 9-1-4)。

---

〔1〕 王剑英:《明中都》,《故宫博物院院刊》1991 年第 2 期。

〔2〕 孟凡人:《明朝都城》,南京:南京出版社,2013 年,第 19 - 20 页。

〔3〕 马晓:《城市印迹——地域文化与城市景观》,上海:同济大学出版社,2011 年,第 51 - 52 页

〔4〕 曹钟勇:《城市交通论》,北京:中国铁道出版社,1996 年,第 56 页。

〔5〕 郭湖生:《中华古都》,台北:空间出版社,1997 年,第 97 页。

〔6〕 [明]礼部纂修:《洪武京城图志》,南京:南京出版社,2006 年,第 3 页。

〔7〕 侯仁之:《北京城市历史地理》,北京:北京燕山出版社,2000 年,第 105 - 122 页。

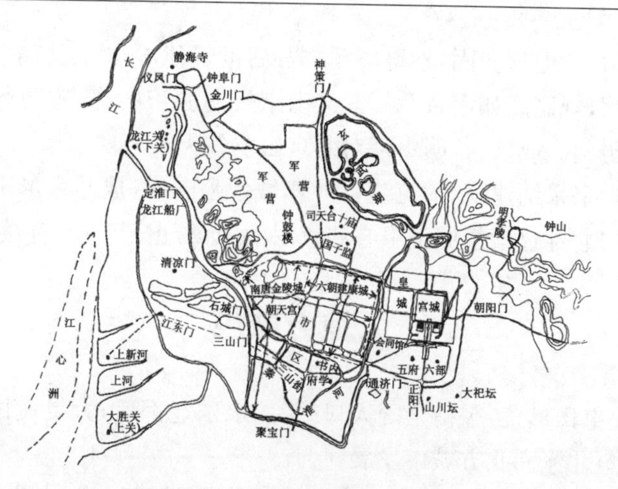

图 9-1-2　明南京城平面图

图 9-1-3　《南都繁会图卷》中的南京城

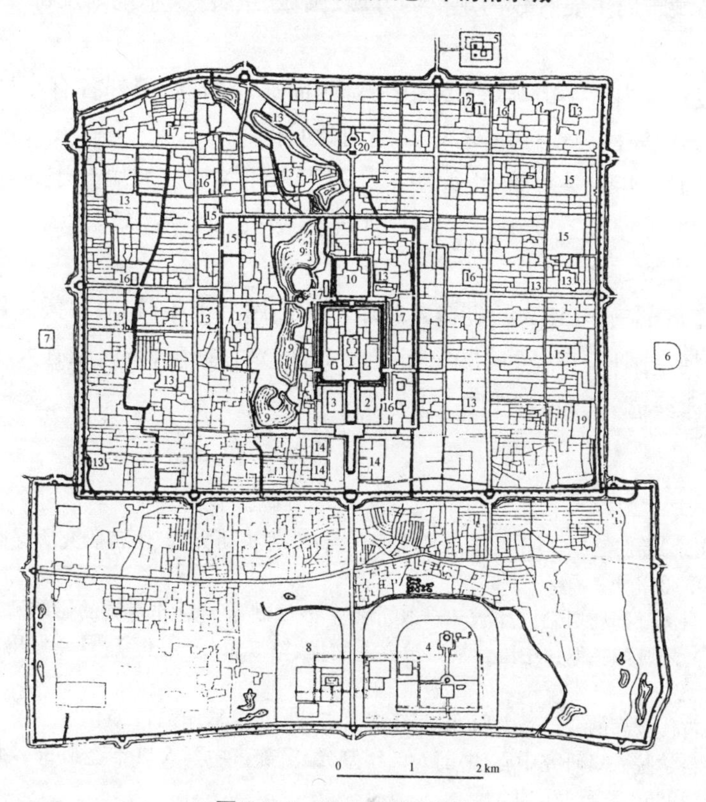

图 9-1-4　明北京城平面图

1—宫殿；2—太庙；3—社稷坛；4—天坛；5—地坛；6—日坛；7—月坛；8—先农坛；9—西苑；10—景山；11—文庙；12—国子监；13—诸王府，公主府……；14—衙门；15—仓库；16—佛寺；17—道观；18—伊斯兰教礼拜寺；19—贡院；20—钟鼓楼

北京城建设,朱棣诏令“但求安固,不事华丽”“吾后世子孙,守以为法”,故北京“凡庙社、郊祀、坛场、宫殿、门阙,规制悉如南京”[1]。又南京规制源于中都,故“营建北京,宫殿门阙悉如洪武初旧制”更确。或认为,明中都对北京影响较大[2]。

明中后期,明世宗采纳建议,加筑北京外郭城增强防御,成凸字形平面。北京内城中心御道,从永定门向北穿过紫禁城正中心和万岁山中峰,止于鼓楼、钟楼,全长近8公里。

二、地方城邑

明初大力移民屯田垦荒,平衡全国人口[3]。永乐迁都后,大批流民从长江流域迁移黄河流域,促进人口北流和北方城市发展[4]。

明代江南人口高度集中和经济发展迅速,城市化进程加速,大批新城镇出现,集镇更多[5]。

1. 概述

明代北方边患与沿海倭寇日趋严重与国内矛盾发展,各地府、县普遍修筑城墙,大多以砖包砌,形成我国筑城史上的高潮。

明代府、县城布局主要有较为规整的方城、圆城、组合式、不规则及特殊形式等。

2. 举要

西安:方城。城内十字街,以钟楼为中心,四向通城门,城门外各有小城一座,布局在北方府县城中具代表性。现存西安钟、鼓楼均为明构(图 9-1-5)[6]。

平遥:明洪武三年置县重筑,正德四年又建下东门关城。城墙初土筑,嘉靖四十一年用砖包砌,并更新城楼。隆庆三年又增筑砖敌楼 94 座,筑瓮城,城门外置吊桥(图9-1-6)[7]。

如皋:明嘉靖十三年(1534),砌造六座城门。嘉靖三十年(1551),倭寇侵犯,如皋于是年筑城。外城河呈圆形,直径约 1300 米[图 9-1-7(a)]。据载,城内原有大小园林十数处,现城内东北隅水绘园,名闻遐迩[图 9-1-7(b)][8]。

---

〔1〕《明太宗实录》卷二三二,[明]官修:《明实录》,台湾“中央研究院”语言研究所据国立北平图书馆,1967 年,第 2242 页。

〔2〕陈怀仁:《明初三都规划制度比较——兼析明中都规划布局对北京城的影响》,中国紫禁城学会编,郑欣淼、朱诚如主编:《中国紫禁城学会论文集》第 5 辑(上),北京:紫禁城出版社,2007 年,第 233 - 242 页。

〔3〕王文学:《古代沧海的变迁》,太原:山西经济出版社,1996 年,第 177 页。

〔4〕中国社会科学院人口研究中心《中国人口年鉴》编辑部:《中国人口年鉴 1985》,北京:中国社会科学出版社,1986 年,第 486 页。

〔5〕王家范:《明清江南市镇结构及其历史价值初探》,《华东师范大学学报》1984 年第 1 期。

〔6〕《中国建筑史》编写组:《中国建筑史》(第三版),北京:中国建筑工业出版社,1993 年,第 61 页。

〔7〕宋昆主编:《平遥古城与民居》,天津:天津大学出版社,2000 年,第 2 页。

〔8〕阮仪三:《古城笔记(增订本)》,上海:同济大学出版社,2013 年,第 150 页。

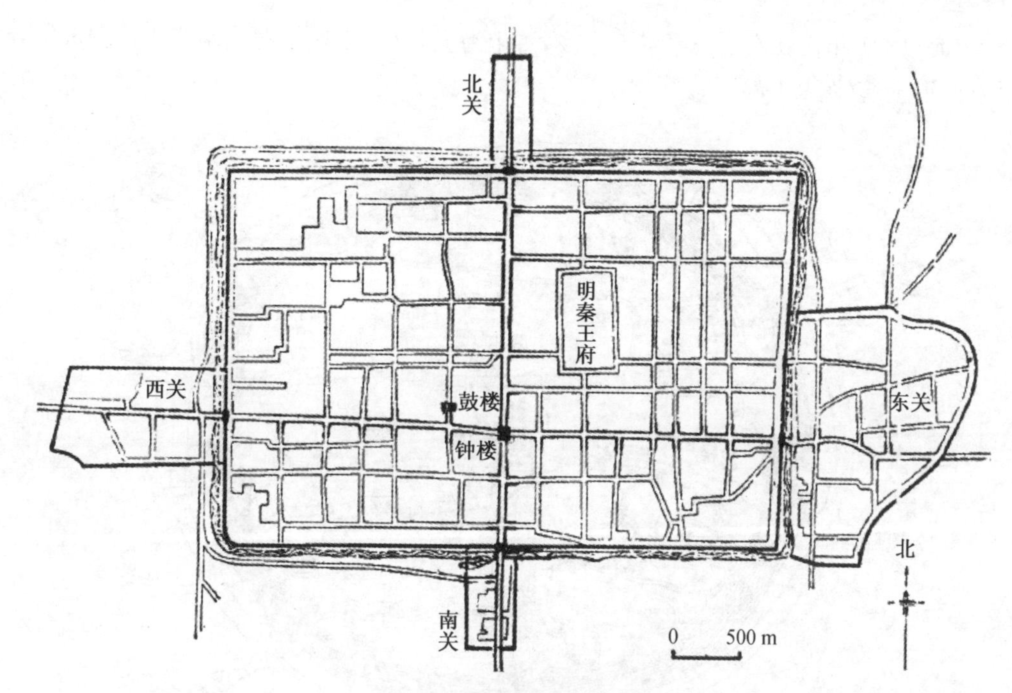

图 9-1-5 明清西安城平面图

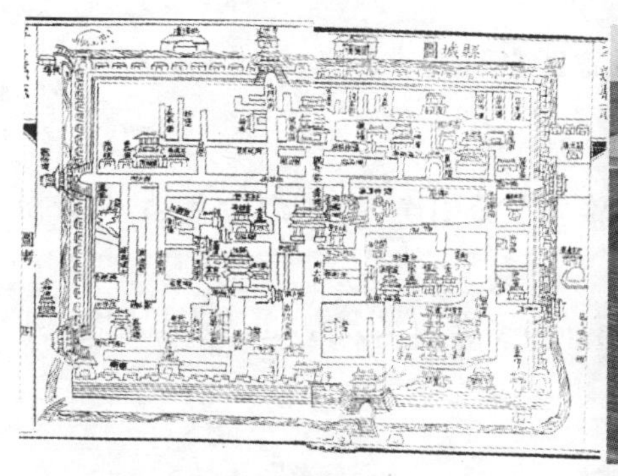

(a) 县城图

(b) 大街，远处为市楼

图 9-1-6 平遥

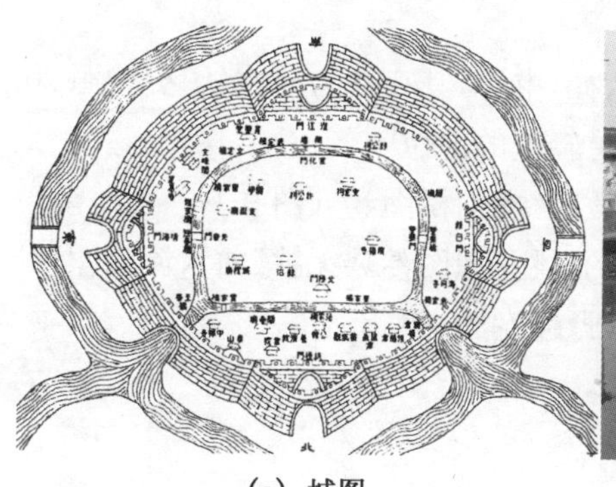

(a) 城图

(b) 水绘园

图 9-1-7 如皋

上海:1291 年松江府割华亭县 5 个乡,置上海县,有县无城。明嘉靖三十二(1553)年筑城,圆形土筑(图 9-1-8)[1]。

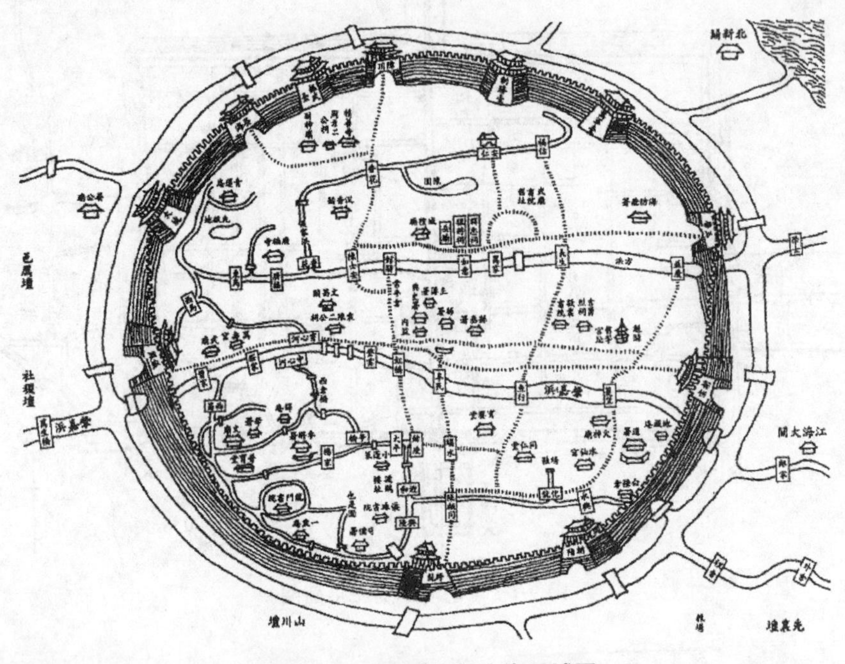

图 9-1-8　清同治年间上海县城图

圆形城各地都有,它如江苏宿迁县城、浙江海宁卫城等。

组合城形态一般多城相连。瑞州府两城相连、淮安三城相连、代州城(今代县)四城相连、天水五城相连。

不少城池,因历代修筑,呈复杂、不规则状;或有城市多据山水大势,也为不规则状,如常州、思南府(在今贵州省思南县)。

三、村　落

1. 概述

明乡以下地域单位的主要类型是都、保、区、里、社、屯等,其存在与地域、历史渊源、相互关系不一。总体而言,"都"这一地域单位居于举足轻重的地位[2]。

现存明代绘画中,有描绘村落野居画面。如文徵明《虎山桥图卷》(图 9-1-9)、《浒溪草堂图》,文徵明与王宠的《书画合卷》(局部),李士达的《桃花源图卷》、无款《曲水流觞图卷》(图 9-1-10)等,描绘出平原、山居、水边等散落村寨,野趣盎然。

---

〔1〕 侯燕军:《上海旧影》,上海:上海人民美术出版社,2011 年,第 3 - 4 页。

〔2〕 夏维中、崔秀红:《明代乡村地域单位的主要类型及其作用考述》,《江苏社会科学》2002 年第 5 期。

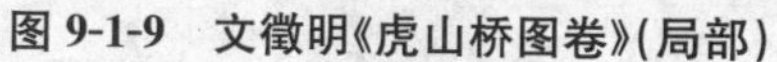

图 9-1-9　文徵明《虎山桥图卷》(局部)

图 9-1-10　无款《曲水流觞图卷》(局部)

2. 举要

(1) 楠溪江古村

楠溪江不少古村有统一、综合的规划：围墙、寨门内整齐的街巷网与水系，有礼制、文化、休闲和园林绿化等开放空间，居住及公共生活设施等，形成完整的生活服务系统。如苍坡、塘湾、芙蓉等村[1]。

芙蓉村：始建于北宋天禧年间，元毁，元末明初复建。自溪门为起点，以芙蓉池中的芙蓉亭为中心，按“七星八斗”展开布局(图 9-1-11)[2]。村内遗存大量明、清建筑，类型丰富：民居、宗祠、书院、庙观、路亭、池塘、寨墙、寨门等，堪称楠溪江古村群缩影[3]。

图 9-1-11　楠溪江芙蓉村芙蓉亭(八斗之一)

〔1〕 陈志华、李秋香：《楠溪江中游古村落》，北京：清华大学出版社，2010 年，第 2 页。

〔2〕 胡理琛：《楠溪江的古代建筑风情》，《小城镇建设》1988 年第 3 期。

〔3〕 叶定敏、文剑钢：《新型城镇化中的古村落风貌保护研究——以楠溪江芙蓉古村为例》，《现代城市研究》2014 年第 4 期。

苍坡村:位于永嘉县岩头镇北面,背靠笔架山,面朝楠溪江。原名苍墩,南宋时为避光宗赵惇字讳改苍坡,李姓聚居村〔1〕。以"文房四宝"布局〔2〕——象征纸、墨、笔、砚,以九宫八卦为依据,规划村落[图 9-1-12(a)],是耕读社会村落典型[图 9-1-12(b)]〔3〕。

(a) 总平面图　　(b) 苍坡村仁济庙

图 9-1-12　楠溪江苍坡村

(2) 丁村

位于山西襄汾县城关镇南 5 km 处汾河东岸。丁氏始祖于元末迁入,明洪武至宣德间建村〔4〕。村路大致分三级:街、巷和窄巷,形成骨架系统(图 9-1-13)〔5〕。丁村民居为明清民居代表,以合院为主,影壁蕴含着独特文化内涵〔6〕。

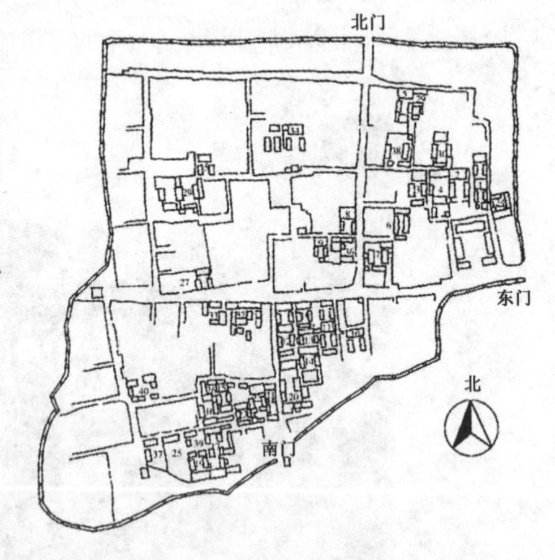

图 9-1-13　襄汾丁村总体布局示意

〔1〕 韩雷、杜昕谕:《居住空间认同与古村落保护——以温州永嘉苍坡村为例》,《温州大学学报》(社会科学版)2013 年第 5 期。

〔2〕 黄涛:《古村落的文化遗产保护与社区发展——以浙江省楠溪江流域苍坡古村为个案》,《温州大学学报》(社会科学版)2009 年第 5 期。

〔3〕 冯昕:《仓坡古村寻踪》,《室内设计》2001 年第 4 期。

〔4〕 潘明率、胡燕:《晋南地区传统民居营造技术研究——以丁村明清民居为例》,《华中建筑》2008 年第 12 期。

〔5〕 潘明率、胡燕:《两座古村落的对话——北京川底下村和山西丁村比较研究》,《四川建筑科学研究》2010 年第 3 期。

〔6〕 张阳:《丁村明清民居影壁装饰艺术浅析》,《艺术科技》2013 年第 3 期。

第二节　群(单)体建筑

明代立国,先后建三都,均有宫殿。

一、宫　殿

1. 中都宫殿

(1) 皇城(宫城)

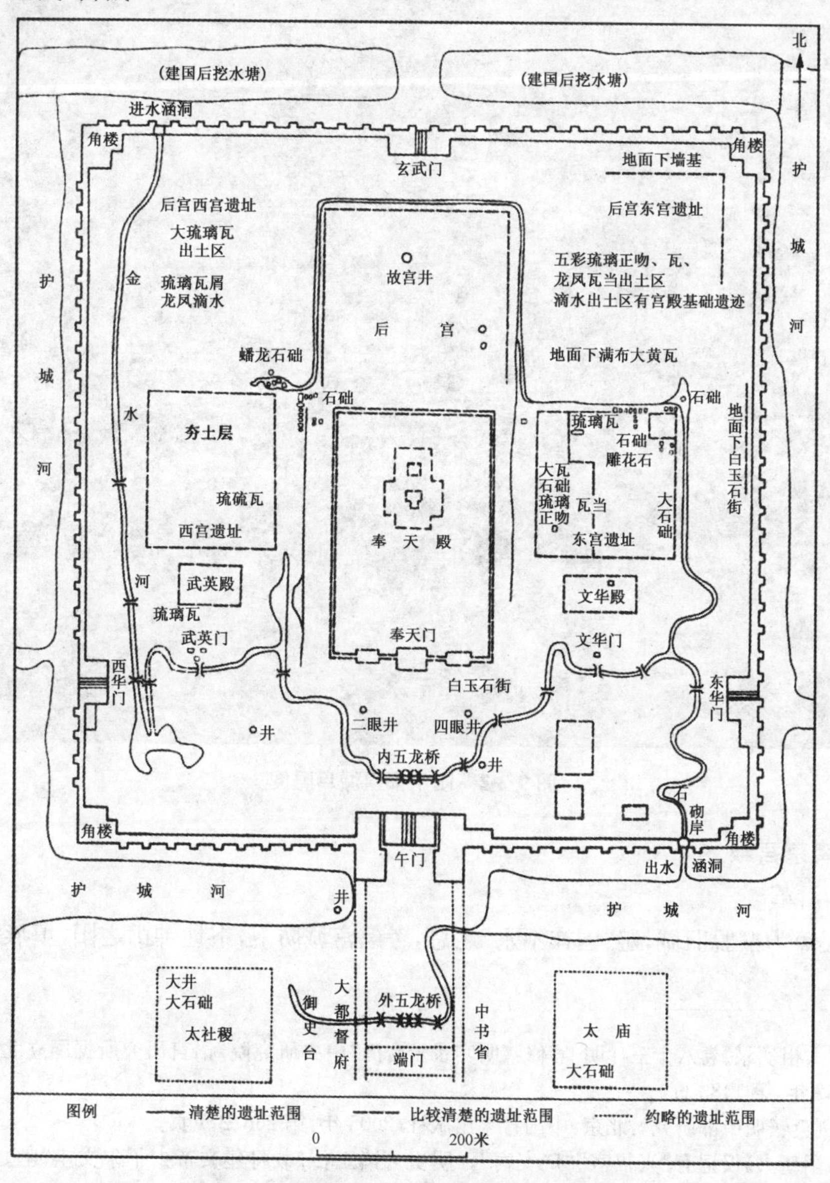

图 9-2-1　明中都宫城遗址勘探平面示意图

中都皇城城墙周6里,四门,门上城楼,四角角楼[1]。

皇城正南门称午门,平面呈倒凹字形,为五凤楼,现仅残存墩台[2]。

(2) 宫殿

洪武八年罢建中都,十六年拆皇城宫殿建龙兴寺。此后,皇城宫殿又屡遭破坏,现仅存少量基址。中都宫殿,文献缺载[3](图9-2-1、9-2-2)。

图9-2-2　明中都皇城鸟瞰图

2. 南京宫殿

(1) 沿革

朱元璋为摆脱旧城,避"国祚不永"之忌,考虑宫城防卫,卜地钟山之阳,填燕雀湖而筑

[1] 《明太祖实录》卷八十三,[明]官修:《明实录》,台湾"中央研究院"语言研究所据国立北平图书馆,1967年,第1483页。

[2] 王剑英:《明中都研究》,北京:中国青年出版社,2005年,第268、277页。

[3] 《凤阳新书》仅记有"兴福宫""广安宫";《明史·诸王传》载将建文帝少子朱文圭"幽之中都广安宫"。转自:孟凡人:《明朝都城》,南京:南京出版社,2013年,第85页。

宫城。“在南唐金陵城的基础上，东北面加了一个作为宫城用的较小的方块城池”〔1〕。三朝二宫的形制和主要门制确立，奠定明代宫城基本模式。

洪武八年九月下诏改建（南京）大内宫殿，十年“改作大内宫殿成”〔2〕。主要工程完成后，洪武十一年改南京为京师。

(2) 遗址

南京明代皇宫（“明故宫”），坐北朝南，长方形平面，占地约16平方公里，周长9公里余。分内、外两重，外曰皇城，内曰宫城（图9-1-2）〔3〕。

1421年，朱棣迁都北京，改南京为留都，宫城仍存旧址，委派皇族、内臣驻守。崇祯十七年（1644）五月，福王朱由菘南京监国，10多天后在此即位，史称南明（图9-2-3）〔4〕。

图9-2-3　南京明故宫遗址午朝门

3. 北京宫殿

(1) 沿革

明永乐年间，北京宫殿共三次建造〔5〕。洪武二年十二月“令依元旧皇城基改造王府”〔6〕。

洪武三年四月，册封诸皇子为王，并诏建王府，“燕用元旧内殿”〔7〕。洪武十二年十一月，“燕府营造讫工，绘图以进。……凡为宫殿室屋八百一十一间”〔8〕。

“靖难”后，朱棣仍都南京，同时准备迁都。永乐十九年，正式迁都北平。

(2) 现状〔9〕

明北京皇城位于内城中间略偏西南，西南因元代大慈恩寺而缺一角。皇家园林主要在皇城内的西苑（图9-2-4）〔10〕。

---

〔1〕 蒋赞初：《南京史话》，南京：江苏人民出版社，1980年，第106－107页。

〔2〕 《明太祖实录》卷九十九、卷一〇一、卷一一五，[明]官修：《明实录》，台湾“中央研究院”语言研究所据国立北平图书馆，1967年。

〔3〕 杨新华、卢海鸣：《南京明清建筑》，南京：南京大学出版社，2001年，第2页。

〔4〕 杨新华：《南京明故宫》，南京：南京出版社，2009年，第183页。

〔5〕 本书编委会：《紫禁城档案·第一卷》，北京：西苑出版社，2010年，第5页。

〔6〕 《明太祖实录》卷四十七，[明]官修：《明实录》，台湾“中央研究院”语言研究所据国立北平图书馆，1967年，第936页。

〔7〕 《明太祖实录》卷五十四，[明]官修：《明实录》，台湾“中央研究院”语言研究所据国立北平图书馆，1967年，第1060页。

〔8〕 《明太祖实录》卷一二七，[明]官修：《明实录》，台湾“中央研究院”语言研究所据国立北平图书馆，1967年，第2024－2025页。

〔9〕 客观而言，目前北京故宫，不少建筑为清代所建，然殿基是明代所建。可参看第十章有关内容。

〔10〕 杨鸿勋：《园林史话》，北京：社会科学文献出版社，2012年，第91页。

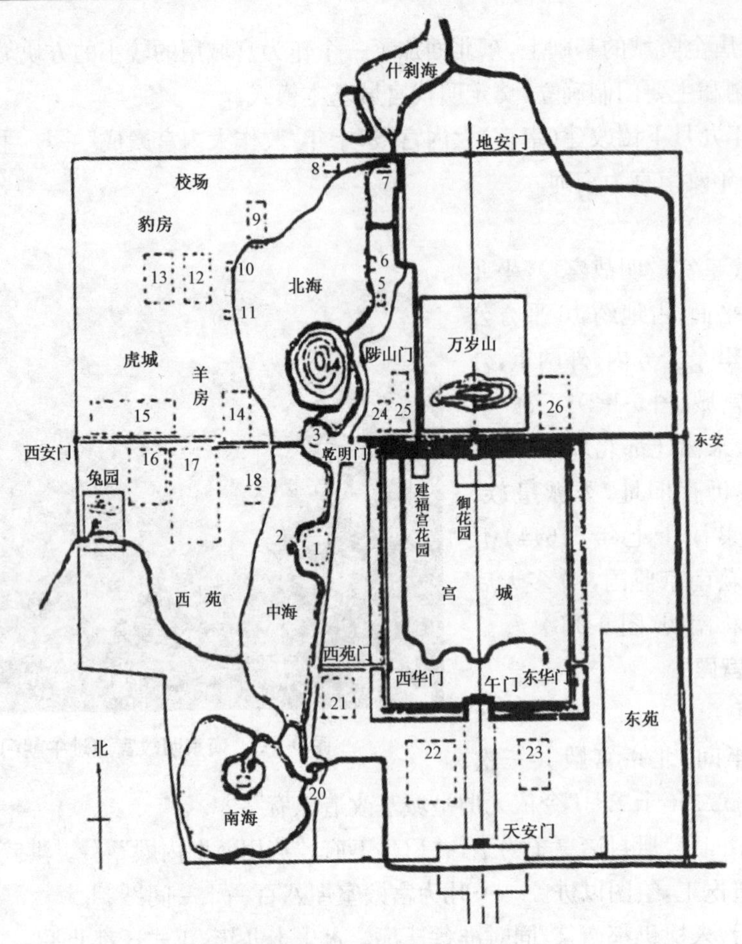

图 9-2-4　明北京皇城平面图

紫禁城位于北京内城中南部,其中轴线与北京内城中轴线结合,南北向竖长方形。傅熹年就紫禁城与北京城比例关系进行过深入探究[1]。

二、王　府[2]

(1) 沿革

明初行宗亲分镇诸国、藩屏王室的分封制。爵级:亲王、郡王、镇国将军、辅国将军、奉国将军、镇国中尉、辅国中尉、奉国中尉。外姓功臣亦可因"社稷军功"而封爵,分公、侯、伯、子、男五等,其中公、侯、伯行世袭制。

明成祖朱棣在京兴建十王邸。诸王"列爵而不临民,食禄而不治事"[3]。

亲王府:恰如一座城,内以王之所居为中心,城外西南有社稷坛,东南有宗庙,社稷坛

〔1〕 傅熹年:《关于明代宫殿坛庙等大建筑群总体规划手法的初步探讨》,《傅熹年建筑史论文集》,北京:文物出版社,1998 年,第 357 - 378 页。

〔2〕 吴承越、刘大可:《明代王府述略》,《古建园林技术》1996 年第 4 期。

〔3〕 [清]张廷玉等纂修:《明史》卷一二〇《列传第八·诸王五》,北京:中华书局,1974 年,第 3659 页。

之西有山川坛、先农坛等[1]。占地很大，殿屋达八百间而有奇。

郡王府：规模远不及亲王府。据《明会典》，不过46间。建置上与亲王府有根本差别，郡王府除本土外，不许另建，主要建筑称谓由“殿”“宫”改为“房”。

除布局、规模、间数等外，明代王府对建筑形式、基台尺度、装饰色彩等也有严格等级，史书典籍多有所载。

(2) 举要

周王府[2]：明初开封有十年陪都史，后为藩府重地，“势若两京”，王府城市。

周王府于洪武十四年四月建成，或用明初开封城内建筑之旧，金故宫基址上改筑[3]。

靖江王府[4]：桂林独秀峰下明靖江王府邸，由元顺帝万寿殿基础改建，受原有建筑和基址限制，造成靖江王府特殊的规制（图9-2-5）。但规模约当2/3亲王府，房屋五、六百间。靖江王府城墙及城门基本完好，地下遗址亦佳。

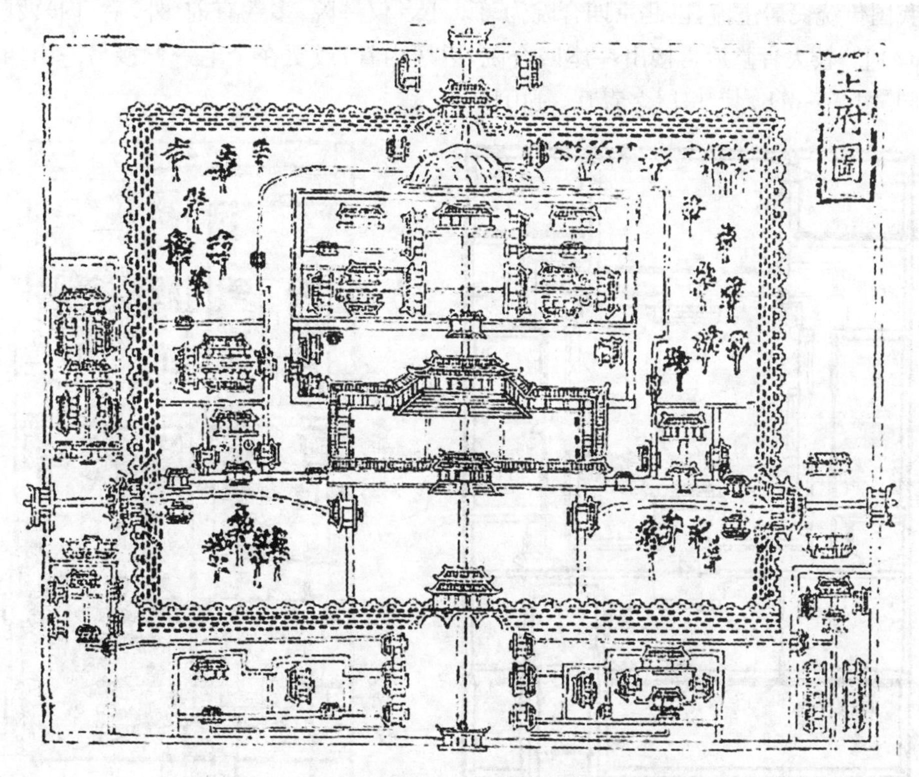

图9-2-5　《桂林郡志·王府图》中的靖江王府

---

[1] 《明太祖实录》卷一〇三，[明]官修：《明实录》，中央研究院语言研究所据国立北平图书馆，1967年，第1731－1740页。

[2] 吴朋飞、邓玉娜：《明代开封周王府的建筑布局及其对城市结构的影响》，《城市史研究》2014年第00期。

[3] 开封市文物工作队：《河南开封明周王府遗址的初步勘探和试掘》，《文物》2005年第9期。

[4] 周有光：《靖江王府考略》，韦树英、庞汉生、余远辉主编：《第三届广西青年学术年会论文集·社会科学篇》上卷，南宁：广西人民出版社，2007年，第577－581页。

此外,明宗藩王府遗址还有:四川成都蜀王、河南新乡潞王、湖北武汉楚王、山东兖州鲁王等。

三、民　居

明初,上至王公品官、下至庶民住宅都有严格规定,故单体形式相对单一,群体组合亦较严谨。

1. 汉地民居

包括汉族民居及与其相接近的回族、土家族民居等,大致分五种:北方院落式、南方院落式、南方天井式、客家土楼和西北窑洞民居[1]等。

(1) 北方院落式

我国传统民居主流,以北京四合院为著。小者仅一院,多数有前(外)后(内)两院[图 9-2-6(a)]。较大者堂后再接出一座四合院,以居内眷;或更在全宅一侧接另一组四合院或宅园[图 9-2-6(b)]。房屋多青瓦,硬山顶。

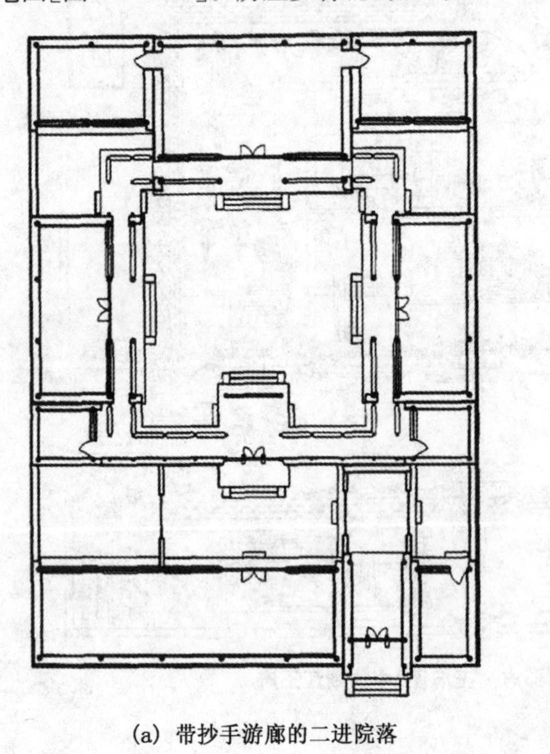

(a) 带抄手游廊的二进院落

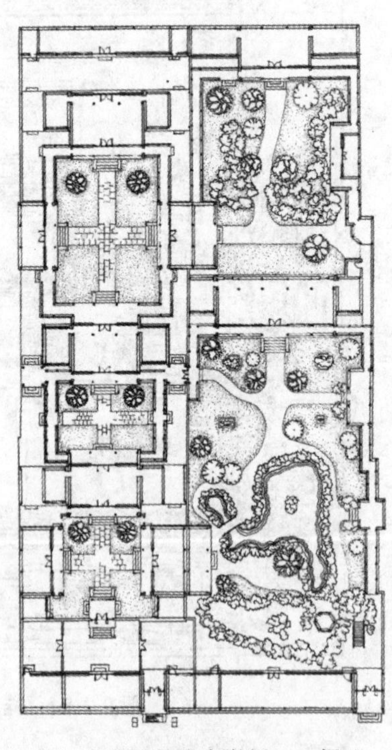

(b) 带花园的住宅举例——帽儿胡同9、11号(可园)

图 9-2-6　北方院落示例

相比其他地区,北京四合院较方正,为冬季多纳阳光之故。冀南和晋陕豫等地,因夏季西晒严重,院子多南北狭长。西北甘肃、青海风沙大,多加高院墙,称"庄窠"。东北土地

[1] 窑洞民居建筑,可参见第十章第三节有关内容。

辽阔、气候寒冷,院子常十分宽大,以纳阳光〔1〕。

(2) 南方院落式

亦以四合院为主,布局与北方大同小异,但单体外形有别。如多用马头墙,结构较轻巧,形式多样,楼房亦多。

南方中小型院落或一至两个院落,形式丰富。大型民居成"多路多进"格局,或规模巨大,或附有宅园,各小院内堆石种花构成庭园。

九十九间半建筑群:兴起于明代。分布在江苏、安徽、浙江、云南等地,以江淮较多,南京为最,然明代实例无存。清代杨柳村"九十九间半"位于是目前南京地区保存最完整、面积最大的民居群,可窥一斑〔2〕。

彩衣堂〔3〕:位于常熟市古城区翁家巷的翁同龢故居内,始建于明弘治年间,几易其主,后由清代大学士翁心存购得,更名"彩衣堂"。有彩画116处,题材丰富,技艺精湛,明间梁架上雕、塑、绘合一,代表明代江南民间艺术风格,颇为珍贵(图9-2-7)。

(a) 斗栱、月梁彩绘　　(b) 船篷轩梁底面彩画

图9-2-7　常熟彩衣堂

浙江东阳、江苏苏州(吴县、东山、西山)等地富甲天下,传统深宅大院鳞次栉比(图9-2-8)。

(3) 南方天井式

南方气候炎热潮湿,多山地丘陵,人稠地窄,故住宅布局紧凑而多楼房,且注重防晒通风。"天井"民居,指各面房屋包围、露天空间甚小的院落,四面向天井排水——四水归堂。

潜口民宅:位于安徽省黄山市徽州区潜口乡紫霞峰南路。计民宅、祠堂7幢,路亭1

〔1〕 萧默:《中国建筑艺术史》,北京:文物出版社,1999年,第718-720页。

〔2〕 马晓、周学鹰:《地域建筑文化解读——南京"九十九间半"》,《华中建筑》2012年第1期。

〔3〕 龚德才、奚三彩、张金萍、何伟俊:《常熟彩衣堂彩绘保护研究》,《东南文化》2001年第10期。《彩衣堂建筑彩画艺术》,上海:上海科学技术出版社,2007年,第21-25页。

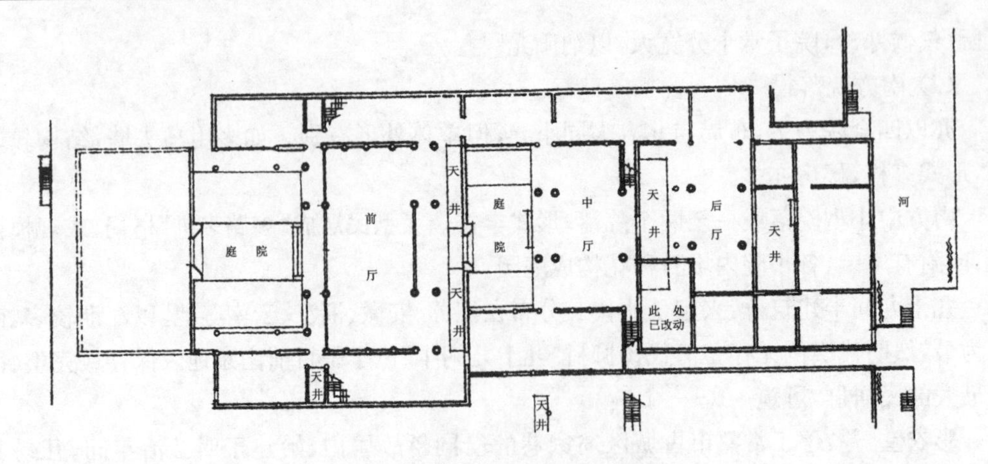

图 9-2-8　苏州周庄张厅总平面图

座,石拱桥 1 座,石牌坊 1 座。其中:

司谏第:始建于明弘治八年(1495),厅堂造,为明永乐初进士、吏科给事中汪善子孙祭祖的家祠。木构用材宏大,梭柱、月梁、荷花墩、叉手、单步梁及斗栱,均雕刻精美(图9-2-9)。

图 9-2-9　潜口司谏第

方文泰宅:建于明中后期,砖木民居,口字形四合院,三间二进楼房。楼面弧形栏杆为方文泰宅最突出部分,雕工精美,与宁波天一阁所藏鲁班正式所绘相似,应为明代江南普遍做法(图 9-2-10)。此外,歙县呈坎村明嘉靖年间所建罗润坤、罗来龙宅,歙县县城明中叶的方士载宅,屯溪区程氏三宅等,均是徽州明代民居优秀代表[1]。

(a) 内景(从下往上)

(b) 二层窗户往外看

图 9-2-10　潜口方文泰宅天井

〔1〕 安徽省地方志编纂委员会:《安徽省志・文物志》,北京:方志出版社,1998 年,第 162－169 页。

“一颗印”民居：主要分布在滇中地区，尤以昆明彝族一颗印民居典型[1]，以“三间四耳倒八尺”制度最完备(图 9-2-11)。其形体，方方如印，故名[2]。

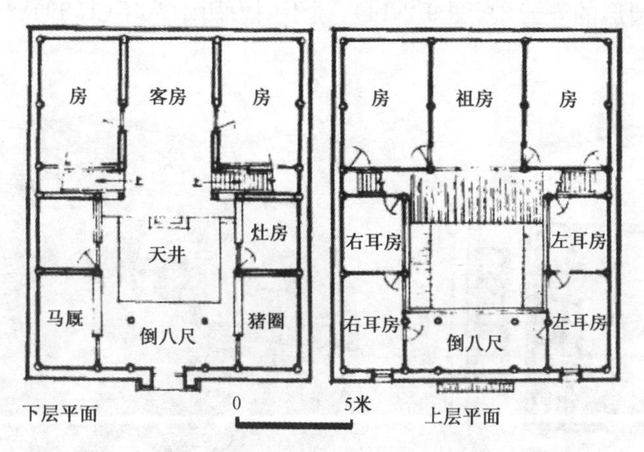

图 9-2-11 昆明县东北郊民居“三间四耳倒八尺”平面图

(4) 客家土楼[3]

这是我国古代遗留、至今得到广泛使用的建筑类型，地域特色鲜明。或认为，土楼是明代漳州沿海人民抗倭产物[4]。实际上，其来源在于秦汉时坞壁(坞堡、坞、障等)，广东河源林寨的明清四角楼可谓活化石，更可得到汉代出土资料的佐证(图 9-2-12)。

图 9-2-12 出土的汉代建筑明器“城堡”(实为坞壁、坞堡)

---

〔1〕 赵慧勇：《合院式民居在云南的发展演变探析》，硕士学位论文，昆明理工大学，2005 年，第 4 页。

〔2〕 刘致平：《云南一颗印》，《华中建筑》1996 年第 3 期。

〔3〕 周学鹰、马晓：《客家人的土楼》，《文史知识》2006 年第 9 期。

〔4〕 珍夫：《福建土楼探源》，北京：中国大百科全书出版社，2013 年，第 76 页。

土楼平面多样,约略分方形(俗称方楼)、圆形(通称圆楼)。目前,最早的方楼为漳浦县绥安镇马坑村的一德楼(图 9-2-13),建于明嘉靖三十七年(1558);最早的圆楼是华安县沙建镇岱山村椭圆形的齐云楼(图 9-2-14),建于明万历十八年(1590)〔1〕。或认为福建圆楼的根在漳州〔2〕。

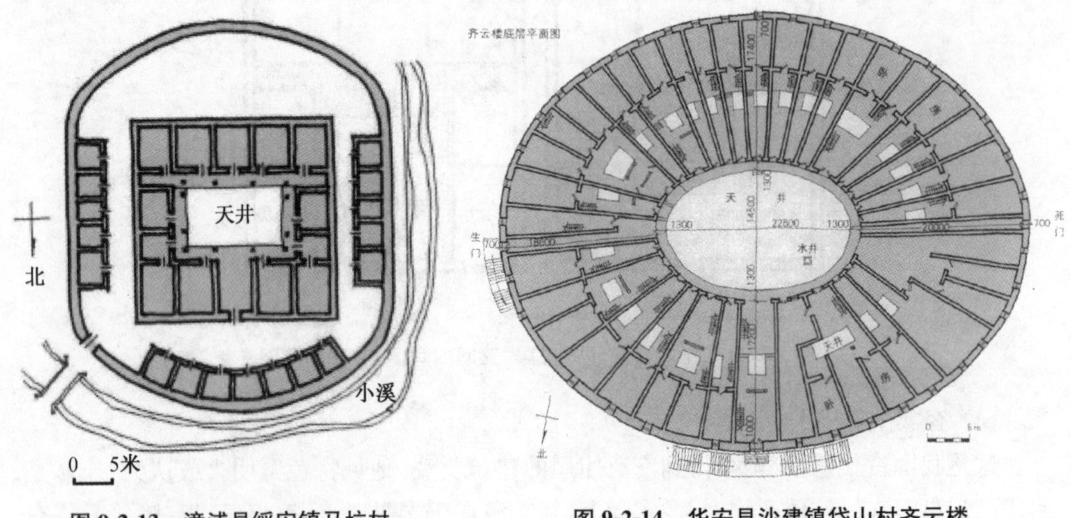

图 9-2-13　漳浦县绥安镇马坑村一德楼一层平面图

图 9-2-14　华安县沙建镇岱山村齐云楼底层平面图

土楼施工工序:择址打基、筑墙、分层、盖顶装修、粉刷美化等五道〔3〕。

土楼高度重视选址。如楼前往往有水(池),楼后有(胎)土(寓意山脉),切合"水主财,山主脉"的风水文化。

现存土楼多清代和民国时期(详见第十章)。

2. 少数民族地区民居

相对而言,少数民族地区民居,因环境较空旷、人口稀少,生活方式较原生态、多就地取材、建筑技艺发展缓慢等,明清变化不大(参考第十章第二节有关内容)。

四、礼制建筑

明以继承汉文化为标榜,坛庙备受重视而有发展。建南京、中都、北京时,将太庙、天坛等坛庙与宫室、城池等一并兴建。府县列为通祀者有山川坛、社稷坛、厉坛、城隍庙、孔庙等,城隍庙得到特别重视。

各地祠庙亦有特点,如苏州府、常州府城泰伯庙(图 9-2-15)和伍子胥庙,沿海、沿江及

〔1〕 黄汉民:《福建土楼:中国传统民居的瑰宝(修订本)》,北京:生活·读书·新知三联书店,2009 年,第 155 - 156 页。

〔2〕 黄汉民、陈立慕:《福建土楼建筑》,福州:福建科学技术出版社,2012 年,第 146 页。

〔3〕 李志文:《浅谈永定客家土楼的建筑艺术》,《闽西职业大学学报》2001 年第 1 期。

台湾岛、海南岛等各地的天妃宫(庙),衢州孔子家庙等。

(a) 外观

(b) 内部梁架

图 9-2-15　无锡泰伯庙大殿

他如东岳行宫、关帝庙、八蜡庙、文昌祠、龙王庙、水神庙、土地庙、二仙庙、崔府君庙等。

一些卫所城镇还有众多与战争有关的神祠,以为卫所军民提供依托。

至于家庙更遍布全国城镇、乡村。有明一代,坛庙祠宇建筑发展兴盛〔1〕。

1. 都城坛庙〔2〕

明洪武朝稽古创新,先后营建南京与中都坛庙,恢复周、汉、唐之坛庙祀典仪轨;坛庙与城市空间组织也逐步有序,为北京坛庙营建打下坚实基础。

(1) 南京

南京坛庙初创时较零散,改制后形成正阳门外"南郊"、鸡鸣山下"十庙"、承天门内"左祖右社"的三大坛庙区(9-2-16)。祀典亦趋完善,故南京坛庙礼仪及建筑制度为后来的永乐朝营建北京全然仿效。

(2) 中都

中都营建于洪武二年(1369),全新建造,坛庙在南京初制基础上承继并改制,承前启后。

洪武四年春正月,中都坛庙始建,圜丘、方丘、朝日坛、夕月坛、社稷坛、山川坛、太庙、城隍庙、国子监孔庙、开平王庙(功臣庙)、历代帝王庙等相继开工。

明中都圆丘定制在前,南京圈丘改制在后〔3〕。今圜丘与方丘遗址尚存〔4〕,朝日坛、夕月坛和山川坛等未见。

---

〔1〕 潘谷西:《中国古代建筑史·第四卷》,北京:中国建筑工业出版社,2001 年,第 119 页。

〔2〕 曹鹏:《明代都城坛庙建筑研究》,博士学位论文,天津大学,2011 年,第 5、24 - 125 页。

〔3〕 王红:《明代天坛的承袭和演变》,《北京教育学院学报》1996 年第 1 期。

〔4〕 杨静、于继勇:《未竣的明中都皇城》,《江淮文史》2008 年第 2 期。

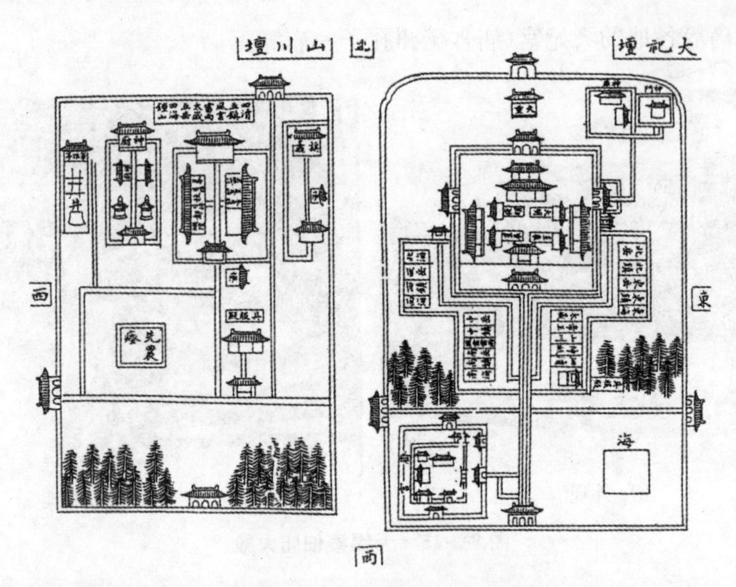

图 9-2-16　《洪武京城图志》中的大祀坛、山川坛

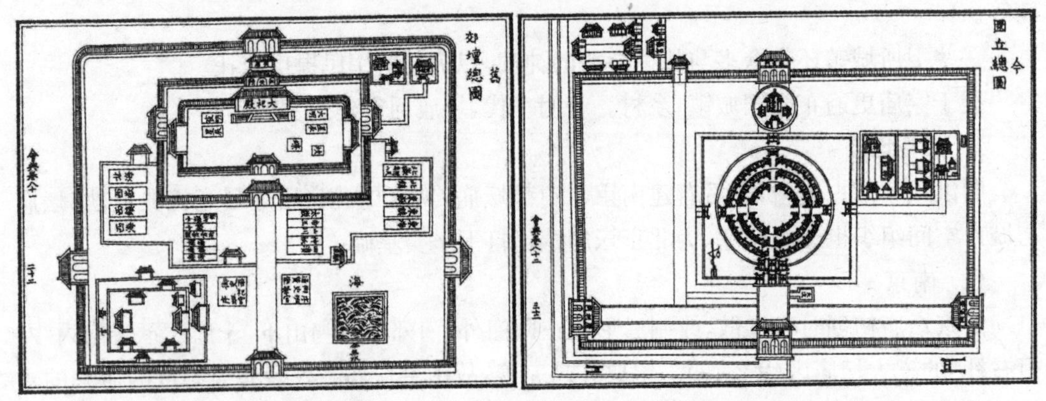

(b) 永乐“郊坛总图”　　(c) 嘉靖“圜丘总图”

图 9-2-17　《大明会典》中的“郊坛总图”“圜丘总图”

(3) 北京

北京曾有“九坛八庙”。九坛指天坛、地坛、朝日坛、夕月坛、祈谷坛、先农坛、太岁坛、先蚕坛、社稷坛〔1〕。

永乐初营北京,以洪武定制后的祀典制度和南京坛庙为蓝本,全新营建天地坛、山川坛、太庙、社稷坛等重要祭祀坛场[图 9-2-17(a)]。

嘉靖时,因旁系继承皇位引发诸多问题,对祀典制度进行持续更改,对永乐朝创建的多数坛庙大规模改、扩建,还陆续建立方泽坛、朝日坛、夕月坛、先蚕坛、帝社稷坛、历代帝王庙、世庙、献皇帝庙[图 9-2-17(b)]等。嘉靖之后,虽相关祀典制度大量罢止,但其坛庙皆存至明末,为清沿用。

〔1〕 刘鹏:《老北京的“九坛”》,《北京档案》2011 年第 8 期。

2. 地方坛庙[1]

明代是我国古代城市兴建高潮期,大规模建造祠祀性坛庙,基本为清代沿用。

(1) 国家祭祀性坛壝

包括社稷坛、风云雷雨山川坛、先农坛、郡厉坛、里社乡厉诸坛,是地方正统祭祀场所。因用于露天祭祀,设置有明确方位,如社稷坛一般位于城西或西北;风云雷雨山川坛位于城郭之南;先农坛在城东门外;郡厉坛一般在府州城郭之北。里社乡厉之坛应是类似郡厉坛的一个更低层的地方性祭祀。

(2) 地方护佑性祠庙

包括城隍、土地、关帝、八蜡、东岳诸庙,及地方特有的祠庙。城隍庙与土地庙,供奉专司地方事务的地方保护神。关帝庙、东岳庙、八蜡庙所奉神灵祭祀内涵宽泛。明代关帝与东岳帝君,信众广泛。

这些祠庙在城市空间位置、朝向较复杂。因城隍庙保护一方,更具官方性质,故设于府治或州治附近,便于官方祭祀(图 9-2-18)。

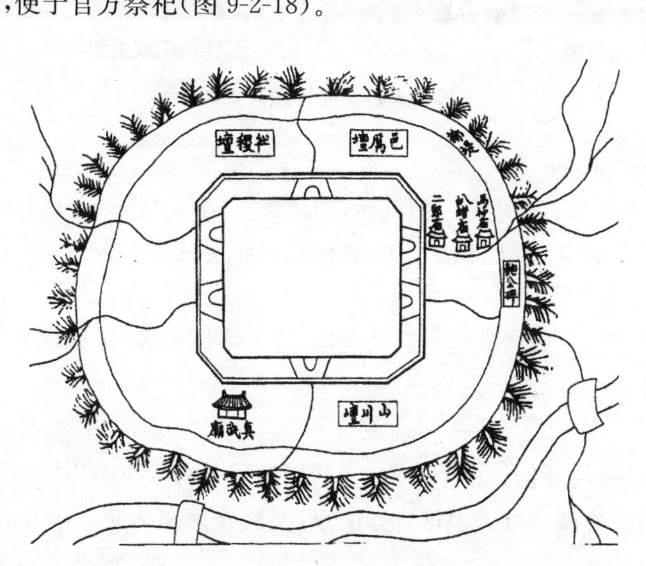

图 9-2-18　明正德《大名府志》魏县图(摹本)中的坛庙示意

(3) 防灾驱祸性祠庙

明代地方祠庙中的风云雷雨山川坛,火神庙、龙王庙(雷神庙)、刘猛将军庙等,及地方河神庙、海神庙等,均可划归此类。

火神庙、龙王庙、刘猛将军庙的设置,与农业社会及城市环境相关。

(4) 地方教化性祠庙

主要是各种不同等级的文庙(孔庙),及董子祠、曾子祠、名宦祠与乡贤祠,忠孝祠与节义祠等。节义祠关乎女性教育,另外择地,较少与孔庙和学宫直接相邻。

---

〔1〕 王贵祥:《明清地方城市的坛壝与祠庙》,《建筑史》2012 年第 1 期。

此外,一些地方还有教化性祠宇,如贞烈祠、烈女祠、孝子祠、颜文姜祠(图9-2-19)[1]等。

(a) 入口大门内望

(b) 正殿梁架

图 9-2-19　淄博颜文姜祠

(5) 专业护佑性祠庙

明代地方逐渐完善了某些专门的祠庙,如旗纛、马神、文昌、三皇诸神等。

此外,一些地方祠宇,如天津盐姥庙、冀州扁鹊庙及城乡中会馆中专设的祠宇等,亦属此类。

明初允许民间祭祖,故祠堂迅速遍及全国,遗留实例众多(详见第十章第二节)。

3. 坛庙举要

(1) 五郊坛

明代北京郊坛格局开创于永乐十八年,初创南郊天地坛与山川坛。经嘉靖朝改制,成四郊五坛[2]定制。史载北京天地坛皆如南京,实因袭南京大祀坛有所损益,更显高敞壮丽[3]。例如:

天坛[4]:位于正阳门东南侧,占地273公顷,是我国建筑史上的明珠。现存地面建筑多清构,但布局仍为明嘉靖改制后所遗。整体为圜丘与祈年殿(泰享殿)总称,由内外两重坛墙环绕,分内坛和外坛,平面南方北圆,天圆地方(图9-2-20)。

---

[1] 不少论著将该祠的正殿误定为唐代建筑(姜继兴:《颜文姜祠》,《城乡建设》2012年第7期。)实际上,由构架分析,此正殿上限应为明代。

[2] 四郊:指王城"东、西、南、北"四周之地,距王城百里之内之区域(《周礼·天官·大宰》);五坛:指京城天坛、地坛、日坛、月坛、社稷坛。

[3] 曹鹏:《明代都城坛庙建筑研究》,博士学位论文,天津大学,2011年,第126-128页。

[4] 王贵祥:《北京天坛》,北京:清华大学出版社,2009年。

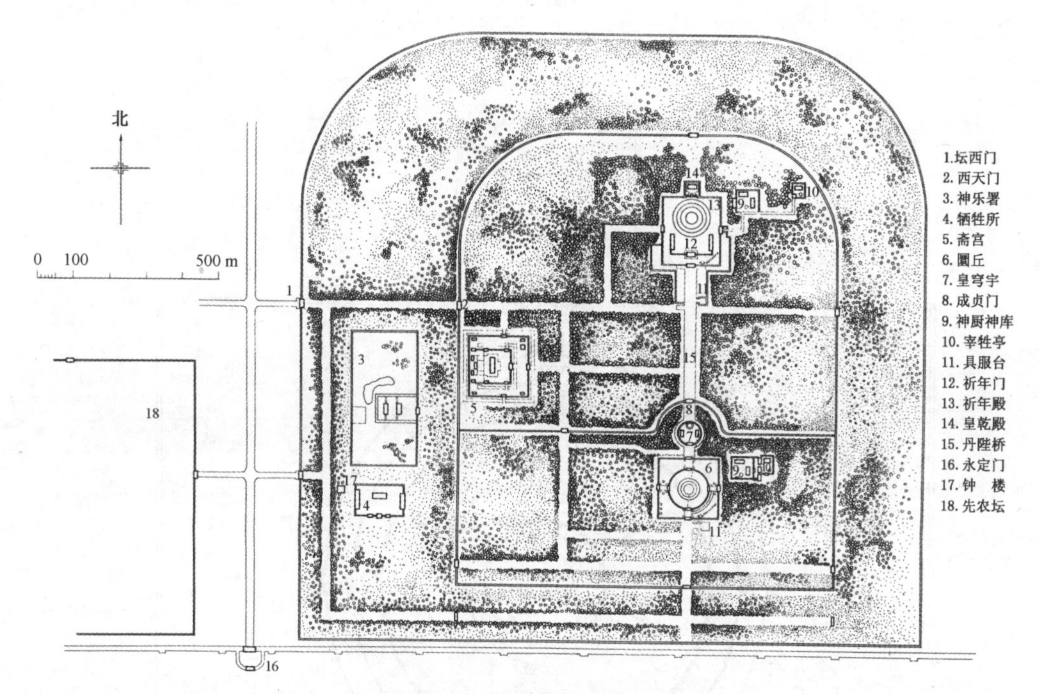

图 9-2-20 北京天坛总平面图

图 9-2-21 天坛皇穹宇

南北轴线上，南有祭天的圜丘、皇穹宇(图 9-2-21)；北有祈祷丰年的祈年殿(图 9-2-22)；内坛墙西南侧是皇帝祭祀前的斋宫；外墙西门内有牺牲所和舞乐人居住的神乐署。

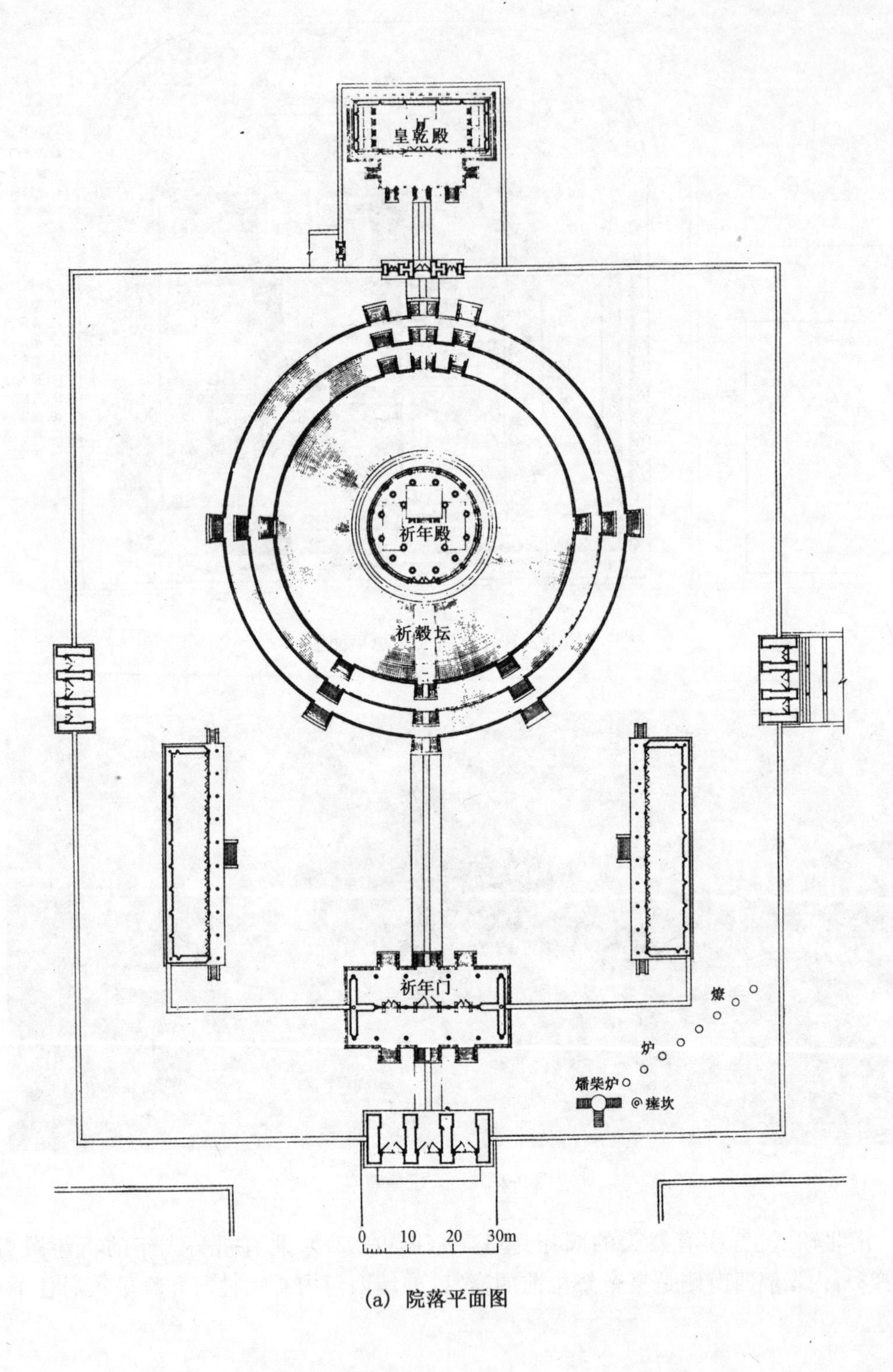

(a) 院落平面图

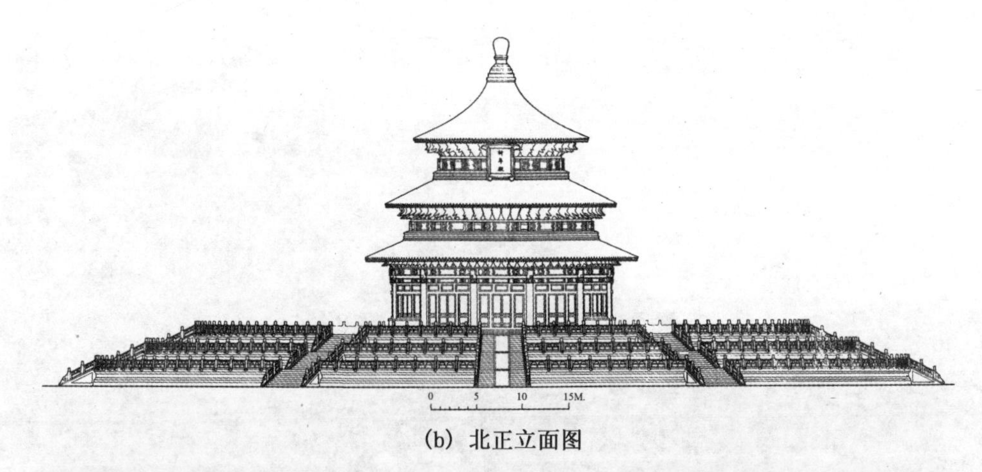

(b) 北正立面图

(c) 外观

图 9-2-22　天坛祈年殿

圜丘与祈年殿是主体建筑，二者相距 400 余米，由南低北高宽 28 米的甬道连为一体，加之茂密柏林衬托，形成肃穆的祭祀气氛。

先农坛（山川坛）：永乐时仿南京旧制，建山川坛于正阳门南之右，与南京无大异〔1〕。嘉靖时山川坛较大规模增、改建，嘉靖十年增建太岁坛及天神、地祇二坛。天神坛位于东方，南向，设风、雨、雷、电四坛；地祇坛位于西方，北向，设五岳、五镇、五陵山、四海、四渎五坛，天神坛与地祇坛东西对峙。

万历间，天地神祇坛改称先农坛（图 9-2-23）。

〔1〕 韩洁：《北京先农坛建筑研究》，硕士学位论文，天津大学，2005 年，第 46 - 55 页。

(a) 宰牲亭外观

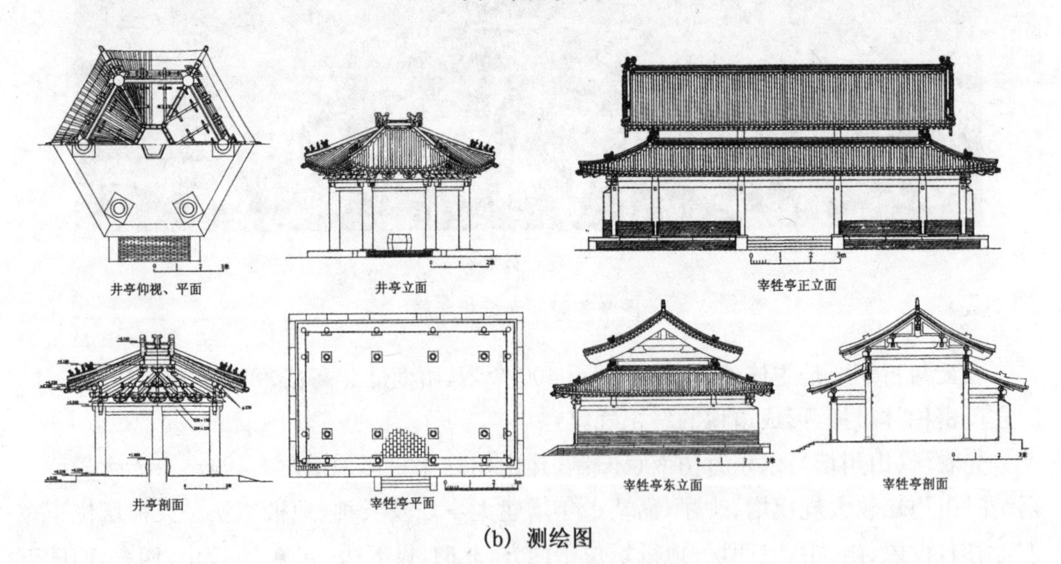

(b) 测绘图

图 9-2-23 先农坛井亭、宰牲亭

地坛(方泽坛)[1]:始建于明嘉靖九年。坛分内外两重,并设两重坛垣和两重坛壝。坛垣围合面积 640 亩,分祭祀区、斋宿区和管理区三部。地坛设计以 6 丈和 10 丈 6 尺,即上、下两层坛台边长为基准模数。

朝日坛、夕月坛:朝日坛在朝阳门外,缭以垣墙。嘉靖九年建,西向,为制一层。坛方

〔1〕 王仲奋:《北京地坛的设计思想与疑题考证》,《中国紫禁城学会论文集》第 3 辑,北京:紫禁城出版社,2000 年,第 234 - 243 页。

广五丈,高五尺九寸,四出陛,九级。……护坛地一百亩[1]。

夕月坛位于阜成门外,缭以垣墙。嘉靖九年建,东向,为制一层。坛方广四丈,高四尺六寸,坛面砖白色琉璃,四出陛,六级。……护坛地三十六亩[2]。

社稷坛(中山公园)[3]社是五土之神。社坛和地坛均祭祀土地,但地坛所祭是与天神对应的地神,为天子专祭;而社坛所祭之“地”代表具体的地域性土地,及土地“生物养人”功能,天子至庶人皆祭。稷是五谷之神,谷类众多,不可遍祭,故立稷为表[4][图 9-2-24(a)]。

坛位于紫禁城西南方,午门至天安门间御道西侧,隔御道与太庙相对;坐北朝南,长方形平面,主要建筑依次排列在南北中轴上。

“社为阴”,遵天南地北之制,总体布局由北向南展开:北端正门三间;入正门拜殿[清代改戟门,图 9-2-24(b)];再南祭殿;最后社稷坛。

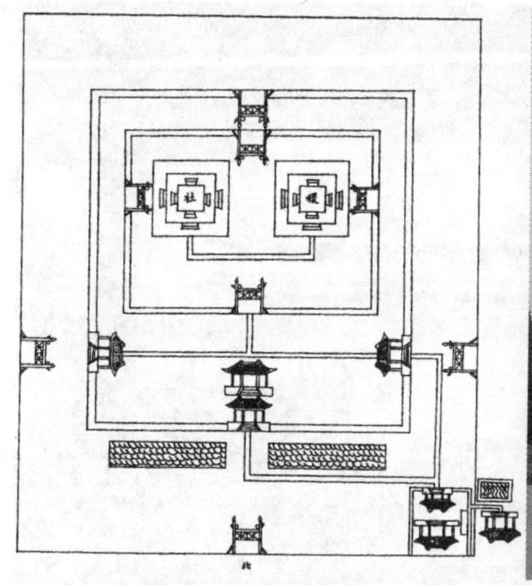

(a)《大明集礼》中的明初社稷分坛图

(b) 现北京社稷坛拜殿

图 9-2-24　社稷坛

坛方形,五色土坛台三层。五色土随方位布色:东青、南红、西白、北黑、中黄。社、稷同坛同壝。四面壝墙亦同方色,砌四色琉璃瓦。

府州县社稷坛:洪武元年十二月,命府州县建社稷坛并祭祀。规定坛设于城西北,右社左稷,方二丈五尺、高三尺,四出陛,四面墙各二十五步[5]。洪武十一年,改同坛合祭,

---

[1] [明]申时行等修:《明会典》(万历本)卷一八七《工部七·营造五》,北京:中华书局,1989 年,第 944 页;[清]孙承泽:《春明梦余录》卷十六,北京:北京古籍出版社,1992 年,第 238 页。

[2] [明]申时行等修:《明会典》(万历本)卷一八七《工部七·营造五》,北京:中华书局,1989 年,第 944 页;[清]孙承泽:《春明梦余录》卷十六,北京:北京古籍出版社,1992 年,第 238 页。

[3] 亚白杨:《北京社稷坛建筑研究》,硕士学位论文,天津大学,2005 年,第 39 - 47 页。

[4] 潘谷西:《中国古代建筑史·第四卷》,北京:中国建筑工业出版社,2001 年,第 151 页。

[5] 《明太祖实录》卷三十七,[明]官修:《明实录》,台湾“中央研究院”语言研究所据国立北平图书馆,1967 年,第 746 - 747 页。

制若京师[1]。

明代乡里亦建社稷坛:“里社,每里一百户立坛一所,祀五土五谷之神”[2]。

(2) 太庙

建置分二期:一自太祖朱元璋建国至成祖朱棣定鼎燕京;二明中期嘉靖帝为追尊生父而调整[3]。

嘉靖二十四年六月,太庙建成,《明会典》中《今太庙总图》为改建格局,终世未改;清沿用[4]。

北京太庙:位于紫禁城东南方,隔御道与社稷坛相对。明永乐十八年建成,沿至清末。坐北朝南,呈长方形,主要建筑由南向北排列在中轴线上[图 9-2-25(a)][5]。正殿和寝殿坐落于白石台基上,正殿台基三层,寝殿两层,周以汉白玉栏杆[图 9-2-25(b)]。

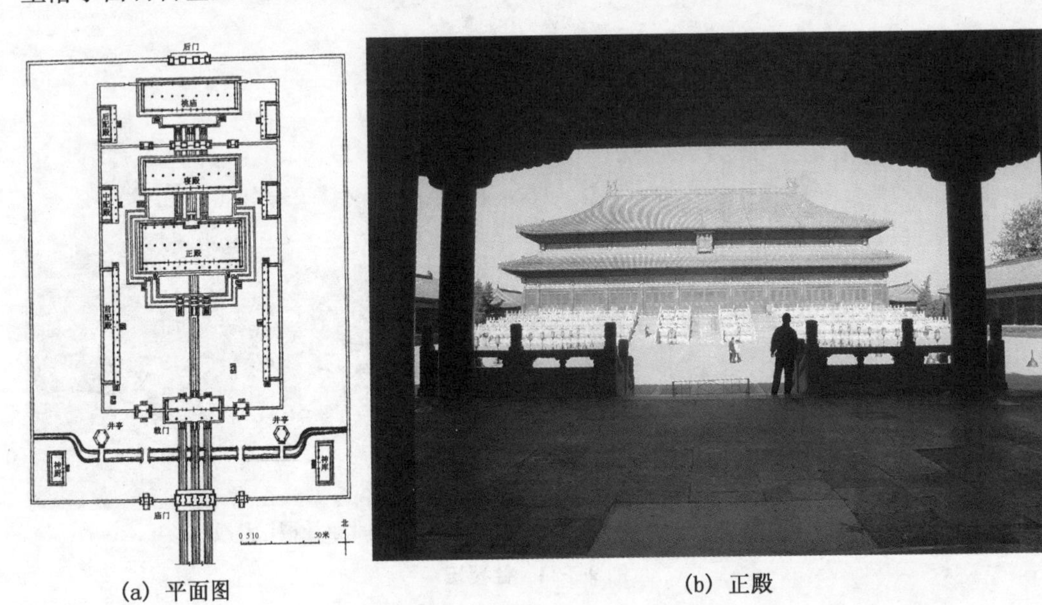

(a) 平面图　(b) 正殿

图 9-2-25　北京太庙

(3) 城隍庙

明代各地遍设城隍庙,按所在地官府样式改建,收“监察司民”之效。基本由大门、二门(仪门)、正殿、寝殿等组成中轴,其他附祀祠庙分列两侧[6]。

---

[1] [清]张廷玉等纂修:《明史》卷四十九《志第二十五·礼三》,北京:中华书局,1974 年,第 1267 页。[清]秦蕙田撰:《五礼通考》,光绪六年九月江苏书局重刊本,卷四十五第 35 页。

[2] [清]秦蕙田撰:《五礼通考》,光绪六年九月江苏书局重刊本,卷四十五第 35 页。

[3] 闫凯:《北京太庙建筑研究》,硕士学位论文,天津大学,2004 年,第 33 页。

[4] 曹鹏:《明代都城坛庙建筑研究》,博士学位论文,天津大学,2011 年,第 212 页。

[5] 闫凯:《北京太庙建筑研究》,硕士学位论文,天津大学,2004 年,第 33 页。

[6] 宋永志:《城隍神信仰与城隍庙研究:1101—1644》,硕士学位论文,暨南大学,2006 年,第 65 - 75 页。

韩城城隍庙[1]:位于韩城隍庙巷东段,坐北朝南,现存主体始建于明隆庆年间[2]。中轴线自南向北:照壁(图 9-2-26)、壁屏门(琉璃影壁)、山门、政教坊、威明门、化育坊、广荐殿、明礼亭、德馨殿、灵佑殿及含光殿,在山门北隍庙巷有"监察幽冥"和"保安黎庶"两坊。政教坊两侧配列东、西厢,化育坊两侧建钟鼓楼,广荐殿前对置东、西戏楼,明礼亭左右设东、西庑。

(a) 照壁外观　(b) 照壁檐下斗栱细部

图 9-2-26　韩城城隍庙照壁

扶风城隍庙[3]:位于扶风老县城东大街,坐北朝南,坐落于南高北低的夯土台地上,中轴线依次有山门殿、牌坊、献亭、献殿、正殿、寝殿和九间殿等。正殿始建于明洪武三年(1370),嘉靖三十年(1551)失火后重建,后亦修缮。

此外,山西长治潞安府城隍庙、陕西三原县城隍庙(图 9-2-27)等,均颇知名。

(a) 照壁正面　(b) 明万历年间石牌楼

图 9-2-27　三原县城隍庙

[1] 王少锐:《韩城城隍庙建筑研究》,硕士学位论文,西安建筑科技大学,2003 年。贺林:《建筑艺术的宝库——韩城城隍庙》,《文博》2004 年第 5 期。

[2] 见《韩城县志・城隍庙记》。陕西省地方志编纂委员会编:《陕西省志・第二十四卷・建设志》,西安:三秦出版社,1999 年,第 168 页。

[3] 宋莉:《陕西省扶风城隍庙的建筑布局探析》,《文物世界》2011 年第 1 期。

(4) 五岳庙

东西南北中五岳,历代尊崇。其中[1]:

东岳庙:泰山信仰,古有"东岳之庙,遍于天下",遍及各地,并东传日本。

岱庙:最大东岳庙。平面长方形,以南北纵轴分中、东、西三部。由遥参亭,岱庙坊、正阳门、配天门、仁安门、天贶殿、后寝宫、汉柏院、东御座、唐槐院、厚载门等构成(图9-2-28)[2]。

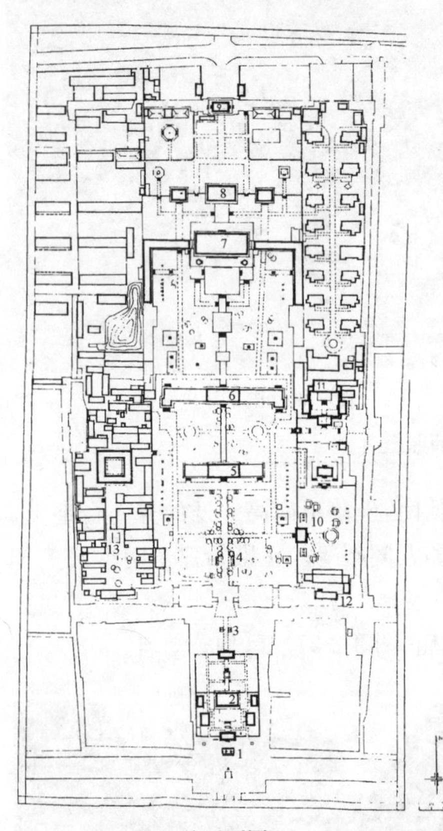

(a) 总平面图

(b) 天贶殿

图 9-2-28　泰安岱庙

1—遥参亭坊;2—遥参亭;3—岱庙坊;4—正阳门;5—配天门;6—仁安门;

7—天贶殿;8—中寝宫;9—厚载门;10—汉柏院;11—东御座;12—角楼;13—唐槐院

西岳庙:历代祭祀华山之所,位于陕西华阴市城东 2.5 公里处。占地约合 12 万平方米,五岳庙中面积最大,称大庙、皇庙(图 9-2-29)[3]。正殿灏灵殿,清同治元年(1862)重建[4]。

---

〔1〕 曲阳北岳庙详见上一章,衡山南岳庙基本为清代以后重建。

〔2〕 周今立等:《泰山岱庙古建筑》,《山东建筑工程学院学报》1996 年第 1 期。

〔3〕 刘宇生:《西岳庙建筑文化初探》,《文博》2006 年第 1 期。

〔4〕 何修龄:《华阴西岳庙的古代建筑》,《文物参考资料》1958 年第 3 期。

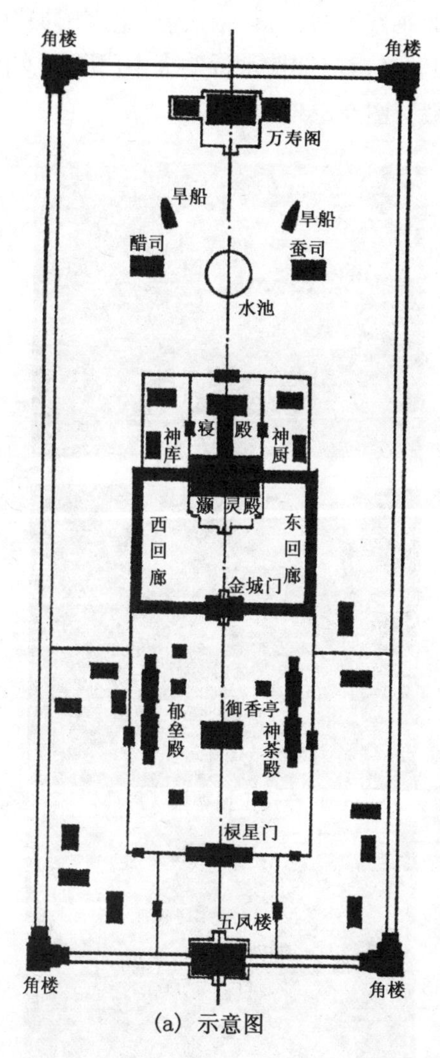

(a) 示意图

(b) 西安华阴西岳庙正殿灏灵殿

图 9-2-29　明代西岳庙

(5) 文庙

有明一代尊孔，全国府、州、县三级孔庙达 1 560 所。明初在南京鸡鸣山前建国子监，东侧立孔庙。永乐间立北京国学，就元旧址重建孔庙[1]。明代各地还设孔子弟子祠所，如苏州颜子庙，常熟颜子祠等。

曲阜孔庙：规模仅次于故宫，古代大型祠庙典范，它是海内外数千座孔庙的先河与范本[2]。孔庙、孔林、孔府是中国规模最大的集祭祀孔子的祖庙、孔子及子孙墓地和孔子嫡裔府邸为一体的建筑群[3]。

〔1〕 南京工学院建筑系，曲阜文物管理委员会：《曲阜孔庙建筑》，北京：中国建筑工业出版社，1987 年，第 54 页。

〔2〕 何跃青：《中国文化遗产》，北京：外文出版社，2013 年，第 14 页。

〔3〕 孔祥林：《曲阜孔庙修建述略》，《孔子研究》1986 年第 2 期。

孔庙南起明代县城南瓮城门“万仞宫墙”，南北轴线九进院落，依次有“金声玉振”坊、“棂星门”坊、“太和元气”坊、“至圣庙”坊、“圣时门”“弘道门”“璧水桥”“大中门”“同文门”“奎文阁”“大成门”“杏坛”“大成殿”“寝殿”“圣迹殿”（图 9-2-30）等。

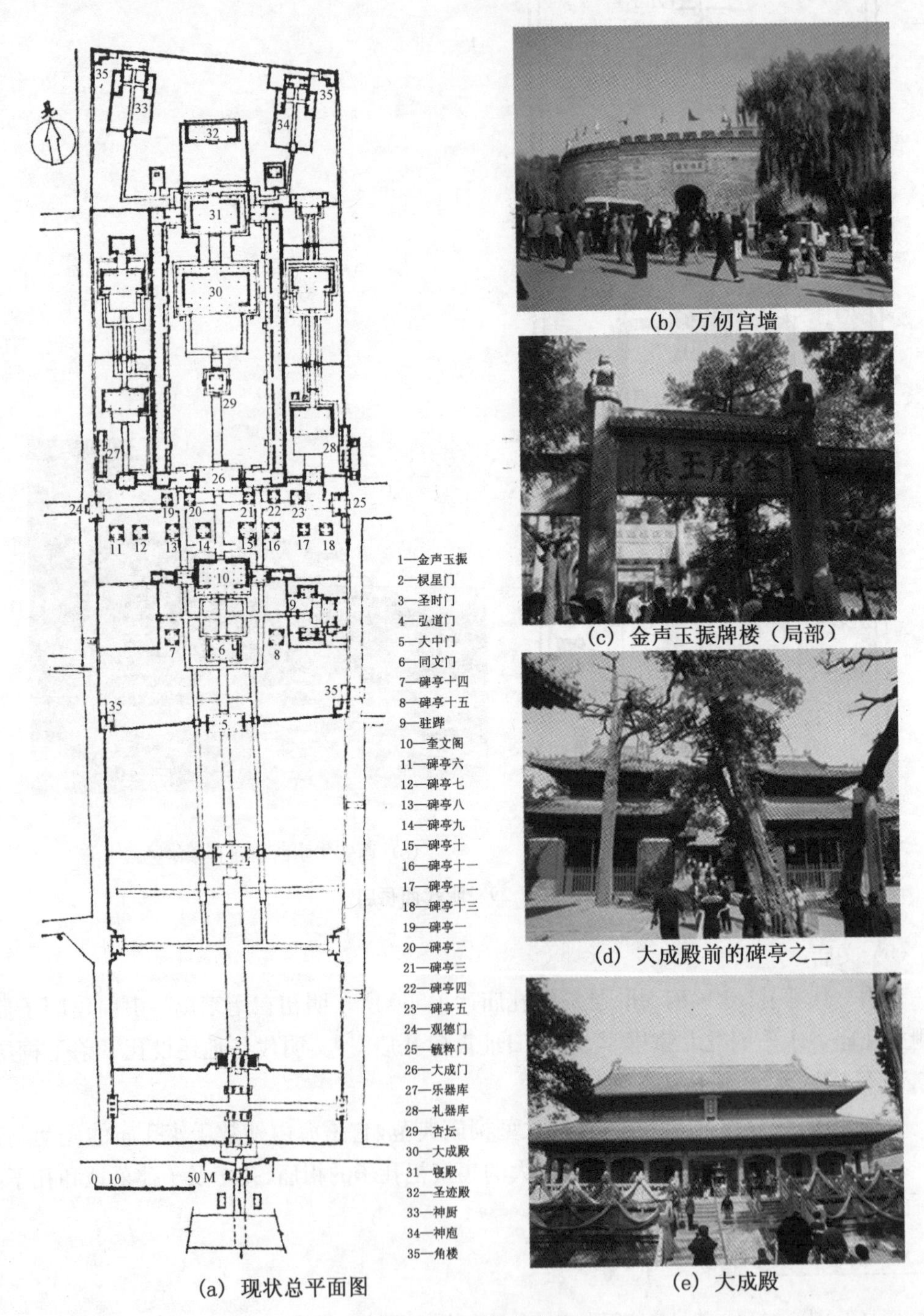

(a) 现状总平面图

(b) 万仞宫墙

(c) 金声玉振牌楼（局部）

(d) 大成殿前的碑亭之二

(e) 大成殿

图 9-2-30　曲阜孔庙

孔庙以奎文阁为界,分为前后两区[1]。

目前,曲阜孔庙、衢州孔庙、北京孔庙、台北孔庙等颇为知名。明代文庙亦多,如江苏苏州文庙,山西平顺文庙[2]、万荣县文庙(图 9-2-31),陕西旬阳县文庙[3]等。

图 9-2-31　万荣县文庙大成殿内部构架及其彩画

五、宗教建筑

1. 汉地佛教建筑

(1) 概况

明初,喇嘛教渐趋衰落,禅、净等宗渐复[4]。

朱元璋提倡佛教,制定一系列制度、法令,经永乐间补充和完善,形成明王朝以整顿、限制为主,又加保护和提倡的佛教政策[5]。

明代佛教诸宗,以禅宗为盛;禅宗各派,以临济为最,曹洞次之[6]。

明代四大名山(四大道场):山西五台山(文殊菩萨)、浙江普陀山(观音菩萨)、四川峨眉山(普贤菩萨)、安徽九华山(地藏菩萨)。

目前,我国各地遗留明代佛寺较多。

---

〔1〕 南京工学院建筑系、曲阜文物管理委员会合著:《曲阜孔庙建筑》,北京:中国建筑工业出版社,1987 年,第 16 - 18 页。

〔2〕 中国人民政治协商会议平顺县委员会文史资料研究委员会编:《平顺文史资料　第 8 辑》,1997 年,第 4 页。

〔3〕 宋定国:《周易解谜》,北京:首都师范大学出版社,2013 年,第 31 页。

〔4〕 潘谷西:《中国古代建筑史 · 第四卷》,北京:中国建筑工业出版社,2001 年,第 300 页。

〔5〕 何孝荣:《明代南京寺院研究》,北京:中国社会科学出版社,2000 年,第 8 页。

〔6〕 天童寺志编纂委员会:《新修天童寺志》,北京:宗教文化出版社,1997 年,第 208 页。

(2) 布局

明代汉地佛教建筑的文献资料和实例遗存均比较丰富。

宋元左钟右藏对置布局,明代为藏殿与观音阁对峙取代,后者成为明代禅寺布局典型特征。如北京智化寺、平武报恩寺及《金陵梵刹志》所载明代诸寺。

唐代中期以降出现的左钟右鼓(晨钟暮鼓)对置格局,成为定制[1]。

以《金陵梵刹志》所载为例,自南至北主要包括:金刚殿、左钟楼右鼓楼、天王殿、左伽蓝殿右祖师殿、正佛殿、左观音殿右轮藏殿、毗卢殿,以回廊围绕[2]。

(3) 举要

智化寺[3]:位于北京朝阳门内禄米仓,明正统八年(1444)宦官王振创建。现保留中轴线上山门、钟鼓楼、智化门、智化殿、如来殿万佛阁和大悲堂等(图 9-2-32)。

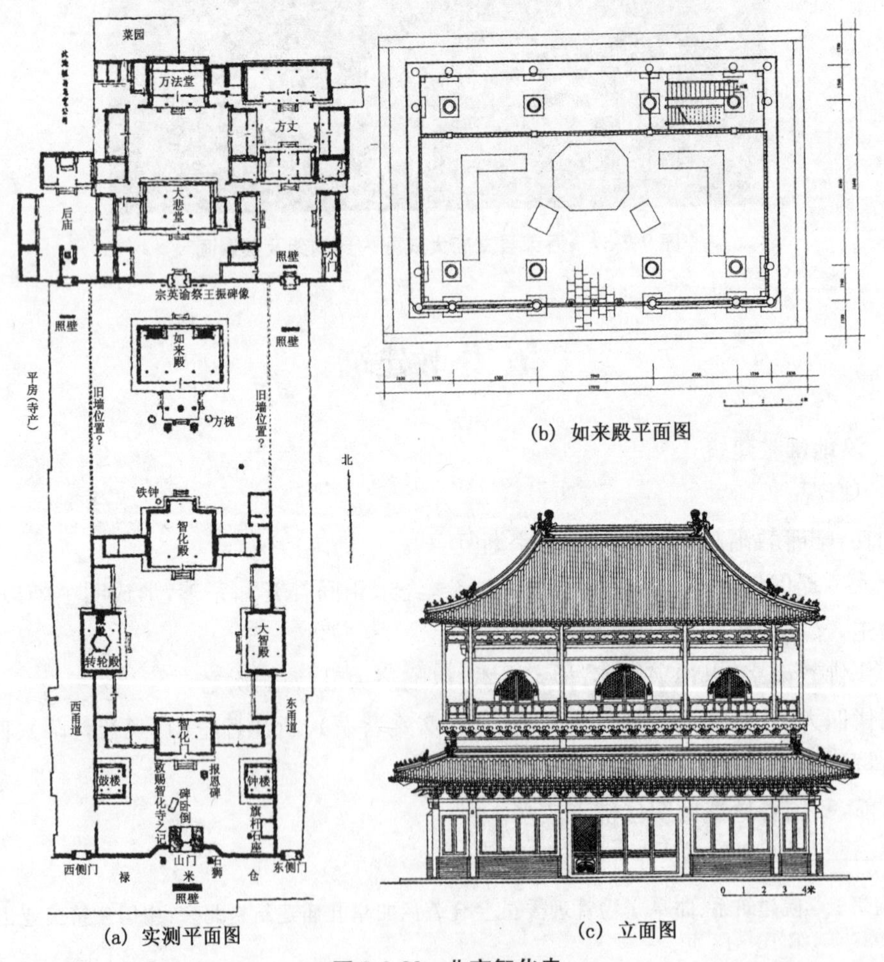

(a) 实测平面图　　(b) 如来殿平面图　　(c) 立面图

图 9-2-32　北京智化寺

〔1〕 辛德勇:《旧史舆地文录》,北京:中华书局,2013 年,第 378 页。

〔2〕 潘谷西:《中国古代建筑史·第四卷》,北京:中国建筑工业出版社,2001 年,第 301 - 308 页。

〔3〕 刘敦桢:《刘敦桢全集·第一卷》,北京:中国建筑工业出版社,2007 年,第 47 - 85 页。许惠利:《智化寺建筑管窥》,《古建园林技术》1987 年第 3 期。博光、言午:《智化寺》,《紫禁城》1987 年第 5 期。北京市文物工作队:《北京名胜古迹》,北京:中国旅游出版社,1988 年,第 55 - 58 页。

平武报恩寺[1]：位于四川平武县城内。主体建筑沿中轴线上，附属建筑左右对称配列[图 9-2-33(a)]。共分前、中、后三进院落：第一进院落起于山门，止于天王殿，中有三桥[图 9-2-33(b)]，北侧置钟楼一座，门前有八字琉璃墙、台阶、狻猊、经幢、广场；后为第二进院落，由大雄宝殿和华严殿、大悲殿[图 9-2-33(c)]、天王殿组成；再后第三进院落，由万佛阁、南北碑亭和 34 间廊庑组成[图 9-2-33(d)]。万佛阁后有方丈、斋房、库舍、龙神祖师之堂等围绕。

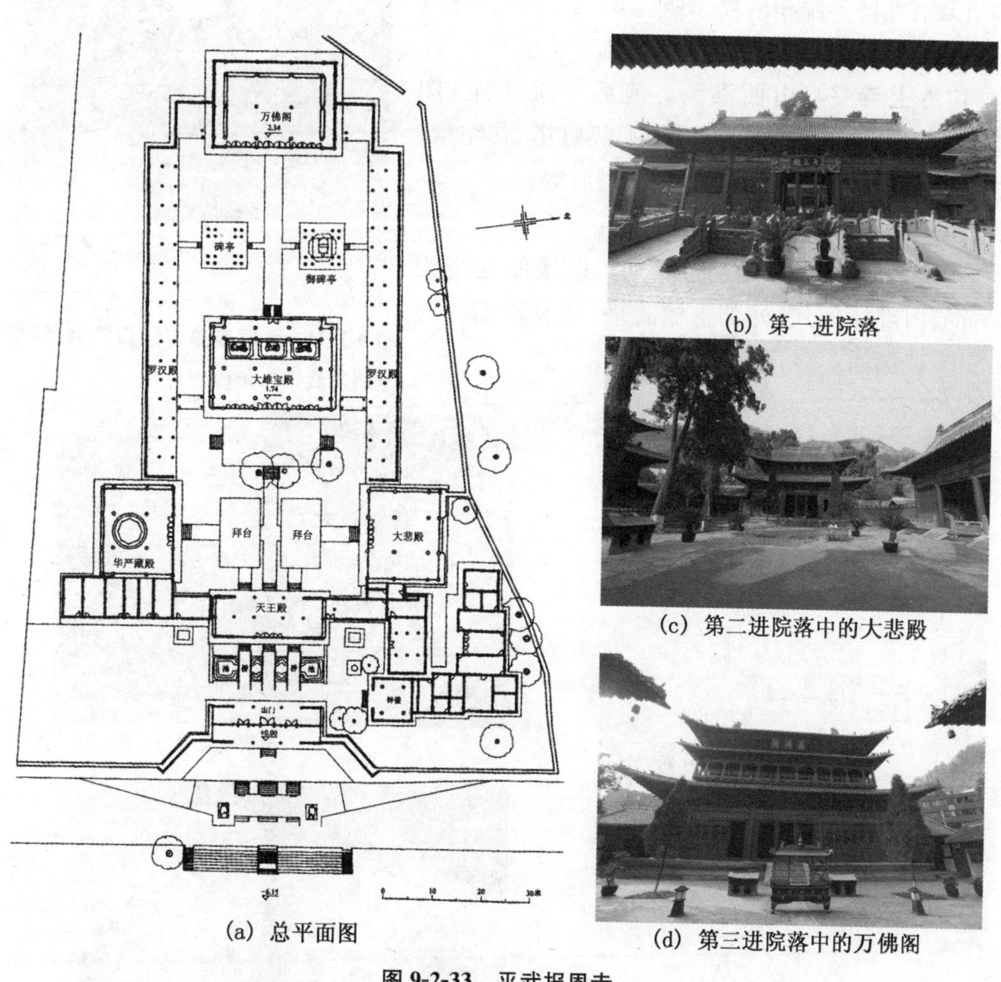

(a) 总平面图　(b) 第一进院落　(c) 第二进院落中的大悲殿　(d) 第三进院落中的万佛阁

图 9-2-33　平武报恩寺

〔1〕 向远木：《四川平武明报恩寺勘察报告》，《文物》1991 年第 4 期；李先逵：《深山名刹平武报恩寺》，《古建园林技术》1994 年第 2 期；唐飞：《平武报恩寺》，北京：科学出版社，2008 年，第 1－15 页。

崇善寺[1]:位于太原五一南路皇庙巷东侧,沿中轴线由南至北有金刚殿、天王殿、大雄殿、毘卢殿、大悲殿、金灵殿,共六座正殿。各正殿两庑均建左右对称的偏殿、画廊和方丈,自南至北依次为东、西伽蓝殿,罗汉殿、轮藏殿,东、西团殿,东、西画廊,东、西方丈,都以正殿为主体,形成庭院。六座主要院落两侧,各建有九座禅院和僧舍(图 9-2-34)。现崇善寺以大悲殿为主体,与大雄宝殿共堪代表。

图 9-2-34　太原崇善寺门口铁狮,铸造于明洪武辛未年(1391)

广胜上寺[2]:山西洪洞。前后三院相连(图 9-2-35),以中轴贯穿。依次为山门、飞虹塔、弥陀殿、大雄宝殿、毘卢殿(图 9-2-36)等,前塔后殿。

(4) 佛塔

明代是砖构佛塔又一高峰期。以楼阁式塔为多,亦有内部楼阁式、外部密檐式塔,还有密檐实心塔等[3]。例如:

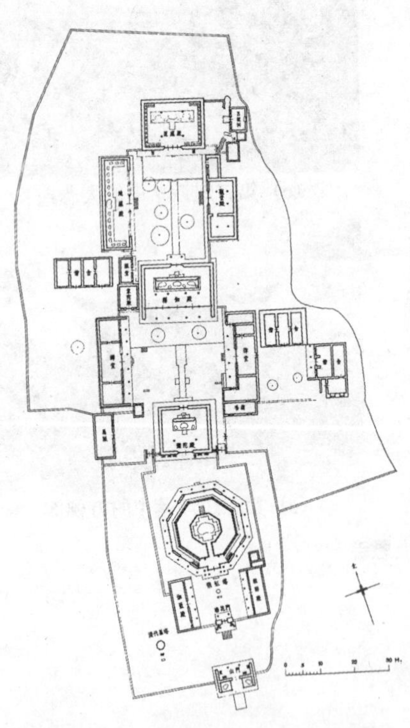

图 9-2-35　洪洞广胜上寺总平面图

(a) 外观

(b) 正脊

图 9-2-36　洪洞广胜上寺毘卢殿

〔1〕 张纪仲、安笈:《太原崇善寺文物图录》,太原:山西人民出版社,1987 年,第 1 - 37 页。
〔2〕 柴泽俊、任毅敏:《洪洞广胜寺》,北京:文物出版社,2006 年,第 1 - 46 页。
〔3〕 张驭寰:《中国佛塔史》,北京:科学出版社,第 215 页。

大报恩寺塔：位于南京聚宝门外聚宝路东侧，今大报恩寺及其琉璃塔遗址[1]。永乐十年(1412)动工，宣德三年完成，历16年(一说19年[2])。平面八角形，九层，底层副阶周匝，周长四十寻(三十二丈)，塔高二十四丈六尺一寸九分(自地面至宝珠)[3]。规模巨大、琉璃精美，是古代建筑琉璃艺术最高成就(图9-2-37)[4]。咸丰六年(1856)，毁于太平天国时期。

图9-2-37　嘉庆五—七年复制的《江南报恩寺琉璃宝塔全图》

广胜上寺飞虹塔[5]：目前我国遗留明代最高、最大，也是现存最精美的琉璃塔。建于明嘉靖六年(1527)。平面八角形，十三级、高47米楼阁式，塔身青砖砌筑。各种精致的琉璃件满布四周，一至三层尤为富丽，五光十色，绚烂斑斓(图9-2-38)。

(a) 全景

(b) 塔身琉璃雕饰细部之一

(c) 塔身琉璃雕饰细部之二

(d) 塔身琉璃雕饰细部之三

图9-2-38　洪洞广胜上寺飞虹塔

〔1〕 武延康：《金陵大报恩寺琉璃塔》，《佛教文化》2002年第2期。

〔2〕 周健民：《中世纪中国人的骄傲——大报恩寺塔》，《档案与建设》2003年第8期。

〔3〕 张惠农：《金陵大报恩寺塔志》，1937年国立北京研究院史学研究会排印本，第15页。见杜洁祥：《中国佛寺史志汇刊》第2辑，第13册。

〔4〕 朱偰：《金陵古迹图考》，北京：商务印书馆，1936年，第259页。

〔5〕 柴泽俊、任毅敏：《洪洞广胜寺》，北京：文物出版社，2006年，第19－26页。

飞虹塔不仅每层雕塑、植物、花纹等图案不同,就是同一层每一面亦无一雷同,上下收分,比例精当。技艺杰出、雕塑精湛,粲然若新。这是地方作品,可想见举全国之力建造的大报恩寺塔,该是何等壮丽。

2. 藏传佛教建筑

明代对藏传佛教采取利用与扶植政策,先后分封三大法王(大宝法王,属噶玛噶举派;大乘法王,属萨迦派;大慈法王,属格鲁派)和五个王爵(赞善王、护教王、辅教王、阐教王、阐化王),另有国师、大国师等,笼络西藏高级僧徒贵族以控制藏区[1]。

十五世纪为寺院发展鼎盛期,格鲁派兴起。以格鲁派四大寺(甘丹、哲蚌、色拉、扎什伦布)为标志,寺院趋向程式化,所谓寺院主体的措钦大殿、扎仓已形成特定模式[2]。

(1) 西藏

藏地格鲁派四大寺:1409 年,宗喀巴在拉萨东南达孜县境内建甘丹寺,为格鲁派祖庭。1416 年,宗喀巴弟子嘉木样却西贝丹在拉萨西郊建哲蚌寺。1419 年,宗喀巴另一弟子释迦也失在拉萨北郊建色拉寺。1447 年,宗喀巴又一弟子根敦珠巴在日喀则城西建扎什伦布寺。此即格鲁派四大寺[3]。甘丹寺、哲蚌寺、色拉寺,又称"拉萨三大寺"[4]。甘丹寺在"文化大革命"中被毁,1985 年后恢复。

哲蚌寺:1416 年创立,位于拉萨市以西的更培邬孜山南路。占地约 20 万平方米,主要有措钦大殿[图 9-2-39(a)、(b)]、甘丹颇章[图 9-2-39(c)]、四大扎仓及规模不等的 87 个院子[5]。三、四、五世达赖均在甘丹颇章住过,而甘丹颇章也一度为西藏政治权力中心[6]。

(a) 措钦大殿内景　(b) 措钦大殿托木　(c) 甘丹颇章

图 9-2-39　西藏哲蚌寺

---

〔1〕 中国大百科全书出版社:《中国大百科全书·中国历史》,北京:中国大百科全书出版社,1994 年,第 812 页。

〔2〕 南京工学院建筑系编:《建筑理论与创作》,南京:南京工学院出版社,1987 年,第 230 页。

〔3〕 潘谷西:《中国古代建筑史·第四卷》,北京:中国建筑工业出版社,2001 年,第 335－336 页。

〔4〕 牛婷婷、汪永平、焦白云:《拉萨三大寺建筑的等级特色》,《华中建筑》2009 年第 12 期。

〔5〕 牛婷婷、汪永平、焦白云:《拉萨三大寺建筑的等级特色》,《华中建筑》2009 年第 12 期。牛婷婷、汪永平、焦白云:《试析哲蚌寺的选址和布局》,《华中建筑》2010 年第 6 期。

〔6〕 西藏自治区文物管理委员会编:《拉萨文物志》,咸阳:陕西咸阳印刷厂,1985 年,第 27－33 页。

色拉寺[1]：创于明永乐十七年(1419)，位于拉萨北郊色拉乌孜山南麓，占地114 964平方米。由措钦大殿、3个扎仓、20个康村组成，佛殿、僧舍密布，错落有致(图9-2-40)。该寺在西藏宗教、历史、政治均有重要地位，内藏大量文物珍品，以塑像、铜像、唐卡、经书、法器、供器为多。

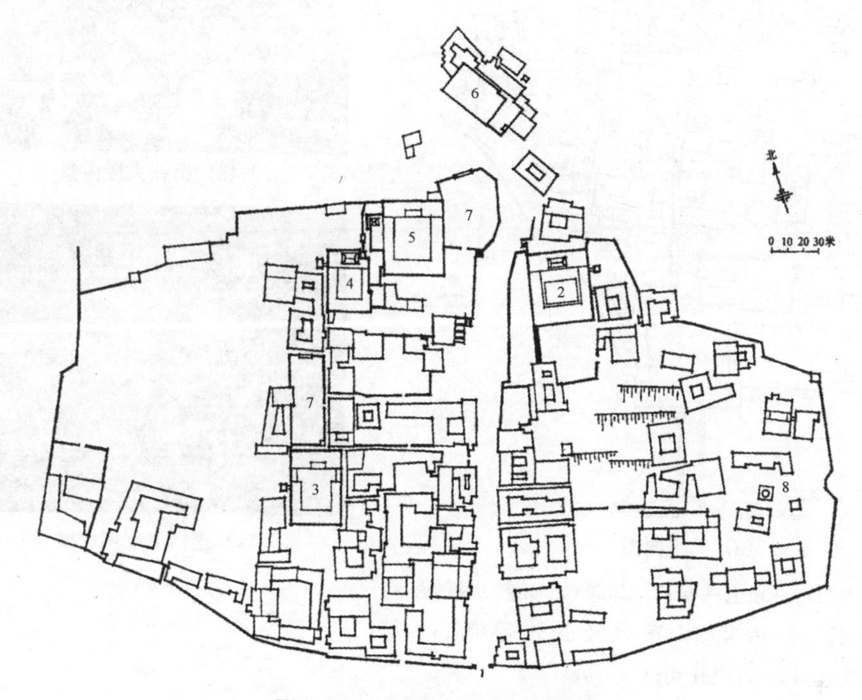

图9-2-40　西藏色拉寺总平面图

1—寺院大门；2—措钦大殿；3—麦扎仓；4—阿巴扎仓；
5—吉扎仓；6—合栋康村；7—辩经场；8—白塔

扎什伦布寺[2]：坐落在日喀则尼玛山南麓，占地约23万平方米，建筑面积近15万平方米，以周长3 000余米的墙垣围绕[图9-2-41(a)]。由佛殿、经堂、祀殿等组成，多为数层高大建筑，墙体均用石块砌成。佛殿、经堂山麓之间，重楼叠阁，碧瓦金顶，与前方排列有序的低层平顶僧舍对应，红白相对。具浓郁藏族特色，又有汉族风格[图9-2-41(b)、(c)]。

四大寺规模庞大，相当于城池、村镇，都具有独立的经济体系。由于宗喀巴强调僧人戒律，规定僧俗分离，故均建在较僻静城郊。

白居寺[3]：位于西藏江孜年楚河东畔宗山城堡西山脚下，为13—15世纪中叶藏区寺院典型，是难得的寺、塔相对完整的建筑群，由措钦大殿、吉祥多门塔、扎仓、碉楼、寺门、围

---

〔1〕 西藏自治区文物管理委员会：《拉萨文物志》，咸阳：陕西咸阳印刷厂，1985年，第33-42页。

〔2〕 彭措朗杰：《扎什伦布寺》，北京：中国大百科全书出版社，2010年。

〔3〕 赵睿：《江孜白居寺研究综述》，《中国藏学》1998年第3期。张纪平、丁燕、郭宏：《西藏江孜县白居寺调查报告》，《四川文物》2012年第4期。张纪平、丁燕：《西藏白居寺古建筑群的建筑材料与构造》，《古建园林技术》2013年第2期。

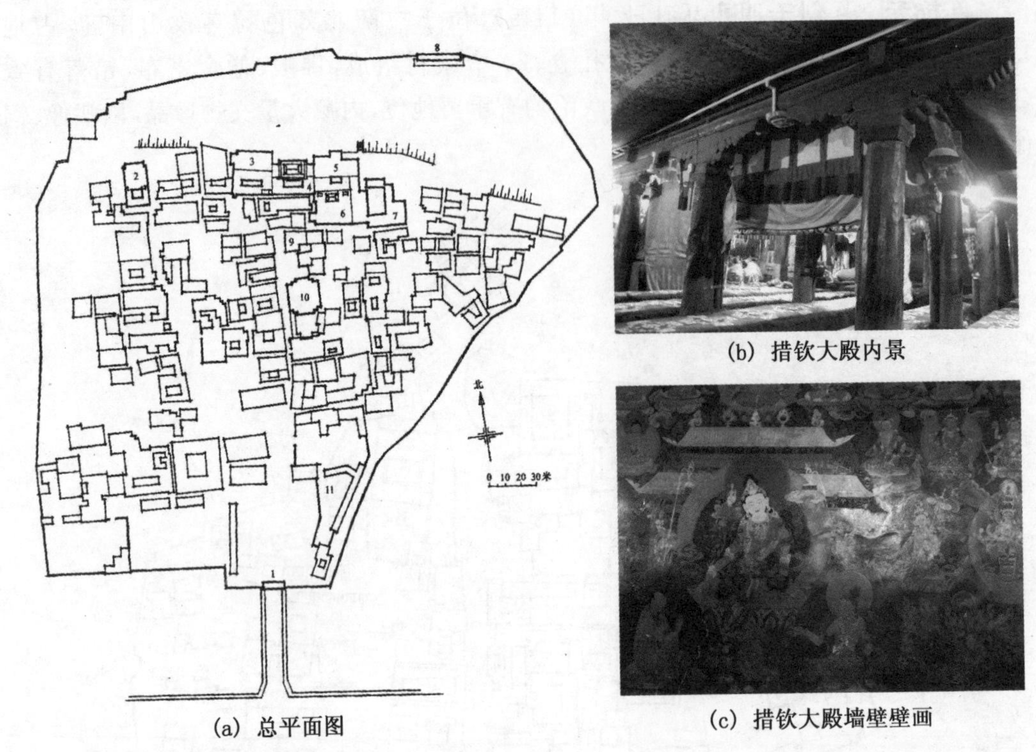

(a) 总平面图

(b) 措钦大殿内景

(c) 措钦大殿墙壁壁画

1—寺院大门;2—强巴佛殿;3—却康;4—班禅灵塔殿;
5—班禅喇让;6—措钦大殿;7—印经处;8—晒佛台;
9—阿巴扎仓;10—吉康扎仓;11—马厩

图 9-2-41　西藏扎什伦布寺

墙等组成。现存各殿大木制作规整、用材规范、斗栱舒朗,殿内壁画线条流畅、色彩艳丽,雕刻精美,是明清藏传佛教艺术难得资料(图 9-2-42)。

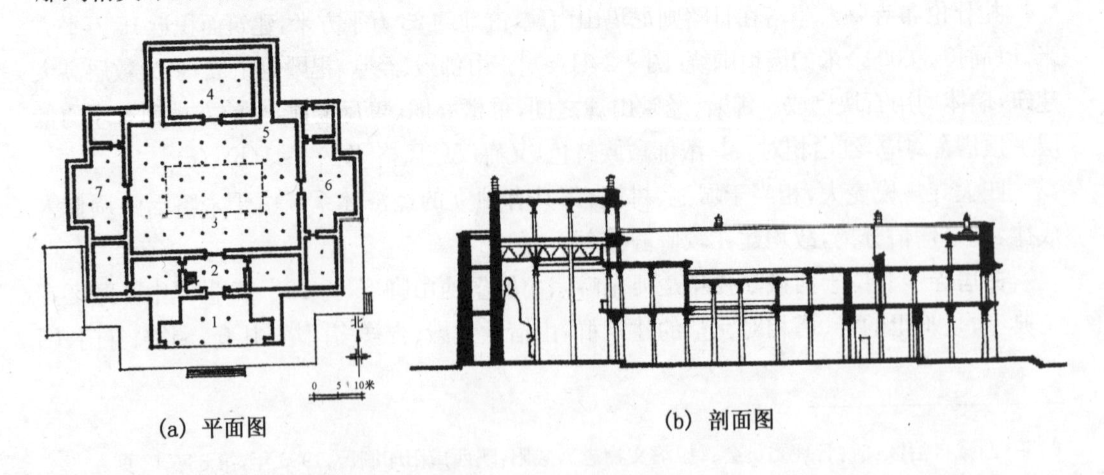

(a) 平面图

(b) 剖面图

1—门廊;2—前陵;3—经堂;4—释迦佛殿;
5—左旋回廊;6. 东净土殿;7. 西净土殿

图 9-2-42　江孜白居寺集会殿

（2）青海

瞿昙寺、塔尔寺代表青海佛寺的两种性质。瞿昙寺明代敕建，清代改宗黄教，基本采用中原传统形式。塔尔寺建筑形制和布局，主要以格鲁派四大寺为蓝本，同时吸收汉族手法，形成兼有藏族风格与青海地方特色的寺院〔1〕。

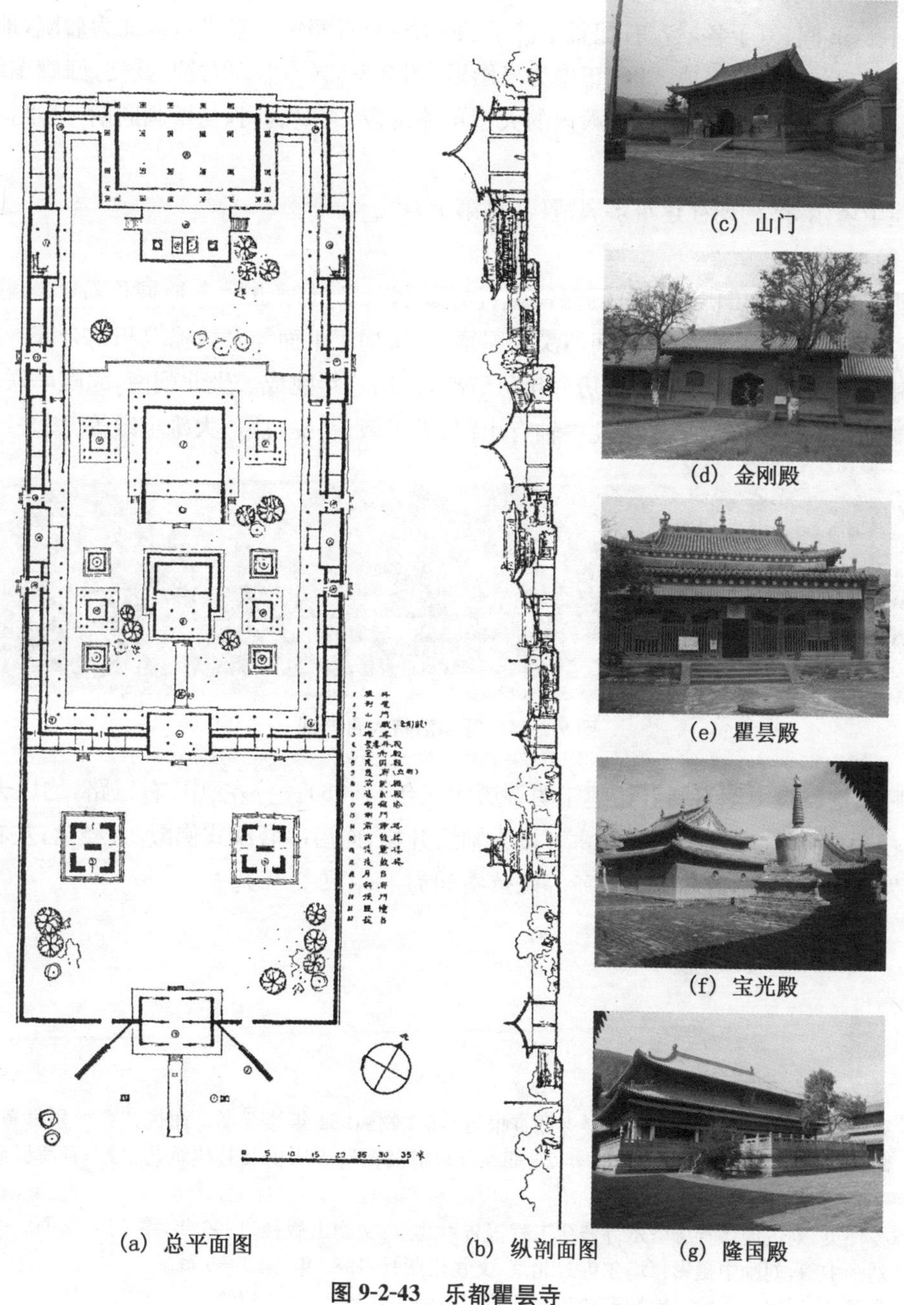

(a) 总平面图　(b) 纵剖面图　(c) 山门　(d) 金刚殿　(e) 瞿昙殿　(f) 宝光殿　(g) 隆国殿

图 9-2-43　乐都瞿昙寺

〔1〕 姜怀英、刘占俊:《青海塔尔寺修缮工程报告》,北京:文物出版社,1996 年,第 46－47 页。

瞿昙寺[1]:位于乐都城南40里的瞿昙堡城中,南向。城堡略呈方形,分内外二城,外城为居民宅巷,内城为瞿昙寺和僧侣房舍。

该寺皇家敕建,规格高、用料整。由于干旱少雨、修缮很少。总体布局分外院、前院和后院三部[图9-2-43(a)、(b)]。外门平面方整,周围绕以寺墙,山门建于中轴线前端[图9-2-43(c)]。前院为金刚殿[图9-2-43(d)]、瞿昙殿[图9-2-43(e)]和宝光殿[图9-2-43(f)],左右回廊52间,复于各殿左右配置小佛堂和宝塔,布置密集。宝光殿以北为后院,地势隆起,高出前院约4米,另成一区,正中为隆国殿[图9-2-43(g)],左右钟、鼓楼,回廊围绕,是全寺最主要部分。隆国殿、宝光殿内的大型单体佛像,通壁满间,与壁画同期,是难得的明代建筑博物馆。

湟中塔尔寺[2]现存建筑多属清代(见第十章)。

(3) 内蒙古

明代内蒙古藏传佛教建筑既保留藏、汉形制特征,同时也融合地域传统。以藏式为母,稍加变化,如“都纲法式”空间与汉式屋顶、副阶周匝平面与藏式檐墙相结合等[3]。

呼和浩特大召:兴建于明万历六年(1578),万历八年建成。坐北朝南,三院串联,东西设两侧院,共20余间殿宇。南北中轴有山门、天王殿、菩提过殿、大雄宝殿等(图9-2-44)。

图9-2-44　呼和浩特大召外观

呼和浩特席力图召[4]:始建于明万历十三年(1585)。分左、中、右三路,均以大经堂为核心,中轴对称布置。山门前木牌楼为轴线开始,向后串联汉式佛殿、大经堂;左右两路分别为活佛府邸、佛殿和喇嘛住所等院落空间为主(图9-2-45)。

---

〔1〕张驭寰、杜先洲:《青海乐都瞿昙寺调查报告》,《文物》1964年第5期。谢佐:《青海乐都瞿昙寺考略》,《青海民族学院学报》1979年Z1期。苏得措:《瞿昙寺历史及其建筑艺术》,《青海民族研究》2001年第2期。

〔2〕姜怀英、刘占俊:《青海塔尔寺修缮工程报告》,北京:文物出版社,1996年,第47－52页。李志武、刘励中编,刘励中摄影:《塔尔寺》,北京:文物出版社,1982年,第1－6页。

〔3〕张鹏举、高旭:《内蒙古地域藏传佛教建筑形态的一般特征》,《新建筑》2013年第1期。

〔4〕武月华、范桂芳:《呼和浩特市席力图召大经堂的建筑特点》,《内蒙古工业大学学报》(社会科学版)2007年第1期。张鹏举:《内蒙古地域藏传佛教建筑形态研究》,博士学位论文,天津大学,2011年,第212－218页。

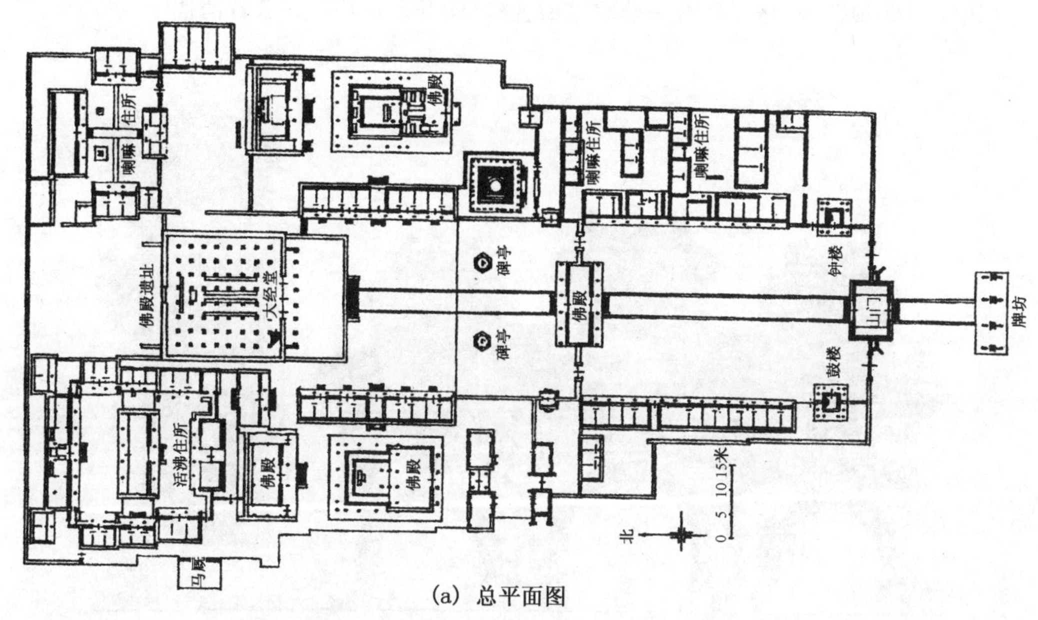

(a) 总平面图

(b) 外观（局部）

图 9-2-45　呼和浩特席力图召

4. 道教建筑

(1) 概述

明王朝对道教及其他宗教统一管理。永乐时，明成祖在武当山大兴土木，建造道馆，维护统治[1]。全国各地道宫增多，分布不断拓展。

(2) 举要

东岳庙：北京朝阳门外。始建于元延祐六年(1319)。现状有中路正院和东、西廊院三部，占地达 4.74 万平方米，是华北道教正一派最大寺庙。现存除庙门前琉璃牌坊为万历

〔1〕 故宫博物院、武当山特区管委会：《故宫・武当山研讨会论文集》，北京：紫禁城出版社，2012 年，第 50 页。

三十五年(1607)遗构,是北京唯一琉璃过街牌楼(图 9-2-46)〔1〕。余皆清代〔2〕。

图 9-2-46　北京东岳庙琉璃牌楼正立面、侧立面图

朝天宫:位于江苏南京水西门内冶城山。明洪武十七年(1384)重建,明太祖赐额“朝天官”(图 9-2-47)。清同治五年(1866)成东、中、西三路格局。东路为江宁府学;西路为卞公祠、衬壶墓等〔3〕,均为清代建筑。

图 9-2-47　南京朝天宫远眺

---

〔1〕 姜希伦:《北京唯一留存的琉璃过街牌楼——朝外东岳庙琉璃牌楼》,《中国道教》2004 年第 1 期。

〔2〕 李彩萍:《北京东岳庙与京城文化》,《文化学刊》2011 年第 1 期。

〔3〕 马晓、丁宏伟:《南京朝天宫冶城阁设计》,《华中建筑》2002 年第 2 期。

真武阁[1]:位于广西容县城东人民公园内,又名武当宫。明万历元年(1573)兴工,创阁三层,为宫内主体。楼层于角柱45°方向再设四根金柱,以承托五架梁(图9-2-48)。这四根金柱悬空,距楼面0.5~2.4厘米为“悬柱”,技艺精湛。

武当山道教宫观:明永乐十一年(1413)兴工,历十一年,建成官观33处。整个建筑群沿太岳山北麓两条溪流(螃蟹夹子河及剑河)自下而上展开,终点是太和宫与金殿[图9-2-49(a)]。现存主要有“治世玄岳”坊(1552)、遇真宫、天津桥、五龙宫[图9-2-49(b)]、紫霄宫[图9-2-49(c)]、天乙真庆宫石殿、三天门、太和宫、紫禁城与金殿等[2]。

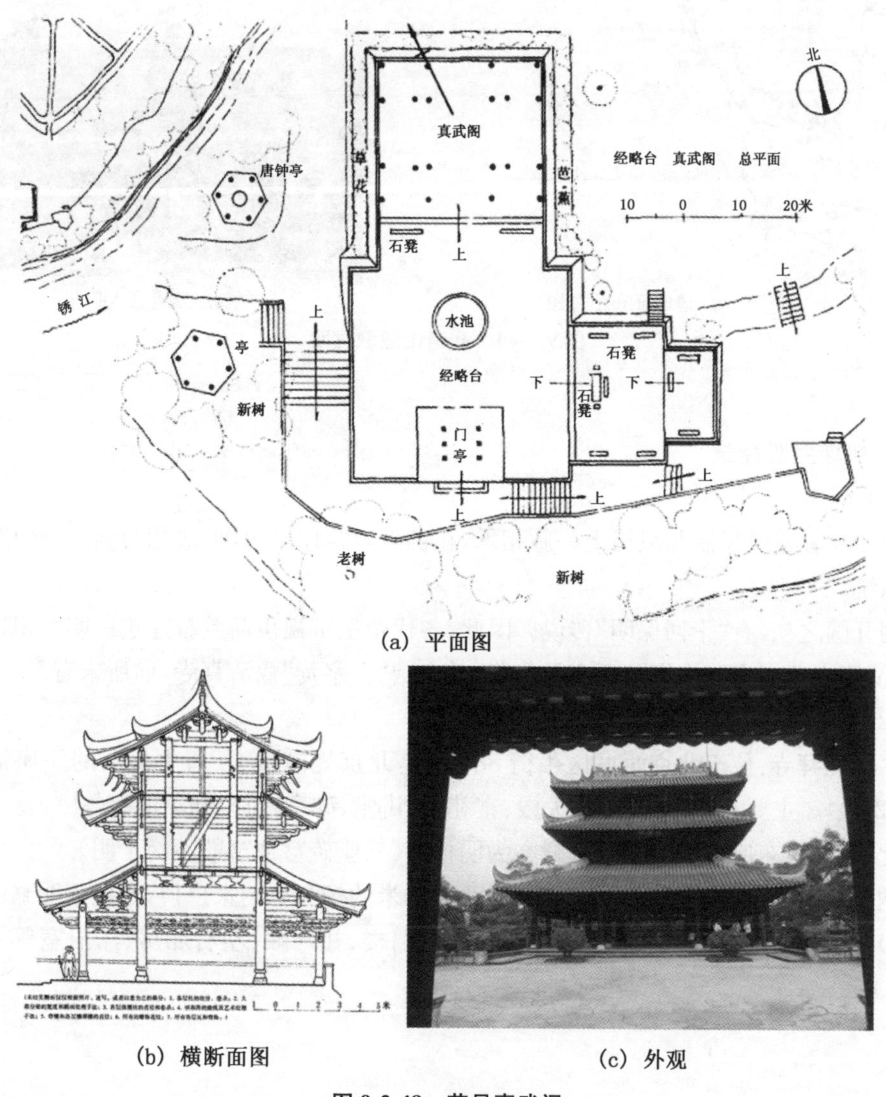

(a) 平面图

(b) 横断面图

(c) 外观

图9-2-48 荣县真武阁

[1] 梁思成:《梁思成全集·第五卷》,北京:中国建筑工业出版社,2001年,第392-412页。

[2] 潘谷西:《中国古代建筑史·第四卷》,北京:中国建筑工业出版社,2001年,第369-372页。

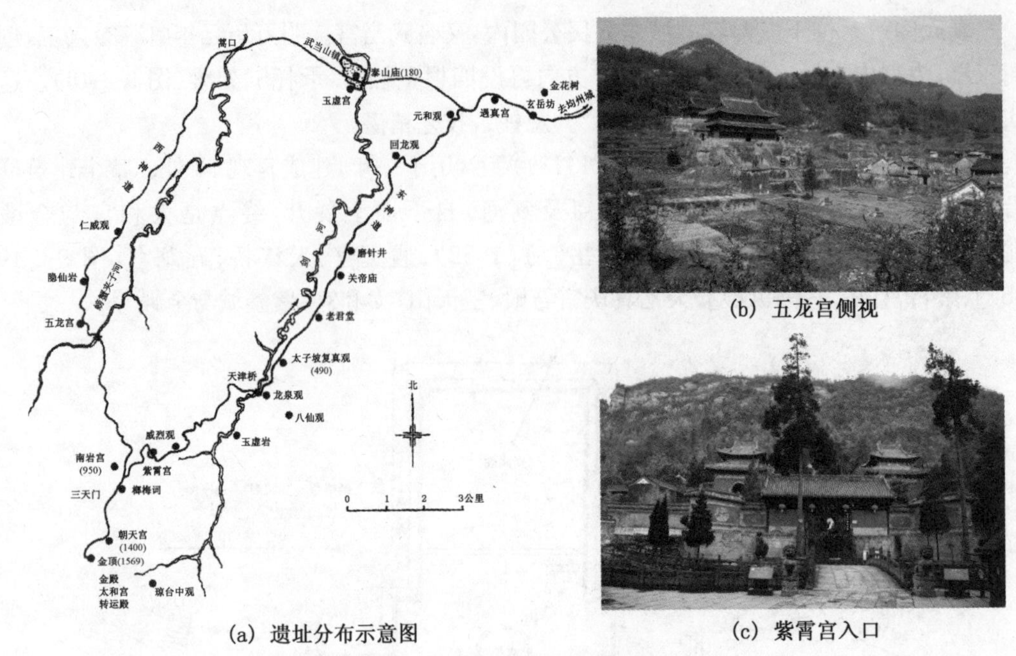

(a) 遗址分布示意图

(b) 五龙宫侧视

(c) 紫霄宫入口

图 9-2-49 武当山道教宫观

5. 伊斯兰教建筑

(1) 概述

伊斯兰教建筑形制与风格上一脉相承,在佛教建筑地域内,形成相对独立的伊斯兰教建筑系统[1]。

明开国之初,有“十回保明”传说。因此,各代帝王重视伊斯兰教建筑。明太祖即位不久,建清真寺于南京三山街及西安子午巷,并亲撰“百字赞”赐清真寺,前所未有。

(2) 回族

牛街礼拜寺:位于北京西城区牛街 88 号,是北京规模最大、历史最久的一座清真寺(图 9-2-50)。主要有望月楼、礼拜大殿、宣礼楼、讲堂、碑亭、对亭和沐浴室等[2]。

此外,北京东四清真寺礼拜大殿亦为明构,其三座砖穹顶窑殿不晚于明。

纳家户清真寺:坐落于宁夏永宁县城西 200 米的杨和乡纳家户村,始建于明嘉靖三年(1524)。全寺占地 8 000 平方米,坐西朝东,有门楼、礼拜殿、左右厢房、沐浴室等[3](图 9-2-51)[4]。

---

〔1〕 常青:《西域文明与华夏建筑的变迁》,长沙:湖南教育出版社,1992 年,第 29 页。

〔2〕 马文:《北京的清真寺》,《中国穆斯林》1991 年第 6 期。

〔3〕 韩志刚:《宁夏纳家户清真寺》,《中国穆斯林》1992 年第 6 期。

〔4〕 李靖、子桑:《纳家户清真大寺》,《宁夏画报》(时政版)2009 年第 2 期。

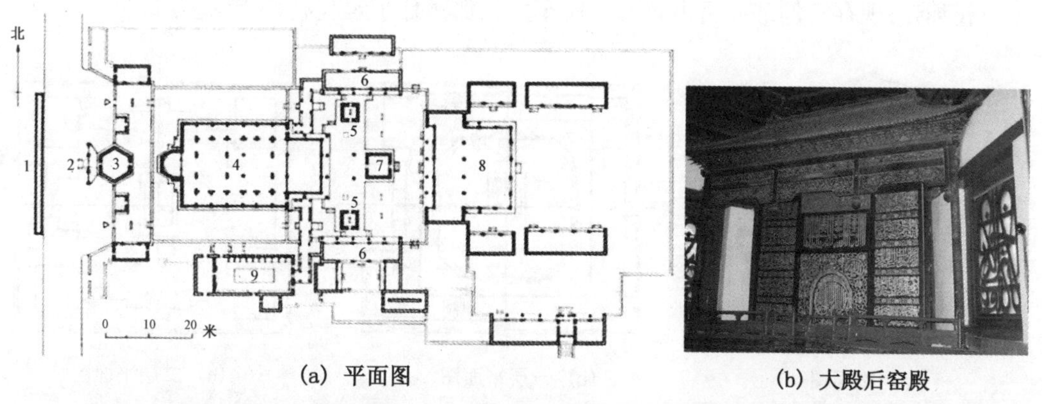

(a) 平面图　　(b) 大殿后窑殿

1—影壁；2—牌坊；3—望月楼；4—礼拜殿；
5—碑亭；6—讲堂；7—邦克楼；8—教室；9—水房

图 9-2-50　牛街礼拜寺

此外，宁夏韦州大寺为明初遗构。

图 9-2-51　纳家户清真寺入口门楼

(3) 维吾尔族

十三世纪以降，阿拉伯式样的伊斯兰建筑——清真寺与陵墓，在新疆各地出现[1]，礼拜寺、玛札和经学院是主要类型[2]。

玛(麻)札：原意晋谒处，是伊斯兰教圣裔或贤者坟墓，穆斯林圣地[3]。喀什阿尔斯兰汗玛札，明代重修，风格近于秃忽鲁克·帖木尔汗玛札(图 9-2-52)。同期实例还有莎车伊萨克王子玛札、喀什麻哈默德·喀什噶里玛札等，都是土坯穹顶殿。

---

〔1〕 中华文化通志编委会：《中华文化通志 95·第十典中外文化交流：中国与西亚非洲文化交流志》，上海：上海人民出版社，2010 年，第 307 页。

〔2〕 潘谷西：《中国古代建筑史·第四卷》，北京：中国建筑工业出版社，2001 年，第 380 页。

〔3〕 中国社会科学院世界宗教研究所伊斯兰教研究室：《伊斯兰教文化面面观》，济南：齐鲁书社，1991 年，第 327 页。

礼拜寺:现存实例都经后世重修。库车默拉那额什丁玛札礼拜寺,迄今最早[1]。

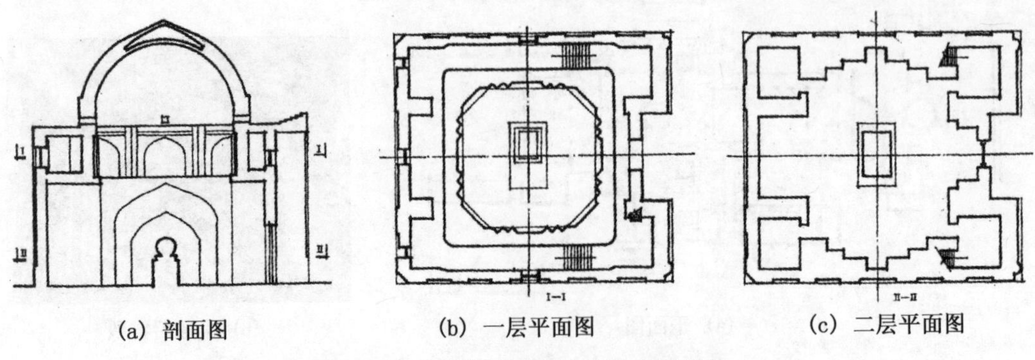

(a) 剖面图　(b) 一层平面图　(c) 二层平面图

图 9-2-52　霍城秃忽鲁克·帖木尔汗玛札

六、文娱、商业建筑

明代文娱建筑以戏台为代表,商业建筑以餐饮酒楼为对象。

1. 文娱建筑

或认为明清戏台构架有种:一与金元舞亭一脉相承的亭式,二与亭式不一样、但前后台仍合用一个构架的集中式,三前后台构架独立的分离式,四与山门或神殿结合的依附式[2]。

法王庙戏台:位于山西稷山县城西约 5 公里南阳村。属明代前期,同时又与金元舞亭极相似,重檐十字歇山顶[3]。

三官庙戏台:位于山西运城三路里镇之南隅,坐南朝北,集中式戏台。分后部主体与前部加建部分,主体"硬山半十字脊",前部山花向前;后加建单檐歇山顶。前檐角柱为两根圆形蟠龙石柱。

董封戏台:位于山西绛县安峪镇董封村,始建于明万历四十年(1612),坐南面北:分后台、前台及清代续建的三面观抱厦[4]。

水镜台:位于山西太原晋祠,分离式戏台。据统计,三晋现存传统戏场建筑 2 000 余座。水镜台以其独特造型、精美雕饰为佼佼者(图 9-2-53)[5]。

---

〔1〕 常青:《中华文化通志·科学技术典(7-069)建筑志》,上海:上海人民出版社,1998 年,第 255 页。

〔2〕 罗德胤:《中国古戏台建筑》,南京:东南大学出版社,2009 年,第 39-48 页。

〔3〕 柴泽俊先生认为,此戏台中间部分为"明代沿袭元朝之制而建造"。围廊"从构造技法应是明万历造作",前檐廊庑为清代重修。

〔4〕 中国文物学会专家委员会:《中国文物大辞典(下册)》,北京:中央编译出版社,2008 年,第 1102 页。

〔5〕 田瑞媛:《太原传统戏场建筑的艺术明珠——水镜台》,《文物世界》2015 年第 5 期。

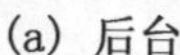
(a) 后台

(b) 前后侧视

图 9-2-53　太原晋祠水镜台

图 9-2-54　介休后土庙戏台

后土庙戏台：位于山西介休，依附式戏台[1]。明正德十四年(1519)，庙内主体三清楼(即戏楼)是集三清殿、戏楼、三清阁一体的木楼阁，也是庙中最高、最复杂者(图 9-2-54)[2]。

此外，介休祆神楼戏台亦为杰出的依附式戏台，清康熙十三年重修[3]。

2. 商业建筑

明代商业兴盛，各地市场繁荣，以南北二京为例

(1) 南京[4]

明太祖朱元璋定鼎金陵，令在江东门、三山门、聚宝门、三山街等主要商贾通道和集汇地建造 16 座大酒楼，以延揽四方宾客、接待各地文人。

"国初立楼十有六号，所以处官妓也"[5]。秦淮河沿岸繁华，远盛前代。中国历史博物馆藏明人所绘《南都繁会图卷》(图 9-1-3)，画面上有 109 种店铺招牌和千余人物，店铺林立，行人密集，热闹非凡[6]。

---

[1] 实际上，依附式戏台都是组合而成的，称其为组合式更为贴切。

[2] 温春爱：《介休后土庙建筑艺术赏析》，《文物世界》2006 年第 6 期。

[3] 姜伯勤：《山西介休祆神楼古建筑装饰的图像学考察》，《文物》1999 年第 1 期。

[4] 马晓：《城市印迹：地域文化与城市景观》，上海：同济大学出版社，2011 年，第 64 页。

[5] [民国]夏仁虎：《秦淮志》，南京：南京出版社，2007 年，第 64。

[6] 流连：《江南佳丽地》，武汉：中国地质大学出版社，1997 年，第 57 页。

(2) 北京

北京天桥市场形成于明代（十三世纪末至十四世纪初）。其时附近有不少河流，翠柳依依，河水纵横，风景秀丽，恰如江南水乡。清初至清中叶，还有一些残存遗迹[1]。每逢三月阳春，游人众多。天桥附近，有酒楼、茶肆、饭馆等商业和一些游艺场所[2]。

七、陵　墓

1. 帝陵

现存明代帝陵共18处，分布在5地：安徽凤阳明皇陵、江苏盱眙明祖陵、南京明孝陵、北京昌平明十三陵和西山景泰皇帝陵、湖北钟祥明显陵。

明代陵寝制度特点鲜明。发端于明皇陵和明祖陵，成型于明孝陵，定制于明长陵，其影响波及明代藩王墓及其他皇室成员等。

(1) 明皇陵

位于凤阳县城西南7公里处，为明太祖朱元璋父母之墓，朱元璋的三个兄嫂、两个侄儿亦合葬于此[3]。

皇陵坐南朝北，以北门为正门，包括城垣三道及城内陵墓、祠殿、石刻等[4]。皇陵建筑毁于明末，现仅存陵体、石像生及石碑和城垣遗址（图9-2-55）[5]。

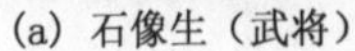

(a) 石像生（武将）　　(b) 明皇陵石像生背面（武将）

图9-2-55　凤阳县明皇陵

[1] 张次溪：《酒旗戏鼓天桥市　多少游人不忆家》，《北京规划建设》2014年第3期。

[2] 崔金生：《天桥东市场》，《北京档案》2011年第2期。

[3] 《明太祖实录》卷三十七，[明]官修：《明实录》，台湾"中央研究院"语言研究所据国立北平图书馆，1967年，第788页。

[4] 孙祥宽：《凤阳明皇陵及其石刻研究》，《东南文化》1991年第2期。

[5] 潘谷西：《中国古代建筑史·第四卷》，北京：中国建筑工业出版社，2001年，第189页。

(2) 明祖陵[1]

位于江苏盱眙管镇乡明陵村，是明太祖追尊高、曾、祖三代帝后的衣冠冢[2]。洪武十七年，“太祖高皇帝命皇太子修陵”[3]，两年完工。

现状中轴线自玄宫起，经皇城内的享殿、金门至神道，由北向南延伸至中砖城南门，所有建筑中轴对称。神道两侧列 19 对石像生(图 9-2-56)。

(a) 石神道　　(b) 石像生中的文臣

图 9-2-56　盱眙县明祖陵

明祖陵系仿凤阳皇陵而建，二者布局几乎全同，只是祖陵规模与等制略低。

(3) 明孝陵[4]

位于南京东郊钟山(紫金山)独龙阜下玩珠峰，是明太祖朱元璋和孝慈马皇后合葬陵。洪武十六年，孝陵主体基本建成，耗时两年。

孝陵依山而建，主要建筑坐北朝南。自下马坊至方城，纵深达 2.62 公里，规模宏大。陵园可分神道和陵宫前后两部：神道部分自下马坊起而止于棂星门，陵宫前后则是孝陵的主体陵寝部分(图 9-2-57)[5]。

(4) 明“十三陵”

位于北京昌平区天寿山南麓，自明永乐七年(1409)建长陵至清顺治十六年(1659)思陵完成，200 余年间不断完善。葬 13 帝，23 后，1 位皇贵妃及数十位殉葬皇妃。

---

[1] 南京博物院、盱眙县文化局：《江苏盱眙县明祖陵考古调查简报》，《考古》2000 年第 4 期。

[2] 刘毅：《明代帝王陵墓制度研究》，北京：人民出版社，2005 年，第 65 页。

[3] [明]曾维诚：《帝乡纪略》卷一，台北：成文出版社。

[4] 南京博物院：《明孝陵》，北京：文物出版社，1981 年，第 1 - 9 页；罗宗真：《明孝陵》，《东南文化》1997 年第 1 期；刘毅：《明代帝王陵墓制度研究》，北京：人民出版社，2005 年，第 70 - 80 页。

[5] 胡汉生：《试论明代帝陵制度的传承与演进》，于倬云、朱诚如：《中国紫禁城学会论文集》第 2 辑，2002 年，第 98 - 108 页。

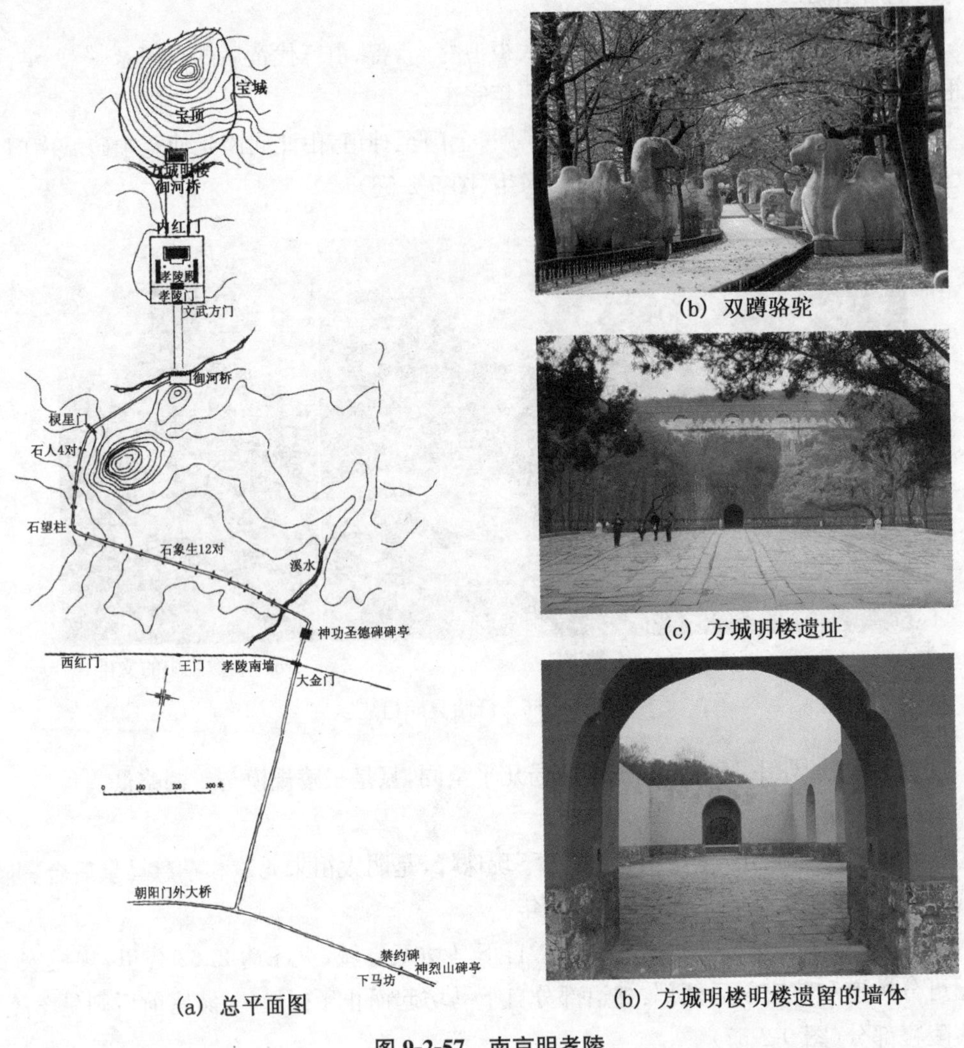

(a) 总平面图

(b) 双蹲骆驼

(c) 方城明楼遗址

(b) 方城明楼明楼遗留的墙体

图 9-2-57　南京明孝陵

十三陵是我国历代帝王陵寝中保存最完整、埋葬皇帝最多的皇家陵园,在承前基础上有变革与完善,具有鲜明特点[1]。例如:

陵区以石牌楼作入口标志,大红门内由碑亭、华表、神道柱、石像生及棂星门组成的总神道为各陵公用。现存碑亭、石像生建于宣德十年(1435),石牌楼建于嘉靖十九年(1540)(图 9-2-58)[2]。

---

〔1〕 罗哲文、王振复:《中国建筑文化大观》,北京:北京大学出版社,2001 年,第 263 页。

〔2〕 潘谷西:《中国古代建筑史·第四卷》,北京:中国建筑工业出版社,2001 年,第 196 - 197 页。

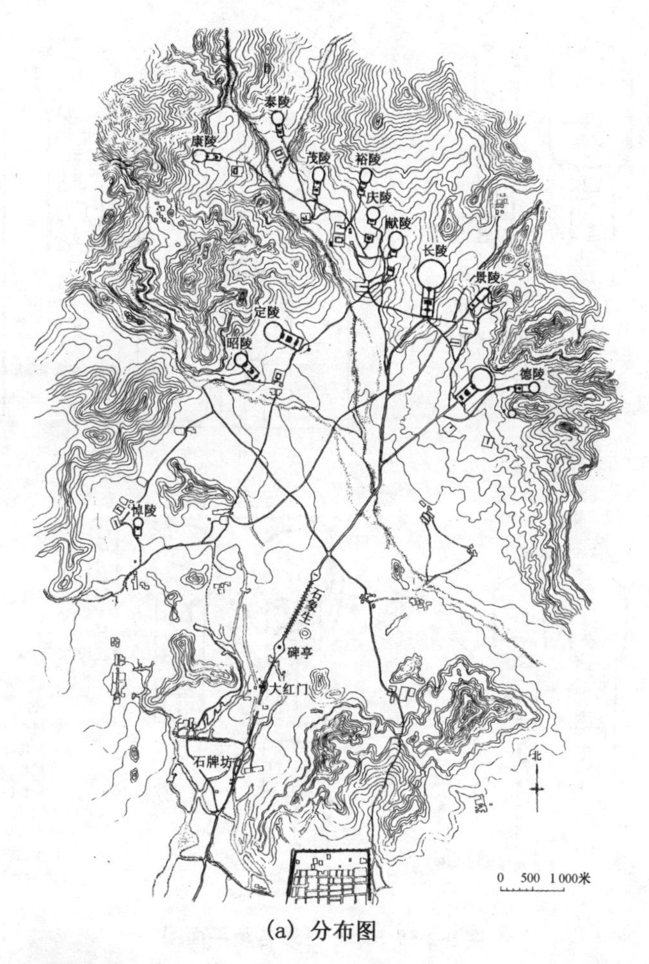

(a) 分布图

(b) 入口石牌楼

图 9-2-58　明十三陵

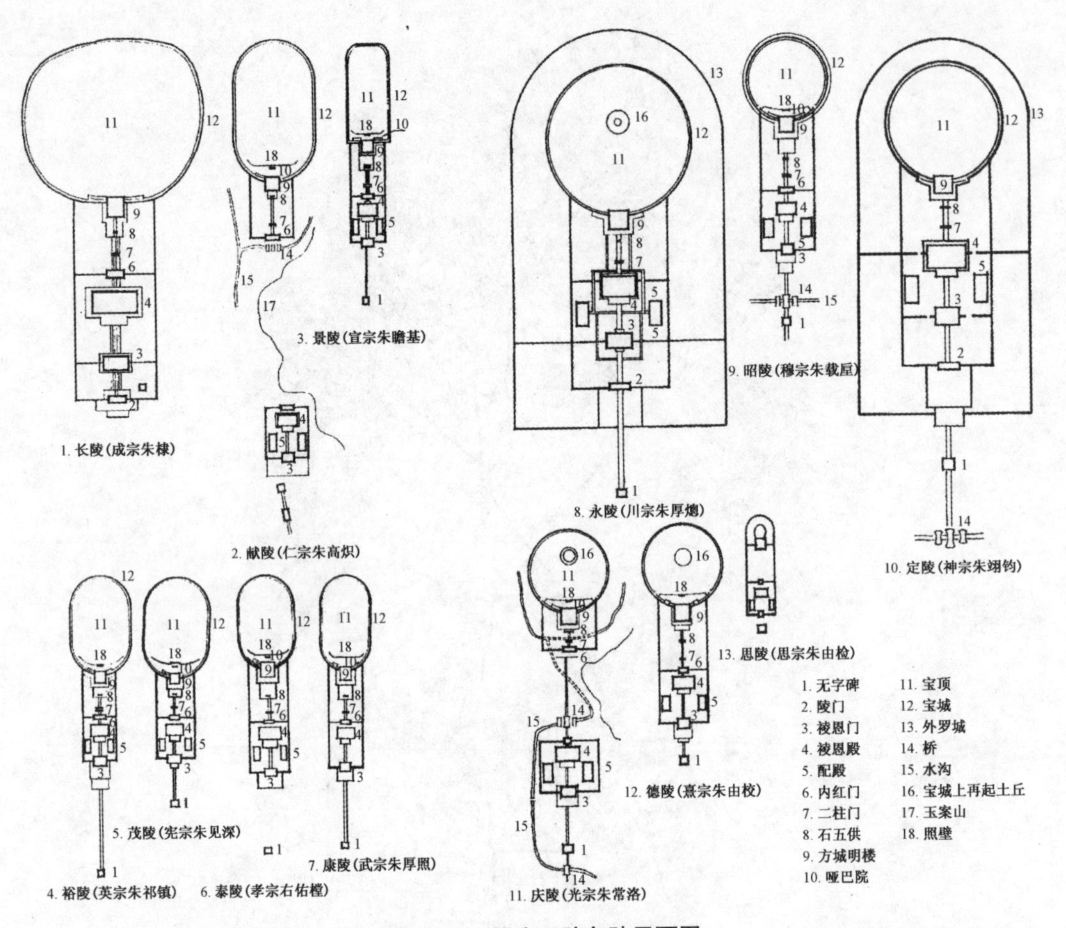

图 9-2-59　明十三陵各陵平面图

长陵〔1〕:明成祖朱棣和仁孝皇后徐氏合葬陵,十三陵中营建最早、规模最大、保存最好。长陵始建于永乐七年(1409),永乐十四年祾恩殿建成,宣德二年(1427)陵园殿宇大体告竣。陵门、祾恩门、祾恩殿、内红门、棂星门、石供筵、明楼、宝顶以中轴线贯穿(图9-2-59),规模宏伟、布局严谨、用料考究、施工精细,最具典型意义的明代帝陵〔2〕。

长陵祾恩殿是明代帝陵唯一保存至今者。作为高等级的明代官式建筑,在建筑结构、彩画做法等方面都有重要历史、文物价值(图 9-2-60)。

〔1〕 张春秋:《浅析明长陵的营建及其艺术特点》,张显清、邹东涛主编:《明长陵营建 600 周年学术研讨会论文集》,北京:社会科学文献出版社,2010 年,第 592 - 597 页。

〔2〕 孟凡人:《明长陵陵园形制布局的主要特点和艺术特色》,张显清、邹东涛主编:《明长陵营建 600 周年学术研讨会论文集》,北京:社会科学文献出版社,2010 年,第 539 - 546 页。

(a) 外观　　(b) 殿内鎏金斗栱

图 9-2-60　明长陵祾恩殿

定陵〔1〕:位于十三陵陵园北部偏西的大峪山下,背山面水,葬明神宗万历皇帝朱翊钧与孝端、孝靖两位皇后。万历帝生前选址、建设。万历十三年(1585)八月正式营建,十八年六月完工〔2〕。

定陵明楼檐枋、斗栱均用石材模仿木构,再髹漆施彩,颇为特殊。宝城垛口,明楼地面,全部砌花斑石。定陵玄宫全部石构,地面上殿堂台基、栏杆、桥梁、沟渠、泊岸也用石材。

作为明代大型石构建筑,定陵不仅为研究帝王陵墓玄宫布局、形式、规制等提供实证,在建筑史上有着重要地位和意义(图 9-2-61)。

(a) 方城明楼及石五供　　(b) 定陵棂星门　　(c) 定陵地宫内门楼

图 9-2-61　明长陵方城明楼及石五供、定陵

2. 王陵〔3〕

明代分封亲王于全国,故称藩王。其陵制始于洪武,历代损益,永乐八年(1410)修订最为详尽:墓区轴线上有享堂(七间)、中门(三间)、外门(三间),附属有神厨、神库、宰牲房、东西厢房、焚帛亭、祭器亭、碑亭等,墓区四周有围墙,墙外有奉祠房等,享堂设内门和墓冢(地宫)〔4〕。

〔1〕 中国社会科学院考古研究所、定陵博物馆、北京市文物工作处:《定陵》,北京:文物出版社,1990年,第 6 - 21 页。

〔2〕 [清]张廷玉等纂修:《明史》卷五十八《志第三十四・礼十二》,北京:中华书局,第 1453 页。

〔3〕 董新林:《明代诸侯王陵墓初步研究》,《中国历史文物》2003 年第 4 期。

〔4〕 潘谷西:《中国古代建筑史・第四卷》,北京:中国建筑工业出版社,2001 年,第 205 - 206 页。

目前明代皇族诸侯王陵、异姓王侯墓较多。譬如:

(1) 朱檀陵

位于山东邹县境内,是迄今最早的明代诸侯王陵。

陵园南北长206、东西宽80米,园墙以长青砖砌成。陵园分前后两院,前院稍大于后院[1]。

(2) 明蜀王陵群

位于四川成都东郊石灵乡,在方圆数里内集中安葬分封于蜀的十个亲王、郡王。这些陵墓之规模虽远不能与京郊之明十三陵相比,但其建构精致,极富特色。如明蜀僖王陵地宫之石刻,技艺之精湛、风格之独特、雕刻之细腻、着色之绚丽,为"国内罕见的石刻艺术宝库"(图9-2-62)[2]。其侧,有搬迁的明蜀昭王陵[3]。

(a) 地宫入口　(b) 地宫前室　(c) 地宫内团龙石刻

图9-2-62　明蜀僖王陵

此外,朱悦燫墓位于成都北郊5.5公里凤凰山南麓,原陵园等已无存。明亡后,此墓数次被盗,贵重随葬品皆失,然墓室巨大,装饰华丽,形制特殊,对明代墓葬研究具重要意义[4]。

(3) 徐达家族墓

位于南京太平门外板仓村,在徐达墓神道石刻后的东西两侧,清理出家族墓11座(图9-2-63)[5]。

---

〔1〕 山东省博物馆:《发掘明朱檀墓纪实》,《文物》1972年第5期;董新林:《中国古代陵墓考古研究》,福州:福建人民出版社,2005年,第275页。

〔2〕 任新建:《明蜀僖王陵藏式石刻考释》,《四川文物》1995年第3期。

〔3〕 四川年鉴社编辑:《四川年鉴1995》,成都:四川年鉴社,1995年,第320页。

〔4〕 中国社会科学院考古研究所:《考古精华:中国社会科学院考古研究所四十周年纪念》,北京:科学出版社,1993年,第333页。

〔5〕 南京市文物保管委员会、南京市博物馆:《明徐达五世孙徐俌夫妇墓》,《文物》1982年第2期;南京市博物馆:《明中山王徐达家族墓》,《文物》1993年第2期;董新林:《中国古代陵墓考古研究》,福州:福建人民出版社,2005年,第278页。

(a) 望柱

(b) 武士

图 9-2-63　南京明岐阳王陵

3. 普通官僚墓葬[1]

各地有较多发掘，墓室结构多砖券单室墓，也有石筑墓，较简单。

(1) 河北阜城廖纪墓[2]

廖纪曾任吏部尚书，葬于明嘉靖十三年(1534)，由皇帝特命工部营建。墓室较特殊，随葬品较丰富。墓室前地面上，原有文官、武士、虎、羊、马、华表、牌坊等和明嘉靖御祭石碑。现仅碑存。随葬品少数置棺内，大部陈放于随葬坑内，排列有序。用具与房屋模型有桌、椅、衣架、盆架、床、轿和厅堂、厨房、灶等。还有金杯、玉带饰片、瓷罐、围棋子、钱币等，墓志1合。葬法少见(图 9-2-64)。

(2) 江苏苏州王锡爵夫妇合葬墓[3]

该墓位于苏州城西南 5 公里左右的虎丘山西南。墓室是竖井式券顶双室砖墓，四周浇浆 45～49 厘米。

两墓室各长 3.09、宽 1.65、高 1.77 米，内有楠木棺，棺外有椁，椁上置随葬品(图 9-2-65)。

---

〔1〕 安金槐:《中国考古》，上海:上海古籍出版社，1992 年，第 750－752 页。

〔2〕 郭振山、王敏之:《河北阜城明代廖纪墓清理简报》，《考古》1965 年第 2 期。

〔3〕 苏州市博物馆:《苏州虎丘王锡爵墓清理纪略》，《文物》1975 年第 3 期。

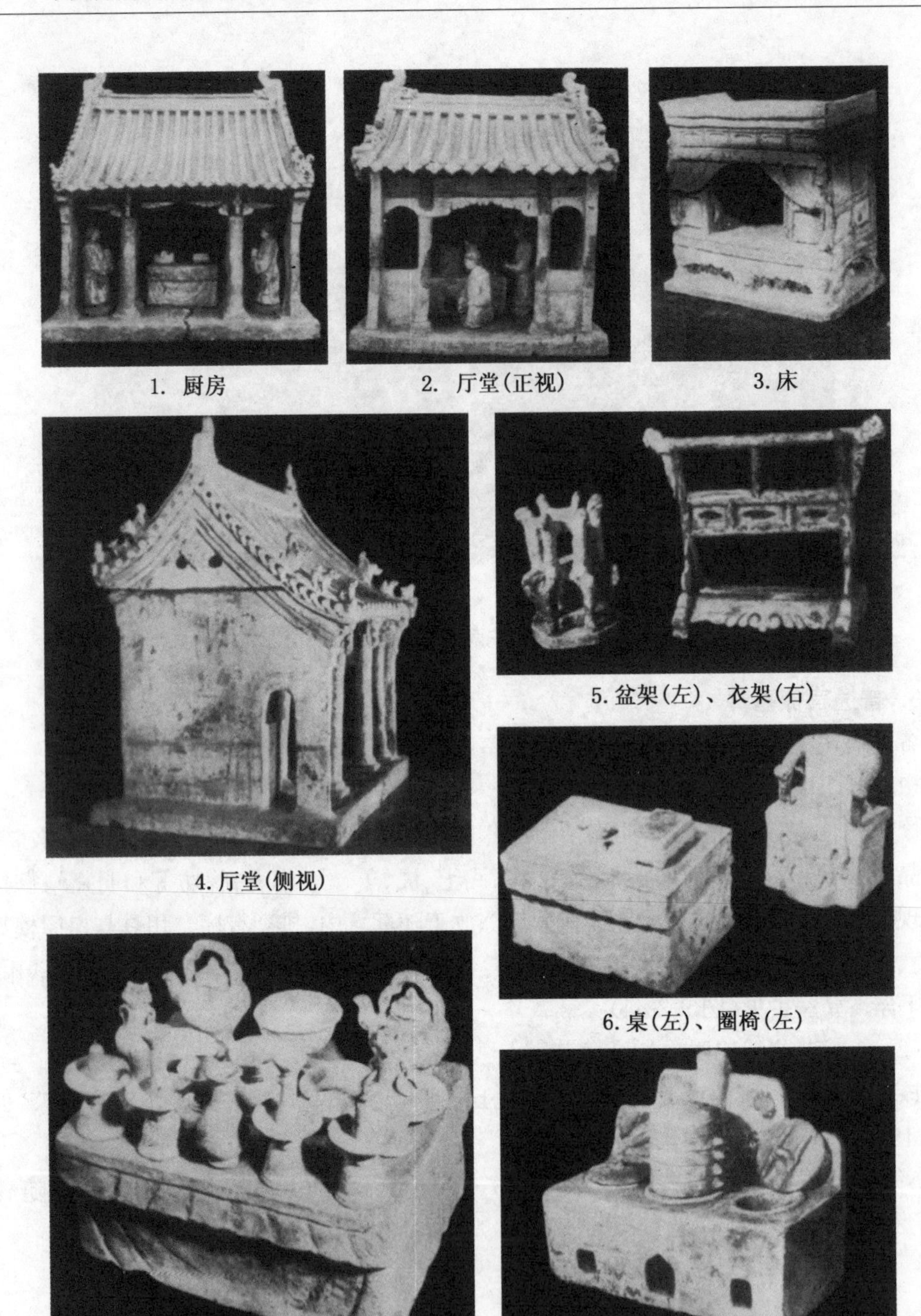

1. 厨房　2. 厅堂(正视)　3. 床

4. 厅堂(侧视)　5. 盆架(左)、衣架(右)

6. 桌(左)、圈椅(左)

7. 供桌及其上的陶用具　8. 灶

图 9-2-64　阜城明廖纪墓出土陶制明器图

图 9-2-65　苏州明代王锡爵夫妇合葬墓室立面图

4. 一般墓葬

目前，所见多单室砖券墓、石灰棺墓[1]，也有单室石室墓与土坑墓等。一般墓葬不再以俑随葬[2]。随葬的黑釉器明清迄至民国，处于维持现状的衰败期[3]。

部分墓室前有甬道、墓门和短墓道，也有墓门砌筑成仿木构形式。葬具多木质棺椁，但也有少量石棺与石椁。部分墓内有墓志，随葬品较少。值得注意的是，在中原和北方地区的少数明代墓中，还发现干尸与防腐中药草[4]。

第三节　理论与技术

一、理　论

目前，明代官方关于营造书籍阙如。政府法令、规定散见于《永乐大典》《明史・舆服志》等之中。如洪武二十六年定制，庶民庐舍“不过三间五架，不许用斗栱、饰彩色。三十五年，复申禁饬不许造九五间数房屋，虽至一、二十所，随其物力，但不许过三间。正统十二年，令稍变通之，庶民房屋架多而间少者，不在禁限”(《明史・舆服志四》卷六十八)。

现存《工部厂库须知》及几部民间著作，反响巨大。

---

〔1〕 祁金刚:《江夏溯源》，武汉:武汉出版社，2008 年，第 193 页。

〔2〕 许海星等:《三门峡考古文集》，北京:中国档案出版社，2001 年，第 179 页。

〔3〕 中国古陶瓷研究会、中国古外销陶瓷研究会:《景德镇陶瓷・第一辑》，南昌:江西省陶瓷工业公司，1983 年，第 62 页。

〔4〕 安金槐:《中国考古》，上海:上海古籍出版社，1992 年，第 752 页。

1.《工部厂库须知》

何士晋编撰,万历戊申(1608)年任工科给事中上疏言:“倾岁,阅乙卯再承兹匮,日取《会典》《条例》诸书,质以今昔异同沿革之数,而因之厘故核新。”编《工部厂库须知》〔1〕。

全书分12卷,主要以明工部下辖四司——营缮司、虞衡司、都水司和屯田司职掌为线索,将履行职务中的条例、工料定额、匠役制度等,一一罗列。其中,第一、二卷为工部厂库巡视提疏、工部覆疏及厂库议约、节慎库条议,收录官员奏疏、规章制度等内容;三、四、五卷为营缮司及其分差;六、七、八卷为虞衡司及其分差;九、十、十一卷为都水司及其分差;十二卷为屯田司及其分差。由此,《工部厂库须知》记载了较详尽的明代尤其万历朝的营造〔2〕。

该书颁行于《营造法式》与《工部工程做法则例》之间,有助于了解宋、清官式建筑〔3〕。

2.《园冶》

明末造园家计成著,是目前我国第一部最完整的造园学专著,地位特殊。

全书万余字,十篇,三卷,插图二百多幅(图9-3-1)。第一卷:“兴造论”“园说”;第二卷:栏杆及其造型图式;第三卷:门窗、墙垣、铺地、叠山、选石、借景等诸法。全书采用“骈四骊六”式的骈体文,典故连篇,辞藻讲究。

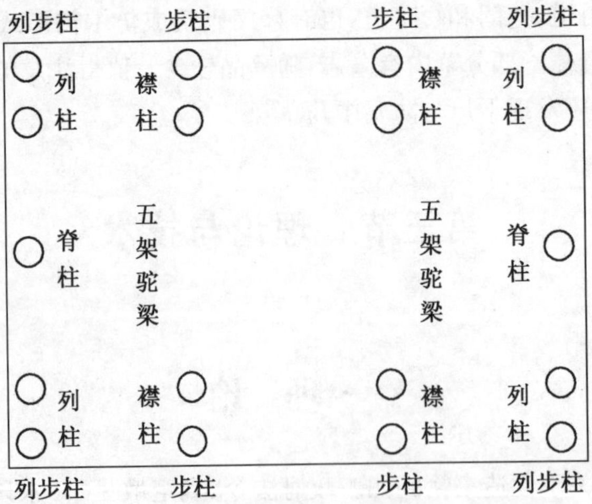

列步柱 步柱 步柱 列步柱
列柱 襟柱 襟柱 列柱
脊柱 五架驼梁 五架驼梁 脊柱
列柱 襟柱 襟柱 列柱
列步柱 步柱 步柱 列步柱

图9-3-1 [明]计成《园冶》中图:七架列五柱著地

3.《鲁班经》

该书是明代以后江南沿海诸省民间工匠业书,一部传流至今的南方民间术书,是研究明清民间建筑宝贵资料。前身是宁波天一阁所藏明成化、弘治间刊行的《鲁班营造正式》。书中先叙述水平、垂直工具,一般房舍地盘样及梁架剖面,然后是特种建筑与细部,如驼

〔1〕[明]何士晋编撰:《工部厂库须知》,《续修四库全书·史部·政书类》,上海:上海古籍出版社,2005年。

〔2〕程国政编注,路秉杰主审:《中国古代建筑文献集要:明代(下册)》,上海:同济大学出版社,2013年,第236页。

〔3〕官嵬:《〈工部厂库须知〉浅析——兼及明代建筑工官制度勾沉》,《新建筑》2010年第2期。

峰、悬鱼等。书中附大量插图，保存某些做法与宋元颇相近(图 9-3-2)[1]。

万历间出版的《鲁班经匠家境》，增加不少制作生活用具、家具等内容。崇祯版本又增添手推车、水车、算盘等，增补“秘诀仙机”(包括“鲁班秘书”“灵驱解法洞明真言秘书”)一类风水篇幅，“是一部与人民生活联系较密切的技术著作”[2]。

图 9-3-2　[明]佚名《鲁班经》插图之一

《鲁班经匠家境》(简称《鲁班经》)全书四卷，文三卷，图一卷：

一、木匠行规、制度及仪式；

二、屋舍施工步骤，方位、时间选择法；

三、鲁班(真)尺用法；

四、日常生活用具、家具和农具做法；

五、常用房屋构架形式，建筑构成、名称；

六、施工注意事项，如祭祀鲁班先师的祈祷词、各工序的吉日良辰、门的尺度、建筑构件和家具的尺度、风水、厌镇禳解的符咒与镇物等。著名建筑史学家郭湖生对其论述深入[3]。

4.《长物志》

明末书画家文震亨著，是一部关于居住环境、器用玩好的著作，对研究明代住宅、园林、家具、室内陈设等，特别是江南文人园林具重要价值。

全书共十二卷：室庐、花木、水石、禽鱼、书画、几榻、器具、衣饰、舟车、位置、蔬果、香茗等。直接涉及建筑与园林有室庐、位置、几榻、花木、水石、禽鱼、蔬果等七卷[4]。

二、技　术

1. 大木作

(1) 官式[5]

明初营建三都，促进各地建筑文化交融，促使明官式建筑产生与成熟，建筑制度与艺术形式逐渐成形。

明代大木技术表现有：

一、柱梁体系简化，结构整体性加强。明代建筑柱网重归整齐，但各步架不等，尚未形

〔1〕 王弗：《鲁班志·〈鲁班经〉评述》，北京：中国科学技术出版社，1994 年，第 72 页。

〔2〕 刘敦桢：《鲁班营造正式》，《文物》1962 年第 2 期。

〔3〕 郭湖生：《〈鲁班经〉评述》，《中国古代建筑技术史》，北京：科学出版社，1985 年，第 541－543 页。

〔4〕 [明]文震亨撰，陈植校注：《长物志校注》(自序)，南京：江苏科学技术出版社，1984 年，第 2－9 页。

〔5〕 潘谷西：《中国古代建筑史·第四卷》，北京：中国建筑工业出版社，2001 年，第 438－455 页。

成以攒档为模数的柱网关系。除少量皇家宫殿及门屋外,现存遗构几无殿堂型构架。厅堂型广泛,柱梁作渐多。

二、从宋式举折向清式举架转变。明代中晚期,建筑屋顶剖面设计法从宋式举折之法,转变为类似清式举架法。约在万历间,举架法已多,因算料方便取代举折法。

三、斗栱用材变小,所占立面高度降低,柱头科几乎不用真昂,攒数增多,等级文化意义、装饰性增强。然南方明构中,或存上昂做法,如苏州文庙大成殿、澜沧江苍坡寨门、徽州司谏第(图 9-3-3)。明代南北方遗构,有些平身科仍用真昂。从北京现存修葺过的明代皇家建筑来看,补间悉用假下昂,而后尾上挑托金檩或井口枋,与清官式溜金斗栱基本一致。掐瓣栱在江南徽州、苏锡常等多有采用。

图 9-3-3 潜口司谏第中的上昂

四、楼阁做法相对简洁,并向多样化发展。明代楼阁各地多有建造,不少用通柱,构架简洁。如广西容县真武阁,为插栱穿斗体系楼阁的罕贵实例。

(2) 民间[1]

各地民间建筑大木构架丰富,西南、江南、青藏、华南、华北等地,均各具特色。例如:

江南:南宋绍兴十五年《营造法式》在平江重刊,使得建筑外观及主体构架,保留累叠建构思想的构架体系在江南流布,无论官式还是大量较高等级民宅多有应用,并一直沿用,如明代苏州文庙(图 9-3-4)。此外,江南原有整体构木思维方式影响下的做法,即采用抬梁构架为主兼有穿斗架的综合法,在屋架中也有体现。

其他地区的明代建筑亦有特色。如四川不少明构,具宋元特征。

---

〔1〕 周学鹰、马晓:《中国江南水乡建筑文化》,武汉:湖北教育出版社,2006 年,第 236 - 261 页。

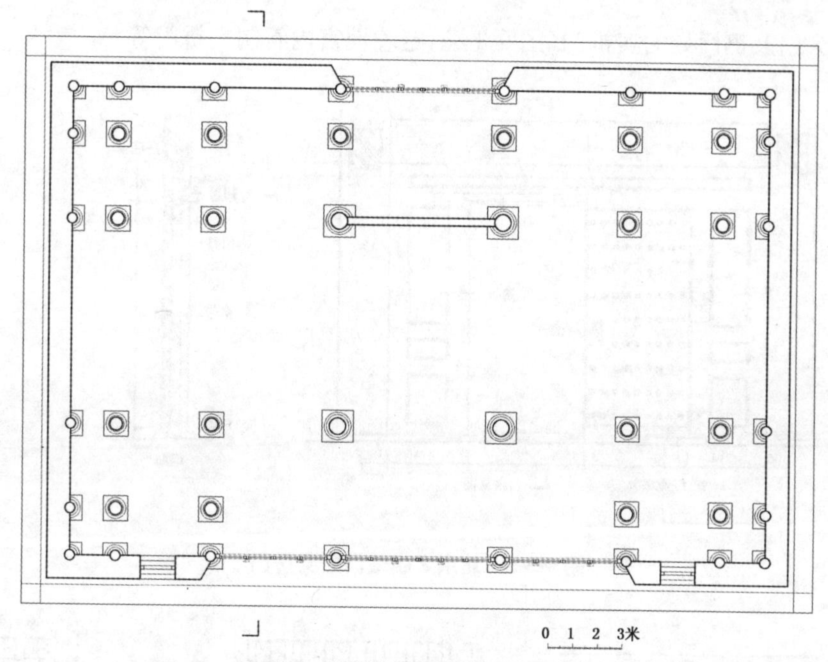

(a) 平面图（明成化1474年）

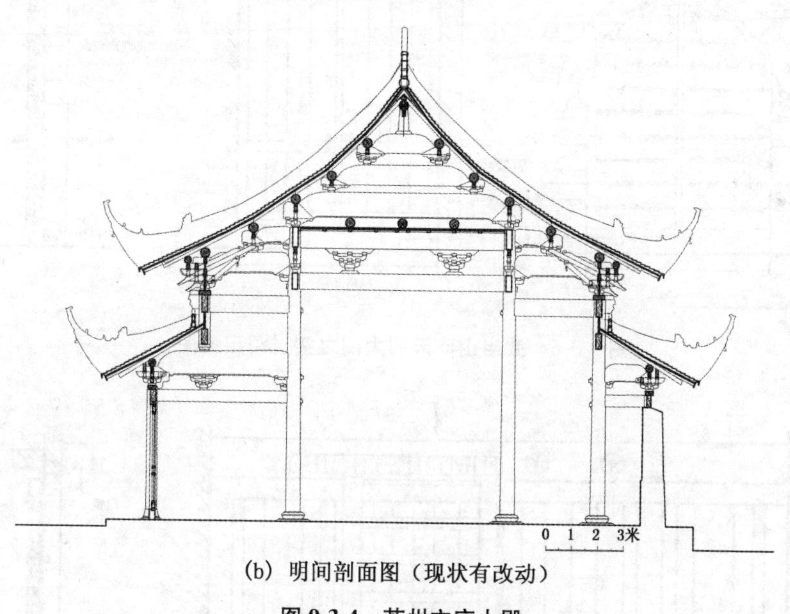

(b) 明间剖面图（现状有改动）

图 9-3-4　苏州文庙大殿

2. 小木作〔1〕

(1) 门

板门:依构造法不同,可分实拼门和攒边门(框档门),均向内开启,用作宫殿、庙宇、府第大门及民居外门,有防范要求。明式板门宽一般小于门高,但幅度不大。或"颊外无余空",无余塞板;或门宽均不及柱间宽,需用余塞板。如北京太庙戟门(图 9-3-5)、湖北武当

〔1〕 张磊:《明代官式建筑小木作研究》,硕士学位论文,东南大学,2006 年,第 9－48 页。

山南天门大门及侧门处的实拼门(图 9-3-6),定陵地宫内石制实拼门等。

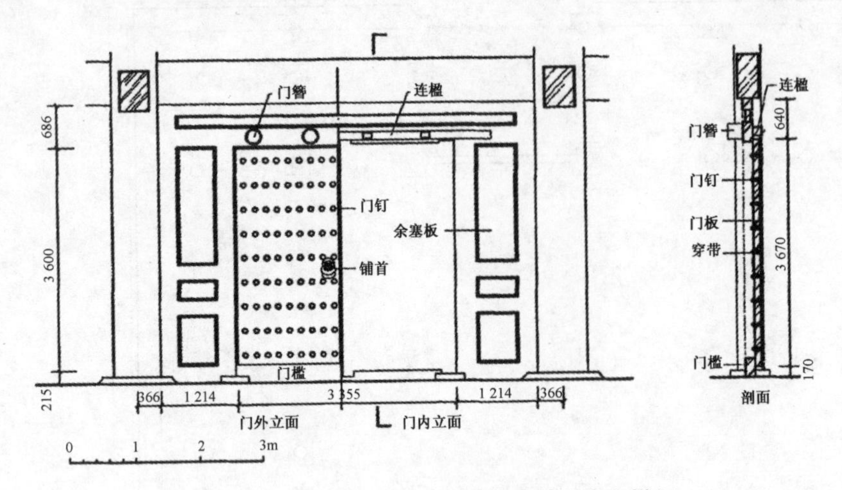

图 9-3-5 北京太庙戟门之实拼门

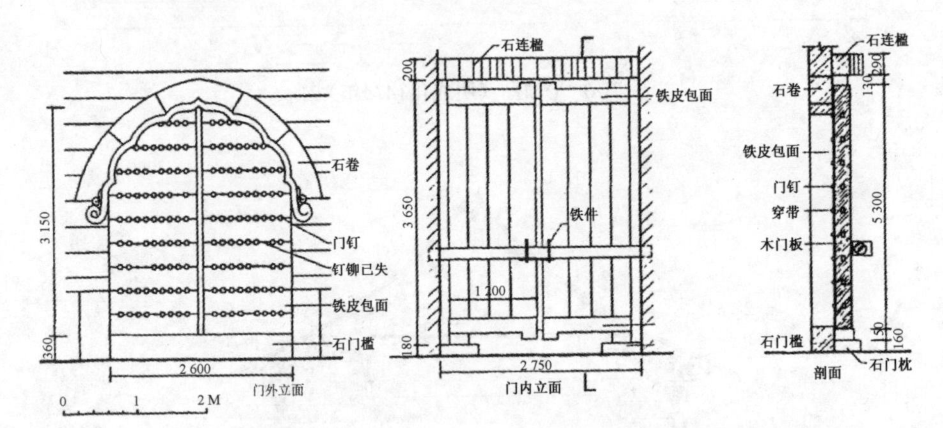

图 9-3-6 武当山南天门大门之实拼门实测图

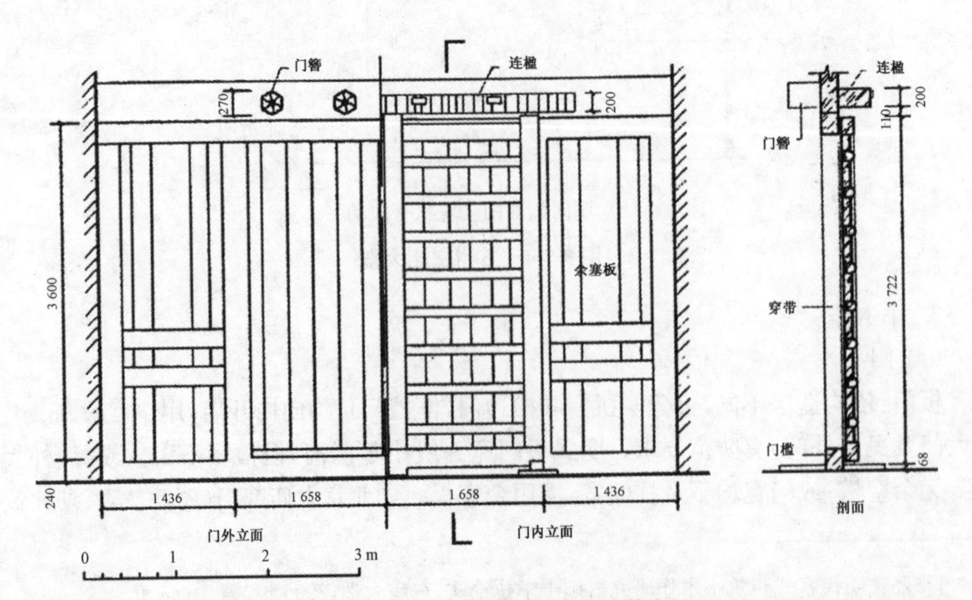

图 9-3-7 武当山遇真宫龙虎殿之攒边门

攒边门：门正面，装板与框平齐(或有门心板略凹于外框的做法)，背面成格状如棋盘，又称棋盘门。其拉手为门钹(铺首)。例如武当山遇真宫龙虎殿之攒边门(图 9-3-7)。

隔扇：由外框、格心、裙板及绦环板等组成。除木隔扇实例外，还有砖(或石、金属)仿木构，如焚帛炉、神库等[图 9-3-8(a)]。

(a) 万佛阁、如来殿

(b) 智化门

图 9-3-8　北京智化寺

棂星门：初为乌头门，明以降逐渐被有屋顶的牌楼取代，柱头高出门额的牌楼式称“棂星门”，象征王制尊者之门。设于宫室、坛庙、陵寝中棂星门，还有“天门”意，即尊天子之门如天门。陵墓前则有阴阳相隔之意，入门即“阴间”。元末明初，棂星门用材由木向石过渡；明中叶后，各地普遍用石制棂星门，木制逐渐式微。

欢门：多用于宗教建筑，由宋至明。如湖北武当山遇真宫龙虎殿(图 9-3-9)、紫霄宫朝拜殿、太子坡复真观及北京智化寺智化门[图 9-3-8(b)]、钟鼓楼等。

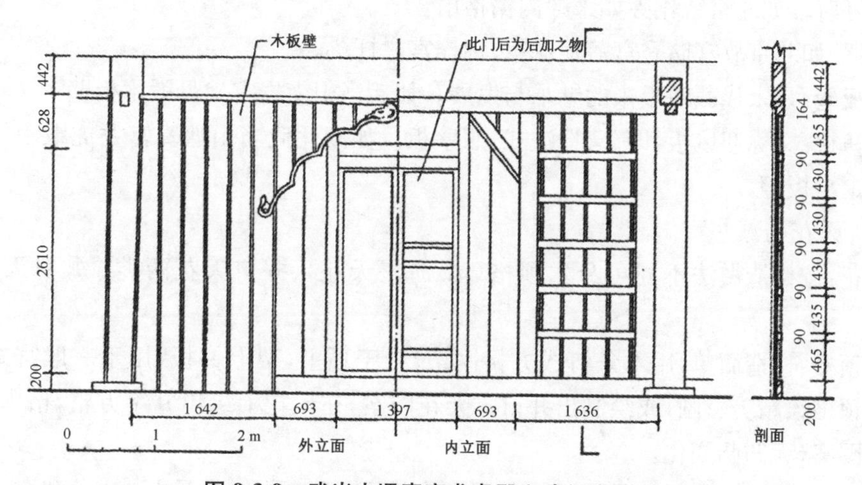

图 9-3-9　武当山遇真宫龙虎殿之欢门实测图

(2) 窗

明代宫殿、寺观等，基本用槛窗或直棂窗。

直棂窗：常有两式，一是直棂式，棂条竖列如栅栏；二是一码三箭，即棂条的上、中、下三段各施横向水平棂条三根等。

槛窗:安在槛墙或榻板上。如北京先农坛宰牲亭,智化寺如来殿、藏殿及平武报恩寺太雄宝殿(图 9-3-10)等。

横披窗:即宋障日板。如北京故宫西华门、山西洪洞广胜上寺毘卢殿当心间[图 9-2-35(b)]等。

图 9-3-10 平武报恩寺大雄宝殿槛窗与隔扇

(3) 室内隔断

明代室内隔断类型增多。例如:可开合者,内檐格扇;仅划分空间、仍可通行者,各种花罩;完全隔绝者,木板壁等。

内檐格扇:由截间格子而来。多满间安装,如六扇、八扇、十几扇不等,一般固定,仅中央两扇可启。如北京智化寺如来殿内檐格扇。

花罩:如北京故宫储秀宫落地花罩、钟梓宫栏杆罩。

木板壁:是宋代截间板帐的继承与发展。如武当山南岩宫父母殿木板壁。

走马板:又称迎风板,即《营造法式》照壁板。如湖北武当山遇真宫龙虎殿、平武报恩寺山门走马板等。

(4) 天花与藻井

天花:按构造做法不同可分木顶格(清 海墁天花)、井口天花两类。井口天花形制最高。

木顶格:构造简单,用木条钉成方格网架,悬于顶上,架上钉板,用于一般官式建筑。讲究者顶格绘精美彩画;或绘制出井口式天花图案,在天花上绘出井字方格,格内绘龙凤或其他图案,无凹凸变化。

井口天花:与宋式平綦不同。有高级殿堂井字天花不施彩绘,全是木料本色,但选材讲究,雕刻精美,华贵素雅。民间天花板则"或画木纹,或锦,或糊纸"[1]。如四川荥经开善寺井口天花雕刻(图 9-3-11)、北京智化寺如来殿(图 9-3-12)、万佛阁和藏殿之天花。

〔1〕[明]计成:《园冶注释》,北京:中国建筑工业出版社,1981 年,第 105 页。

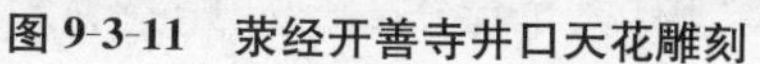

图 9-3-11　荥经开善寺井口天花雕刻

图 9-3-12　北京智化寺之万佛阁、如来殿之井口天花

藻井：多上、中、下三层。最下层方井，中八角井，上圆井。如北京智化寺万佛阁、智化寺藏殿、隆福寺正觉殿藻井(图 9-3-13)、故宫浮碧亭藻井等。

图 9-3-13　隆福寺正觉殿藻井

图 9-3-14　乐都瞿坛寺瞿昙殿门廊处的木栅栏

(5) 室外隔断类

木栅栏：柱间距较大时，于柱中间再加立柱，叉子安于两柱间，固定于柱上，多不用望柱。棂子头多用笏头。如青海乐都瞿坛寺金刚殿及东、西回廊处的木栅栏(图 9-3-14)及武当山南天门前木栅栏。

木栏杆：有寻杖栏杆、花栏杆等。其中，官式建筑多寻杖栏杆，宅园中多花栏杆。明代寻杖栏杆轻巧，比例纤细，一般高 1～1.1 米[图 9-3-15(a)、(b)]。

明代花栏杆多不用椁杖，由望柱、横枋及花格棂条构成，或不带望柱、不安地栿者，由整体几何图案组成，更富装饰味。

倒挂楣子：安装在檐柱间、檐垫枋下，丰富立面。其棂条花格同一般小木作，如步步锦、灯笼框、冰裂纹等[图 9-3-15(c)]。

(a) [明]计成《园冶》中连瓣葵花式栏杆图　(b) 曲阜孔庙奎文阁栏杆　(c) 乐都瞿坛寺钟鼓楼下檐的倒挂楣子

图 9-3-15 明代室外隔断举例

(6) 神龛与经橱

神龛:基本沿用宋式,但规模较小。自下而上一般有三个层次:帐座、帐身、帐头[图 9-3-16(a)]。

经橱:分"壁藏"与"转轮藏"两种。

壁藏:多固定式,沿壁立柜藏经,是倚墙而立的经橱。

转轮藏:回转式,居殿中而设,经橱绕中轴回转。有两种:一带机关设置、可旋转书橱,用手推动[图 9-3-16(b)];一书橱不能动,需要信徒绕经橱诵经,如北京智化寺藏殿转轮藏。

北京大高玄殿乾元阁内放上帝牌位的神位,实际类似可转动的"转轮藏"[图 9-3-16(c)]。

(a) 北京智化寺藏殿神龛　(b) 平武报恩寺华严藏殿可转动的转轮藏　(c) 北京大高玄殿乾元阁内存放上帝牌位的神位

图 9-3-16 神龛与经橱

(7) 杂件

楼梯:与《营造法式》一致,梯身坡度约45°,颇陡峻。如山东曲阜奎文阁楼梯、北京智化寺如来殿楼梯,两楼梯造型、细部做法类同。

匾额:官式建筑匾额基本框架同风字匾,即长方形木牌四边有斜出牌面的牌带。有竖式和横式两种,"横为匾竖为额"(图 9-3-17)。

图 9-3-17 平武报恩寺天王殿匾额

博风板:明代相对古雅,博风头不用菊花线,雕四卷瓣,整块博风板前锐后丰,轮廓秀美简练有力(图 9-3-18)。

垂鱼、惹草:明代垂鱼渐长,装饰性减弱(图 9-3-19);惹草在博风板上均匀布置,后世惹草渐少。

图 9-3-18　乐都瞿坛寺配殿之博风板

图 9-3-19　五台山显通寺铜殿之垂鱼

雀替:明以后雀替很少连做,柱子两侧分开制作,即单个雀替做半榫入柱,另一端钉在檐枋下。

3. 土砖瓦石作

(1) 夯筑技术进步

明代夯土台基技术延续前代,无大变化。然砖筑城墙普遍采用,城墙夯筑技术显著进步。

(2) 砖砌无梁殿发展

模拟传统木构的无梁殿,明代成绩突出。无梁殿遍布我国各处,包括陆续新发现,不下几十座。规模较大者,如南京灵谷寺、北京香山宝相寺、北京房山万佛堂、峨眉山万年寺及安徽三祖寺等[1]。例如:

山西:

太原永祚寺无梁殿:建于万历三十六年春至四十年九月(1608—1612),寺内大雄宝殿、观音阁、禅堂、客堂等,均仿木构,形体宏丽,雕工精湛。其中,大雄宝殿二层(图 9-3-20)。

(a) 外观　　(b) 藻井

图 9-3-20　太原永祚寺大雄宝殿(三圣阁)无梁殿

[1] 安康无梁殿位于陕西省安康市平利县兴隆镇鲤鱼庙村东南方约一公里处,是一座残缺的无梁殿,只有后半部分,没有殿门。殿高约 2.5 米,长约 3 米,宽约 2 米。墙壁由石砖砌成,叠涩砖顶。房春艳、项晓静:《明清时期安康宗教文化建筑——无梁殿探析》,《安康学院学报》2010 年第 3 期。

五台山显通寺无梁殿:建于明代万历三十四年(1606),面宽七间、进深四间,总高20.3米,歇山顶,外观二层楼阁式[图9-3-21(a)]。显通寺还有两座小无梁殿,与铜殿、铜塔等构成壮观的建筑群[图9-3-21(b)、(c)]。

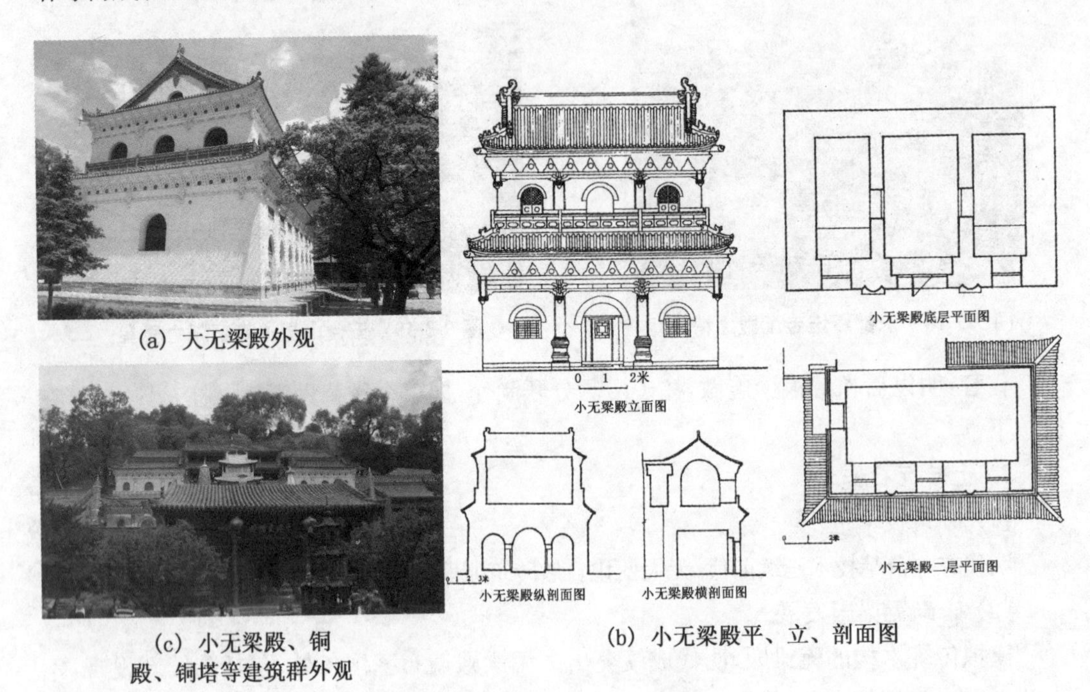

(a) 大无梁殿外观

(c) 小无梁殿、铜殿、铜塔等建筑群外观

(b) 小无梁殿平、立、剖面图

图9-3-21　五台山显通寺无梁殿

江苏:

南京灵谷寺无梁殿:建于明洪武年间,我国现存最大者,高22米,内部由3个拱券组成,中券最大,跨径11.25米,墙体浑厚,结构坚固,重檐歇山琉璃瓦顶,屋脊上3个琉璃喇嘛塔(图9-3-22)。

苏州开元寺无梁殿:明万历四十六年(1618)[1],平面长方形,两层重檐楼阁式,面阔7间20.9、进深11.2、高约19米,该殿正立面上下皆开5座拱门,东西山墙楼层正中各设拱形窗一扇(图9-3-23)。

镇江句容隆昌寺无梁殿:建于明万历三十三年(1605),位于铜殿两侧,左文殊殿、右普贤殿,仿木构楼阁式(图9-3-24)。

〔1〕 孙芙蓉:《几座明代砖结构佛寺建筑典范》,《文物世界》2007年第2期。

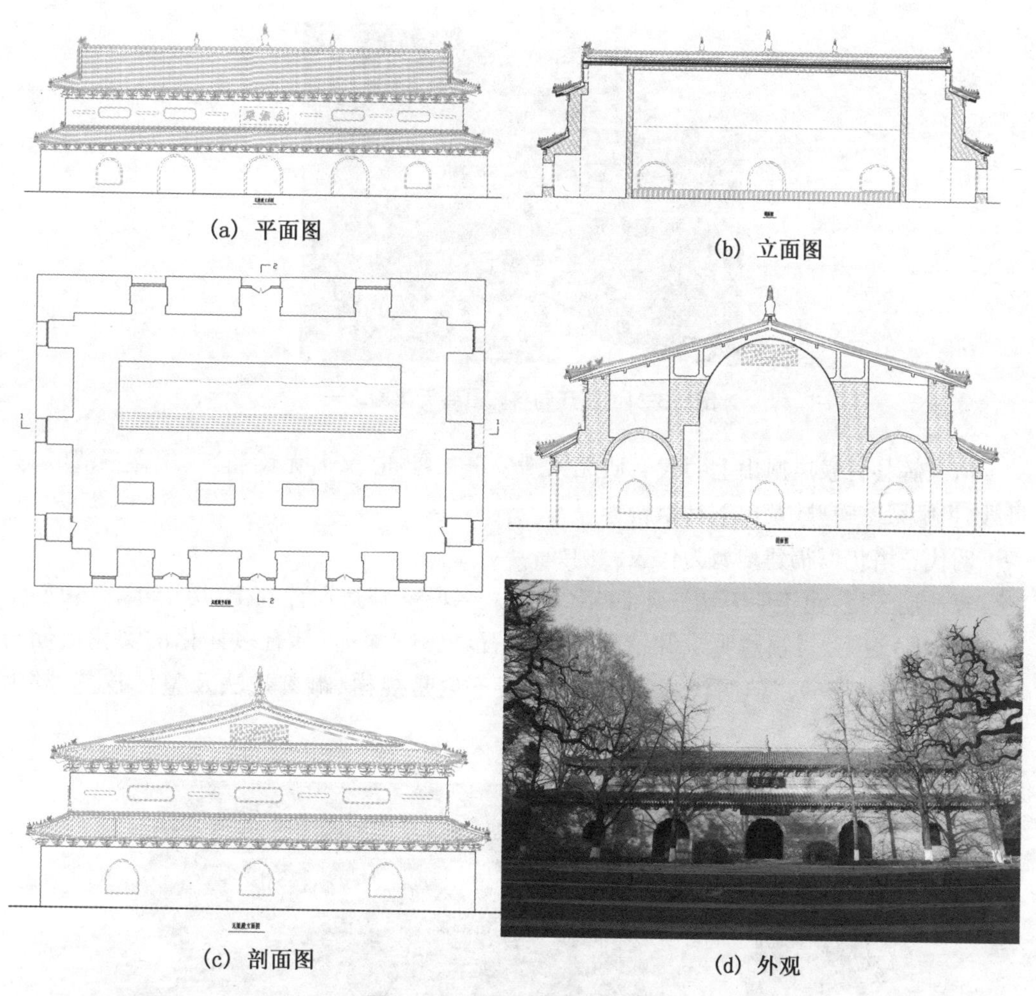

(a) 平面图　(b) 立面图　(c) 剖面图　(d) 外观

图 9-3-22　南京灵谷寺无梁殿

(a) 正面　(b) 歇山山面

图 9-3-23　苏州开元寺无梁殿

(3) 石质单体逐渐衰落

我国各地遗留的明代石质单体，较前代特别是宋代，建筑技艺尚有差距。例如：

图 9-3-24　镇江句容隆昌寺无梁殿之一

河南辉县百泉凤凰山上明代石质无梁殿——王母庙(又名无梁庙)。现存三清殿、王母殿、祖师殿、三宫殿及山下吕祖殿等〔1〕。

明代石塔仍以福建地域为代表。例如:

福清瑞云塔:建于明万历三十四年(1606),名匠李邦达设计施工,历十年,万历四十三年(1615)竣工,对福建明末和清代楼阁式石塔影响深远,具有多样化的文化内涵与功能〔2〕(图 9-3-25)。但明代之石塔,较宋塔不论是规模、雕刻技法及整体技艺,颇为逊色。

(a) 外观

(b) 局部

图 9-3-25　福清瑞云塔

此外,河伯石塔为道教石塔,位于桂林市西郊筀塘村桃花江畔,村民称镇妖石。其建造与筀塘村所处自然环境及历史上频繁遭受水灾相关,表现道教信仰〔3〕。

〔1〕 汤文兴、吕品:《河南省辉县百泉凤凰山发现明代无梁殿》,《文物》1965 年第 10 期。

〔2〕 孙群:《福清瑞云塔的建筑艺术特征与文化内涵探究》,《西安建筑科技大学学报》(社会科学版)2014 年第 6 期。

〔3〕 王群韬:《桂林筀塘的明代真武石塔》,《中国道教》2015 年第 4 期。

唯建于明成化九年(1473)北京正觉寺金刚宝座塔(图 9-3-26),送入一缕新风,位于海淀区西直门外白石桥东北。高大的塔基上立有五座小型密檐塔,俗称“五塔寺”〔1〕。

图 9-3-26　北京正觉寺金刚宝座塔

第四节　成就及影响

一、木构架规整,直追唐宋

明太祖朱元璋推翻蒙元,加强中央专制,禁胡复汉,恢复汉族礼仪,远追周、汉,近仿唐、宋,出现汉族礼仪文化又一高潮〔2〕。建筑领域亦然。

明代建筑技艺追奉古制,遵《营造法式》,复古中走出新路。

例如,因木材匮乏,导致建筑造型变革。有学者探究明代系列制度、法令对徽派建筑形制的影响,如为节材,徽州民居多面阔三间、进深五架,以内天井而延展;构架穿斗抬梁相结合,不用北方常见的“驼峰”“角背”等,代以短柱(童柱)直接骑梁,进而瓜柱开榫包山界梁(图 9-4-1)〔3〕。

〔1〕 陈锵仪:《正觉寺金刚宝座塔》,《北京档案》1996 年第 4 期。
〔2〕 陈建平:《出土明代玉圭:大明王朝恢复汉制的实物例证》,《东方收藏》2010 年第 5 期。
〔3〕 姚光钰:《明代建筑变革对徽派建筑轩顶之影响》,《古建园林技术》2010 年第 3 期。

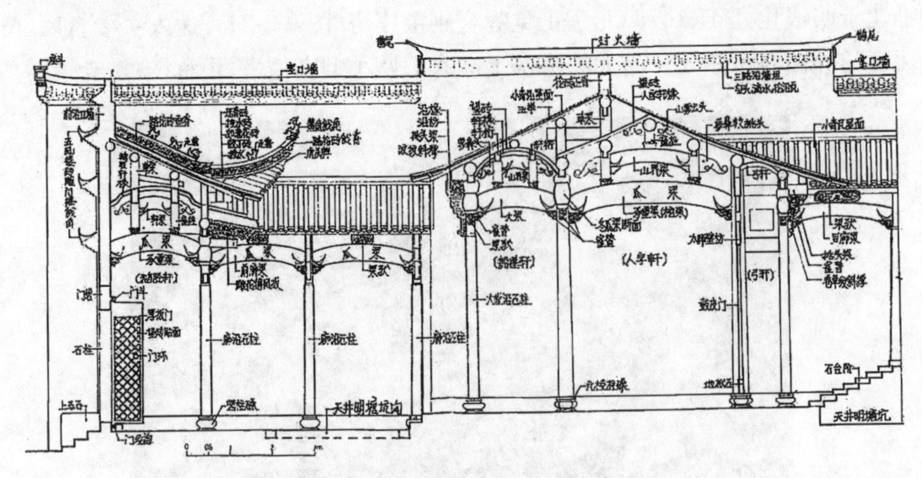

图 9-4-1 徽州建筑满轩正贴式构架

二、砖产量大增,琉璃发达

明代民间建筑多用砖瓦,全国大部州、县城城墙都用砖包,特别是河北、山西二省内长达千余公里的万里长城,大部为雄厚砖城。用砖扩大,对建筑技艺产生深远影响。如元以前城门洞上部结构一般为木构梯形,用柱梁支撑,元代起已有城门用半圆形券,明以降几乎全部砖券〔1〕。

无梁殿兴盛。华北黄土地区窑洞住宅内也陆续用砖券等,砖券普及各地〔2〕。各地砖雕普遍发达,南方"砖细"尤为突出(图 9-4-2)

图 9-4-2 苏州东山杨湾明善堂砖雕门楼及院墙

〔1〕 梯形木构城门洞构架,明清时期,并非没有。实例见于:明代山东岱庙、清代安徽歙县谯楼下的城门洞等。

〔2〕 刘敦桢:《中国古代建筑史》(第二版),北京:中国建筑工业出版社,1984 年,第 407 页。

明代琉璃业鼎盛，技艺登峰造极。如山西明代琉璃遍及城镇乡村，其中大同九龙壁（图 9-4-3）、洪洞广胜寺、介休后土庙、山西阳城西海会寺琉璃塔（图 9-4-4）、阳城寿圣寺塔和榆次、介休、长治三座城隍庙等，有制作年款及匠师题记 93 条，涉及匠首或领班匠 150 余人等〔1〕。洪洞广胜上寺飞虹塔，为最杰出实例。

(a) 全景

(b) 九龙之一

图 9-4-3　大同九龙壁

(a) 外观

(b) 局部

图 9-4-4　阳城西海会寺琉璃塔

至于集古建筑技艺大成的故宫琉璃，更是精美绝伦（图 9-4-5）。

图 9-4-5　北京故宫顺贞门

图 9-4-6　晋城周村镇东岳庙明代琉璃脊饰（局部）

〔1〕 柴泽俊：《山西古建筑文化综论》，北京：文物出版社，2013 年，第 240 页。

琉璃砖瓦大量使用,对建筑造型产生相当影响(图 9-4-6)。如外观愈显厚重,屋顶相对高耸。

至于硬山屋顶是否是明代中后期,“应防火需要而产生的一种屋顶形式。它最初出现于江南地区民间建筑中,进而逐渐为官式建筑吸纳采用”〔1〕。值得进一步商榷。

三、类型超丰富,园林兴盛

明中期以降,建筑突破礼制,追求格局,规模大、高度高,装饰材料多样、纹饰繁琐。以往不可僭越的材料、纹饰等,在各地民间祠堂及普通民居中大量涌现,争奇斗艳(图 9-4-7)。

图 9-4-7　宜兴徐大宗祠正贴梁架彩画

材料技术的进步,思想文化上的追求,类型丰富起来。例如,江西景德镇在市区、东、北郊区,发现明代早、中、晚三期建筑 130 余处,有住宅、祠堂、商店、间门、制瓷作坊与窑房等。以住宅数量最多,作坊和窑房最特殊,间门、商店罕见〔2〕。钞关是明代出现的一种建筑类形,集中分布于水运枢纽处,征收钞税〔3〕等。

宅园一体下的附属宅园、独立园林等迅速普及(图 9-4-8、9-4-9)。仅江南水乡造园,明代就出现两次高潮,一是成化、弘治、正德年间,一是嘉靖、万历年间;后一期江南园林更五彩缤纷。“嘉靖末年,海内宴安,士大夫富厚者……治园亭”([明]沈德符:《万历野获编》卷 26)。

图 9-4-8　[明]文徵明《浒溪草堂图》

〔1〕 郭华瑜:《试论硬山屋顶之源起》,《华中建筑》2006 年第 11 期。

〔2〕 中国建筑学会建筑历史学术委员会主编:《建筑历史与理论 第二辑》,南京:江苏人民出版社,1982 年,第 42 页。

〔3〕 刘捷:《明代钞关建筑初探》,《华中建筑》2006 年第 11 期。

图 9-4-9　[明]杜琼《友松图》

四、陵墓开一代新风，地上地下浑然一体

明代皇陵陵园布局创新[1]。大体而言，凤阳皇陵多套用宋陵制度；南京孝陵创立新布局；北京长陵因之而小有改作；献陵后各帝陵为定型守成期，诸陵之间仅有微差[2]。

明孝陵陵园特色：一是地下陵墓与地上宫殿浑然一体；二是因地制宜的神道；三是方城明楼、椭圆形宝城（宝城一改宋式三层方形陵台为椭圆形封土）等；四是陵园前部地面建筑布局，模拟宫殿，有大红门、享殿，甚或区分外朝内寝的金水河、金水桥等一应俱全；地下墓室模拟院落式地面宫殿后寝格局等，开一代新风（图 9-2-58）。

明清遵此，直至民国中山陵。

本章学习要点

明中都　　明西安

明南京　　明平遥

明北京　　明上海

---

〔1〕 当然，6 处 18 座明代皇陵因建成时代不一，陵园布局亦有些变化。

〔2〕 刘毅：《明代皇陵陵园结构研究》，《北方文物》2002 年第 4 期。

楠溪江古村
丁村
南京明故宫
明靖江王府
北京四合院
南京九十九间半
徽州明代住宅
四水归堂
“一颗印”
土楼
淄博颜文姜祠
无锡泰伯庙大殿
北京天坛
北京太庙
韩城城隍庙
泰山岱庙
华阴西岳庙
曲阜孔庙
北京智化寺
平武报恩寺
太原崇善寺
洪洞广胜上寺
南京大报恩寺塔
藏地格鲁派四大寺
青海瞿昙寺
呼和浩特大召
呼和浩特席力图召
北京东岳庙
南京朝天宫
牛街礼拜寺
纳家户清真寺
晋祠水镜台
明皇陵
明祖陵
明孝陵
明十三陵
明长陵
方城明楼
宝城
石五供
哑巴院
朱檀陵
明蜀王陵
徐达家族墓
阜城廖纪墓
苏州王锡爵夫妇合葬墓
《工部厂库须知》
《园冶》
《鲁班经》
《长物志》
大木作
小木作
砖石作
无梁殿
琉璃
明代建筑技艺

第十章　清代建筑

第一节　聚落与城市

明万历四十四年(1616),努尔哈赤一统女真各部,立后金。明崇祯十七年(1644)四月,李自成自山海关败逃,清军入关。宣统三年(1911)辛亥鼎革,清帝逊位,历十二帝,共296载。

清承明制。沿用紫禁城并依原规划恢复;地方府、州、县治城沿袭明代,仅局部改造。明代中原建筑技艺传承,对满蒙建筑产生巨大影响。清人口骤增,官私建筑数量飙升,民间追求高质量及礼仪性、宗教性建筑,如厅堂、楼阁、园林、戏馆、寺观、祠庙等;商业发展带动会馆、行会、作坊、典当、票号等类型的产生与发展。

清抑道扬佛,尤崇藏传佛教,推动藏、青、川、甘等藏传佛教建筑发展,在紫禁城中亦有反映[1]。

一、都　城

1. 北京

明清易代,北京除大内宫殿被焚外,城区未遭严重破坏。清北京基本承明,重点有二:一根据需要,充实、调整、改造旧城;二在西郊与南苑建园林(图 10-1-1)。

清北京城范围、宫城及(内城)干道系统均未改,唯居住地段有变[2]。清初实行八旗驻城,内城改满城,按方位分置八旗官兵。有"贵西城、富东城"之谚。

礼制建筑改造、完善是清北京城重点之一。明代天坛、地坛、日坛、月坛、先农坛、太庙和历代帝王庙等,清代沿用并改造,最著名者为天坛[3](图 10-1-2)。

〔1〕 孙大章:《中国古代建筑史·第五卷》(第二版),北京:中国建筑工业出版社,2009 年,第 1 - 3 页。
〔2〕 同济大学城市规划教研室编:《中国城市建设史》,北京:中国建筑工业出版社,1989 年,第 104 页。
〔3〕 刘敦桢:《中国古代建筑史》,北京:中国建筑工业出版社,1980 年,第 351 页。

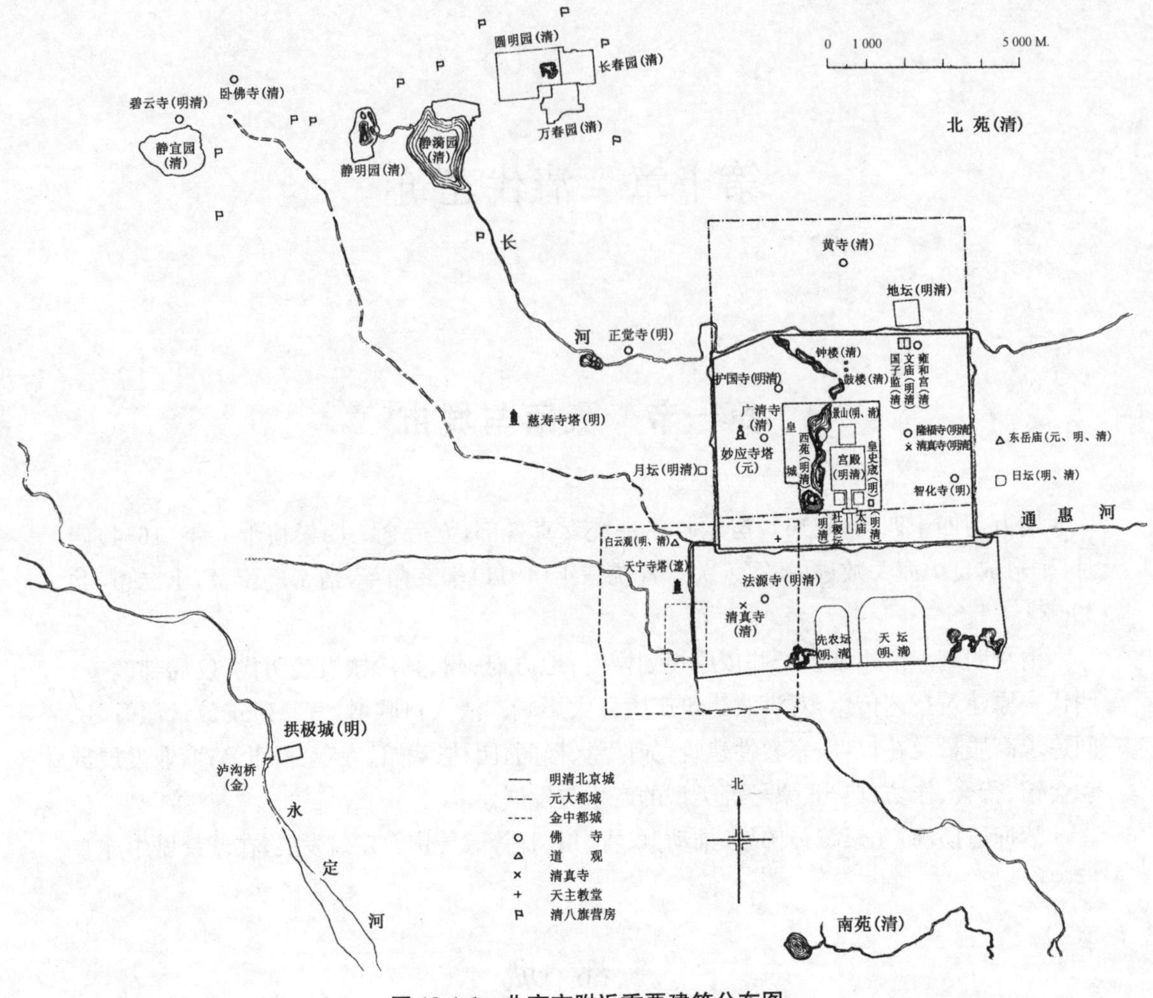

图 10-1-1　北京市附近重要建筑分布图

2. 沈阳

1625 年,努尔哈赤迁都沈阳。顺治元年(1644)八月,清入主北京,盛京为陪都。清初盛京布局与形态,或认为与藏传佛教曼荼罗有关[1]。

---

〔1〕 王国义、李琳:《清代沈阳城市格局的特色研究》,《沈阳建筑大学学报》(社会科学版)2007 年 01 期;王茂生:《清代藏传佛教对沈阳城市发展的影响》,《华中建筑》2010 年 02 期。

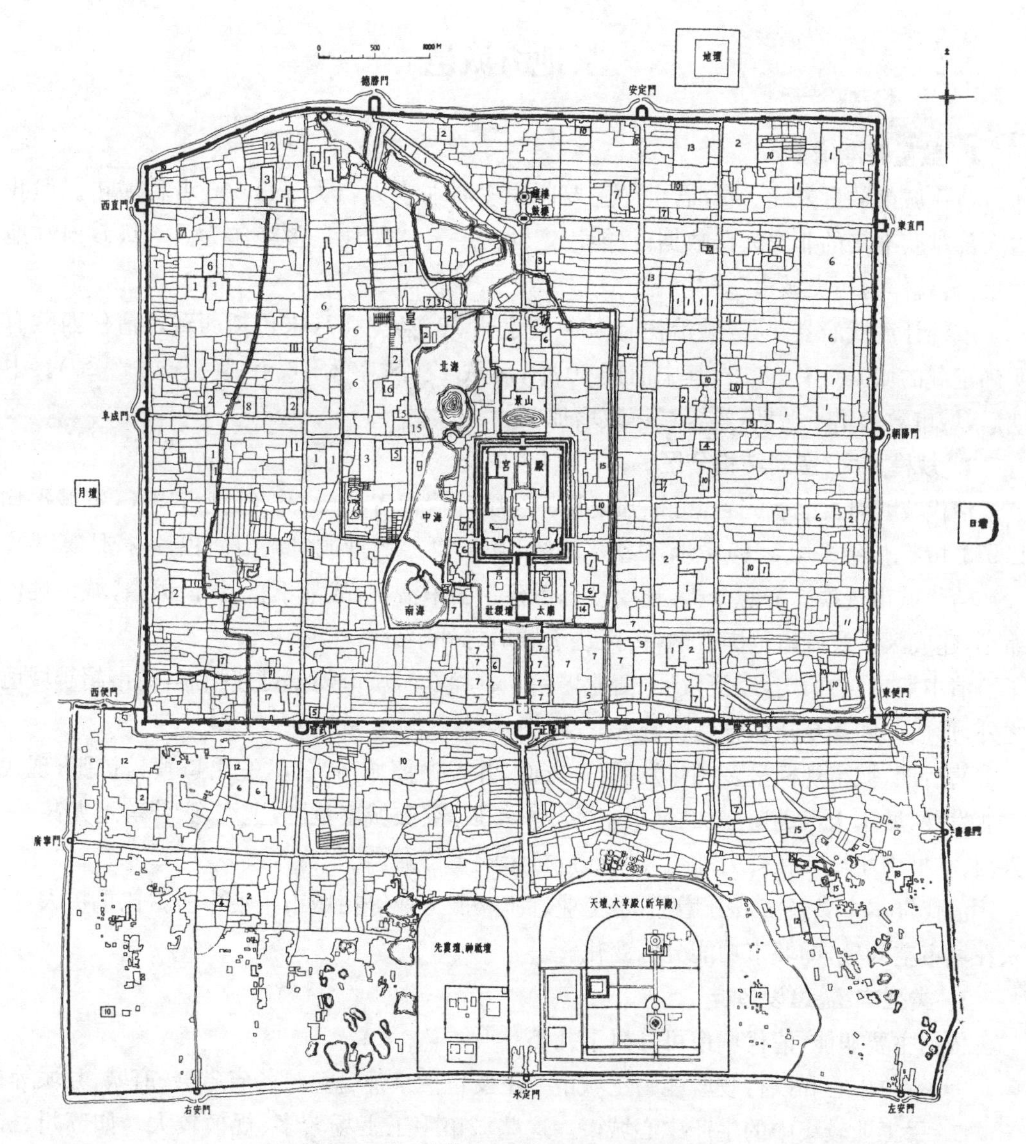

图 10-1-2　清代北京城平面图(乾隆时期)

1—亲王府;2—佛寺;3—道观;4—清真寺;5—天主教堂;6—仓库;7—衙署;8—历代帝王庙;9—满洲堂子;10—官手工业局及作坊;11—贡院;12—八旗营房;13—文庙、学校;14—皇史宬(档案库);15—马圈;16—牛圈;17—;驯象所;18—义地、养育堂

二、地方城邑

1. 数量逐渐增多

清代城市数量未确。目前,世界主要国家多将非农人口大于2 000者称城市。但我国大部难获准确的非农人口数据,仅能用定性法[1]。“即凡是曾经作为县一级政府驻地的聚落,就作为历史城市”[2]。

或统计清代府县建置:顺治初府130、直隶州20、县1 157(未包括西藏,“清代西藏有明确记载的城共计有68个,其中前藏30个,后藏17个,喀木16个,阿里5个”[3])。中期后,城市数大增。后期,建置城市数增加[4]。

2. 规模扩大,空间结构分区

清代城垣周长记载完备,可推知规模。经统计清代省、府、县三级城市周长,省城平均10 973.16米;府级平均5 195.7米;县级平均2 850.7米[5]。抑或对城市面积,进行估算[6]。

清代城市规模除静态分析,还要动态考察。明末清初,战乱不止、经济萧条,城市规模缩小,建成区不及城垣范围普遍,街区达于城垣之外罕见。

清中期,社会稳定,经济发展、商业繁荣,人口激增,城市规模迅速拓展,街市超越城垣之外,形成关厢甚至新城日趋普遍。

清后期,城市规模呈多元化发展:一方面,开埠通商城市兴起,进出口贸易扩张,现代工业发展,城市人口迅速增加,城市空间规模扩展,突破城墙范围,上海、天津等地尤甚;一方面,一批中小城市在外力冲击和内部危机影响下停滞。

清代资本主义经济成分增加,手工业、商业、服务业等在城市生活中所占比重扩大,反映在城市空间上,即城市功能分区变化。

3. 类型丰富,建设多样

依据主要职能,清代城市可分以下几类[7]:

一、行政中心和以行政职能为主城市。主要包括京师、盛京、各省省会、府城、县城等;

二、手工业较集中的生产中心城市。这些城市手工工场较多、规模较大。如苏州、杭州是丝织业制造中心,景德镇是瓷器制造中心,佛山是铁器制造中心,松江是棉纺织中心;

三、商业集中城市。如太谷(图10-1-3)、扬州(图10-1-4)、汉口、平遥等,多依靠便利交通,亦可称交通枢纽城市;

---

〔1〕 何一民:《清代城市数量的变化及原因》,《社会科学》2014年08期。

〔2〕 陈桥驿:《中国城市历史地理·序》,济南:山东教育出版社,1998年,第10-11页。

〔3〕 何一民、赵淑亮:《清代民国时期西藏城市数量规模的变化及制约发展的原因》,《社会科学》2013年04期。

〔4〕 何一民:《清代城市数量的变化及原因》,《社会科学》2014年08期。

〔5〕 成一农:《清代的城市规模与行政等级》,《扬州大学学报》(人文社会科学版)2007年03期。

〔6〕 何凡能等:《中国清代城镇用地面积估算及其比较》,《地理学报》2002年06期。

〔7〕 戴均良:《中国城市发展史》,哈尔滨:黑龙江人民出版社,1992年,第260-261页。

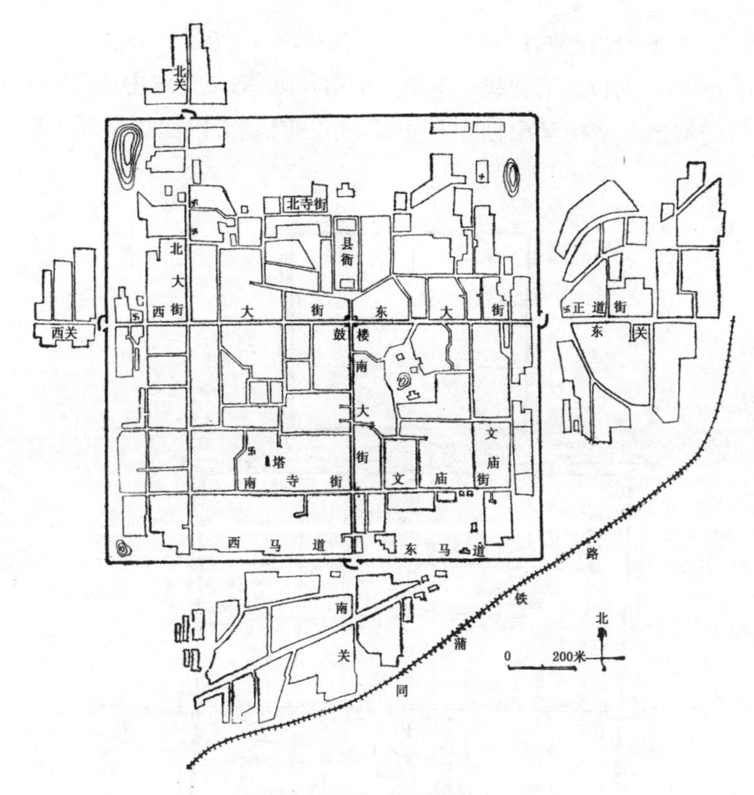

图 10-1-3　太谷城图

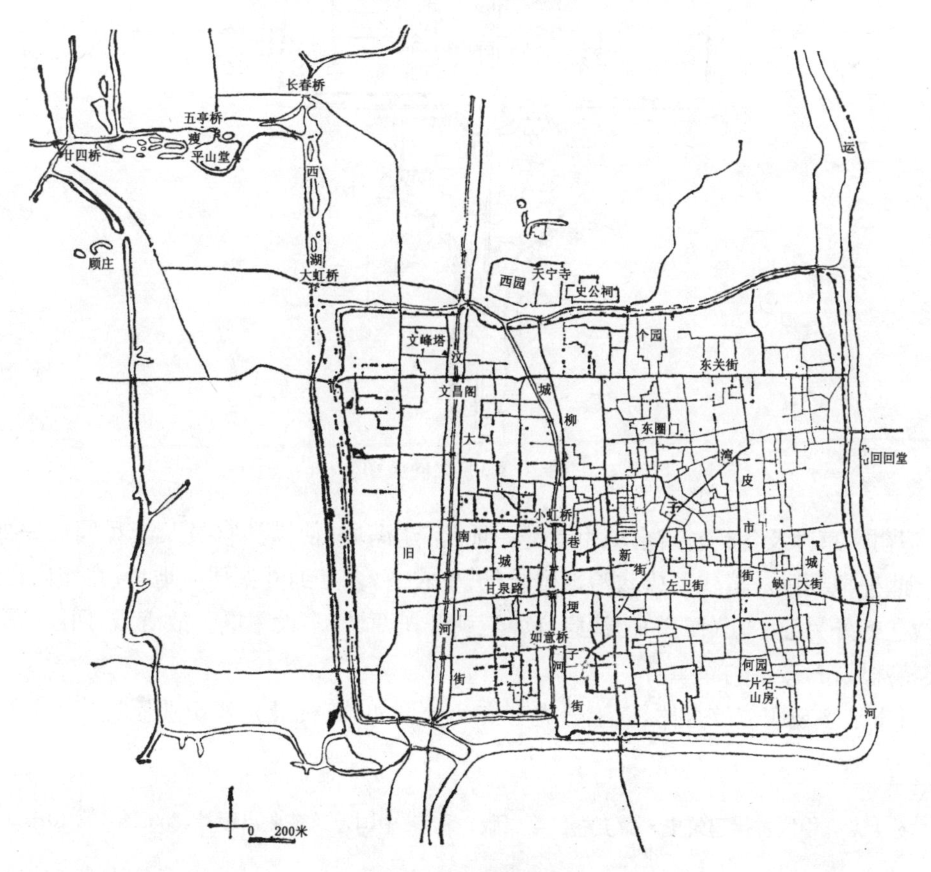

图 10-1-4　扬州城图

四、对外贸易城市。如宁波,广州等。广州在明清两代均是对外贸易的主要城市之一,清后期“一口通商”唯一窗口。清代统一南疆后的喀什噶尔,成为对中亚和南亚的贸易中心;

五、边塞海防城市。清初至中期用兵边陲,亦发展城市以固边。如大同(图 10-1-5)、天水等。

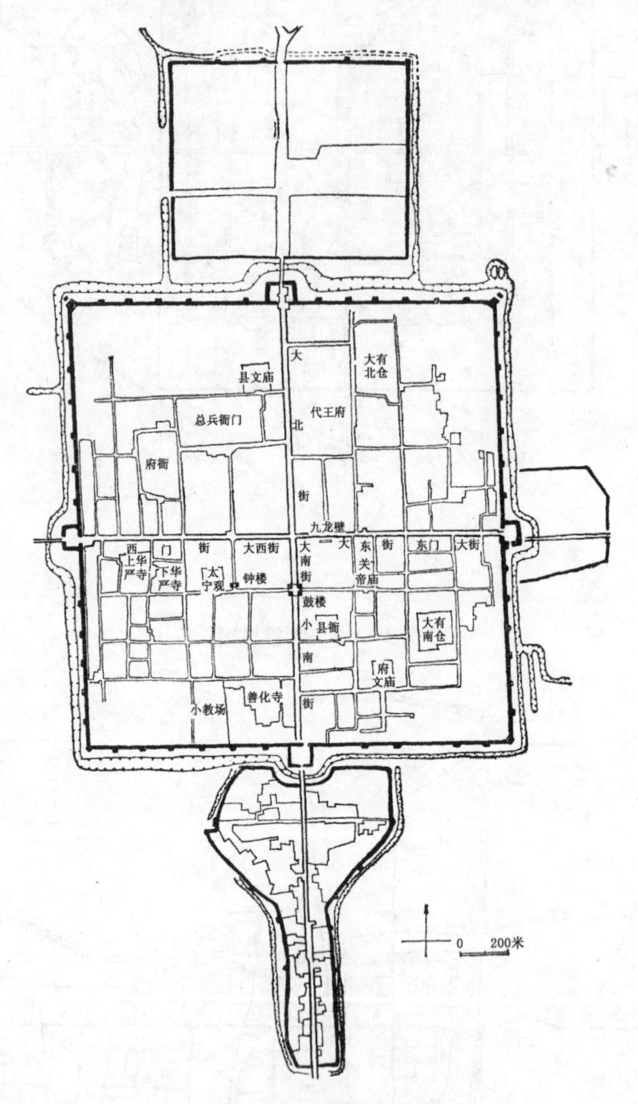

图 10-1-5　大同城图

清初在京师及各行省省会城市专辟一地,营建满城,使满洲官员及士兵同居一处,内以自强,外拟镇民。清代回族政治地位较低,事农商,多互助并聚居一地,或在城内自成一坊,或在郊外另建一庄(回庄)。清康雍乾三朝开拓西域,多设军屯。故满城、回庄、军屯是清代特殊城市,政治与军事合一〔1〕。

城市是多项职能综合体,以上分类有交叉处。如苏、杭既是丝织业制造中心,亦是江

〔1〕 孙大章:《中国古代建筑史・第五卷》(第二版),北京:中国建筑工业出版社,2009 年,第 10－11 页。

苏省、浙江行政中心(江苏有江宁、苏州两省会);广州是对外贸易中心,亦是广东省会等。

三、村 落

1. 概述

清是传统农业国,村落广布。常一族或数族人聚居,彼此间有强烈的宗法及血缘纽带,村落形态、人居环境等也受宗法关系影响。此外,受风水堪舆观念,选址及布局多因地制宜、切合风水。如皖南古村落选址一般前有朝(案)山,后倚龙(靠)山;水绕村过,水口设有水口树、水口亭等(图 10-1-6)[1],随坡就势,顺应自然,体现"天人合一"理念。

图 10-1-6 旌德江村风水形胜

全国各地不同自然、人文环境及各具特色的建筑技艺,也对村落布局有影响。

如皖南山环水绕,雨水较多,经济发达、地狭人稠、防卫所需等,民居外观封闭、内设天井,建筑精致。

西藏、青海、川北藏区一带,生土、石片等原生建筑众多(图 10-1-7)。

图 10-1-7 平安洪水泉村鸟瞰(局部)

[1] 王星明、罗刚:《徽州古村落》,沈阳:辽宁人民出版社,2002 年,第 15 - 20 页。

西北陕西、甘肃一带,窑洞村落随山势起伏,参差错落。

晋东南地处黄土高原丘陵地带,干旱少雨,冬季寒冷多风,房屋坚固、封闭低调等〔1〕。

2. 举要

(1) 徽州(西递、宏村)

徽州古村落布局以血缘宗法为纽带,突出宗祠,在宗族内营造以血缘关系为维系、以宗族利益为内核的精神空间〔2〕。将风水、村路环境与宗族命运有机结合,赋自然景观以人文意义。在血缘与地缘的共同影响下,清中期发展至鼎盛。例如:

西递村:以"敬爱堂"为中心规划和布局全村,全村按血缘关系分九支,各支有支祠,构成体系(图 10-1-8)〔3〕。

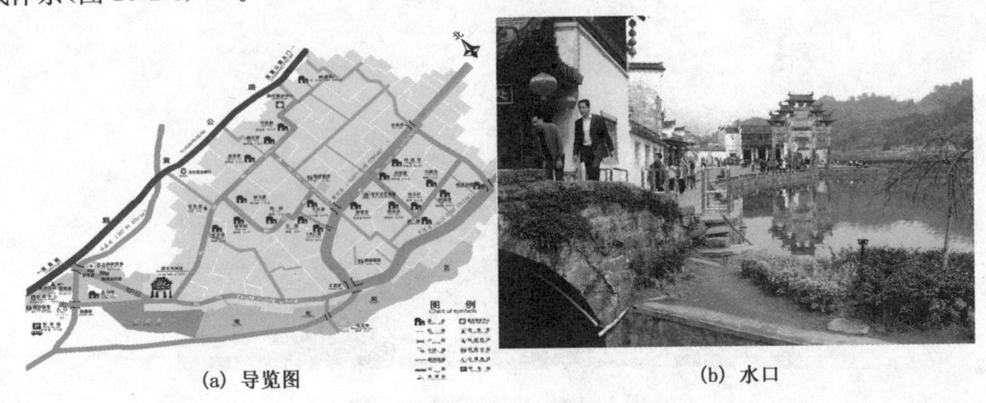

(a) 导览图　　(b) 水口

图 10-1-8　西递村

宏村:"清乾嘉之季,阖族支丁实有三千余人,为最繁衍时代。村居拓展,绕抱南湖,栉比鳞次,密密如织,楼台近水,倒影浮光"(图 10-1-9)〔4〕。

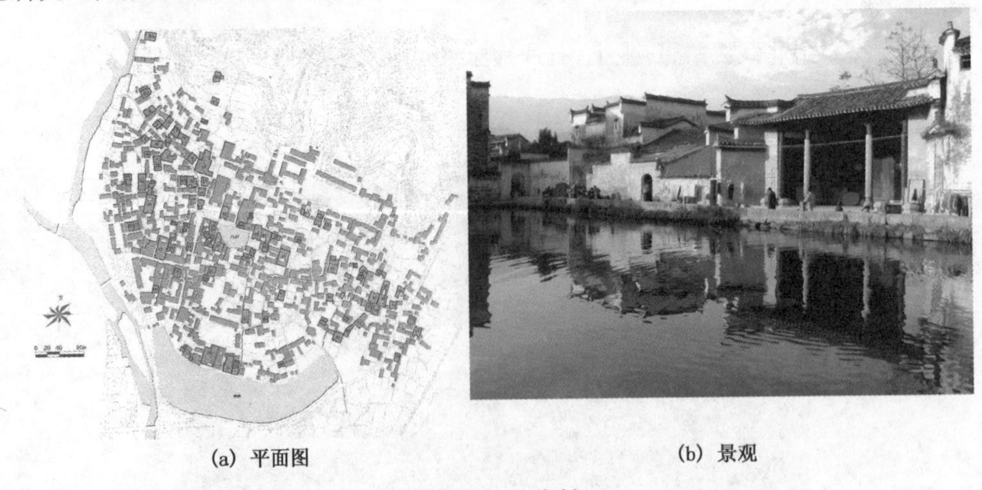

(a) 平面图　　(b) 景观

图 10-1-9　宏村

〔1〕 任济东:《中国明清古村落建筑艺术研究—以皖南、晋东南古村落为例》,《阅江学刊》2014 年第 2 期。

〔2〕 马寅虎:《试论徽州古村落规划思想的基本特征》,《规划师》2002 年 05 期。

〔3〕 陆林等:《徽州古村落的演化过程及其机理》,《地理研究》2004 年 05 期。

〔4〕 汪祖懿:《南湖闲话》,转引自舒育玲、胡时滨:《宏村》,合肥:黄山书社,1995 年,第 144 - 145 页。

(2) 翁丁[1]

位于云南省沧源佤族自治县西北部勐角乡，距沧源县城约 33 公里。全村居民均佤族，居此 200 多年[2]。

翁丁大寨保存近 100 栋(不计入仓房)干栏式建筑，有些称为鸡笼罩。寨中主要有杨、肖、赵、田、李五姓，五大姓均有族长，村内也有各自的区域[3]。

(3) 林寨[4]

位于广东河源。该村四角楼，应源至秦汉时的“坞”“坞堡(壁)”(图 9-2-12)。目前，尚遗留下数十栋巍峨壮观的楼群(图 10-1-10)。

图 10-1-10 河源林寨兴井古村落航拍

(4) 增冲侗寨

位于贵州从江，原名“正通”“最富足之地”[图 10-1-11(a)]。初为侗族聚居村寨，后因联姻，迁进少量苗族与汉族，侗族占 98%以上[5]。

因盛产杉木、青石，增冲先民创造了闻名遐迩、蜚声中外的风雨桥和干栏式民居[图

[1] 马晓、周学鹰:《兼收并蓄 融贯中西——活化的历史文化遗产之一·翁丁村大寨与白川村荻町》，《建筑与文化》2013 年第 12 期。

[2] 梅英:《传播学视域下佤族木鼓文化源承模式研究》，博士学位论文，西南大学，2012 年，第 49 页。另一说法为 300 多年，孙彦亮:《佤山生产方式与佤族民居建造》，硕士学位论文，昆明理工大学，2008 年，第 22 页。

[3] 孙彦亮:《佤山生产方式与佤族民居建造》，硕士学位论文，昆明理工大学，2008 年，第 28 页及第 75 页图。

[4] 周学鹰:《穿越秦汉——广东和平林寨的“四角楼”》，中国民族建筑研究会年会，北京:2011 年 12 月，演讲 ppt。

[5] 李杰:《黔东南从江增冲侗族村落》，《美术大观》2010 年第 10 期。

10-1-11(b)]、鼓楼[图 10-1-11(c)],也用青石打造出古朴典雅、文化丰富的石建筑,俊秀而和谐〔1〕。

(a) 鸟瞰(局部)

(b) 干栏式民居及风雨桥

(c) 鼓楼

图 10-1-11 榕江增冲侗寨

(5) 石波寨

嘉绒藏区是青藏高原藏羌地区石碉房的发源地,相承至今〔2〕。四川省阿坝藏族羌族自治州壤塘县宗科乡加斯满村石波寨(图 10-1-12),现存清代最早、体量最高、层数最多的碉房〔3〕。

---

〔1〕 李杰、孙明明、王红:《民族建筑与自然环境之交融——以从江增冲侗寨研究为例》,《贵州民族学院学报》(哲学社会科学版)2005 年第 5 期。

〔2〕 张兴国、王及宏:《技术视角的民族传统建筑演进关系研究——以四川嘉绒藏区碉房为例》,《建筑学报》2008 年第 4 期。

〔3〕 王及宏、石硕:《藏族碉房住宅之王》,《中华文化论坛》2014 年第 6 期。

图 10-1-12　壤塘县宗科乡加斯满村石波寨远观

第二节　群(单)体建筑

一、宫　殿

1. 紫禁城

明末“大内及十二宫，或焚毁殆尽，至若御花园中万春、千秋、金香、玉翠、浮碧、澄瑞、御景诸亭，以及僻在西北之英华等殿，未必悉召焚如也”[1]。因此，自顺治朝始，在原殿基上逐步复建。

紫禁城宫殿对称，与北京城中轴重合，天上人居，设计精湛、艺术高超，反映专制等级、礼仪规制与阴阳五行思想[图 10-2-1(a)][2]。

清故宫南北 961、东西 753 米，占地 72 万平方米，总建筑面积 17 万平方米，保存建筑近千座，院落上百，是我国现存规模最大、布局最整、体系最全的古建筑群。紫禁城宫殿分外朝、内廷两部，分别以前三殿、后三宫为主。

(1) 前三殿

太和、中和、保和及其东西两侧文华、武英殿，往南还有五重门(太和门、午门、端门、天安门、大清门)及太庙、社稷坛[图 10-2-1(b)]。构成故宫中轴线上最壮观的组成部分(图 10-2-2)。

明天启七年(1627)重建三大殿。太和殿清初遭火重修，中和、保和为明构[3]。

---

〔1〕 朱偰：《明清两代宫苑建置沿革图考》，北京：北京古籍出版社，1990 年，第 85 页。

〔2〕 姜舜源：《五行・四象・三垣・两极与紫禁城》，《紫禁城》1989 年 06 期。

〔3〕 王璞子：《清初太和殿重建工程——故宫建筑历史资料整理之一》，《紫禁城建筑研究与保护》，北京：紫禁城出版社，1995 年，第 259 页。

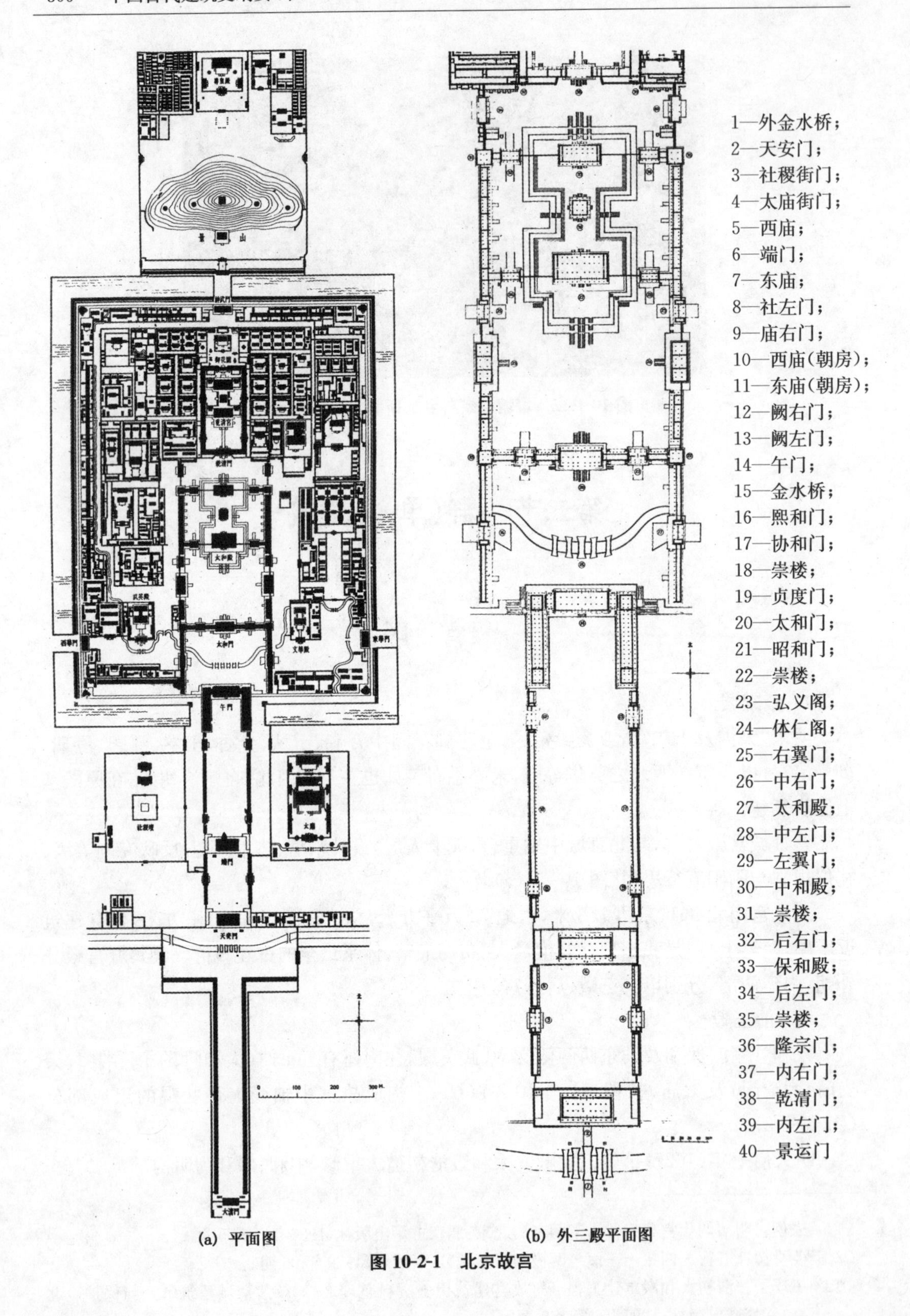

(a) 平面图　　(b) 外三殿平面图

图 10-2-1　北京故宫

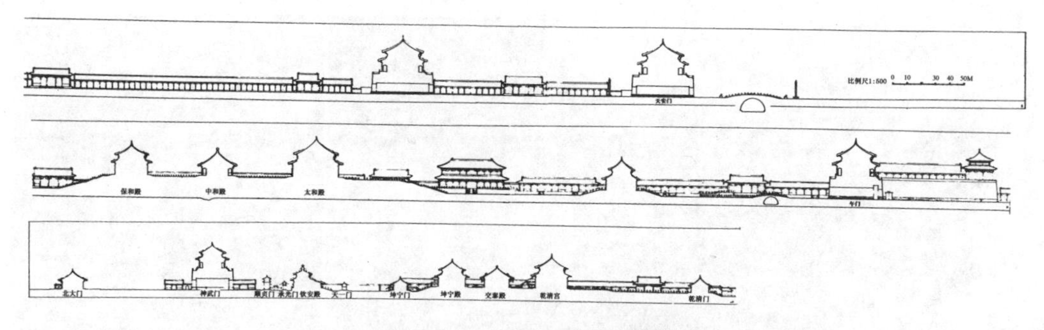

图 10-2-2　北京故宫纵剖面图

太和殿(金銮殿):面阔 11 间(60.01 米)、进深 5 间(33.33 米),面积 2 000.13 平方米,是现存古建最大者。通高 37.44 米(正吻高 3.4 米)。双槽平面,重檐庑殿(图 10-2-3)。为扩大室内,东、西、北外墙推至副阶。太和殿脊饰有“行什”,属孤例[图 10-2-4(a)][1]。三层汉白玉须弥座阶基,等级最高[图 10-2-4(b)、(c)]。殿前陈列嘉量、日晷[图 10-2-4(d)、(e)]、珍禽瑞兽像。

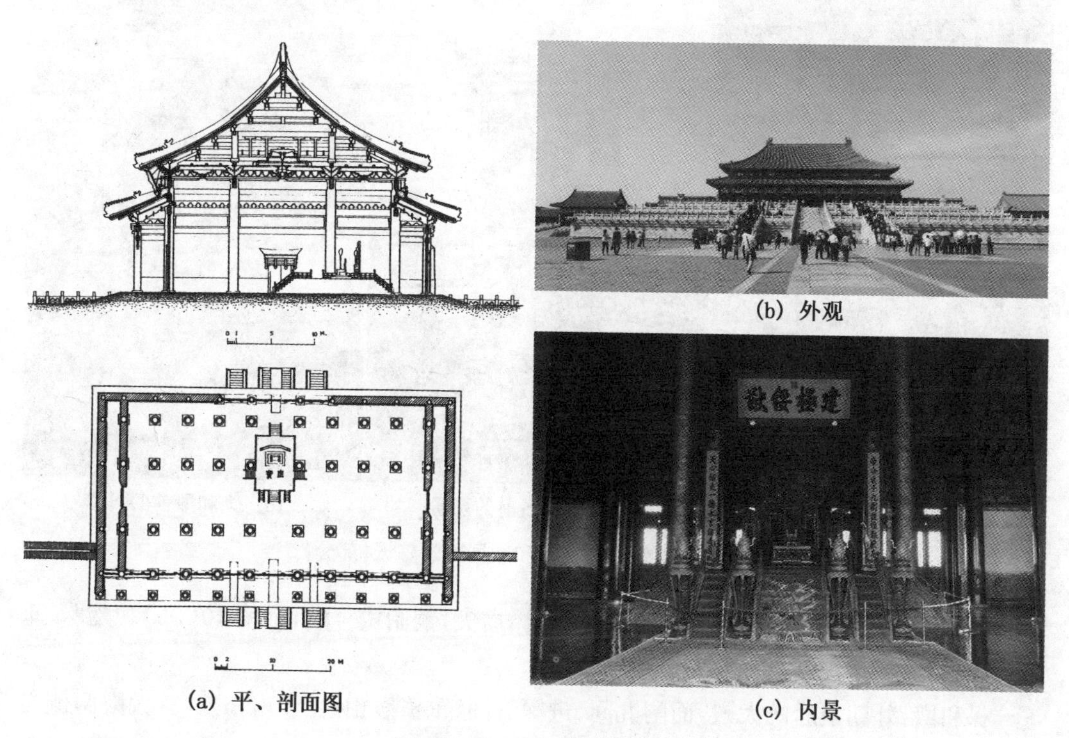

(a) 平、剖面图　(b) 外观　(c) 内景

图 10-2-3　北京故宫太和殿

〔1〕 于倬云:《故宫三大殿》,《故宫博物院院刊》1960 年第 2 期。

(a) 下檐仙人走兽(走兽最后者为行什)

(b) 太和殿底层阶基

(c) 太和殿前的丹陛

(d) 太和殿前的嘉量

(e) 太和殿前的日晷

图 10-2-4　北京故宫太和殿局部及陈设(部分)

中和殿:深广各三间,方形,副阶周匝,单檐攒尖,铜胎鎏金宝顶(图 10-2-5)。踏跺、垂带均浅刻花纹。天花内有明“中极殿”墨迹。

保和殿:外朝最后的大殿,面阔九间、进深五间,重檐歇山(图 10-2-6)。三大殿两侧楼阁对峙。

(a) 外观　　(b) 内景

图 10-2-5　北京故宫中和殿

(c) 外观　　(d) 保和殿内景

图 10-2-6　北京故宫保和殿

(2) 后三宫

后三宫为乾清门以北的宫城区域，乾清宫、交泰殿、坤宁宫(图 10-2-7)。

乾清宫：面阔 9 间、进深 5 间，重檐庑殿。庭院地平到正脊高约 24 米(图 10-2-8)〔1〕。

图 10-2-7　乾清门北望　　**图 10-2-8　乾清宫**

交泰殿：面阔、进深各 3 间方形，单檐四角攒尖，或为明代帝后生活所居〔2〕。

坤宁宫：面阔 7 间、进深 5 间，重檐庑殿，高约 22 米。装修及布局最具满族特色〔3〕。

〔1〕 许以林：《紫禁城后三宫》，《紫禁城》1983 年第 5 期。

〔2〕 故宫博物院：《故宫学术讲谈录(第 1 辑)》，北京：紫禁城出版社，2010 年，第 308 页。

〔3〕 池晗：《坤宁宫的形制变革及影响》，《东南传播》2006 年第 8 期。

内廷轴线三宫两侧分列东、西六宫,后妃居所。直至清末,东西六宫一直有改建。现东六宫基本保持明代周密、严谨之布局,西六宫为清代灵活、多变之设置[1]。

(3) 其他

宁寿宫:位于内廷外东路,居宫城东北角,东西宽120、南北长395米,面积4.74公顷,呈纵长方形(图10-2-9)[2]。

2. 盛京宫殿

清太祖努尔哈赤与太宗皇太极入关前定都沈阳的宫殿,成东、中、西三路多进布局。

共有宫、殿、斋、阁等130余座,400余间(不包括一些值房、随墙门等多变的建筑)。陆续营建,如一气呵成。

(1) 东路

努尔哈赤建造的大政殿、十王亭等[图10-2-10(a)],是盛京中最早的一组建筑群,平面布局、建筑形式、装饰风格等具有浓郁的满族建筑特色[3]。

大政殿:崇德二年(1625)建,八角重檐攒尖,黄琉璃瓦绿色剪边[图10-2-10(b)]。

十王亭:平面呈"八"字形对称纵向排列,大政殿雄踞中央尽端。此布局,一是满族为主体的后金政体(即汗王与八旗共掌国事)在建筑上的反映,二是满族军营帐幄的延伸,三可营造氛围、塑造形象[4]。

(2) 中路

南端有照壁、东西朝房、左右奏乐亭等,北为崇政殿院落。以崇政殿、清宁宫院落为核心,前朝后寝。

大清门内为群臣候朝之所的崇政殿院落,有中路高潮[图10-2-10(c)]——"金銮殿"[5]。殿两侧辟左、右翊门,入内为后寝。

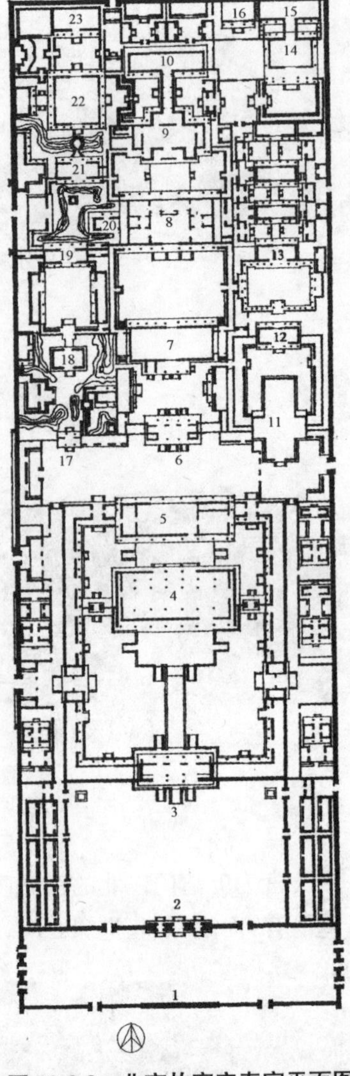

图10-2-9　北京故宫宁寿宫平面图

1—九龙壁;2—皇极门;3—宁寿门;4—皇极殿;5—宁寿宫;6—养性门;7—养性殿;8—乐寿堂;9—颐和轩;10—景祺阁;11—畅音阁;12—阅是楼;13—寻沿书屋;14—景福宫;15—梵华楼;16—佛日楼;17—衍祺门;18—古华轩;19—遂初堂;20—三友轩;21—萃赏楼;22—符望阁;23—倦勤斋

〔1〕 周苏琴:《试析紫禁城东西六宫的平面布局》,《华中建筑》1990年03期。

〔2〕 姜舜源:《论北京元明清三朝宫殿的继承与发展》,《紫禁城建筑研究与保护》,北京:紫禁城出版社,1995年,第90页。

〔3〕 陈伯超、朴顺玉等:《盛京宫殿建筑》,北京:中国建筑工业出版社,2007年,第39页。

〔4〕 张玲玲:《清盛京皇宫建筑的满族风格及演变》,《大连大学学报》2000年05期。

〔5〕 沈阳故宫博物院:《盛京皇宫》,北京:紫禁城出版社,1987年,第51页。

后寝空间前为凤凰楼，后有正宫清宁宫。

清宁宫为后宫中宫，乃皇太极与皇后寝宫，独具特色的“口袋宫”[1]。

(a) 十王亭一侧（部分）

(b) 大政殿

(c) 崇政殿御座

图 10-2-10　沈阳故宫

(3) 西路

为读书、娱乐类建筑群，均建于乾隆四十六年至四十八年(1781—1783)，分南、北两组。南部嘉荫堂院落，皇帝观戏处；北部文溯阁院落，读书处。

盛京宫殿是满族建筑文化逐渐汉化的佐证，也是兼收并蓄各族建筑文化于一体的范例，同时反映清初建筑概貌，地位特殊[2]。

二、王府衙署

清代王府皆在京城。清代仅辅国公以上六等赏府第，称“封府”，惟亲王、郡王府第称“王府”，余称“府”。仅使用权，产权属内务府[3]。

清代王府入关前集中于沈阳，入关后在北京，做法统一，均北方官式[4]。

1. 王府

(1) 盛京王府

《钦定八旗通志》载：

---

[1] 具有满族室内空间特色的布局，即将柱间空间连为一体，从端部进入，形同口袋。

[2] 孙大章:《中国古代建筑史・第五卷》(第二版)，北京：中国建筑工业出版社，2009 年，第 72 页。

[3] 爱新觉罗・恒顺:《清代北京宗室王公府第全面考述》,《满族研究》1998 年 01 期。

[4] 中国艺术研究院《中国建筑艺术史》编写组:《中国建筑艺术史》，北京：文物出版社，1999 年，第 710 页。

诸王府第,崇德年间定:

亲王府,台基高一丈,正房一座,厢房二座,内门盖于台基外,绿瓦朱漆,两层楼一座,并其余房屋及门,俱在平地盖造。楼房,大门,用平常筒瓦,其余用板瓦。

郡王府,台基高八尺,正房一座,厢房两座,内门盖于台基上,两层楼一座。正房及内门用绿瓦,两厢房用平常筒瓦,俱朱漆,余与亲王同。

贝勒府,台基高六尺,正房一座,厢房二座,内门盖于台基上,用平常筒瓦,朱漆。余与郡王府同。

贝子府,正房、厢房,俱在平地盖造,大门用朱漆,板瓦[1]。

《盛京城阙图》中所绘王府与上述规定稍有出入,亲王府中轴线上仅三座,反映肇业期特点[2]。

(2) 北京王府

王府规制,入关后《大清会典》与《大清会典事例》均有载,但不尽同。

入关后规模较入关前扩展,中轴线院落进数增加,屋宇增多,并在中路轴线两翼建附属院落。从乾隆间定亲王府记载看,绿琉璃使用范围和瓦件仍是区别王府规制等级的重要依据。据现存北京王府,规制一般低于制度,以防僭越。

(3) 建筑技艺[3]

各王府平面统一中有变化。王府中有一个核心区域,往往占大、中型王府总面积的1/3～1/7。该区域以"前朝后寝"宫室为蓝本,形成纵向轴线院落,有中门-殿-寝-后楼等,翼楼、配殿、旁庑拱卫两侧,成为全府特色,切合风水。

附属园林使清代王府宅第化,王府居而无园者少,府以园胜而名噪者多,如北京恭王府花园(图 10-2-11)。

2. 衙署

清代衙署可分内府衙署、中央机关衙署、地方衙署三类[4]。

《大清会典》卷五十八"工部"中有规定[5]。衙署由三个基本空间组成:治事、宴息、办事。规模据官等,依次递减[6]。

清代省级官府衙门大门两侧均有两根旗杆作标志,门口石狮分等(以狮头上的卷毛疙瘩分,一品 13 个,即"十三太保",每降一级少一个)[7]。细部亦体现官署文化,如南阳府

---

〔1〕[清]《钦定八旗通志》卷一一二《营建志一》,文渊阁《四库全书》本,台湾商务印书馆,第 665 - 924 页。

〔2〕刘大可、吴承越:《清代的王府(上)》,《古建园林技术》1997 年第 1 期。

〔3〕刘大可、吴承越:《清代的王府(下)》,《古建园林技术》1997 年 02 期。

〔4〕胡介中:《清代北京衙署建筑的基址规模与建筑规制》,《中国古代建筑基址规模研究》,北京:中国建筑工业出版社,2008 年,第 381 页。

〔5〕[清]允祹等:《钦定大清会典》卷五十八,光绪二十五年刻本,台北:台湾中文书局,第 619 页。

〔6〕胡介中:《清代北京衙署建筑的基址规模与建筑规制》,《中国古代建筑基址规模研究》,北京:中国建筑工业出版社,2008 年,第 389 页。

〔7〕蒋博光:《明清衙署建筑特色》,《中国紫禁城学会论文集(第二辑)》1997 年 11 月,第 108 页。

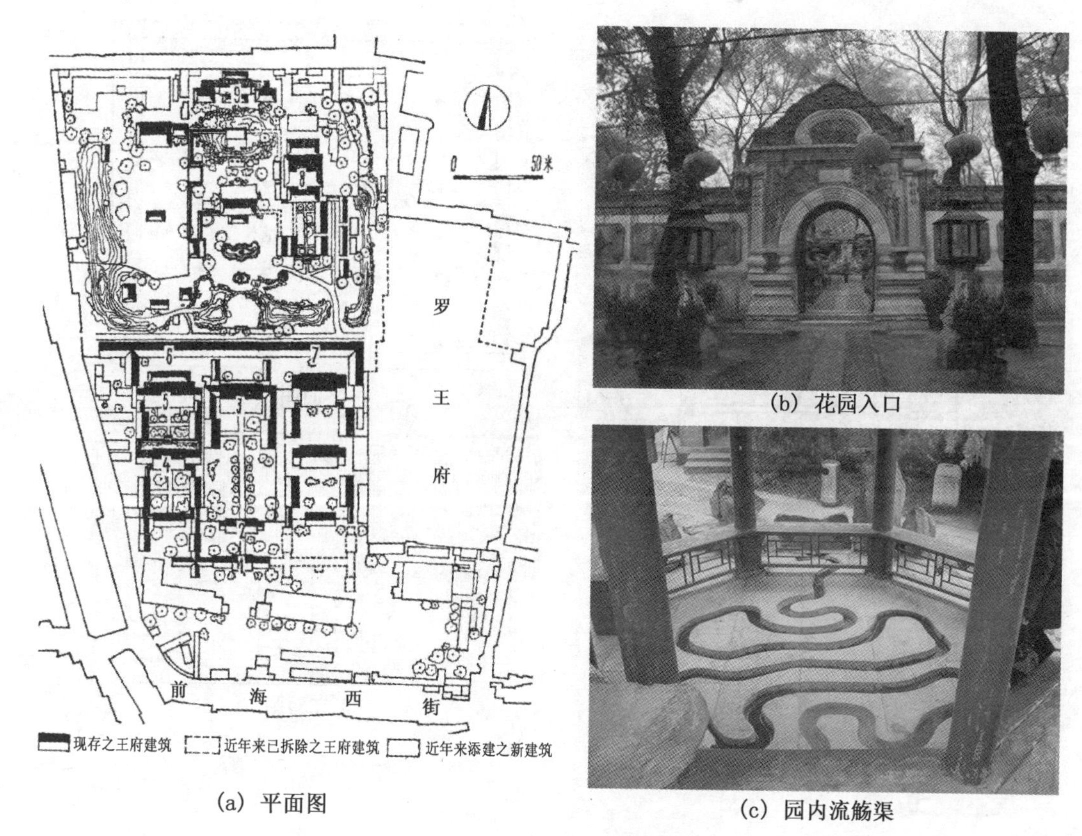

(a) 平面图

(b) 花园入口

(c) 园内流觞渠

图 10-2-11 北京恭王府及花园

1—大门;2—二门;3—嘉乐堂(后殿);4—葆光室;5—锡晋斋;6—宝约楼;
7—瞻霁楼;8—戏楼;9—蝠厅

衙大堂,明间东前檐柱础北向刻云雁,为四品官象征;西向刻行龙回首,表示尊奉皇命行令之处;南向刻飞马腾云,意飞黄腾达;东向刻莲花荷包,示清正廉洁〔1〕。

(1) 直隶总督署衙

直隶总督设于雍正二年(1724),驻节保定,为清代各省总督首席。其衙署于雍正七年,由原大宁都司署改建而来。坐北朝南,分东、中、西三路(基本按文东、武西),东西宽约130、南北深220余米,总面积约3公顷。

(2) 南阳府衙

位于现南阳县城西南隅[图 10-2-12(a)],为我国目前唯一完整的府衙,明代格局、清代建筑风貌,南北交融〔2〕。

府衙坐北面南,中路轴线自南至北:照壁、大门、仪门、戒石坊、大堂[图 10-2-12(b)]、寅恭门、二堂、内宅大门、三堂及府花园等。中路建筑多存,两侧已无〔3〕。

〔1〕 姚柯楠:《衙门建筑源流及规制考略》,《中原文物》2005 年 03 期。
〔2〕 姚柯楠:《南阳知府衙门的建筑特点》,《古建园林技术》2006 年 03 期。
〔3〕 赵刚等:《南阳知府衙门建筑考略》,《中原文物》2003 年 04 期。

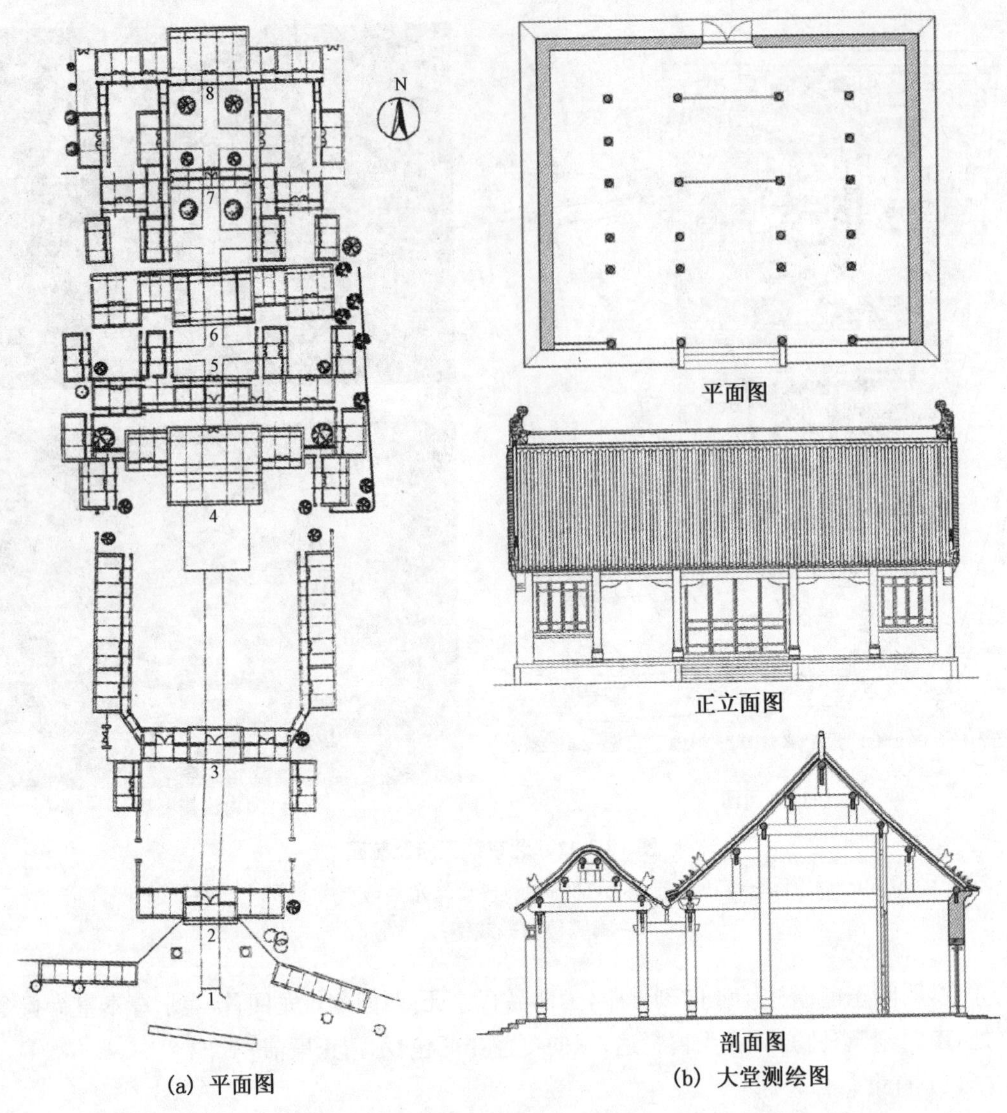

(a) 平面图

1—照壁;2—大门;3—仪门;4—大堂;
5—寅恭门;6—二堂;7—内宅门;8—三堂

(b) 大堂测绘图

图 10-2-12　南阳府衙

(3) 内乡县衙

位于河南内乡县城内东大街北,是现存唯一较为完整的清代县衙,光绪二十年重建〔1〕。现存宣化坊、大门、大堂、二堂、三堂及配房、花厅、账房、库房、狱房等(图 10-2-13)。

另外,现存内蒙古呼和浩特将军衙署、广西忻城莫氏土司衙署、山东曲阜衍圣公府府衙(图 10-2-14)、江苏南京两江总督署(图 10-2-15、10-2-16)与山西霍州州衙(图 10-2-17)等,在保持清代衙署布局与规制的同时,因职能、等级、地域等不同而有异。

〔1〕 李志荣:《内乡县衙建置沿革与现存遗迹考》,《中原文物》2006 年 09 期。

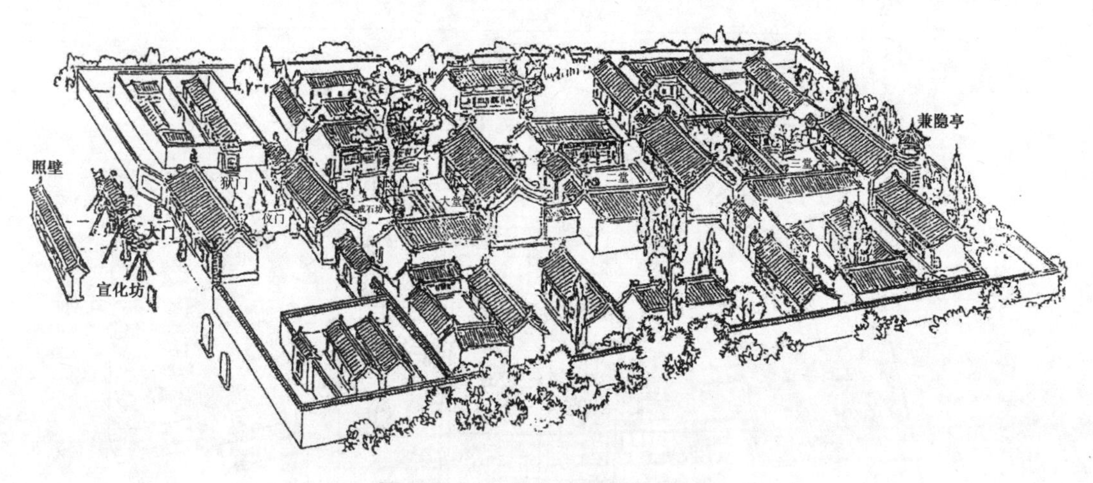

图 10-2-13 内乡县衙现状鸟瞰图

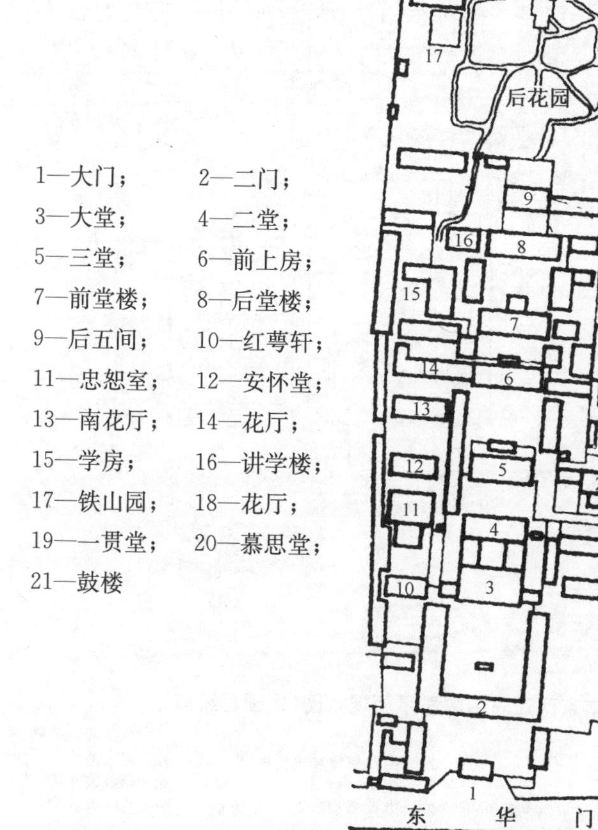

图 10-2-14 曲阜孔府平面图

图 10-2-15 南京两江总督署总平面现状图(民国总统府)

1—孙中山临时大总统办公室
2—国民政府参谋本部
(孙中山与南京临时政府展览)
3—博爱湖
4—游客餐厅
5—总统府图书馆
6—漪澜阁
7—太平湖
8—忘飞阁
9—夕佳楼
10—不系舟(石舫)
11—总统府餐厅
12—孙中山起居室
13—卫士室
14—观戏台
15—花厅
16—临时大总统府秘书处
17. 国民政府主计处
(江苏禁毒展览馆)
18—员工办公室
19—江苏警察博物馆(在建)
20—照壁(2002 年 9 月 3 日被拆毁)
21—总统府大门
22—西朝房
23—东朝房
24—大堂
25—大礼堂
26—两江总督署史料展
27—二堂(中堂)
28—洪秀全与天朝宫殿历史文物陈列
29—典礼局
30—总统府会客厅
31—麒麟门
32—复园
33—印铸局
34—总统府政务局(民国政要文物捐赠展)(总统府文物史料陈列)
35—总统府职员宿舍
36—总统府办公楼(子超楼)
37—喷水池
38—总统府车库
39—总统府花房
40—行政院大门
41—传达室
42—员工办公区
43—国民政府五院文物史料陈列
44—行政院南楼
45—陶、林二公祠
46—马厩(总统府军乐队)
47—晚清与民国历史陈列
48—南湖

(a) 署内煦园不系舟

(b) 署内西南隅的西花厅，建于1910年（孙中山临时大总统办公室）

图 10-2-16 南京两江总督署

(a) 入口门楼

(b) 大堂(亲民堂)

图 10-2-17 霍州州署

三、民 居

清代民居地域性越发彰显，遗存最多。根据不同特色一般分七类：庭院式、干栏式、窑洞式、毡房、碉房、“阿以旺”及其他〔1〕。

1. 庭院式

为传统民居主流。单体围合成多种院落，并通过纵向、横向与辐射状布置，成多路多进组群，体现长幼有序、上下有分、内外有别的宗法观。

(1) 北方庭院

各栋房屋相互独立，面朝内院，以走廊相连或不连，四周围墙。夏纳凉、冬御寒，光照充足、空间开敞，防御性强。

〔1〕 孙大章：《中国古代建筑史·第5卷》(第二版)，北京：中国建筑工业出版社，2009年，第168页。

北京四合院〔1〕[图 1-2-3(a)]:北方合院式民居典型。分一进院落(基本型)、二进院落、三进院落(标准型)、四进及四进以上(复合型)、一主一次并列式、两组或多组并列式、主院带花园等。

北京四合院多按轴线对称布置单体建筑,其轴线不应正南或正北,需稍偏角度,抢阴或抢阳〔2〕。一般院门亦不坐中,位于东南角,“坎宅巽门”[图 10-2-18(a)]。门内迎面设独立或靠山影壁。入门西转进前院,院南倒座房,为客房、书塾、杂用或男仆等。前院中轴线立二门[富者用垂花门,图 10-2-18(b)],二门后中院,院北正房两侧套间为长辈居所[图 10-2-18(c)];正房前东、西两厢供晚辈,正房与厢房间以抄手游廊或穿山游廊联系,为全宅核心。最后为佣人之后罩房[图 10-2-18(d)]。

(a) 婉容故居大门　　(b) 沙井15号四合院垂花门

(c) 沙井15号四合院庭院
(对面为正房,两侧为厢房)

(d) 沙井15号四合院后罩房及其庭院

图 10-2-18　北京四合院举例

〔1〕 马炳坚:《北京四合院建筑》,天津:天津大学出版社,1999 年,第 10－26 页;王其明:《北京四合院》,北京:中国书店,1999 年,第 57－62 页;刘敦桢:《中国古代建筑史》,北京:中国建筑工业出版社,1980 年,第 317 页;孙大章:《中国古代建筑史・第五卷》(第二版),北京:中国建筑工业出版社,2009 年,第 168 页。

〔2〕 陈建功:《卢沟晓月》,北京:中国对外翻译出版公司,1998 年,第 316 页。

合院式民居遍及各地。因各自地貌、气候、民族、风俗等不同，各具特色。

(2) 江南庭院

各单体互相连属，屋面搭接，围合内天井。夏季可纳阴凉的对流风，改善小气候；室外、半室外空间较多，利于活动。长江流域及以南较多，尤以江浙、湖广、闽粤为典型〔1〕。

苏州(无锡)民居〔2〕：可为代表。大型宅院由数进院落组成中轴对称的狭长布局，主落居中；正落中轴线：门厅、轿厅、正厅、内厅等。正落与边落间有备(避)弄(图 10-2-19)〔3〕。

(a) 总平面图

(b) 务本堂

(c) 务本堂内四界大梁

图 10-2-19　无锡薛福成故居

〔1〕 孙大章：《中国古代建筑史 · 第五卷》(第二版)，北京：中国建筑工业出版社，2009 年，第 170 页。

〔2〕 徐民苏、詹永伟：《苏州民居》，北京：中国建筑工业出版社，1991 年，第 53 - 63 页。

〔3〕 马晓、周学鹰、戚德耀：《小型历史园林的修复——以无锡薛福成故居后花园修复设计为例》，《古建园林技术》2014 年第 1 期。

台湾台中雾峰林家花园("莱园")下厝:有草厝、宫保第、大花厅等。宫保第是福建水陆提督林文察的官邸,门房11开间,是全台最大官宅(图10-2-20)〔1〕。

厅井式民居南方常见:如徽州、浙东、抚河、湘西、川中、昆明、福州、泉州、台湾、潮汕和粤中等。

(a) 外观

(b) 庭院

(c) 檐下雕刻之一　　(d) 闪电窗

图10-2-20　台中雾峰林家

〔1〕 缪远:《雾峰林家花园探究》,《福建建筑》2012年第1期。

（3）多庭院组合

通过独特的平面形式，如放射式、行列式等，形成院落组群，成为大体量、多形制的住宅结合体。突破传统平房体量感，呈现出新形态。

如土楼。一般而言，客家生活有两个系统：一宗法礼制厅堂系统，一家庭生活居住系统。居住系统在外，厅堂系统位于中轴线上及中心。空间形式有方、圆、三堂两横加围屋式与行列式等。

方楼：长方形、或近方形。简单者仅一路中轴建筑，祖堂居中、四面围合（如建于清雍正十年的南靖县梅林镇和贵楼，图 10-2-21）。复杂者有“三堂两横”“三堂四横”等，“三堂”——下堂（门厅）、中堂（祭祀及客厅）和后堂（长辈住所），次序排列在中轴线上，后堂高三、四层，居于主位。著名者如永定县大塘角村大夫第，又名五凤楼（图 10-2-22）。永定隆昌楼更复杂。

(a) 外观　　(b) 内景（中为祖堂，外围楼用于居住）

图 10-2-21　南靖县梅林镇璞山村和贵楼

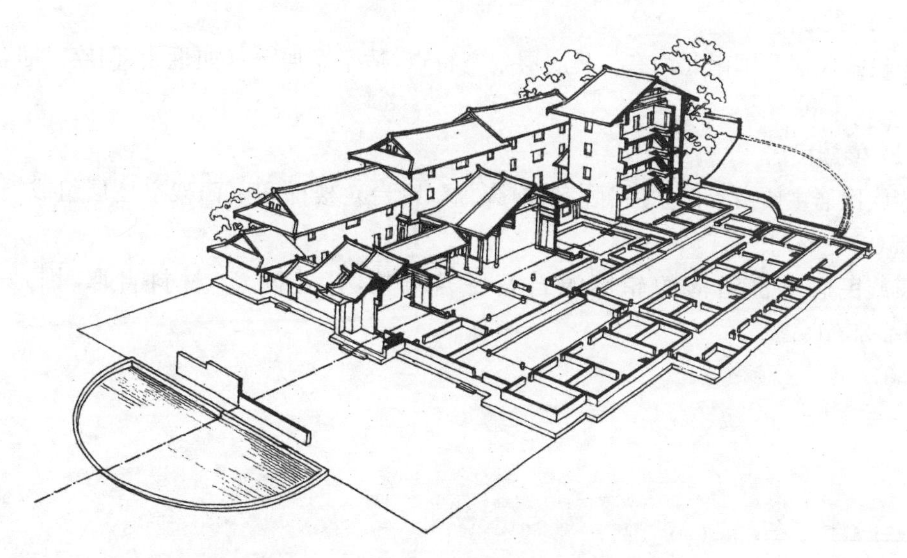

图 10-2-22　永定高陂大塘角的“大夫第”剖视图

圆楼：又名圆寨，对称布局，以祖堂为中心，厅廊相通，朝向视地形，未有定则。规模最大的永定承启楼三层（明崇祯年奠基，至清康熙间竣工，图 10-2-23）。底层作厨房及杂间，二层储粮,三层以上住人[1]。南靖县梅林乡坎下村怀远楼,建于清末,延续承启楼规制(图10-2-24)。

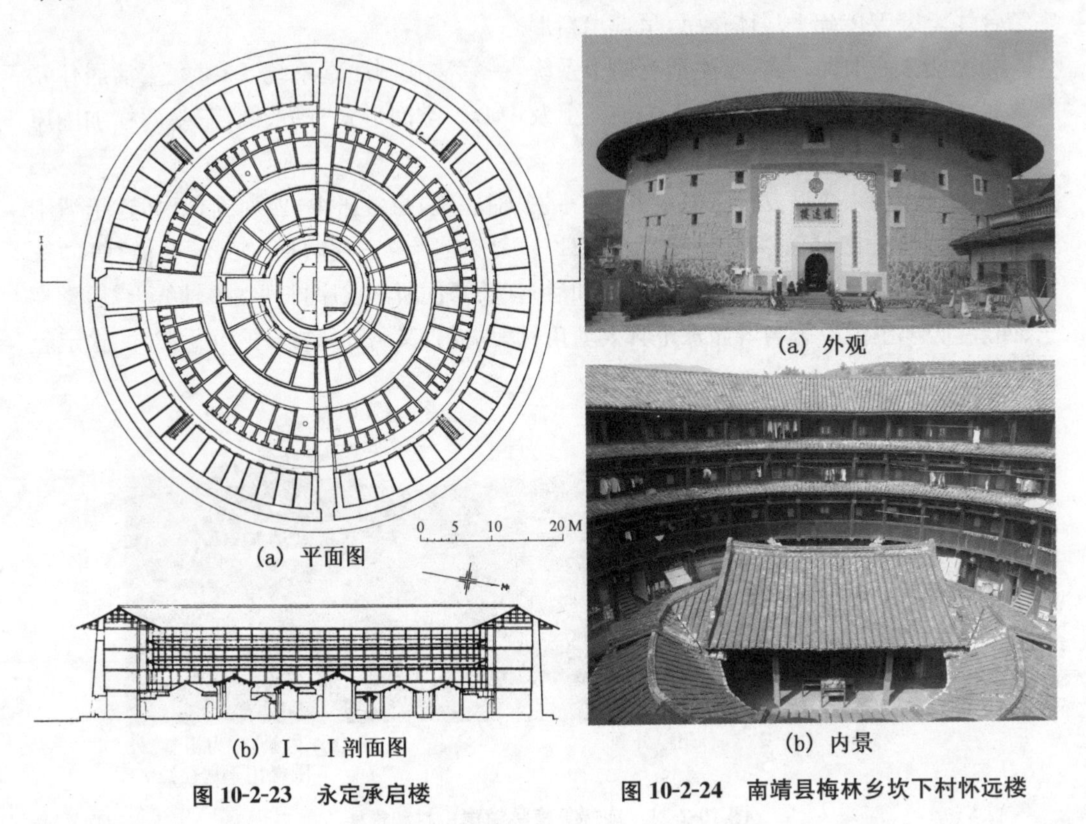

(a) 平面图

(b) Ⅰ—Ⅰ剖面图

图10-2-23　永定承启楼

(a) 外观

(b) 内景

图10-2-24　南靖县梅林乡坎下村怀远楼

2. 干栏式

干栏式民居我国南北均有。具底层架空特点,适于席居[2](如佤族、侗族民居,见前文)。

(1) 傣族民居

傣族民居主要由上面堂屋、卧室、前廊、展(晒台)、楼梯和下面架空柱层组成[3][图10-2-25(a)~(c)]。

傣族民居丰富错落的轮廓源自其屋盖结构,营造随意,材料自取,因地制宜[图10-2-25(d)]。

[1] 刘敦桢:《中国古代建筑史》,北京:中国建筑工业出版社,1980年,第330页。

[2] 马晓:《中国古代木楼阁》,北京:中华书局,2007年,第123-156页。

[3] 刘业:《西双版纳傣族民居的分析与借鉴》,陆元鼎主编:《中国传统民居与文化——中国民居第二次学术会议论文集》,北京:中国建筑工业出版社,1992年,第226页

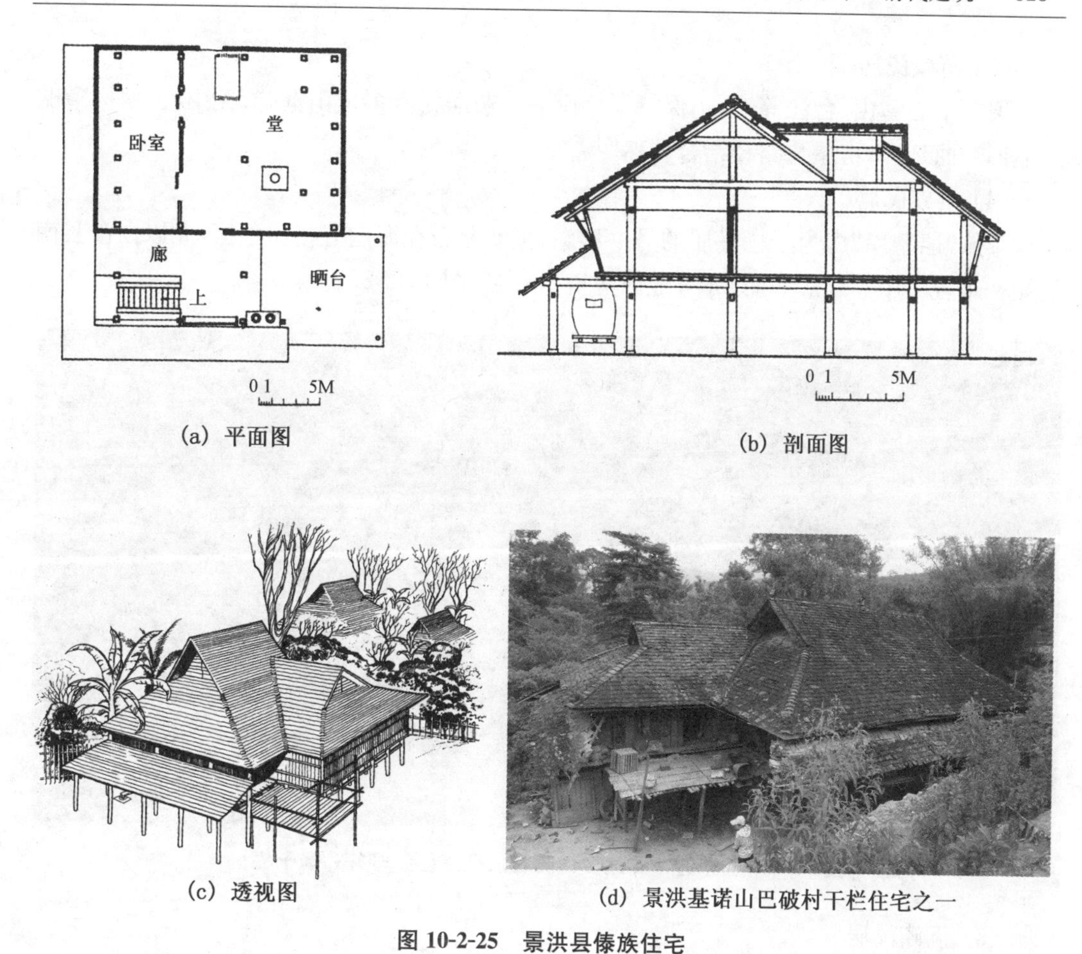

(a) 平面图　　(b) 剖面图

(c) 透视图　　(d) 景洪基诺山巴破村干栏住宅之一

图 10-2-25　景洪县傣族住宅

(2) 壮族民居

壮族有楼居“麻栏”与地居三合院。卧室绕堂屋而设，且各自独立(靖西为前堂后寝)。毗邻堂屋设一火塘间，为用餐、会客、团聚处(靖西“麻栏”用炉灶，不设火塘)。“麻栏”居住层当心间向外开敞的凹廊，名“望楼”，为活动场所(图 10-2-26)〔1〕。

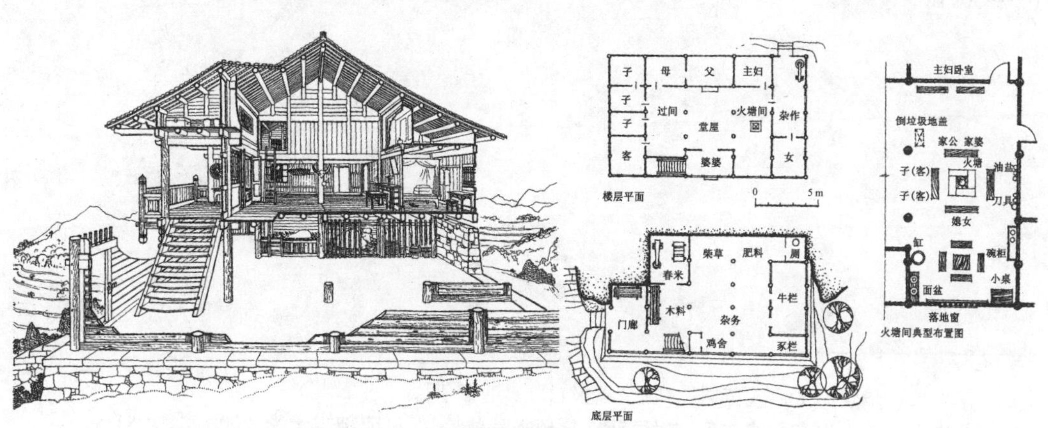

图 10-2-26　广西壮族自治区“麻栏”平面、立面图

〔1〕 李长杰:《桂北民间建筑》,北京:中国建筑工业出版社,1990 年,第 345－464 页。

(3) 苗族民居

聚居中心雷山、台江等地,仍保持干栏民居。苗居村寨多依山据险,无中心,寨内道路随地形弯曲延伸,房屋与路径结合自然〔1〕。

(4) 黎族民居

黎族“船型屋”多为干栏民居的另一形态,主要分布在海南五指山地区,尤以白沙县南溪峒一带较集中。外形如船(亦有地面建筑),故名(图 10-2-27)。

图 10-2-27 东方市江边乡白查村船型屋(另一形态,非干栏)

(5) 佤族民居

沧源翁丁大寨佤族民居平面多正方形与两个半圆组合(图 10-2-28),以底层架空的干栏及位于端部的半圆屋顶为特色(图 10-2-29)。“半方半圆”是佤族民居在平面与空间上最主要特点〔2〕。采用叉手式构架的类似草房,在辽宁、山东、江苏、海南、广西等地均有。如山东胶东半岛港西镇巍巍村海草房[图 10-2-30(a)]、海南昌江王下镇洪水村[图 10-2-30(b)]等〔3〕。

〔1〕 李先逵:《贵州的干栏式苗居》,《建筑学报》1983 年 11 期。
〔2〕 孙彦亮:《佤山生产方式与佤族民居建造》,硕士学位论文,昆明理工大学,2008 年,第 31 页。
〔3〕 马晓、周学鹰:《地域建筑的普适性——以中国及其周边部分东南亚、东亚地区大叉手木构架为例》,《古建园林技术》2014 年第 6 期。

(a) 鸡笼屋

(b) 翁丁大寨萧艾门家外观

图 10-2-28　沧源翁丁大寨佤族民居

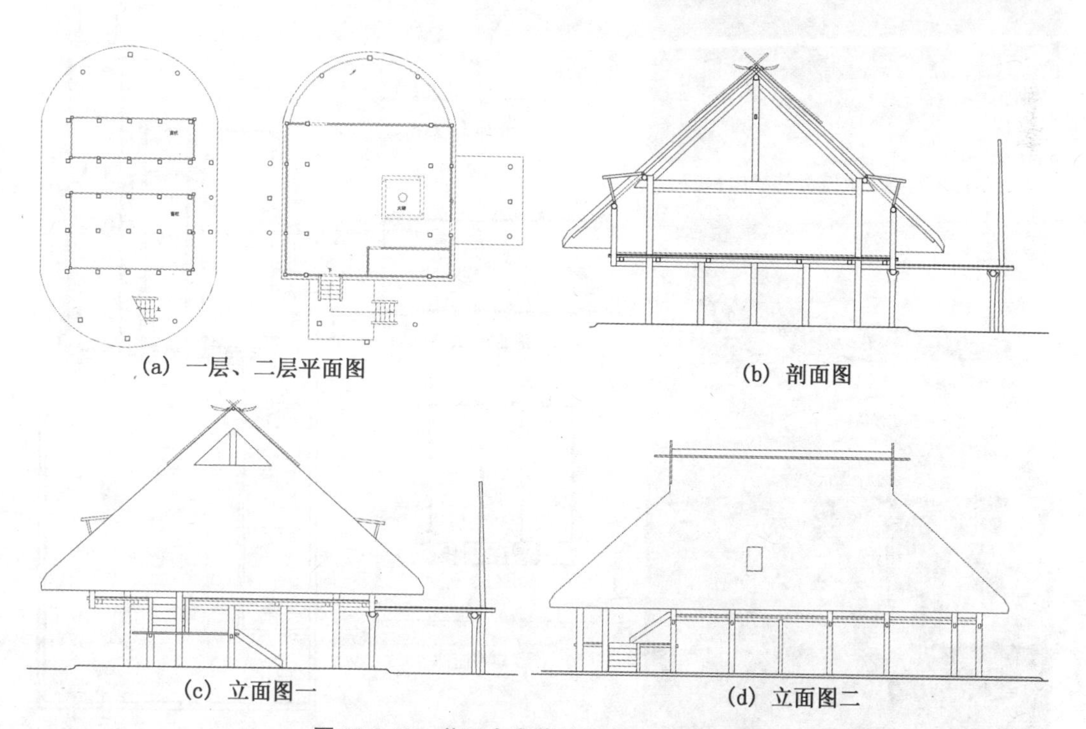

(a) 一层、二层平面图

(b) 剖面图

(c) 立面图一

(d) 立面图二

图 10-2-29　翁丁大寨萧艾门家平、剖、立面图

(a) 胶东半岛港西镇巍巍村海草房，大叉手构架

(b) 昌江王下镇洪水村

图 10-2-30　草顶屋举例

3. 窑洞与毡包

(1) 窑洞[1]

多分布在河南、河北、山西、陕西、甘肃等黄土地域,有冬暖夏凉、造价低廉、不占良田、环保生态等优点。分靠山(崖)窑、平地窑、锢窑(平地起券)三种类型。

靠山(崖)窑:在天然土壁内开凿横穴,形成居住空间[图 10-2-31(a)]。窑脸繁简不等,简单者仅将原土墙整齐或用土坯封护;富裕者砌条砖(石)护崖墙,砖雕装饰[图 10-2-31(b)]。

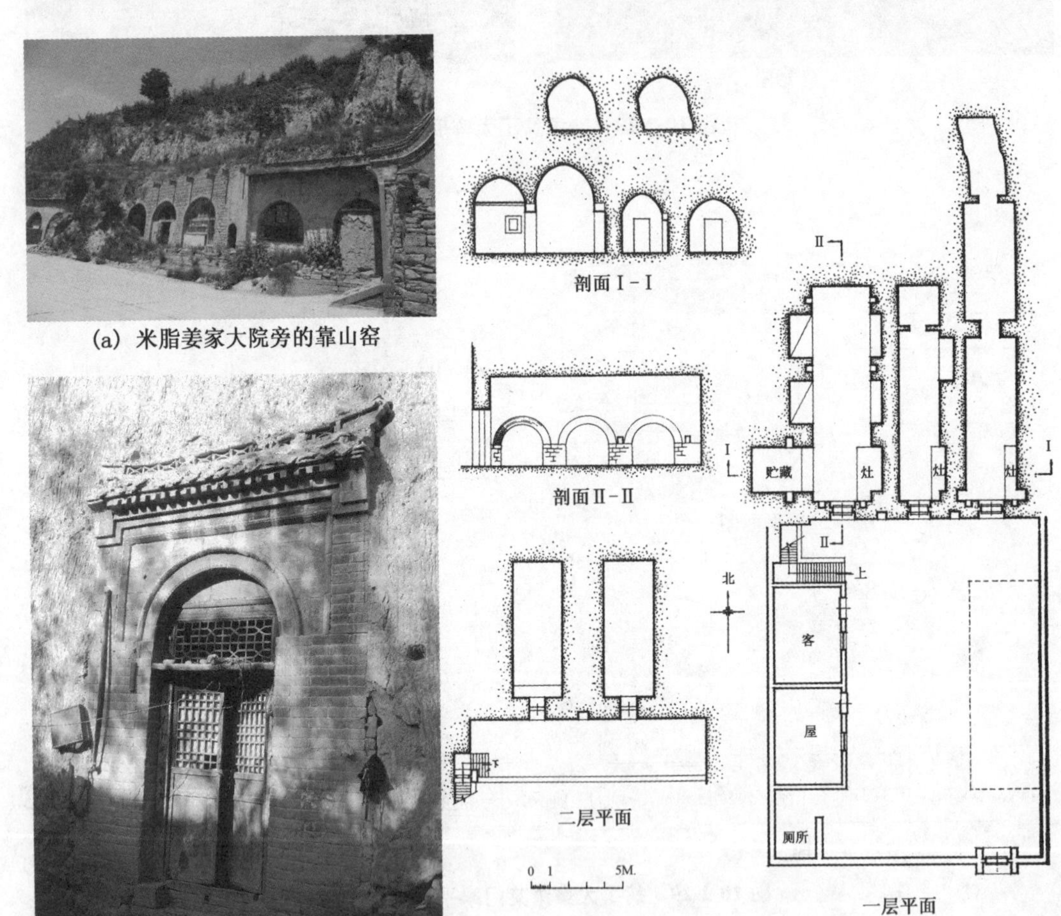

(a) 米脂姜家大院旁的靠山窑

(b) 新密新砦靠山窑砖砌窑脸

(c) 巩县平地窑住宅平、剖面图

图 10-2-31　窑洞举例

平地窑:又称地坑院、地窨院、天井院或暗庄子。平地下挖,形成崖面,再于四面崖壁凿洞,竖穴与横穴组合的窑洞[图 10-2-31(c)]。“上山不见山,入村不见村,只闻鸡犬声,

---

[1] 刘敦桢:《中国古代建筑史》,北京:中国建筑工业出版社,1980 年,第 331 页;侯继尧、任致远:《窑洞民居》,北京:中国建筑工业出版社,1989 年,第 22－40 页;孙大章:《中国民居研究》,北京:中国建筑工业出版社,2004 年,第 163－168 页。

院落地下存”[1]。

锢窑:平地起窑的拱券式住宅,陕西、山西晋中、晋南等皆有。有土坯拱券,也有砖拱窑洞;有单层,亦有双层,还有下层砖石锢窑,上层建木构瓦房者。甚者外观与一般建筑同(图 10-2-32)。

(a) 外观　(b) 内景

图 10-2-32　陕西严峪村锢窑

(2) 毡包[2]

亦称毡房、蒙古包,适于迁徙。其骨架由统一参数的“哈那”(墙,沿蒙古包周边设置的可伸缩的网状木杆架)、“套脑”(天井,顶的天窗圆木杆)、“乌尼”(顶架,连接哈那和套脑的木杆,即椽条)等标准件组成(图 10-2-33)。正对入口处为主位,系主人所居。主位左为供佛处,或摆设珍贵物品;右为箱柜。再左为客位,右为妇女居位。

甘肃、青海、新疆、四川等地牧区还有一种轻便型的帐篷式民居,称帐房(图 10-2-34),方形或多角形。

4. 密肋平顶式民居

西藏、新疆、青海、甘肃等地密肋平顶式民居,以藏族“碉房”和维吾尔族“阿以旺”为代表。

(1) 藏族“碉房”[3]

西藏中部和西部、四川西部、甘肃南部等地盛产石材,碉房普遍:

---

[1] 金瓯卜:《向地下争取居住空间——简介我国黄土窑洞》,中国建筑工业出版社《建筑师》编辑部:《建筑师 15》,中国建筑工业出版社,1983 年:第 63 页。

[2] 刘敦桢:《中国古代建筑史》,北京:中国建筑工业出版社,1980 年,第 337 页;孙大章:《中国民居研究》,北京:中国建筑工业出版社,2004 年,第 193 - 196 页;王之力:《中国传统民居建筑》,济南:山东科学技术出版社,1994 年,第 127 页。

[3] 王世仁、杨鸿勋、建筑科学研究院建筑理论及历史研究室:《西藏建筑》,北京:建筑工程出版社,1960 年,第 7、10、11 页;王之力:《中国传统民居建筑》,济南:山东科学技术出版社,1994 年,第 209 页;孙大章:《中国古代建筑史 · 第五卷》(第二版),北京:中国建筑工业出版社,2009 年,第 220 - 226 页。

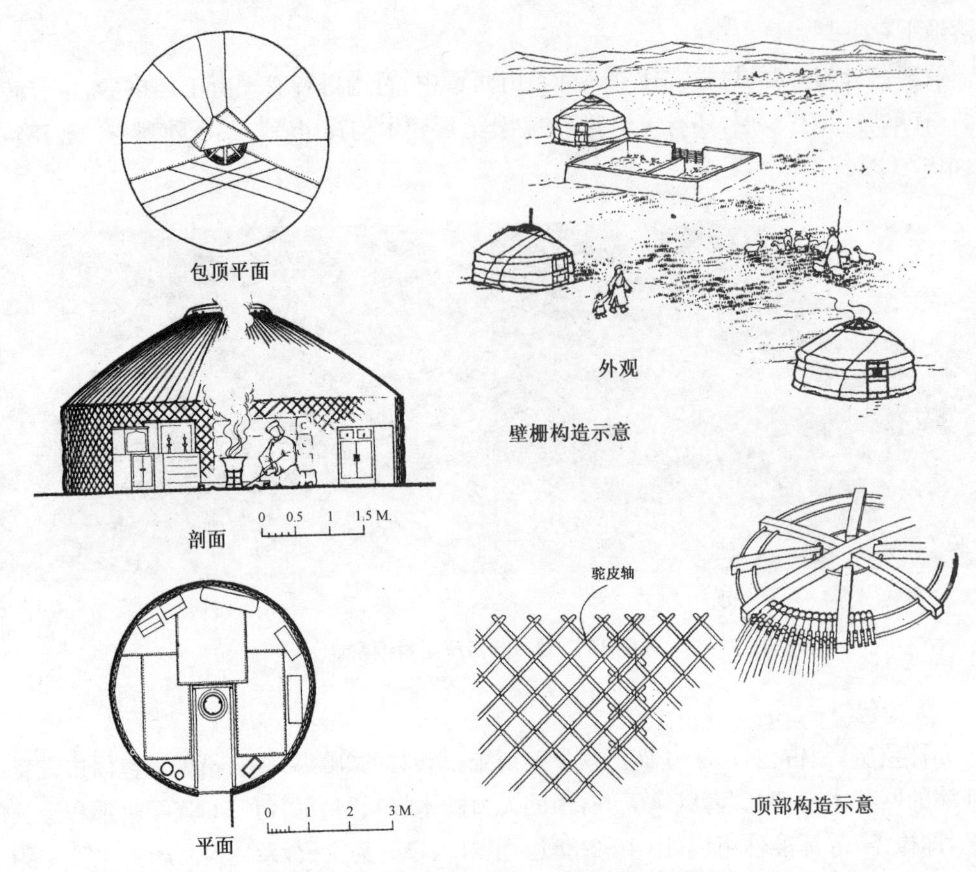

图 10-2-33　蒙古族毡包平面、剖面及构造图

图 10-2-34　贵德地区的帐幕

多方形平面,用石或土筑墙与纵向排列的木柱、密肋梁,组成承重体系。外墙为花岗石毛砌,平整面朝外,黏土浆砌,墙身收分大、窗洞少而小。多用内天井采光通风,外观端庄稳固。或在原色墙身涂白色图案或白墙上涂梯形黑窗框,挑出窗檐,具虚实变化(图 10-2-35)。

四川藏族聚居于阿坝和甘孜[图10-2-36(a)、(b)],碉房多建于河谷平原、山腰台地或水草丰富的草原边境,以少占耕地、避风向阳为则〔1〕。

四川茂汶羌族民居亦为碉房。惟后墙正中有白玉石一块,为羌族崇拜的“白玉神”。各层随地形阶梯式退进,层次丰富。群体间或相互毗连,或建过街楼,轮廓起伏[图10-2-36(c)、(d)]。

〔1〕 叶启燊:《四川藏族住宅》,成都:四川民族出版社,1989 年,第 13 页。

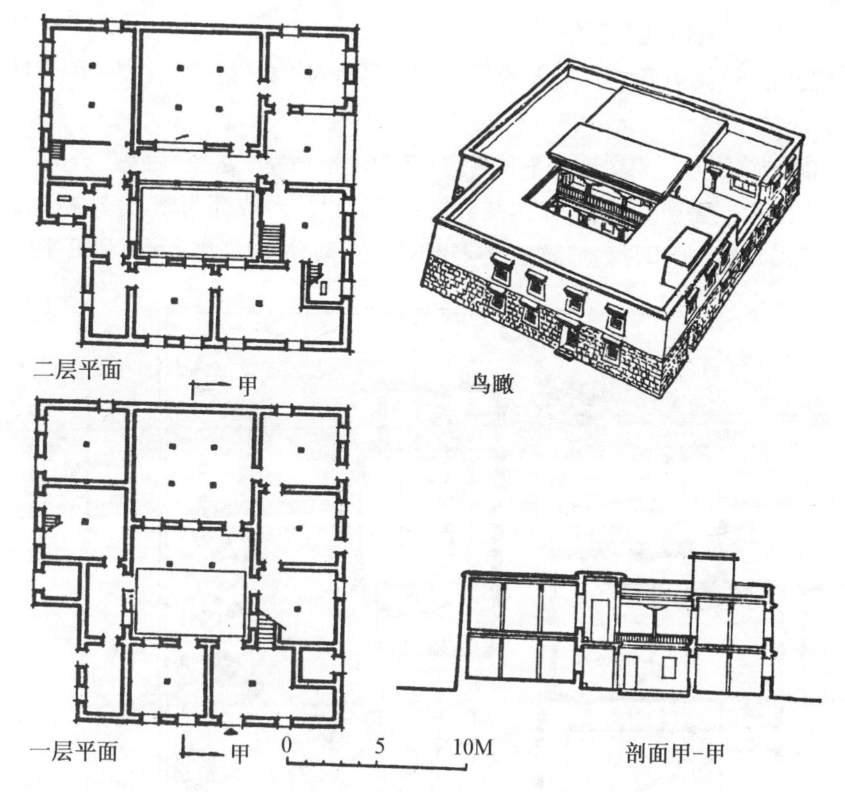

图 10-2-35 拉萨藏族住宅平面、剖面及鸟瞰图

(a) 壤塘民居　　(b) 卓克基土司官寨雕房

(c) 理县姚坪羌寨

(d) 姚坪羌寨屋顶白石

图 10-2-36 四川碉房举例

(2) 维吾尔族"阿以旺"民居[1]

新疆维吾尔族"阿以旺"为"夏天的居室"或"明亮的住处"之意,有宽敞前廊,便于夏天起居。

维吾尔族传统住宅,为砖、土、木平顶结构。有"前室-后室""客室-后室""外间-客室"等式样,依地形灵活组成楼房或平房。院内结合居室外廊设炕台或葡萄棚,为日常活动场所(图10-2-37、10-2-38)。因地理环境、气候、风俗等不同,可分喀什、吐鲁番、伊犁、和田等四类。

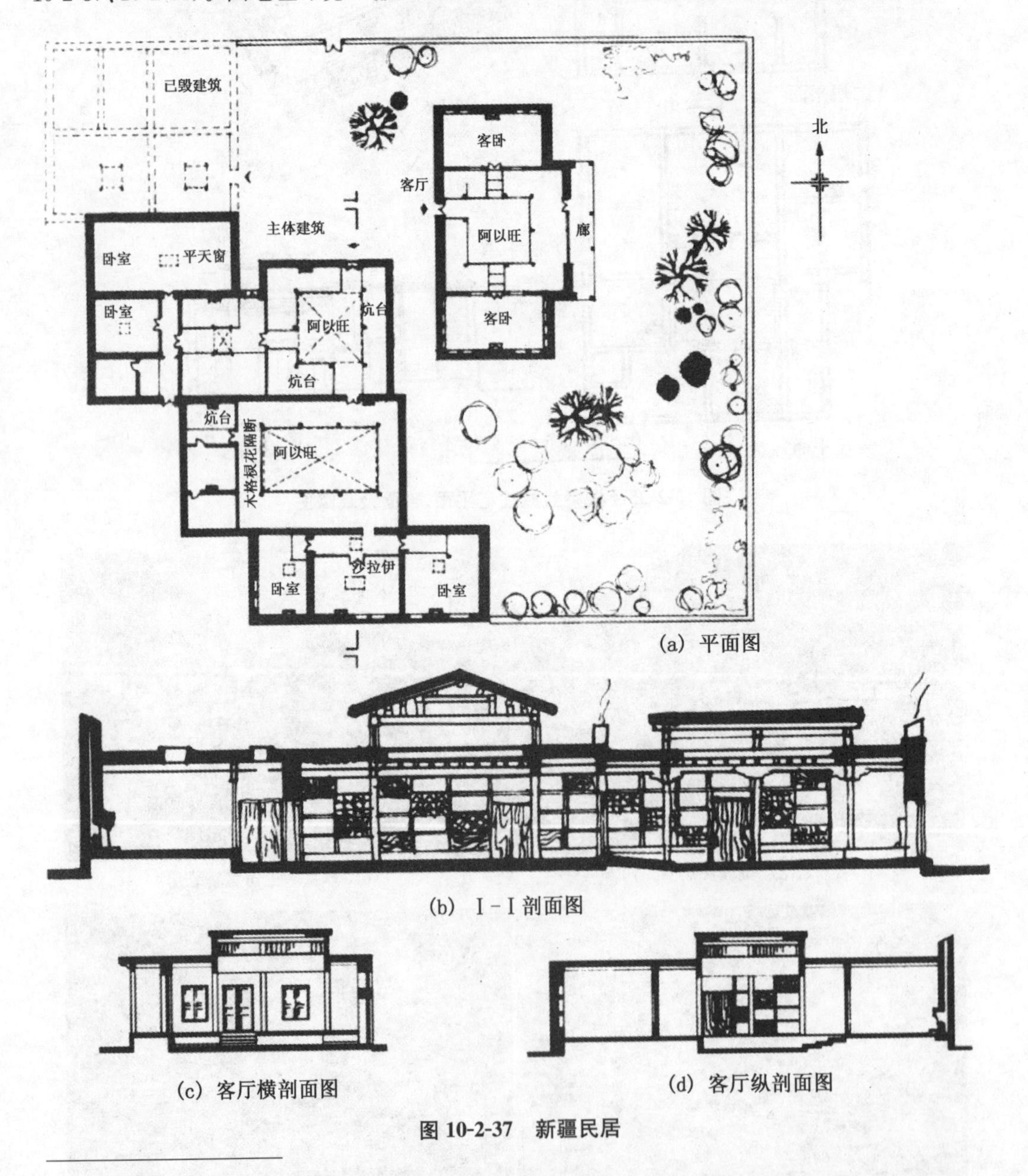

(a) 平面图

(b) Ⅰ-Ⅰ剖面图

(c) 客厅横剖面图

(d) 客厅纵剖面图

图 10-2-37　新疆民居

〔1〕 韩嘉桐、袁必堃:《新疆维吾尔族传统建筑的特色》,《建筑学报》1963 年 01 期;黄仲宾:《新疆维吾尔民居类型及其空间组合浅析》,黄浩主编:《中国民居第四次学术会议论文集》,北京:中国建筑工业出版社,1996 年,第 46－54 页。

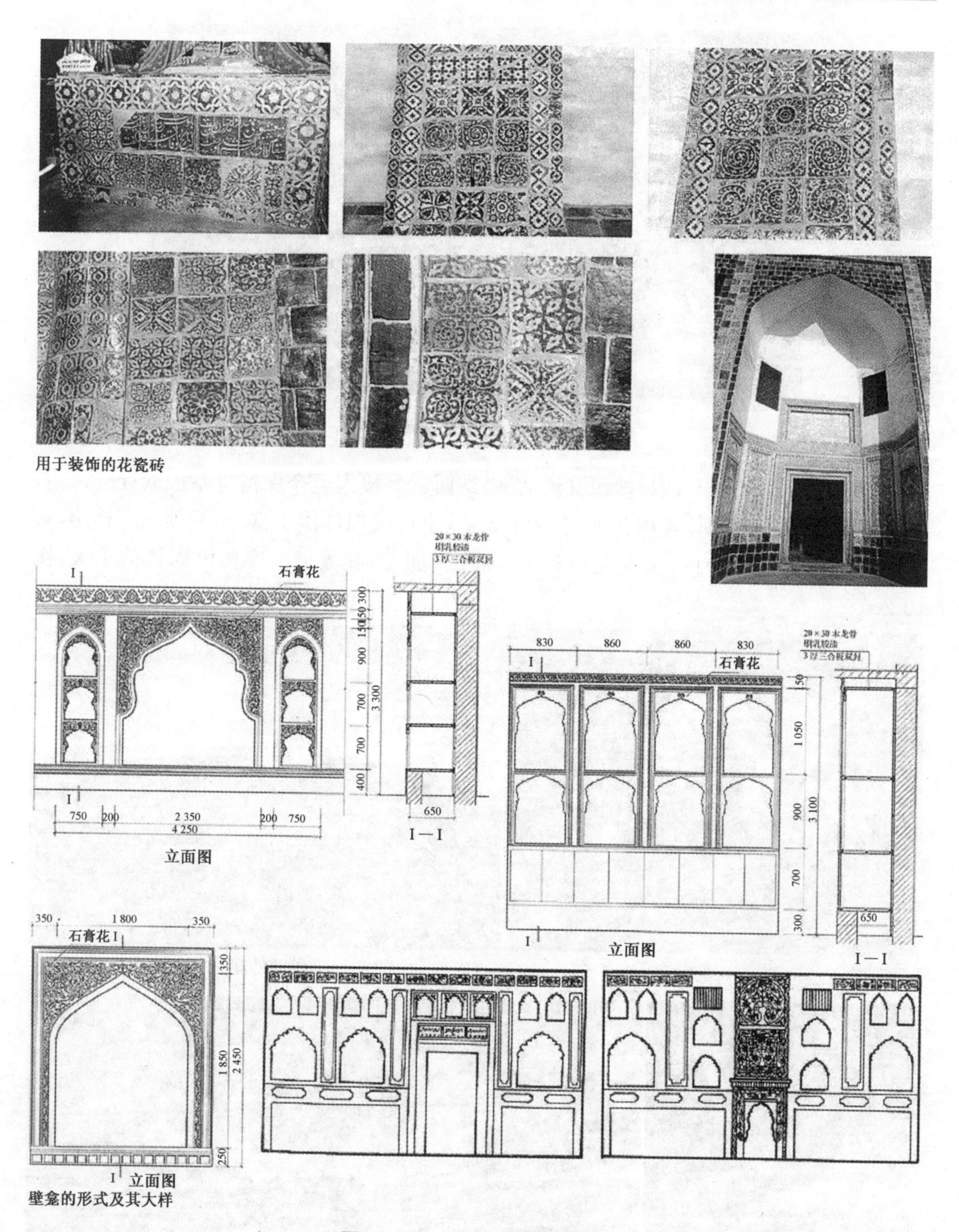

图 10-2-38　新疆民居室内装饰

5. 其他

清代民居远非庭院式、干栏式、窑洞与毡包、密肋平顶式等可概括，其他类型亦多，如井干式民居[图 1-3-2(b)]、朝鲜族民居、高山族民居(图 10-2-39)、凉山彝族民居、布依族“石头房”“撮罗子”、番禺“水棚”、大理土库房及胶东半岛海草房等。

图 10-2-39　台湾高山族民居

距丽江不远的永宁、四川盐源县泸沽湖，纳西族摩梭人至今保留母系氏族社会风俗，其民居多围成合院，单体常用井干式、叉手式等，主房模拟母体子宫，木板顶。有楼房，楼下为畜圈，楼上隔成小间，为女儿们和男“阿注”(朋友)相聚处。摩梭民居价值重大(图10-2-40)。

(a) 鸟瞰

(b) 外观

(c) 主房内廊

(d) 木板屋顶

图 10-2-40　盐源县舍垮村四组 6 号李扎石家

四、园　林

清代是我国古典园林技艺集大成期，理论与实践、技术与艺术，均取得突出成就。晚清，异域影响明显。

一般分皇家、私家、寺观园林三种主要类型。此外，衙署、祠堂、书院、公共园林等，亦各具特色。

1. 皇家园林

有大内御苑、行宫御园和离宫御苑等[1]。

(1) 大内御苑

御花园[2]：原名宫后苑，位于坤宁宫北，大致分三路(图 10-2-41)，约 1.2 公顷，紫禁城内最大的宫廷园林。

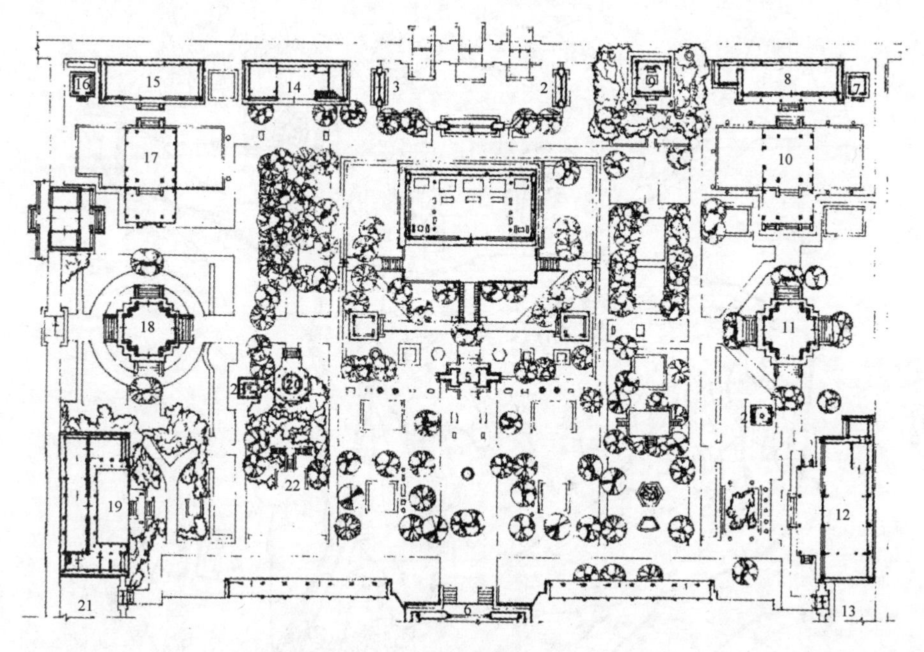

图 10-2-41　北京故宫御花园平面图

1—承光门；2—延和门；3—集福门；4—钦安殿；5—天一门；6—坤宁门；7—凝香亭；8—摛藻堂；9—御景亭；10—浮碧亭；11—万春亭；12—绛雪轩；13—琼苑东门；14—延晖阁；15—位育斋；16—玉翠亭；17—澄瑞亭；18—千秋亭；19—养性斋；20—四神祠；21—琼苑西门；22—鹿苑；23—井亭

西苑：位于清皇城内，宫城以西，为北海、中海、南海总称(图 10-2-42)。

(2) 行宫和离宫御苑

“三山五园”：北京西北海淀至西山的畅春园、圆明园(图 10-2-43)、万寿山清漪园、玉

[1] 周维权：《中国古典园林史》，北京：清华大学出版社，1990 年，第 8 页。

[2] 王璞子：《故宫御花园》，《文物》1959 年第 7 期。

泉山静明园、香山静宜园,中国古典皇家园林精华。

图 10-2-42　北京北海

图 10-2-43　圆明园西洋楼遗址

避暑山庄:又名热河行宫,是清帝木兰秋狝期活动中心[1]。清代最大的离宫御苑,亦是中国现存最大的皇家御苑(图 10-2-44)。

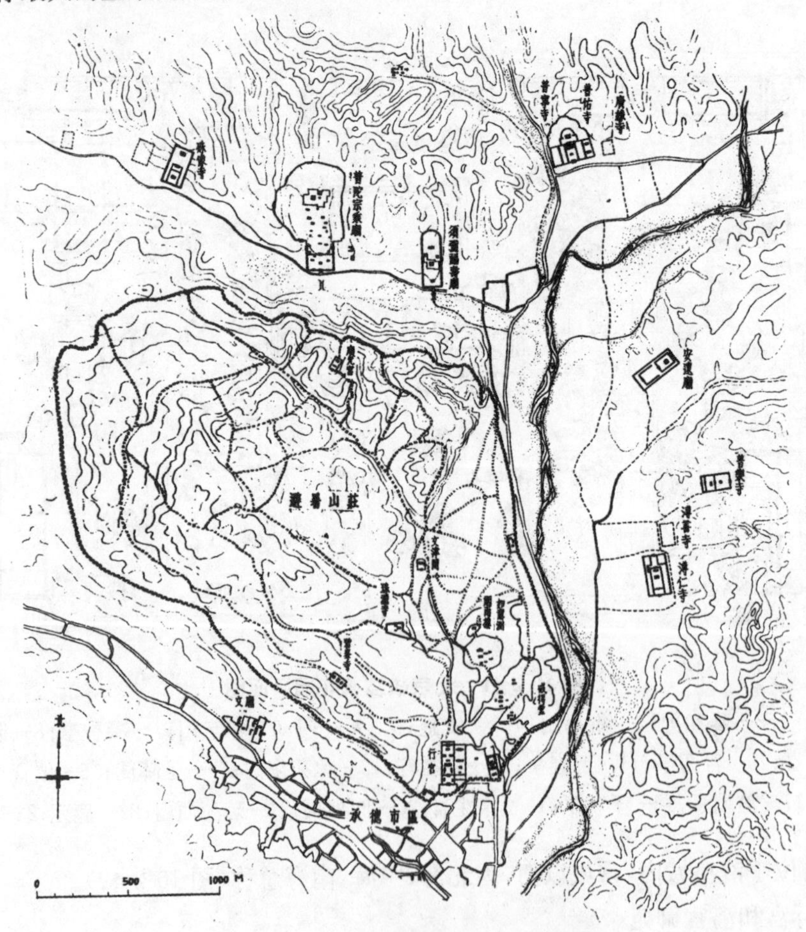

图 10-2-44　承德避暑山庄总平面图

〔1〕 郭秋良、刘建华:《避暑山庄史话》,北京:中华书局,1982 年,第 4 页。

山庄附近外八庙，“熔各民族建筑于一炉而又加以创新，给已高度程式化的清式建筑增加了清新活泼的生机，成为中国古代建筑的最后一朵奇葩”〔1〕，如普陀宗乘之庙（图10-2-45）。

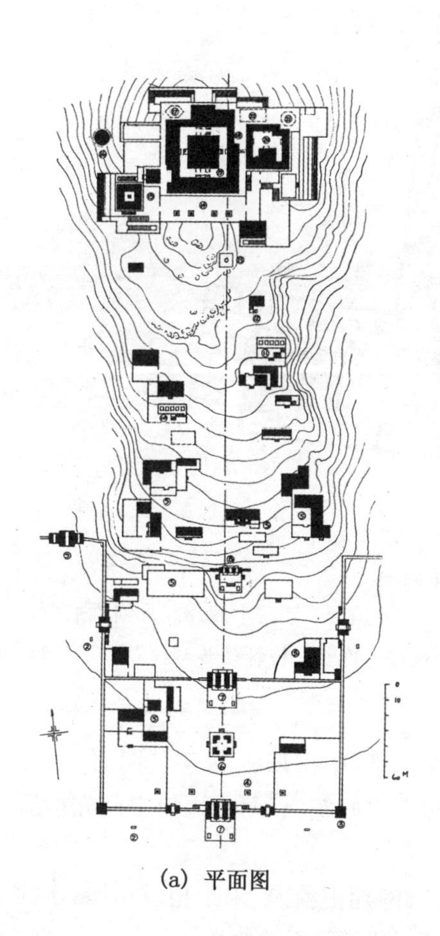

(a) 平面图

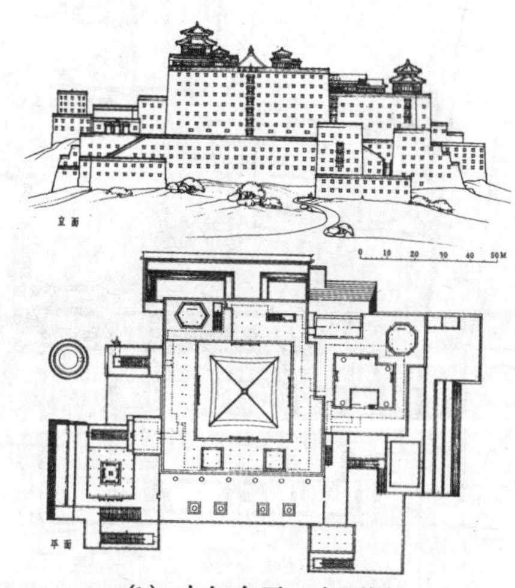

(b) 大红台平、立面图

(c) 大红台外观

图 10-2-45　承德避暑山庄普陀宗乘之庙

2. 私家园林

清代处历代造园技术最高峰，也是古典园林艺术高峰之一，足堪代表晚期中国古典造园水准。私家园林空前繁荣，地域彰显。清中期，江南、北方、岭南三地风格鼎峙。

(1) 江南私园〔2〕

以私家园林（“文人写意山水园”）为代表，塑造出山水相宜、构筑精致、意境深远的景观范例。

---

〔1〕 傅熹年：《中国古代建筑概说》，《傅熹年建筑史论文选》，天津：百花文艺出版社，2009年，第9页。
〔2〕 周学鹰、马晓：《中国江南水乡建筑文化》，武汉：湖北教育出版社，2005年，第196－227页。

网师园:苏州葑门内阔家头巷。占地约 0.47 公顷,东宅西园,宅园相连典型布局(图 10-2-46)。

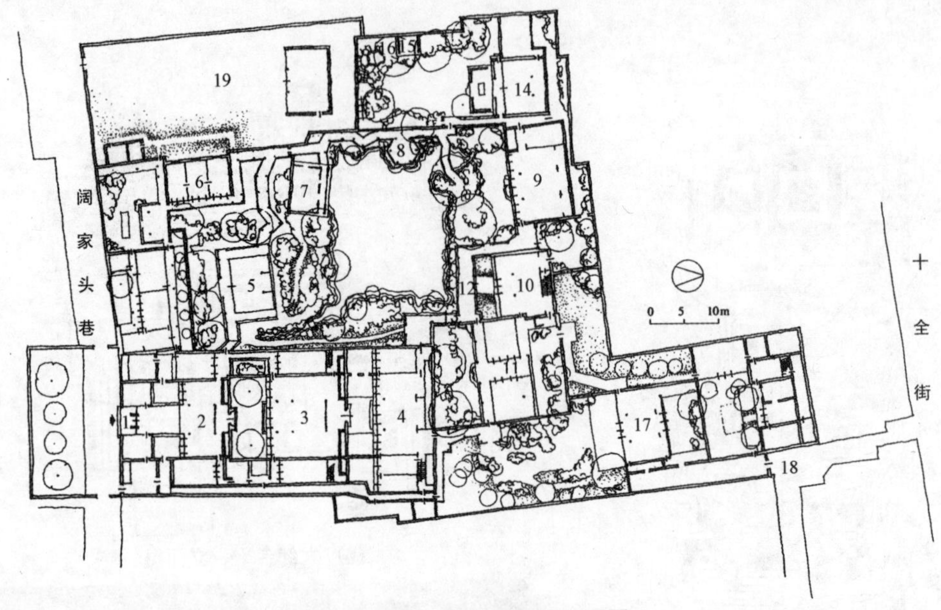

图 10-2-46　苏州网师园平面图

1—大门;2—轿厅;3—万卷堂;4—撷秀楼;5—小山丛桂轩;6—蹈和馆;7—濯缨水阁;8—月到风来亭;9—看松读画轩;10—集需斋;11—楼上读画楼、楼下五峰书屋;12—竹外一枝轩;13—射鸭廊;14—殿春簃;15—冷泉亭;16—涵碧泉;17—梯云室;18—网师园后门;19—苗圃

留园:苏州阊门外留园路 79 号,历史悠久、精致古雅,中国四大私家名园之一(图 10-2-47)。面积 2.331 公顷,建筑约占三分之一。留园以空间精湛著称,入口空间先抑后扬,尤为精妙。

其他私家园林众多。如扬州个园、何园,上海豫园、南翔古猗园、朱家角颗植园,木渎严家花园及古松园、东山席家花园及无锡薛福成故居后花园等,不胜枚举。

(2) 北方私园

北方与南方在建筑技艺、风格存在差异,及自然条件、政治、文化背景等不同,北方私家园林别具一格[1]。

恭王府:北京什刹海西侧柳荫街,又称"萃锦园",是北京城内数十座王府花园中规模最大、保存最好且唯一全面开放的王府[2],府前园后(图 10-2-11)[3]。

此外,北京还有后海振贝子花园,西城藏园、涛贝勒府园、棍贝子府园,西郊达园,东城马家花园、余园,那家花园[4]等。

〔1〕 楼庆西:《中国园林》,北京:五洲传播出版社,2003 年,第 41 页。

〔2〕 孙旭光:《"一座恭王府,半部清代史"》,《北京档案》2012 年第 5 期。

〔3〕 杨乃济:《恭王府是不是大观园?——兼谈清代北京的王府与园林》,《建筑知识》1982 年第 1 期。

〔4〕 贾珺:《北京西城郝家花园》,《中国园林》2010 年第 7 期。

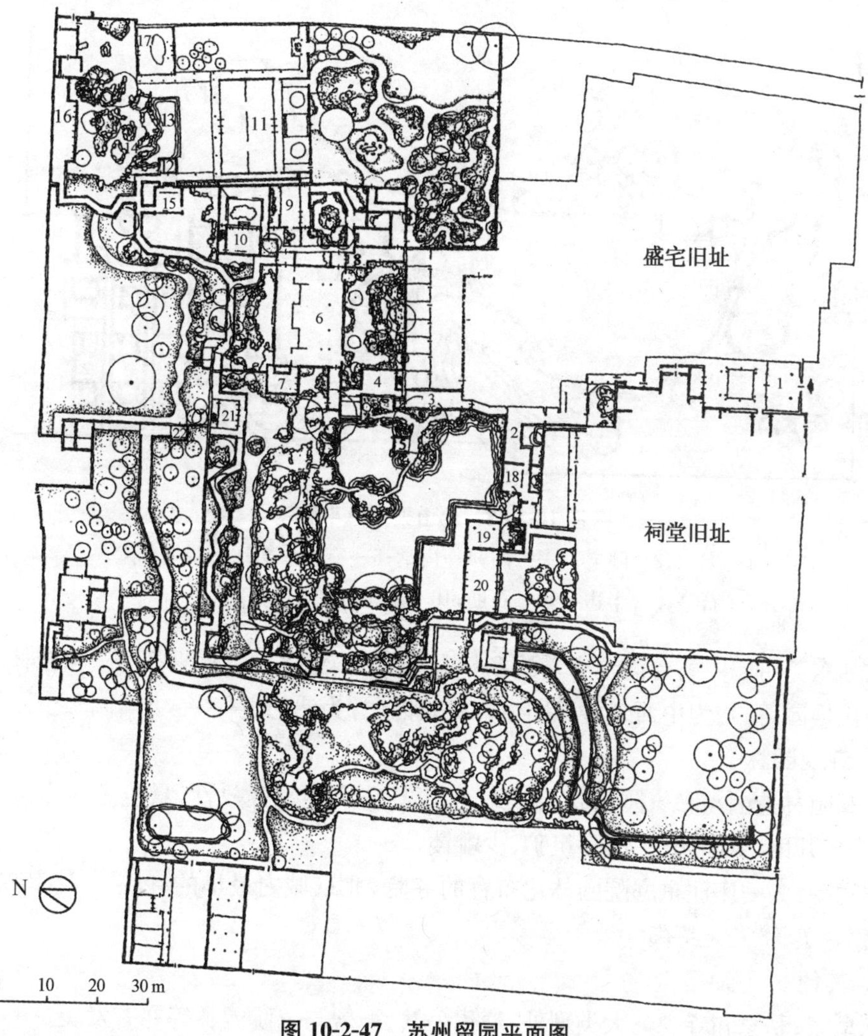

图 10-2-47　苏州留园平面图

1—大门；2—古木交柯；3—曲溪楼；4—西楼；5—濠濮亭；6—五峰仙馆；7—汲古得绠处；8—鹤所；9—揖峰轩；10—还我读书处；11—林泉耆硕之馆；12—冠云台；13—浣云沼；14—冠云峰；15—佳晴喜雨快雪之亭；16—冠云楼；17—伫云庵；18—绿荫；19—明瑟楼；20—涵碧山房；21—远翠阁；22—又一村

(3) 岭南私园

岭南四大名园(佛山梁园、顺德清晖园、东莞可园、番禺余荫山房)均始建于 18 世纪。在因地制宜利用南方自然地理、植被等基础上，受西方几何式造园影响，中西合璧，地域显明。

梁园：佛山梁氏庭园组群(“梁园”)为清嘉庆年间由顺德麦村迁至佛山的梁氏一支创造，集宅第、祠堂、馆舍等与园林合一[1](图 10-2-48)。

[1] 谢纯，潘振皓：《佛山梁氏庭园组群的意境表达研究》，《中国园林》2014 年第 8 期。

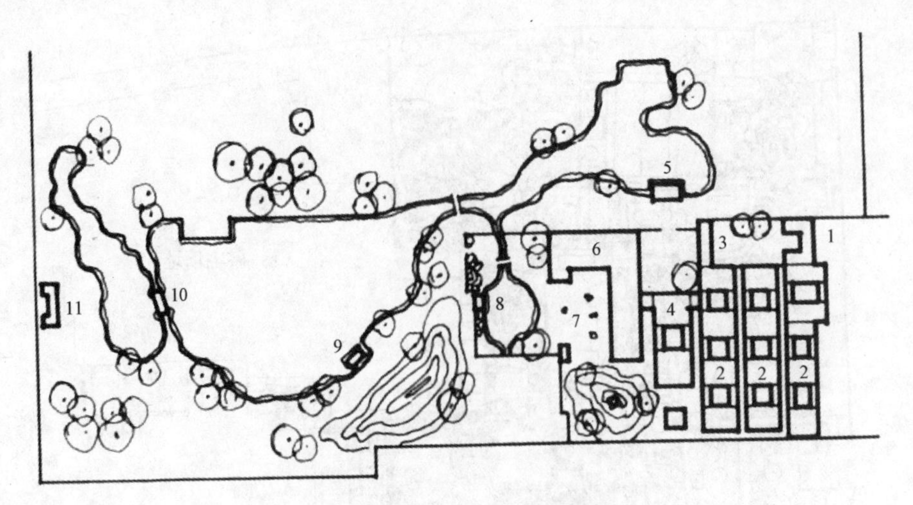

图 10-2-48　佛山梁园总平面图

1—大门;2—邸宅;3—二门;4—祠堂;5—荷香水榭;6—群星草堂;
7—石亭;8—半边亭;9—石舫;10—韵桥;11—西门

它如东莞可园[1],台湾台中雾峰乡林家花园("莱园"),广西谢鲁山庄和桂林雁山园、澳门卢氏娱园等,均为中西合璧私园。卢氏娱园,誉为澳门近代"三大名园"之一[2]。

3. 寺观园林[3]

寺观园林造园与私家园林有相似处,但更具公众性与开放性,景色意匠多直观、少隐晦;风格多开朗、少幽闭;手法多粗犷、少雕镂。

法源寺:为一座注重庭院园林化布置的寺院,北京城内最早的寺院[4]。其庭院绿化颇负盛名,美称"花之寺"。

4. 其他

除皇家、私家和寺观三大类型外,清代公共、衙署与书院园林等亦有发展。

(1) 公共园林

清代市民文化繁荣。城乡聚落公共园林,多地见于经济、文化发达地区。如四川成都杜甫草堂、四川新都县桂湖、河南辉县百泉等。

(2) 书院园林

一般在环境清幽、山水秀丽之处,以利生徒潜心研修。它是带有园林环境的乡土性文化建筑。如云南大理西云书院、安徽歙县竹山书院等。

---

〔1〕 蓝雨:《岭南人文图说之三十一——可园》,《学术研究》2006 年第 7 期。
〔2〕 陈志宏、费迎庆,孙晶:《澳门近代卢氏娱园历史考察》,《中国园林》2012 年第 9 期。
〔3〕 周维权:《中国古典园林史》,北京:清华大学出版社,2008 年,第 696 - 733 页。
〔4〕 晓沙:《北京城内历史最悠久的古刹 法源寺》,《台声》2007 年第 7 期。

五、礼制建筑

清代几乎全盘沿用明代既有城市及其坛壝、祠庙等，可分京师与地方两个层面：

京师坛壝和祠庙主要包括以天坛、地坛、日坛、月坛、先农坛、先蚕坛、社稷坛、天神坛、地祇坛、祈谷坛、太岁坛等为主的坛，和以帝王祠庙、儒家祠庙和名人祠庙等为主的祠庙。其中，文庙（孔庙）和武庙（关帝庙）是分布广泛、数量众多，体制完备的两类。

1. 文庙

清代已定制：由棂星门、泮池、大成门、大成殿、尊经阁等组成轴线，两厢配以廊庑，辅以各式牌坊、照壁、碑亭、仪门、乡贤祠等。多与学宫结合，前庙后学[1]。南京夫子庙、台南孔庙等皆一方文枢，素享盛名。

台南孔庙：是台湾最早建立者，“左学右庙”。“左学”是以明伦堂为主的建筑群，“右庙”则以大成殿为中心。棂星门内用围墙将它们隔开[图 10-2-49(a)][2]。

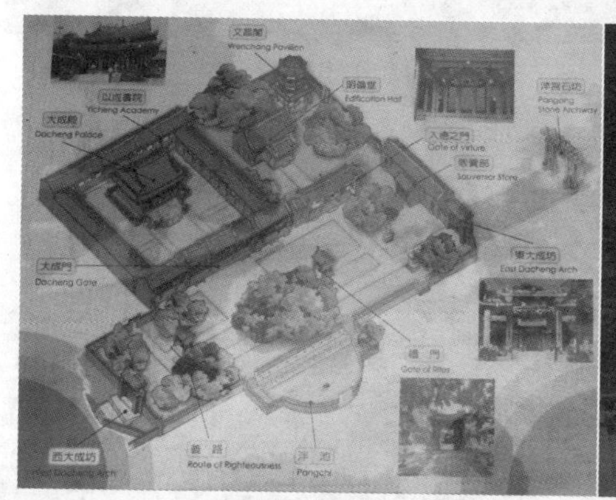

(a) 鸟瞰图

(b) 大成殿

图 10-2-49　台南孔庙

清康熙二十三年(1684)在此立台湾府学，直到清末建省前，“台湾府学”都是台湾最高学府，有“全台首学”之名。大成门东是节孝祠、孝子祠，西为名宦祠和乡贤祠。大成殿无回廊，厚墙外伸出排梁插栱支撑[图 10-2-49(b)]。

2. 武庙

因敕封“关圣帝君”，各地兴建关帝庙。

解州关帝庙：位于山西运城。规模最大、建置最全，誉称“关庙之祖”“武庙之冠”[3]。现庙宇为清康熙四十一年(1702)重建，坐北朝南，分正庙和结义园两部，正庙为前朝后寝布局[图 10-2-50(a)]。前朝有端门、雉门、午门、御书楼、崇宁殿[图 10-2-50(b)]等，构成

[1] 孙大章：《中国古代建筑史·第五卷》(第二版)，北京：中国建筑工业出版社，2009 年，第 35 页。

[2] 胡迥：《台湾的孔庙》，《台声》2007 年第 12 期。

[3] 王宜峨：《武庙之冠解州关帝庙》，《中国道教》1988 年第 3 期。

多层次中轴，两侧配牌楼、钟鼓楼、钟亭、碑亭等；后寝为娘娘殿和春秋楼[图 10-2-50 (c)][1]。

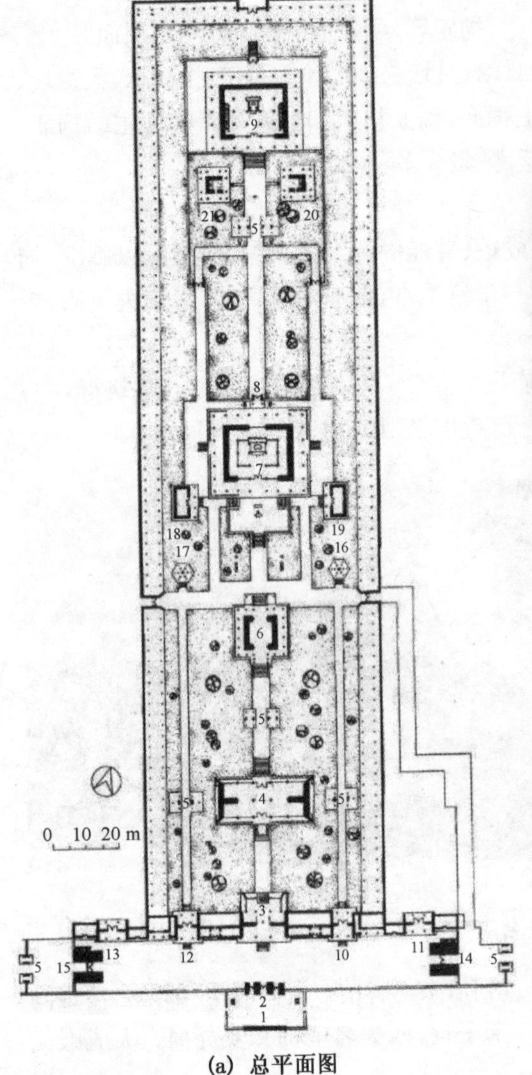

(a) 总平面图

1—影壁；2—端门；3—雉门；4—午门；5—牌坊；6—御书楼；7—崇宁殿；8—宫门；9—春秋楼；10—文经楼；11—崇圣祠；12—武纬楼；13—胡公祠；14—钟楼；15—鼓楼；16—碑亭；17—钟亭；18—官库；19—官厅；20—印楼；21—刀楼

(b) 崇宁殿

(c) 春秋楼

图 10-2-50　运城解州关帝庙

[1] 谢伟锋:《解州关帝庙》,《运城师专学报》1983 年第 2 期。

3. 家祠

祠堂遍及全国，多取地域技艺，质量上乘。其空间具原生祭祀性与次生公共性，或设私塾于内，又具教育功能[1]。因此，村落布局多以宗祠为中心展开。

安徽：徽商财富集聚，祠堂宏丽堂皇。空间开阔，梁、柱硕大，雕饰繁丽，多者附设戏台。著名者有歙县罗氏、绩溪胡氏、旌德江氏宗祠(图 10-2-51)等。

浙江：诸暨边氏宗祠，建筑精巧、雕刻精美，外观朴素雅致，内部富丽堂皇，对比鲜明。戏台鸡笼顶藻井，造型优美。

广州：陈家祠规模宏大，布局严整，为一组三进六院十九厅堂的院落。雕刻冠绝一方，满布建筑各部，地域鲜明(图 10-2-52)。

此外，著名祠堂如四川郫县望丛祠、南京陶林二公祠、台湾台中林氏宗祠(图 10-2-53)等，举不胜举。

图 10-2-51　旌德江村江溥公祠五凤楼

图 10-2-52　广州陈家祠脊饰之一

(a) 外观

(b) 梁架

图 10-2-53　台中林氏宗祠

4. 先(乡)贤祠

先贤祠是发扬历代先贤的高尚品质与杰出贡献，激励后世人。这类祠庙多设在先贤

〔1〕 田军：《祠堂与居住的关系研究》，《建筑师》2004 年第 3 期。

故里或建功立业之地,地域特色鲜明。例如:

四川灌县二王庙(李冰治水处,图 10-2-54)、留坝张良庙、南阳诸葛庐、成都武侯祠、阆中张桓侯(张飞庙,图 10-2-55)、成都杜甫草堂、眉山三苏祠、扬州史可法祠、合肥包公祠、台南郑成功庙、福州林则徐祠等,不胜枚举[1]。

不少地域,为先贤、节妇等立祠堂外,还竖立旌表牌坊(楼),或排列成群,蔚为壮观,如安徽棠越、四川隆昌(图 10-2-56)等。

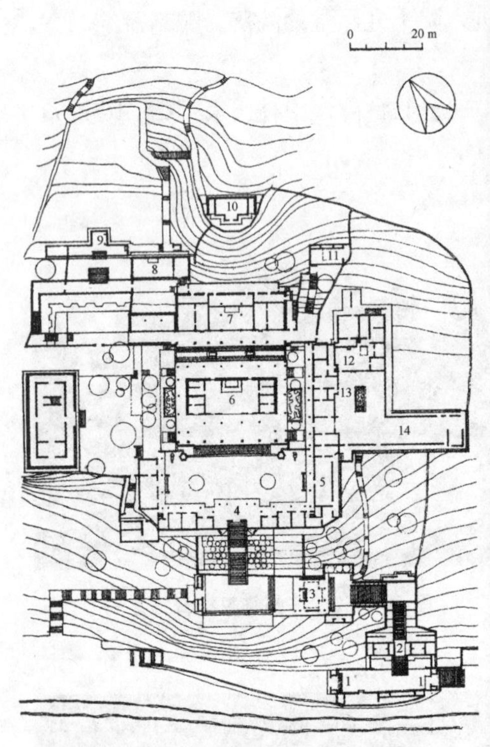

图 10-2-54　灌县二王庙平面图

1—山门;2—乐楼;3—灵官楼;4—戏楼;5—客堂;6—李冰殿;7—二郎殿;8—祖堂;9—圣母殿;10—老君殿;11—铁龙殿;12—厨房;13—食堂;14—茶楼

图 10-2-55　阆中汉桓侯庙

图 10-2-56　牌坊群

---

[1] 龙霄飞、刘曙光:《神灵与苍生的感应场——古代坛庙》,大连:辽宁师范大学出版社,1996 年,第 120－216 页。

六、宗教建筑

清代佛教基本延续明代。前期推行藏传佛教治策[1];净土为各宗共修,间或有禅宗显发。清后期,国势衰落,内忧外患,传统佛教衰微,居士佛教兴起[2]。

南传佛教通过掸区传至傣族地区[3]。

伊斯兰教是清代治国的重要组成,"齐其政而不易其俗"[4]。

清代道教比明代更衰落,不甚尊崇[5]。

清统治者信奉黄教。除藏蒙青外,先后形成盛京、北京、承德、五台等藏传佛教中心。西风东渐下外来宗教渐广,教堂等逐渐遍及。

1. 藏传佛教建筑

完整藏传佛寺包括:信仰中心——佛殿("拉康")、宗教教育建筑——学院("扎仓")、本寺护法神殿、室外辩经场、佛塔、瞻佛台等;活佛用房、僧舍、招待来往香客用房、管理人员用房、厨房、仓库、马厩等生活及服务性用房;较大寺院还有一或几个管理活佛宗教、生活、财产事务的机构——活佛公署("拉章",或称"喇让",甘肃称"囊谦"或"昂欠",青海称"尕哇")。此外,供达赖和班禅驻锡的寺庙,还有宫室——"颇章"[6]。

藏区甘丹寺、色拉寺、哲蚌寺、扎什伦布寺并称藏传佛教四大寺。或与青海塔尔寺、甘肃拉卜楞寺,统称格鲁派六大寺院[7]。

(1) 布达拉宫

位于拉萨,为达赖喇嘛宫室,由宫前区的方城、山顶宫室区及后山的湖区三部组成(图10-2-57)。后山湖区有两个湖泊,西湖岛上有1座4层的龙王宫及水阁、凉亭等,为龙王潭花园[8]。

布达拉宫缘山修建,高200余米,外观13层(实9层)。主体建筑分两部:"红宫"和"白宫"。"红宫"总高9层,由主楼、楼前庭院(称西欢乐广场)及院周围廊组成[9],水准高超。

---

〔1〕 冯智:《清代前期推行藏传佛教与对蒙藏的治策》,《西藏大学学报》(汉文版)2006年第3期。

〔2〕 华方田:《清代佛教的衰落与居士佛教的兴起》,《佛教文化》2004年第4期。

〔3〕 郑筱筠:《中国南传佛教研究》,北京:中国社会科学出版社,2012年,第97页。

〔4〕 李晓婉:《试论清代伊斯兰教政策》,《湖南工业职业技术学院学报》2012年第6期。

〔5〕 陈少丰:《中国雕塑史》,广州:岭南美术出版社,1993年,第673页。

〔6〕 孙大章:《中国古代建筑史·第五卷》(第二版),北京:中国建筑工业出版社,2009年,第287页。

〔7〕 李德成:《少数民族信仰》,北京:中央民族大学出版社,1994年,第94页。

〔8〕 中国大百科全书总编辑委员会美术编辑委员会:《中国大百科全书·美术1》,北京:中国大百科全书出版社,1990年,第102-103页。

〔9〕 殷乃德:《西藏见闻实录》,长春:东北师范大学出版社,1986年,第175页。

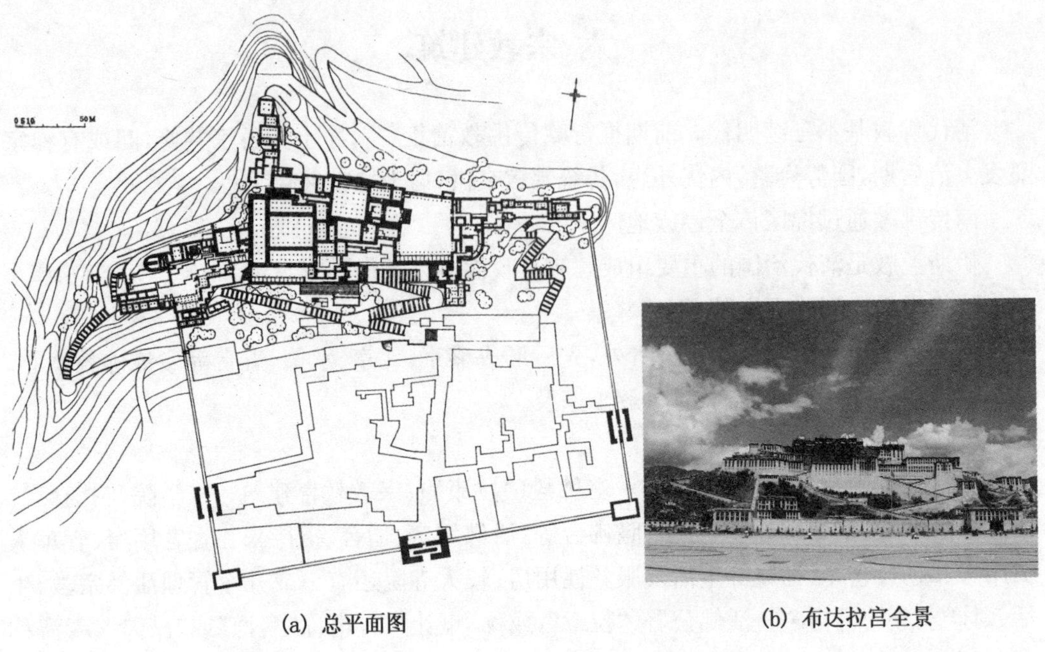

(a) 总平面图　　(b) 布达拉宫全景

图 10-2-57　拉萨布达拉宫

(2) 措尔机寺

或称“错尔基寺”“曲结寺”,全称“夏尔壤塘桑周罗尔吾伦”[图 10-2-58(a)]。位于四川省壤塘县中壤塘乡中壤塘村,为藏传佛教觉囊派三大寺院之一〔1〕。有一个经堂[图 10-2-58(b)、(c)]、康满坐经房、康三活佛寝宫、拉吾壤寝室、2 座大塔与 13 座小塔,全寺建筑面积 2500 平方米〔2〕。

(3) 塔尔寺

又名塔儿寺,位于青海湟中县鲁沙尔西南角的莲花山中[图 10-2-59(a)]。占地六百余亩,佛殿经堂错落有致,宝塔林立。

主体建筑为菩提宝塔殿(俗称金瓦殿),绿墙金瓦,灿烂夺目[图 10-2-59(b)]。两侧为弥勒佛殿和金刚依怙殿,文殊遍智殿等。此外,还有显宗、密宗、医宗、时轮宗四大经院及长寿殿、护法神殿、印经院、吉祥宫(班禅行宫)[图 10-2-59(c)、(d)]等〔3〕。

---

〔1〕 四川省文物管理局:《全国重点文物保护单位四川文化遗产》,北京:文物出版社,2009 年,第 116 页。

〔2〕 四川省阿坝藏族羌族自治州壤塘县地方志编纂委员会:《壤塘县志》,北京:民族出版社,1997 年,第 620 页。

〔3〕 阿嘉:《塔尔寺》,《法音》1983 年第 3 期。

(a) 远眺

(b) 经堂

(c) 经堂脊饰（局部）

图 10-2-58　壤塘措尔机寺

2. 汉传佛教建筑

清代佛教五台、峨眉、普陀、九华山四大名山持续发展：

(1) 五台山

文殊菩萨道场。青黄庙共存。黄庙有菩萨顶、寿宁寺、台麓寺、罗睺寺、七佛寺、善财洞等[1]。青庙有显通寺、金阁寺、南山寺、殊像寺、塔院寺、圆照寺、碧山寺等。其中，汉地佛教宗派有禅宗、律宗、净土宗和华严宗[2]。

显通寺：位于台怀镇北侧、灵鹫峰下，是山西历史最悠久、五台山最大的青庙。占地 8 万多平方米，中轴线上依次七进殿宇：观音殿、大文殊殿、大雄宝殿、无量殿、千钵殿、铜殿

〔1〕 于昀、吴攀升：《五台山佛教文化旅游资源开发战略研究》，北京：中国文史出版社，2003 年，第 203 页。

〔2〕 江阳：《清代五台山佛教宗派》，《五台山研究》1999 年第 2 期。

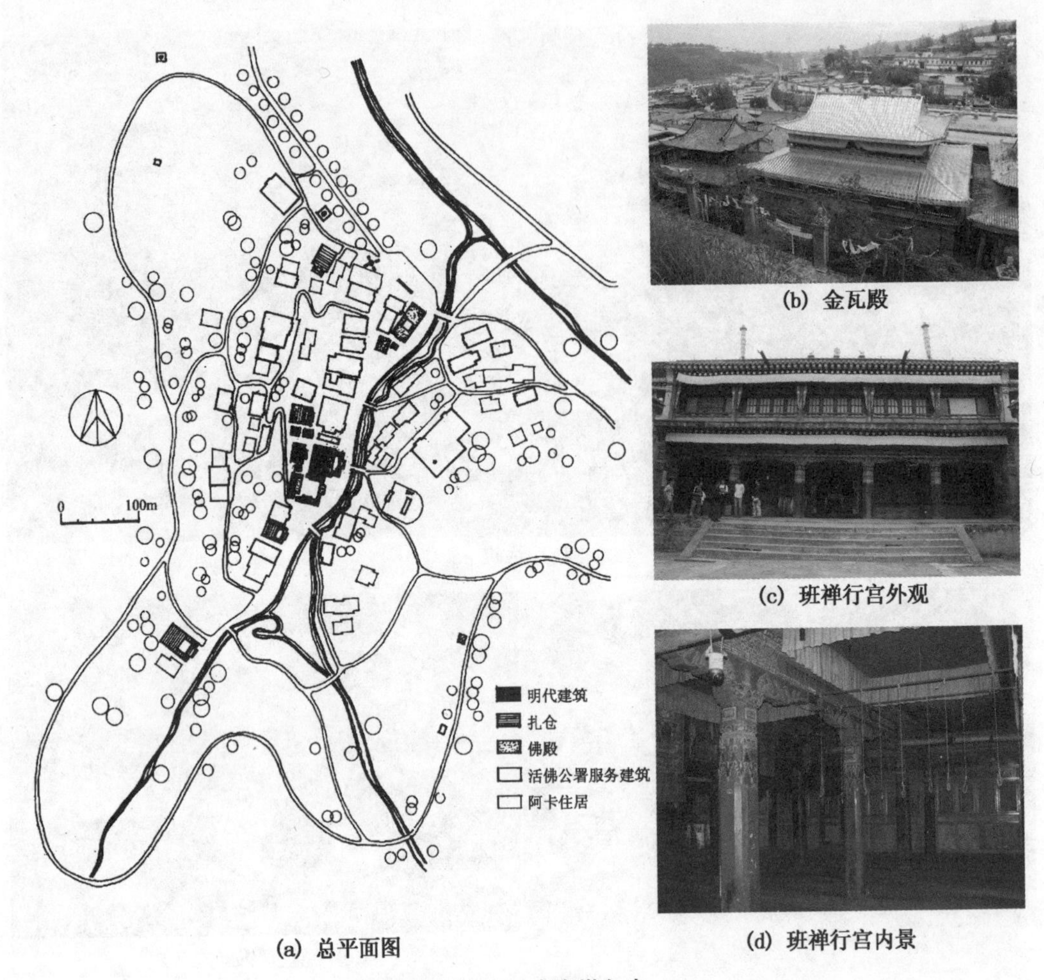

(a) 总平面图

(b) 金瓦殿

(c) 班禅行宫外观

(d) 班禅行宫内景

图 10-2-59　青海塔尔寺

和后高殿(图 10-2-60),僧舍廊房分列两侧[1]。该寺大雄宝殿,重建于光绪二十五年(1899),为五台山最大[2]。

(2) 普陀山

观音菩萨道场。又称“海天佛国”,总面积 41.94 平方公里[图 10-2-61(a)]。目前,有普济寺、法雨寺、慧济寺三大寺,皆建于清初康乾时,另有福泉、大乘、圆通、梅福等庵堂[3]。

〔1〕 张繁荣等:《山西“青庙”建筑色彩装饰艺术特征浅析——以五台山显通寺为例》,《装饰》2013 年第 10 期。

〔2〕 树仁:《显通寺建筑与塑像》,《五台山研究》1997 年第 2 期。

〔3〕 付晓:《“海天佛国”——普陀山》,《中州今古》1994 年第 2 期。

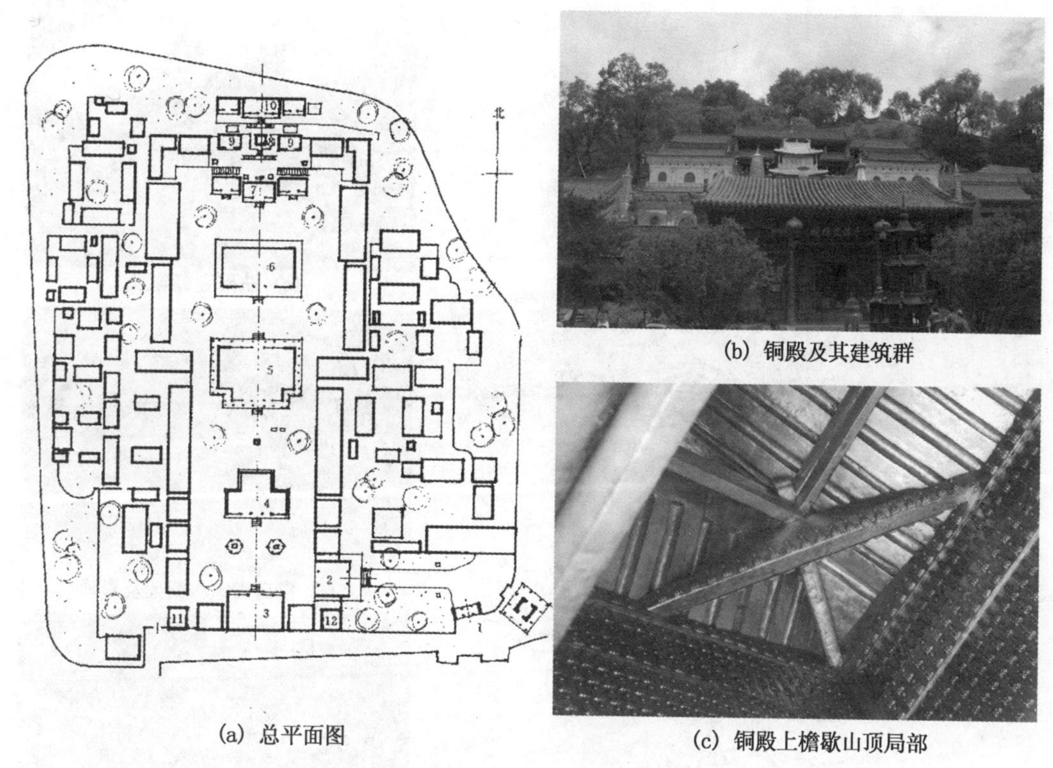

(a) 总平面图

(b) 铜殿及其建筑群

(c) 铜殿上檐歇山顶局部

图 10-2-60 五台山显通寺

1—山门;2—二山门;3—观音殿;4—文殊殿;5—大雄宝殿;6—大无量殿;
7—千钵殿;8—铜殿;9—小无量殿;10—藏经楼;11—鼓楼;12—钟楼

法雨寺:又称后寺,现存殿宇 194 间,计 8800 平方米,分列六层台基上〔1〕。除山门外,中轴线上依次有九龙壁、天王殿、玉佛殿、圆通宝殿、御碑殿[图 10-2-53(b)、(c)]、大雄宝殿、藏经阁等 6 重院落。其圆通殿中藻井,八龙盘旋、一龙居中,非常精致,1696 年从南京明故宫拆迁而来[图 10-2-61(d)]〔2〕。

3. 傣族南传佛教建筑

南传佛教又称上座部佛教,约 7 世纪中从缅甸传入云南傣族地区。西双版纳小乘佛教受泰国影响较大,德宏小乘佛教主要受缅甸影响〔3〕。

(1) 景真八角亭

坐落在西双版纳勐海县勐遮乡乌龟山脚。造型独特,据说是佛教徒为纪念佛祖释迦牟尼,仿照他戴的金丝帽“卡钟罕”而建〔4〕。或认为亭上八角代表佛祖身边的八个“麻哈

〔1〕 普陀山志编纂委员会:《普陀山志》,上海:上海书店出版社,1995 年,第 98 - 102 页。
〔2〕 陶宗震:《关于普陀山修整规划的探讨》,《建筑学报》1980 年第 6 期。
〔3〕 李文芬:《中国历史文化》,北京:化学工业出版社,2013 年,第 170 页。
〔4〕 王稔:《西双版纳风情》,《源流》1994 年第 4 期。

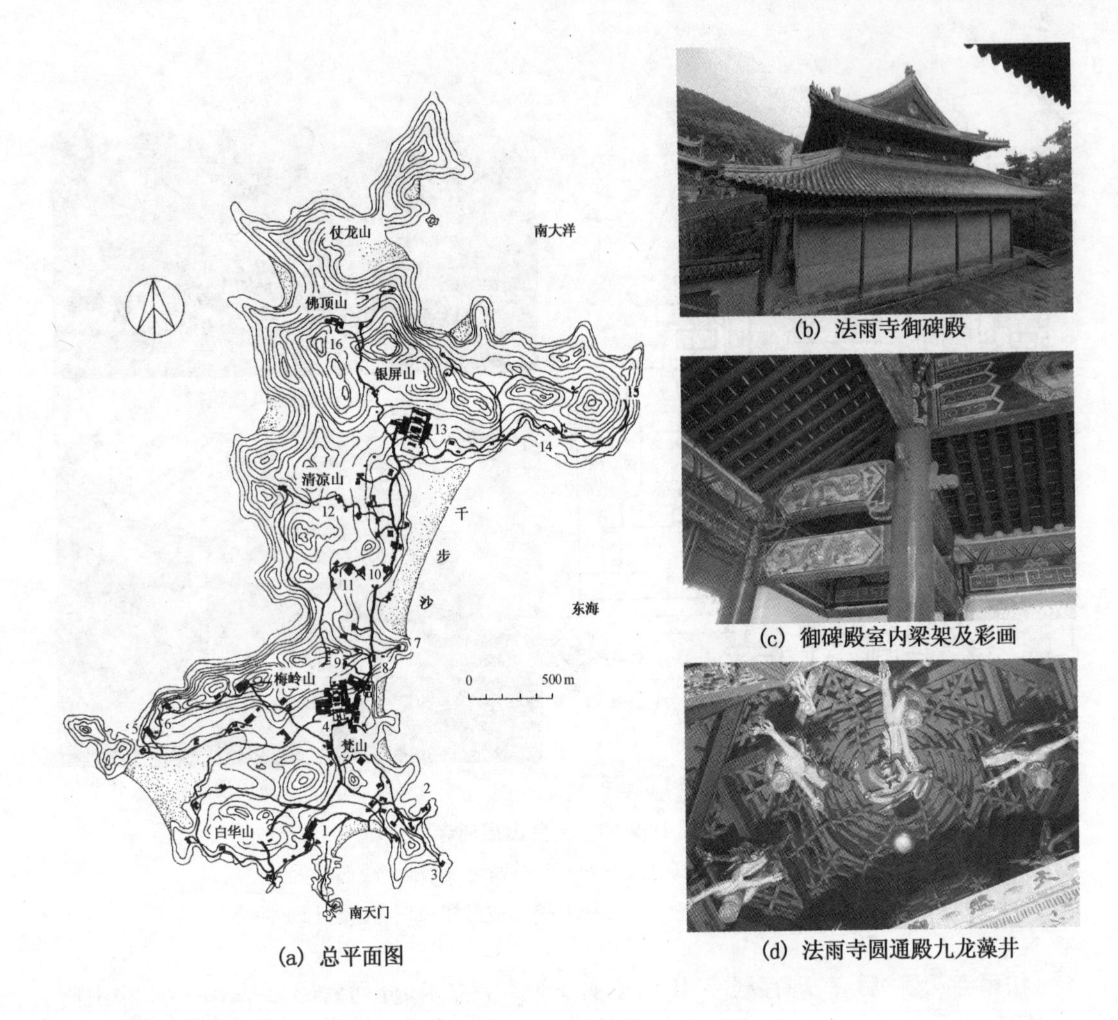

(a) 总平面图

(b) 法雨寺御碑殿

(c) 御碑殿室内梁架及彩画

(d) 法雨寺圆通殿九龙藻井

1—白华庵;2—潮音洞;3—西庵;4—普济禅寺;5—观音洞;
6—磐陀石;7—朝阳洞;8—仙人井;9—东天门;10—长生庵;
11—大乘庵;12—清凉庵;13—法雨禅寺;14—祥慧庵;
15—梵音洞;16—慧济禅寺

图 10-2-61　南海普陀山

厅";上设四门,面向东南西北,象征佛教教义广传四方[1]。

该亭具汉傣建筑特点。砖木结构,平面八角,高 22 米,10 层屋檐(图 10-2-62)。原亭被毁,20 世纪 70 年代末原址重建[2]。

〔1〕 芦忠友,杰甫子:《从傣族建筑艺术谈起》,《民族艺术研究》1989 年第 3 期。
〔2〕 南山:《景真八角亭》,《对外大传播》1995 年第 6 期。

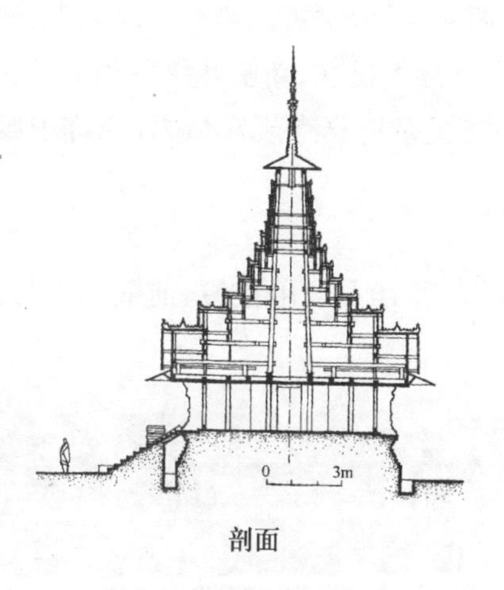

剖面

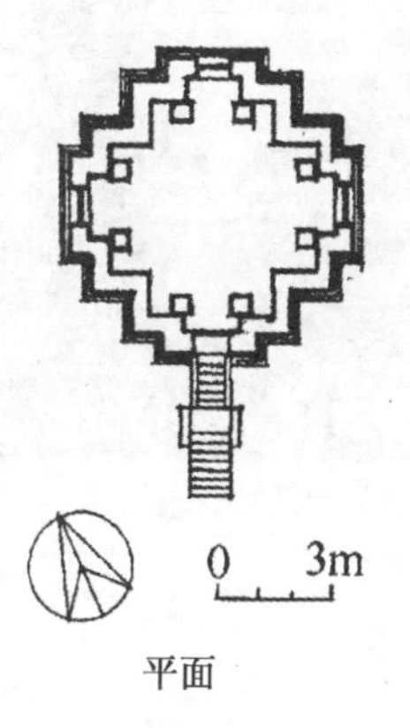

平面

图 10-2-62 西双版纳勐海县勐遮景真八角亭平、剖面图

(a) 大殿背面

(b) 大殿内景

图 10-2-63 曼短佛寺

(2) 曼短佛寺

傣语"瓦拉扎滩"。位于云南省勐海县勐遮乡曼恩村北，距县城约 10 公里[1]。

该寺坐西向东，占地 1828 平方米，由门亭、佛殿、戒堂、僧房、鼓房等组成。佛殿平面呈纵向布局，面阔四间、10.92 米，进深八间、18.02 米(图 10-2-63)。竹钉挂瓦，从中间向两侧叠落，若干根木雕龙形斜撑支撑檐口，风格独特[2]。

4. 伊斯兰教建筑

清代伊斯兰教得到较大发展。伊斯兰教建立之初就把宗教与民族结合为一体，宗教与生活习俗渗透，建筑艺术具有浓厚的民族特色[3]。

---

[1] 《走遍中国》编辑部:《走遍中国·云南》,北京:中国旅游出版社,2012 年,第 271 页。
[2] 丘富科:《中国文化遗产词典》,北京:文物出版社,2009 年,第 315 页。
[3] 孙大章:《中国古今建筑鉴赏辞典》,石家庄:河北教育出版社,1995 年,第 25 页。

著名者如宁夏同心清真大寺、青海洪水泉清真寺、西安清真大寺、北京牛街清真寺、河北宣化清真北寺、河南开封朱仙镇清真寺、山东济宁东西大寺、内蒙古赤峰清真北大寺、呼和浩特清真大寺、四川阆中巴巴寺、天津清真北寺、甘肃临夏大拱北、新疆吐鲁番额敏塔礼拜寺等。其中,宁夏同心、西安化觉巷、北京牛街、新疆艾提尕清真寺规模最大,通称中国四大清真寺[1]。

(1) 同心清真大寺

坐南朝北,入口照壁精美,是西北回族砖雕杰作[2]。礼拜大殿由抱厦、前殿、后殿三部构成(图 10-2-64)[3]。

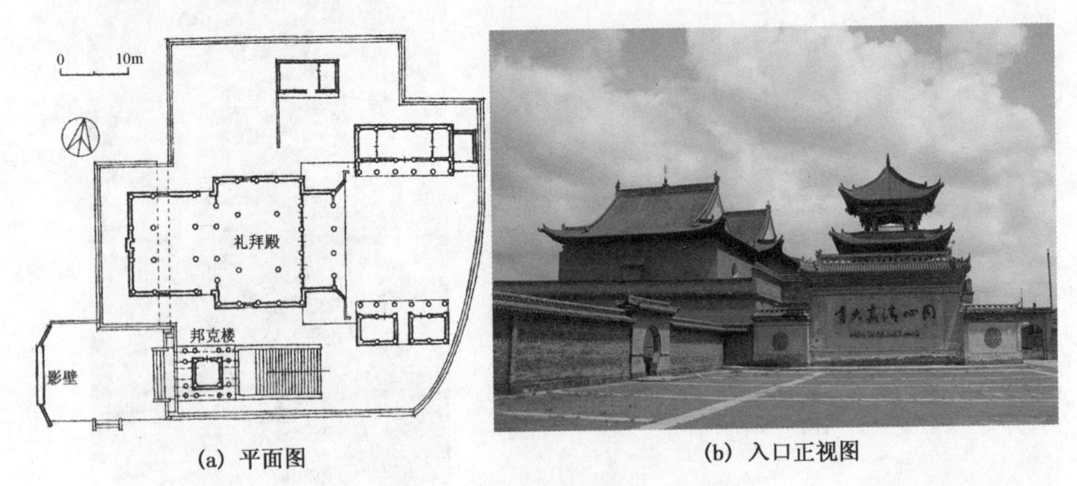

(a) 平面图　　(b) 入口正视图

图 10-2-64　同心清真北大寺

(2) 化觉巷清真寺

位于西安古城内鼓楼西北化觉巷,面积 1.3 万余平方米[图 10-2-65(a)][4]。

寺坐西朝东,沿 245.68 米长的东西向轴线(清真寺中轴线最长),布置五进院落,排列照壁、木牌楼、二道门、石牌坊、三道门、省心楼[图 10-2-65(b)]、四道门、礼拜殿[图 10-2-65(c)]等[5]。

---

〔1〕 张骅:《中国四大清真寺》,《中国外资》1995 年第 7 期。

〔2〕 杜天蓉、王家民:《宁夏同心清真寺的砖雕艺术》,《艺术.生活》2009 年第 1 期。

〔3〕 李兴华:《同心伊斯兰教研究》,《回族研究》2008 年第 1 期。

〔4〕 陈育宁、汤晓芳:《西安化觉巷清真寺》,《中国宗教》2007 年第 11 期。

〔5〕 张锦秋:《西安化觉巷清真寺的建筑艺术》,《建筑学报》1981 年第 10 期。

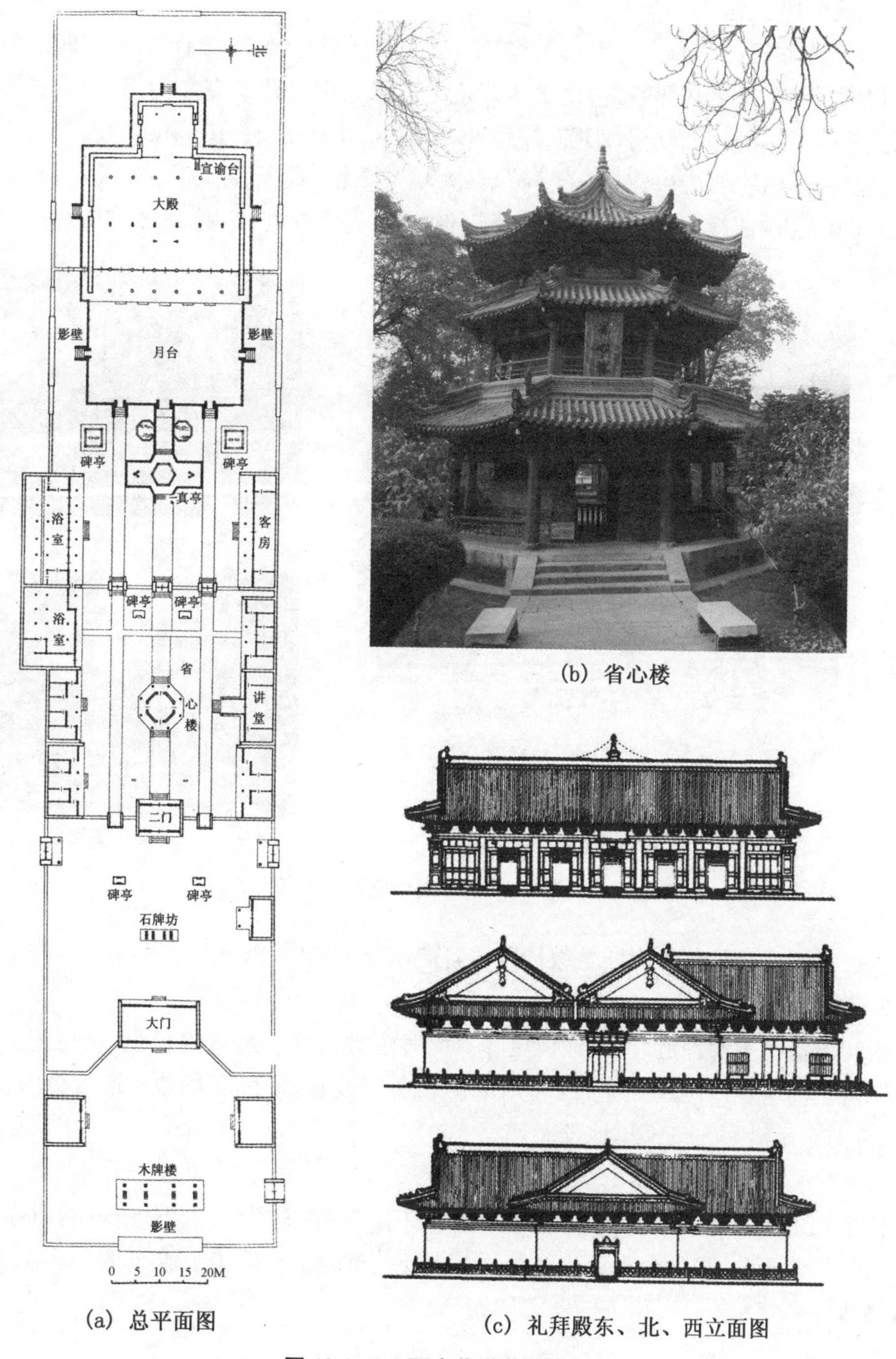

(a) 总平面图

(b) 省心楼

(c) 礼拜殿东、北、西立面图

图 10-2-65　西安化觉巷清真寺

(3) 阆中巴巴寺

阿补董喇希巴巴墓和寺,“巴巴”意教祖,故名。始建于康熙二十九年(1690),坐落在阆中城盘龙山麓,又名久照亭,占地1.3万余平方米。主要建筑有前山门、照壁、砖洞门、牌坊、久照亭院、花庭院、庭房、小院、井房、坟亭园、后山门等[图10-2-66(a)][1]。

巴巴寺环境优美,寺中建筑富于特色。大殿三重檐、盔顶[图10-2-66(b)],与磨砖照壁、木构牌坊相映成趣。墓园为历代高师归葬之所,类佛寺塔林[图10-2-66(c)][2]。

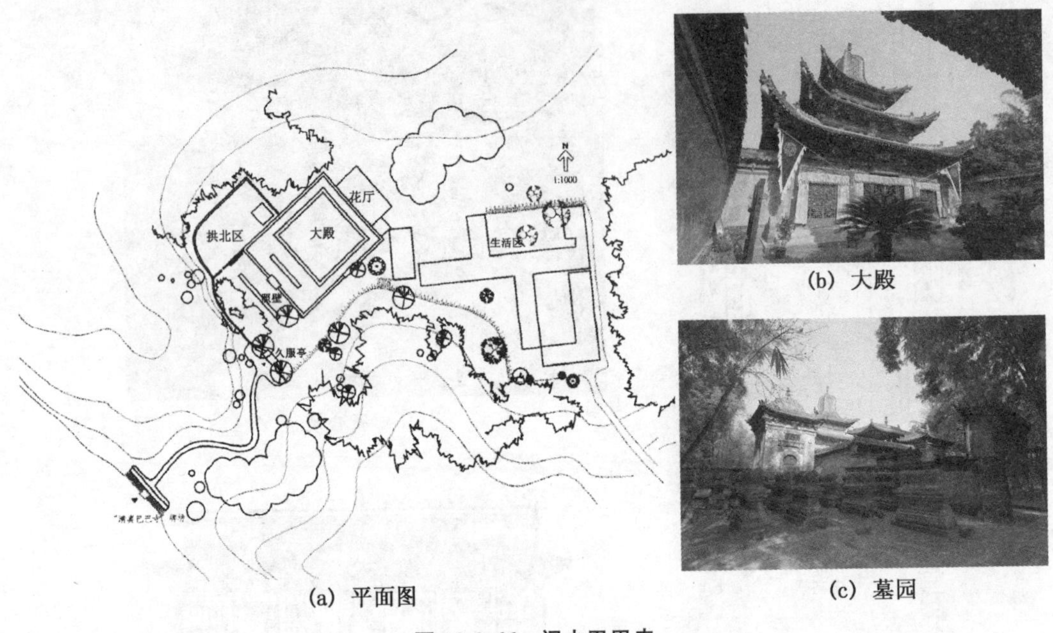

(a) 平面图　(b) 大殿　(c) 墓园

图10-2-66　阆中巴巴寺

该寺是川、陕、甘等省伊斯兰教徒胜地,称“东方麦加”[3]。

5. 道教宫观

清初统治者重佛抑道,道教地位更降。此时道教宫观一般规模较小,仅独院式小观,或在原宫观内增建一两座殿堂,或利用原佛教庙宇改建,带民居风貌。道观分布南盛北衰,且多向东南沿海人口密集地发展[4]。

(1) 青羊宫

位于四川省成都市西南郊,主要建筑有山门[图10-2-67(a)]、混元殿、八卦亭、三清殿、斗姥殿、紫金台、降生台和说法台等[5],内外七重殿宇。重建于清,康熙、同治、光绪间屡有修建[6]。

---

〔1〕 黄益堃:《巴巴寺修葺一新》,《中国穆斯林》1984年第1期。

〔2〕 阿依先:《伊斯兰教圣墓与巴巴寺》,《世界宗教文化》1991年第1期。

〔3〕 古今:《川北古城阆中面面观》,《四川文物》1995年第1期。

〔4〕 李罗力等:《中华历史通鉴·第4部》,北京:国际文化出版公司,1997年,第4322页。

〔5〕 杨君:《出关尹喜如相识 寻到华阳乐未央——成都青羊宫》,《中国宗教》2006年第1期。

〔6〕 马景全:《成都青羊宫、二仙庵史略》,《成都大学学报》(社会科学版)1992年第2期。

整体色彩体现道教建筑所普遍追求的朴素简洁之美，青羊宫山门及门柱采用厚重梨花木，上漆黑色，庄重大气；匾额不同于其他宗教建筑所采用的红底或金底黑字，而采用黑底金字〔1〕。

宫内集雕刻艺术之大成的是八卦亭[图 10-2-67(b)]，底座方形、八角、顶为圆形，亭身八角，表述“天圆地方、阴阳相生、八卦相合成万化”的道教宇宙观，南向正门石基上有十二属相和八卦图石刻浮雕，将八卦方位与图案融合到建筑之中〔2〕。

(a) 山门　　(b) 八卦亭

图 10-2-67　成都青羊宫

(2) 白云观

目前规模奠基于清初，有“全真第一丛林”之称，是全真道三大祖庭之一〔3〕，分中东西三路及后花园[图 10-2-68(a)]。中路轴线上有守护神王灵官殿、玉皇殿、老律堂、邱祖殿、三清阁与四御殿这五重正殿宇。东厢有三官殿、救苦殿与鼓楼；西厢有财神殿、药王殿和钟楼等。内堂东面有南极殿、斗姥阁、华祖殿、真武殿、火神殿与罗公塔[图 10-2-68(b)]；西面有吕祖殿、八仙殿、元君殿、元辰殿、十二生肖壁、二十四孝壁，及龙门七祖与历代律师祠堂院等〔4〕。观内的墓塔(罗公塔)，颇为特殊。

此外，“文化大革命”中江西贵溪县龙虎山上清宫等清代建筑全毁，仅大钟及部分碑刻尚存〔5〕。

〔1〕 钟海北：《道教建筑审美特征研究——以成都青羊宫为例》，《长春教育学院学报》2014 年第 17 期。

〔2〕 李星丽、李欣遥：《成都青羊宫：彰显道教审美艺术》，《中国宗教》2011 年第 8 期。

〔3〕 碧莲：《浅说道教建筑艺术》，《文史杂志》2012 年第 5 期。

〔4〕 陈柏荣：《中国道教与北京白云观》，《中国道教》1996 年第 4 期。

〔5〕 周沐照：《龙虎山上清宫建置沿革初探》，《道协会刊》1981 年第 1 期。

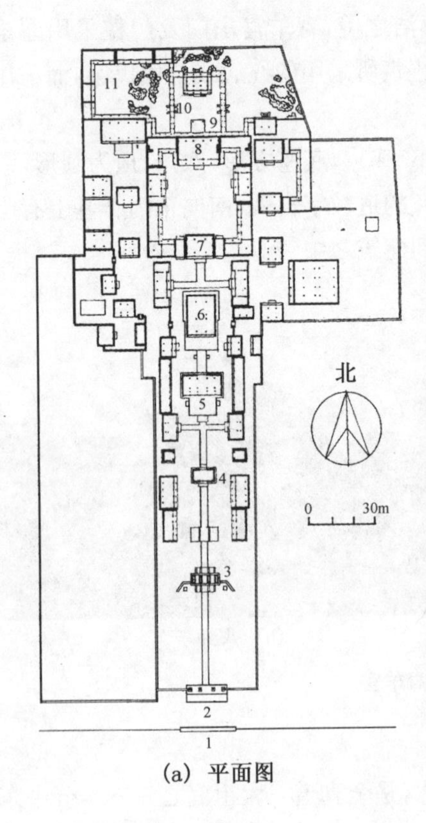

(a) 平面图

(b) 罗公塔

1—影壁;2—牌楼;3—山门;4—灵官殿;5—玉皇殿;
6—老律堂;7—邱祖殿;8—四御殿;9—戒台;
10—云集山房;11—花园

图 10-2-68 北京白云观

6. 教堂

明代内地就已经兴建教堂。清代沿海至内地,教堂数目众多,不胜枚举。

本书仅就澳门、香港、台湾地区聊举数例。

(1) 澳门

圣母望德堂、圣安多尼堂(花王堂)、老楞佐堂(风顺堂),是澳门三大古教堂。

大三巴牌坊:位于澳门市中心,原为澳门圣保罗教堂前壁,世界文化遗产[图 10-2-69(a)]。1835 年 9 月 23 日教堂被焚,只剩花岗岩前壁,屹立至今[1]。

(2) 香港

圣约翰大教堂:位于香港中区花园道 4－8 号,是香港圣公会香港岛教区主教座堂,香港第二古建筑,1847 年 3 月 11 日奠基。教堂内外古物古迹多不胜数,堪称历史见证[图 10-2-69(b)、(c)]。其西面大门上有「VR 1847」,为纪念教堂建于 1847 年维多利亚女皇任

〔1〕 傅旭:《唯有真情 首位常驻全国人大记者傅旭新闻作品选》,北京:红旗出版社,2010 年,第 386 页。

(a) 澳门大三巴

(c) 圣约翰大教堂内景

(b) 香港圣约翰大教堂平面图

(d) 台湾马偕教堂外观

图 10-2-69 港澳台教堂举例

期内。室内家具和摆设,有女皇时图案雕花[1]。

(3) 台湾地区

十七世纪初,伴随着荷兰、西班牙入侵台湾,基督教、天主教也接踵而至。前者在台湾南部,后者到台湾北部。1860 年,桑神父在打狗(高雄)建立教堂,便是当今高雄市前金天主教堂的前身,也是近代台湾第一个天主教堂[2]。

马偕(Goerge Lesie Machay)1871 年至台湾传教,1877 年在艋舺设教堂[3]。今台湾淡水真理街尚有马偕古厝、马偕墓及其 1881 年设立的理学大书院、教堂[图 10-2-69(d)]、淡水女学堂等[4]。

---

[1] 韦风华:《历史中的演变——香港圣约翰大教堂》,《大众文艺》2010 年第 16 期。

[2] 林其泉:《洋教在台湾的传布和台湾同胞的反洋教斗争》,《厦门大学学报》(哲学社会科学版)1986 年第 1 期。

[3] 崔晓阳、郭建芳、史坤杰:《论马偕与台湾基督教长老会》,《河南社会科学》2005 年第 13 期(增刊)。

[4] 林金水:《台湾基督教史》,北京:九州出版社,2003 年,第 168 页。

七、文娱建筑

1. 会馆

会馆之兴始于明初,如永乐间京师设会馆[1]。清乾隆间鼎盛,因创建者、参加成员身份不同,大体可分:商人会馆(商馆)、移民会馆、士绅会馆(试馆)三大类[2]。

会馆不同于一般民居,又与官僚缙绅豪宅巨院有异。清代戏剧繁荣,一些规模较大的会馆皆设戏楼,如北京安徽会馆戏楼、正乙祠戏楼,天津广东会馆戏台、四川西秦会馆戏台等,均有特色[3]。

北京的会馆:清政府实行旗、汉分居制,会馆在外城。著名者,同乡会馆以湖广、四川和安徽会馆规模大、设施全;工商会馆有长春会馆(玉行)、延邵会馆(纸行)、晋冀会馆(布行)、临汾会馆(杂货行)、平遥会馆(颜料行)等[4]。湖广会馆位于宣武门内虎坊桥路南,现建筑建于嘉庆道光年间完成,占地4600平方米,为北京戏曲博物馆[5]。

地方会馆:清代工商都会、通商大埠和经济发达城市、市镇甚或乡村,亦开设不少会馆,清末渐趋衰落。有学者将会馆及公所分地域性、行业性两类,即地域性会馆公所和行业性会馆公所,又各有主次[6]。著名者如自贡西秦会馆、开封山陕会馆、天津广东会馆等。

自贡西秦会馆[7]:主供关羽,亦名关帝庙,俗称陕西庙。平面呈矩形,沿中轴线依次有武圣宫大门、献技诸楼、大丈夫抱厅、参天阁、中殿、龙亭(已毁)、正殿等,由北向南,逐渐抬升(图10-2-70)。会馆雕饰丰富,以写实为主,技法多样。

2. 戏台

皇宫、府邸、寺庙道观、乡村等,均兴建各种戏台。造型愈趋华丽。

清宫曾有五座大戏台,现仅存两座:宁寿宫畅音阁、德和园戏台(图10-2-71)。此外,故宫内还有不少小戏台,如重华宫漱芳斋两座戏台,宁寿宫养心殿右侧阅是楼戏台,宁寿宫倦勤斋西间室内戏台等[8]。

---

〔1〕何炳棣:《中国会馆史论》,台北:学生书局,1966年,第11页。

〔2〕中国会馆志编纂委员会:《中国会馆志》,北京:方志出版社,2002年,第1页。

〔3〕孙大章:《中国古代建筑史·第5卷》(第二版),北京:中国建筑工业出版社,2009年,第27页。

〔4〕中国会馆志编纂委员会:《中国会馆志》,北京:方志出版社,2002年,第327页。

〔5〕王永起:《湖广会馆的翻修原则及加固方法》,《古建园林技术》1994年第3期。

〔6〕范金民:《明清江南商业的发展》,南京:南京大学出版社,1998年,第254页。

〔7〕郭广岚、宋良曦等:《西秦会馆》,重庆:重庆出版社,2006年,第20~56页。

〔8〕廖奔:《中国古代剧场史》,郑州:中州古籍出版社,1997年,第138页。

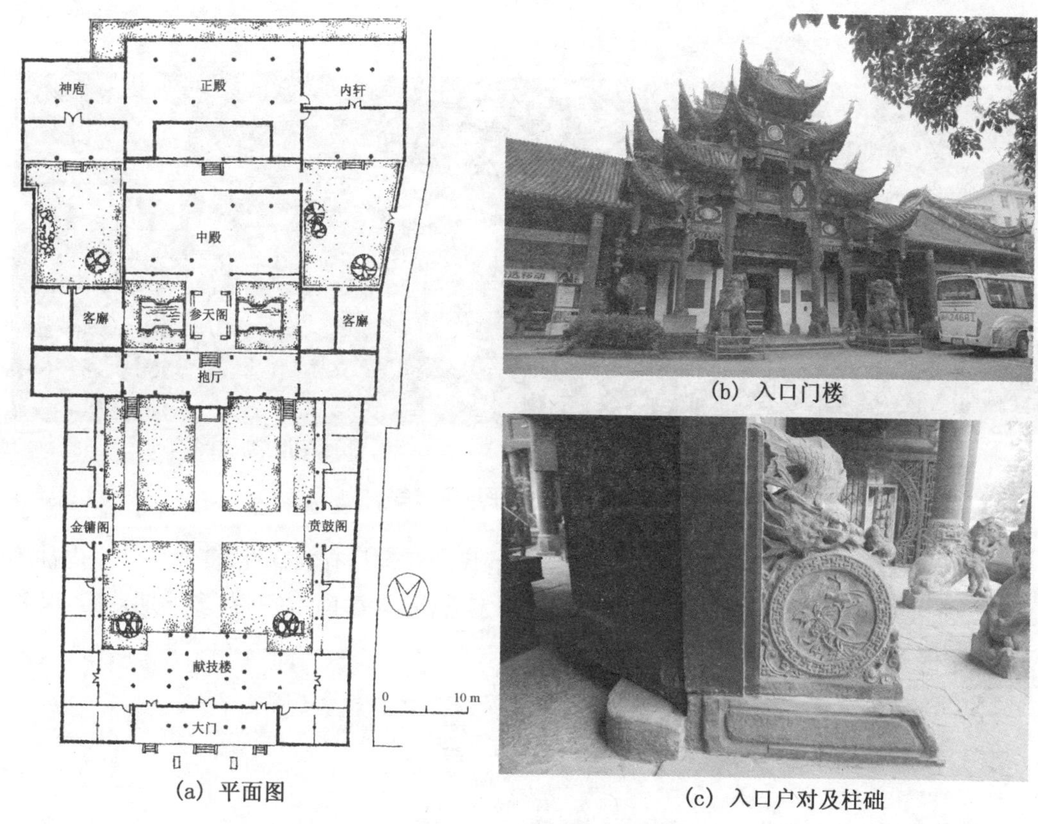

(a) 平面图

(b) 入口门楼

(c) 入口户对及柱础

图 10-2-70 自贡西秦会馆

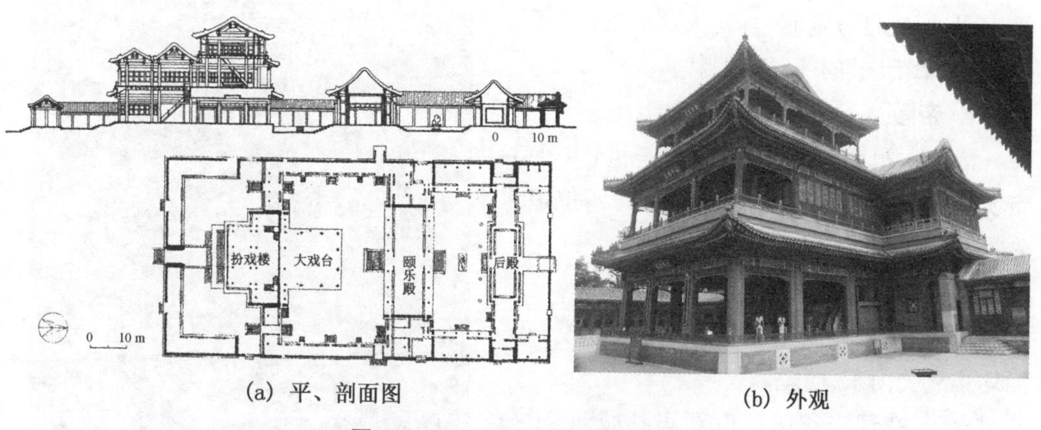

(a) 平、剖面图

(b) 外观

图 10-2-71 颐和园德和园大戏台

全国各地会馆、公所、祠堂内戏台普遍，仅江西省即达千座，偏远的山西和顺县亦有34座。赣西北乐平县几乎村村有戏台(图 10-2-72)，现存尚 200 余座，大部为祠堂台或万年台(露天台)。有些祠堂台有两面台口，称晴雨台。晴台向外，台下设广场，晴天观看；雨台向内，与祠堂相对，供族内士绅厅堂内观剧〔1〕。另外，还有山门戏台、过路戏台和水上

〔1〕 政协乐平市委员会:《中国乐平古戏台》，南昌:江西人民出版社，2008 年，第 26 页。

戏台等,各具特色。

(a) 藻井(局部)　　(b) 冬瓜梁、挂落等

图 10-2-72　乐平坑口戏台

与上述戏台的附属性不同,形成并兴盛于清代的戏园具有独立性、商业性和室内性等特征。如北京前门外、南京秦淮河夫子庙、上海宝善街、天津南市一带,多早期戏园,又称茶园、茶楼等。

八、陵　墓

清代陵墓制度与明代大同小异。早期陵寝还保存较多关外习俗,康熙后全面汉化,兼采宋明,形成自身定制〔1〕。大部分实行"子随父葬、祖辈衍继"的"昭穆之制"。

1. 帝陵

清自太祖、太宗建国,传十一世,共十二帝。除末帝溥仪未建陵,余十一帝并四位追封先祖共 15 陵,分葬六处。

(1) 盛京三陵

清入关前,典制草创,盛京三陵规模与华丽均难敌关内东、西陵。

永陵:在辽宁省抚顺市新宾县城西 21 公里启运山脚下的苏子河畔。时间最早,规模最小。陵园占地一万余平方米,由前、中、后三进院落构成(图 10-2-73)。前院有正红门、神功圣德碑亭、大班房等,中院为启运门、启运殿、

图 10-2-73　抚顺市新宾永陵平面图

---

〔1〕 刘毅:《中国古代陵墓》,天津:南开大学出版社,2010 年,第 165 页。

东西配殿、焚帛楼等,后院为宝城、宝顶所在的坟院,宝城内有神树[1]。风水环境极佳。

福陵:在今沈阳东郊浑河北岸天柱山,坐北朝南,依山而建。占地约19万平方米,分正红门、神道、碑亭、方城及宝城四部[图10-2-74(a)]。其中,方城院内正中为隆恩殿,左右设配殿。方城北墙正中为明楼[图10-3-74(b)]。入内为月牙城,后为宝城[图10-2-74(c)][2]。

(a) 平面图

(b) 隆恩殿及方城明楼

(c) 月牙城(哑巴院)照壁

图10-2-74　沈阳福陵

昭陵:在今沈阳北郊北陵公园内,俗称"北陵"。规制与福陵相仿,沿轴线依次为正红门、碑亭院、方城与宝城三部[图10-2-75(a)、(b)]。方城、明楼、隆恩门、隆恩殿[图10-2-75(c)]等,制同福陵,规模稍大。

(2) 清东陵

在河北遵化马兰峪昌瑞山下。以中间突起的昌瑞山为界,分"前圈"和"后龙"两部。陵区周围开割出二十丈宽的火道三百八十余里,沿火道向外围依次设红、白、青桩。占地达2500多平方公里,是规模宏大、建筑体系较完整的清代帝王陵寝群[图10-2-76(a)][3]。

---

[1] 陆海英、王艳春:《盛京三陵》,沈阳:辽宁民族出版社,2002年,第202页。

[2] 刘毅:《中国古代陵墓》,天津:南开大学出版社,2010年,第168-169页。

[3] 中国第一历史档案馆:《清代帝王陵寝》,北京:档案出版社,1986年,第20页。

(a) 平面图

(b) 牌楼

(c) 隆恩殿

图 10-2-75　沈阳昭陵

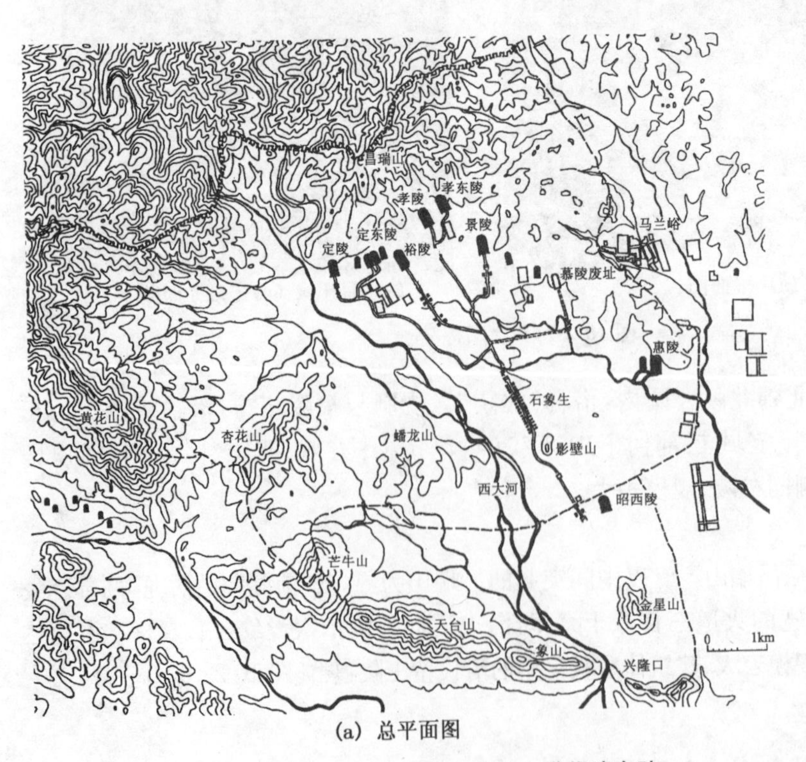

(a) 总平面图

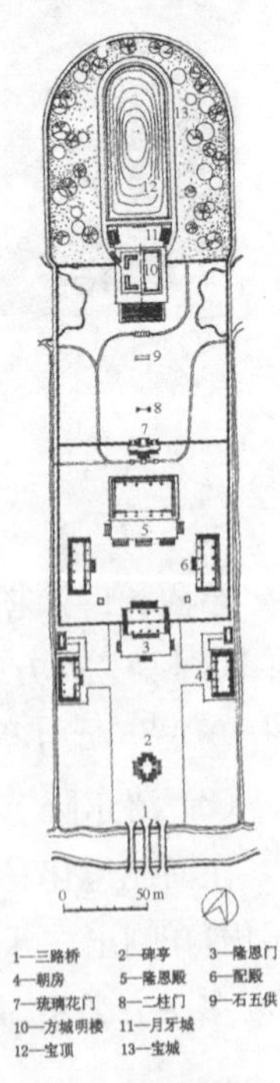

(b) 孝陵平面图

图 10-2-76　遵化清东陵

清东陵葬五位皇帝、十五位皇后、一百三十六位妃子。陵区风水围墙外，还分布亲王、公主、王子等园寝。主陵为孝陵。

孝陵：诸陵中最壮观、体系最完备[图 10-2-76(b)]。从正南面龙门口入陵区，神道长达 5.5 公里，依次排列五间六柱柱不出头十一楼汉白玉石牌楼、大红门、更衣殿、重檐歇山神功圣德碑楼、十八对石象生群、龙凤门、七孔桥、五孔桥、三路三孔桥、神道碑亭等，直达孝陵陵园。园内前朝后寝，前为隆恩门院落，中为隆恩殿五间；后院有二柱门、石五供与方城、明楼及长圆形宝城。全部建筑层次分明，脉络清晰，高低错落，疏密相间，以宽 12 米的神道贯穿，节奏感极强。

东陵内其余各陵形制与孝陵类似，仅具体细部各具特色，规制均稍减。

(3) 清西陵〔1〕

在河北易县。有帝陵四座、后陵三座、妃园寝三座、王爷公主坟四座，共计十四座陵寝，主陵泰陵(图 10-2-77)。

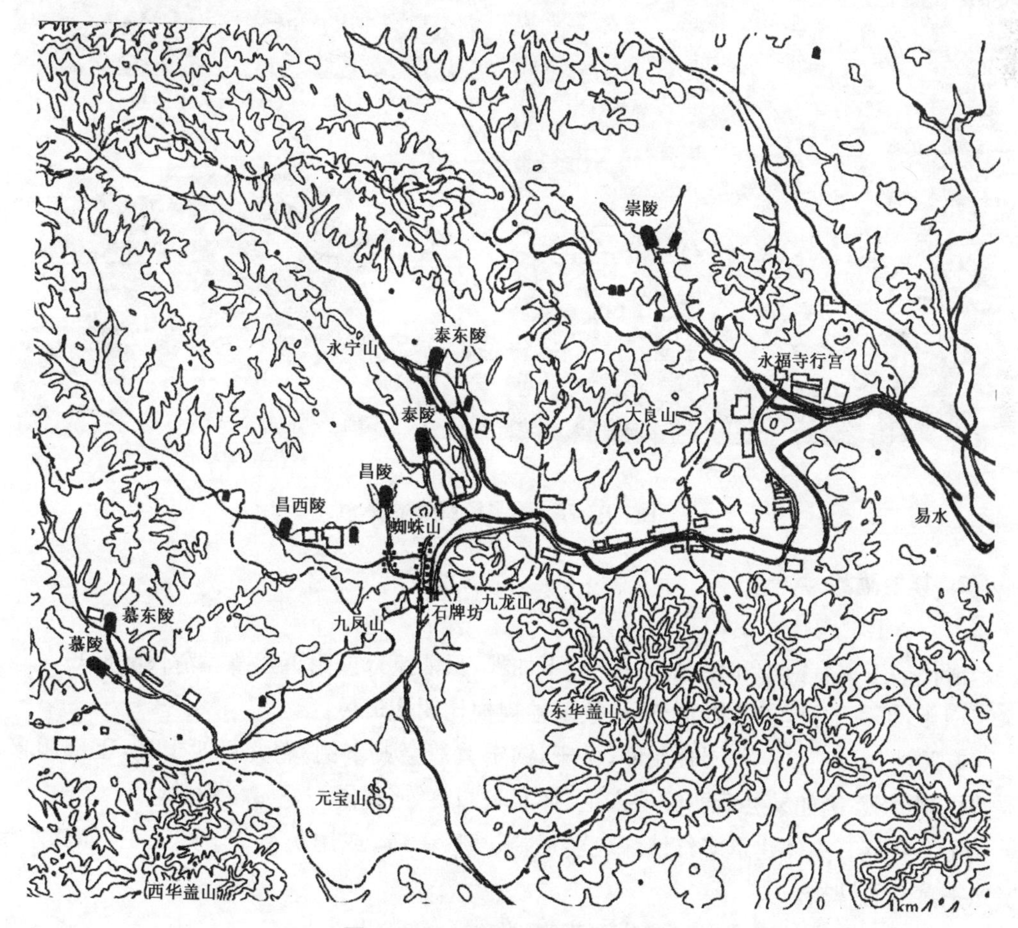

图 10-2-77 易县清西陵总平面图

〔1〕 刘敦桢：《易县清西陵》，《中国营造学社汇刊》第 5 卷第 3 期。

泰陵:规制仿孝陵,略有不同[图 10-2-78(a)]。大红门前南、东、西三面各有石牌楼一座,形制相同,仿木构五间六柱柱不出头十一楼牌楼[图 10-2-78(b)]。大红门内为碑楼,内立高宗御制“大清泰陵神功圣德碑”,四角各立一根华表[图 10-2-78(c)]。碑亭北为七孔桥、石象生群,包括狮、象、马、武将、文臣各一对,望柱前导。石象生后过蜘蛛山为三间六柱龙凤门一座,再北为神道碑亭、陵宫。陵宫内隆恩门、隆恩殿、宝城等,一如孝陵。

清西陵还有为帝后祈福的御用寺院——永福寺。

(a) 平面图

(b) 五间六柱柱不出头十一楼牌楼

(c) 碑亭

图 10-2-78　易县清西陵泰陵

2. 其他墓葬

(1) 亲王贵族

清代诸王仅有爵位和俸禄,不赐土、不加郡,只能京郊或附近建墓。清代葬期短,一般亲王期年,郡王七月,贝子以下五月,故墓地规模比明代逊色。

有关清代诸王坟茔称园寝制度,见于《钦定大清会典事例》卷九百四十九,工部园寝、坟茔规制[1]。例如易县清西陵端亲王、怀亲王园寝等,规制与妃园寝相仿。

亲王贵族墓主体建筑多红墙绿琉璃瓦,减皇陵一等,或用灰瓦。个别亲王,如涞水怡贤亲王墓立石牌楼。

公主墓可以吉林通榆兴隆山公主墓为例[2]。

---

〔1〕 尚洪英:《王爷园寝》,《紫禁城》1994 年第 3 期。

〔2〕 张英:《吉林通榆兴隆山清代公主墓》,《文物》1984 年第 11 期。

(2) 品官墓

清代品官茔地规模有载[1],与明初类同。例如:

栗毓美墓:位于山西浑源。总面积约7740平方米,全用汉白玉构件雕刻[2]。围墙呈正方形,中轴线上依次有石拱桥、三间四柱柱出头冲天式牌坊[图10-2-79(a)]、过厅(三开间,两侧有重檐歇山顶碑亭)、祭厅[墓道前原有石质祭厅图10-2-79(b)]、石像生、墓冢等[3]。

(a) 石牌坊　　(b) 神道

图10-2-79　浑源栗毓美墓

(3) 庶人墓

平民墓规制与明代类同。士人茔地周二十步,封高六尺;庶人茔地九步,封高四尺[4]。除一些等级限制外,都仿效官制[5]。但各地葬俗不一,贫富有异,难以一统。

一般庶人多土洞墓或土圹墓,随葬品多置于棺内。如清代瑷珲新城内城西北角外约50米处的少数民族墓葬[6]。

---

[1] 赵尔巽等撰:《清史稿》卷九十三,《志六十八·礼十二》,北京:中华书局,1976年,第2723页。

[2] 中国文物学会专家委员会:《中国文物大辞典(下册)》,北京:中央编译出版社,2008年,第1184页。

[3] 马力等:《走遍名陵》,北京:新世界出版社,2004年,第66-68页。

[4] 赵尔巽等撰:《清史稿》卷九十三,《志六十八·礼十二》,北京:中华书局,1976年,第二七二五页。

[5] 常建华:《中国社会历史评论·管理经验7卷》,天津:天津古籍出版社,2006年,第162页。

[6] 何晓光:《二〇二国道爱辉支线清代墓葬清理发掘的主要收获》,《黑河学刊》2002年第1期。

第三节　理论与技术

一、理　论

1. 清工部《工程做法》

《工程做法》是清雍正十二年(1734)工部颁布的专书,是清官式建筑设计规范。原书名《工程做法则例》,中缝书名《工程做法》[1]。体例大体仿宋《营造法式》而稍有不同,以工程事例为主,条例简约,应用工料重在额限数量[2]。

全书74卷。大体分各种房屋营造范例和应用工料估算额限两部,自土木瓦石、搭材起重、油饰彩画、铜铁活安装、裱糊工程等,各有专门条款规定和应用工料各例额限。其中,木构40卷,匠作做法7卷,用料定额13卷,用工定额14卷。木构做法分大木大式23项,大木小式4项。文字说明多、附图少。梁思成先生认为"此书之长在二十七种建筑物各件尺寸之准确,而此亦即其短处"[3]。

2. 《营造法原》

姚承祖原著,据其祖灿庭先生之《梓业遗书》与其毕生经验,编撰而成。"书中所述大木、小木、土、石、水诸作,虽文辞质直,并杂以歌诀,然皆当地匠工习用之做法,较《鲁班经》远为详密。不仅由此可窥明以来江南民间建筑之演变,即清官式建筑名词因音同字近,辗转讹夺,不悉其源流者,往往于此书中得其踪迹"[4]。

3. 《扬州画舫录》

作者李斗(1749—1810)。全书18卷,乾隆六十年(1795)自然盒刻本,前有袁枚、阮元、谢溶生序及自序。是书之撰写,历时凡三十载,内容盖仿《水经注》之例,分地而载,述扬州之园林建筑、戏曲小说、风土人物、名人轶事等[5]。

4. 《闲情偶寄》

戏曲家李渔(1611—1680)作,中国最早的系统全面的戏曲理论著作。全书分词曲部、演习部、声容部、居室部等八部分。

其中,《闲情偶寄·居室部》有不少篇幅涉及建筑设计空间、构造、景观等。"房舍与人,欲其相称",见解深刻[6]。

---

〔1〕 姜椿芳、梅益总编辑:《中国大百科全书 建筑、园林、城市规划》,北京:中国大百科全书出版社,1992年,第356页。

〔2〕 王璞子:《清工部颁布的〈工程做法〉》,《故宫博物院院刊》1983年第1期。

〔3〕 梁思成:《中国建筑史》,天津:百花文艺出版社,1998年,第29页。

〔4〕 刘敦桢:《刘敦桢全集·第4卷》,北京:中国建筑工业出版社,2007年,第68页。

〔5〕 张小庄:《清代笔记、日记绘画史料汇编》,北京:荣宝斋出版社,2013年,第175页。

〔6〕 侯幼彬:《读建筑》,北京:中国建筑工业出版社,2012年,第274页。

二、技　术

研究清代建筑技艺，可以工官制度为背景，以《工程做法》为规范，以样式雷图档为样板，以官式实例为载体，以工匠操作为基础。其中，沟通儒匠，诚为急务。

1. 大木作

(1) 官式

清官式木构，一方面构架节点简洁坚固，梁柱体系整体性强；另一方面构件本身相对不再灵活，甚至僵化[1]：

① 模数制标准化。清代木构，常用"斗口"(平身科坐斗在面宽方向的开口)与"檐柱径"两种，前者针对带斗栱大式，后者适用小式。建筑规模不同，大式用材又分十一等，并与斗口一一对应。一旦等级与用材标准明确，则斗口尺寸确定，其他构件尺度据此可得。小式所用"檐柱径"模数准此。

② 构架程式化。清官式多抬梁式构架，在前、后檐柱或老檐柱、后檐柱间搁大梁，大梁上叠小梁，逐步缩减，形成山字架，各层梁端纵向置檩条及枋木，檩上搭椽，上铺望板，承托屋面[2]。逐渐采用标准化的檩三件、满堂柱。

③ 节点榫接化。清官式建筑更重视梁柱体系整体，推进榫卯发展，整体构架刚度与稳定性提高。斗栱减弱，用材大为缩小，在立面所占高度降低；然朵数增多、密集，等级文化与装饰意义增强。

图 10-3-1　拼合柱

梁柱拼合发展。如拼合梁、斗接柱子、包镶梁、包镶柱子、斗接包镶柱等(图10-3-1)[3]。

(2) 民间

清代我国古代建筑地域性越发彰显，各地域建筑技艺趋向顶峰，如大木作、小木作、砖石作、彩画作等，极其丰富多彩。

抬梁式构架：占据主体地位，使用在厅堂、主房等级较高单体建筑上，或明间、次间等人流较多、或视线较开阔之处。

穿斗式构架：南方使用相对较多，如广西、云南、广东、福建、湖北等地。

叉手式构架：在南至海南、北至黑龙江，东至胶东半岛、西至陕西的广大地域范围内都有存在，且其形式亦众。

不少单体建筑混合使用抬梁和穿斗式构架。如明间、次间抬梁式扩大空间，尽(稍)间

---

〔1〕 刘敦桢：《中国古代建筑史》，北京：中国建筑工业出版社，1980 年，第 210 页。

〔2〕 孙大章：《中国古代建筑史·第 5 卷》(第二版)，北京：中国建筑工业出版社，2009 年，第 390 页。

〔3〕 中国科学院自然科学史研究所：《中国古代建筑技术史》，北京：科学出版社，1985 年，第 126 页。

穿斗增强刚度(图 10-3-2)。

院落空间:依据各栋单体位置主次、空间大小、体量规模的不同,或主房采用抬梁式(少量穿斗式,少用叉手式),厢房用穿斗式(少量叉手式,图 10-3-3),合于礼制,又因地制宜。

2. 小木作[1]

清代建筑小木作技艺,尤其是装饰技艺达到我国古典建筑顶峰。小木作装饰手法及图案丰富,各地域精彩纷呈。外檐如门、窗、栏杆,内檐如室内天花、藻井与木隔断等。

图 10-3-2　诸暨发祥居(上新屋)

(1) 门

按形制可分板门、槅扇门两类。事先需在各柱枋间安能承受门扇的槛框,位置不同名称不一,如下槛、中槛、上槛、榻板、抱框、间柱等。

(a) 外观　　(b) 室内叉手式构架

图 10-3-3　荣成俚岛镇烟墩角村某宅

板门:主要用于宫殿、庙宇、府第、衙署等大门及园林、民居的外门。依构造不同,分棋盘门、实榻门与撒带门(图 10-3-4)等[2]。

宫殿、衙署、寺庙及一些府第民居大门常使用饕餮铺首衔环,或施门钉。不施门钉者,或绘门神,以增加气氛(图 10-3-5)。

喇嘛庙大门除常见门钉、门环等外,或绘经文、异兽,门框加工出复杂线脚,宗教感浓郁(图 10-3-6)。

北京、江苏、河北、台湾等地或在大门上刻“门对”作装饰,如“忠孝传家,诗书继世”“厚德家声振,积善世泽绵”之类。

[1] 周学鹰、马晓:《中国江南水乡建筑文化》,武汉:湖北教育出版社,2005 年,第 304 - 318 页。
[2] 孙永林:《清式建筑木装修技术(一)》,《古建园林技术》1985 年 04 期。

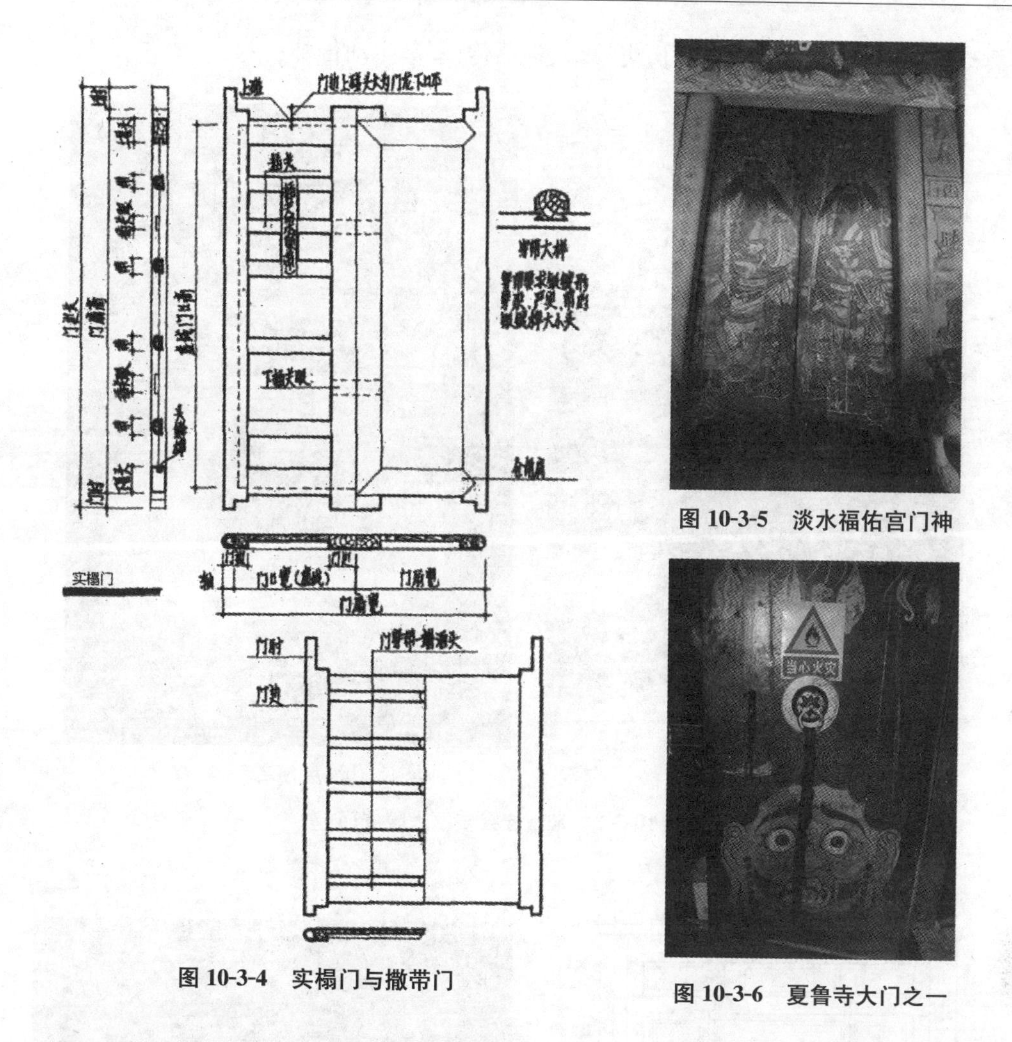

图 10-3-4 实榻门与撒带门

图 10-3-5 淡水福佑宫门神

图 10-3-6 夏鲁寺大门之一

为保护门扇不受雨水侵蚀,加强防盗防火等,或在门板外皮加钉铁皮,铁钉亦成图案,或用竹皮护面。

湖区、山区民居大门为防火防盗,板门内壁加贴厚重方砖一层。南方祠堂、大宅门扇则喜用门神装饰,有神荼、郁垒,敬德、叔宝等。

槅扇门:因透光与隔间的双重功用及方便摘卸〔1〕,在宫殿、寺庙、府第应用广泛。做法有二:一单面,室内糊纸或装玻璃;另一较高级,两面夹纱,双面棂心〔2〕。槅扇门格心图案多样,北方相对朴素,有直棂、豆腐块、步步锦、灯笼框、一码三箭、四方菱花、套房秤等,宫廷中多用三交六碗、双交四碗或古钱等;南方多变,有万川、回纹、书条、冰纹、万字、拐子八角、六角套叠、灯景、井子嵌棂花等〔3〕。槅扇门裙板、绦环板亦重点装饰,有四季花草、

〔1〕 遇有需要,可拆下隔扇,打通内外,形成敞厅,扩大使用面积。

〔2〕 孙永林:《清式建筑木装修技术(二)》,《古建园林技术》1986 年 01 期。

〔3〕 徐民苏、詹永伟等:《苏州民居》,北京:中国建筑工业出版社,1991 年,第 115 页。

祥禽瑞兽、琴棋书画、博古器皿、历史故事、神话传说等，生动传神[1]。

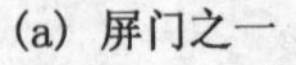

(a) 屏门之一

(b) 屏门之二

图 10-3-7　米脂佳县姜家大陵屏门

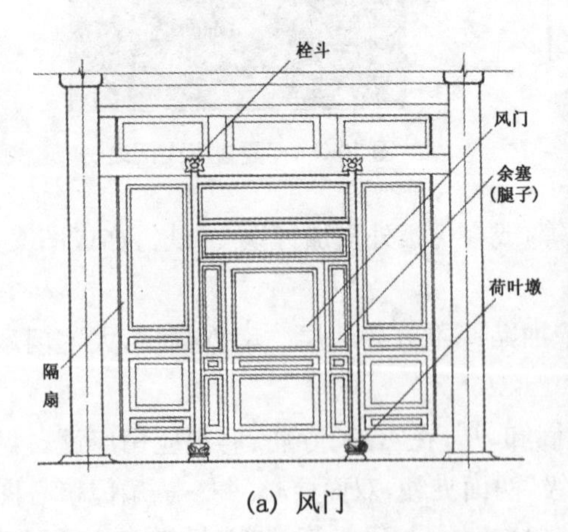

(a) 风门

(b) 帽儿胡同37号帘架门（有改动）

图 10-3-8　北京风门、帘架门

屏门[2]：装在宅第轿厅或大厅正中柱间的室内门(或大厅正中两侧也装屏门)[3]，类于屏风。用在外檐时，一般在府第及小庭院大门后檐柱之间[图 10-3-7(a)]。北方民居

〔1〕 朱良文：《丽江古城与纳西族民居》，《建筑师》第 17 辑，北京：中国建筑工业出版社，1984 年，第 120 页。

〔2〕 中国科学院自然科学史研究所主编：《中国古代建筑技术史》，北京：科学出版社，1985 年，第 156 页。

〔3〕 陈从周等：《中国厅堂——江南篇》，上海：上海画报出版社，1994 年，第 287 页。

有独立屏门，一般漆绿色，上书“福”“寿”等[图 10-3-7(b)]。

风门：单扇，向外开启。体形矮而宽，是格门的变体，用四抹头，裙板与格心高度比为 1∶1，格心亦有图案。民居中常用，如北京、大同等地，北京地域称帘架门(图 10-3-8)。风门多外层门，内层多双扇小板门〔1〕。

此外，门有不少地域特色。如四川“三关六扇”，即中为两扇板门，左右为两扇槅扇门〔2〕；浙江“一门三吊槅”，即板门分上下两部，上可支起，下可开启(图 10-3-9)〔3〕。

南方腰门，即鞑(挞)门，又称矮挞、挞子、挞挞或短扉。正门外加一矮小平开门，平时大门敞开，腰门关闭，隔而不死。广东潮汕栅栏门、广州推笼门准此〔4〕；四川民居抱厅门〔5〕，即门窗不到顶。

图 10-3-9 宁波龙山三房路 27 号的“一门三吊槅”上下(局部)

(2) 窗

种类较多，分长窗、半窗半墙、地坪窗、横风窗、和合窗等，图案、花纹多样。常用者数槛窗与支摘窗〔6〕：

长窗：多落地窗，门扇和窗扇结合，布置在厅堂的明间或全部开间。上半部约占全扇十分之六，为空透窗格；窗格或装蛎壳(或明瓦)，颇为雅致(图 10-3-10)。下部为夹堂、裙板。值得注意的是，故宫养心殿用明瓦做顶，可谓“阳光房”。

图 10-3-10 苏州留园明瑟楼明瓦

图 10-3-11 蔚县宋家庄乡上苏庄堡村 431 号半窗半墙

〔1〕 程万里：《中国建筑形制与装饰》，台北：天南书局有限公司，1991 年，第 163 - 164 页，

〔2〕 刘致平：《中国建筑类型结构》(第三版)，北京：中国建筑工业出版社，2000 年，第 75 页。

〔3〕 中国建筑技术发展中心建筑历史研究所：《浙江民居》，北京：中国建筑工业出版社，1984 年，第 187 页。

〔4〕 李义凡：《高山古村落文化特色初探》，河南省古代建筑保护研究所编：《文物建筑 第 2 辑》，北京：科学出版社，2008 年，第 182 页。

〔5〕 北京市文物研究所：《中国古代建筑辞典》，北京：中国书店，1992 年，第 126 页。

〔6〕 刘致平：《中国建筑类型及结构》(第三版)，北京：中国建筑工业出版社，2000 年，第 76 - 77 页。

半窗半墙:常用于厅堂次间。半窗高度约为长窗一半,下部装在矮墙上,北方多用(图10-3-11)。

槛窗:立于槛墙之上,如槅扇门裙板以上部分。南方砖槛墙较少,木板壁较多,称提裙。槛窗与木板壁均可拆卸,变厅堂为敞口厅,亦称半窗。园林中半窗槛墙较低,外加靠背栏杆,可凭栏。

地坪窗:半窗安在木栏杆上。栏杆木板从里侧装卸,安上挡风雨,卸下可通风。

横风(披)窗:在中槛与上槛之间设窗透光通风,横向固定窗扇[1]。建筑较高时使用,扁长方形,装在长窗或半窗之上。窗格花纹与其下窗基本一致。

和合窗:北方称支摘窗。多用于较小次间,或用于舫、榭等。或上、下两扇,或上、中、下三扇,各呈横长方形,上下固定,中间一扇用摘钩支撑,外开。

推窗:又名风窗,多用于北方,因气候寒冷,常用两层窗扇,白天将外面一层向外支起,晚上放下。富裕人家里层窗内还装木板壁,称"吊搭",兼具保温与防盗(图10-3-12)[2]。

满周窗:又称满洲窗,通行于广东民间[3]。规则地将窗户分三列,上下三扇共九扇。窗扇可上下推拉至任意位置。

花窗:指四周附有花式棂边的固定窗,多用于园林,以溶透外景。如苏州网师园殿春簃后檐的三大花窗,分别透出室外独石、竹丛与芭蕉,自成画面。

闪电窗[4]:宋《营造法式·小木作制度一》所载的一种造型较独特窗户。一直以来,见于我国各地,如青海、甘肃、云南、贵州、浙江、四川等,形式丰富(图10-3-13)。

图10-3-12 徐州户部山民居风窗　　**图10-3-13 云南寺登街84号宅闪电窗**

---

[1] 北京市文物研究所:《中国古代建筑辞典》,北京:中国书店,1992年,第130页。

[2] 程万里:《中国建筑形制与装饰》,台北:天南书局有限公司,1991年,第169页。

[3] 汪菊渊:《中国古代园林史 下》,北京:中国建筑工业出版社,2012年,第944页。

[4] 马晓、周学鹰:《闪电窗研究》,贾珺主编:《建筑史第30辑》,北京:清华大学出版社,2012年,第24-35页。

其他如园林为借景之需，多设什锦灯窗；“翻天印”是一种方窗，在中段横钉链轴翻转[1]；西北地区多应用横向推拉的棂花格窗，推扇多设在外，白天推向两旁，形成华美的装饰壁面；安徽歙县民居次间多在两扇槅扇外加设腰栅[2]；新疆喀什、伊犁多用双层窗，内采光、外木板，以应对气候剧变；云南大理民居或安设圆形大花窗。

(3) 挂落

多用细木条组合框，悬装在走廊柱间木之下（图 10-3-14）。有卍川、藤茎和冰纹三式，以卍川较常见。卍川有宫式、葵式两种，宫式挂落为直条，葵式挂落条端部作钩状弯起。藤茎挂落条断面为形似藤茎的圆形或椭圆形，且挂落条交接处，成藤茎相交式，构图灵活。冰纹，一般花格尺寸较小，用短直条组合成不规则三角形或多边形[3]。

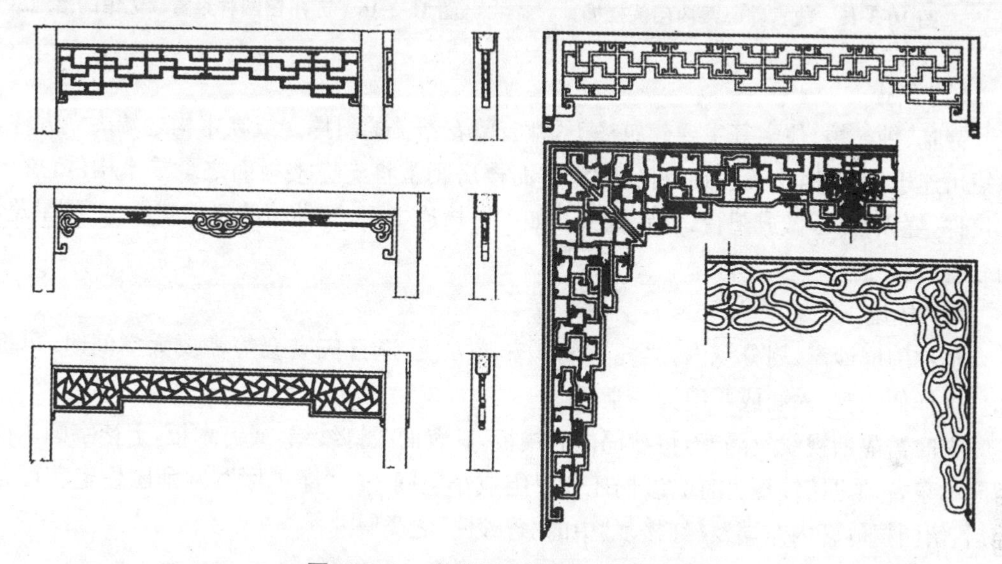

图 10-3-14　苏州民居挂落、飞罩形式图

挂落（罩）或来自早期的欢门。北方或称挂檐（图 10-3-15），皇家建筑常会任挂檐板外贴饰琉璃，称“琉璃挂檐”[4]。

(4) 栏杆

常装在厅堂前后，廊柱与廊柱间，或装在地坪窗、和合窗之下。高低不一，低者可坐憩，多木质，也有水磨砖、铸铁。也有上层挑出楼裙，飞挑檐、飞檐箱、飞栏杆之类，争取空间，造型丰富[5]。

临水亭、榭、楼、阁，或面街廊檐等，多在窗外设栏杆及靠背，弯曲者名“鹅颈椅”。

---

〔1〕 刘致平：《中国建筑类型结构》（第三版），北京：中国建筑工业出版社，2000 年，第 77 页、第 281 页。
〔2〕 孙大章：《中国民居研究》，北京：中国建筑工业出版社，2004 年，第 281 页。
〔3〕 徐民苏，詹永伟等：《苏州民居》，北京：中国建筑工业出版社，1991 年，第 120 页。
〔4〕 王其钧：《中国建筑图解词典》，北京：机械工业出版社，2007 年，第 264 页。
〔5〕 建设部建筑科学研究院：《浙江民居》，北京：中国建筑工业出版社，1981 年，第 185 页。

图 10-3-15　故宫养心殿内门头挂檐

图 10-3-16　苏州留园林泉耆硕之馆的落地罩

(5) 斜撑

寺院、钟鼓楼、住宅等主要建筑檐下,常有雕花精美的斜撑。或在木构之端头立方柱,以短川连于正步柱,上覆屋顶,称雀宿檐。而楼房则常将支撑楼板面之承重木构件,挑出二尺许,绕以栏杆,做成阳台,为硬挑头。如以短枋连楼面,各种精美斜撑支承,上覆屋盖,为软挑头。

(6) 槅扇

也称围屏纱窗,划分室内,烘托空间。安装方便,逢喜庆宴会等需要大空间时,可拆卸。式样似长窗,六扇或八扇为一堂。

有时需隔断视线及隔音,将纱槅内心镶板,其背面或钉纱绢,或钉木板,上裱字画。如留园林泉耆硕之馆纱槅。有时纱槅还和罩组成小空间——“厅中厅”,网师园住宅花厅正间后、留园揖峰轩内东端及《红楼梦》中的“碧纱橱”之类[1]。

(7) 罩

分飞罩、落地罩,用细木条组成空格花纹。

飞罩:与挂落相似,比挂落稍长者称挂落飞罩[2],两端向下突出较长者称飞罩,或两端下垂,轮廓似拱券门,多整块木料透雕而成,如拙政园留听阁雀梅飞罩。其花纹有藤茎、雀梅、松鼠合桃、喜桃、整纹、乱纹等。

落地罩:两端落地的飞罩,有自由式、纱桶式与洞门式。洞门式是落地罩的进一步发展,门有八方、长八方、圆月各式,以圆月为代表,一般称圆月罩或圆光罩,如留园林泉耆硕之馆(图 10-3-16)、狮子林立雪堂[3]。

(8) 博古架及书架

博古架:隔断与家具结合,多两面透空,便于观赏。用木板在框架内组成纵横、大小不一、形状多样的格子,内安陈列品。

[1] 罗哲文、陈从周:《苏州古典园林》,苏州:古吴轩出版社,1999 年,第 19 - 20 页。
[2] 姚陈祖原著、张至刚增编、刘敦桢校阅:《营造法原》,北京:中国建筑工业出版社,1986 年,第 45 页。
[3] 罗哲文、陈从周:《苏州古典园林》,苏州:古吴轩出版社,1999 年,第 20 页。

书架:整齐划一的架子布满全间,简素可悦〔1〕。

(9) 轩

轩我国各地均有,江南更盛。轩遮蔽屋盖结构,前身应为复水椽(即重椽),实类天花。至于一般书斋、小轩等,追求小巧亲切,则不用轩,或直接用平木板作天花。

江南轩多样,如船篷轩、鹤颈轩、一支香轩、弓形轩、菱角轩、茶壶档轩(图 10-3-17),及其变体。进深较大厅堂,高大的室内上部较暗,以免压抑、利于保温隔热,通常用轩或重椽;或分成前后对等之两部(鸳鸯厅);或为连续的四轩——"满轩"。楼厅层高大也用轩,如南京糖坊廊 61 号河房(图 10-3-18)〔2〕。

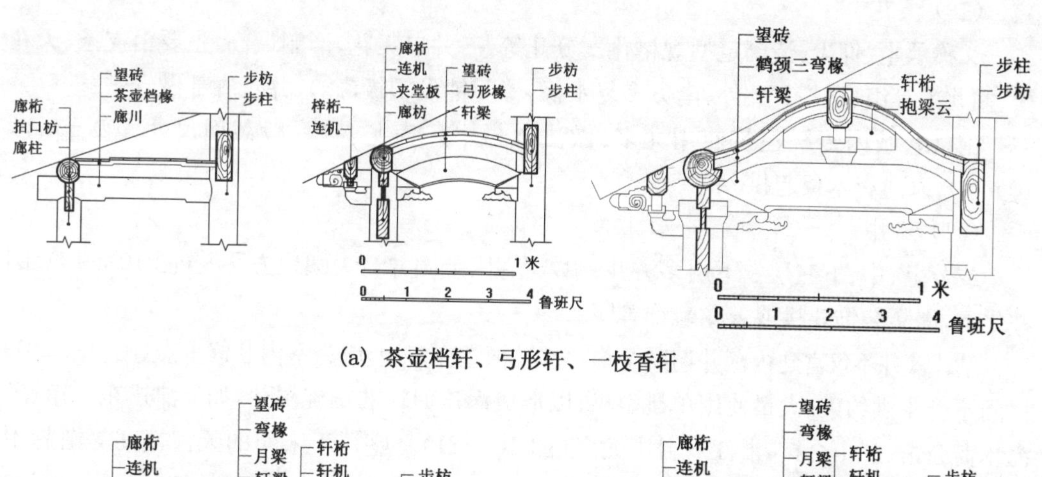

(a) 茶壶档轩、弓形轩、一枝香轩

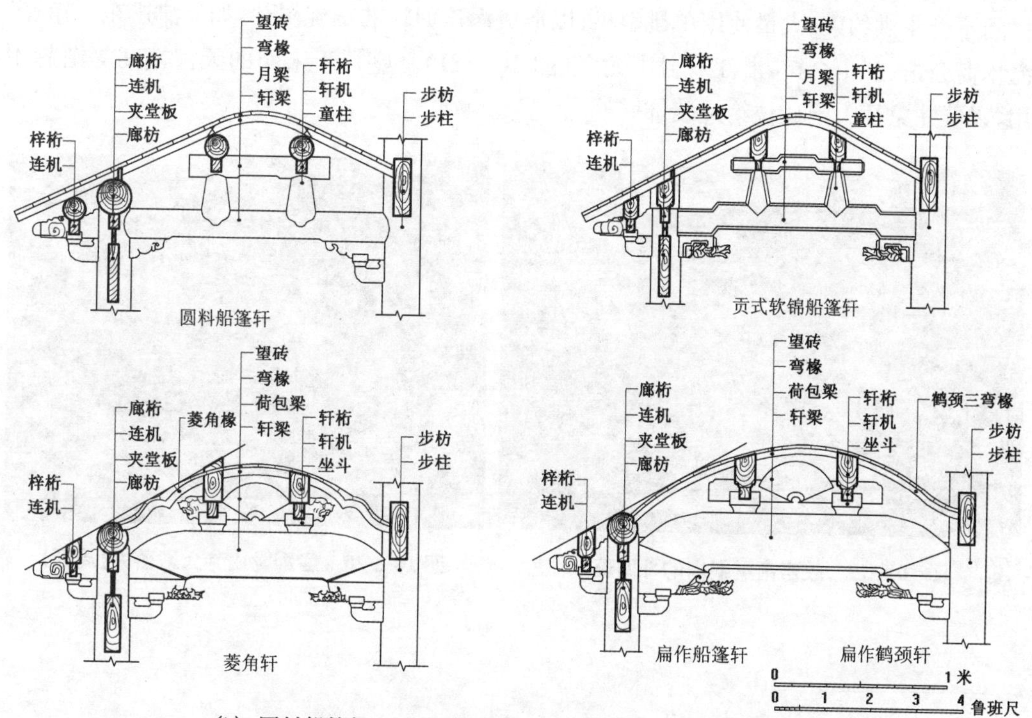

(b) 圆料船篷轩、贡式软锦船篷轩、菱角轩、扁作船篷轩

图 10-3-17　各种轩法

〔1〕 马炳坚:《北京四合院建筑》,天津:天津大学出版社,1999 年,第 116 页。

〔2〕 马晓、周学鹰:《渐行渐远的秦淮河房(厅)》,《建筑与文化》2013 年第 11 期。

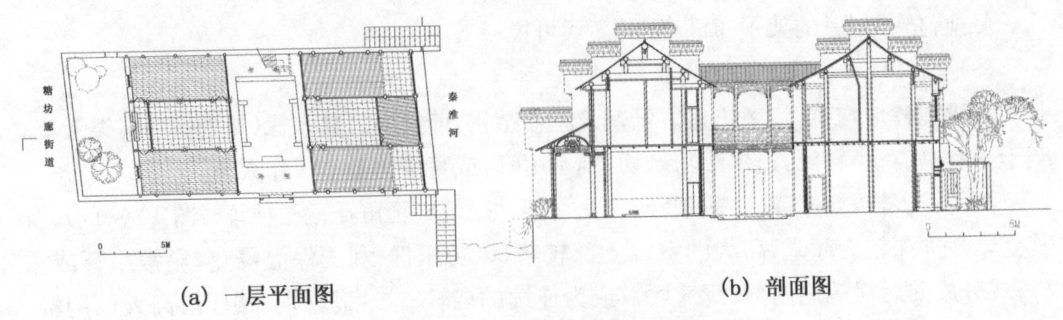

(a) 一层平面图　　(b) 剖面图

图 10-3-18　南京糖坊廊 61 号河房

(10) 天花

又称承尘、仰尘,清已定型规格化。分几等,一井口天花,形制最高,主要由支条、天花板、帽儿梁等组成[1]。此外,南方多复水椽,椽间铺设望板(砖),并于廊部做轩[2]。

南京老城内传统建筑使用尤多:做法以杉木条为龙骨(一般截面尺寸 100 mm×10 mm),以薄杉木板起拱。

(11) 藻井

或分上、中、下三层。下层多方井、中八角井、上圆井,"天圆地方"[3](图 10-3-19)。圆井之上,周圈装饰斗栱或云龙雕饰等[4]。

清代藻井不仅宫廷内藻井遍贴金饰,会馆、祠堂亦多用,成为室内装修重点(图 10-3-20);民间不受斗栱约束,大量使用单挑斜栱,以形成涡流回转的螺旋藻井,如天津广东会馆、上海木商会馆、三山会馆,浙江戏台中尤多(图 10-3-21)。盛行于宋明的天宫楼阁等渐趋不用,以藻井象征天国让位给纯装饰[5]。

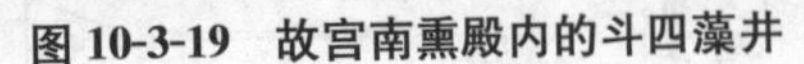

图 10-3-19　故宫南熏殿内的斗四藻井

图 10-3-20　艋舺龙山寺大殿落井(局部)

[1] 马炳坚:《中国古建筑木作营造技术》(第二版),北京:科学出版社,2003 年,第 294 页。
[2] 刘致平:《中国建筑类型及结构》(第三版),北京:中国建筑工业出版社,2000 年,第 85 页。
[3] 张淑娴:《中国古代建筑藻井装饰的演变及其文化内涵》,《文物世界》2003 年 06 期。
[4] 马炳坚:《中国古建筑木作营造技术》,北京:科学出版社,2003 年,第 295 页。
[5] 孙大章:《中国古代建筑史·第 5 卷》(第二版),北京:中国建筑工业出版社,2009 年,第 474 页。

图 10-3-21　诸暨江南第一家边氏宗祠戏台鸡笼井

(12) 隔断

清代室内隔断更加成熟、多样化。材料或砖、泥、竹、木等，成就最大者莫过于木[1]。

板壁：北方常用，简单朴素且坚固耐久，形式固定。宫廷墙壁多刷黄色包金土或贴金花纸，或裱糊贴络。或预制木格框，裱糊夏布、毛纸、粉刷白色，固定在墙壁毛面上，称“白堂篦子”[2]。南方常用木板壁或编竹夹泥壁作隔断，里外刨光涂油漆，或彩饰。板壁面常作“镜面”，光洁淡雅；或于板壁裱糊古钱、字画等。

太师壁：多用于南方。堂屋后壁中央常用窗棂斗拼，或做出木雕团龙凤，或悬挂字画。两侧靠墙处各开一门，通往隔间、楼梯(图 10-3-22)。

图 10-3-22　西递村追慕堂太师壁

帷帐：方式灵活，悬起可打通空间，放下可隔绝内外。其锦绣花纹，亦有很强装饰性[3]。

实际上，前述碧纱橱、罩、博古架、书架、屏门等亦属于隔断，如屏门、碧纱橱、罩、博古架等组合，平面进退凹凸，灵活多变。

3. 土、石、砖、瓦作

清代土、石、砖、瓦作等整体技术承明，惟手法更细腻而系统。

(1) 基础土作

基础灰土技术或始于明初，普及于明，完善于清。灰土奠定的坚固地基和创造的干燥环境，可绝

[1] 中国科学院自然科学史研究所：《中国古代建筑技术史》，北京：科学出版社，1985 年，第 157 页。
[2] 蒋博光：《明清古建筑裱糊工艺及材料》，《古建园林技术》1986 年第 1 期。
[3] 刘致平：《中国建筑类型及结构》，北京：建筑工程出版社，1957 年，第 104 页。

“地气”,保护墙体不酥碱,防止不均匀沉降。如故宫三大殿灰土达十五层之多,近四百年仍坚实无动[1]。

清代陵寝作“万年吉地”,其灰土亦达十几层。一层又称“一步”,小式建筑1～2步,大式建筑2～3步[2]。

(2) 墙垣、铺地及石作

砖墙:应用广泛。主要分五种,由精到粗,逐级递减:干摆(五扒皮)、丝缝、淌白、糙砌、碎砖砌筑[3]。

铺地:多砖墁地,分方砖、条砖两种。按精细程度,分金砖墁地、细墁地面、淌白地面及糙墁地面等[4]。

石作:应用广泛,如桥梁涵洞、城垣码头、台基栏杆与墙垣地面等。石桥遍及各地,园林与陵寝中较多,水乡尤甚,河埠头更多。据研究,清代北方官式石桥石券多双圆心、半圆形、拱顶略尖的锅底券等[5]。桥身中部窄而桥端宽,形如银锭,显得轻巧而有张力(图10-3-23)[6]。

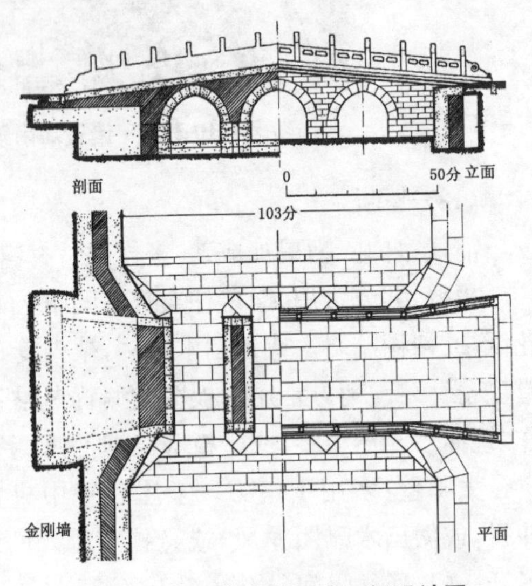

图10-3-23　清官式三孔石桥设计图

(3) 瓦作

可分琉璃瓦、布瓦、金瓦与明瓦等。

琉璃瓦:等级较高,只皇宫和敕建庙宇方可用黄色琉璃瓦或黄剪边,亲王、世子、郡王只能用绿色琉璃瓦或绿剪边。离宫别馆和皇家园林,可用各色琉璃瓦组成的“琉璃集锦”(图10-3-24)[7]。

---

〔1〕 邓其生:《中国古代建筑基础技术》,《建筑技术》1980年02期。
〔2〕 刘大可:《中国古建筑瓦石营法》,北京:中国建筑工业出版社,1993年,第2页。
〔3〕 中国文物保护技术协会:《中国文物保护技术协会第七次学术年会论文集》,北京:科学出版社,2013年,第258页。
〔4〕 蒋博光:《“金砖”墁地》,《文史知识》编辑部:《古代礼制风俗漫谈》,北京:中华书局,1983年,第147页。
〔5〕 王其亨:《清代拱券券形的基本形式》,《古建园林技术》1987年02期。
〔6〕 王璧文:《清官式石桥做法》,《中国营造学社汇刊》第5卷第4期。
〔7〕 饶勃:《实用瓦工手册》,上海:上海交通大学出版社,1991年,第481页。

图 10-3-24　颐和园琉璃集锦屋面

布瓦:深灰色的黏土瓦,常称黑活或墨瓦屋面。

金瓦:有三种:一为金瓦,实则铜瓦,多见于皇家园林;二铜胎镏金瓦,多见于皇家园林或喇嘛教建筑;三铜瓦外包“金叶子”,见于喇嘛教建筑。

此外,还有合瓦屋面、筒板瓦屋面。合瓦又称阴阳瓦(南方称蝴蝶瓦),底瓦与盖瓦一正一反,一阴一阳,多用于小式建筑或民居,北方大式建筑鲜用,江南则无论民宅或庙宇皆用。筒板瓦屋面,板瓦作底,筒瓦为盖,多用于宫殿、庙宇、王府等高等级、大式建筑。低等级、小式建筑还用仰瓦灰梗屋面、干槎瓦屋面、灰背顶、石板瓦及草顶屋面等。有交叉使用,如棋盘心、布瓦琉璃剪边等[1]。

图 10-3-25　北港朝天宫脊饰(局部)

脊饰:为正吻、戗兽、仙人、走兽等,民间脊饰繁多。正吻、正脊,需用脊桩等固定。北方多采用砖垒砌线脚的“清水脊”,南方多用小青瓦堆砌并带有各种花饰的“片(叠)瓦脊”[2]。福建、广东、台湾、澳门与香港等,脊饰包罗万象,极具特色(图 10-3-25)。

清代“三雕”(木雕、砖雕、石雕)登峰造极(图 10-3-26),全国各地域均有突出的表现。至于清代彩画,更是普遍采用,各地特色显明。官式彩画分和玺、旋子、苏北三种,以和玺彩画等级最高(图 10-3-27)。

---

〔1〕 孙大章:《中国古代建筑史·第五卷》(第二版),北京:中国建筑工业出版社,2009 年,第 400 页。
〔2〕 中国科学院自然科学史研究所:《中国古代建筑技术史》,北京:科学出版社,1985 年,第 188 页。

(a) 榆次常家庄园狮壁砖雕　　(b) 广州陈家祠砖雕

(c) 北京北海九龙壁局部　　(d) 淡水龙山寺大殿蟠龙石柱之一

图 10-3-26　砖雕、石雕举例

图 10-3-27　故宫太和门木雕与和玺彩画

第四节　成就及影响

清疆域广大，各地域因地制宜形成独特的传统建筑技艺，类型众多、文化丰富。

一、《工程做法》颁布，官式建筑成熟并标准化

清工部《工程做法》雍正十二年（1734）刊行，《清会典》著录列入史部政书类。

清政府专设样房（包括制作烫样，图 10-4-1、10-4-2）、算房，保证建筑单体、群体风格协调统一，又大大缩短工期。

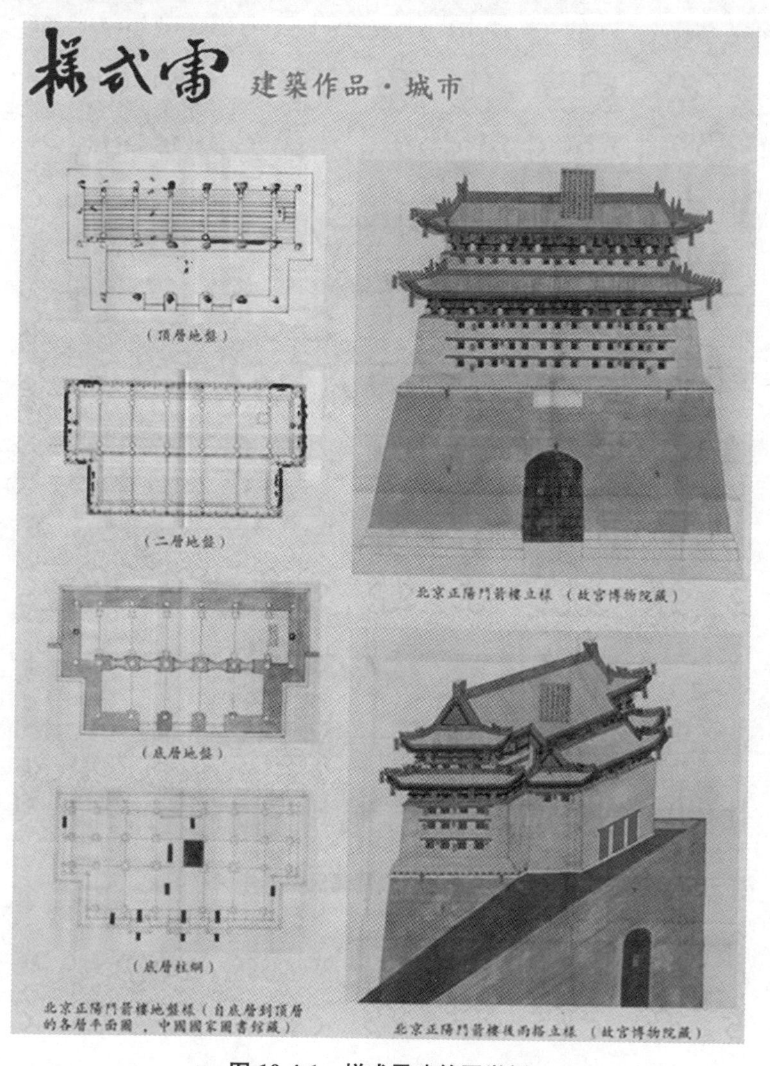

图 10-4-1　样式雷建筑图举例

或认为北京城规划设计与大型建筑群布置,均用一定长、宽或面积为模数,北京城以宫城之面积为模数,紫禁城宫殿的主要部分以后两宫之长宽为模数,天坛坛区以祈年殿下大方台之宽为模数等〔1〕。

清代官式建筑注重构架整体性,柱网整齐有序,少见减(移)柱,侧脚、生起亦少。拼绑梁柱渐多,做法规整等。斗栱所占立面高度较低,用材小、布置密,装饰功用远超结构。

因此,清代木构类型相对较少,标准化程度高,利于预制,施工简便。官式建筑也相对严谨,缺少生气。

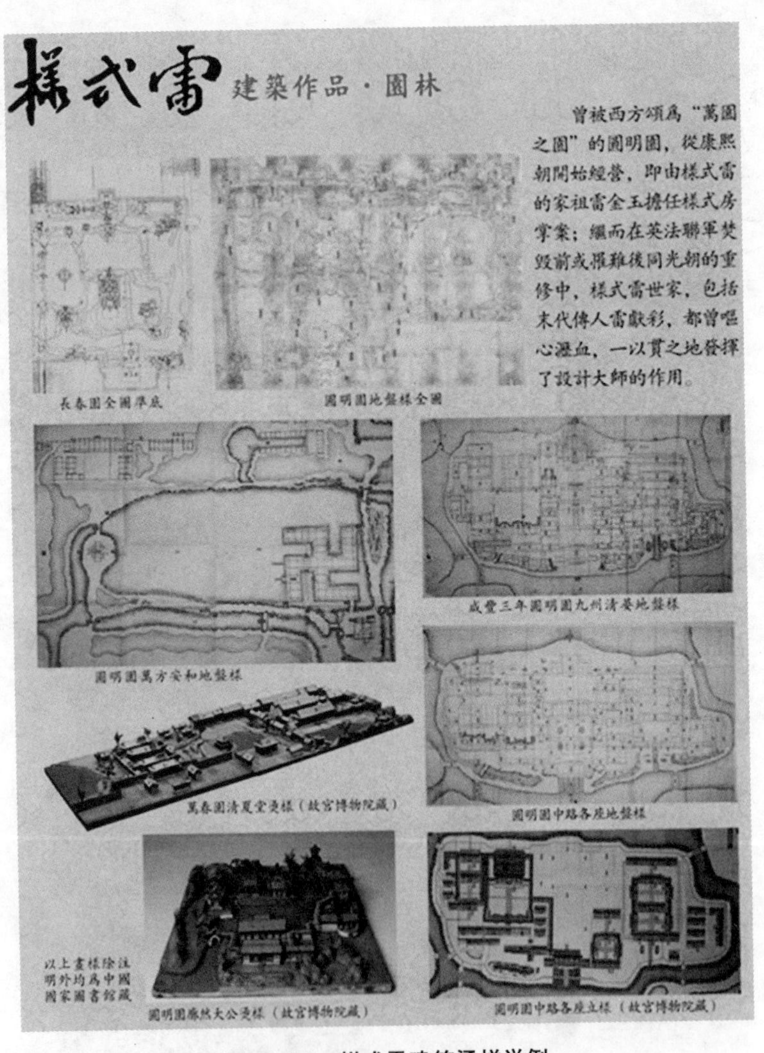

图 10-4-2　样式雷建筑烫样举例

〔1〕 傅熹年:《中国古代院落布置手法初探》,《文物》1999 年第 3 期。

二、民间匠师著作丰富，各地建筑因地制宜

清代民间建筑匠书较多。如苏州姚氏秘籍（姚承祖《营造法原》）、李渔的《闲情偶寄》、李斗的《扬州画舫录》等，内容全面丰富。

建筑技艺交融主要有二：不同民族间、不同地域间。地域间的交流与融合既有国内，亦有国外。前者典型是南艺北移，南方造园理景、木作技术、室内装修、砖石木雕等，均对北方产生重要影响。

国内外建筑文化加速融合。如中亚、西亚等地礼拜寺传入南疆、黑龙江〔1〕等，西方建筑传入我国各地并深入腹地。而我国传统宅园技艺，亦对17～18世纪欧美，一度产生过影响〔2〕。

三、群体艺术水平高超

群体布局发展，艺术水平高超，小至一个院落，大到乡村、市镇与城市皆然。如故宫建筑群在水平向纵横延展的基础上，依据等级、礼制所需，竖向安排其高矮、平面规定宽窄及围合院落空间大小等，平面与竖向互动，营造封闭开合、高低错落的场景。除各单体台基高矮外，还引入多层楼阁，改变单层建筑绝对占比。

又如依地势而建的台地建筑，多利用地形，以飞（纳）陛、悬挑、错层等经营各单体，形成立体化建筑群，如西藏布达拉宫、承德外八庙等。重视风水的墓葬，更是如此。

此外，群体布局体现出深邃的哲学思想、礼制观念、风水禁忌，深化建筑群艺术魅力。如承德普宁寺体现佛国境界“曼荼罗”〔3〕、普乐寺坛城〔4〕，宁夏中卫高庙道教三清圣境（释、道、儒三教并存的寺院〔5〕）等。

风水是解读古人思想文化、哲学观念，理解其所作所为等的钥匙或窗口。“在建房立基、层次布局、结构置景乃至木、石、瓦作上，儒、释、道，理玄学，阴阳五行，八卦方术等无不渗透其中”〔6〕。

〔1〕 莫娜、刘勇、吕海平：《黑龙江地区清代伊斯兰教礼拜寺的建筑传播与建筑特征研究》，《古建园林技术》2014年第3期。

〔2〕 李景奇、查前舟：《“中国热”与“新中国热”时期中国古典园林艺术对西方园林发展影响的研究》，《中国园林》2007年第1期。

〔3〕 毛丽萍：《承德普宁寺蕴含的藏文化元素》，《承德石油高等专科学校学报》2014年第2期。

〔4〕 李建红：《简述外八庙殿堂内的曼陀罗》，《河北旅游职业学院学报》2008年第2期。

〔5〕 阚世培：《中国寺院建筑形式种种》，《佛教文化》1996年第5期。

〔6〕 王维军：《莫氏庄园大门位置辨析》，《古建园林技术》1999年第3期。

四、造园技艺深化，类型多样

清代造园技艺进一步深化，达到了我国古典园林技术的最高峰。例如：

类型多。皇家园林、私家园林、寺观园林，甚至现代意义上的城市公园、小游园等，丰富多彩。

皇家御苑有大内、行宫、离宫等，乾、嘉两朝达到中国古典园林后期发展史上的高峰[1]。

私家园林形态纷繁，各具匠心。北方、南方、岭南、寺观、衙署、书院园林等各具特色。独具一格的写意山水园林体系，流及日本、英国(图 10-4-3)、意大利等[2]。

图 10-4-3　英国邱园佛塔

图 10-4-4　淡水红毛城(重建于 1642 年)

五、外来影响加剧，建筑丰富多彩

清代建筑装饰丰富。不论材质、形体、色彩，还是题材、技艺、立意等，创新诸多。譬如[3]：

(1) 手段增多。除原有彩绘、琉璃、油饰、雕刻外，又引入镶嵌、灰塑嵌瓷等；

(2) 地方及流派风格形成。如北方质朴、南方细腻、岭南繁丽；

(3) 技艺交流密切。国内各地域间交流频繁，如南方影响北方及宫廷；中西交流发展，特别是净片玻璃对清中后期装饰影响巨大；

(4) 普及程度高。不局限于上层，平民建筑亦然；

---

〔1〕 周维权：《中国古典园林史》，北京：清华大学出版社，2007 年，第 457 页。

〔2〕 冯桂丛，阎林甫：《中国古典园林概述》，《武汉城市建设学院学报》1987 年第 2 期。

〔3〕 孙大章：《中国古代建筑史 · 第 5 卷》(第二版)，北京：中国建筑工业出版社，2009 年，第 439 - 441 页。

(5) 走向纯艺术方向，自然主义倾向明显。后期有些艺术内容与建筑内容背离，追求纯艺术(绘画性、雕塑性)。

外来文化影响下的城乡公园，逐渐成形，达及边陲。如成都仿效西法正式兴建公园，则起自清代宣统三年(1911)，达六处之多[1]；如贵州贵阳花溪公园[2]。

清代东西方建筑文化激烈碰撞、交流，新材料(如水泥、钢)、技术(钢筋混凝土、钢结构)、设备(电梯、抽水马桶、浴缸等)等广泛运用(图 10-4-4)。晚清时越演越烈，旖旎的清代建筑催生出民国建筑的转型。

然而，清代皇权强化与文化专制，对建筑发展作用消极。我国科技与文化活力渐失，并导致传统建筑转型举步维艰[3]。历史期待革故鼎新。

本章学习要点

北京
沈阳
太谷
扬州
大同
徽州西递、宏村
翁丁
林寨
增冲侗寨
宗科乡加斯满村石波寨
故宫(紫禁城)
盛京宫殿
北京王府(恭王府及其花园)
衙署(直隶总督署衙、南阳府衙、内乡县衙)
苏州(无锡)民居
台中雾峰林家花园(“莱园”)下厝
干栏式建筑
窑洞
毡包
密肋平顶式民居(藏族碉楼、阿义旺)
“撮罗子”、地窨子
番禺“水棚”
胶东半岛海草房
皇家园林
私家园林
岭南园林
寺庙园林
书院园林
布达拉宫
措尔机寺
青海塔尔寺
五台山
普陀山
景真八角亭
曼短佛寺
同心清真大寺
化觉巷清真寺
阆中巴巴寺
北京白云观
成都青羊宫

[1] 古元忠:《成都公园史话》,《四川文物》1989 年第 2 期。
[2] 施毅、姚胜祥:《花溪公园》,《文史天地》2011 年第 9 期。
[3] 刘凯:《晚清汉口城市发展与空间形态研究》,北京:中国建筑工业出版社,2010 年,第 231 页。

大三巴牌坊
圣约翰大教堂
马偕教堂
盛京三陵
清东陵
清西陵
浑源栗毓美墓
台南孔庙
解州关帝庙
徽州祠堂
广州陈家祠
自贡西秦会馆
宁寿宫畅音阁
德和园戏台
清工部《工程做法》
《营造法原》
《扬州画舫录》
《闲情偶寄》
大木作
小木作
砖石作
和玺彩画
旋子彩画
苏式彩画
清代建筑技艺

附录　图版目录

第六章

(a) 中国科学院考古研究所:《新中国的考古收获》,北京:文物出版社,1961 年,第 98 页

(b) 杨鸿勋:《大明宫》,北京:科学出版社,2013 年,第 272 页

图 6-2-4 《兴庆宫图》碑

陕西省碑林博物馆藏孙果清:《现存中国古代孤本、珍品舆图赏析》,《地图》2004 年第 1 期,第 49 页

图 6-2-5 唐洛阳宫明堂立面复原示意图

傅熹年:《中国古代建筑史 · 第二卷》,北京:中国建筑工业出版社,2001 年,第 414 页,图 3-3-6

图 6-2-6 渤海上京龙泉府宫城平面复原图(中心部分)

张铁宁:《渤海上京龙泉府宫殿建筑复原》,《文物》1994 年第 6 期,第 40 页,图二

图 6-2-7 渤海国上京宫城第 2 号宫殿遗址平、剖面图

黑龙江省考古研究所、吉林大学考古学系、牡丹江市文物管理站:《渤海国上京龙泉府宫城第二宫殿遗址发掘简报》,《文物》2000 年第 11 期,第 14 页,图二

图 6-2-8 唐代院落举例,(a) 莫高窟第 148 窟东壁七重院落壁画(盛唐),(b) 第 23 窟南壁民居院落壁画(盛唐)

孙儒僩、孙毅华:《敦煌石窟全集 21 · 建筑画卷》,香港:商务印书馆,2001 年,第 166 页;第 170 页

图 6-2-9 隋李静训墓石棺西壁立面图

中国社会科学院考古研究所:《唐长安城郊隋唐墓》,北京:文物出版社,1980 年,第 9 页

图 6-2-10 西安中堡唐墓出土明器住宅(陕西历史博物馆藏)

图 6-2-11 卫贤《高士图》(局部)(故宫博物院藏)

图 6-2-12 合肥西郊南唐墓出土的底层架空木屋

石谷风、马人权:《合肥西郊南唐墓清理简报》,《文物参考资料》1958 年第 3 期,封面图版(背)

图 6-2-13 河北正定文庙,(a) 外观,(b) 转角铺作

图 6-2-14 佛寺图,莫高窟第 12 窟北壁壁画(晚唐)

敦煌文物研究所:《中国石窟:敦煌莫高窟(四)》,北京:文物出版社,1987 年,图版 159

图 6-2-15 《关中创立戒坛图经》所示律宗寺院图

刘敦桢:《中国古代建筑史》(第二版),北京:中国建筑工业出版社,1984 年,第 166 页

图 6-2-16 平顺大云院大殿

图 6-2-17 南禅寺大殿,(a) 修复后的外观(摄影:吴伟),(b) 横剖面图

(b) 祁英涛、柴泽俊:《南禅寺大殿修复》,《文物》1980 年第 11 期,第 65 页,

图三

图 6-2-18 佛光寺总平面图

刘敦桢:《中国古代建筑史》(第二版),北京:中国建筑工业出版社,1984 年,第 135 页,图 86 - 1

图 6-2-19 佛光寺东大殿,(a) 外观及周边环境,(b) 平面图,(c) 屋架,(d) 立面图

(b)、(c)、(d) 刘敦桢:《中国古代建筑史》(第二版),北京:中国建筑工业出版社,1984 年,第 137 页,图 86 - 3;图 86 - 6;图 86 - 8

图 6-2-20 正定开元寺钟楼,(a) 外观,(b) 剖面图,(c) 叉柱造(楼阁上层柱脚插入下层柱头铺作之上并内收)

(b) 聂连顺、林秀珍、袁毓杰:《正定开元寺钟楼落架和复原性修复(下)》,《古建园林技术》1994 年第 2 期,第 12 页,图 9

图 6-2-21 平顺天台庵大殿,(a) 外观,(b) 金朝黄绿琉璃鸱吻,(c) 通檐用二柱,(d) 内部梁架

(a) 王春波:《山西平顺晚唐建筑天台庵》,《文物》1993 年第 6 期,第 37 页,图七

图 6-2-22 芮城五龙庙正殿,(a) 外观,(b) 横剖面图,(c) 柱头铺作

(b) 贺大龙:《山西芮城广仁王庙唐代木构大殿》,《文物》2014 年第 8 期,第 74 页,图九

图 6-2-23 平顺龙门寺,(a) 总平面图,(b) 剖面图,(c) 西配殿外观,(d) 斗栱(彩画后世补绘),(e) 横剖面图

(a) 冯冬青:《龙门寺保护规划》等文章中的图改画

(b) 据 马吉宽:《平顺龙门寺大雄宝殿勘察报告》等文章中的图改画

(e) 郭黛姮:《中国古代建筑史 · 第三卷》,北京:中国建筑工业出版社,2003 年,第 435 页,图 6 - 397

图 6-2-24 平遥镇国寺万佛殿,(a) 外观,(b) 内景,(c) 殿内彩塑,(d) 横剖面

(b) 刘畅、廖慧农、李树盛:《山西平遥镇国寺万佛殿与天王殿精细测绘报告》,北京:清华大学出版社,第 272 页

图 6-2-25 福州华林寺大殿,(a) 外观,(b) 内部梁架

图 6-2-26 长子碧云寺正殿,(a) 平面图(四根小柱为后加),(b) 横剖面,(c) 外檐出挑用昂,(b) 四椽栿与昂尾

(a)、(b) 贺大龙:《长治五代建筑新考》,北京:文物出版社,2008 年,第 173 页图

图 6-2-27 佛塔举例,(a) 山西五台佛光寺祖师塔(六角),(b) 河南登封净藏禅师塔(八角),(c) 山西运城泛舟禅师塔(圆形)

(b) 宝华寺网:佛教建筑 · 汉传佛教建筑 · 佛塔 · 登封市会善寺净藏禅师塔

(c)《全球攻略》编写组编著:《山西攻略 速度游》,中国旅游出版社,2014 年,第 103 页图

图 6-2-28　西安兴教寺玄奘塔

图 6-2-29　西安香积寺塔一层平面图

刘敦桢:《中国古代建筑史》(第二版),北京:中国建筑工业出版社,1984 年,第 141 页,图 88 - 1

图 6-2-30　西安大雁塔门楣石刻(拓片)

李淞:《陕西佛教艺术》,北京:文物出版社,2008 年,第 129 页

图 6-2-31　苏州虎丘云岩寺塔,(a) 平面图,(b) 剖面图,(c) 外观

(a)、(b)刘敦桢:《中国古代建筑史》(第二版),北京:中国建筑工业出版社,1984 年,第 220 页,图 123 - 1;第 222 页,图 123 - 3

图 6-2-32　西安小雁塔历史照片(1906—1909)

[德]伯施曼著,段芸译:《中国的建筑与景观(1906—1909 年)》北京:中国建筑工业出版社,2010 年第 105 页

图 6-2-33　登封法王寺塔

图 6-2-34　安阳灵泉寺双石塔之西塔

图 6-2-35　阳谷县关庄唐代石塔立面图

刘善沂、孙怀生:《山东阳谷县关庄唐代石塔》,《考古》1987 年第 1 期,第 49 页,图一

图 6-2-36　南京栖霞寺舍利塔,(a) 外观,(b) 平面图

(b) 刘敦桢:《中国古代建筑史》(第二版),北京:中国建筑工业出版社,1984 年,第 144 页,图 90 - 1

图 6-2-37　平顺海会院明惠大师塔立面图

刘敦桢:《中国古代建筑史》(第二版),北京:中国建筑工业出版社,1984 年,第 152 页,图 95 - 1

图 6-2-38　历城神通寺四门塔,(a) 外观,(b) 平面图

(b) 刘敦桢:《中国古代建筑史》(第二版),北京:中国建筑工业出版社,1984 年,第 148 页,图 92 - 1

图 6-2-39　安阳修定寺塔,(a) 外观,(b) 拱券

图 6-2-40　历城神通寺龙虎塔,(a) 外观,(b) 塔身雕饰(局部)

图 6-2-41　历城九塔寺九顶塔,(a) 外观,(b) 顶部

图 6-2-42　海宁安国寺经幢之一,(a) 外观,(b) 仿木檐斗栱

图 6-2-43　渤海石灯,(a) 外观,(b) 结构示意

(b) 关燕妮:《渤海石灯之连接结构》,《北方文物》2013 年第 3 期,第 43 页,图一

图 6-2-44　麦积山石窟第 5 窟,(a) 外观,(b) 把头绞项造仿木构窟檐

图 6-2-45　敦煌莫高窟第 158 窟、第 46 窟,(a) 第 158 窟盝顶涅槃(中唐),(b) 第 46 窟覆斗顶殿堂(盛唐)

(a)、(b) 孙毅华、孙儒僩主编:《敦煌石窟全集 22 · 石窟建筑卷》,香港:商务印

中国建筑科学研究院:《中国古建筑》,北京:中国建筑工业出版社,1983年,第57页

图 6-4-2 上京龙泉府宫城西区寝殿遗址平、剖面图

中国社会科学院考古研究所:《六顶山与渤海镇唐代渤海国的贵族墓地与都城遗址》,北京:中国大百科全书出版社,1997年,第67页

图 6-4-3 隋安济桥,(a) 实测图(1933年中国营造学社测绘),(b) 穿壁龙栏板中国国家博物馆藏

(a) 茅以升:《中国古桥技术史》,北京:北京出版社,1986年,图版壹

图 6-4-4 甘肃石窟唐代壁画举例,(a) 莫高窟第158窟东壁壁画中(中唐)净土世界的宫殿屋瓦装饰、(b) 榆林窟第25窟南壁壁画(中唐)净土世界的宫殿装饰

孙儒僩、孙毅华主编:《敦煌石窟全集21·建筑画卷》,香港:商务印书馆,2001年,第199页;第187页

图 6-4-5 昭陵献殿遗址出土的唐代鸱尾、鬼瓦,(a) 鸱尾,(b) 鬼瓦(中国国家博物馆藏)

(a) 陕西历史博物馆、昭陵博物馆合编,张崇信主编,李西兴编著:《昭陵文物精华》,西安:陕西人民美术出版社,1991年,第80页

图 6-4-6 佛光寺东大殿前檐柱础

图 6-4-7 兴庆宫遗址出土莲花纹石柱础(中国国家博物馆藏)

图 6-4-8 隋唐五代建筑细部(一)

刘敦桢:《中国古代建筑史》(第二版),北京:中国建筑工业出版社,1984年,第167页图104-1;第168页图104-2

图 6-4-9 隋唐五代建筑细部(二)

刘敦桢:《中国古代建筑史》(第二版),北京:中国建筑工业出版社,1984年,第169页图104-3

图 6-4-10 隋唐五代家具

刘敦桢:《中国古代建筑史》(第二版),北京:中国建筑工业出版社,1984年,第129页图83

图 6-4-11 隋唐五代装饰纹样(一)

刘敦桢:《中国古代建筑史》(第二版),北京:中国建筑工业出版社,1984年,第173页图107-1;第174页图107-2

图 6-4-12 隋唐五代装饰纹样(二)

刘敦桢:《中国古代建筑史》(第二版),北京:中国建筑工业出版社,1984年,第175页图107-3;第176页图107-4

第七章

图 7-1-1 宋东京平面示意图

图 7-2-7 繁峙岩山寺壁画
品丰、苏庆:《繁峙岩山寺壁画》,重庆:重庆出版社,2001 年第 37 页图
图 7-2-8 《咸淳临安志》中的《皇城图》
潜说友:《咸淳临安志》卷一《皇城图》,中华书局编辑部编:《宋元方志丛刊》第 4 册,北京:中华书局,1990 年,第 3354 页
图 7-2-9 北宋王希孟《千里江山图》中的村居(杨休教授提供高清资料)
图 7-2-10 南宋《中兴祯应图》中表现的贵族官僚宅第(杨休教授提供高清资料)
图 7-2-11 南宋刘松年《秋窗读书图》(杨休教授提供高清资料)
图 7-2-12 南宋刘松年《四景山水图》(杨休教授提供高清资料)
图 7-2-13 马远《华灯侍宴图》深宅大院(杨休教授提供高清资料)
图 7-2-14 南宋赵伯驹(传)《江山秋色图》中的独栋山居(杨休教授提供高清资料)
图 7-2-15 南宋萧照(传)《中兴瑞应图》中的庐帐式居住建筑(杨休教授提供高清资料)
图 7-2-16 高平开化寺《鹿女本生》图中的竹编建筑
图 7-2-17 内蒙古克什克腾旗二八地一号辽墓壁画——帐幕
项春松:《辽朝壁画选》,上海:上海人民美术出版社,1984 年,图版一〇
图 7-2-18 甘肃敦煌北宋壁画中的帐篷
贺世哲:《莫高窟壁画艺术・北宋》,兰州:甘肃人民出版社,1986 年,第 11 页穷子喻第 55 窟窟顶南坡
图 7-2-19 南宋《孝经图》中《圣治章》圜丘图(辽宁省博物馆收藏,杨休教授提供高清资料)
图 7-2-20 南宋《景定建康志》中的社坛图
周应合纂:《景定建康志》卷 5《重建社坛之图》,见中华书局编辑部编:《宋元方志丛刊》第 2 册,北京:中华书局,1990 年,第 1384 页图
图 7-2-21 北宋明堂复原想象图,(a) 平面图,(b) 立面图,(c) 剖面图
郭黛姮:《中国古代建筑史・第三卷》,北京:中国建筑工业出版社,2003 年,第 167 页图 4-39;第 168 页图 4-40;图 4-41
图 7-2-22 曲阜孔庙金朝碑亭剖面图
南京工学院建筑系、曲阜文物管理委员会:《曲阜孔庙建筑》,北京:中国建筑工业出版社,1987 年第 336 页图 310
图 7-2-23 宋汾阴后土祠庙貌碑摹本
郭黛姮:《中国古代建筑史・第三卷》,北京:中国建筑工业出版社,2003 年,第 144 页图 4-13
图 7-2-24 宋汾阴后土祠庙鸟瞰图
刘敦桢:《中国古代建筑史》(第二版),北京:中国建筑工业出版社,1984 年,第 202 页图 116-2
图 7-2-25 金刻中岳庙图(拓本描摹)
张家泰:《〈大金承安重修中岳庙图〉碑试析》,《中原文物》1983 年第 1 期第 41

图 7-2-38 大同善化寺普贤阁,(a) 外观,(b) 剖面图
(b) 郭黛姮:《中国古代建筑史·第三卷》,北京:中国建筑工业出版社,2003 年,第 341 页图 6-176

图 7-2-39 大同上、下华严寺总平面图
梁思成、刘敦桢:《大同古建筑调查报告》,《中国营造学社汇刊》(四卷三、四期),北京:知识产权出版社,2006 年,图版壹

图 7-2-40 大同上华严寺大雄宝殿,(a) 鸟瞰图,(b) 内景图(局部)

图 7-2-41 大同下华严寺薄伽教藏殿,(a) 平面图,(b) 内景,(c) 经藏
(a) 梁思成、刘敦桢:《大同古建筑调查报告》,《中国营造学社汇刊》(四卷三、四期),北京:知识产权出版社,2006 年,图版贰
(c) 刘敦桢:《中国古代建筑史》(第二版),北京:中国建筑工业出版社,1984 年,第 210 页、第 211 页之间的插页图 119-4

图 7-2-42 宁波天童寺平面布局
郭黛姮:《中国古代建筑史·第三卷》,北京:中国建筑工业出版社,2003 年,第 260 页图 6-5

图 7-2-43 正定隆兴寺总平面图
刘敦桢:《中国古代建筑史》(第二版),北京:中国建筑工业出版社,1984 年,第 210 页、第 203 页图 117-1

图 7-2-44 正定隆关寺序尼殿(a) 平面图 ,(b) 剖面图
河北省正定县文物保管所张秀生等:《正定隆兴寺》,北京:文物出版社,2000 年,第 55 页图三二;第 46 页图一四

图 7-2-45 正定隆兴寺大悲阁内的千手观音
河北省正定县文物保管所张秀生等:《正定隆兴寺》,北京:文物出版社,2000 年,第 158 页图一〇二

图 7-2-46 正定隆兴寺大悲阁,(a) 1944 年重修后的大悲阁、(b) 明间横剖面图
河北省正定县文物保管所张秀生等:《正定隆兴寺》,北京:文物出版社,2000 年,第 67 页图四八

图 7-2-47 正定隆兴寺转轮藏殿,(a) 一层平面图,(b) 明间横断面图
河北省正定县文物保管所张秀生等:《正定隆兴寺》,北京:文物出版社,2000 年,第 68 页图五〇;第 76 页图六二

图 7-2-48 正定隆兴寺慈氏阁,(a) 外观,(b) 明间横断面图
(b) 河北省正定县文物保管所张秀生等:《正定隆兴寺》,北京:文物出版社,2000 年,第 84 页图七二

图 7-2-49 宁波保国寺大殿,(a) 平面图,(b) 现状当心间横剖面图(藻井位置)
清华大学建筑学院、宁波保国寺文物保管所:《东来第一山——保国寺》,北京:文物出版社,2003 年,第 34 页图;第 36 页图

图 7-2-50 大足石窟北山佛湾第 245 号观无量寿佛经变相龛

图 7-2-51　涞滩二佛寺群雕(局部)

图 7-2-52　子长钟山石窟 3 号大窟主像

图 7-2-53　敦煌 431 窟檐(摄影:Alok Shrotriya, Department of Ancient Indian History, Culture and Archaeology Dr. Ha ri Singh Gour University, India)

图 7-2-54　苏州玄妙观三清殿,(a) 平面图,(b) 明间横剖面图

(a) 刘敦桢:《刘敦桢全集・第三卷》,北京:中国建筑工业出版社,2007 年,第 5 页插图 2

图 7-2-55　苏州东山杨湾轩辕宫大殿次间剖面图,(a) 平面图,(b) 虎横剖面图

图 7-2-56　虎丘二山门,(a) 平面图,(b) 横剖面图,(c) 纵剖面图

图 7-2-57　莆田元妙观现状总平面图

陈文忠:《莆田元妙观三清殿建筑初探》,《文物》1996 年第 7 期第 78 页图一

图 7-2-58　莆田元妙观三清殿,(a) 外观,(b) 横剖面图,(c) 内部梁架:八架椽屋前后乳栿用四柱,(d) 柱头斗栱,后世改造,第二跳华栱被砍去,加入乳栿,扩大了内部空间

(a) 陈文忠:《莆田元妙观三清殿建筑初探》,《文物》1996 年第 7 期第 79 页图四

图 7-2-59　陵川西溪二仙庙总平面图

李会智、赵曙光、郑林有:《山西陵川西溪真泽二仙庙》,《文物季刊》1998 年第 2 期第 4 页图二

图 7-2-60　西溪二仙庙梳妆楼,(a) 东梳妆楼一层平面图,(b) 东梳妆楼纵横剖面图,(c) 西梳妆楼外观

(a)、(b) 李会智、赵曙光、郑林有:《山西陵川西溪真泽二仙庙》,《文物季刊》1998 年第 2 期第 19 页图二一;第 20 页图二二

图 7-2-61　银川拜寺口双塔

图 7-2-62　苏州罗汉院双塔东塔正立面、剖面图

郭黛姮:《中国古代建筑史・第三卷》,北京:中国建筑工业出版社,2003 年,第 468 页图 6 - 438、图 6 - 439

图 7-2-63　敦煌成城湾华塔

萧默:《敦煌莫高窟附近的两座宋塔》,《敦煌研究》1983 年第 98 页插图二

图 7-2-64　敦煌老君堂慈氏塔,(a) 外观,(b) 立面图,(c) 平面图,(d) 剖面图

(b)、(c)、(d) 萧默:《敦煌莫高窟附近的两座宋塔》,《敦煌研究》1983 年第 95 页插图一改制

图 7-2-65　北京(辽南京)天宁寺塔(摄影:楼上)

图 7-2-66　邛崃石塔寺宋塔立面图

陈振声:《四川邛崃石塔寺宋塔》,《文物》1982 年第 3 期第 42 页图二

图 7-2-67　泉州开元寺仁寿塔,(a) 平面图,(b) 立面图,(c) 仁寿塔力士及石质斗栱出挑

刘敦桢:《中国古代建筑史》(第二版),北京:中国建筑工业出版社,1984 年,第

224 页图 125 - 1;图 125 - 2

图 7-2-68 定州开元寺料敌塔,(a) 外观,(b) 平面图,(c) 剖面图

(b)、(c) 刘敦桢:《中国古代建筑史》(第二版),北京:中国建筑工业出版社,1984 年,第 227 页图 126 - 1;第 229 页图 126 - 3

图 7-2-69 苏州震泽慈云寺塔剖面图(戚德耀提供)

图 7-2-70 呼和浩特辽万部华严经塔(摄影:楼上)

图 7-2-71 巴林右旗的辽庆州白塔外观(摄影:楼上)

图 7-2-72 湖州飞英塔,(a) 外观,(b) 内部石塔

图 7-2-73 闸口白塔立面图

梁思成:《梁思成全集》第 3 卷,北京:中国建筑工业出版社,2001 年,第 291 页插图二

图 7-2-74 灵隐寺双石塔之东塔

图 7-2-75 正定天宁寺凌霄塔

图 7-2-76 长清灵岩寺辟支塔(摄影:楼上)

图 7-2-77 蓟县独乐寺塔

图 7-2-78 正定广惠寺华塔

图 7-2-79 杭州灵隐寺前西石幢局部

图 7-2-80 赵县陀罗尼经幢,(a) 立面图,(b) 现状

(a) 刘敦桢:《中国古代建筑史》(第二版),北京:中国建筑工业出版社,1984 年,第 235 页图 130

图 7-2-81 巩县宋陵分布图

刘敦桢:《中国古代建筑史》(第二版),北京:中国建筑工业出版社,1984 年,第 216 页图 131 - 1

图 7-2-82 巩县宋永昭陵平面图

刘敦桢:《中国古代建筑史》,北京:中国建筑工业出版社,1984 年,第 217 页图 131 - 2

图 7-2-83 巩县宋永厚陵,(a) 望柱,(b) 瑞禽石屏,(c) 角端

图 7-2-84 绍兴南宋六陵关系图

郭黛姮:《中国古代建筑史 · 第三卷》,北京:中国建筑工业出版社,2003 年,第 204 页图 5 - 38

图 7-2-85 辽庆陵兆域图

郭黛姮:《中国古代建筑史 · 第三卷》,北京:中国建筑工业出版社,2003 年,第 213 页图 5 - 45

图 7-2-86 辽耶律羽之墓墓门彩画

内蒙古文物考古研究所等:《辽耶律羽之墓发掘简报》,《文物》1996 年第 1 期彩画一

图 7-2-87 西夏王陵,(a) 三号陵陵塔,(b) 出土的嫔伽、鸱吻

图 7-3-1　宋《营造法式》地盘图,(a) 殿阁地盘殿身七间副阶周匝各两架椽身内金厢斗底槽图,(b) 殿阁地盘殿身七间副阶周匝身内双槽图,(c) 殿阁地盘殿身七间副阶周匝身内单槽图,(d) 殿阁地盘九间身内分心斗底槽图
梁思成:《梁思成全集·第七卷》,北京:中国建筑工业出版社,2001 年,第 406 页图二十九;第 405 页图二十八
图 7-3-2　高平崇明寺大殿外观
图 7-3-3　善化寺三圣殿补间斜栱及角部附角斗
图 7-3-4　高平崇明寺中佛殿,(a) 柱头铺作,(b) 内部梁架
图 7-3-5　朔州崇福寺观音殿室内斜撑
图 7-3-6　平遥文庙大成殿柱头铺作及补间下垂的斜梁
图 7-3-7　五台佛光寺文殊殿纵剖面、立面图
梁思成:《梁思成全集·第四卷》,北京:中国建筑工业出版社,2001 年,第 398 页插图十九、插图二十
图 7-3-8　高平游仙寺前殿内部次间纵剖面
李会智、李德文:《高平游仙寺建筑现状及毗卢殿结构特征》,《文物世界》2006 年第 5 期
图 7-3-9　武乡大云寺大殿内景
图 7-3-10　济源奉仙观三清大殿内的纵向大额
图 7-3-11　宋《营造法式》殿堂等八铺作副阶六铺作双槽图
梁思成:《梁思成全集·第七卷》,北京:中国建筑工业出版社,2001 年,第 409 页图三十二
图 7-3-12　宋《营造法式》厅堂等十架椽屋前后三椽栿用四柱侧样图
梁思成:《梁思成全集·第七卷》,北京:中国建筑工业出版社,2001 年,第 420 页图四十三
图 7-3-13　义县奉国寺大殿剖面图
建筑文化考察组编著:《义县奉国寺》,天津:天津大学出版社,2008 年,第 102 页图 22
图 7-3-14　应县木塔累叠梁架做法
陈明达:《应县木塔》,北京:文物出版社,1966 年,第 57 页插图 24
图 7-3-15　宋《营造法式》叉柱造示意图
梁思成:《梁思成全集·第七卷》,北京:中国建筑工业出版社,2001 年,第 388 页大木作制度图样十一
图 7-3-16　缠柱造图样
马晓:《中国古代木楼阁》,北京:中华书局,第 234 页第 4-1-20
图 7-3-17　万荣飞云楼,(a) 外观,(b) 剖面图
(b) 孙大章:《万荣飞云楼》,建筑理论与历史研究室编:《建筑历史研究》第 2 辑,第 113 页图版 5

第八章

图 8-1-1 哈喇和林图,(a) 遗址全图,(b) 窝阔台宫城
郭湖生:《中华古都》,台北:北空间出版社,1997 年,第 85 页图 2

图 8-1-2 金中都、元大都、明清北京城位置关系图
郭湖生:《中华古都》,台北:北空间出版社,1997 年,第 88 页

图 8-1-3 元大都城平面示意图
郭湖生:《中华古都》台北:空间出版社,1997 年,第 91 页

图 8-1-4 元上都遗址平面图
张文芳:《元上都遗址》,《内蒙古文物考古》1994 年第 1 期第 118 页图二

图 8-1-5 蒙元四都平面布局示意图
张春长:《元中都与和林、上都、大都的比较研究》,《文物春秋》2005 年第 5 期第 9 页图一

图 8-1-6 集宁路城址平面图
张驭寰:《元集宁路故城与建筑遗物》,《考古》,1962 年第 11 期,第 585 页图二

图 8-1-7 应昌路城址平面图
秦大树:《宋元明考古》,北京:文物出版社 ,2004 年,第 105 页图一四

图 8-1-8 后堡子古城平面图
中国社会科学院考古研究所新疆工作队:《新疆吉木萨尔北庭古城调查》,《考古》1982 年第 2 期;陈戈:《失八里(五城)名义考实》,《新疆社会科学》1986 年第 1 期

图 8-1-9 钱选《山居图》(杨休教授提供资料)

图 8-1-10 黄公望《富春山居图》(局部)(杨休教授提供资料)

图 8-1-11 传王蒙《林泉清集图》(局部)(杨休教授提供资料)

图 8-1-12 黄公望《剩山图》(杨休教授提供资料)

图 8-2-1 大明殿建筑群总平面复原图
傅熹年:《元大都大内宫殿的复原研究》,《考古学报》1993 年第 1 期,第 152 页附图一四

图 8-2-2 元大内复原图,(a) 平面图,(b) 崇天门复原立面图,(c) 大明殿建筑群鸟瞰图
(a) 朱启钤:《元大都宫苑图考》,《中国营造学社汇刊》第一卷第二册,1930 年,第 18 与 19 页之间图
(b)、(c) 傅熹年:《元大都大内宫殿的复原研究》,《考古学报》1993 年第 1 期,第 135 页附图二;第 145 页附图一五

图 8-2-3 西宫示意图,(a) 元隆福宫图,(b) 元兴圣宫图

及柱础、(d) 内部梁架(局部)

(a) 陈从周:《浙江武义县延福寺元构大殿》,《文物》1966 年第 4 期,第 37 页图五

图 8-2-24 金华天宁寺正殿,(a) 外观,(b) 内景

图 8-2-25 上海真如寺大殿,(a) 外观,(b) 构件部位名称图

(b) 上海市文物保管委员会:《上海市郊元代建筑真如寺正殿中发现的工匠墨笔字》,《文物》1966 年第 3 期第 23 页图五、图六

图 8-2-26 洪洞广胜下寺和水神庙,(a) 总平面图,(b) 广胜下寺山门外观,(c) 广胜下寺前殿外观

(a) 刘敦桢:《中国古代建筑史》(第二版),北京:中国建筑工业出版社,1984 年,第 271 页图 144 - 1

图 8-2-27 美国纽约大都会博物馆藏《药师经变图》

图 8-2-28 洪洞广胜下寺后殿,(a) 平面图,(b) 立面图,(c) 纵剖面图,(d) 横剖面图,(e) 梁架结构示意图

刘敦桢:《中国古代建筑史》(第二版),北京:中国建筑工业出版社,1984 年,第 273 页图 145 - 1;第 274 页图 145 - 2;图 145 - 3;第 275 页图 145 - 4)

图 8-2-29 韩城普照寺迁建的元代殿宇之一

图 8-2-30 定兴慈云阁,(a) 平面图,(b) 横剖面图,(c) 外观

(a)、(b) 聂金鹿:《定兴慈云阁修缮记》,《文物春秋》2005 年第 3 期第 39 页图三;第 42 页图六、图七

图 8-2-31 阆中五龙庙,(a) 外观,(b) 梁架

图 8-2-32 阆中永安寺大殿,(a) 外观,(b) 剖面

图 8-2-33 眉山报恩寺大殿,(a) 剖面,(b) 屋架中的大斜梁及内额

图 8-2-34 芦山青龙寺大殿,(a) 外观,(b) 剖面

(b) 四川省文物考古研究院:《四川古建筑测绘图集 第 3 辑》,北京:科学出版社,2013 年,第 17 页

图 8-2-35 峨眉飞来殿测绘图,(a) 平面图,(b) 剖面图,(c) 立面图

图 8-2-36 潼南县独柏寺正殿

图 8-2-37 天镇慈云寺鼓楼

图 8-2-38 北京砖塔胡同之砖塔

图 8-2-39 普陀山多宝塔

图 8-2-40 西藏萨迦寺,(a) 庭院内景、(b) 大殿内景

图 8-2-41 西藏夏鲁寺大殿,(a) 内景,(b) 第二层局部

图 8-2-42 杭州飞来峰现存元代造像之一

图 8-2-43 北京妙应寺白塔平面图

刘敦桢:《中国古代建筑史》(第二版),北京:中国建筑工业出版社,1984 年,第 280 页图 149 - 1

第九章

王贵祥:《中国建筑史论汇刊 第5辑》,北京:中国建筑工业出版社,2012年,第496页图4

图9-2-6 北方院落示例,(a) 带抄手游廊的二进院落,(b) 带花园的住宅举例——帽儿胡同9、11号(可园)

马炳坚:《北京四合院建筑》,天津:天津大学出版社,1999年,第17页图2-8.2;第25页图2-13.1

图9-2-7 常熟彩衣堂,(a) 斗栱、月梁彩绘,(b) 船篷轩梁底面彩画

图9-2-8 苏州周庄张厅总平面图

潘谷西:《中国古代建筑史·第四卷》,北京:中国建筑工业出版社,2001年,第255页图5-68

图9-2-9 潜口司谏第

图9-2-10 潜口方文泰宅天井,(a) 内景(从下往上),(b) 二层窗户往外看

图9-2-11 昆明县东北郊民居"三间四耳倒八尺"平面图

梁思成:《梁思成全集·第四卷》,北京:中国建筑工业出版社,2001年,第203页第一七七图

图9-2-12 出土的汉代建筑明器"城堡"(实为坞壁、坞堡)

广州市文物管理委员会、广州市博物馆:《广州汉墓(下)》,北京:文物出版社,1981年,第153页图

图9-2-13 漳浦县绥安镇马坑村一德楼一层平面图

黄汉民、陈立慕:《福建土楼建筑》,福州:福建科学技术出版社,2012年,第316页图

图9-2-14 华安县沙建镇岱山村齐云楼底层平面图

黄汉民:《福建土楼》,福州:海峡文艺出版社,2013年,第156页图

图9-2-15 无锡泰伯庙大殿,(a) 外观,(b) 内部梁架

图9-2-16 《洪武京城图志》中的大祀坛、山川坛

[明]礼部纂修:《洪武京城图志》,南京:南京出版社,2006年,第22页图

图9-2-17 《大明会典》中的"郊坛总图""圜丘总图",(a) 永乐"郊坛总图",(b) 嘉靖"圜丘总图"

潘谷西:《中国古代建筑史第四卷》,北京:中国建筑工业出版社,2001年,第121页图3-2;第122页图3-4

图9-2-18 明正德《大名府志》魏县图(摹本)中的祭祀坛庙示意

潘谷西:《中国古代建筑史》第4卷,北京:中国建筑工业出版社,2001年,第40页图1-19

图9-2-19 淄博颜文姜祠,(a) 入口大门内望、(b) 正殿梁架

图9-2-20 北京天坛总平面图

刘敦桢:《中国古代建筑史》(第二版),北京:中国建筑工业出版社,1984年,第351页图184-1

366 页图 188 - 1

图 9-2-36　洪洞广胜上寺毘卢殿,(a) 外观,(b) 正脊

图 9-2-37　嘉庆五—七年复制的《江南报恩寺琉璃宝塔全图》

周健民:《中世纪中国人的骄傲——大报恩寺塔》,《档案与建设》2003 年第 8 期第 34 页图

图 9-2-38　洪洞广胜上寺飞虹塔,(a) 全景(摄影:新华社李忠波),(b) 塔身琉璃雕饰细部之一(摄影:何乐君),(c) 塔身琉璃雕饰细部之二(摄影:束金奇),(d) 塔身琉璃雕饰细部之三(摄影:束金奇)

图 9-2-39　西藏哲蚌寺,(a) 措钦大殿内景,(b) 措钦大殿托木,(c) 甘丹颇章

图 9-2-40　西藏色拉寺总平面图

潘谷西:《中国古代建筑史・第四卷》,北京:中国建筑工业出版社,2001 年,第 337 页图 6 - 75

图 9-2-41　西藏扎什伦布寺,(a) 总平面图,(b) 措钦大殿内景,(c) 措钦大殿墙壁壁画

(a) 潘谷西:《中国古代建筑史・第四卷》,北京:中国建筑工业出版社,2001 年,第 338 页图 6 - 77

图 9-2-42　江孜白居寺集会殿,(a) 平面图,(b) 剖面图

潘谷西:《中国古代建筑史・第四卷》,北京:中国建筑工业出版社,2001 年,第 336 页 6 - 73、6 - 74 图

图 9-2-43　乐都瞿昙寺,(a) 总平面,(b) 纵剖面图,(c) 山门,(d) 金刚殿,(e) 瞿昙殿,(f) 宝光殿,(g) 隆国殿

(a) 张驭寰、杜先洲:《青海乐都瞿昙寺调查报告》,《文物》1964 年第 5 期第 48 页图二

图 9-2-44　呼和浩特大召外观

图 9-2-45　呼和浩特席力图召,(a) 总平面图,(b) 外观(局部)

(a) 潘谷西:《中国古代建筑史・第四卷》,北京:中国建筑工业出版社,2001 年,第 341 页图 6 - 90

图 9-2-46　北京东岳庙琉璃牌楼正立面、侧立面图

(a) 王其钧:《建筑细部装饰图集》,北京:机械工业出版社,2006 年,第 220 页、第 221 页图

图 9-2-47　南京朝天宫远眺(摄影:王璞)

图 9-2-48　荣县真武阁,(a) 平面图,(b) 横断面图,(c) 外观

(a)、(b) 梁思成:《梁思成全集 第五卷》,北京:中国建筑工业出版社,2001 年,第 394 页图四;第 400 页图九

图 9-2-49　武当山道教宫观,(a) 遗址分布示意图,(b) 五龙宫侧视,(c) 紫霄宫入口

(a) 潘谷西:《中国古代建筑史・第四卷》,北京:中国建筑工业出版社,2001 年,第 369 页图 6 - 158

图 9-2-50　牛街礼拜寺,(a) 平面图、(b) 大殿后窑殿

(a) 本社编:《伊斯兰教建筑 穆斯林礼拜清真寺》,北京:中国建筑工业出版社,2010 年,第 64 页图

图 9-2-51　纳家户清真寺入口门楼

李靖、子桑:《纳家户清真大寺》,《宁夏画报(时政版)》2009 年第 2 期第 62 页图

图 9-2-52　霍城秃忽鲁克・帖木尔汗玛札,(a) 剖面图,(b) 一层平面图,(c) 二层平面图

中华文化通志编委会编;常青撰:《中华文化通志・建筑志》,上海:上海人民出版社,1998 年,第 254 页图 7-44

图 9-2-53　太原晋祠水镜台,(a) 后台,(b) 前台侧视

图 9-2-54　介休后土庙戏台

图 9-2-55　凤阳县明皇陵,(a) 石像生(武将),(b) 石像生背面(武将)

图 9-2-56　盱眙县明祖陵,(a) 神道,(d) 石像生中的文臣

图 9-2-57　南京明孝陵,(a) 总平面图,(b) 双蹲骆驼,(c) 方城明楼遗址,(d) 方城明楼明楼遗留的墙体

(a) 孟凡人:《明代宫廷建筑史》,北京:紫禁城出版社,2010 年,第 456 页图 12-2

(b)、(c)、(d) 藏卓美提供

图 9-2-58　明十三陵,(a) 分布图,(b) 入口石牌楼(摄影:吴伟)

(a) 刘敦桢:《中国古代建筑史》(第二版),北京:中国建筑工业出版社,1984 年,第 358 页图 185-1

图 9-2-59　明十三陵各陵平面图

潘谷西:《中国古代建筑史・第四卷》,北京:中国建筑工业出版社,2001 年,第 197 页图 4-33,图 4-34

图 9-2-60　明长陵祾恩殿(摄影:何乐君),(a) 外观,(b) 殿内鎏金斗栱

图 9-2-61　北京明长陵方城明楼及石五供、定陵,(a) 方城明楼及石五供(摄影:柬金奇),(b) 定陵棂星门(摄影:柬金奇),(c) 定陵地宫内门楼

图 9-2-62　明蜀僖王陵,(a) 地宫入口,(b) 地宫前室,(c) 地宫内团龙石刻

图 9-2-63　南京明岐阳王陵,(a) 望柱,(b) 武士

图 9-2-64　阜城明廖纪墓出土陶制明器图

郭振山、王敏之:《河北阜城明代廖纪墓清理简报》,《考古》1965 年第 2 期图版捌

图 9-2-65　苏州明代王锡爵夫妇合葬墓室立面图

苏州市博物馆:《苏州虎丘王锡爵墓清理纪略》,《文物》1975 年第 3 期第 52 页图三

图 9-3-1　[明]计成《园冶》中图:七架列五柱著地

[明]计成原著、陈植注释:《园冶注释》,北京:中国建筑工业出版社,1988 年第

二版,第 106 页图一一九

图 9-3-2　[明]佚名《鲁班经》插图之一
浦士钊校阅:《绘图鲁班经》,上海:上海鸿文书局,1938 年,插图一

图 9-3-3　潜口司谏第中的上昂

图 9-3-4　苏州文庙大殿,(a) 平面图(明成化 1474 年),(b) 明间剖面图(现状有改动)

图 9-3-5　北京太庙戟门之实拼门
张磊:《明代官式建筑小木作研究》,硕士学位论文,南京:东南大学,2006 年,第 10 页图 2-1、图 2-2

图 9-3-6　武当山南天门大门之实拼门实测图
张磊:《明代官式建筑小木作研究》,硕士学位论文,南京:东南大学,2006 年,第 10 页图 2-1、图 2-2

图 9-3-7　武当山遇真宫龙虎殿之攒边门
张磊:《明代官式建筑小木作研究》,硕士学位论文,南京:东南大学,2006 年,第 12 页图 2-5

图 9-3-8　北京智化寺,(a) 万佛阁、如来殿,(b) 智化门

图 9-3-9　武当山遇真宫龙虎殿之欢门实测图
张磊:《明代官式建筑小木作研究》,硕士学位论文,南京:东南大学,2006 年,第 21 页图 2-17

图 9-3-10　平武报恩寺大雄宝殿槛窗与隔扇

图 9-3-11　荥经开善寺井口天花雕刻

图 9-3-12　北京智化寺之万佛阁、如来殿之井口天花

图 9-3-13　隆福寺正觉殿藻井(北京古建筑博物馆藏)

图 9-3-14　乐都瞿坛寺瞿昙殿门廊处的木栅栏

图 9-3-15　明代室外隔断举例,(a) [明]计成《园冶》中连瓣葵花式栏杆图,(b) 曲阜孔庙奎文阁栏杆,(c) 乐都瞿坛寺钟鼓楼下檐的倒挂楣子
(a) [明]计成原著、陈植注释:《园冶注释》,北京:中国建筑工业出版社,1988 年第二版,第 158 页图二一五六

图 9-3-16　神龛与经厨,(a) 北京智化寺藏殿神龛,(b) 平武报恩寺华严藏殿可转动的转轮藏,(c) 北京大高玄殿乾元阁内存放上帝牌位的神位

图 9-3-17　平武报恩寺天王殿匾额

图 9-3-18　乐都瞿坛寺配殿之博风板

图 9-3-19　五台山显通寺铜殿之垂鱼

图 9-3-20　太原永祚寺大雄宝殿(三圣阁)无梁殿,(a) 外观,(b) 藻井

图 9-3-21　五台山显通寺无梁殿,(a) 大无梁殿外观,(b) 小无梁殿平、立、剖面图,(c) 小无梁殿、铜殿、铜塔等建筑群外观
(b) 潘谷西:《中国古代建筑史》第 4 卷,北京:中国建筑工业出版社,2001 年,第 469 页图 9-84,9-85,9-86,9-87,9-88

第十章

图 10-1-7 平安洪水泉村鸟瞰(局部)
图 10-1-8 西递村,(a) 导览图(应天齐教授提供资料),(b) 水口
图 10-1-9 宏村,(a) 平面图,(b) 景观
(a) 段进、揭明浩:《世界文化遗产宏村古村落空间解析》,南京:东南大学出版社,2009 年第 142 页图
图 10-1-10 河源林寨兴井古村落航拍(资料:陈仰天)
图 10-1-11 榕江增冲侗寨,(a) 鸟瞰(局部),(b) 干栏式民居及风雨桥,(c) 鼓楼
图 10-1-12 壤塘县宗科乡加斯满村石波寨远观

图 10-2-1 北京故宫,(a) 平面图,(b) 外三殿平面图
刘敦桢:《中国古代建筑史》(第二版),北京:中国建筑工业出版社,1984 年,第 292 - 293 页之间的插页图 153 - 5;第 296 - 297 页之间的插页图 155 - 2
图 10-2-2 北京故宫纵剖面图
刘敦桢:《中国古代建筑史》(第二版),北京:中国建筑工业出版社,1984 年,第 298 - 299 页之间的插页图 157
图 10-2-3 北京故宫太和殿,(a) 平、剖面图,(b) 外观,(c) 内景
(a) 刘敦桢:《中国古代建筑史》(第二版),北京:中国建筑工业出版社,1984 年,第 297 页图 156 - 1
图 10-2-4 北京故宫太和殿局部及陈设(部分),(a) 下檐仙人走兽(走兽最后者为行化)、(b) 太和殿底层阶基、(c) 太和殿前的丹陛、(d) 太和殿前的嘉量、(e) 太和殿前的日晷
图 10-2-5 北京故宫中和殿,(a) 外观,(b) 内景
图 10-2-6 北京故宫保和殿,(a) 外观,(b) 内景
图 10-2-7 乾清门北望
图 10-2-8 乾清宫
图 10-2-9 北京故宫宁寿宫平面图
孙大章:《中国古代建筑史》第 5 卷,北京:中国建筑工业出版社,2009 年,第 59 页,图 3 - 27
图 10-2-10 沈阳故宫(摄影:李思洋),(a) 十王亭一侧(部分),(b) 大政殿,(c) 崇政殿御座
图 10-2-11 北京恭王府及花园,(a) 平面图,(b) 花园入口,(c) 园内流觞渠
(a) 杨乃济:《恭王府是不是大观园?——兼谈清代北京的王府与园林》,《建筑知识》1982 年第 1 期第 19 页图
图 10-2-12 南阳府衙,(a) 平面图,(b) 大堂测绘图
朱晓宁:《南阳府衙建筑研究》,硕士学位论文,河南大学,2012 年,第 16 页,图 3 - 2;第 26 - 27 页,图 3 - 17、3 - 18、3 - 19
图 10-2-13 内乡县衙现状鸟瞰图

(c) 刘敦桢:《中国古代建筑史》(第二版),北京:中国建筑工业出版社,1984年,第330页图172-1

图10-2-32 陕西严峪村锢窑,(a) 外观,(b) 内景

图10-2-33 蒙古族毡包平面、剖面及构造图

刘敦桢:《中国古代建筑史》(第二版),北京:中国建筑工业出版社,1984年,第340页图180

图10-2-34 贵德地区的帐幕

图10-2-35 拉萨藏族住宅平面、剖面及鸟瞰图

刘敦桢:《中国古代建筑史》(第二版),北京:中国建筑工业出版社,1984年,第336页图177

图10-2-36 四川碉房举例,(a) 壤塘民居,(b) 卓克基土司官寨雕房,(c) 理县姚坪羌寨,(d) 姚坪羌寨屋顶白石

图10-2-37 新疆民居,(a) 平面图,(b) Ⅰ-Ⅰ剖面图,(c) 客厅横剖面图,(d) 客厅纵剖面图

李洋、周健:《中国室内设计历史图说》,北京:机械工业出版社,2010年,第374页图(a),(b),(c),(d)

图10-2-38 新疆民居室内装饰

陈震东:《新疆民居》,北京:中国建筑工业出版社,2009年,第199页图

图10-2-39 台湾高山族民居(王异秉先生提供资料)

图10-2-40 盐源县舍垮村四组6号李扎石家,(a) 鸟瞰,(b) 外观,(c) 主房内廊,(d) 木板屋顶

图10-2-41 北京故宫御花园平面图

黄希明:《紫禁城宫廷园林的建筑特色》,《紫禁城建筑研究与保护》,北京:紫禁城出版社,1995年,第197页图八一

图10-2-42 北京北海

图10-2-43 圆明园西洋楼遗址

图10-2-44 承德避暑山庄总平面图

刘敦桢:《中国古代建筑史》(第二版),北京:中国建筑工业出版社,1984年,第387页图201

图10-2-45 承德避暑山庄普陀宗乘之庙,(a) 平面图,(b) 大红台平、立面图,(c) 大红台外观(摄影:王异秉)

(a)、(b) 刘敦桢:《中国古代建筑史》(第二版),北京:中国建筑工业出版社,1984年,第388页图202-1;第396页图206

图10-2-46 苏州网师园平面图

刘敦桢:《苏州古典园林》,北京:中国建筑工业出版社,1979年,第401页图5-2

图10-2-47 苏州留园平面图

图 10-2-64 同心清真北大寺,(a) 平面图,(b) 入口正视图

(a) 孙大章:《中国古代建筑史·第五卷》,北京:中国建筑工业出版社,2002年,第 376 页图 7-184

图 10-2-65 西安化觉巷清真寺,(a) 总平面图,(b) 省心楼,(c) 礼拜殿东、北、西立面图

(a) 刘敦桢:《中国古代建筑史》(第二版),北京:中国建筑工业出版社,1984年,第 397 页图 207-1

(c) 张锦秋:《西安化觉巷清真寺的建筑艺术》,《建筑学报》1981 年第 10 期第 73 页图 3、4、5

图 10-2-66 阆中巴巴寺,(a) 平面图,(b) 大殿,(c) 墓园

(a) 余燕:《阆中伊斯兰教寺庙园林——巴巴寺》,《南方农业 园林花卉版》2010 年第 8 期第 56 页图 1

图 10-2-67 成都青羊宫,(a) 山门,(b) 八卦亭

图 10-2-68 北京白云观,(a) 平面图,(b) 罗公塔

(a) 孙大章:《中国古代建筑史·第五卷》,北京:中国建筑工业出版社,2002年,第 364 页图 7-158

图 10-2-69 港澳台教堂举例,(a) 澳门大三巴,(b) 香港圣约翰大教堂平面图,(c) 圣约翰大教堂内景、(d) 台湾马偕教堂外观

(b) 韦风华:《历史中的演变——香港圣约翰大教堂》,《大众文艺》2010 年第 16 期第 213 页图 1

图 10-2-70 自贡西秦会馆,(a) 平面图,(b) 入口门楼,(c) 入口户对及柱础

(a) 孙大章:《中国古代建筑史·第五卷》,北京:中国建筑工业出版社,2002年,第 26 页图 2-28

图 10-2-71 颐和园德和园大戏台,(a) 平、剖面图,(b) 外观

(a) 孙大章:《中国古代建筑史·第五卷》,北京:中国建筑工业出版社,2002年,第 29 页图 2-34

图 10-2-72 乐平坑口戏台,(a) 藻井(局部),(b) 冬瓜梁、挂落等

图 10-2-73 抚顺市新宾永陵平面图

中国第一历史档案馆:《清代帝王陵寝》,北京:档案出版社,1982 年,第 6 页图

图 10-2-74 沈阳福陵,(a) 平面图,(b) 隆恩殿及方城明楼,(c) 月牙城(哑巴院)照壁

(a) 中国第一历史档案馆:《清代帝王陵寝》,北京:档案出版社,1982 年,第 11 页图

(b)、(c) 摄影:陈旭东

图 10-2-75 沈阳昭陵,(a) 平面图,(b) 牌楼,(c) 隆恩殿

(a) 中国第一历史档案馆:《清代帝王陵寝》,北京:档案出版社,1982 年,第 16 页图

(b)、(c) 摄影:陈旭东

后　记

2008年3月，杨休教授在南京大学历史学院考古文物系创立了我国高等教育第一个"文物鉴定"本科专业，致力于相关专业人才的培养。高瞻远瞩。

为适应考古文物系文物鉴定、考古两专业本科生、研究生等各类人才教育，杨休教授又策划两专业教材的建设与完善。继往开来。

据此，我与马晓老师商议，共同承担《中国古代建筑史纲要》（上、下）的撰写，分别主持。

首先，本著面向初学者，满足基本教学需求。浅显易懂、便于掌握。

其次，本著兼及研究者，对目前为止我们学习、研究中国古代建筑史的点滴心得与思考也约略涉及。引人入胜、利于深究。

本著的完成，首先要提到历年来做出贡献的南京大学历史学院考古、文物鉴定两专业的众多毕业生们；以及中国矿业大学建筑系建筑学专业87级（建87）的同学们及各自的亲友团[1]。

2000年12月底，我自沪上同济，拜别路师秉杰，辗转金陵东南，再游于先师郭湖生。

2008年4月27日，郭师湖生先生不幸离开我们。我却时刻觉得先生仅是远游，会随时归来，从未离开。先生闲谈时的睿智、慈祥与真趣模样，仍然是如此生动与清晰，如在目前。

2018年5月1日，刘师远智先生亦不幸逝世。谆谆教诲，恍如昨日。

谨以此书，深切缅怀郭师湖生、刘师远智！

弟子　周学鹰　叩首

2018年9月15日星期三

修改于南京大学东方建筑研究所

---

〔1〕 我初入中国矿业大学建筑系，受业于熊振、刘远智、杨天泽、尹必祥教授等诸先生。提供帮助的有建筑学87级的同学们，如夏万生、唐天芬、林莉、郑英欣、陈贵军（及其侄儿陈旭东）等。本书课题组：负责（上）：周学鹰、李思洋；负责（下）：马晓；成员：何乐君、鲁迪、牛志远、王翊语、陈磊、吴伟、束金奇、张进帅、李仕元、安瑞军、宋尧、夏碧草、柏倩然、王雨佳、胡梦丹、王文丹、高子期、卢小慧、牛洪涓、达志翔、赵识、张丽姣、唐奕文、芦文俊、杨晨雨、顾田田、贵琳、王珣、彭金荣等。

图书在版编目(CIP)数据

中国古代建筑史纲要. 下 / 马晓编著. — 南京 :
南京大学出版社, 2020.7
ISBN 978-7-305-23453-8

Ⅰ. ①中… Ⅱ. ①马… Ⅲ. ①建筑史—中国—古代
Ⅳ. ①TU—092.2

中国版本图书馆 CIP 数据核字(2020)第 107207 号

出版发行 南京大学出版社
社　　址 南京市汉口路 22 号　　邮　编 210093
出 版 人 金鑫荣

书　　名 中国古代建筑史纲要(下)
编　　著 马　晓
责任编辑 朱彦霖　　编辑热线 025-83597482

照　　排 南京南琳图文制作有限公司
印　　刷 南京玉河印刷厂
开　　本 787×1092 1/16 印张 26.75 字数 635 千
版　　次 2020 年 7 月第 1 版 2020 年 7 月第 1 次印刷
ISBN 978-7-305-23453-8
定　　价 75.00 元

网址: http://www.njupco.com
官方微博: http://weibo.com/njupco
官方微信号: njupress
销售咨询热线: (025) 83594756
